中国精神文明学(意识社会学)大型丛书之第 43 部：

海洋社会学

范 英 江立平 **主　编**
刘小敏 董玉整 **副主编**

中国出版集团
世界图书出版公司
广州·上海·西安·北京

图书在版编目(CIP)数据

海洋社会学/范英主编. —广州：世界图书出版广东有限公司，2012.1
ISBN 978-7-5100-4172-3

Ⅰ.①海… Ⅱ.①范… Ⅲ.①海洋学:社会学 Ⅳ.①P7-05

中国版本图书馆 CIP 数据核字(2011)第 271731 号

书　　名	海洋社会学
策划编辑	刘婕妤
责任编辑	汪再祥　桂也丹　林学之　李　瑞
出版发行	世界图书出版广东有限公司
地　　址	广州市新港西路大江冲 25 号
编辑邮箱	sjxscb@163.com
印　　刷	武汉鑫艺丰彩色印务有限公司
规　　格	880mm×1230mm　1/32
印　　张	23.25
印　　数	1—3 000
字　　数	660 千
版　　次	2012 年 1 月第 1 版　2012 年 1 月第 1 次印刷
ISBN	978-7-5100-4172-3
定　　价	65.00 元

版权所有，翻印必究

作者与编务名单

范英	江立平	刘小敏	董玉整	周静	刘勤
黎明泽	温朝霞	陆红	霍秀媚	张国玲	张开城
林宏力	国俊明	蔡婷玉	尚图强	汪树民	郭继民
卢黄熙	许雁雁	盛清才	朱云	柏萍	刘明金
段华明	高俊	张彦霞	冯仿娅	严考亮	徐创新
李小雾	冼美新	张建平	李扬	庆子	李自坚

本书编委会名单

范 英	江立平	刘小敏	董玉整	王 宁	夏俊杰
洪旗歌	黄紫华	王永平	叶金宝	严建强	吴灿新
杨 松	郭伟民	顾涧清	王家骥	吕玉波	安 子
张开城	张兴杰	李国兴	李振连	周大鸣	郭 凡
易松国	唐孝祥	涂争鸣	梁国维	谢俊贵	蔡 禾
谭建光	卢黄熙	刘卓红	李 超	李宗桂	陈芳芳
陈镇宏	周 薇	林伟健	胡浩民	萧新生	戚斗勇

目 录

前言:向海洋进军的崭新学科 …………………………………… 001
章引:蓝色的奥秘 ………………………………………………… 001

宇宙洪荒　天地混沌　百科不分为一体
乾坤运转　大势趋求　崭新学说初长成

第一章　时代呼唤:海洋社会学应运而生 ………………………… 004
　第一节　海洋社会学孕育的时代背景 ………………………… 004
　　一、涉海行为的久远 ………………………………………… 004
　　二、海洋世纪的到来 ………………………………………… 007
　　三、海国图强的追求 ………………………………………… 008
　　四、社会之学的春天 ………………………………………… 010
　第二节　海洋社会学探索的前期准备 ………………………… 013
　　一、相关学科准备 …………………………………………… 013
　　二、相关队伍准备 …………………………………………… 015
　　三、问题意识准备 …………………………………………… 018
　　四、发展思路准备 …………………………………………… 019
　第三节　海洋社会学架构的初步思考 ………………………… 021
　　一、基于客体的学科架构主张 ……………………………… 021
　　二、基于系统的学科架构主张 ……………………………… 023
　　三、基于行动的学科架构主张 ……………………………… 025
　　四、基于回顾的学科架构主张 ……………………………… 026

> 俯察鱼龙　阔论水域　东南西北收眼底
> 细品珍奇　宏观海图　经纬纵横布全局

第二章　海洋社会：海洋社会学研究对象 …………… 030
第一节　海洋社会学研究对象的界定 …………… 030
一、研究对象的第一层次 …………… 030
二、研究对象的第二层次 …………… 033
三、研究对象的第三层次 …………… 035
四、研究对象的第四层次 …………… 037
第二节　海洋社会学研究对象的主轴 …………… 039
一、主轴的历史维度 …………… 039
二、主轴的重心维度 …………… 041
三、主轴的主体维度 …………… 043
四、主轴的实用维度 …………… 045
第三节　海洋社会学研究对象的总体 …………… 047
一、总体时空的无限性 …………… 047
二、总体领域的广袤性 …………… 049
三、总体人际的趋利性 …………… 050
四、总体平衡的根本性 …………… 052

> 汹涌激荡　万源归宗　恶浪过后复平和
> 浅酌酣饮　仰天长笑　欷风拂处沐春青

第三章　共创和谐：海洋社会学研究意义 …………… 055
第一节　有利于强化社会学对海洋社会领域的研究力度 …… 055
一、以往的社会学对海洋社会的研究处于非常零散状态 … 055
二、当代人们对海洋社会学的研究仅从十多年前才开始 … 059
三、强化海洋社会学就是强化社会学对海洋社会的研究 … 061
四、强化海洋社会学研究成为迎接海洋世纪的重大责任 … 063
第二节　有利于充实海洋意识、观念、视野和相关理论 …… 066
一、有利于充实人们的海洋意识 …………… 067
二、有利于强化人们的海洋观念 …………… 069

三、有利于拓宽人们的海洋视野 …………………………… 072
　　四、有利于发展人们的海洋理论 …………………………… 074
　第三节　有利于深入探索、发现、把握和建设海洋社会 …… 077
　　一、有利于人们深入探索海洋社会 ………………………… 077
　　二、有利于人们深入发现海洋社会 ………………………… 079
　　三、有利于人们深入把握海洋社会 ………………………… 082
　　四、有利于人们深入建设海洋社会 ………………………… 085

欲善其事　先利其器　磨刀不误砍柴工
有容其大　必纳其细　学科方祈创新风

第四章　兼收并蓄：海洋社会学研究方法 ………………… 089
　第一节　注重植入社会学研究的适用方法 …………………… 089
　　一、植入调查研究方法 ……………………………………… 089
　　二、植入实地研究方法 ……………………………………… 091
　　三、植入文献研究方法 ……………………………………… 093
　　四、植入实验研究方法 ……………………………………… 094
　第二节　广泛吸纳众学科研究的有用方法 …………………… 096
　　一、吸纳马克思主义研究方法 ……………………………… 096
　　二、吸纳系统科学之研究方法 ……………………………… 098
　　三、吸纳统计学方面研究方法 ……………………………… 099
　　四、吸纳心理学相关研究方法 ……………………………… 101
　第三节　逐步形成有自己特色的致用方法 …………………… 102
　　一、宏观层面的研究方法 …………………………………… 103
　　二、中观层面的研究方法 …………………………………… 105
　　三、微观层面的研究方法 …………………………………… 106
　　四、综观层面的研究方法 …………………………………… 107

长空漠漠　星转斗移　嫦娥吴刚觅奥秘
史河绵绵　浪起波复　沧海桑田说巨变

第五章　源远流长：海洋社会的内在变迁 ………………… 110
　第一节　海洋社会的发生 ……………………………………… 110

一、海洋社会发生的自然图象 …………………………… 110
　　二、海洋社会发生的社会背景 …………………………… 113
　　三、海洋社会发生的史前遗迹 …………………………… 116
　　四、海洋社会发生的奇异史例 …………………………… 118
第二节　海洋社会的发展 ……………………………………… 121
　　一、海洋——文明摇篮 …………………………………… 121
　　二、海洋——呼唤勇士 …………………………………… 124
　　三、海洋——支撑列强 …………………………………… 126
　　四、海洋——霸权乐园 …………………………………… 129
第三节　海洋社会的当代 ……………………………………… 132
　　一、经济看点 ……………………………………………… 132
　　二、海权博弈 ……………………………………………… 134
　　三、生态需求 ……………………………………………… 137
　　四、领跑未来 ……………………………………………… 139

　　　　兄弟缘分　荣辱与共　水陆何曾分彼此
　　　　日月同辉　唇齿相依　山海原本为一家

第六章　手足情深：海洋社会的外在关照 ………………… 144
第一节　海洋社会与陆地社会的兄弟缘分 …………………… 144
　　一、同源而生——同是人类社会发展产物 ……………… 144
　　二、同责之身——承担着相同的社会功能 ……………… 148
　　三、同道以成——经历了同样的发展过程 ……………… 151
　　四、同胞情谊——折射出彼此的时代气息 ……………… 153
第二节　海洋社会与陆地社会的唇齿相依 …………………… 156
　　一、取长补短：社会之间的互补 ………………………… 156
　　二、枝叶交错：社会之间的延伸 ………………………… 159
　　三、辅牙相倚：社会之间的依托 ………………………… 161
　　四、琴瑟和弦：社会之间的协调 ………………………… 164
第三节　海洋社会与陆地社会的互荣互进 …………………… 166
　　一、阋墙御侮：海洋社会与陆地社会的相互影响 ……… 166
　　二、相得益彰：海洋社会与陆地社会的相互促进 ……… 169

三、同舟共济：海洋社会与陆地社会的共存历程 …… 172
　　四、融合贯通：海洋社会与陆地社会的互进展望 …… 174

四面八方　劳心劳力　海人共具社会性
七情六欲　为食为渴　世间同类天使然

第七章　同此凉热：海洋社会的人类属性 …… 178
第一节　自然属性：海洋社会的人类属性之一 …… 178
　　一、海洋社会自然属性的概念和内容 …… 178
　　二、自然属性是海洋社会的基本属性 …… 180
　　三、海洋社会之自然属性的运行规律 …… 181
　　四、海洋社会自然属性的争议与对待 …… 183
第二节　社会属性：海洋社会的人类属性之二 …… 185
　　一、海洋社会人类属性中的社会属性 …… 185
　　二、海洋社会中人的社会化过程概说 …… 187
　　三、海洋社会中人的社会地位和角色 …… 190
　　四、海洋社会中人的社会性进化载体 …… 192
第三节　两性合一：海洋社会的人类属性之美 …… 194
　　一、海洋社会人类属性中的自然属性和社会属性的对立统一 …… 194
　　二、人类活动范围的内涵和外延扩大了海洋社会的研究边界 …… 196
　　三、海洋社会从一开始便打下了深深的人类属性的历史烙印 …… 199
　　四、把握海洋社会的人类属性旨在提升海洋社会的人性之美 …… 201

摇橹作笔　玄机映日　画成生猛新世界
把海为家　极目苍天　铸就历代弄潮儿

第八章　海洋环境：海洋社会的生力摇篮 …… 205
第一节　海洋社会是海洋环境的社会 …… 205
　　一、海洋环境的基本内涵 …… 205

二、海洋环境的影响因素 …………………………… 207
　　三、海陆两种环境的比较 …………………………… 209
　　四、海洋环境与人类发展 …………………………… 211
第二节　海洋环境的基本类型与特征 213
　　一、海洋自然环境的主要类型 ……………………… 213
　　二、海洋社会环境的主要类型 ……………………… 217
　　三、海洋人工环境的主要类型 ……………………… 219
　　四、海洋环境具有的基本特征 ……………………… 221
第三节　海洋环境对海洋社会的功用 ……………………… 223
　　一、海洋环境的基本功用 …………………………… 223
　　二、海洋环境的延伸功用 …………………………… 225
　　三、海洋环境的高级功用 …………………………… 228
　　四、海洋环境的深层功用 …………………………… 230

耕牧蓝绿　变咸为甜　收获财富养人类
经略水天　化弊成利　积聚能量强物基

第九章　海洋经济：海洋社会的物力根基 ………… 234
第一节　海洋社会是海洋经济的社会 ……………………… 234
　　一、海洋经济的基本含义 …………………………… 234
　　二、海洋经济活动之概述 …………………………… 236
　　三、海洋经济的重要地位 …………………………… 239
　　四、发展海洋经济的意义 …………………………… 242
第二节　海洋经济的基本类型与特征 ……………………… 244
　　一、按照海洋经济发展的历史形态划分 …………… 244
　　二、按照海洋经济的空间地理类型划分 …………… 247
　　三、按照海洋经济研究的相关范围划分 …………… 250
　　四、上述各类海洋经济具有的总体特征 …………… 252
第三节　海洋经济对海洋社会的功用 ……………………… 254
　　一、海洋经济对国内生产总值的贡献 ……………… 254
　　二、海洋经济在促进就业方面的贡献 ……………… 258

三、海洋经济在促进外交方面的贡献 ……………………… 260
　　四、海洋经济在促进文化方面的贡献 ……………………… 262

飞龙翔空　游鱼潜渊　无边海疆作舞台
执政行权　保民安邦　运筹帷幄定乾坤

第十章　海洋政治：海洋社会的权力指向 ………………… 266
第一节　海洋社会是海洋政治的社会 ……………………… 266
　　一、政治与海洋政治 ………………………………………… 266
　　二、海洋政治的形成 ………………………………………… 269
　　三、海洋政治的核心 ………………………………………… 272
　　四、海洋政治的逐鹿 ………………………………………… 276
第二节　海洋政治的基本类型与特征 ……………………… 279
　　一、古代海洋政治的代表 …………………………………… 279
　　二、古代海洋政治的特征 …………………………………… 283
　　三、近现代海洋政治代表 …………………………………… 286
　　四、近现代海洋政治特征 …………………………………… 291
第三节　海洋政治对海洋社会的功用 ……………………… 294
　　一、海洋政治影响了整个人类 ……………………………… 294
　　二、海洋政治影响了具体国家 ……………………………… 296
　　三、海洋意识得到了极大普及 ……………………………… 298
　　四、耕海牧洋的竞争日益激烈 ……………………………… 302

云蒸霞蔚　五彩斑斓　虹浪连地开艳范
风奇俗异　渔歌悠扬　信仰精神寄海魂

第十一章　海洋文化：海洋社会的智力聚焦 ……………… 306
第一节　海洋社会是海洋文化的社会 ……………………… 306
　　一、海洋文化的内涵 ………………………………………… 306
　　二、海洋文化的发生 ………………………………………… 310
　　三、海洋文化的嬗变 ………………………………………… 312
　　四、海洋文化的摇篮 ………………………………………… 316

第二节　海洋文化的基本类型与特征 …………………… 319
　　一、海洋文化的基本类型 ……………………………… 319
　　二、海洋文化的大致结构 ……………………………… 321
　　三、海洋文化的主要特征 ……………………………… 322
　　四、海洋文化的文化精神 ……………………………… 324
第三节　海洋文化对海洋社会的功用 …………………… 326
　　一、海洋文化的社会经济功用 ………………………… 326
　　二、海洋文化的社会政治功用 ………………………… 328
　　三、海洋文化的社会精神功用 ………………………… 330
　　四、海洋文化的社会综合功用 ………………………… 331

> 曾几何时　逞强凌弱　血战原本争是非
> 如今备武　应作后盾　唯和才算真本心

第十二章　海洋军事：海洋社会的武力后盾 ………… 334
第一节　海洋社会是海洋军事的社会 …………………… 334
　　一、海防是海洋国家的长城 …………………………… 334
　　二、海权是海洋军事的核心 …………………………… 337
　　三、海军是海洋军事的砥柱 …………………………… 339
　　四、海战是海洋军事的搏斗 …………………………… 342
第二节　海洋军事的基本类型与特征 …………………… 346
　　一、世界海洋军事战略概要 …………………………… 346
　　二、世界海洋军事类型概述 …………………………… 349
　　三、世界海洋军事特征简论 …………………………… 352
　　四、中国海洋军事历程简介 …………………………… 353
第三节　海洋军事对海洋社会的功用 …………………… 355
　　一、维护海上政治安全 ………………………………… 355
　　二、维护海上经济安全 ………………………………… 358
　　三、维护海上公共安全 ………………………………… 360
　　四、维护海上军事安全 ………………………………… 363

> 海水引路　传递情谊　南天北地友多怜
> 海船下聘　播撒文明　东成西就桥益坚

第十三章　海洋外交：海洋社会的和力桥梁 ……… 367
第一节　海洋社会是海洋外交的社会 ……… 367
一、海洋外交之相关概念 ……… 367
二、世界海洋外交之历史 ……… 370
三、中国海洋外交之回顾 ……… 373
四、海洋外交之地位意义 ……… 376
第二节　海洋外交的基本类型与特征 ……… 380
一、主体维度海洋外交的基本类型与特征 ……… 380
二、内容维度海洋外交的基本类型与特征 ……… 381
三、目的维度海洋外交的基本类型与特征 ……… 383
四、特殊海洋外交之海军外交的定义特征 ……… 385
第三节　海洋外交对海洋社会的功用 ……… 387
一、海洋外交的社会经济功用 ……… 387
二、海洋外交的社会政治功用 ……… 390
三、海洋外交的社会文化功用 ……… 392
四、海洋外交的社会环境功用 ……… 395

> 设定方圆　制海衡洋　万邦乐见升平景
> 扶桑旭日　朗月疏桐　法规终显艳阳天

第十四章　海洋法规：海洋社会的制力天平 ……… 399
第一节　海洋社会是海洋法规的社会 ……… 399
一、现代海洋法规之概述 ……… 399
二、国际海洋法规之演变 ……… 403
三、中国海洋法规之发展 ……… 405
四、海洋法规之地位意义 ……… 407
第二节　海洋法规的主要类型与特征 ……… 408
一、从立法机构上看其主要类型与特征 ……… 409
二、从立法层面上看其主要类型与特征 ……… 410

三、从立法内容上看其主要类型与特征 …………… 412
　　四、从立法动机上看其主要类型与特征 …………… 413
　第三节　海洋法规对海洋社会的功用 ………………… 415
　　一、海洋法规的政治功用 ……………………………… 415
　　二、海洋法规的经济功用 ……………………………… 419
　　三、海洋法规的文化功用 ……………………………… 422
　　四、海洋法规的突出功用 ……………………………… 424

巍巍高山　茫茫大海　抔土杯水成伟岸
粒粒细沙　株株小草　滴浪只鱼竞自由

第十五章　海洋个体：海洋社会的有机细胞 ……………… 429
　第一节　海洋社会是海洋个体的社会 ………………… 429
　　一、海洋个体的基本概念 ……………………………… 429
　　二、海洋个体的本质属性 ……………………………… 433
　　三、海洋个体与海洋社会 ……………………………… 436
　　四、个体组成了海洋社会 ……………………………… 439
　第二节　海洋个体的个性类型与特征 ………………… 442
　　一、依赖型海洋个体 …………………………………… 442
　　二、实用型海洋个体 …………………………………… 445
　　三、征服型海洋个体 …………………………………… 448
　　四、它们的共同特征 …………………………………… 452
　第三节　海洋个体对海洋社会的功用 ………………… 455
　　一、海洋个体是海洋社会存在的前提 ………………… 455
　　二、海洋个体创造了海洋社会的历史 ………………… 457
　　三、海洋个体影响着海洋社会的现实 ………………… 459
　　四、海洋个体造就着海洋社会的文化 ………………… 461

血缘地缘　友缘业缘　无缘岂能聚众群
海阔洋阔　力阔智阔　舍我其谁主沉浮

第十六章　海洋群体：海洋社会的天然主宰 ……………… 466
　第一节　海洋社会是海洋群体的社会 ………………… 466

一、海洋群体的基本概念 ················· 466
　二、海洋群体的历史扫描 ················· 468
　三、海洋群体的四维张力 ················· 471
　四、进军海洋的历史脚步 ················· 472
第二节　海洋群体的基本类型与特征 ············ 475
　一、海洋群体的类型之一 ················· 475
　二、海洋群体的类型之二 ················· 477
　三、海洋群体的类型之三 ················· 479
　四、海洋群体的品质特征 ················· 481
第三节　海洋群体对海洋社会的功用 ············ 482
　一、海洋群体创造了丰富的社会财富 ········· 483
　二、海洋群体创造了斑斓的精神文化 ········· 485
　三、海洋群体经历了海战的沉重洗礼 ········· 487
　四、海洋群体推进了多样的文明交流 ········· 492

织网捕鱼　宏开利路　战风斗浪作底蕴
习俗传统　拥爱神器　漂洋过海达和昌

第十七章　海洋组织：海洋社会的公共用器 ········ 496
第一节　海洋社会是海洋组织的社会 ············ 496
　一、海洋组织的一般知识 ················· 496
　二、海洋组织的发展历程 ················· 501
　三、海洋社会的组织性质 ················· 503
　四、公共用器的基本层面 ················· 505
第二节　海洋组织的基本类型与特征 ············ 506
　一、基于功能目标的类型 ················· 506
　二、基于受惠对象的类型 ················· 508
　三、基于权力控制的类型 ················· 510
　四、海洋组织的基本特征 ················· 511
第三节　海洋组织对海洋社会的功用 ············ 514
　一、海洋组织的基本功能 ················· 514

二、海洋组织的拓展功能 …………………………………… 516
三、海洋组织的潜在局限 …………………………………… 518
四、海洋组织的发展趋向 …………………………………… 520

红日沉西　满船丰喜　渔翁戴月舞归途
炊烟漫户　鼎锆飘香　百鸟敛翅暖爱巢

第十八章　海洋社区：海洋社会的栖息家园 ………………… 523
第一节　海洋社会是海洋社区的社会 ……………………… 523
一、关于社区基本概念与社区建设概述 …………………… 523
二、海洋社区是依托于海的社会共同体 …………………… 528
三、处理好海洋社区各种互动协调关系 …………………… 531
四、全面地开展海洋社区研究意义深长 …………………… 535
第二节　海洋社区的基本类型与特征 ……………………… 537
一、从海洋社区功能差异看 ………………………………… 537
二、从海洋社区发展程度看 ………………………………… 539
三、从海洋社区地理位置看 ………………………………… 541
四、海陆社区特征之比较 …………………………………… 543
第三节　海洋社区对海洋社会的功用 ……………………… 545
一、全面建设海洋社区，激发海洋社会各业繁荣 ………… 546
二、加强海洋社区管理，夯实海洋社会基础工程 ………… 548
三、健全社区社会保障，维护海洋社会民生权益 ………… 551
四、规划海洋社区愿景，迎接海洋社会美好明天 ………… 553

龙子敬茶　龙女送花　龙王折腰迎海客
龙母呈图　龙祖坦言　龙宫藏宝献世人

第十九章　海洋资源：海洋社会的全面开发 ………………… 559
第一节　丰富多彩的海洋社会资源体系 …………………… 559
一、海洋社会资源体系概念及特性 ………………………… 559
二、海洋社会资源体系的分类研究 ………………………… 563
三、海洋社会各类资源的主要特点 ………………………… 567

四、中国海洋社会资源的基本情况 ················ 569
第二节　海洋的社会资源尚未充分开发 ················ 572
　　一、海洋社会资源开发的重要意义 ················ 572
　　二、世界海洋资源开发的基本情况 ················ 574
　　三、中国海洋资源开发的基本状况 ················ 578
　　四、中国海洋资源开发的主要问题 ················ 581
第三节　海洋社会资源全面开发的原则 ················ 583
　　一、系统性原则 ································ 584
　　二、持续性原则 ································ 586
　　三、科技性原则 ································ 588
　　四、和谐性原则 ································ 591

珊瑚比肩　巨珠盈握　道不尽价值连城
家国得利　世代获益　数不完综合奇功

第二十章　海洋价值：海洋社会的综合利用 ········ 594
第一节　弥足珍贵的海洋社会价值体系 ················ 594
　　一、相关概念的引入及异同比较 ·················· 595
　　二、海洋地位及价值的认识过程 ·················· 597
　　三、海洋社会价值体系主要内容 ·················· 599
　　四、逐步完善海洋价值体系建设 ·················· 601
第二节　海洋的社会价值尚未充分利用 ················ 604
　　一、海洋自有的资源价值状况 ···················· 604
　　二、海洋相关产业的发展概况 ···················· 607
　　三、影响海洋价值利用的因素 ···················· 610
　　四、海洋价值综合利用的前景 ···················· 612
第三节　海洋社会价值综合利用的原则 ················ 615
　　一、指导思想 ·································· 615
　　二、总体思路 ·································· 617
　　三、基本原则 ·································· 620
　　四、战略任务 ·································· 622

> 藏污纳垢　赤潮横流　千般无奈伤人海
> 激浊扬清　生态均衡　万端有志护家园

第二十一章　海洋生态：海洋社会的科学保护 …………… 627
第一节　繁衍不息的海洋社会生态体系 ……………… 627
一、海洋社会生态的大致认知 …………………… 627
二、海洋社会生态体系的基层 …………………… 629
三、海洋社会生态体系的中层 …………………… 632
四、海洋社会生态体系的表层 …………………… 634
第二节　海洋的社会生态尚未充分保护 ……………… 636
一、海洋自然环境日趋恶化 ……………………… 636
二、海洋生态效应严重失衡 ……………………… 638
三、海洋社会活动过度频繁 ……………………… 641
四、海洋生态管理相当滞后 ……………………… 643
第三节　海洋社会生态科学保护的原则 ……………… 645
一、树立人海和谐共进的生态文明观念 ………… 645
二、维护海洋社会生态系统的综合平衡 ………… 647
三、构建海洋社会生态保护的运行机制 ………… 650
四、实现海陆生态的科学协调持续发展 ………… 652

> 高歌人本　全面建设　社会文明日日新
> 感恩海洋　和合共处　环球民生处处兴

第二十二章　海洋建设：海洋社会的以人为本 …………… 657
第一节　应全面认识海洋社会建设体系 ……………… 657
一、对海洋社会建设及其基本体系的界定 ……… 658
二、海洋社会物质文明与精神文明的建设 ……… 663
三、海洋社会政治文明与法制文明的建设 ……… 665
四、海洋社会人种文明与生态文明的建设 ……… 668
第二节　海洋社会的建设尚未充分为人 ……………… 671
一、尚未充分为人的表现之一 …………………… 671

二、尚未充分为人的表现之二 ················· 675
　　三、尚未充分为人的表现之三 ················· 678
　　四、尚未充分为人的总体根源 ················· 680
　第三节　海洋社会建设以人为本不动摇 ············· 684
　　一、坚持海洋社会建设以人为本的全面性 ··········· 684
　　二、坚持海洋社会建设以人为本的系统性 ··········· 688
　　三、坚持海洋社会建设以人为本的持续性 ··········· 690
　　四、坚持海洋社会建设以人为本的和谐性 ··········· 692
后　记 ································· 697

前言:向海洋进军的崭新学科

一

由中国的广东省社会学学会、广东省精神文明学会和广东省社会学学会海洋社会学专业委员会等联合写作,前后历经三年之久,终于完成了《海洋社会学》这部新著。

这部新著写作的起因有五:

一是21世纪的人们,包括中国在内,面临着陆地社会的密植与挤压,无疑需要向辽阔而又生疏的海洋进军,以拓展生存与发展的空间;

二是以往的海洋权益,多为个别霸主所控,这种很不公平的现象,已引起世界海洋国家的觉醒与抗争,并急起改变现有的痼疾;

三是人们对于海洋方面的学术理论研究,总体上还处于发展中状态,尤其从社会学视角探讨海洋奥秘的体系性专著,国内外至今仍为空白;

四是中国的广东省社会学学会于2009年3月成立的海洋社会学专业委员会,虽属国内外首创,但有这个专业委员会的存在却无现成的学科理论的指导,写作此书确系"逼上梁山"之举;

五是中国的广东与两会等同仁既汲喝着中华文化尤其是岭南文化敢于天下先的乳汁,又处于改革开放的前沿阵地,在创设了精神文明学也即意识社会学等基础上,再试创海洋社会学,有些经验可资借鉴……

基于上述原因,课题组通过多种方式,反复研讨海洋社会学涉及的相关论题,并于2009年、2010年和2011年,连续向全国社会学年会相关论坛提交本书的主体观点和全书三级目录,旨在广泛征求意见。

本着"独立之精神、自由之思想"以及"百花齐放、百家争鸣"的方针,呈现在读者面前的《海洋社会学》,其体系构架由22章组成。其中每章三节,每节四目,每目四子目,同时在各章之首以相应的联句为引语,各章之末有相应的参考文献和若干思考题。全书共约66万字。

这种体系构架及具体形式的安排,试图表明本书既是一部海洋社会学的学科性著作,又是一部海洋社会学的实验性教材。

这部海洋社会学学科性著作兼实验性教材所设的22章分为五大部分:第一部分是第一章至第四章;第二部分是第五章至第七章;第三部分是第八章至第十四章;第四分部是第十五章至第十八章;第五部分是第十九章至第二十二章。

二

本书第一部分即第一章至第四章分别指出:时代呼唤使海洋社会学应运而生,海洋社会就是海洋社会学的研究对象,共创和谐凸现了海洋社会学的研究意义,兼收并蓄则是海洋社会学的研究方法。

这一部分的第一章,以"宇宙洪荒,天地混沌,百科不分为一体;乾坤运转,大势趋求,崭新学说初长成"为引联,主要论述海洋社会学孕育的国际背景和中国背景,强调21世纪是海洋的世纪。但人们对海洋的认知还很有限,特别是在海洋社会学学科理论上的探索,也只是近10多年来的事情。从中国现状看,始于海洋史、海洋经济、海洋文化和海洋人群等的研究,海洋社会学的基本概念才被陆续提了出来,海洋社会学的体系构架才被逐步关注起来,海洋社会学相关的研究队伍才被逐步列入议事日程。到目前为止,在中国,杨国桢、庞玉珍、崔凤、张开城、宁波等为代表的学者对海洋社会学的基本界说与体系构架等,都提出过不同程度的见解。这些见解于本书的写作均提供了一定的启发和借鉴。

这一部分的第二章则开宗明义地提出了本书最基本的界说——海洋社会学就是研究海洋社会自身及其与人类共进退的一门分支社会学。这一界说意在说明三点:第一点,海洋社会学必须研究海洋社会自身;第二点,海洋社会学必须研究海洋社会与人类共进退的关系;第三点,海洋社会学是社会学的一门分支学科。

也就是说,海洋社会学不仅要研究海洋社会自身(否则就不是海洋社会学),还要研究海洋社会与陆地社会的依存关系(不然就是孤家寡人的社会学),只有这样的海洋社会学,才是真正意义上的社会学的一门分支学科。

这门分支学科不仅有自己的理论构架与理论体系、相关概念、范畴和规律,也有对这个构架与体系理论的具体应用及其自我完善。[①]

以上述基本界说为前提,旋即论述了海洋社会学所要探讨的四大层次:第一大层次主要研究海洋社会的内在变迁、外在关照和人类属性等及其互动关系;第二大层次主要研究海洋社会与海洋环境、海洋经济、海洋政治、海洋文化、海洋军事、海洋外交和海洋法规等及其互动关系;第三大层次主要是研究海洋社会与海洋个体、海洋群体、海洋组织和海洋社区等及其互动关系;第四大层次主要是研究海洋社会与海洋资源、海洋价值、海洋生态和海洋建设等及其互动关系。[②]

与此同时,本书第一部分的第二章,又将海洋社会学的上述研究对象区分为主轴的历史维度、主轴的重心维度、主轴的主体维度和主轴的实用维度,进一步论述海洋社会学四大层次分属的主轴维度及其凸现的客观规律。

此外,在本书第一部分的第二章中,还从海洋社会学研究对象的总体上,提出和论证海洋社会学总体时空的无限性、总体领域的广袤性、总体人际的趋利性和总体平衡的根本性等全新的概念与范畴,以深化人们对海洋社会学研究对象基本界说的立体和平面、纵横与实质的认知和把握。正所谓:"俯察鱼龙,阔论水域,东南西北收眼底;细品珍奇,宏观海图,经纬纵横布全局。"

本书第一部分的第三章,主要对海洋社会学的研究意义作出初

[①②] 范英:《海洋社会学体系之我见》,《文明与社会》2010年7月号,"2010年中国社会学年会·第一届中国海洋社会学论坛"文集。

步的论述,指出研究海洋社会学,一有利于强化社会学对海洋社会领域的研究力度,力求从以往对海洋社会开展零散的社会学研究逐步走向比较系统的社会学研究,把强化海洋社会学研究看成是自觉迎接海洋世纪的重大责任;二有利于充实人们的海洋意识、海洋观念、海洋视野和海洋理论;三有利于人们深入探索海洋社会、深入发现海洋社会、深入把握海洋社会和深入建设海洋社会。在这里,本书对海洋意识、海洋观念、海洋视野和海洋理论等基本概念作了一家之言的界定,同时提出了探索、发现、把握与建设和谐海洋社会的基本用语。正所谓:"汹涌激荡,万源归宗,恶浪过后复平和;浅酌酣饮,仰天长笑,歊风拂处沐春青。"这就是说,海洋社会尽管复杂多变,但人是可以逐步认识它的,认识它的目的、研究它的目的,就是要寻求海洋社会的和谐状态。

本书这一部分的第四章,讲的是海洋社会学的研究方法,提出一要注重植入社会学研究的适用方法;二要广泛吸纳众学科的有用方法;三要逐步形成有海洋社会学自身特色的致用方法。概而言之,用马克思主义的方法来研究海洋社会学是项新的课题。这并不排斥社会学研究和其他学科研究的适用方法和有用方法。也只有把马克思主义的方法和社会学研究等方法有机地沟通起来,并在海洋社会学的长期研究实践中不断探索,有自身特色的致用方法才能逐步形成。在这里,搬弄社会学原有的某些洋教条,于建设中国特色、中国气派、中国风格的海洋社会学并没有多少用处。一句话:兼收并蓄是唯一的出路。在这里,本书提出的海洋社会学的致用方法——宏观、中观、微观和综观等四大层面的研究方法,也只是一种尝试。正所谓:"欲善其事,先利其器,磨刀不误砍柴工;有容其大,必纳其细,学科方祈创新风。"

三

本书第二部分即第五章至第七章,分别论述了海洋社会的内在变迁、海洋社会的外在关照和海洋社会的人类属性及其与海洋社会的互动关系。这是海洋社会学研究对象界定的四大层次中的第一大层次、研究对象主轴的四大维度中的第一大维度——历史维度。

这一部分的第五章,专门阐析海洋社会的内在变迁——海洋社会现象与海洋社会结构等发生、发展和变化的历史过程及其结果。海洋社会发生的自然图像、社会背景、史前遗迹以及奇异史例,海洋社会发展的历史进程、重要史实、所具特色以及重大功效,海洋社会当代的经济看点、海权搏弈、生态需求以及领跑未来的责任,本章均作了力所能及的论说,正所谓:"长空漠漠,星转斗移,嫦娥吴刚觅奥秘;史河绵绵,浪起波复,沧海桑田说巨变。"当然,对于源远流长的海洋社会的内在变迁史进行科学的、系统的研究非常必要,但本书的责任仅限于上。

这一部分的第六章,专门阐析海洋社会的外在关照——海洋社会与陆地社会这一外在者之间的相互关联及其结果。海洋社会与陆地社会的关系,实际上是兄弟之间的手足关系:其生同源——同是人类社会发展的必然产物;其身同责——同是分担人类社会的责任;其成同道——同在人类社会发展过程中成长;其谊同胞——同是人类社会不可或缺的存在。这种兄弟之间的手足关系唇齿相依,互存、互补、互促、互进与互荣,对此均作了初步的论述。正所谓:"兄弟缘分,荣辱与共,水陆何曾分彼此?日月同辉,唇齿相依,山海原本为一家。"当然,对海洋社会与陆地社会的关系史进行科学的、系统的研究非常必要,但本书的责任仅限于上。

这一部分的第七章,专门阐析海洋社会的人类属性——海洋社会同陆地社会一样具有人类的自然属性、社会属性以及两性的合一。人是社会的主体。海洋社会如同陆地社会一样,作为社会主体的人都有他的自然属性、社会属性和两性合一的根本质点。这是本书首次提出的看法。同时认为,海洋社会的自然属性,是指人类在海洋社会中,以海洋作为其主要生活资源并以此生存的本能的特性。这种特性与海洋的自然地理形态、人化自然形态以及自然规律的影响息息相关。而海洋社会的社会属性则是指海洋社会中人与人通过劳动建立起来的生产、分配、交换和消费等关系,以及由海洋崇拜、海洋文化等组成的意识范畴。正所谓:"四面八方,劳心劳力,海人共具社会性;七情六欲,为食为渴,世间同类天使然。"本章在分析海洋社会人类属性中的自然属性与社会属性基础上,认为海洋社会的人类属性之美,就在于它的自然属性与社会属性的交合升华。

这一部分的上述三章表明:研究海洋社会,必须大致了解海洋社会发生、发展的历史和在当代的状况,同时要大致了解海洋社会与陆地社会之间与时俱来的共存共荣的相互关系,还要大致了解海洋社会与陆地社会共有的人类属性,这种属性虽有不同的、具体的表现形态,但从本质上讲,自然属性和社会属性不论海洋社会还是陆地社会,都是相通相连的。

在以往许多人眼中,地球上只有陆地社会的存在,陆地社会发生、发展的历史和在当代的状况完全代替了人类社会发生、发展的历史和在当代的状况,人类属性似乎也只是陆地社会的专利与特权。但在海洋社会学研究对象界定的第一大层次和主轴的第一大维度中,可说是完全颠覆了上述观点。地球不只可称为"地球",也可称为"水球",陆地社会的内在变迁及其人类属性是不能代替海洋社会的内在变迁与人类属性的,从而还原了人类社会的整体构成和海洋社会相对独立的地位。本书就是以这样的认知来论说海洋社会的内在变迁、外在关照与人类属性的。也因此,海洋社会才能作为社会学专门研究的对象之一,才能在这一前提下,对海洋社会的各种构成元素作出相应的探讨,并形成海洋社会学必须研究的重要内容。

四

本书第三部分即第八章至第十四章,分别研究了海洋环境、海洋经济、海洋政治、海洋文化、海洋军事、海洋外交和海洋法规及其与海洋社会的互动关系。这是海洋社会学研究对象界定的第二大层次和主轴的第二大维度——重心维度。

这一部分的第八章,专门论述海洋环境与海洋社会的互动关系。海洋社会是由诸多因素构成的,每个因素的特性都表现着海洋社会的共性。从这个角度上说,海洋社会就是海洋环境的社会。海洋环境就是海洋社会的生力摇篮。正所谓:"摇橹作笔,玄机映日,画成生猛新世界;把海为家,极目苍天,铸就历代弄潮儿。"关于海洋环境的基本类型,我们认为主要包括海洋自然环境、海洋社会环境和海洋人工环境。这三种类型各有自己的具体展示,呈现出各自的个性特色,并对海洋社会产生基本功用、延伸功用、高级功用和深层功用等。

这一部分的第九章,专门论述海洋经济与海洋社会的互动关系。可以说,海洋社会就是海洋经济的社会。由海洋经济的主要地位决定,世界一些国家包括中国在内,对海洋经济这一概念已有过相当的研究。我们认为,海洋经济是海洋社会的物力根基,是海洋社会生产、交换、分配和消费活动的总和,是人类社会经济总体的主要组成部分。其基本类型可分为历史发展形态、空间地理形态和研究范围形态等三种。海洋经济对海洋社会的国内生产总值、就业、外交和文化等方面的功用是相当巨大的。正所谓:"耕牧蓝绿,变咸为甜,收获财富养人类;经略水天,化弊成利,积聚能量强物基",是人们研究海洋经济的经济权益所在。

这一部分的第十章,专门论述海洋政治与海洋社会的互动关系。我们认为,海洋社会就是海洋政治的社会。海洋政治就是海洋社会的权力指向,即世界海洋国家之间有关海洋权益的决策及执行并相互影响的政治活动的总和。本章对海洋政治的形成、海洋政治的核心和海洋政治的争斗作了简述之后,把海洋政治大致分为古代海洋政治和近现代海洋政治两大基本类型和若干基本特征,同时指出海洋政治在影响整个人类生存空间、影响具体国家以及普及海洋意识等方面对海洋社会均具巨大的社会功用。正所谓:"飞龙翔空,游鱼潜渊,无边海疆作舞台;执政行权,保民安邦,运筹帷幄定乾坤",是人们研究海洋政治的政治权益所在。

这一部分的第十一章,专门论述海洋文化与海洋社会的互动关系。我们认为,海洋社会就是海洋文化的社会。海洋文化就是海洋社会的智力聚焦,即人类认识、把握、开发、利用海洋、调整人海关系实践中形成的精神成果的总和。本章在论述海洋文化的发生、嬗变之后,将海洋文化分为海洋物质文化、海洋制度文化、海洋精神文化和海洋行为文化等基本类型,同时提出海洋文化是由海洋文化元素、海洋文化丛、海洋文化层、海洋文化圈等大致组成,并各具相应的特征和对海洋社会发生重要的社会功用。正所谓:"云蒸霞蔚,五彩斑斓,虹浪连地开艳葩;风奇俗异,渔歌悠扬,信仰精神寄海魂",是人们研究海洋文化的文化权益所在。

这一部分的第十二章,专门论述海洋军事与海洋社会的互动关系。我们认为,海洋社会就是海洋军事的社会。海洋军事就是海洋社会的武力后盾。本章概述了世界及中国的海洋军事历史与战略,就海防是海洋国家的"长城"、海权是海洋军事的核心、海战是海洋军事的搏斗这些重要命题作了初步探讨,同时将海洋军事分为全球型国家海洋军事、亚球型国家海洋军事、地区型国家海洋军事、区域型国家海洋军事等基本类型,并对这些类型的主要特征作了概说,强调了海洋军事对海洋社会具有的维护海上政治安全、维护海上经济安全、维护海上公共安全和维护海上军事安全等的独特功用。正所谓:"曾几何时,逞强凌弱,血战原本争是非;如今备武,应作后盾,唯和才算真本心",是人们研究海洋军事的军事权益所在。

这一部分的第十三章,专门论述了海洋外交与海洋社会的互动关系。我们认为,海洋社会就是海洋外交的社会。海洋外交就是海洋社会的和力桥梁,即通过外交手段和途径处理国家间海洋事务、开展海洋事务各领域的沟通交流等活动的总和。本章对世界及中国海洋外交史作了概说,把海洋外交划分为主体维度、内容维度、目的维度和特殊维度等基本类型。其中主体维度的海洋外交主要指官方、半官方、民间的海洋外交;内容维度的海洋外交主要指海洋经济、政治、文化的外交;目的维度的海洋外交主要指友好型、合作型、防御型海洋外交;特殊维度的海洋外交主要指军事方面的海洋外交。这些类型各具相对的主要特征与重要的海洋社会功用。正所谓:"海水引路,传递情谊,南天北地友多怜;海船下聘,播撒文明,东成西就桥益坚",是人们研究海洋外交的外交权益所在。

这一部分的第十四章,专门论述海洋法规与海洋社会的互动关系。我们认为,海洋社会就是海洋法规的社会。海洋法规就是海洋社会的制力天平,既包括国际海洋法规,又包括各国国内制约海洋社会的相关法规在内。本章对国际海洋法规和中国海洋法规及其演进均作了初步概说,从立法机构、立法层面、立法内容和立法动机等方面分别划分和阐析海洋法规的基本类型与主要特征,并论述了海洋法规对海洋社会在维护国际和平、捍卫海洋权益、保卫海洋安全、解决海洋争端方面的政治功用,在促进海洋经济发展、维护海洋经济秩序、护卫海洋各种资源、保卫海洋生态环境方面的经济功用和文化等方面的重大功用。正所谓:"设定方圆,制海衡洋,万邦乐见升平景;扶桑旭日,朗月疏桐,法规终显艳阳天",是人们研究海洋法规的法规权益所在。

从上可知,这一部分的第八章至第十四章,作为海洋社会学研究对象界定的第二大层次和研究对象主轴的重心维度,包括海洋环境、海洋经济、海洋政治、海洋文化、海洋军事、海洋外交和海洋法规等,是海洋社会的主要范畴和主要领域,是支撑海洋社会大厦的主要骨架。海洋社会的诸多现象都与它们息息相关。离开这些海洋社会的主要现象,不深入到这些社会现象之中,海洋社会学的研究便是非常贫乏无力的。这如马克思的政治经济学大作《资本论》所言,"它虽然讲的是社会资本,但陆地社会、海洋社会的环境、经济、政治、文化、军事、外交、法规等无不综纳其内而合为大成,因有世人称其又是社会学巨著之谓。"①

前述海洋社会的主要范畴和领域,不仅支撑起海洋社会学的大厦,成为海洋社会学研究主轴的重心维度,而且还以母体之责,为孕育海洋环境社会学、海洋经济社会学、海洋政治社会学、海洋文化社会学、海洋军事社会学、海洋外交社会学和海洋法规社会学等子学科预留了广阔的空间。正如海洋社会学不能跳过社会学一样,海洋环境社会学等也绝不可能跳过海洋社会学。在海洋社会学尚未成形之前,谈论任何海洋环境社会学等都只是一种臆想。

不过现有的一些社会学者,他们在研究社会现象时,却常常丢掉社会的环境、经济、政治、文化、军事、外交和法规等这些构成社会的主要骨架和重要范畴领域,而停留在某些所谓社会学权威既定的框框里。这实在不是社会学的前进而是社会学的后退,起码是对作

---

① 范英:《海洋社会学体系之我见》,《文明与社会》2010年7月号,"2010年中国社会学年会·第一届中国海洋社会学论坛"文集。

为社会学巨著的《资本论》问世之后的后退。有鉴于此,在海洋社会学研究之始,把被一些社会学者们丢弃的主要骨架和主要范畴领域重拾与归位,是完全必要的。不然,既不可能充分发挥社会学在海洋社会学中更好的指导作用,更不可能发挥海洋社会学对海洋社会更好的指导作用。

五

本书第四部分即第十五章至第十八章,分别对海洋个体、海洋群体、海洋组织和海洋社区及其与海洋社会的互动关系作了探讨。这是海洋社会学研究对象界定的第三大层次和主轴的第三大维度——主体维度。

这一部分的第十五章,专门探讨海洋个体与海洋社会的互动关系。正所谓:"巍巍高山,茫茫大海,抔土杯水成伟岸;粒粒细沙,株株小草,滴浪只鱼竞自由。"我们认为,海洋社会就是海洋个体的社会。海洋个体就是海洋社会的有机细胞,即在海洋社会中实际生活着的具体的、现实的个人。本章对海洋个体的形成发展、海洋个体的本质属性作出初步阐析之后,把海洋个体分为依赖型、实用型和征服型三大个性类型,各大个性类型又细分为若干方面。这些类型既有各自的特征又有共同的特征。同时指出海洋个体对海洋社会的功用方面,一表现为海洋个体是海洋社会存在的前提;二表现为海洋个体创造了海洋社会的历史;三表现为海洋个体影响着海洋社会的现实;四表现为海洋个体造就着海洋社会的文化等。

这一部分的第十六章,专门探讨海洋群体与海洋社会的互动关系。正所谓:"血缘地缘,友缘业缘,无缘岂能聚众群;海阔洋阔,力阔智阔,舍我其谁主沉浮?"我们认为,海洋社会就是海洋群体的社会。海洋群体就是海洋社会的天然主宰,是直接或间接地以海谋生的人群。本章对海洋群体在远古、中古、近代和当代的历史行程与四维张力——群体的认同力、凝聚力、爆发力和探索力等作出初步论析后,即对海洋群体的类型之一——疍民家庭与直系血亲、渔民村落与旁系血缘、海洋社区与旁系血缘、海洋族群与混血血统;类型之二——地中海海洋族群、阿拉伯海洋族群、南洋海洋族群、东海海洋族群；类型之三——第一产业群体、第二产业群体，第三产业群体、第四产业群体及其基本特征等展开探讨。同时论述了海洋群体在创造丰富的海洋物质财富、斑斓的海洋精神文化和推进海洋世界的文明交流等方面重大的社会功用。

这一部分的第十七章，专门探讨海洋组织与海洋社会的互动关系。正所谓："织网捕鱼，宏开利路，战风斗浪作底蕴；习俗传统，拥爱神器，漂洋过海达和昌。"我们认为，海洋社会就是海洋组织的社会。海洋组织就是海洋社会的公共用器，是涉海人群彼此协调与联合起来的社会团体的总和。本章初步阐析海洋组织形成发展的历程。研究了海洋组织的基本类型之一的功能目标型——经济生产型、政治目标型、社会整合型、模式维持型；之二的受惠对象型——互惠型、服务型、经营型、公益型；之三的权力控制型——强制型、功利型、道德型、神明型等及其主要特征。论述了海洋组织的基本功能——实现组织整合、体现效率追求、满足成员需求、实现组织目标；拓展功能——强化认同、应对挑战、完善制度、协商矛盾；潜在功能和发展走向等。

这一部分的第十八章，专门探讨海洋社区与海洋社会的互动关系。正所谓："红日沉西，满船丰喜，渔翁戴月舞归途；炊烟漫户，鼎铛飘香，百鸟敛翅暖爱巢。"我们认为，海洋社会就是海洋社区的社会。海洋社区就是海洋社会的栖息家园，是依托于海洋的社会共同体，是海洋社会的核心表征和缩影。本章探讨了世界或中国陆地社区与海洋社区的异同，探讨了海洋社区的基本类型之一的功能差异型——海洋渔业社区、海洋旅游社区、海洋工业社区、海洋军事社区；之二的发展程度型——发展状况、人口状况、组织状况、环境状况；之三的地理位置型——沿海社区、海岛社区、渔村社区、轮艇社区，以及这些类型的基本特征。探讨了海洋社区激发海洋社会各业繁荣、夯实海洋社会基础工程、维护海洋社会民生权益、迎接海洋社会美好明天等重大功用。

从上可知，这一部分的第十五章至第十八章所论的海洋个体、海洋群体、海洋组织和海洋社区及其与海洋社会的互动关系，即海洋社会与研究对象界定的第三大层次与研究对象主轴的主体维度，是以海洋社会学研究对象界定的第二大层次与研究对象主轴的重心维度作基础的。也就是说,人是离不开海洋的,要探讨海洋社会学关于人与社会和自然之间的人海互动关系,必须对人所置身的自然与社会状况包括环境、经济、政治、文化、军事、外交和法规等方面先行认知,才更有利于对人的研究、对主体——海洋个体、群体、组织和社区方面的探讨。因此,这两大层次的先后安排不能随意颠倒,是由其人海关系的内在逻辑使然。

  同时还可看到,这两大层次又是相互勾连的。特别是表现在本书对海洋社会这一基本概念的表述无疑使这两大层次连成一体。在第二大层次中,本书认为海洋社会就是海洋环境的社会、海洋经济的社会、海洋政治的社会、海洋文化的社会、海洋军事的社会、海洋外交的社会和海洋法规的社会等,而在第三大层次中,本书并未停留地指出海洋社会就是海洋个体的社会、海洋群体的社会、海洋组织的社会和海洋社区的社会等。这可从个别到一般、从分散到总体地认知海洋社会这一基本概念。借此也无疑使第二大层次与第三大层次自然地合二为一。

  与此相关,在第二大层次中,本书认为:海洋环境就是海洋社会的生力摇篮、海洋经济就是海洋社会的物力根基,海洋政治就是海洋社会的权力指向,海洋文化就是海洋社会的智力聚焦,海洋军事就是海洋社会的武力后盾,海洋外交就是海洋社会的和力桥梁,海洋法规就是海洋社会的制力天平等,同时在第三大层次中又认为海洋个体就是海洋社会的有机细胞,海洋群体就是海洋社会的天然主宰,海洋组织就是海洋社会的公共用器,海洋社区就是海洋社会的栖息家园等,这也无疑表明:作为海洋个体、群体、组织和社区的海洋社会学研究对象界定的第三大层次与主轴的主体维度,其有机细胞、天然主宰、公共用器和栖息家园的机理,只有融入到海洋的环境、经济、政治、文化、军事、外交和法规等所分别标示的生力摇篮、物力根基、权力指向、智力聚焦、武力后盾、和力桥梁与制力天平等氛围中才能凸显。舍此则属缘木求鱼,海洋社会学企想研究的任何一个问题都必然落空。

六

　　本书的最后一部分即第五部分包括从第十九章至第二十二章,分别对海洋资源、海洋价值、海洋生态和海洋建设及其与海洋社会的互动关系进行了论说。这是海洋社会学研究对象界定四大层次的最后一大层次,也是其主轴四大维度的最后一大维度——实用维度。

　　这一部分的第十九章,专述海洋资源与海洋社会的互动关系。由于丰富多彩的海洋社会潜藏着丰富多彩的海洋资源,因此要研究海洋社会资源体系这一基本内容。我们认为,所谓海洋社会资源体系,是指存在于海洋环境中可被人类利用的物质、能量、空间等一切资源的集合体。它既有自然特性,也有社会特性,是两种特性的有机统一。根据已有的研究,本书在综观海洋社会资源体系七大种类的基础上,指出了进一步完善这些分类的若干建议,同时对现有各种类海洋社会资源的主要特点,世界和中国海洋社会资源及其开发的状况和存在的主要问题,均作了初步的论介,并提出海洋社会资源全面开发的系统性原则、持续性原则、科技性原则与和谐性原则。总之,丰富多彩的海洋社会资源等待着人们的全面开发,正所谓:"龙子敬茶,龙女送花,龙王折腰迎海客;龙母呈图,龙祖坦言:'龙宫藏宝献世人'"——这既是种美妙的神话,又是现实与未来的美好希望。

　　这一部分的第二十章,专述海洋价值与海洋社会的互动关系。丰富多彩的海洋社会资源决定着弥足珍贵的海洋社会价值,因而要研究海洋社会价值体系这一基本内容。我们认为,所谓海洋社会价值体系,是指海洋以自有的资源和条件等自身属性为依托并能满足人类一定需要的价值总和。其内容是无所不包的,本书则主要论述它的经济价值、军事价值、科研价值和生态价值等。时至今天,人们对海洋社会价值的认识尚处于初级阶段,对海洋社会价值的利用尚待充分把握。为此而提出对海洋社会价值深化认识和综合利用的基本方略,包括指导思想、总体思路、基本原则和战略任务等方面的初步设想。正所谓:"珊瑚比肩,巨珠盈握,道不尽价值连城;家国得利,世代获益,数不完综合奇功",这是人们对海洋社会价值的一种形象比喻和价值的总体评价。

　　这一部分的第二十一章,专述海洋生态与海洋社会的互动关系。如同陆地社会一样,海洋社会也面临人口、环境和资源等这些涉及生态范畴的重大课题,因而要研究海洋社会生态体系这一基本内容。我们认为,所谓海洋社会生态体系,是指海洋生态与海洋社会生态各自平衡和全局平衡的有机系统。海洋社会生态体系大致可分为:基层——海洋社会自然环境要素、自然物质要素、自然生物要素;中层——海洋社会生物群落的物质循环、能量流动;表层——海洋社会人文生态要素、生态互存、生态互制与生态互促。从世界总体情况看,海洋自然环境日趋恶化,生态效应严重失衡,社会活动过度频繁,生态管理相当滞后。海洋的社会生态尚未得到充分保护。因此,树立人海和谐共进的生态文明观、维护海洋社会生态系统的综合平衡、构建海洋社会生态保护的运行机制、实现海陆生态的科学协调持续发展是今后世界人们的重任。总之,从"藏污纳垢,赤潮横流,千般无奈伤人海"的状况,到"激浊扬清,生态均衡,万端有志护家园"的结果,海洋生态的根本变化将会给人类带来更大的福荫。

　　这一部分的第二十二章,也即本书的最后一章,专述海洋建设与海洋社会的互动关系。认识海洋为的是利用、保护和建设海洋。建设海洋的根本目的就是为了人类的生存与发展,"以人为本"是天经地义。前面已经用了相当多的笔墨来论说认识海洋社会的奥秘,本章则集中地论说海洋社会建设的相关问题。这就必须弄清楚海洋社会建设及其体系的内容。我们认为,人类的社会建设,是由社会主体对自己所处的整个社会及其各个领域的文明状态不断更新、促进人类社会全面进步的过程。这个过程也即人类对自己所处的整个社会及其各个领域的文明状态进行交错综合的以人为本的实践。也就是说,人类社会文明主要包括物质文明、政治文明、精神文明、生态文明、法制文明和人种文明等六大文明的建设。[①] 而海洋

---

　　① 关于"六大文明"建设的系统观点,是范英从 20 世纪末起就一直研究、使用的,在他主编的中国精神文明学大型丛书的系列著作均有所论。

社会建设与陆地社会建设一样,都是人类的社会建设。以此为据,本章分别论述了海洋社会建设中的物质文明、政治文明、精神文明、生态文明、法制文明和人种文明建设的相关内容,同时对上述海洋社会建设中尚未充分为人的主要问题作了疏理后,分析其总体根源——历史根源、现实根源、客观根源和主观根源等。最后强调在海洋社会建设中要以人为本不动摇:一必须坚持海洋社会建设以人为本的全面性;二必须坚持海洋社会建设以人为本的系统性;三必须坚持海洋社会建设以人为本的持续性;四必须坚持海洋社会建设以人为本的和谐性。本章用"高歌人本,全面建设,社会文明日日新;感恩海洋,和合共处,环球民生处处兴"为意境,寄托了本书作者们对试创海洋社会学这一新兴学科的衷心祝愿。

从上述这一部分的第十九章至第二十二章的大致观点可以看到,海洋社会学研究对象界定的第四大层次和主轴的第四大维度,都是前面三大层次和三大维度的落脚点和归宿。我们认为,前面三大层次研究对象的界定和三大维度的主轴,分别从海洋社会的内在变迁、外在关照和人类属性及其展示的历史维度讲起,到海洋社会的环境、经济、政治、文化、军事、外交和法规这些基本领域及其展示的重心维度,再到海洋社会的个体、群体、组织和社区这些凸现人的因素及其展示的主体维度,归根结底就是要由最后一个层次和展示其实用维度的这一部分为宗旨、为焦点。因此,海洋社会学的初步构建,尽管在学科理论上必然存在许多缺陷,需要今后不断深化、完善,需要中外热心学者的长期共同奋斗,但在注重学科构建以人为本的实用性方面,则是不可随意削弱、不可随意丢弃的终极关怀。

七

为方便读者更加一目了然地把握全局,现将上述全书第一章至第二十二章五大部分所论的海洋社会学的基本脉络试作下表所示:

海洋社会学研究对象简表

海洋社会学的主轴	海洋社会学研究对象 它是研究海洋社会自身及其与人类共进退的一门分支社会学			海洋社会学的总体
历史维度	第一层次	1	主要研究海洋社会的内在变迁及其互动关系	时空的无限性·领域的广袤性·人际的趋利性·平衡的根本性
		2	主要研究海洋社会的外在关照及其互动关系	
		3	主要研究海洋社会的人类属性及其互动关系	
重心维度	第二层次	4	主要研究海洋社会与海洋环境及其互动关系	
		5	主要研究海洋社会与海洋经济及其互动关系	
		6	主要研究海洋社会与海洋政治及其互动关系	
		7	主要研究海洋社会与海洋文化及其互动关系	
		8	主要研究海洋社会与海洋军事及其互动关系	
		9	主要研究海洋社会与海洋外交及其互动关系	
		10	主要研究海洋社会与海洋法规及其互动关系	
主体维度	第三层次	11	主要研究海洋社会与海洋个体及其互动关系	
		12	主要研究海洋社会与海洋群体及其互动关系	
		13	主要研究海洋社会与海洋组织及其互动关系	
		14	主要研究海洋社会与海洋社区及其互动关系	
实用维度	第四层次	15	主要研究海洋社会与海洋资源及其互动关系	
		16	主要研究海洋社会与海洋价值及其互动关系	
		17	主要研究海洋社会与海洋生态及其互动关系	
		18	主要研究海洋社会与海洋建设及其互动关系	

从上简表可以看到:本书对海洋社会学研究对象的探讨特别重视四大层次、18种互动关系。这种系统的、客观的互动关系,有如戴维·波普诺对社会学所下的界说——"社会学是对人类社会和社会互动进行系统、客观研究的一门学科。"[1]当然,海洋社会学研究对象四大层次的18种系统的、客观的互动关系是作为主题来看的,此外

---

[1] [美]戴维·波普诺:《社会学》,李强等译,中国人民大学出版社1999年版,第3页。

还有由此形成的犬牙交错的各种细项、专项或延伸范畴的互动关系,也是很系统、很客观的,但只能居于次题。不是说居于次题的东西不重要,而是说居于主题的东西是根本。因为主题明确了、立定了,次题才能有所依附和变通之宜,才能不断丰富和完善海洋社会学自身及其各子体系、充分发挥海洋社会学自身及其各子体系的功用。所以说,海洋社会学只是研究海洋社会的主题所在、根本所在和一般所在,而不是芝麻绿豆式的、眉毛胡子一把抓。这是必须申明的基本观点。

章引:蓝色的奥秘

俯瞰环球,唯见蓝色,即海洋是也。海洋与海洋社会的诸多奥秘,如强大的磁铁吸引着人们去探究。试看今日之世界,海洋强国之美梦,已成人心之所向。是故,近作海洋社会学之新说,旨在为世人求福而尽微力,其各章之要义,则以22首联句逐次为引。

宇宙洪荒　天地混沌　百科不分为一体
乾坤运转　大势趋求　崭新学说初长成

俯察鱼龙　阔论水域　东南西北收眼底
细品珍奇　宏观海图　经纬纵横布全局

汹涌激荡　万源归宗　恶浪过后复平和
浅酌酣饮　仰天长笑　歃风拂处沐春青

欲善其事　先利其器　磨刀不误砍柴工
有容其大　必纳其细　学科方祈创新风

长空漠漠　星转斗移　嫦娥吴刚觅奥秘
史河绵绵　浪起波复　沧海桑田说巨变

兄弟缘分　荣辱与共　水陆何曾分彼此
日月同辉　唇齿相依　山海原本为一家

四面八方　劳心劳力　海人共具社会性

七情六欲　　为食为渴　　世间同类天使然

摇橹作笔　　玄机映日　　画成生猛新世界
把海为家　　极目苍天　　铸就历代弄潮儿

耕牧蓝绿　　变咸为甜　　收获财富养人类
经略水天　　化弊成利　　积聚能量强物基

飞龙翔空　　游鱼潜渊　　无边海疆作舞台
执政行权　　保民安邦　　运筹帷幄定乾坤

云蒸霞蔚　　五彩斑斓　　虹浪连地开艳葩
风奇俗异　　渔歌悠扬　　信仰精神寄海魂

曾几何时　　逞强凌弱　　血战原本争是非
如今备武　　应作后盾　　唯和才算真本心

海水引路　　传递情谊　　南天北地友多怜
海船下聘　　播撒文明　　东成西就桥益坚

设定方圆　　制海衡洋　　万邦乐见升平景
扶桑旭日　　朗月疏桐　　法规终显艳阳天

巍巍高山　　茫茫大海　　抔土杯水成伟岸
粒粒细沙　　株株小草　　滴浪只鱼竞自由

血缘地缘　　友缘业缘　　无缘岂能聚众群
海阔洋阔　　力阔智阔　　舍我其谁主沉浮

织网捕鱼　　宏开利路　　战风斗浪作底蕴
习俗传统　　拥爱神器　　漂洋过海达和昌

红日沉西　满船丰喜　渔翁戴月舞归途
炊烟漫户　鼎铛飘香　百鸟敛翅暖爱巢

龙子敬茶　龙女送花　龙王折腰迎海客
龙母呈图　龙祖坦言　龙宫藏宝献世人

珊瑚比肩　巨珠盈握　道不尽价值连城
家国得利　世代获益　数不完综合奇功

藏污纳垢　赤潮横流　千般无奈伤人海
激浊扬清　生态均衡　万端有志护家园

高歌人本　全面建设　社会文明日日新
感恩海洋　和合共处　环球民生处处兴

宇宙洪荒　天地混沌　百科不分为一体
乾坤运转　大势趋求　崭新学说初长成

第一章　时代呼唤：海洋社会学应运而生

　　海洋与人类的生存、发展息息相关。在历史演进的漫长岁月中，人类不屈不挠地向海洋进军，形成了丰富多彩的涉海行为和海洋社会人文模式。涉海行为的久远、海洋世纪的进程、海国图强的追求、社会之学的春天共同构成了海洋社会学应运而生的时代背景。作为对海洋世纪的回应，学界就相关学科、理论、问题意识和发展思路进行了艰苦卓绝的初步准备，从客体、系统、行动等角度初步思考了海洋社会学学科的基本架构，以涉海人群的社会行为为基本对象的海洋社会学已初现雏形。

第一节　海洋社会学孕育的时代背景

　　人类从远古的涉猎、古代的开拓到现代的开发和当代的深化，积淀了大量的海洋实践认知。21世纪是海洋世纪，海洋为人类提供了发展贸易往来、获取资源禀赋、拓展居住空间、走向立体生存的希望。中国社会正积极融入世界的海洋开拓行列中，与海洋世纪遥相呼应，海洋社会学呼之欲出。

一、涉海行为的久远

　　人类的涉海行为有着久远的历史。古代的海洋国家，都有依据自然环境促成航海贸易，发展涉海生计，形成海洋社会的事实。各国海洋发展侧重、速度、领域等向外用力程度的不同，形成了不同的模式。15—16世纪之交，西方国家开始进入"大航海时代"之时，东方的中国却还在"开海"与"禁海"中徘徊。20世纪,东西方国家进入海洋世纪,形成了全面开发利用海洋的生存模式。

(一)远古的涉猎

海洋是人类生命的源头,在人类文明诞生及其发展历程中占据着极其重要的地位。人类文明进程洋溢着海洋气息,呈现着鲜明的海洋特征。远古人类在进入农耕文明之前,就已经以海为生,初步探索海洋,形成了渔猎文明。

例如中国这样的陆海兼有的国家,古地质学的研究早已揭示,欧亚大陆板块的东部与太平洋板块交汇的沿海陆地变动显著,以至于中国远古的北京山顶洞人(距今约18000年)、山东龙山人(距今约6000年)、浙江河姆渡人(距今约7000年),皆依山傍海而居。作为中华民族祖先的沿海地区的"贝丘人",在向海洋索取饮食生活时,形成了贝丘文化。① 如果从中国古代沿海渔民兴渔米之利、舟楫之便计起,中国人对海洋的人文探索便早已有之。

涉海生存,在世界其他文明地区也有着久远的历史。以古希腊、古罗马为代表的"地中海文明"和"地中海繁荣",亦开展了丰富的涉海生计。古希腊所在的地中海各国资源贫乏,沿岸背山而海,海岸平原狭窄,气候水热不同季,不利于农业发展,却因海域不大、半岛延伸、岛屿密布,而利于航海,较早地享有了舟楫之便和贸易往来,海洋商业文化有了充分发展。

(二)古代的开拓

人类依托海洋、探索海洋的生计活动在历史进程中渐趋兴盛。如在古代中国自秦汉以来,沿海地区民间社会就兴起了以海为田、经商异域的海洋社会活动,闻名于世的"海上丝绸之路"便是最好的明证。古代中国涉海行为突出了靠海、吃海、用海,努力开发海洋资源,发展广义的海洋农业(海洋捕捞、海水养殖、海洋盐业等),发展沿海农业经济区。

欧洲人则形成了海洋商业传统,且不说公元前后航行于爱琴海的希腊航海家,财富的追求与掠夺、贸易的往来与扩展,将海洋商业

---

① 钟礼强:《论福建贝丘遗址先民的社会经济》,《中国社会经济史研究》1999年第2期。

传统从地中海扩展到了大西洋西海岸。海盗式的涉海开拓贯穿了大航海时代。海洋地理知识和航海技术的认知发展,引发了欧洲文艺复兴运动,在地中海沿岸最早产生了资本主义生产关系的萌芽。欧洲的航海大冒险,探索新大陆、新航线,使大西洋沿岸地区成为新的商贸和经济中心。这给欧洲商业贸易带来了空前的繁荣,为欧洲工业革命的兴起创造了充分的条件,创造了"大西洋时代"[①]的基础。

(三)现代的开发

人类从海洋走向陆地,又从陆地重新走向海洋。在对利益的追逐下,曾经孕育生命、创造文明的海洋成了人类新的角斗场。随着社会的发展和科学技术的进步,这种争夺愈演愈烈。几个世纪以来,殖民主义者为了掠夺财富,总是竭尽全力获得海洋霸权,西班牙、葡萄牙、荷兰、英国、法国、德国等大国崛起,皆寻求建立起海洋强国。

人类的涉海行为,从远古的以渔盐、采摘等涉海生计为主要内容,转化为资源、交通、利润等为主要内容的涉海开发。崛起与衰亡、抗衡与吞并、勾结与争斗、独霸与群霸,构成了一部硝烟滚滚的海洋开发和争霸史,构成了一部不同发展方式和发展进程的国家间的对立与冲突。

(四)当代的深化

在海洋秩序的建立过程中,人类的涉海行为进入到全面开发海洋的阶段。人类通过海洋开发,把海洋的潜在价值转化为实际价值,形成了涉海人群开发海洋生物资源、海底矿产资源、海水化学资源、海洋再生能源、海洋空间和海洋环境保护等的涉海行为。自20世纪60年代以来,人类涉海行为规模不断扩大,领域从浅海向深海延伸。30年来,人类在海底油气开采、深海矿产资源勘探和评估、海水增养殖、海底隧道及海上人工岛等一类的海洋空间利用方面取得了举世瞩目的成就。人们预言,21世纪将是海洋世纪。

海洋社会学,回应了人类涉海行为从海洋渔猎,到海洋农业,再到海洋工商的历史的久远和内容的变革。海洋世纪的到来,全面拓展了

[①] 何芳川:《关于"地中海时代——大西洋时代——太平洋时代"的提法》,《哲学动态》1995年第9期。

人类涉海行为的内容与形式,需要学界进行认真的分析与评价。

二、海洋世纪的到来

海洋与人类有密切的关系,其所具有的潜在巨大经济利益和价值目标已引起人们的重视。21世纪人类已迎来开发海洋、利用海洋的新时代,海洋成了人类在新世纪发展贸易往来、获取资源禀赋、拓展居住空间、走向立体生存的希望所在。开发、利用和保护海洋,成为海洋世纪人类社会追求进步和跨越的主要方向。

(一)贸易往来

海洋不适宜于人类居住,但对政治经济发展具有极重要的作用。舟楫之便促进不同国家和地区间的、甚至一国之内的贸易往来。如中国的海洋贸易早在东汉时期,就开辟了经云南西部到缅甸出海和从广东经南海到印度、斯里兰卡的两条海上航道。到了唐代,在阿拉伯人开辟了从西亚到中国南方的航线后,东方与西方的海上贸易蓬勃兴起。从此,中西方贸易从陆上转向海上。宋代,大量阿拉伯人来到东南亚和中国经商,中国到阿拉伯的这条航线成为世界上最繁忙的航线。①

工业时代的到来,使海洋成为全球贸易的主要通道。这种功能随着世界范围的现代化,尤其是工业化进程而越来越凸显。工业时代的生产要素供给是大范围的地区关联,包括洲际关联,工业生产水平越高,原料产地和市场越扩散,就越需要加强和扩大地区关联。海洋成为分散地区全球性关联的主要通道和贸易机制。目前,国际贸易总运量中的2/3以上,中国进出口货运总量的约90%都是利用海上运输来进行的。②

(二)资源禀赋

浩瀚无边的海洋,蕴藏着极其丰富的各类资源,其中有80多种矿物元素,生存着17万余种动物、2.5万余种植物。二战后至今,人类面临着挥之不去的能源、粮食、环境、交通等各类危机。在未来的

---

① 张静芬:《中国古代的造船与航海》,商务印书馆1997年版,第1—2页。
② 韩笑妍:《现代港口物流业形成及发展历程》,《中国远洋航务公告》2006第2号。

海洋开发中,人类可以从海洋中获得陆地上所能获得的一切自然资源。海洋被寄望为人类摆脱危机的有效途径,海洋资源是支持人类持续发展的宝贵财富。

涉海人群的海洋活动与海洋自然生态系统相结合,形成海洋生态经济系统,为人类提供能源、工业原料和生活消费品。海洋已经成为人类生存发展的第二空间。新兴海洋产业的形成,将使海洋经济成为21世纪世界经济发展的新支柱。

(三)空间拓展

20世纪中叶以来,随着人口增加和工业发展,陆地生态环境恶化、资源紧缺,人们把目光投向广阔的海洋,向海洋拓展空间。世界范围内的六大工业区,北美东部工业区、日本工业带区、西北欧工业区、苏联的中央工业区、乌克兰工业区、乌拉尔工业区都位于北温带、北半球海域,特别是亚欧大陆的外围海域,形成了横贯太平洋、印度洋、大西洋的人类生存空间。

目前,在离海岸线60千米以内的沿海,居住着全球一半以上的人口,占有着全世界1/3的旅游收入。联合国《21世纪议程》估计,到2020年,全世界沿海地区的人口将达到人口总数的75%,全世界每天有3600人移向沿海地区。

(四)立体生存

海洋是人类立体生存的战略存在。主权国家的海洋争夺和控制战略,不单是海洋通道的控制战略,而且包含了立体海洋的控制战略。海洋空间包括海域水体、海底、上空和周延的海岸带,是一个立体的概念。1994年的《联合国海洋法公约》(以下简称《公约》)从某种程度上确立了主权国家海权伸张的空间领域边界,对领海、毗连区、专属经济区、大陆架、用于国际航行的海峡、群岛水域,主权国家分别享有不同层次的主权权利、专有权、管辖权和管理权。《公约》的生效导致了世界范围内海洋区域的重新划分,直接引发了海洋或濒海的主权国家争夺未来生存空间的行为。

三、海国图强的追求

作为陆海两栖型国家,中国在宋元以前就已经以开放和强盛与海洋结下不解之缘。海洋社会作为一种生存方式,海洋观念作为一种强国理念,到近代逐渐受到中国国人和学界的重视。这与西方世界的迅速崛起、近代中国的海洋失利、世界体系的民族弱势密切联系。海洋观念开启了近代转型,海洋社会启动了拓荒发掘。

(一)海洋大国

中国比西欧更早拥抱海洋,其行为涉及造船术、航海、海滩开发、海洋灾害的防御、海洋政策等领域,并以渐进的方式向近代转型。"早在西欧越出中世纪的地中海历史舞台转向大洋历史舞台之前,中国已率先越出东亚大陆历史舞台,控制了中国东海(南宋)和中国南海(元代)"。[①]

中国的先民在远古时代就已开始海洋捕捞,已能猎取在大洋和近海之间洄游的中、上层鱼类,对海洋鱼类习性的认识已有一定的水平。《诗经》中多次出现"海"字,并有江河"朝宗于海"的认识。西汉时期,已开辟了从太平洋进入印度洋的航线。唐宋时期,中国的潮汐研究已达到较高水平。宋元时期,中国的远洋巨舶纵横驰骋于万顷碧波之上,扬帆万里于东西洋各国之间。概而述之,中国有长达7000余年不间断的航海史,对古代东南亚和东亚国家产生了巨大的影响,是从唐宋至明中叶期间的世界海洋强国。

(二)海上风云

当西欧国家进入大航海时代,全球追求利润与殖民之时,中国适逢明清张弛交替的海洋政策。尽管有着郑和下西洋的壮举,中国东南沿海地区民间社会以海为田、经商异域的海洋经济行为,却未能带来海洋观念的深刻变化,未能保持中国的海洋强国地位。

西欧国家的坚船利炮,海盗式地击溃了中国晚清天朝上国的迷梦。海防思想与海洋忧患,进而围绕控制海洋、开发利用海洋、保卫海洋国土等问题,对传统重本抑末、重陆轻海的观念进行了深刻反思,实现从"守土御侮"的被动反应到力争海权的主动探索。

(三)世纪变幻

20世纪对于西方,是运用政治及军事手段取得对涉及其国家利

[①] 黄顺力:《海洋迷思》,江西高校出版社1999年版,第279页。

益海域的地缘优势以及对该地域的实际控制权的海权扩张时期。对于中国是国家从极度衰弱、备受屈辱、濒临灭亡边缘,到奇迹般重新站立起来、大踏步走向繁荣富强的一百年。

世纪变幻中,海防被视为关系到民族荣辱兴衰、国家生死存亡的大事,唤起了中国人民的海洋意识,突破了中国历史上重陆轻海的思想。正如毛泽东曾深刻地指出的那样:帝国主义就是欺负我们没有海军,……我国没有海军将造成反对帝国主义的极大困难。不仅百年耻辱不得昭雪,新的威胁也无力消除。[①] 而今,两极体制的国际战略格局已经结束,新的格局尚未形成。霸权主义和强权政治变本加厉,西方的海洋扩张和中国的海洋威胁依然存在。

(四)海洋经略

现今,国内外学界已形成了经略海洋的一些共识:濒临海洋的国家,即使是一个大国,如果它一旦只限于在陆地领域发展,而忽视了海洋,其前途必然是在世界舞台上变成一个弱者,变成一个受欺凌者。[②] 强于世界的民族必盛于海洋,盛于海洋的民族必强于世界。海洋与一个国家或民族的兴衰有着直接联系和作用。海洋战略已与各国现代化建设、前途命运等紧密关联。

随着海洋地位的提升和海洋战略的实施,海洋国家加大了人文社会科学研究海洋的力度,并从中孕育着或产生出以海洋为研究对象的、新的分支学科。[③] 研究涉海人群的社会互动与良性运行的海洋社会学开启了拓荒之路。

四、社会之学的春天

社会学是从社会整体出发,通过社会关系和社会行为来研究社会的结构、功能、形式、意义的学科。学科最初得名于孔德,经过迪尔凯姆、韦伯、马克思等学者的不断发展,逐渐形成有独立研究对

---

① 《毛泽东选集》第5卷,人民出版社1977年版,第6页。
② 倪健中、宋宜昌主编:《海洋中国——文明重心东移与国家利益空间(上)》,中国国际广播出版社1997年版,第18页。
③ 杨国桢:《论海洋人文社会科学的兴起与学科建设》,《中国经济史研究》2007年3期。

象、理论、方法和范式的一门社会科学。社会学进入中国就具有突出的经验品质，在其发展过程中，社会学对涉海人群的海洋活动，进行了初步的探索，留下了许多宝贵资料。

(一) 社会之学

社会学是一门极具经验品质的学科。社会学之所以会在19世纪中叶成为一门专门的学科，是与在此之前发生的人类历史进程的断裂或曰"现代性"的出现密切相关的。正是这种现代性，或者说是自17世纪起出现的全新的社会生活和组织模式带来的巨变，才引起了经典社会学家们去思考这种现代性对人类社会的整合，也才产生了社会学这门学科。社会学是对自17世纪开始延续至今的现代化进程及结果的理解和阐释，又是这种迅速的社会变迁的必然结果。经验命题引发了社会学的思考，提供了社会学的研究主题。

(二) 经验本色

社会学的传播，与实用主义思潮相结合，逐渐转向采用自然科学的先进技术和方法，力求对社会现象作精确的计量研究，注重解决实际社会问题的应用研究方向。如美国以帕克为代表的芝加哥学派对美国的都市化、移民、种族冲突、贫民、犯罪等问题做了大量实证的经验研究，使社会学在解决实际社会问题中显出了实效，对美国社会学向着应用研究方向发展起了重要作用。

社会学进入中国的百年，充满了经验品质。从严复以来的中国社会学传统的核心，是回应中国现代化的自觉，是寻找解决中国避免亡国灭种危机道路的自觉。这些经典的中国社会学传统的开创者们，确立了中国社会学的中国现代化关怀，并结合中国经验展开社会学思考，开辟了从对社会现象和社会事实的观察中探索学问的道路。

(三) 多元局面

二战之后的社会学发展进入新阶段。面临新的社会问题和借用新的技术手段，人们对社会现象的认识进入更深的层面和更广阔的范围，在解决实际社会问题上更精确、更有效。社会学的应用研究功能进一步得到了加强，普遍承认其为应用研究为主的经验科学。在学科建设上，应用研究与理论研究相结合，已为战后世界各国社会学的实践证明是行之有效的,是促进学科健康发展的必由之路。

社会学理论在批判帕森斯结构功能理论过程中,形成了多元并存局面,包括"中层理论"、冲突理论、社会交换论、符号互动论、现象学社会学、民俗学方法论、社会批判理论、新马克思主义等诸多流派。这些不同学派或理论观点围绕着自然主义抑或人本主义、方法论上的社会本位还是个体本位(研究起点),着眼点是社会均衡还是社会冲突(前提预设),侧重面在社会结构还是社会过程(研究战略)等等,出现了尖锐的分歧和对立,在客观上促进了社会认识的深化。

(四)本土拓展

发展中国家应用社会学知识,必须解决源于西方文化背景的理论、概念与本地区、本民族的社会现实相结合的问题。从更广泛的意义上说,社会学在当前的发展,同样面临着把具有普遍性的一般原理、范畴、概念与世界各民族多元文化背景的比较研究相结合的重大课题,即当前受到普遍关注的社会学"本土化"问题。

当今中国社会正经历深刻的转变。中国共产党十七大政治报告指出:"当今世界正在发生广泛而深刻的变化,当代中国正在发生广泛而深刻的变革,机遇前所未有,挑战也前所未有,机遇大于挑战","现在提出建设和谐社会,是社会学发展的一个很好的时机,也可以说是社会学的春天吧!现在是社会学发展的难得的好机遇"。[①]

中国涉海人群的海洋社会活动由来已久,但对涉海人群的社会学研究,却是晚近的事情。中国涉海人群的社会学研究,最早从渔民、海盗、海商等海洋活动主体,临海城市、渔村聚落等涉海空间,生存和生计方式等活动内容的研究开始,并留下了许多宝贵资料,如疍民资料及其相关研究。只是,早期研究尚未形成显著的学科意识,无论在时空,还是内容层面,尚处于积累时期。

---

① 中央政治局第20次集体学习:http://news.sina.com.cn/c/2005-02-23/09025176825s.shtml,2005年2月23日访问。

第二节　海洋社会学探索的前期准备

海洋社会学是海洋世纪到来的必然产物。20世纪以来,沿海各国纷纷向海洋进军,人类海洋社会活动越来越频繁。为此,人文社会科学更关注和研究人类涉海行动,学界进行了相关学科、理论、问题意识和发展思路的前期准备,海洋社会学作为社会学应用研究的一项新探索也应运而生。

一、相关学科准备

海洋社会学的产生有其特定的学科积淀。海洋史学、海洋经济、海洋文化,以及海洋社会等领域的研究为海洋社会学学科的产生提供了重要的知识源泉,但却没有基于社会学视角下的涉海人群分析,海洋社会学只可能是迎接海洋世纪的结果。

(一)海洋史学研究

海洋社会学知识渊源的重要一支是海洋史学。20世纪90年代,中国厦门大学杨国桢教授等学者认识到中国海洋发展的重要性和深远意义,必须从历史长时段去观察,开始提出"中国需要自己的海洋社会经济史",[①]呼吁史学界关注海洋,开始主编《海洋与中国丛书》,并对中国海洋发展理论和历史文化做了一些研究和思考,倡议重视海洋人文社会科学的建设,为人文海洋搭建研究平台,在厦门大学历史学一级学科博士学位授权点内自行设置海洋史学学科专业。

海洋史学研究的历史时段主要集中于明清,其研究主题涉及海洋移民、海防、海军、海神信仰、海洋贸易等领域,取得了若干重要研究成果。然而,海洋史学研究有明确的时空限制,对当下的海洋社会变迁与转型研究的回应有限。但是,海洋史学的研究成果和海洋人文社会科学的呼吁与提倡,为海洋社会研究提供了对话的对象,为海洋社会学的出现提供了知识源泉和学科增长点。

---

① 杨国桢:《瀛海方程》,海洋出版社2008年版,第81页。

(二)海洋经济研究

海洋经济活动的历史较长,但以学科化方式进行研究则是战后的事情。在 20 世纪 70 年代末到 80 年代,经济学家于光远在中国哲学和社会科学规划会议上提出了建立"海洋经济学"学科的建议。此后,该领域发展较快,这与人们长期关注海洋开发与利用密切关联。海洋经济学的研究范围较广,从重视海洋经济基础问题研究,到强调海洋经济发展战略问题研究,再到凸显海洋可持续发展问题研究的历史进程中,对海洋产业结构、海洋产业组织、涉海国际产业经济等进行了研究。

海洋经济研究,秉承了经济学的效率传统,突出了海洋资源合理配置、利用,获得了最佳效益的分析方式。但是,这类研究的客体是物而非人,经济行动主体是抽象的无差别涉海人群而非具体的有差别的涉海人群,忽视涉海人群经济行动是嵌入在人群社会关系结构之中,是深受政治、文化等环境影响的行为。不过,这种研究方式为海洋社会学的研究提供了对话对象和研究突破点。

(三)海洋文化研究

从学科的知识源流看,中国海洋社会学的产生渊源于相关研究内容的发展。中国对海洋文化的研究可能是较早出现的与海洋社会学研究关系较为密切的一项研究。中国丰富的海洋文化积淀为海洋文化研究提供了得天独厚的基础,中国的文化热在某种程度上激发和扩散了海洋文化的研究。

海洋文化研究,主要依赖于文化人类学、文化哲学的方法论或视角,其目的或为弥补学术研究空白,或为探究历史发展,较多关注物质文化,服务于"文化搭台,经济唱戏"的中国现实考虑。但是,海洋社会学视角的文化给予种种符号和观念以重要地位,认为海洋文化定义了涉海人群角色及其期望的模式化或制度化体系,使涉海人群行为能够相互沟通。海洋社会学的文化分析寻找用科学的因果术语对发生的特定海洋文化过程进行描述,使用符号与意义进行解释。

综观海洋文化研究,与社会学离得较远,尚未表现出寻求社会学学科支撑的意愿,也没有表现出运用社会学的理论与方法进行海洋文化研究的明确意识。由此可见,海洋文化研究是海洋社会学产生的重要知识渊源,但还不是真正意义上的海洋社会学。

(四)涉海人群研究

在中国,有学者认为:"人类从陆地走向海洋缘于海洋所创造的文明形式,自成一个相对独立的小系统"。[①] 走向海洋即涉海探索,涉海人群缘于海洋,具有自身行为的特征。人群活动的地域空间差异决定了海洋社会活动与其他社会活动的表现形式不同。海洋社会的地域特质在于它特指海洋、沿海和其他涉海地区,围绕海洋而展开生计、生活。面对复杂、充满风险和不确定性的海洋,涉海人群的生计、生活具有复杂、开放等特征,以此建立一套不同于农业社会和牧业社会的行为方式。可见涉海人群的行为特征及其为应对复杂、风险的自然与人为环境而形成的群体、组织及其互动等主题,提出了海洋社会学研究的诸多命题。但综观涉海人群研究,也还没有主动使用社会学的理论与方法对涉海人群进行分析的意识,尚处于自发的社会研究。

二、相关队伍准备

在中国,拓荒进程中的海洋社会学,围绕着海洋社会学学科体系的建构,依托相关的研究机构或组织,既着力于海洋社会学的探索研究,包括概念界定、研究客体、研究框架等,又着力进行梯队人才的培养,从而为海洋社会学学科体系建构提供了基本的智力支持。这些基本的智力支持则保障了该学科及其体系的逐步推进。

(一)学科之始

在中国,杨国桢教授于1996年首次提到"海洋社会学",并在《论海洋人文社会科学的概念磨合》、《论海洋人文社会科学的兴起与学科建设》、《论海洋发展的基础理论研究》等文章中多次提到"海洋社会学"。虽然这里的"社会学"是"海洋人文社会科学",不是学科意义上的社会学,但却具有开创性意义。另外,杨国桢教授还对"海洋社会"一词进行了界定和理解。[②] "海洋社会"概念,让人们将

[①] 杨国桢:《海洋人文类型:21世纪中国史学的新视野》,《史学月刊》2001年第5期。
[②] 杨国桢:《瀛海方程》,海洋出版社2008年版,第38页。

"海洋"与"社会"建立起了某种联系,为开展相关研究提供了可能。

2003年,庞玉珍教授发表《海洋社会学:海洋问题的社会学阐述》,是最早从社会学学科的角度阐释海洋社会学的若干基本问题。① 另一学者崔凤,则进一步指出海洋社会学是社会学应用研究领域的一项新的探索,并就其产生背景、核心概念、主要内容等做了初步探讨。② 其后广东学者张开城根据相关学者的研究,明确提出了建构海洋社会学学科体系初步架构的设想,并呼吁重视和完善这一学科体系。③

此后,中国社会学学界部分学者开始讨论海洋社会学学科体系的建构,包括概念界定、研究客体、研究框架等,探讨如何应用社会学理论、范畴、方法等对海洋社会进行分析,具体研究涉海人群的社会互动研究成果相继出现。至此中国社会学界才开始扩展使用"海洋社会学"一词,具有学科意义上的海洋社会学研究也才真正开始。

(二)团队建设

在十余年的倡导和发展中,作为单独的研究领域,海洋社会在中国开始得到关注,海洋社会学的研究主体得到了扩充。一些年长学者逐渐开始依托社会学学科进行团队和梯队建设。这方面的努力表现十分突出。在进行了长时间的学科体系建构的初步构想后,海洋社会学学科将会朝向科学化阶段过渡,在具体的研究领域也将展现科学化的努力。

中国对海洋社会学研究的现有团队建设尚在筹划实施阶段,随着社会学学科发展春天的来临,社会学向许多领域的衍生持续进行,相关社会学博士点中开始有年轻学人关注海洋社会研究,学历、学位渐高,学术思想活跃。学科内部的联系逐渐展开,并在相互交流中获取许多经验,为各校年轻学人与国内外同行开展学术交流与对话提供了平台。不同地域朝向了区域特色的海洋社会学研究,从

---

① 庞玉珍:《海洋社会学:海洋问题的社会学阐述》,《中国海洋大学学报》2004年第6期。
② 崔凤:《海洋社会学:社会学应用研究的一项新探索》,《自然辩证法研究》2006年第8期。
③ 张开城:《应重视海洋社会学学科体系的建构》,《探索与争鸣》2007年第1期。

中凝练出自身的学术方向,形成自身的特色,争创自身的品牌。

(三)空间分布

现阶段,中国海洋社会学的研究团队已初步形成,研究人员广泛分布于中国沿海和部分内陆高等院校、科研机构和其他领域。从目前的成果数量、团队建设、研究旨趣来看,海洋社会学的增长来自于沿海地区。青岛的中国海洋大学,上海的上海海洋大学,湛江的广东海洋大学,大连的大连海洋大学等社会学专业对海洋观的调查、海洋区域社会发展、海洋社会群体与社会组织、海洋环境问题、海洋渔村、海洋民俗、海洋移民问题等研究表现出浓厚的兴趣。宁波的宁波大学、福州的福州大学、舟山的浙江海洋学院、连云港的淮海工学院、烟台的山东工商学院等高校亦表现出研究旨趣的倾向。

这是值得欣慰的方面,但如果分析这些研究主体的分布,就会发现其受着结构性制约。研究主体大多分散在国内沿海一线的若干一、二线城市中,所在机构或成立的研究机构处于现行体制边缘,不易获得体制性支持。例如,从1993—2008年,中国历年国家社会科学基金资助项目的政治学、社会学、宗教学与人口学学科立项项目中,仅有1项涉及海洋社会学的研究对象和领域。研究主体在体制内的边缘地位,制约了学科的发展。研究主体的沿海一线分布,同样不利于海洋社会学学科的空间扩展。

(四)机构生长

海洋社会作为一门新兴的研究领域,自其兴起,就受到了一些学者的关注,并形成了一些研究机构。厦门大学在历史学一级学科博士学位授权点内自主设置了海洋史学学科专业,组织出版了《海洋与中国丛书》、《海洋中国与世界丛书》,并着手对当代海洋社会的若干领域进行了研究。中国海洋大学在国内最早设立了海洋文化研究所,并后续努力建立了教育部文科重点研究基地即海洋发展研究院和"985工程"海洋发展研究哲学社会科学创新基地。广东海洋大学在国内较早成立了海洋文化研究所,进行海洋文化与社会研究,在相关期刊上开设海洋文化研究专栏,与国内外有关方面展开了频繁的交流活动。近两年,在上海、大连、宁波、舟山、福州等地,也出现了一些从事海洋社会研究的机构。

2009年3月,广东省社会学学会海洋社会学专业委员会正式成立,这是中国第一个海洋社会学的学术组织,该委员会组织了以海洋社会学与海洋社会建设研究为专题的学术研讨会。这一组织的出现,对团结广东海洋社会学研究人才,促进中国海洋社会学学科建设,拓展中国海洋研究的空间与领域,以及中国海洋知识普及、涉海社会政策供给、和谐海洋社会建设等提供前沿基础研究,具有重要理论和现实意义。同年7月,广东省社会学学会海洋社会学专业委员会借助中国社会学学术年会,策划组织了海洋社会变迁与海洋社会学学科建设分论坛,在中国社会学界产生了一定影响。当次年会中,中国社会学会海洋社会学专业委员会得以正式筹划成立。

三、问题意识准备

在中国,海洋社会学探索的前期准备中,问题意识有着基础性地位。面对涉海人群,学科研究在提出问题和解决问题的过程中,发展出自身的问题意识。源于社会学学科体系、学科之间的理论问题意识和社会转型、发展前瞻的实践问题意识等为海洋社会学提供了相关的问题意识。

(一)学科体系的问题意识

海洋社会学的问题意识,源自于社会学的基本理论视野和思路,是从社会学基本理论到海洋社会学的具体应用的过程。社会学基本理论的自觉性、积极性和创造性激发学人围绕海洋社会自觉地提出问题、思考问题、解决问题,从社会学基本理论出发,与海洋社会发展的实际问题相联系,从海洋社会的实际走向社会学理论问题。

(二)学科对话的问题意识

学科之间的多元交汇,是多学科研究同一问题,将呈现出同一问题的不同学科间的对话、交流,有助于激发海洋社会学的问题意识,进而完善海洋社会学学科本身。海洋历史学、海洋经济学等学科都有着丰富的思想资源,有自身独特的话语系统和言说方式,有自身独特的学术焦点和思考向度。面向问题,才能找到这些学科之间的结合点或交汇点。海洋人文社会科学分别以自身熟悉的方式回应问题,发掘本学科的学术资源。"相似"的问题以及这些问题的理论构造分析,为差异之上的深入对话提供丰富的滋养,为实现交流和对话分享经验,为海洋社会学的创生提供更多的生长点。

(三)社会转型的问题意识

回应时代主题,加强学科意识的努力。社会学学科之所以会在19世纪中叶成为一门专门的学科,与回应人类历史进程的"断裂"或曰"现代性"的时代主题相关。社会学既是对17世纪开始延续至今的全新的社会生活和组织模式的理解与阐释,又是这种迅捷的社会变迁的一种结果。

海洋社会学的学科意识和学术自觉,是近年来伴随着国际国内对海洋的重视、海洋世纪的即将来临而起步。海洋逐渐被纳入人类生存空间,海洋世纪的到来彰显"谁控制了海洋,谁就控制了世界"。海洋世纪与海洋强国的时代主题,是当今中国意欲回归海洋的一个直观反映,提供了海洋社会学的实践问题意识来源,发掘海洋社会学研究的一般和特殊主题。

(四)发展前瞻的问题意识

一定时期内的学科和国家战略发展的最新进展,为海洋社会学研究提供充实的问题意识和丰富的研究内容。中国以何种方式走向海洋?这是需要深思熟虑的一种战略考究。当前中国国家海洋战略的热点和前沿问题等为海洋社会学的研究领域提供了广阔的现实实践问题意识来源,急待开拓创新。理论与实践的问题意识为海洋社会学成为社会学研究多元化的一级,为中国海洋强国的宏大关怀提供经验和理论依据,为学理上理解中国和其他国家的海洋社会与海洋文化提供了可能。

四、发展思路准备

作为新兴的社会学分支学科,海洋社会学发展至今已逾10年。透视该学科发展的前期准备和大致脉络,有助于厘清问题、拓展空间和明确发展方向。初创阶段的海洋社会学发展思路可以大致展现为对话社会学学科主流、融合社会学研究方法、侧重科学的实证研究和凸显厚重的田野经验方面。

(一)对话社会学学科主流

就学科地位而言,海洋社会学处于边缘,主要表现为研究对象边缘、研究主体边缘、学科意识混沌初开。针对现有海洋社会学研究进展和地位,初创时期的海洋社会学正在走出边缘,对话主流。海洋社会学走出边缘,对话主流,是一个内外兼修的过程,是一个在不同发展阶段提出不同主张的过程。初创时期的海洋社会学,需要尽可能快的借助方法论、时代主题自我丰满起来。对话主流可从紧握时代主题,加强学科意识,明确研究对象,改善主体地位等几个方面进行努力,尤其是非结构性困境的改善。

(二)融合社会学研究方法

社会学的研究方法论大体区分为实证主义(自然主义)、反实证主义(人文主义)和马克思主义。20世纪中后期,随着计算机在社会学研究中的逐渐普及,以及多变量统计分析和资料搜集技术的发展,实证研究的方法及其定量化程度日益接近科学化的准则要求。社会学理论与方法在争论中形成相互补充和新的综合。海洋社会学需要借鉴现有的社会学方法,宏观上呈现海洋社会的整体与结构,微观上分析涉海人群的行为与倾向,以及个体与结构的互动,以沟通宏观结构与具体行动者的联系。

结合现有研究成果,融合社会学研究方法正从两方面展开。现有的宏观质性分析正在借鉴实证主义学派和宏观社会学研究使用的定量方法(如结构式的问卷调查或统计调查),对数据进行较精确、复杂的统计分析,通过严谨的操作化和逻辑推演来验证理论假设;现有的微观质性分析正在借鉴反实证主义学派和微观社会学研究使用的定性方法(如参与观察、访问、个案研究)、文献研究,对资料进行归纳、综合并结合主观思辨或阐释得出研究结论,建构理论假说。两种分析方式相互融合,从而为海洋社会学的方法论夯实基础。

(三)侧重科学的实证研究

社会学是既探讨社会"应该如何",又客观地阐明社会"究竟是如何"的学科。换句话讲,社会学是融合科学精神与人文关怀的学科。仅从中国社会学的发展史来看,中国社会学发端之初就以强烈的人文精神和明确的价值原则表达自己的理论观点。

现有海洋社会学的研究成果多是对策研究,具有很强的针对性,但涉海人群交往结构与行动等方面的基础研究相对孱弱,不自觉中缩小了学科的研究视角,无法提升针对海洋社会问题的解释能力。学科化的海洋社会研究,不是涉海部门的政策研究,不是简单的现状、问题与对策的研究,而是以科学方式从宏观为主的视角来呈现研究主题是什么的研究。

(四)凸显厚重的田野经验

田野经验对海洋社会学的理论发展来说无疑是必不可少的,没有田野经验,就没有理论根基,也就没有检验理论的标准。从这个意义上说,田野经验是海洋社会学的主要发展思路。初创阶段的海洋社会学已经在期待解释遭遇现代性的海洋社会的理论体系,并在尝试借鉴社会学基本理论解释海洋社会。海洋社会学正视人类悠远的涉海生存经验,也彰显人类当下的涉海生存变革。这一变革有着与农业社会截然不同的特点,是更具地域、复杂、开放与风险的社会,组织化、社会化程度更高的社会。初创阶段的海洋社会学正在向海洋历史学、海洋经济学、海洋文化学等领域学习,凸显厚重的田野经验,以此树立理论体系的经验基础。

第三节 海洋社会学架构的初步思考

作为初创的分支社会学,海洋社会学的学科体系尚在建构之中。一些学者分别从客体、系统、行动等角度立论,初步思考了海洋社会学学科的基本架构,形成了略有差异的学科体系构想。这些学科架构的初步思考,对海洋社会学的学科构建有着重要的启发和借鉴意义。

一、基于客体的学科架构主张

基于客体的海洋社会学学科架构主张围绕的是海洋社会学的学科对象。庞玉珍教授对此进行了社会学立场的分析,提出了基于客体的分析视角和问题回应,并提倡基于中层理论的范式建构建立海洋社会学学科体系。①

(一)客体的学科建构

海洋社会学能否成立,基本前提是能否确立起自己的研究对象。庞玉珍认为,海洋社会学以人类一个特定历史时期特殊的地域社会——海洋世纪与海洋社会为研究对象。海洋世纪使海洋与人类处于一种互动关系,改变了人类与海洋的关系,使海洋具有了显著的社会特征。海洋社会学的学科客体是海洋社会——海洋与人类社会的互动关系,是一种社会性的存在,这种互动使得海洋具有明显的经济社会特征,成为人类新的生存和发展空间,一个新的地域概念。正是海洋社会的存在,提供了作为学科的海洋社会学的筹划。②

(二)客体的分析视角

海洋社会的社会学分析在学科分类上属于应用社会学,是应用一般社会学理论、范畴、方法等对海洋社会进行分析、研究,它属于特殊的社会学层次,是一门分支社会学。作为一门应用社会学,虽然是以对特定的"社会事实"进行实证性的研究为主,海洋社会学也重视理论的阐述,表现在它将建立起一些独特的范畴和理论概念,也表现在基于描述海洋社会的表面现象和一般社会过程,揭示海洋世纪的社会运行本质,建立起严密的理论体系。③

(三)客体的问题回应

庞玉珍认为海洋社会学的理论建构,不在于研究领域的宽窄,而在于围绕客体的适当研究主题,在此基础上建构起逻辑一致性的海洋社会学理论。海洋社会学的研究围绕"海洋开发利用的社会条件及其社会影响"来进行。在这一主题下,海洋社会学应主要研究影响海洋开发系统的一系列人类活动,以及影响社会系统的一系列海洋开发活动。

---

① 庞玉珍:《海洋社会学:海洋问题的社会学阐释》,《中国海洋大学学报(社会科学版)》2004年第6期。

②③ 庞玉珍、蔡勤禹:《关于海洋社会学理论建构几个问题的探讨》,《山东社会科学》2006年第10期。

具体回应两个问题。一为海洋开发、利用及由此产生的变化如何影响社会行为与社会过程？包括海洋开发利用对现代化的影响、海洋开发利用与城市化进程、海洋开发利用与生活方式现代化、海洋开发利用与观念变革、海洋开发利用所引发的社会问题、海洋开发利用与区域分化、海洋开发利用中的环境资源问题、海洋开发利用与沿海区域人口问题等。二为社会行为、生活方式、价值观念、科学技术等社会条件变量是如何影响海洋开发、利用？包括影响海洋开发利用的社会因素分析、海洋开发利用与人的素质、海洋开发利用与国际政治环境、海洋开发利用与法治建设、海洋开发利用与国家的政策环境问题、海洋开发利用与海洋意识、海洋开发利用与全球一体化、海洋开发利用与经济建设、海洋开发利用与海洋教育、海洋开发利用与科技进步等。[①]

(四)客体的理论创建

庞玉珍认为，海洋社会学的理论创建不应该是建立一个无所不包的、解释海洋与社会关系的宏观大理论，而应紧紧围绕海洋社会，采取宏观与微观相结合，宏观上揭示海洋与社会大系统的运行规律，微观上探讨一些经验层面上的问题。这也就是说，海洋社会学理论建设应当首先朝着"中层理论"方向努力。因中层理论模式不仅是海洋社会学现阶段追求的最理想的目标，在某种意义上，海洋社会学的未来也将取决于中层理论的建构状况。同时，中层理论并不是互不相关，而是综合于更庞大的理论网络；中层理论的抽象概括足以应用于海洋世纪和海洋社会的研究和海洋社会学的不同领域；中层理论划清了微观和宏观社会学问题的界限，很适合于建构宏观与微观相综合的海洋社会学理论体系。

二、基于系统的学科架构主张

基于系统的海洋社会学学科架构主张围绕了海洋社会的组成运转进行构建。崔凤教授对此进行了社会学立场的分析，认为海洋

---

① 庞玉珍、蔡勤禹：《关于海洋社会学理论建构几个问题的探讨》，《山东社会科学》2006 年第 10 期。

社会构成了一个内部循环,又与其他人类社会形态发生交换的具有独特性的社会形态,提出了系统论分析的现实问题回应,并提倡基于社会学主流理论的海洋社会学学科体系建构。[①]

(一)系统的学科建构

崔凤认为海洋社会是人类基于开发、利用和保护海洋的实践活动所形成的区域性人与人关系的总和。由于人类开发、利用和保护海洋的实践活动不同于其他的活动,因此,海洋社会具有自己的独特性,同时,海洋社会是人类整体社会的组成部分,它无法脱离人类整体社会而存在,在影响人类整体社会发展的同时必将受人类整体社会的影响。

他认为,海洋社会学是运用社会学的基本理论、概念、方法对人类海洋实践活动所形成的特定社会领域——海洋社会进行描述和分析的一门应用社会学,所主张的海洋社会学体系侧重了海洋社会的系统要素的关联与运转。[②]

(二)系统的分析视角

海洋社会学在中国还属于初创阶段,在这一阶段,要强调海洋社会学的应用社会学特性,强调运用社会学的理论、概念与方法对人类海洋实践活动进行描述与分析,这是海洋社会学发展的现实选择,但强调海洋社会学的应用社会学特性并不否认海洋社会学可以形成自己的一些概念,如海洋社会等。海洋社会学既要对海洋社会的特征、结构、变迁等做出描述与分析,更要对现实的、具体的与人类海洋实践活动有关的社会生活、社会现象、社会问题、社会政策等做出描述、分析、评价和提出对策或解决办法。

(三)系统的问题回应

围绕系统论下的海洋社会概念,崔凤认为海洋社会学研究主要包括:"海洋观"调查与研究、海洋区域社会发展研究、海洋社会群体与社会组织研究、海洋环境问题研究、海洋渔村研究、海洋民俗研究、海洋移民问题研究、海洋政策研究等。这些问题回应了系统要

[①②] 崔凤:《海洋社会学:社会学应用研究的一项新探索》,《自然辩证法研究》2006年第8期。

素之间的关联、逻辑关系以及相互的交换等命题。①

（四）系统的理论追求

关于海洋社会的研究，崔凤提出应与主流社会学展开交流与对话，努力融入主流社会学。崔凤还就融入方式进行了初步探讨，其基本思路在于，如何将海洋社会涉及的系统要素与各个要素所在的社会学理论形成借鉴、对话和融合。并进而在此基础上，形成海洋社会学自身的问题意识、解释框架、理论体系。但目前尚缺乏具体的操作路径。②

三、基于行动的学科架构主张

基于行动的海洋社会学学科架构主张围绕海洋社会是人的行动而进行构建。张开城教授认为海洋社会是要研究人的互动及其意义而初步建构涉海人群行动的基本内容和形式，以期建立具有海洋特色的行动理论以丰富社会学的理论体系。③

（一）行动的学科建构

海洋社会是人类社会的重要组成部分，是基于海洋、海岸带、岛礁形成的区域性人群共同体。海洋社会是一个复杂的系统，其中包括人海关系和人海互动、涉海生产和生活实践中的人际关系和人际互动。张开城等认为，海洋社会学研究人的互动形式及其意义，是研究涉海人群这一特定客体在实践活动中形成的互动形式与意义体系，展现涉海人群行动的制度、结构与意义，并以此构建学科基本体系。④

（二）行动的基本内容

人类涉海行为的久远和丰富，形成了浓厚的海洋传统，具体表现为海洋生态与生存行为、海洋民俗与开发行为、海洋政治与管理

---

① 崔凤主编：《海洋与社会：海洋社会学初探》，黑龙江人民出版社2007年版，第8—10页。
② 崔凤：《海洋社会学与主流社会学研究》，《2009年中国社会学年会海洋社会变迁与海洋社会学学科建设论文集》2009年。
③ 张开城：《应重视海洋社会学学科体系的建构》，《探索与争鸣》2007年第1期。
④ 张开城等：《海洋社会学概论》，海洋出版社2010年版，第14页。

行为、海洋文化与社会行为等。涉海人群的海洋社会活动体现着观念变革、结构变动、行动变化等若干转型趋向,是海洋社会学的不可或缺的支撑要素。

(三)行动的基本形式

涉海人群的行动形式包括社区与群体、组织与合作、冲突与控制、社会变迁等。传统和现代,海洋和陆地,代际迁移,反差及不同文化生态、价值观念和谋生方式相交迭。① 在行动的基本形式中,展现丰富多彩的行动内容和蕴含期间的行动的意义、文化、制度等,建构了海洋社会学体系的基本骨架。

(四)行动的理论关怀

涉海人群的互动形式与意义分析,展现的是它的行动制度、结构与意义,并没有过于强调海洋社会学的理论建构问题,主张如何应用社会学理论、范畴、方法等对海洋社会进行分析、研究。行动论的主张并没有放弃理论建构,只是认为在现阶段,涉海人群行动的经验研究积累尚且薄弱,无法建构理论,只能悬置理论,怀抱理论关怀以求基于田野的经验发育海洋社会学的理论体系大厦。

四、基于回顾的学科架构主张

海洋社会学架构是一个复杂的系统工程,需要开创者站在时代发展的历史高度、社会学理论的深度进行分析,也需要后继者们在学科累进的脉络中拓展分析。开创者们对学科架构的初步思考进行了深度的前瞻,但也留存了一些不足,主要包括学科架构的客体有待清晰、行动形式有待拓展、系统要素有待深化、应用价值有待彰显。

(一)学科客体有待清晰

海洋社会学学科兴起有着其丰富的基本背景,包括历史背景、时代背景、客体背景、学科背景等。初创阶段的海洋社会学,正依托相关的研究机构或组织,既着力于海洋社会学的探索研究,又着力进行团队人才的培养,从而为海洋社会学学科体系建构提供了基本的智力支持,保障了学科的顺利推进。

---

① 张开城等:《海洋社会学概论》,海洋出版社 2010 年版。

海洋社会学学科体系的建构对于限定学科研究领域，对于如何应用社会学为主的理论、范畴、方法等对海洋社会进行分析、研究具有基础意义。在现阶段一些涉及体系建构的论文或个别著作中，对学科客体的和认知还待深化。因为涉海的人的存在，因为所有的涉海行为皆为人的行为，故要将涉海人群的所有领域纳入海洋社会学的体系架构中。但其学科客体与其他涉海人文社会科学的边界如何作出更清晰的区别，如何克服用"小社会"的视角来取代社会学原本的"大社会"的视角并移植到海洋社会学这一新兴学科的探索之中？如何在世界文化发展的大潮中不失时机地吸纳社会学之外的科学方法，以充实现在的社会学及海洋社会学的研究方法？这些都是现有海洋社会学学科架构的重大问题，有待进一步明确。

(二)系统要素有待成型

海洋社会作为一个系统，既有静态结构又有动态状况。海洋社会的静态结构是海洋社会运行的基础，也是海洋社会能否与其他社会形态进行资源交换的重要因素。但近10多年来，人们对系统要素的研究尚未把握而有待厘清的同时，对于系统要素关联的静态分析还相当缺乏，更谈不上如何研究它和内外系统环境发生有序交换的诸多互动关系，因此，海洋社会学面对的是理顺体系架构及各系统要素之间的互动关联。

(三)行动形式有待强化

海洋社会是由海洋个体组成的，海洋社会的互动与协调离不开个体的参与。海洋社会的个人通过个人之间的各种关系网络形成了海洋社会的结构。海洋社会结构的载体或基本单位就是个人、群体、组织与社区。因此，海洋社会的内在变迁、外在关联、人类属性所要陈述的海洋社会从何而来、与陆地社会是何关系、它有何属性等重大理论问题，与海洋个人、群体、组织和社区等系统要素发生直接的关联。但在目前，海洋社会学的体系架构对于这些形式的分析尚处于最初层次的认知阶段，有力度的分析极其匮乏，急需强化。

(四)应用价值有待彰显

经世致用是中国学术的传统精神，是中国古代知识阶层的一种文化价值观。以黄宗羲为代表的明清思想家提倡的经世致用思想，提倡研究学问要和社会实际相结合,避免空谈,活学活用。社会之学在中国双重发端于经学渊源和西学来源,[①]经世致用也是中国社会学的基本品格。现有的海洋社会学学科架构尚可在海洋社会资源的适度开发中提炼基本原则,回应海洋社会转型出现的价值危机,和谐海洋社会建设提供智力支持等展现自身的学科贡献。但体系建构有待彰显经世致用的学科品格。

涉海行为的久远、海洋世纪的进程、海国图强的追求、社会之学的春天,形成了迫切的社会需要。在本书提出海洋社会学体系构架及其基本内容之前,近10多年来中国开展的多学科理论和方法的运用、研究成员与研究组织的发育,为海洋社会学这一社会学应用研究更系统、更深入和更科学的探索作出了应有的贡献。尤其在该新兴学科的体系构架方面,基于客体、基于系统和基于行动等三大方面的尝试是非常有益的。它们对本书关于海洋社会学之体系构架和基本内容的形成与完善等,均有许多可借鉴的地方。

参考文献:

1. 崔凤主编:《海洋与社会——海洋社会学初探》,黑龙江人民出版社2007年版。
2. 国家海洋局直属机关党委办公室编:《中国海洋文化论文选编》,海洋出版社2008年版。
3. 黄顺力:《海洋迷思:中国海洋观的传统与变迁》,江西高校出版社1999年版。
4. 罗荣渠:《美洲史论》,中国社会科学出版社1997年版。
5. 倪健民、宋宜昌主编:《海洋中国:文明重心东移与国家利益空间》,中国国际广播出版社1997年版。
6. 曲金良:《海洋文化与社会》,中国海洋大学出版社2003年版。
7. 杨国桢:《瀛海方程》,海洋出版社2008年版。
8. 张开城等:《海洋社会学概论》,海洋出版社2010年版。

---

① 刘少杰:《中国社会学的发端与扩展》,中国人民大学出版社2007年版。

思考题：

1. 海洋社会学这一分支社会学学科是如何产生的？
2. 既有海洋社会学学科体系的初步构想有何利弊？
3. 海洋社会学学科应朝何方发展？

俯察鱼龙　阔论水域　东南西北收眼底
细品珍奇　宏观海图　经纬纵横布全局

第二章　海洋社会：海洋社会学研究对象

作为一门学科,必须具备自己独特的研究对象。研究对象的确定性,是衡量一门学科构成的重要标准,决定着一门学科存在的可能性和必要性。这里所指的海洋社会学,顾名思义就是研究海洋社会自身及其与人类共进退的一门分支社会学。本书的首要任务,就是从界定、主轴和总体三大方面对本节关于海洋社会学的研究对象进行简要阐述。

第一节　海洋社会学研究对象的界定

构建海洋社会学的体系,首先必须界定海洋社会学研究对象的主要层次。戴维·波普诺认为:"社会学是对人类社会和社会互动进行系统、客观研究的一门学科。"[①]由此看来,"互动关系"是社会学的核心研究对象之一。什么是"互动关系"？简言之,就是事物之间互相作用、互相影响的联系或状态。就"互动关系"的视角而言,海洋社会学的研究对象可分为四个层次。

一、研究对象的第一层次

海洋社会学研究对象的第一层次,主要包括海洋社会的内在变迁、海洋社会的外在关照、海洋社会的人类属性各自与海洋社会的互动关系等四方面内容。

---

① ［美］戴维·波普诺:《社会学》,李强等译,中国人民大学出版社 1999 年版,第 3 页。

(一)海洋社会及其内在变迁的互动关系

海洋社会是一个历史范畴。作为研究海洋社会的一门学科,就必须研究海洋社会的产生和发展历史,研究海洋社会在当代的内容、特征和功用,并研究海洋社会的未来发展。根据马克思主义的观点,运动是事物的存在方式和固有属性,事物是不断运动、变化、发展的,是具体的、辩证的、历史的统一。马克思在论述社会的本质时曾指出:"现在的社会不是坚实的结晶体,而是一个能够变化并且经常处于变化过程中的有机体。"[①]海洋社会亦如此。自从远古人类从事涉海的一些生产、生活之时起,海洋社会即开始了其自身的变迁历程,并且这一历程从未间断过。海洋社会的内在变迁是个有规律的过程,表现出统一性和多样性的特点。伴随着这一内在变迁历程的推进,海洋社会的区域不断扩大,海洋社会的自身结构有机性不断增强,人类对海洋社会的认知程度也不断加深。

(二)海洋社会及其外在关照的互动关系

海洋社会并不是孤立的社会存在。人类社会包括海洋社会和陆地社会两大部分。全世界海洋面积约3.6亿平方千米,约占地球表面积的71%,远远超过陆地面积。而海洋社会在地域范围上,不仅限于海洋本身,还包括沿海区域。由于海洋对于人类社会发展的独特作用,当今世界的人口和经济发达区域,大多集中在沿海区域。据统计,世界上70%的人口和近半数超百万人口的大城市分布在距离海洋80千米以内的沿海区域。研究海洋社会,有必要同时探究其与陆地社会的互动关系。海洋社会与陆地社会的互动关系,一是兄弟缘分。海洋社会与陆地社会,作为地球上的两大社会形式,共同构成了人类社会的整体。二是唇齿相依。海洋社会与陆地社会犹如车之两轮,鸟之双翼,关系密切,相互依存,缺一不可,共同支撑和推动着人类社会文明的发展。没有海洋社会,就无所谓陆地社会。反之亦然。三是共存共荣。在人类社会发展过程中,海洋社会与陆地社会从不同的角度发挥着独到的作用,在互为存在前提的情况下,实现共同繁荣。

---

① 《马克思恩格斯选集》第2卷,人民出版社1995年版,第102页。

(三)海洋社会及其人类属性的互动关系

海洋社会是海洋人群生活的共同体。社会的存在,必然以人类的存在为前提,海洋社会亦如此。海洋社会的产生、发展和繁荣,由始至终离不开作为主体的人类的参与。这就决定了海洋社会固有的人类属性,决定了海洋社会及其人类属性的互动关系。作为研究海洋社会的一门学科,海洋社会学不可避免也责无旁贷将海洋社会及其人类属性的互动关系作为重要的研究对象。海洋社会及其人类属性的互动关系,主要表现为海洋社会的自然属性、社会属性以及两性的合一。就自然属性而言,海洋社会是自然界长期发展的产物,遵循着自然界的规律安排;就社会属性而言,海洋社会存在固有的社会关系网络,具有特定的社会分工模式,并因此形成自身特有的区域品格;就两性合一而言,直接表现为海洋社会自然属性和社会属性的对立统一,尤其表现为两者之间互相促进、互为制约的关系。

(四)海洋社会及其上述三者的互动关系

海洋社会及其内在变迁、外在关照、人类属性之间也存在互动关系。作为万物世界的客观存在之一,海洋社会不仅仅单独与其内在变迁、外在关照或人类属性之间存在单元的互动关系,其内在变迁、外在关照和人类属性之间,也发生着多元的密切联系。恩格斯指出:"根据唯物史观,历史进程中的决定性因素归根结底是现实生活的生产和再生产……这里表现出一切因素间的交互作用。"[①]在推动海洋社会内在变迁的历史进程中,各因素及其相互作用起到了关键性作用。具体而言,首先是海洋社会的内在变迁,离不开作为外在关照的陆地社会的发展,更与人类属性有着不可分割的关系。正是陆地社会的发展,从外部支撑和推动着海洋社会的内在变迁。而人类属性,则是海洋社会发展进步的内在特质,决定着海洋社会发展的方向,是推动内在变迁的根本动因。陆地社会的发展,与人类属性也有着天然的联系。

---

① 《马克思恩格斯选集》第 4 卷,人民出版社 1995 年版,第 695—696 页。

二、研究对象的第二层次

海洋社会学研究对象的第二层次,主要包括海洋环境与海洋经济、海洋政治与海洋文化、海洋军事与海洋外交、海洋法规等各自与海洋社会的互动关系四方面内容。

(一)海洋社会与海洋环境、海洋经济的互动关系

海洋社会与海洋环境、海洋经济之间存在密切的互动关系。其中,海洋环境是海洋社会的生力摇篮。所谓海洋环境,是指海洋社会所处的地理位置及其相关的各种自然条件的综合系统,这些自然条件包括海水、溶解和悬浮于水中的物质、海底沉积物以及生活于海洋中的生物等等。海洋环境对于海洋社会的发展具有重要的意义,它不仅是海洋社会产生的载体,还是海洋社会赖以存在和发展的重要动态系统。海洋社会从海洋环境中获取发展所需的资源,获得源源不断的发展动力。此外,海洋环境还是海洋社会生态系统物质能量循环中一个十分重要的环节,为海洋社会的持续发展提供了有力的保障。海洋环境的优劣,可以加速或延缓海洋社会发展的步伐。

马克思主义政治经济学认为,物质资料生产是人类生存和社会发展的基础。物质资料的生产其实就是经济发展的过程。从海洋社会和海洋经济的互动关系来看,海洋经济是海洋社会发展的物力根基。所谓海洋经济,是指人类开发海洋资源和在海洋区域空间进行的各种生产活动和相关服务性产业活动,主要包括海洋渔业、海洋交通运输业、海洋船舶制造业、海洋盐业、海洋油气业、滨海旅游业等。海洋经济为推动海洋社会发展提供了坚实的物质基础,发挥了重要的促进作用。根据科学发展的要求,在大力发展海洋经济的同时,应更加注重海洋社会全面进步,提高海洋社会的文明程度。

(二)海洋社会与海洋政治、海洋文化的互动关系

海洋社会与海洋政治、海洋文化之间存在密切的互动关系。其中,海洋政治是海洋社会的权力指向。所谓海洋政治,是指海洋国家围绕海洋权利和海洋利益而展开的一系列政治活动的总和,其核心是海洋权力的争夺。近几十年来,随着海洋中渔业资源、生物资源以及石油、天然气等能源资源的巨量蕴藏被人类所发现,海洋逐

渐成为海洋国家权力角逐的焦点。特别是近几年,围绕海洋权利和海洋利益而展开的政治权力较量十分激烈。如南海海域、东海海域,相关海洋国家之间的紧张对峙,剑拔弩张,不时还会擦枪走火,发生直接冲突。海洋政治权力的增强,对于有效维护海洋权利和海洋利益,促进海洋社会的健康快速发展具有重要的意义。

海洋文化是海洋社会的智力聚焦。所谓海洋文化,是指基于海洋而产生和发展的文化形式,包括人类在开发和利用海洋过程中形成的对海洋的认识,具有海洋特色的理念、行为、风俗、习惯、制度等。在海洋文化和海洋社会的互动发展中,一方面,海洋文化是海洋社会千百年来发展的文明积淀,是海洋社会智力聚焦的重要表现形式;另一方面,在海洋社会发展过程中,海洋文化提供了强大的智力支持,既为海洋社会发展提供了文化动力,也在战略层面为海洋社会的发展提供了方向的引导。

(三)海洋社会与海洋军事、海洋外交的互动关系

海洋社会与海洋军事、海洋外交之间存在密切的互动关系。其中,海洋军事是海洋社会的武力后盾。一个国家的和平和发展的实现,必须要以强大的军事实力为保障。同样,海洋社会的顺利发展,也需要有强大的海洋军事力量为后盾。从西方殖民主义扩张时代开始,海洋军事就因其在殖民争夺中的主要作用而得到了前所未有的重视。近一个世纪以来,游弋于各大海大洋的航空母舰、巡洋舰、驱逐舰、潜艇以及其他军事力量,已经成为海洋社会中的一道独特的风景。当前,海洋已经成为世界各国提高综合国力和争夺长远战略优势的重要领域。从辩证的角度来看,海洋军事既是海洋社会冲突的"罪魁祸首",也是维护海洋社会和平安宁的武力后盾。

海洋外交是海洋社会的和力桥梁。海洋外交是海洋国家之间交往关系的总和,包括参加和海洋相关的国际性会议、就有关海洋主题的谈判以及条约或协议的签订等等。在全球化时代,世界各国之间既存在激烈的斗争,也存在紧密的合作;既存在利益的博弈,也存在主张的妥协。这一切都需要通过海洋外交来实现。可以说,海洋外交不仅是促进海洋国家之间有效沟通的手段,也是实现海洋社会和谐发展的重要桥梁。

(四)海洋社会与海洋法规及上述各方的互动关系

海洋社会与海洋法规之间存在密切的互动关系,海洋法规是海洋社会的制力天平,海洋社会是海洋法规发挥作用的领域。所谓海洋法规,是指和海洋有关的各种法律、法令、条例、规则、章程等法定文件的总称。在海洋社会文明产生和发展的进程中,海洋法规发挥了重要的作用。作为海洋法规最初的表现形态,早期海洋主体之间不成文的契约,是海洋文明产生的重要标志。随着人类海洋活动的多元化和繁杂化,需要有逐步完善的海洋法规来维护开发和利用海洋以及海洋社会自身发展的正常秩序。通过各种海洋外交手段建立起来的一整套海洋法律法规体系,成为现今规束各国海洋行为的有效工具,进而保障海洋社会的健康、平衡发展。

从系统论的观点来看,海洋社会是一个整体的范畴,它由发生着互动关系的内部各要素按照一定的方式有机组合而成。这些要素包括海洋环境、海洋经济、海洋政治、海洋文化、海洋军事、海洋外交、海洋法规等,他们之间也存在密切的互动联系,从不同层面发挥功能,共同维持着海洋社会系统的有序运行。

三、研究对象的第三层次

海洋社会学研究对象的第三层次,主要包括海洋个体、海洋群体、海洋组织和海洋社区与海洋社会的互动关系等四方面内容。

(一)海洋社会与海洋个体的互动关系

海洋社会是一个整体,它是由许许多多的海洋个体有机组合而成的。这些海洋个体,具体而言就是作为海洋社会主体的个人。海洋个体是海洋社会的有机细胞,在海洋社会与海洋个体的互动关系方面,主要表现为两点:一是海洋个体是海洋社会文明进步的推动力量。海洋个体天然有生存和发展的需要,在历史发展进程中,这种需要又通过人的主观能动性的发挥,转化为认识、开发、利用和保护海洋的各种活动,进而推动海洋社会文明的全面进步。二是海洋个体通过海洋社会平台实现社会整合。一方面,作为独立存在的海洋个体,必须借助海洋社会这一平台,通过社会整合,才能汇聚成促进海洋社会进步的整体性力量;另一方面,海洋个体在生产、生活的过程中,不断和海洋社会的其他要素进行物质、能量和信息的交换,以实现自身的新陈代谢和持续发展。

(二)海洋社会与海洋群体的互动关系

海洋社会与海洋群体的互动关系表现在三个方面。首先,海洋群体是海洋社会的天然主宰。海洋群体是相对于海洋个体而言的,是指两个或两个以上海洋个体,为了实现共同的目标而以一定的方式从事海洋活动的人群。马克思主义唯物史观认为,人民群众是历史的创造者。对海洋社会历史发展的推动,并非某一海洋个体单独起作用的,而是作为整体的海洋群体综合作用的结果。海洋群体是主宰着海洋社会发展的主体。其次,海洋群体是海洋社会物质财富的创造者。自从人类涉足海洋以来,不断利用和改善各种劳动生产工具,依托并将海洋资源改造转化成为人类生存和发展需要的财富。再次,海洋群体是海洋社会精神文化的培育者和传承者。作为文化,并非某一个体所独自培育并享有的,而是一个群体在长期的生产、生活过程中创造并积淀下来的。海洋群体在主宰海洋社会发展的过程中,除了创造物质财富满足自身的物质需求之外,还培育了精神文化以满足自身更高层次的精神需求,并保留着自身的符号特色不断传承和延续。

(三)海洋社会与海洋组织的互动关系

海洋社会与海洋组织的互动关系,直接表现为海洋组织是海洋社会的公共用器。首先,海洋组织是海洋社会分工发展的产物。人类社会进入工业社会以后,海洋社会的生产力飞速发展,社会分工越来越细,社会生活和社会关系越来越复杂,以血缘为纽带的初级社会群体已无法适应海洋社会发展和社会活动的需要,具有特定目标和承担特定功能的海洋社会组织的出现成为社会发展的必然。其次,海洋组织承担着海洋社会的特定功能。经济型组织承担的是海洋生产制造功能,管理型组织承担的是海洋社会管理功能,文化型组织承担的是海洋文化产生、传播和延续功能,等等。再次,海洋组织有助于维护海洋社会的秩序。作为人类社会组织的一种类型,海洋组织是人们为了海洋活动的特定目标而组建的稳定的合作形式,是海洋社会管理的一种重要主体。特别是在国际海洋社会中,国际性的海洋社会组织在维护国际海洋社会秩序方面担负着重要的职能和责任。

(四)海洋社会与海洋社区的互动关系

海洋社会与海洋社区的互动关系,直接表现为海洋社区是海洋社会的栖身家园。所谓海洋社区,是指具有共同的海洋文化观念,依托海洋进行海洋活动并具有密切互动关系的地域性生活共同体。海洋社会的存在,必然会以一定的地理区域为依托,大部分海洋社会群体都栖身于一定的海洋社区当中。"皮之不存,毛将焉附。"海洋社区之于海洋社会,就犹如"皮"与"毛"的关系。海洋社会的主体,无论是捕鱼为生的渔民,还是远渡重洋的水手;无论是考察海洋的学者,还是驻守海疆的战士,他们及其家属基本上都在滨海或沿海区域有栖身的处所。海洋社区不仅是海洋社会的栖身之所,也是是海洋社会的精神归宿。在海洋社区,他们不但实现了居有定所,在心灵和情感上也得到了慰藉。

四、研究对象的第四层次

海洋社会学研究对象的第四层次,主要包括海洋资源、海洋价值、海洋生态、海洋建设各自与海洋社会的互动关系等四方面内容。

(一)海洋社会与海洋资源的互动关系

海洋社会与海洋资源的互动关系,直接表现为海洋资源为海洋社会发展提供物质能量。海洋中蕴含着丰富的资源,自古以来就是人类十分重要的物质能量来源。在古代,人类在沿海捕鱼、制盐和航行,海洋主要为人类提供食物。到现代,随着科技的发展,人类开发海洋资源的规模越来越大,对海洋的依赖程度越来越高,海洋为海洋社会发展提供的物质能量更加多元化。人类不仅能简单地从海洋中捕获鱼类、发展海产养殖业或制盐业,还能够充分开发和利用各种矿产和能源。如今,海洋石油、海洋天然气等已经成为人类能源消耗的十分重要的组成部分。此外,人类还开发了海水中各种可用的能源,如利用潮汐能发电等。其他未知的海洋资源也在不断的考察和开发之中。

(二)海洋社会与海洋价值的互动关系

海洋社会和海洋价值的互动关系,直接表现为海洋价值是海洋社会发展的功用。作为哲学范畴的价值,是指客体对主体需要所具有的肯定意义,表现为客体满足主体需要的某种属性和功能。它是对主客体相互作用过程中所存在的效用关系的反映。对于海洋社会而言,海洋价值就是指海洋具有满足海洋社会发展需求的功能属性。在海洋社会发展过程中,海洋价值始终在发挥着重要的作用。近代以来,海洋对于人类的价值,已不仅限于食物的供给,而是越来越多样化的生物资源、矿产能源、旅游休闲、国防前哨、交通通道等功能需求的满足。特别是近几十年来陆地自然资源的日益短缺和逐步破坏,弥足珍贵的海洋价值对于人类社会生存和发展的意义更为凸显。

(三)海洋社会与海洋生态的互动关系

海洋社会与海洋生态的互动关系,直接表现为海洋生态是海洋社会发展所依托的自然系统。所谓海洋生态系统,是指海洋中由各种生物群落和非生物环境共同构成的统一有机整体。海洋社会自产生之日起,不断和海洋生态系统进行了物质的循环和能量的传递,以维持自身的存在和发展。虽然海洋生态系统在内部以及和外界不断进行物质循环和能量传递,处于不断的运动变化当中,如果其强度和频率还在一定的范围之内,它具有保持和恢复自身结构和功能相对稳定的能力,这就是海洋生态系统的稳定性。但如果外界的影响高出海洋生态系统能承受的稳定范围,海洋生态系统就会失去原有的平衡。由于过度和无规划开发利用,如今的海洋生态已经遭受了人类活动的污染和破坏。维持海洋社会与海洋生态的良好互动关系,必须对繁衍不息的海洋生态加强保护力度,实施科学开发。

(四)海洋社会与海洋建设的互动关系

海洋社会与海洋建设的互动关系,直接表现为海洋建设是海洋社会科学发展的有力保障。海洋社会是一个统筹性很强的概念,海洋建设亦然,包括海洋经济建设、海洋政治建设、海洋文化建设、海洋军事建设、海洋外交建设、海洋法制建设、海洋生态建设等方方面面。从海洋之于人类发展的价值功能来看,海洋不仅需要进一步开发、利用,更需要加强保护和建设,以确保海洋社会健康、持续地发展。

第二节 海洋社会学研究对象的主轴

从经典社会学理论来看,社会学是研究社会运行规律的科学。规律是指客观事物在发展过程中本身所固有的本质的、必然的、稳定的联系,世界上一切事物的发展变化,都有其自身固有的客观规律性。就海洋社会学来说,对海洋社会运行规律的研究,是其研究对象的主轴。下面将从历史、重心、主体、实用四个维度出发,以海洋社会有关规律为核心,简述海洋社会学研究对象的主轴。

一、主轴的历史维度

从主轴的历史维度来看,海洋社会学主要研究海洋社会的内在变迁、外在关照、人类属性以及三者之间的相关规律。

(一)海洋社会内在变迁的相关规律研究

海洋社会的内在变迁,有着自身的规律。海洋社会学研究海洋社会的发展规律,必然要研究海洋社会自身内在变迁的相关规律。从马克思主义哲学的观点来看,海洋社会的内在变迁,首先遵循质量互变规律,是渐进性和飞跃性的统一。在漫长的远古时期,受自然条件的束缚和人类自身的限制,海洋社会的变迁发展十分缓慢。直到工业革命以来,现代科技的出现,海洋社会才出现飞跃发展的契机。每一次科技的进步,都伴随着海洋社会的飞跃发展。可以说,现代科技在推动海洋社会发展方面起到了十分重要的促进作用。其次是曲折性和前进性的统一。海洋社会自从出现以后,就不断和自然环境作艰苦的斗争,试探着摸索前进。在这过程中走过弯路,有过挫折,呈波浪式的态势,但始终保持着前进的方向,不断由低级社会向高级社会运动发展。再次,是发展的必然性和全面性。海洋社会变迁是海洋社会运行过程中的一种必然现象,是不可抗拒的,是不以人的意志为转移的,是遵循着一定的客观规律不断向前发展。海洋社会变迁是一种全面性的发展,包括人口数量的增加和结构的变化、生产力的提高和工业社会的发展、民主法制的健全完善、社会文明的进步,等等。

(二)海洋社会外在关照的相关规律研究

海洋社会与作为外在关照的陆地社会的相关规律,首先是联系的普遍性规律。根据马克思主义唯物辩证法,事物的联系是普遍的,海洋社会与陆地社会之间,也存在着密切联系,且这种联系不以人的意志为转移。虽然长期以来海洋社会和陆地社会遵从不同的生产、生活方式,形成了不同的文明体系,但是两者之间却从无相互割裂过,一直以来保持着物质的互动和文化的沟通。其次是对立统一规律。海洋社会与陆地社会的对立统一关系是人类文明发展过程中的主要联系。作为两种不同类型的文明体系,它们之间存在对立的一面,但它们同属于人类文明体系的范畴,同样是人类文明进步的载体,也存在统一的一面。

(三)海洋社会人类属性的相关规律研究

海洋社会人类属性的相关规律,一是优胜劣汰规律。根据英国生物学家达尔文的生物进化论,优胜劣汰是自然界的重要生存法则。在残酷的自然界生存竞争中,适应力强的生物能保存下来,适应力差的通常只能被淘汰。具有人类属性的海洋社会,其变迁发展也遵循这一自然规律。二是新陈代谢规律。新陈代谢规律是生物界繁衍发展的客观规律,反映的是生物体不断用新物质代替旧物质的过程。新陈代谢功能是生物发展的必备条件。海洋社会也是一个不断变化发展的过程,决定了海洋社会也不断和外界进行物质和能量的交换,不断推陈出新产生新的社会肌体。三是和谐守恒定律。能量守恒定律揭示了自然界中各种形式能量的普遍性联系和统一性,各种不同形式的能量可以按一定的度量关系相互转化,但总量保持守恒。海洋社会也属于自然界中的一个系统,特别因其人类属性的存在,必然遵循和谐能量守恒规律,保持螺旋式运动发展。

(四)海洋社会三者交融的相关规律研究

海洋社会内在变迁、外在关照和人类属性三者之间的相关规律,也是海洋社会学研究的重点。作为海洋社会历史维度十分重要的三个方面,在辩证关系方面,它们之间相互联系,相互制约,相互促进,既存在矛盾对立的一面,也存在和谐统一的一面。在影响海洋社会变化发展的功用方面,存在着主次轻重之分:内在变迁是内因,是海洋社会变化发展的根据,决定着海洋社会变化发展的方向;人类是海洋社会的主体,对海洋社会的变化发展起着主导性的作用;陆地社会是外因,是海洋社会变化发展的重要条件,但它必须通过内因发挥作用。三者之间还存在许多与此相关的客观规律,都需要深化研究。

二、主轴的重心维度

从主轴的重心维度来看,海洋社会学主要研究海洋社会与海洋环境、海洋经济、海洋政治、海洋文化、海洋军事、海洋外交以及海洋法规等的相关规律。

(一)海洋社会与海洋环境、海洋经济的相关规律研究

从海洋社会与海洋环境的相关规律来看,首先是海洋社会的人类活动必然会对海洋环境产生影响。和其他生物不同,人类不仅为了生存的目的而从海洋环境中获取必需的食物支持,更是为了提高自身生活质量,而不断发挥人的主观能动性改造海洋环境。作为社会学的分支学科,海洋社会学必然以作为海洋社会主体的人以及人与海洋环境的互动规律作为重要的研究对象。其次是海洋社会发展必须与海洋环境相适应,这是海洋社会发展的基本规律。一方面,从环境层级关系来看,人类发展是由物质资料环境和自然生态环境决定的,海洋社会人口的增长应当在海洋环境容量的可承受范围之内;另一方面,从协调发展观来看,海洋社会的发展不能以损害海洋环境为代价,而应当实现两者发展的和谐统一。

从海洋社会与海洋经济的相关规律来看,首先是海洋经济的价值规律。价值规律的基本内容是:商品的价值量以生产该商品的社会化必要劳动时间决定;商品的交换以价值量为基础,实行等价交换。在市场经济条件下,价值规律是海洋经济发展所遵循的基本规律。当今时代海洋贸易十分发达,大部分的国际贸易,都通过海洋经济的形式来实现。价值规律在海洋经济中发挥着十分重要的基础作用。其次是海洋经济的竞争规律。竞争是市场经济的本质。海洋经济的竞争规律,是指在价值规律发生作用的过程中,经济主

体追逐经济利益以保持海洋经济发展活力的一般特性。再次是资源配置规律。人才、资金等经济资源,对海洋经济的发展起着重要的支撑作用。反之,海洋经济通过市场机制对经济资源实现优化配置,影响经济资源的流动与集聚。

(二)海洋社会与海洋政治、海洋文化的相关规律研究

从海洋社会与海洋政治的相关规律来看,首先是海洋政治建设是海洋社会发展的必然要求。从人类社会文明体系来看,除了已被人们所普遍了解的物质文明、精神文明、政治文明、生态文明四大文明以外,还包括人种文明、法制文明等内涵。海洋社会文明亦如此。作为一个内容十分宽泛的范畴,海洋社会的发展必然要求包括物质文明、精神文明、政治文明、生态文明以及人种文明、法制文明等人类文明形态的协调发展。其次是海洋政治是维护海洋社会权益的重要手段。海洋社会权益,是海洋政治的核心范畴,包括海洋主权、海洋管辖权、海洋管制权、海洋资源开发权等等。没有强大的海洋政治实力,海洋社会权益就很难得到有效维护。

从海洋社会与海洋文化的相关规律来看,海洋文化依附于海洋社会的产生而出现,并随着海洋社会的发展而不断繁荣。在这过程中,海洋社会与海洋文化相互渗透、相互制约,表现为两者发展的同步性,基于两者联系的紧密性,海洋社会与海洋文化的相关规律,首先就是双方的功能互动规律。主要表现为海洋社会是海洋文化产生和发展的基础,海洋文化推动海洋社会交往,引领海洋社会发展,影响海洋社会变迁。其次是海洋文化的发展本身也具有规律性,研究海洋文化就必须揭示海洋文化的本质及其规律性。海洋文化是一个动态的范畴。一方面,它在不同的时代、不同的历史条件下,具有不同的内涵、不同的表现形式;另一方面,它随着社会的进步而不断积淀,承前启后,吐故纳新,逐步发展。特别是在与外界社会、外界文化的交往、碰撞过程中,有可能吸纳一些外来的文化元素,并融入自身的发展中。

(三)海洋社会与海洋军事、海洋外交的相关规律研究

从海洋社会与海洋军事的相关规律来看,两者的关系非常密切。从海洋军事的起源来看,它是人类社会发展到一定程度基于领土、资源等利益的维护或争夺而出现的一种特殊社会现象。但对于今天而言,它作为一种不可或缺的武力后盾,维护海洋社会的和平发展。探讨海洋社会与海洋军事的相关规律,应当结合国内外形势的重大变化和世界海洋军事的日新月异,重点研究海洋军事和海洋社会发展相适应的规律,研究海洋军事在世界海洋社会矛盾对抗中的不断否定和完善的规律,研究海洋军事渐进性发展和创新性变革交替进行的规律等。

海洋社会与海洋外交的相关规律,也是海洋社会学研究的重要范畴。作为海洋社会的和力桥梁,海洋外交在海洋利益争夺日益激烈、关系错综复杂的世界海洋社会格局中,为促进海洋社会的和平、和谐发挥着重要的作用。探讨海洋社会与海洋外交的相关规律,重点是研究海洋外交的类型特征,在维护世界海洋社会和平、和谐发展中的价值功用,以及其适用范围、作用机制、方法路径以及优势或不足等。

(四)海洋社会与海洋法规等各个方面的相关规律研究

从海洋社会与海洋法规的相关规律来看,海洋法规是海洋社会的制力天平。海洋法规在海洋社会运动过程中,起着调节、规范海洋社会相关主体行为、维护海洋社会体系良性运行、促进海洋社会关系协调稳定的重要作用。探讨海洋社会与海洋法规的相关规律,应当从海洋社会整体的角度出发,重点研究海洋法规的历史演变、类型特征,及其在海洋社会发展过程中的价值功用和法理机制,以使之更好地维护海洋社会的正常秩序和稳定发展。

三、主轴的主体维度

从主轴的主体维度来看,海洋社会学主要研究海洋社会与海洋个体、海洋群体、海洋组织以及海洋社区的相关规律。

(一)海洋社会与海洋个体的相关规律研究

海洋社会与海洋个体的相关规律,首先是海洋个体的生长规律。和普通的生物体一样,海洋个体也经历出生、成长、成熟、衰老和死亡的整个生长过程。研究海洋个体的生长规律,不仅包括身体层面,还包括社会心理层面的内涵。其次是海洋个体的社会化规律。社会化是社会学研究的一个核心范畴。戴维·波普诺认为："社会化就是一个人获得自己的人格和学会参与社会或群体的方法的社会互动过程。"[1]海洋个体出生以后，就开始进入从自然属性向社会属性转变的过程。在这一过程中，海洋个体不断完善人格品性，并不断习得具有海洋特色的民俗文化、生活方式、生存技能等。

(二)海洋社会与海洋群体的相关规律研究

海洋社会学研究的群体，主要是指在人类开发利用海洋及沿海地区过程中形成的特殊人群。海洋社会与海洋群体的相关规律，一是海洋群体的结构模式。海洋群体主要由三个层次构成：第一层次是直接参与海洋活动的群体，主要指长期在海上从事渔业生产、捕捞作业、物流运输、经济贸易、资源开发、科学研究、保卫海疆等活动的人群，包括渔民、船员、海商、海洋技术人员、海洋科学考察人员、海军战士等。他们长年在海上生活和工作，形成了独特的生活方式及文化观念。第二层次是间接与海洋活动相关的群体，即不直接生活在海上，但与海洋活动密切相关的群体，如滨海社区居民、海洋科技与文化研究机构的工作人员、海洋管理人员以及涉海群体的家属等。上述群体组成了有别于陆地人群的"海上社会"，是海洋社会的主体。[2] 第三层次是沿海地区的居民。这是广义上的海洋社会群体。这类居民和海洋活动的联系不大，但长期以来受海洋文化影响较大，具有区别于陆地群体的明显海洋文化特征。此外，群体规模、群体规范、群体角色等，都是海洋群体结构研究的重点。二是海洋群体的运行机制。在浩瀚并充满未知的海洋中，在主宰海洋社会发展的过程中，海洋主体只有以"群体"的形式出现，以"群体"的形式运行，才能具备抵风抗浪、克艰破难，从而实现生存和发展。在这种背景下，研究海洋群体的运行机制具有很强的现实意义。

(三)海洋社会与海洋组织的相关规律研究

海洋社会与海洋组织的相关规律，首先是海洋组织的功能特

---

[1] [美]戴维·波普诺：《社会学》，李强等译，中国人民大学出版社1999年版，第142页。

[2] 庞玉珍、蔡勤禹：《关于海洋社会学理论建构几个问题的探讨》，《山东社会科学》2006年第10期。

性。海洋组织的出现,是基于海洋社会分工的需要,必然承担着一定的社会功能,也因此具备了独特的性质。其次是海洋组织的结构组成。根据是否存在正式的组织制度和组织结构为区分,可以将海洋社会组织划分为正式组织和非正式组织。如海洋考察机构、海洋管理机构、海洋科研机构等属于正式组织,船员俱乐部、渔民协会、航海协会等互惠性组织就属于非正式组织。再次是海洋组织的管理模式。基于海洋社会发展需要建立起来的海洋组织,和陆地组织相比,既有相同之处,又有自身的特色。特别是组织成员的特殊,决定了其个性化的管理模式。此外,海洋组织的发展变迁和海洋公民社会的关系等,都是海洋组织发展规律研究的重点。

(四)海洋社会与海洋社区的相关规律研究

海洋社会与海洋社区的相关规律,首先是海洋社区的本质特征、结构功能。陆地社区研究是当前学术界研究社会变迁的一个重要窗口。和陆地社区相比,海洋社区有着自身的本质特征和结构功能。研究海洋社区的本质特征和结构功能,有助于揭示海洋社区在海洋社会发展中的功能地位,并借以彰显其在促进人类发展上的"殊途同归"意义。其次是海洋社区的变迁规律。海洋社区的形成和发展是一个历史的过程。研究海洋社区的历史变迁,主要包括研究海洋社区的城市化进程、风俗文化嬗变、生活方式变迁、由传统向现代转换的过程及其发生机制等等。此外,海洋社区的管理模式、人口发展、人际互动乃至与社会各内在系统的发展等,都是海洋社会与海洋社区相关规律研究的重要对象。

四、主轴的实用维度

从主轴的实用维度看,海洋社会学的研究对象主要包括海洋社会与海洋资源、海洋价值、海洋生态以及海洋建设的相关规律。

(一)海洋社会与海洋资源的相关规律研究

海洋社会的产生,是以包括海洋资源在内的一定的物质基础为前提的。海洋社会的发展,也离不开对海洋资源的开发利用。目前困扰人类的人口、资源、环境等世界性难题的解决,人们都寄望于海洋资源的开发与利用。这意味着,探讨海洋社会与海洋资源的相关规律,主要是研究揭示海洋资源如何更好地服务海洋社会发展的规律。在开发利用海洋资源过程中,应当坚持科学发展的原则,做到合理开发和保护第一相统一,以满足海洋社会可持续发展的需要。

(二)海洋社会与海洋价值的相关规律研究

从海洋价值对于满足海洋社会发展需要的属性来看,海洋价值是随着海洋社会的发展而逐步凸显的,其功能、大小、性质等内涵并不是一成不变的,而是不断变化、拓展的。随着海洋社会的发展,海洋价值对于海洋社会发展需求的满足日益最大化。研究海洋社会与海洋价值的相关规律,主要是探讨海洋价值如何更好地服务海洋社会发展的规律。海洋价值的存在和发展,一般需要具备三个条件:一是人类的需要;二是科学的认识;三是技术工具的进步。[1] 其中人类的需要是海洋价值存在的根本前提,有人类需要,才有海洋价值;科学的认识引领海洋价值发展的方向,没有科学的认识,海洋价值的实用意义就会受到限制;技术工具的进步是海洋价值凸显的重要途径,没有一定的技术工具,海洋价值的开发将无法进行。

(三)海洋社会与海洋生态的相关规律研究

海洋社会与海洋生态的相关规律,首先是生态平衡规律。生态平衡是海洋生态系统最重要的规律和特点,是任何海洋生物存在和发展的条件,也是海洋社会生存和发展的前提。其次是能量流动规律。根据热力学定律,生态系统内的能量传递保持守恒,但总沿着从集中到分散、从能量高到能量低的方向传递,传递的过程中又总会有一部分成为无用的能量放散。海洋生态系统的能量流动,也遵循这一规律,具体表现为能量流动的连锁性、单向性和衰减性。海洋生态系统内各种生物要生存、发展,就必须保持能量流动的稳定性,且相邻环节的物种应保持一定的数量比例关系,才不致出现生态失衡。因此,海洋社会的人口增长以及渔业捕捞等活动,应保持和海洋生态的协调发展。

(四)海洋社会与海洋建设的相关规律研究

海洋是生命的摇篮,孕育了人类文明。它不仅是人类生存发展

---

[1] 王琪:《关于海洋价值的理性思考》,《中国海洋大学学报(社会科学版)》2004第5期。

的重要资源宝库,更是人类不可或缺的生存空间。因此为了更好地拓展这一生存空间,海洋不仅需要开发利用,更需要建设发展。海洋社会建设是一个整体性、全局性的范畴,除了平时常说的物质文明建设、精神文明建设、政治文明建设和生态文明建设四大类型以外,还应包括法制文明(大法家董必武所云)建设和人种文明(马克思所云)建设两大类型。研究海洋社会与海洋建设的相关规律,必然离不开对海洋社会这"六大文明"[①]建设规律的探讨。

第三节 海洋社会学研究对象的总体

作为一门学科,海洋社会学的研究对象既存在层次不同之分,也存在主轴与总体之分。上文主要阐述了海洋社会学研究对象的层次划分和主轴,下面将简述其总体。所谓总体,即海洋社会学所有研究对象的集合或整体构成。它为海洋社会学的持续发展提供了永不枯竭的动力源泉,昭示着海洋社会学蓬勃发展的生命力,构筑了海洋社会学甚具拓延性的发展空间。

一、总体时空的无限性

总体时空的无限性,为海洋社会学研究的拓展提供了无限开阔的时空视野。这里主要对海洋社会总体时空无限性的基本考察、对海洋社会总体时空无限性的主轴内涵和主要特征等试作简述。

(一)对时空及总体时空的简要阐析

所谓时空,即时间和空间。马克思主义唯物辩证法认为,时空是永恒、无限的。恩格斯曾说:"时间上的永恒性、空间上的无限性……没有一个方向是有终点的。"[②]近代物理学认为,时间和空间不是独立的、绝对的,而是相互关联的、可变的,任何一方的变化都

---

① 关于"六大文明"的系统观点,是范英从 20 世纪末起就一直使用的,在他主编的中国精神文明学大型丛书的系列性著作中均有所论。

② 《马克思恩格斯选集》第 3 卷,人民出版社 1995 年版,第 389 页。

包含着对方的变化。因此把时间和空间统称为时空,在概念上更加科学而完整。时空是四维的,由坐标"x"、"y"、"z"和时间"t"组成。所谓总体时空,是指由若干时空元素构成的集合,强调的是任何事物都处于一定的总体时空之中,在总体时空中不断变化发展。

(二)海洋社会总体时空的基本考察

海洋社会是一种不断变化发展的存在形式,经历了产生、发展的一系列变迁过程。海洋社会的每一个发展阶段,都处于某一确定的时空范畴;海洋社会的发展,都与当时的经济科技等发展相适应。在原始社会,海洋社会的先民们刳木为舟,剡木为楫,渔猎为生,在险恶的自然环境中求得生存。随着科学技术的发展,人类涉海的区域越来越大,深度越来越深,海洋价值的利用程度越来越高,海洋社会的总体时空也在不断演进发展。到今天,海洋社会的总体时空发展到前所未有的广度和深度。据美国《科学》杂志2008年12月刊登的考察报告显示:人类活动如今已遍及全球海洋,借助潜水器,人类已经到达了1万多米海底。目前,人类的海洋社会总体时空仍在不断拓展之中。

(三)海洋社会总体时空的主轴展示

随着人类社会文明的进步,海洋社会总体时空的范畴越来越大,所囊括的元素越来越多。这些元素,就是海洋社会中各种形式的、运动着的社会存在和海洋社会行为,包括海洋环境、海洋经济、海洋政治、海洋文化、海洋军事、海洋外交、海洋法规、海洋个体、海洋群体、海洋组织、海洋社区、海洋资源、海洋价值、海洋生态、海洋建设等。

(四)海洋社会总体时空的主要特性

海洋社会总体时空的主要特性,一是运动的永恒性。时空是运动着的物质的固有属性。列宁曾指出:"世界上除了运动着的物质,什么也没有,而运动着的物质只有在空间和时间之内才能运动。"[1] 运动是永恒的,静止是相对的。作为一种社会存在形式,在海洋社会总体时空的组成元素之一时间"t"的作用下,保持着永恒的运动状态。二是存在的客观性。运动着的物质和时空是不可分割的关系,

---

[1] 《列宁选集》第2卷,人民出版社1972年版,第177页。

物质运动离不开时空,时空也不可能离开物质运动独立存在。由于物质是客观的,因此作为物质固有属性的时空也是客观的。海洋社会在发展过程中所依赖的总体时空,同样是不以人的意志为转移的客观存在。三是统一的辩证性。马克思辩证唯物主义认为:时空的无限性和有限性是辩证统一的。无限存在于有限之中,无限的时空是由特定的有限时空构成的。对于海洋社会而言,在时间和空间上是无限的,而具体的海洋社会事物包括作为主体的人类,在时间和空间上都是有限的。这些特定的有限时空构成了海洋社会总体的无限时空。

二、总体领域的广袤性

如果说总体时空强调的是立体性,那么总体领域强调的是平面性;如果说总体时空强调的是纵向延续,那么总体领域强调的是横向切面。这里主要对海洋社会总体领域广袤性的基本考察、对海洋社会总体领域广袤性的主轴内涵和主要特征进行简述。

(一)对领域及总体领域的简要阐析

所谓领域,是指相对于某一主体而言相对确定的区域或范围。和时空的无限性特征不同,领域具有一定的边界范围,呈现明显的有限性。所谓总体领域,是指一定的边界范围内所有存在元素的集合。一般而言,总体领域内的元素,是在确定的领域内的独特表现形态,不会超出所在的领域。但这些元素一旦进入了其他领域,就会转化为和该领域相适应的其他存在形态。

(二)海洋社会总体领域的基本考察

就像海洋社会总体时空的不断拓展一样,海洋社会的总体领域是一个历史范畴,长期以来也处于持续的扩延之中,经历了一个由小到大、由简单到复杂的发展历程。早在新石器时代,沿海居民就开始了原始的采拾贝类和"煮海为盐"。但受技术条件的制约,他们的活动范围仅限于近海区域,海洋社会的总体领域相应就比较狭窄。随着航海及海洋开发技术的发展,人类逐步从畏惧崇拜海洋进入认知开发海洋的社会历史阶段,人类文明的足迹涉及的海洋区域也越来越大,如今已遍及全球海洋。

(三)海洋社会总体领域的主轴展示

海洋社会是一个很大的区域范畴,其总体领域不仅仅是海洋本身,还包括涉海区域如海岛、滨海地区甚至沿海地区等。就海洋本身而言,全世界海洋面积约 3.6 亿平方千米,约占地球表面积的 71%,远远超过陆地面积。就沿海地区而言,根据《中国海洋统计年鉴》的定义,中国的沿海地区是指有海岸线(陆地岸线和岛屿岸线)的地区,按行政区划分包括 9 个省、1 个自治区、3 个直辖市、2 个特别行政区共 53 个沿海城市、242 个沿海区县属于沿海地区范畴。而美国的《21 世纪海洋蓝图》则认为,美国的沿海地区包括海洋与陆地交汇地区内众多的地理分区,主要由沿海州、沿海带县、沿海流域县和近岸地带四部分组成。由于海洋对于人类社会经济发展的独特作用,当今世界的人口和经济发达区域,大多集中在沿海地区。据统计,世界上 70% 的人口和近半数超百万人口的大城市分布在距离海洋 80 千米以内的沿海区域。海洋社会总体领域的持续扩延,为海洋社会学研究提供了宽阔的区间和载体。

(四)海洋社会总体领域的主要特性

海洋社会总体领域的主要特性,首先是广袤性。海洋社会的总体领域,囊括了海洋以及滨海、沿海的全部区域,覆盖面甚为广泛。这一点上文已有述及。其次是有限性。有限性是相对于无限性而言的。从马克思主义哲学的观点来看,事物是有限性和无限性的统一。但事物的存在,是以有限性为必要基础的。离开了作为有限性标志的界限,事物就不是本身,而是他物了。无论人类科学技术发展到什么程度,开发利用海洋达到什么水平,都不可能突破海洋社会作为"海洋"而非他物的质的规定性。

三、总体人际的趋利性

趋利避害是人性的本能。在海洋社会中,趋利性仍是总体人际的重要特征。这里主要对海洋社会总体人际趋利性的基本考察、对海洋社会总体人际趋利性的主轴内涵和主要特征予以解说。

(一)对人际及总体人际的简要阐析

所谓人际,是指社会上人与人之间的交际和交往的总称。只要存在人类社会,就必然会发生人际的交往。马克思指出:"人的本质并不是单个人所固有的抽象物,在其现实性上,它是一切社会关系的总和。"①人际关系就是基于社会交往而构成的相互联系的社会关系。所谓总体人际,是指从整体或普遍意义层面而言的人际交往。随着人类社会的发展进步,总体人际也日益多样化和复杂化。

(二)海洋社会总体人际的基本考察

马克思说:"为了进行生产,人们便发生一定的联系和关系;只有在这些社会联系和社会关系范围内,才会有他们对自然的关系,才会有生产。"②由此可见,人类生产是以人际关系为前提的。自从人类成为海洋社会的主宰,人际关系就成为海洋社会中十分重要的社会关系,并伴随着人类生产、生活的全过程。从远古人类采拾贝类、近海飘洋,到古代传统农渔社会以海为田、捕捞养殖,再到近代以来人类开发利用海洋资源的能力提升、范围扩大,以及各海洋国家为争夺海洋利益而动枪动炮、纷争不止,海洋社会总体人际日趋由单一变为多样、由简单变成复杂。

(三)海洋社会总体人际的主轴展示

海洋社会的总体人际,从广义上看,包括以国家或地区为单位形式出现的相互关系。近几十年来,海洋相关国家或地区之间围绕海洋领土、资源等利益焦点展开了激烈的争夺,既有和平的外交斡旋,也有武力的枪炮相见。总的来说,宏观层面的海洋社会总体人际纷繁迷眼、错综复杂。从狭义上看,海洋社会的总体人际主要是指作为海洋主体的群体或个人之间的关系。当前,海洋社会的总体人际日趋多元、复杂。以中国为例,随着现代化进程的推进,海洋社会的总体人际逐渐由传统人际向现代人际转变:人际交往打破了传统以"人情"为上的社交原则,体现出更强的工具意义。

(四)海洋社会总体人际的主要特性

海洋社会总体人际的主要特性,一是趋利性。趋利性是人类的基本共性,人类社会发展进步的根本动力,就来源于人类趋利性的

---

① 《马克思恩格斯选集》第 1 卷,人民出版社 1995 年版,第 60 页。
② 《马克思恩格斯选集》第 1 卷,人民出版社 1972 年版,第 362 页。

存在与表达。特别是在海洋社会中,趋利性成为海洋社会群体克服海洋社会不足,充分发掘海洋社会资源能力以满足人类生存发展需要。二是社会性。社会性是个人不能脱离社会独立存在的属性。在海洋社会总体人际中,人的社会性主要包括利他性、服从性、依赖性以及更加高级的自觉性等。三是契约性。契约性是海洋社会总体人际发展过程中必然出现的基本特性。随着现代化进程的推进,海洋社会逐渐由传统向现代转型,局部利益在整体利益中逐步分化和凸显,个人利益也会异质化、多样化。在这种社会和经济发展格局中,逐步形成一种契约关系,在宏观上规范和约束海洋社会主体的行为,从而维护海洋社会发展所需的正常社会秩序,实现海洋社会的协调和整合。

四、总体平衡的根本性

海洋社会是一个相对独立的社会系统,各构成要素在漫长的发展过程中形成了相对稳定的相互作用关系,从根本上保持着海洋社会的总体平衡。这里主要对海洋社会总体平衡根本性的基本考察、对海洋社会总体平衡根本性的主轴内涵和主要特征进行简述。

(一)对平衡及总体平衡的简要阐析

所谓平衡,就是矛盾的暂时的相对的统一。一般而言,平衡是指某一系统中各组成要素即矛盾各方大体均衡的状态。在平衡的状态下,除非外力的影响,否则这种状态不会自动改变。所谓总体平衡,即在整个社会系统中,各构成要素之间基本均衡并相对稳定的状态。

(二)海洋社会总体平衡的基本考察

海洋社会总体平衡是指在海洋社会的发展过程中形成的各构成要素之间基本均衡的稳定状态。地球形成以后,经过历史的沧桑变迁,原始海洋社会系统中的物质、能量不断变化,当发展到一定阶段,海洋社会各构成要素的相对比例基本维持在均衡、稳定的状态。在一般情况下,如果能科学、合理、有序开发海洋社会资源,不突破海洋社会的自我调节能力范围,海洋社会能够持续保持结构稳定和总体平衡。但如果过度开发利用,则必然会破坏海洋社会的自我调节功能和总体平衡状态。

（三）海洋社会总体平衡的主轴展示

海洋社会的总体平衡，主要包括自然生态的总体平衡和人类社会的总体平衡两方面内涵。就海洋自然生态的总体平衡而言，海洋社会在自身生态循环系统运转的同时，不断和自身以外的其他生态系统进行物质和能量的交换，进而保持着自身的平衡。如通过蒸发、降雨等自然机制，实现水量的平衡；通过生物的自然繁殖和衰亡，实现生物总量和结构的平衡等等。就海洋人类社会的总体平衡而言，人类介入海洋以后，必然会打破海洋自然生态的原有平衡，建立起新的平衡状态。在科学、合理、有序的开发利用原则下，海洋社会的地理结构、沉积物结构、资源结构、生物结构等处于稳定的平衡状态。但不容忽视的是，近几十年来人类加大了开发利用海洋的力度，不断向海洋索取资源和空间，海洋社会总体平衡的状态受到一定的挑战。

（四）海洋社会总体平衡的主要特性

海洋社会总体平衡的主要特性，一是稳定性。海洋社会系统是一个经历了漫长发展过程的社会存在，形成了自身固有的基本形态和发展规律。包括人口、物质和能量在内的各构成要素，相互之间也建立起相互依赖、相互影响的关系，共同维护着海洋社会系统的总体稳定。二是动态性。世界上没有静止的平衡、绝对的平衡。海洋社会的总体平衡，不是固化的平衡，而是在海洋社会各构成要素不断运动、共同作用条件下实现的宏观平衡。三是开放性。海洋社会是一个开放的系统。除自然生态系统不断和外界进行物质、能量的交换之外，随着海洋新兴产业、海洋服务业、海洋制造业、海洋渔业的兴起，社会系统不断与外界社会进行人员流动、商贸往来、资源交换等等。

从以上分析可知，本文关于海洋社会学研究对象之界定，首先是分为四大层次的：第一层次是研究海洋社会内在变迁、外在关照和人类属性这三方面的关系及它们的互动规律；第二层次是研究海洋社会与海洋环境、海洋经济、海洋政治、海洋文化、海洋军事、海洋外交和海洋法规的关系及它们的互动规律;第三层次是研究海洋社会与海洋个体、海洋群体、海洋组织和海洋社区的关系及它们的互动规律;第四层次是研究海洋社会与海洋资源、海洋价值、海洋生态和海洋建设的关系及它们的互动规律。其次,本书又将前述四大层次的研究对象相对地区别为主轴的历史维度、重心维度、主体维度和实用维度等四大维度及它们的互动规律。再次,本文还把海洋社会学研究对象的总体相对地区分为时空的无限性、领域的广袤性、人际的趋利性和平衡的根本性及它们的互动规律。通过海洋社会学研究对象的层次、主轴和总体及其互动规律的简要阐析,旨在勾勒出本书对海洋社会学体系构架的全局样貌。

参考文献:

1. 杨国桢:《论海洋人文社会科学的概念磨合》,《厦门大学学报(哲学社会科学版)》2000年第1期。
2. 杨国桢:《论海洋人文社会科学的兴起与学科建设》,《中国经济史研究》2007年第3期。
3. 庞玉珍:《海洋社会学:海洋问题的社会学阐释》,《中国海洋大学学报(社会科学版)》2004年第6期。
4. 崔凤主编:《海洋与社会——海洋社会学初探》,黑龙江人民出版社2007年第1版。
5. 宁波:《关于海洋社会与海洋社会学概念的讨论》,《中国海洋大学学报(社会科学版)》2008年第4期。
6. 范英:《海洋社会学体系之我见》,《文明与社会》2010年7月号;"2010年中国社会学年会·第一届中国海洋社会学论坛"文集。

思考题:

1. 海洋社会学的研究对象包括哪些层次?
2. 海洋社会学研究对象主轴的四个维度,具体包括哪些内涵?
3. 海洋社会学研究对象的总体包括哪些内容?

汹涌激荡　万源归宗　恶浪过后复平和
浅酌酣饮　仰天长笑　歙风拂处沐春青

第三章　共创和谐:海洋社会学研究意义

中国拥有海域面积约 300 多万平方千米,相当于陆域面积的 1/3。海洋是中国国土资源的重要组成部分。虽然改革开放 30 多年来,中国海洋事业获得了较快的发展,但仍然与海洋大国的地位极不相称,与海洋强国的目标差距更远。推进中国海洋事业发展是中华民族一项艰巨的历史任务,面临着诸多难题和挑战。解决这些问题还需要假以时日,不仅需要创造许多实力条件,更需要自然科学去解释,需要社会科学去回答。作为社会科学中的海洋社会学就是在推进中国海洋事业发展的背景下逐步形成的,它对于海洋社会自身的发展进步、对于人类社会的发展进步可以发挥重要作用。本书仅就这一新兴学科在共创和谐海洋社会方面的研究意义作出初步阐析。

第一节　有利于强化社会学对海洋社会领域的研究力度

海洋事业发展的过程,也是沿海区域社会现代化的过程。海洋社会学本质上属于社会学范畴,它具有应用社会学的特性,强调运用社会学的理论、范畴与方法对人类海洋社会的实践活动现象进行描述与分析,这是海洋社会学发展的现实选择。海洋社会学的兴起,有利于强化社会学对海洋社会领域的研究力度。

一、以往的社会学对海洋社会的研究处于非常零散状态

从海洋社会学概念的提出算起,中国海洋社会学研究已经有 10

多年的发展历史。但是,在这些研究中社会学对于海洋社会学的含义特征、学科属性、研究对象、研究内容等方面的理解还很简单,一些学者也各抒已见,整体的研究尚处于非常零散的状态。

(一)以往的研究范围不确定

海洋社会学在学科分类上属于应用社会学,是应用一般社会学理论、范畴和方法等对海洋社会的人类行为及社会关系进行分析与研究,属于特殊的社会学层次,是一门分支社会学。它需要沿用理论社会学的基本理论、范畴和方法,针对自己的独特领域进行全新的研究。

然而,过去的研究范围一直不确定。有学者认为,海洋社会学的研究应当围绕"海洋开发利用的社会条件及其社会影响"来进行。在这一主题下,海洋社会学应主要研究影响海洋开发系统的一系列人类活动,以及影响社会系统的一系列海洋开发活动。这需要具体回答两类问题。一类是海洋开发、利用及由此产生的变化是如何影响社会行为与社会过程的?包括海洋开发利用对现代化的影响,海洋开发利用与城市化进程、现代化生活方式、观念变革、区域分化、环境资源问题和人口问题等。另一类是社会行为、生活方式、价值观念、科学技术等社会条件变量是如何影响海洋开发、利用的?包括影响海洋开发利用的社会因素分析,海洋开发利用与人的素质、国际政治环境、法治建设、政策环境问题、海洋意识、全球一体化、经济建设、海洋教育、科技进步等。[①] 还有的学者认为,海洋社会学研究主要包括以下内容:海洋观调查与研究、海洋区域社会发展研究、海洋社会群体与社会组织研究、海洋环境问题研究、海洋渔村研究、海洋民俗研究、海洋政策研究。[②] 也有学者认为,应基于海洋社会五个重要领域的研究,建构海洋社会学的学科体系,这五个重要领域分别为:海洋社区、群体和组织研究;人类重要海洋活动的社会学审

[①] 庞玉珍:《海洋社会学:海洋问题的社会学阐释》,《中国海洋大学学报(社会科学版)》2004年第6期。

[②] 崔凤:《海洋社会学:社会学应用研究的一项新探索》,《自然辩证法研究》2006年第7期。

视;海洋社会问题、社会冲突与控制研究;海洋社会变迁研究;海洋文化研究。[1] 这些观点都是有特色、有启发的。但是,这些研究尚处于初始阶段,其研究范围尚未有明确的界定。

(二)以往的研究没形成系统

从目前的情况看,人们不仅对海洋社会学感到陌生,没有引起必要的重视,而且其学科体系也还处在研究和探索过程之中,尚未形成完整的系统。10多年来,研究海洋社会学的专题论文不多,又散见于各种报刊;海洋社会学的专著也寥寥无几。其中,较有代表性的有:崔凤主编的《海洋与社会——海洋社会学初探》(黑龙江人民出版社2007年版)、张开城和马志荣主编的《海洋社会学与海洋社会建设研究》(海洋出版社2009年版)、张开城等著的《海洋社会学概论》(海洋出版社2010年版)等,前两本属海洋社会问题的论文集,其中有若干篇较为集中地研究了海洋社会学涉及的问题。后一本则开始有了架构海洋社会学体系的初步设想,但总的说来,离形成比较全面、系统的体系架构的路子尚远。本书则作了体系架构方面新的尝试。从研究内容来看,中国一些学者开始从不同角度,探讨了海洋社会学兴起的背景、海洋社会学的基本概念、海洋社会的概念、海洋社会问题、海洋社会变迁、海洋社会冲突、海洋社会控制、海洋社会群体与组织、海洋社区与和谐、海洋文化与政治、海洋宗教与民间信仰、海洋生态与建设、海洋社会政策与其他等等。这些内容都较为丰富,但从整体上看,还没有形成比较全面系统的研究内容,本书则在研究内容上作了新的尝试。

(三)以往的研究概念不一致

海洋社会学以海洋社会为研究对象。但是,学术界对于海洋社会这一概念及诸多相关概念的看法还存在着不同的观点和不同的表述。例如,有学者认为:"海洋社会是指在直接或间接的各种海洋活动中,人与海洋之间、人与人之间形成的各种关系的组合,包括海洋社会群体、海洋区域社会、海洋国家等不同层次的社会组织及其结构系统;海洋社会群体聚结的地域,如临海港市、岛屿和传统活动

---

[1] 张开城:《应重视海洋社会学学科体系的建构》,《探索与争鸣》2007年第1期。

的海域,组成海洋区域社会。"[1]另一位学者认为:"海洋社会是人类缘于海洋、依托海洋而形成的特殊群体,这一群体以其独特的涉海行为、生活方式形成了一个具有特殊结构的地域共同体。"[2]还有学者认为:"海洋社会是人类基于开发、利用和保护海洋的实践活动所形成的区域性人与人关系的总和。"[3]又有学者认为:"海洋社会是人类社会的重要组成部分,是基于海洋、海岸带、岛礁形成的区域性人群共同体。海洋社会是一个复杂的系统,其中包括人海关系和人海互动、涉海生产和生活实践中的人际关系和人际互动。以这种关系和互动为基础形成的包括经济结构、政治结构和思想文化结构在内的有机整体,就是海洋社会。"[4]此外,其他相关概念的观点及其表述也各言其是。对此,本书也作了新的尝试。

(四)以往的研究方法较单一

目前,在对海洋社会学的内涵、领域、学科框架等方面的理论建构方面,以社会学为主的研究方法是不能丢弃的,但如何吸纳其他学科的研究方法,则显得比较单一。从研究成果来看,现有海洋社会学的研究大部分是以调查研究为主,主要关注一些海洋社会问题,并展开相关的海洋社会政策分析。以对策研究为主的海洋社会学研究成果,选用的方法多为质性研究、个案分析。姑且不论质性研究的成果水准,仅就方法论本身而言,便将面临代表性等问题。这就是说,质性研究缺乏针对问题的基本数据支撑,个案分析也代表不了整体状况。因此在研究方法上,海洋社会学急切需要借鉴在良好质性研究基础上的定量研究,以此解决个案分析的方法论困境。本书则认为,海洋社会学应从注重植入社会学研究的适用方法、广泛吸纳众学科研究的有用方法入手,逐步形成有自己特色的

---

[1] 杨国桢:《论海洋人文社会科学的概念磨合》,《厦门大学学报(哲学社会科学版)》2000年第1期。

[2] 庞玉珍:《海洋社会学:海洋问题的社会学阐释》,《中国海洋大学学报(社会科学版)》2004年第6期。

[3] 崔凤:《海洋社会学:社会学应用研究的一项新探索》,《自然辩证法研究》2006年第7期。

[4] 张开城:《应重视海洋社会学学科体系的建构》,《探索与争鸣》2007年第1期。

适用方法,试图在方法论上作出新的尝试。

二、当代人们对海洋社会学的研究仅从十多年前才开始

当今的海洋学科领域,大量的是自然学科方面的研究和成果,海洋人文社会学科研究明显偏弱。在中国开展海洋社会学研究的10多年间,学者们主要围绕海洋社会学研究的必要性以及海洋社会学的含义特征、学科属性、研究对象、研究内容等发表论文。其中,在海洋社会学研究的必要性方面,研究者们基本达成了共识,即认为随着海洋世纪的到来,以及人类海洋开发实践活动的日益频繁,社会学应该体现时代精神,应该关注人类海洋开发实践活动与社会变迁的关系,在此基础上形成的海洋社会学应该成为海洋人文社会科学的必要组成部分。

(一)中国的海洋学科领域正在扩展期

人类对海洋的研究可以说是由来已久,20世纪70年代以来,越来越多的有识之士关心海洋问题,越来越多的人文学者在各自的学科框架下思考同海洋相关的各种问题。有学者指出:中国和一些国家不仅陆续出版或在相关刊物上发表了海洋学史、海洋研究史(海洋科学史)、海洋经济学、海洋文化学、海洋管理学(海洋环境管理学、海洋行政管理学、海洋工程管理学)、海洋政治地理学等学科的著作和论文,而且许多学者还积极倡导创建海洋社会经济史、海洋法学、海洋文献学、海洋情报学、海洋教育学等一系列具有哲学社会科学属性的交叉分支学科。[1] 在文明进步、科技发达的今天,海洋学科领域已经形成蔚为可观的学科群。

(二)中国的海洋社会学属于初创时期

随着海洋事业的大发展,海洋问题逐渐全方位地进入自然学科与社会学科的研究视野。上述新兴学科的相继问世,都在各自的领域中取得了长足的进展。但是,社会学对海洋问题的研究一直滞后于其他社会学科,海洋社会学在中国国内还属于初创阶段。有学者指出:当前中国对海洋社会的研究很不充分,基本上可说是空白的。

---

[1] 张开城:《海洋社会学研究亟待加强》,《经济研究导刊》2011年第4期。

海洋社会的利益冲突已经逐渐显现,不可小视。应该大力鼓励和推动这方面的研究,为海洋社会的稳定和发展服务。① 时至今日,特别是研究海洋社会学学科体系的建构尤为重要。但总的看来,包括本书此前一些学者提出的体系架构的设想,以及本书新展示的体系设计在内,只能说是尚处于海洋社会学的初创阶段。

(三)中国的海洋社会学研究机构诞生

10多年来,中国已诞生了一些海洋社会学的研究机构,初步形成了一些研究团队,研究人员普遍分布于沿海和部分内陆高等院校、科研机构和其他领域,如青岛的中国海洋大学、上海的上海海洋大学、湛江的广东海洋大学、大连的大连海洋大学等都开展了对海洋社会学的研究。2009年,广东省社会学学会成立的海洋社会学专业委员会,属国内首家海洋社会学的民间学术组织。而从2009年下半年开始筹办的中国社会学海洋社会学专业委员会,也将于2012年正式成立。其成立对于拓展海洋社会学学科影响力,加强海洋社会学研究具有重要意义。但是这些机构如何加强自身的研究实力,如何开展自身的研究工作,如何与相关部门联动推进,如何把多家关于海洋社会学体系架构的设想加以深化,诸如此类的许多问题摆在面前,需要解决。

(四)中国的海洋社会学研究前进方向

在世界各国尚未开展海洋社会学方面体系架构研究的情况下,中国开始对此进行的探索是非常有意义的。尽管这些初步的探索还有许多不足,但已经产生了重要影响。中国今后在海洋社会学研究的前进方向上,无疑要以近10多年研究已有成果为基础。一是进一步全面认识和把握社会学既有的理论和方法以指导海洋社会学的创新探索,离开这一条,海洋社会学就有可能产生变异;二是进一步认识和把握社会学之外相关学科的理论与方法,并借鉴其中有益的养分,海洋社会学的研究才能创新;三是进一步认识和把握与海洋社会学密切相关的各种海洋学科的研究与进展,以便吸纳其中

---

① 杨国桢:《论海洋人文社会科学的概念磨合》,《厦门大学学报(哲学社会科学版)》2000年第1期。

有益的养分,海洋社会学的研究才能丰满;四是进一步开展海洋社会各种专题的定性、定量的调查研究,深入认识和把握海洋社会的全局与变化,为形成海洋社会学的体系架构作出更加切实的支撑;五是在现有海洋社会学的体系架构方面不断努力深化、完善,或使之成为指导中国海洋社会建设的一门新兴学科,或成为更具科学性、普及性的世界人类共有的新兴学科。

三、强化海洋社会学就是强化社会学对海洋社会的研究

海洋社会学是研究海洋社会自身及其与人类共进退的一门分支社会学,自然属于社会学研究的一个专门领域。强化海洋社会学就是强化社会学对海洋社会的研究,特别是对世界人类共创和谐海洋社会的研究。这种研究是全面的探索,本节仅就强化其中四个重点环节作些论述。

(一)强化社会学对海洋环境问题等研究

海洋环境的变化深刻影响着沿海乃至陆地社会的发展。海洋既孕育了人类文明,又因海上探险、海上贸易等促进人类对世界的认知而推动了人类文明发展。现阶段,海洋与人类社会的关系极其紧张,一个重要的原因是人类对海洋无止境的不合理开发利用。伴随着陆地资源的枯竭,人类逐渐把目光转向海洋。但是,在海洋立法、海洋产业指导方面的落后,导致海洋生态环境遭到严重破坏,近海污染严重、海洋生态的多样性大为减少,海洋资源遭到了掠夺性的开采。因此,海洋环境迫切需要改善。海洋社会学从环境社会学的角度,研究海洋环境即人类赖以生存和发展的海洋自然环境与海洋社会协调发展问题,研究人的个体或群体行为与海洋环境之间的相互影响,研究海洋开发中如何妥善处理人口、资源与环境发展的相互关系,研究如何既合理开发利用海洋又保护好海洋环境,为如何保护海洋生态提供社会学的支撑。当然,海洋社会学对海洋环境的研究将形成海洋环境社会学,它与环境社会学既有联系也有区别。

(二)强化社会学对海洋区域差距等研究

一般来看,海洋区域中的沿海地区,其社会经济等各方面要比陆地区域特别是内陆区域发达。例如中国东部沿海地区与中西部

地区的发展差距非常明显,出现"两极化"和区域发展失衡的可能性很大。但同为海洋区域的不同地方,因历史与现实、客观与主观的各种原因造成的差距,同样是非常明显的。例如历史上处于海洋霸权地位的那些国家或地区,其社会经济的发达程度,是处于被奴役、被掠夺的那些国家和地区所望尘莫及的。这不仅表现在他们之间的社会经济方面,也表现在社会经济之外的各个方面。对此,海洋社会学的介入与担当,是义不容辞的学科责任。此外,就海洋区域与陆地区域之间的情况来讲,海洋社会学的介入与担当同样是必须的。例如,中国从改革开放以来,东部沿海地区利用国家的优惠政策,巧用临海、临港的地缘优势,并依托自主创新和产业升级,大力发展外向型经济,经过多年发展,基本形成了全方位、多层次的开放格局。而在服从优先发展沿海地区这个大局观下,中西部地区发展缓慢,与沿海地区的差距显著,并由此产生一系列社会问题,如贫富差距拉大等。如何解决目前它与海洋社区共同发展中存在的问题,实现沿海地区与内陆地区的协调发展、海洋社会与陆地社会的协调发展,是摆在中国政府面前的迫切任务。当然,海洋社会学对海洋区域的研究将会形成海洋区域社会学,它与海洋区域学既有联系也有区别。

(三)强化社会学对海洋政治文化等研究

人们对陆地社会的社会学、政治学和文化学等方面的研究,已经开展得比较早,也比较深入,并取得了巨大的理论进展,但这些学科对海洋社会的指导和应用则存在着巨大的差距,甚至于被人忘却。其中关于社会学对海洋社会的指导与应用而发生的海洋社会学只是近10多年来的论题,而海洋政治学与海洋文化学虽然较海洋社会学的发生要早些,但它们与社会学要求的研究范式自有许多不同。只有当海洋政治学或海洋文化学本身转化为海洋政治社会学或海洋文化社会学时,才能与海洋社会学同宗同门,即属于社会学这一学科。也就是说,从原来的政治学或文化学的第一次转化是海洋政治学或海洋文化学,第二次转化才是海洋政治社会学或海洋文化社会学,它们与海洋社会学才是同宗同门的社会学。强化这样的社会学,对海洋社会的政治或文化的指导与应用,无疑是重要的。

现在有些写作海洋社会的政治或文化的著述或论文,在尚未真正完成前面的两大转化之前,则较难称其为海洋社会学范围的成果。因此,促进这些转化,就必须强化社会对海洋政治、海洋文化的研究。当然,海洋政治学与海洋文化学,分别与海洋政治社会学及海洋文化社会学是既有联系、又有区别的。

(四)强化社会学对海洋军事外交等研究

同政治学与文化学类似,军事学与外交学等也要经过二次转化才能形成海洋军事社会学与海洋外交社会学等,并以社会学为源头,共同对海洋社会产生指导与应用的重要功能。也同政治学与文化学等类似,即直接对海洋军事或海洋外交的研究还不能说是海洋军事社会学或海洋外交社会学等对海洋社会的社会学研究。这说明,社会学移入海洋社会所产生的海洋社会学,不仅要靠海洋环境、海洋经济、海洋政治、海洋文化、海洋军事、海洋外交以及海洋法规等的合力支撑,是海洋社会学研究主轴维度的重心维度,而且必然会产生这些重心维度的子学科,既包括海洋社会学属下的海洋环境社会学、海洋经济社会学、海洋政治社会学、海洋文化社会学之外,还有海洋军事社会学、海洋外交社会学,以及本书涉及的海洋法规社会学、海洋开发社会学、海洋价值社会学、海洋生态社会学和海洋建设社会学等,众多的次级海洋社会学学科群。因此,强化社会学的分支学科即海洋社会学,也即强化海洋社会学各个群体成员。如此丰富的学科成员如能得到相当的强化,社会学在指导海洋社会各个方面的应用效果必然大增。

四、强化海洋社会学研究成为迎接海洋世纪的重大责任

随着海洋世纪的到来,海洋在人类社会发展中的地位越来越重要、作用越来越大。世界上许多国家纷纷将目光投向了海洋,将海洋视作可持续发展的新空间,视作国际经济、政治、文化和军事斗争等的重要舞台。强化海洋社会学的研究成为迎接海洋世纪的重大责任。强化海洋社会学的研究,能为制定正确的国家海洋战略提供理论支撑,有助人们合理有效地开发利用和保护海洋,建设和谐的海洋社会。

(一)强化海洋社会学研究是制定正确海洋战略的需要

伴随世界经济、政治向纵深发展,国际海权竞争也出现新变化,获取和运用海权对大国战略竞争的影响日益凸显。同时,随着国际海洋法公约等主要海洋机制的深入实施,也使国际海洋秩序的调整呈现加速态势。各国纷纷从战略高度谋划、参与海权竞争。例如,作为海洋超级大国的美国,始终将维护、拓展海洋霸权作为维系其全球霸权的重要内容。从2000年至今,美国先后出台《海洋法案》、《21世纪海洋蓝图》、《美国海洋行动规划》、《国家海洋安全战略》、《21世纪海上武装力量合作战略》等政策文件,不断完善涉海立法、政策体制机制,建立统筹协调国家海洋事务的"国家海洋政策委员会"。此外,日本也相继出台《海洋基本法》、《海洋基本计划》、《海洋能源、矿物资源开发计划》,不断充实、完善海洋立国的战略定位,将海洋作为拓展疆域与增强国际影响的重要途径。纵观各国积极推进海洋战略的各种政策、措施,可以看出,伴随海洋在支撑各国可持续发展中的作用不断凸显,获取、运用海权在其国家安全战略中的比重不断上升。

随着世界经济一体化趋势不断加深,中国愈来愈倚重海洋。海洋不仅成为中国未来发展的重要依托,也将大大拓展国家安全的内涵。作为一个负责任的经济、政治大国,中国的海洋战略不仅要为走向海洋、利用海洋提供理论支撑,还要体现和平与发展的时代特征。进入新世纪以来,伴随中外关系历史性变化,中国对外交往的广度和深度空前拓展,海洋对中国经济、政治活动等的重要性与日俱增,海洋已经成为影响中国可持续发展的关键性因素。然而,面对海洋重要性的提高,中国的海洋战略构建却相对滞后,海洋理论亟待充实。海洋社会学是一门研究海洋社会现象的新兴科学,强化海洋社会学研究,有助于中国从战略高度认识海洋重要性,加快构建新时期中国海洋战略。

(二)强化海洋社会学研究是海洋社会科学发展的需要

对中国而言,新时期以来,海洋经济获得了迅速发展,年均增长率长期快于国家GDP的增长率。但另一方面,其海洋经济基本上走的是高投入、高消耗、低产出的粗放型发展之路,海洋经济的发展付出了过大的资源和环境代价。众所周知,海洋经济的发展在很大程度上依赖于海洋环境、海洋资源。"渔盐之利"与"舟楫之便"就不用说了,就是一些海洋新兴产业也离不开良好的海洋环境、充足的海洋资源。但海洋资源又并非是取之不尽、用之不竭的,海洋环境和海洋生态也是十分脆弱的,极易受到人类开发活动的损伤。其一旦遭到破坏,修复的过程则十分缓慢,这些都使海洋经济的发展不能不受到严重制约。严酷的现实使人们认识到,海洋环境、海洋生态与陆地社会一样,需要人们将自己的开发活动限定在一定的范围内,要尊重自然规律、尊重海洋、与海洋和谐共处。因此,建设和谐海洋,必须落实科学发展观,转变中国海洋经济的发展模式,走上又好又快的发展模式,就成为必然的选择。强化海洋社会学的研究,有助于中国落实科学发展观,认识到发展是科学的发展、全面的发展;不是只顾当前不顾长远、以牺牲环境透支资源为代价的一时的快速发展。

(三)强化海洋社会学研究是构建国际和谐海洋的需要

近年来,一些临海国家海域划界的潜在矛盾逐渐表面化。例如,除了渤海是中国的内海以外,中国其他海域都与相邻、相向的周边国家存在划界矛盾,或岛屿的主权争端。尤其是中国南沙群岛海域,已经呈现岛礁被侵占、资源被掠夺、海域被瓜分的严重局面。占中国陆地面积 1/3 的海洋国土安全正受到多方面威胁:150 余万平方千米争议海域面临被瓜分危险;40 多座岛礁目前已被其他国家非法侵占;富饶的海洋资源每时每刻在遭邻国不断攫取。在北、东、南三面(即黄海、东海、南海地区)分别与多个国家,即朝鲜、韩国、日本、菲律宾、马来西亚、文莱、越南、印度尼西亚等国都有划界争端,形势非常严峻。维护海洋权益刻不容缓,但海洋维权困难重重。这项工作涉及法律、政治、经济、军事、科研、社会等许多领域,是一项系统工作。建立多边合作安全机制,加强与周边国家的交流与沟通,这是维护中国海洋权益、稳定中国海上安全和建立和谐海洋环境的重要举措。只有有关各方共同努力,才能真正促进海上和平,稳定中国周边海上安全形势,建立长久稳定的和谐海洋环境。海洋社会学对如何建设国际和谐海洋环境进行探讨,有利于促进国际海洋区域的和平与发展。

(四)强化海洋社会学研究是促进国内海洋和谐的需要

海洋社会是一个复杂的系统,既包括国际上的人海关系和人海互动、涉海生产和生活实践中的人际关系和人际互动,在经济全球化进一步发展的条件下,各个国家内部的海洋社会也产生了一系列的问题,如涉及人海关系、海洋社区服务、海洋社会与人的发展问题等等。因此,如何构建各个国家内部的和谐海洋是该国和谐社会的重要内容。

对中国国内而言,和谐海洋就是指在中国广阔的海域和广大沿海地区,海洋生态环境良好、海洋经济发展处于与海洋环境、海洋资源支撑力相适合的运行状态并与沿海地区社会经济发展处于较为和谐、协调的状态中,沿海地区各种矛盾能得到妥善解决,人海关系、陆海关系比较融洽。建设各国的和谐海洋是建设各国的和谐社会的主题中应有之义,因为建设和谐社会的一个重要目标就是要实现人与自然的和谐相处,实现经济活动处于可持续发展的状态,使该国的社会经济快速发展的同时,资源得到有效利用,自然环境得到充分保护,能给子孙留下蓝天、碧海、青山、绿地。各个国家在建设和谐海洋与和谐社会中,则重于保护"碧海",保护沿海地区的青山绿水,使海洋环境资源能永续为人类服务并得到循环使用。因此,强化海洋社会学的研究,有利于解决各国内部的海洋社会问题,有利于建设和谐的国内海洋社会。

第二节 有利于充实海洋意识、观念、视野和相关理论

海洋社会是有别于陆地社会的社会形态。由于人类长期以来在陆地社会生存发展,遵循陆地社会的生存发展规律,形成具有强烈陆地社会特色的意识、观念、视野和相关理论。在当前世界各国加大海洋开发和海洋社会建设力度的情况下,原有的陆地意识、观念、视野和相关理论已经越来越不适应形势的发展,迫切需要培育和充实具有海洋社会特色的海洋意识、观念、视野和相关理论。海

洋社会学的创立和发展,有利于这一目的的实现。

一、有利于充实人们的海洋意识

"海洋意识是人类对海洋战略价值和作用的反映和认识。"[1]海洋意识是一种国家战略意识。世界各国都有自己的海洋意识,如美国早期认为海洋是"护城河",统治海洋可以称霸世界,20世纪中期以后陆续形成了海洋是可持续发展宝贵财富的海洋国土意识。人类长期以来在陆地上生存繁衍,海洋意识比较薄弱。因此,提高人们的海洋意识,是海洋社会学肩负的使命。

(一)有利于树立海洋国土意识

海洋发达国家经验表明,强化国民海洋国土与主权意识是推进现代海洋建设的重要一环。海洋社会学的成立,有助于人们牢牢树立起海洋国土意识,使人们能认识到海洋也是国土的组成部分。以中国为例,按照《联合国海洋法公约》规定的法律制度,大约有300万平方千米的国家管辖海域,其中属完全主权的内海、领海为38万平方千米(不包括南海诸岛周围的海域),与陆地领土具有同等的法律地位,是真正的"海洋国土"。另外,领海之外的专属经济区和大陆架,是国家行使资源主权权利的区域,同时对这些区域的环境保护、海洋科研、人工构造物建设等具有管辖权,这一部分可视为国家的"准国土",虽然其他国家在这一区域有航行和飞越的自由,但它们在行使这些自由的时候要顾及和遵守沿海国的相关法律和法规,并且只能用于和平目的。所以,从观念上、实际行政管理权利上,应当而且必须把这些海域当作中国的国土对待,在遵守《联合国海洋法公约》和公认的国际法前提下,必须做到寸海必争,决不允许其他国家的侵犯和强占。这是中华民族生存和发展的第二空间,也是国际法赋予的权利。海洋社会学的成立,有利于国民树立起海洋国土意识。

(二)有利于强化海洋经济意识

海洋经济意识,是通过海洋资源开发利用所获得的利益而建立的。海洋在人类历史长河中对人类经济利益的贡献是随着科学技

---

[1] 孙志辉:《提高海洋意识 繁荣海洋文化》,《求是》2008年第5期。

术发展而不断增强的。兴渔盐之利、通舟楫之便的古老而自然的利用方式,至今仍然是海洋经济利益的重要来源,只是它的内涵、规模和技术含量不断变化和扩大。随着科学技术水平的提高,新的海洋资源不断被发现,海洋得到越来越广泛的利用,海洋经济价值也越来越大。过去那种把海洋看作"苦海无边"、"不毛之地"的观念应当彻底改变,实际上海洋中有着极其丰富的生物资源、非生物资源、多种能源,海水本身就是一个巨大的资源库。海洋空间更是人类未来生存的区域,向海洋"移民"比向空间"移民"要现实而经济得多。海洋社会学的成立,有利于强化人们的海洋经济意识,使人们正确开发和利用这些海洋资源。在人类社会面临人口膨胀、资源紧缺和环境污染一系列问题上,陆地发展已经受到很大制约的今天,海洋为人类的生存和发展提供了广阔的前景。发展经济是为了改善生活,人们从事生产不仅需要生产空间,而且需要生活空间,人类生活的活动场所要求的空间比生产活动的空间要大得多,开发利用海洋空间也可以为人类提供广阔的活动场所。海洋社会学从社会学的角度探讨海洋经济发展与人类社会的互动关系,能强化国民的海洋经济意识。

(三)有利于强化海洋安全意识

海洋安全意识包括海洋的新的防卫意识和海洋的健康意识。在旧的海洋法律制度下,加强海防目的是保卫陆地领土不受外敌侵犯,海洋只是一国的"护城河"。而在新的海洋制度下,海洋已不仅仅是防御侵犯陆地领土的屏障,新的海洋防卫观念,还要保卫人们的海上权利和利益。因此防御纵深要向外延伸了,要能够保卫人们的领海、专属经济区、大陆架、重要公海贸易通道,以及人们在国际海底获得的有专属开辟权的区域。海洋社会学的成立,能强化人们的海洋防卫意识和海权意识,对海上通道及海权的需求成为各国对外战略的重要选择。海洋社会学以海洋对人类社会的影响为研究的基本目的,对保持海洋生态加以关注,有利于强化海洋健康意识。海洋健康意识的建立,最根本的是要摈弃过去那种把海洋当作"垃圾桶"的观念,海洋环境的健康,是人们地球生命赖以生存和延续的根本保障,是人类社会可持续发展的最重要的基础。海洋社会学对人海关系共存的区域、活动、结构与变化等因素进行了具体的辨析，表达了健康的海洋意识。

(四)有利于强化海洋法规意识

海洋社会的健康运行，需要有一套完善的法规从不同的层面对海洋社会主体的行为进行规范和约束。随着海洋开发利用的逐步深入，目前世界上已建立起一套国际海洋法规体系，并在继续完善之中。与此同时，国际海事组织不断增加，政府与非政府组织越来越多，上述组织对海洋管理的法规约束力也越来越强。这些法规对于合理开发与利用海洋资源、实施海洋环境保护、维护海洋关系健康发展具有重要的意义。但客观而言，不少国家、地区、组织和个人的海洋法规意识仍存在很大的强化空间。一是部分国家、地区的海洋法规及执法仍待加强。如中国改革开放以来先后制定了一些海洋法规，但是中国"立法上对领海、专属经济区和大陆架的管辖有不完善的地方，缺乏实施细则和配套的规章制度"。[1] 在对海洋的管理上也"没有一个专门机构统一筹划、协调和管理各涉海部门工作。海洋管理机构不健全，综合管理能力薄弱，执法力量分散，执法权限凌乱"。[2] 二是不同的国家、地区之间的海洋法规，尚有许多冲突和争议，亟待协调统一。三是有关海洋社会主体无视海洋法规擅自进行海洋活动的行为仍较为常见，如各国在争议海域争相开发海洋资源，人们在休渔期也狂盗滥捕。通过海洋社会学研究，有助于推动海洋法规的完善，使海洋社会管理有法可依，并通过规范的社会宣传，强化人们的海洋法规意识。

二、有利于强化人们的海洋观念

海洋观念是指人们对于海洋有关方面的判断和看法，属于社会文化的范畴。在人类发展以及对海洋认识、探索、开发的过程中，人们的海洋观念也不断变更并产生新的内涵。作为致力于研究人类和海洋社会互动关系的学科，海洋社会学研究的开展对于强化人们

---

[1][2] 季国兴:《解决海域管辖争议的应对策略》,《上海交通大学学报》2006 年第 1 期。

的海洋观念具有重要的价值。

(一)有助于强化海洋战略观

海洋战略是指将海洋的开发、利用、保护等纳入整体发展规划而制定的关于海洋的全局计划和策略,具有全局性、长期性、导向性、目标性和层次性等基本特征。海洋战略观则是指关于海洋长期发展的基本判断和看法。长期以来,由于人们对海洋了解的有限,海洋资源、海洋区域的战略功能未被充分认知和发掘,很少有国家或地区针对海洋制定长期的战略发展规划,更多的只是着眼于短期的经济利益。然而随着近代海洋战略功能的日渐凸显,特别是进入21世纪以来,越来越多的国家和地区将海洋发展提升为国家战略,充分说明了海洋在人类文明发展中的战略地位。而中国自20世纪80年代末90年代初邓小平提出"韬光养晦、有所作为"的外交政策之后,逐步形成了中国特色的海洋战略,包括海洋政治、经济、科技、军事、文化和生态等方面的整体性战略。海洋社会学在研究人类与海洋社会的互动关系中,力图改变人们轻视海洋、漠视海洋的偏见以及过度开发、利用海洋的短见,强化人们的海洋战略观,塑造科学、合理、有序开发利用海洋的良好理念和行为模式。

(二)有助于强化海洋价值观

海洋除了作为天然的疆域防御屏障以外,对于人类发展还有十分重要的价值。第一,已有科学研究证实,人类生命的孕育和诞生源于海洋,海洋是人类赖以生存的气候调节器,是地球水循环的源头,不仅解决全球水源问题,而且还提供人类70%的氧气。第二,海洋是一个庞大的天然资源宝库,地球上大部分的生物资源、矿物资源和能源都在海洋。但受航海技术落后、地理因素制约、对海洋重要性认识不足等诸多因素的影响,长期以来人类对海洋的价值处于认知模糊甚至知之甚少的状态。在古代,海洋之于人类的价值,仅限于"兴渔盐之利,通舟楫之便"等低层次需求的满足,生物捕捞和有限的海上贸易几乎构成了海洋价值的全部。即便如此,对人类文明的进步仍发挥了巨大的推动作用。20世纪80年代以后,随着资源紧缺、环境污染、人口剧增等问题的凸显,世界上越来越多的国家和地区将目光投向海洋,将海洋作为重要的食物和资源来源,海洋的潜在价值得到高度重视。海洋社会学学科的建立和研究的开展，有助于强化人们对于海洋价值的重视。一方面主张开发海洋资源为人类进步所用；另一方面主张坚持用以人为本、全面、协调、可持续的发展观指导海洋开发，保护海洋社会的健康永续发展。

(三)有助于强化海洋权益观

随着人类对海洋资源依存度的不断提高，海洋权益的维护成为各个国家和地区建设发展的重要环节。海洋权益在政治、经济、军事等层面具有丰富的内涵。从政治层面看，海洋是国家领土主权不可分割的整体，包括领海、毗连区、专属经济区、大陆架和岛屿等基本构成；从经济层面看，海洋经济在国家经济中的分量不断加重，海洋资源对于经济发展的助推作用日趋显著，交通运输大动脉的功能对于维系外向经济的发展具有重要的意义；从军事层面看，海洋是沿海国家与岛国的安全屏障，对抵御外敌入侵发挥着特殊的功能。凡此种种，海洋权益成为沿海国家和地区争夺的焦点。特别是在当前海洋区域划分存在较大争议的情况下，近年来基于权益问题的国际海洋争端时有发生，以控制海洋空间、争夺海洋资源为目的的海洋权益斗争呈现日益加剧的趋势。海洋权益问题是海洋社会学研究的重要范畴。海洋社会学研究的拓展对于强化人们的海洋权益观具有特殊的功能。

(四)有助于强化海洋文明观

由于历史上人类长期在陆地生存发展，人们在客观上已经形成"人类文明是陆地文明"等较为偏颇的固化观念。以中国为例，虽然拥有漫长的海岸线，但长时期自给自足小农经济的"路径依赖"，把农民紧紧地"束缚"在土地之上，中原成为文明和发达的代名词，海洋始终未能在国人心中占据应有的地位。事实上，人类文明不仅是"黄色"的陆地文明，还是"蓝色"的海洋文明，海洋文明是人类文明不可或缺的重要组成部分。远古时期的航海遗迹、古代至今日逐渐发达的航海事业都是最佳例证。海洋社会学对于强化人们海洋文明观的价值，就在于重新反思、探寻人类的海洋精神价值，重新回归海洋文明的家园，进而提升人类的海洋文明素质，重塑人类文明观的构筑体系。

三、有利于拓宽人们的海洋视野

对于海洋社会学而言,海洋视野具有双重含义:一是指人们关于海洋的思想或知识领域;二是指人们观察研究海洋的时间、空间范围。海洋社会学研究世界海洋社会的内在变迁、外在关联以及其他众多海洋社会因素的互动关系,开创了新的研究领域,有利于拓展人们的海洋视野。

(一)有利于扩宽海洋教育视野

1994年《联合国海洋法公约》正式生效之后,许多国家和地区制定了海洋发展战略,并充分认可海洋教育对于海洋事业发展的促进作用。迄今为止,世界海洋教育已经积累了较好的基础,特别是在一些海岛或临海国家,海洋教育开展得有声有色。如韩国制定的海洋规划战略,将海洋教育列为十分重要的内容,要求加强各个层次的海洋教育、开拓海洋科学培训渠道,在公民中开展持久的新的海洋观教育。[①] 但综观来看,世界上海洋教育的发展仍不够均衡,部分临海国家的海洋教育尚未得到有效推广。如在中国,海洋教育的机构近年来虽然得到较快发展,但力度仍需加强。在中小学,海洋意识只是在地理、生物课程中有少许内容,既不系统也不全面。在大学,海洋教育所占的比重也非常低,教科书涉海内容非常少,以海洋为主题的校园文化鲜见,海洋知识宣传力度不够,致使大部分学生海洋知识较为浅薄,海洋意识和海洋观念不够强。海洋社会学的创立和发展,将推动海洋人文社会学科的建设,培育熟悉海洋环境、海洋经济、海洋政治、海洋文化、海洋军事、海洋外交、海洋法规、海洋管理、海洋建设等方面的专业人才,有利于拓展海洋教育视野,促进海洋教育事业的发展。

(二)有利于扩宽海洋国际视野

所谓海洋国际视野,主要包括两方面内涵。一是指站在国际的角度上观察、审视海洋社会问题和发展形势,特别是在国际利益博弈的背景下作出符合自身利益的战略抉择。二是坚持以国际通行

---

① 吴闻:《韩国、日本的海洋科技计划》,《海洋信息》2002年第1期。

的海洋法规为约束进行社会行为活动,并据此作为处理国际海洋争端的依据。随着海洋区位、资源重要性的凸显,海洋成为世界各国和地区争夺的重要区域。从法规层面来看,世界海域由两种不同类型的海域组成:一是内海、领海、专属经济区和群岛水域等国家管辖范围内的海域;二是除上述国家管辖范围内的海域以外的海域,也即公海。但事实上,由于岛屿的主权争端与不同的划界主张,目前海洋尚有许多存在主权争议的区域。加上各国宣布的专属经济区和大陆架边界在某些海域相互交叉和重叠,使海洋划界问题更为复杂化。比如在中国南海地区,从历史和法理依据来看,中国拥有南沙群岛及其附近海域的主权。但由于国际海洋法规的不完善,以及沿海各国乃至区域外势力因利益关系考量的介入,南海形势日趋复杂。即使是公海区域,虽有《联合国海洋法公约》和其他各种双边、区域性条约,但各国置之不顾擅自进行海洋矿产能源开采、生物资源捕捞的行为频繁发生。凡此种种,亟待建立和发展海洋社会学扩展海洋国际视野,一方面建立实施符合国际规则的海洋发展战略,另一方面加强对海洋历史以及海洋法规的深入研究,为化解海洋争端提供事实和法规依据。

(三)有利于扩宽海洋时间视野

海洋时间视野是指从时间的维度观察海洋社会发展的范围,包括历史和未来两个向度。从历史的向度看,海洋是人类生命的源泉、是人类文明诞生和发展的摇篮,海洋和人类历史发展有着紧密的联系。在人类文明的发展史上,海洋发挥着极为重要的作用。以中国为例,中国不仅是一个有悠久大陆历史文明的国家,也是一个有悠久海洋历史文明的国家。从公元前3世纪至公元15世纪,中国古代的航海业和航海技术,一直处于世界领先水平。历史上许多重大事件如制造指南针、开辟海上丝绸之路、郑和七下西洋等,都充分反映了人类文明和海洋的紧密关系。然而从现有文献资料来看,人类对海洋社会历史的认知仍比较有限,亟待通过海洋社会历史研究,解释历史事件的背景和过程,探寻海洋社会发展的真面目。从未来的向度看,21世纪是海洋世纪,随着人类向海洋进军步伐的迈进,海洋对于人类发展的重要性将更为凸显,海洋社会的发展也将前途无量。凡事预则立,不预则废。因此迫切需要通过加强海洋社会的研究,培养具有前瞻性的战略思维,不断扩大人类开发利用海洋的视野。

(四)有利于扩宽海洋空间视野

海洋空间视野是指从空间的维度考察海洋社会发展的范围。海洋空间是一个比陆地空间宽广得多的场所,包括和海洋有关的海岸、海面、海中、海底与海空等地域范围。在陆地人口规模急剧膨胀和陆地可利用空间日渐萎缩的情况下,海洋成为人类可选择的最优的新生存发展空间。海洋空间的开发和利用是立体式、多元化的,可以发展海洋运输、海底隧道、海上机场、海底管道等海洋交通运输事业,可以发展海上电站、海上资源开采、海上种养等海洋生产,可以建设海洋公园、海滨浴场等文化娱乐设施,可以发展海洋仓库、海洋废弃物处理厂等储存空间……与此同时,海洋还是一个巨大的战略资源宝库,人类开发利用海洋目前仍处于初级阶段,还有许多尚未为人类发现或开采的巨量战略资源。在陆地资源日益减少的今天,开发海洋空间、开采海洋资源对于维系人类可持续发展具有十分重要的意义。创立海洋社会学,加强海洋社会研究,从全局和长远的角度思考人类和海洋社会的互动关系,有助于拓宽人类的海洋空间视野。

四、有利于发展人们的海洋理论

如果将人类社会与海洋的关系展开,从广义社会现象的角度界定海洋社会学,即海洋社会学是研究海洋社会现象的科学,那么,海洋社会学的内涵是相当丰富的。海洋社会学的成立,有利于充实人们的海洋理论,拓宽海洋社会学学科的研究。下面仅就几个重点问题作些论述。

(一)有利于充实海洋经济理论

21世纪是海洋的世纪,海洋经济的发展对于区域经济乃至国家经济发展的巨大推动作用有目共睹。海洋经济已经成为当前经济学界的一个热点研究问题,海洋经济学作为一门独立的应用经济学科也随之诞生。但在中国,海洋经济研究历史较短,对于大部分问题仍处于探讨阶段,与此同时,海洋经济社会学尚未问世。因此海洋社会学的形成与今后的海洋经济社会学的发生,有助于从人类活动的层面来分析海洋经济对人类社会的影响,分析海洋开发所引发的人类社会一系列复杂的变化,主要涉及人类活动与海洋、海岸带之间的相互影响,以及这种影响的后果。人类活动对海洋、海岸带的影响主要包括海洋资源开发利用、海洋污染和环境破坏、海洋与海岸带管理等问题;也包括沙滩休闲、沿海旅游、海洋保护等各种涉海行为。[①]这个层面主要是从人类经济行为的角度进行人海关系分析,为海洋经济社会学理论提供了一个新视野。海洋社会学的成立,必将充实海洋经济社会学理论的进一步发展,为海洋经济的发展提供充足的智力支持。

(二)有利于充实海洋政治理论

海洋与人类社会发展的关系一直十分密切,人类开发利用海洋的历史源远流长。随着人类对海洋认识的深化和开发能力的提高,海洋政治问题日益突出,海洋政治是构成国际政治和国际关系的重要组成部分。海洋政治研究的文献涉及到人类政治活动与海洋的关系,这主要是围绕海域权益和海洋资源展开的。有学者曾对这个领域的研究文献进行过详细梳理,主要包括以下主题:海洋权益问题,各国海洋地缘政治格局、各国的海权观与海洋权益问题的立场、海域划界和海洋权益问题、各国与海洋邻国的地缘经济等几个方面。[②]海洋社会学作为一项应用社会学研究,它运用社会学的基本理论与方法对人类海洋实践活动所形成的特定社会领域——海洋社会进行描述和分析,海洋社会学既要对海洋社会的特征、结构、变迁等做出描述与分析,更要对现实的、具体的与人类海洋实践活动有关的政治现象、社会问题等做出描述、分析、评价和提出对策或解决办法。随着沿海国家海域管辖的冲突、国家海洋权益的维护、国家海洋资源的开发权限等一系列问题不断出现,根据新时代的特征

---

① 赵宗金:《人海关系与现代海洋意识建构》,《中国海洋大学学报(社会科学版)》2011年第1期。

② 张耀光:《中国海洋政治地理学:海洋地缘政治与海疆地理格局的时空演变》,科学出版社2003年版,第386页。

和海洋事件的要求,在已有的地缘政治学研究的基础上,利用海洋社会学的视角来发展海洋地缘政治研究理论,即海洋政治社会学理论,具有重要意义。

(三)有利于充实海洋文化理论

目前,海洋文化研究的文献主要涉及人类对海洋的认识,因海洋而成的思想观念、意识形态,具有海洋特性的思想道德、民族精神,以及在此基础上生成的体现蓝色文明的海洋型生活方式、衣食住行、生活习俗、社会经济、法规制度、教育科技和文化艺术等形态的相关研究。[①] 根据曲金良等学者的分析,该领域的研究主要分布在海洋文化的基本理论研究、海洋文化历史研究、海洋文化与社会发展实践研究等几个方面。[②] 这对人海关系历史的分析、人海关系个体心理与群体心理分析、海洋与社会关系的考察都具有重要的参考价值和启示意义。海洋社会学运用社会学的方法,从国家和社会发展总体战略的高度来看待海洋战略和文化发展问题,探讨如何在"和谐海洋"理念中深度挖掘有利于社会发展的文化内涵来保障和拓展国家核心利益与国际利益,对"海洋战略"时代背景下各国文化发展的战略和规划进行研究,并形成海洋文化社会学的理论,具有重要意义。

(四)有利于充实海洋生态理论

海洋生态研究是随着人类对海洋认知的加深而发展起来的一个研究领域,具有较长的发展历史。1777年,丹麦学者O.F.米勒开始用显微镜观察微小的海洋浮游生物。19世纪初,欧洲各国的生物学家已在沿岸和浅海环境研究海洋生物的组成和分布规律。20世纪60年代以来,海洋生态研究发展迅速,至今已形成了较系统的生态学分支学科——海洋生态学。由于海洋生态学主要研究海洋生物与环境条件之间的相互关系,而对人类活动与海洋生态的互动关系重视不够,决定了其天然的研究局限性。应该说,海洋生态虽为一个自成体系的系统,但受人类活动影响的区域和程度越来越大。

---

① 赵宗金:《人海关系与现代海洋意识建构》,《中国海洋大学学报(社会科学版)》2011年第1期。

② 曲金良:《海洋文化研究》,文化艺术出版社1999年版,第287页。

海洋社会学及其今后逐步形成的海洋生态社会学从人类活动和海洋生态发展的互动关系着眼,研究海洋生态发展的基本规律,主张坚持以人为本,以全面、协调、可持续的科学发展观为指导,科学合理开发与利用海洋,走生产发展、生活富裕、生态良好的文明发展道路,无疑是对海洋生态理论发展的一大贡献。

第三节 有利于深入探索、发现、把握和建设海洋社会

和谐海洋社会,是一个充满创造活力的社会、是各方面利益关系得到有效协调的社会、是社会管理体制不断创新和健全的社会、也是稳定有序的社会和一个全体人民各尽所能、各得其所而又和谐相处的社会。而这些内容正是海洋社会学所关注的问题。强化海洋社会学的研究,有利于人们深入探索、发现、把握和建设和谐的海洋社会。

一、有利于人们深入探索海洋社会

当前,国际形势发生深刻变化,各国的海洋发展既有着难得的机遇,同时也与世界其他海洋国家一样面临人口、资源、环境等共同的挑战。尤其在中国,加强宣传教育、增强公民的海洋意识是深入探索海洋社会、构建和谐海洋、实现海洋强国的人文社会基础。

(一)可以增强相关部门对海洋国情教育的重视

民族海洋意识的形成及发展走向需要国家相关部门在深入探索海洋社会的前提下,制定适合本国的海洋战略。为使这种战略能够顺利实施,就必须对全体公民开展广泛而持久的海洋国情教育。这种教育不仅需要众多学科的协同责任,也需要海洋社会学这一新兴学科的介入。海洋社会学对民族海洋意识的形成和发展走向,其作用将不可低估。它能为相关国家政府部门提供开展公民海洋意识宣传教育的决策依据,增强相关政府部门对开展公民海洋意识宣传教育的重视程度和信心,以夯实这种宣传教育的基础性工作,为深入探索海洋社会奥秘制造良好的社会氛围。

(二)可以营造普及良好的海洋国情教育的环境

强化海洋社会学的研究,有利于营造良好的海洋国情教育环境,推动人们深入探索海洋社会。海洋社会学对现实的、具体的与人类海洋实践活动有关的社会生活、社会现象、社会问题、社会政策等做出描述、分析、评价和提出对策或解决办法,有利于各地区根据本地实际情况,广泛调动社会力量和资源,普及海洋知识。海洋社会学注重利用科技开展海洋知识和信息的普及,通过影视、报刊、广播等各种媒体加强海洋国情的舆论宣传,引导社会公众逐步树立现代海洋观念,逐步提高海洋意识。海洋社会学的成立,有利于在各国范围内塑造一个普及海洋国情教育的良好环境,有利于国民树立现代海洋资源意识、海洋经济意识和海洋安全意识等,促进人们深入探索海洋社会。

(三)可以推动教育读物加强海洋国情教育内容

海洋社会学的研究,有助于推动教科书及相关读物加强海洋国情教育内容。这就要在小学、初中、高中阶段课程的教学内容中不同程度地增加海洋科学知识的分量。例如美国的做法就十分值得借鉴。美国在《21世纪海洋蓝图》中提出要强化民族的海洋意识,建立协作的海洋教育网,协调海洋教育;要把研究和教育结合起来,在中小学教育中增加海洋教育,加强对高等教育和未来海洋工作力量的投资,满足未来对海洋队伍的需要;要对所有美国人都进行终身的海洋教育。借鉴美国的做法,若把海洋社会学也作为大学生必须研修的公共课程,能使大学生对海洋国情和世情有一个更加全面的理性的认识,并逐步建立起与国际地位相称的海洋教育体系,则有利于引导公民深入探索海洋社会。

(四)可以推动和深化海洋相关工作的理论研究

随着海洋地位的提升,海洋国家加大了人文社会科学研究海洋的力度,并从中孕育着或产生出以海洋为研究对象的新的分支学科。如学者指出的:研究涉海人群的社会互动与形式的海洋社会学开启了拓荒之路。[①] 海洋社会学在新的形势下,通过学科内部的整

---

① 刘勤:《海洋社会学:兴起、问题与新生》,http://www.sociology.cass.cn/shxw/xstl/P020090425734260787351.pdf,2009年4月25日访问。

合与分化、科际间围绕问题为中心的多元交汇，更能实现学科自我的增长与发展。强化海洋社会学的研究，既能为海洋强国的宏大关怀提供经验和理论依据，为学理上理解海洋社会与海洋文化提供了经验基础，又能增加基于本国经验的本土理论，进而加深人们对于在各自的国家内建设多元化的和谐社会的理论认识。[1] 强化海洋社会学理论的研究，并以其分支学科群的力量来组织、促进海洋学科其他分支学科对海洋国情的研究，可以使人们更深入全面地探索海洋社会。

二、有利于人们深入发现海洋社会

在中国，已经提出了"实施海洋开发"的战略以及进一步加强海洋工作的要求。这是对人类社会发展潮流的积极顺应。海洋世纪要求社会学加强对海洋社会的研究，强化海洋社会学的研究，有利于人们深入发现海洋社会，把握和建设海洋社会。

（一）可以深入发现海洋历史性文化及其规律

例如中国人，不但创造了丰富灿烂的海洋历史性文化，而且形成了不同于西方海洋发展模式的海洋历史性文化传统。中国有18000千米大陆海岸线，6500多个大小岛屿，沿海地区一直是中国经济社会、历史文化的半壁江山，沿海、海岸、港口、航道、岛屿、水下等现存和蕴藏的海洋文化遗产，具有丰富的藏量和独特的价值。仅就"海上丝绸之路"而言，继泉州、蓬莱、长岛、河姆渡等古港遗址相继发现古船之后，福建沿海、广东沿海、山东沿海等又不断通过海洋水下考古获得大量的重要发现。如广东，在阳江海域发现了宋代沉船"南海一号"，这是目前世界上发现的最大宋代船只。"南海一号"不仅正处在"海上丝绸之路"的航道上，而且它的"藏品"的数量和种类都异常丰富和可贵，展现了中国悠久的海洋文化。

中国人在深入发现其海洋历史性文化规律方面的表现是多方面的。例如：将其沿海的海洋历史性文化划分为三个区域，即北部

---

[1] 刘勤：《海洋社会学：兴起、问题与新生》，http://www.sociology.cass.cn/shxw/xstl/P020090425734260787351.pdf，2009年4月25日访问。

沿海、南部沿海和海岛区域。因为北方与南方不仅在陆地文化上有很大的差异，而且其海洋历史性文化同样也有很多差别，而各具特色。环渤海与山东半岛是中国海洋文化发源的核心区域之一，是中国北部海洋文化的核心区。南方海洋文化主要源于华夏先民族群之一百越族创造的百越文化，而现代的泉州海洋文化、潮汕文化、闽粤文化等都是南部沿海海洋历史性文化的代表。潮汕、闽粤地区的方言、地方戏剧、舞蹈、民俗、建筑等诸多可闻可见的事物中无不透露着海洋历史性文化色彩。在岛屿海洋文化方面，岛屿独特的地理特征决定其在海洋文化建设和发展中有独特的意义。中国台湾、海南、浙江舟山、上海崇明、山东长岛、辽宁长海、福建东山和平潭、广东南澳等海岛都有着丰富的海洋历史性文化，有的甚至具有上千年悠久的历史，如南澳和长海分别发现有 8000 年前和 6000 年前新石器时期的文化遗址。海洋社会学对海洋历史性文化的参与关注，考察海洋历史性文化的演变对海洋社会的作用，有利于拓展对海洋文化的总体研究。

（二）可以深入发现海洋民俗性文化及其规律

海洋民俗是指海洋社会在生产和生活中所形成的风俗习惯。海洋民俗性文化是指在沿海地区和海岛等一定区域范围内流行的民俗性文化，它的产生、传承和变异，都与海洋有密切的关系。世界各地都有着海洋韵味十足的民俗文化。例如捕鱼节，它是渔民敬奉海神的传统节日，世界很多地方都有捕鱼节。菲律宾捕鱼节在每年 4 月，尼日利亚的阿尔贡古小城捕鱼节在每年 2 月举行，而安哥拉海滨城市罗安达是每年 11 月 25—27 日为捕鱼节。无论哪个地区，捕鱼节第一项活动无一例外地都要举行隆重的祭海仪式。还有海神节，每年 2 月 2 日，是充满着神奇宗教色彩的巴西海神节。

中国也有丰富的海洋民俗性文化。例如国际沙雕节，从 1999 年开始，舟山已连续举办了七届，在海内外产生较大影响。其中最出彩的两个节目——"堆沙"和"水浇沙龙王"将外来文化粘沙技术与舟山固有的海洋游戏民俗进行了很好的结合。而山东蓬莱的海洋民俗文化中最具代表性的是"渔灯节"。在每年的正月十三和正月十四举办"渔灯节"时，渔民纷纷给龙王庙送灯、上供，祈求出海平安和渔业丰收。又如祭海,它是渔民与海洋发生行为、精神、社会和物质等各方面联系的一种民间祭祀仪式,是海洋文化的一种。胶东半岛的田横镇是祭海文化的发源地之一,田横祭海节迄今已有500多年的历史,是北方地区保存完整、特色浓郁、规模较大的祭海仪式。对于这些丰富的海洋民俗,海洋社会学将从社会学的视角,加强对海洋民俗性文化的研究,有利于探讨它们的起源、发展、规律及其对海洋社会与整个人类社会的作用。

(三)可以深入发现海洋物质性产业及其规律

21世纪是海洋世纪。海洋是尚未充分开发利用的自然资源宝库和巨大的环境空间,是人类可以开发自然资源的"第六大洲"。海洋物质性资源的开发对整个经济有巨大的影响力。目前已形成了海洋石油业、现代海洋渔业、海洋交通运输业等支柱产业,海洋物质性产业的发展前景看好。世界范围内的海洋物质性产业发展经历了从资源消耗型到技术、资金密集型的产业结构升级。世界海洋物质性产业结构不久将可能出现排列顺序的变革。从中国海洋物质性产业发展趋势来看,可能要略滞后于世界海洋物质性产业结构的转变。

开发利用海洋是解决21世纪陆地资源的逐渐匮乏、人口膨胀性增长的重要途径。发达国家依靠在海洋高科技中的领先地位实施其海洋产业发展战略,不仅抢占海洋空间和资源,而且都把发展海洋高科技当作海洋开发的重中之重。2004年,美国出台了21世纪的新海洋政策《21世纪海洋蓝图》,公布了《美国海洋行动计划》;同年,日本发布了第一部海洋白皮书,提出对海洋实施全面管理。2002年,加拿大制定了《加拿大海洋战略》;同年,韩国也出台了《韩国21世纪海洋》国家战略。发展海洋产业正成为世界高技术竞争的焦点之一。对于中国来说,中央"十二五"规划提出要制定和实施海洋发展战略,提高海洋开发、控制、综合管理能力。强化海洋社会学的研究,深入发现海洋物质性产业对社会发展的规律,有利于拓展海洋物质性产业领域的研究。

(四)可以深入发现海洋文化性产业及其规律

在海洋物质性产业之外,海洋文化性产业是极具可持续发展潜力和良好发展前景的朝阳产业。海洋文化性产业是指从事涉海文化产品生产和提供涉海文化服务的行业。海洋文化性产业的产业范围和行业分类,可以划分为滨海旅游业、涉海休闲渔业、涉海休闲体育业、涉海庆典会展业、涉海历史文化和民俗文化业、涉海工艺品业、涉海对策研究与新闻业、涉海艺术业等等。①

近年来的中国,由于经济的发展,人们的财富在不断地积累,生活观念也在不断更新,一些沿海城市重点发展了海洋文化性产业如旅游和海岛休闲度假业。这些海洋文化性产业的发展,弘扬了海洋文化,同时也使这些地区获得了可观的经济效益。海洋社会学从社会学的视角,发现、挖掘和开展对海洋文化性产业的研究,为海洋物质性产业的发展、壮大、持续注入了"活力因子"。

三、有利于人们深入把握海洋社会

海洋社会是整体人类社会的一个重要组成部分,构建和谐海洋是建设和谐社会的重要组成部分。和谐海洋社会就是指在海洋生态环境良好,海洋经济发展处于与海洋环境、海洋资源支撑力相适合的运行状态,人海关系、陆海关系比较融洽。强化海洋社会学的研究,有利于人们深入把握和谐海洋社会的内涵和要义。

(一)有利于把握良好的海洋生态环境

良好的海洋自然与社会生态环境是人类及海洋生物赖于生存和发展的基本条件。人类的生命与其他物种的生命紧密相联,人类生存环境的许多因素,都受海洋自然生态环境的影响或制约。人类利用、开发海洋,也会对海洋自然生态环境的演化过程产生影响。当人类利用、开发海洋资源规模超过海洋自然生态环境的承载限度,就会直接影响它自身以及海洋社会生态环境的良性循环,造成海洋自然生态环境和海洋社会生态环境的同时破坏,危及所在地区人们的生活、生产以及社会经济发展。所以说,良好的海洋自然生态环境和海洋社会生态环境是和谐海洋的基础,改善并保护海洋自

---

① 张开城:《海洋文化和海洋文化产业研究述论》,《全国商情(理论研究)》2010年第16期。

然生态环境是建设和谐海洋社会的前提条件。

例如中国的目前状况,近海受到城市工业用水、海港以及石油钻井平台的污染以及一些突发事故排污的污染。近年来每年排入近海海域的工业污水大约为 4.5 亿吨,其中以陆源污染为重。受污染地区以东海岸为重,其次为南海沿岸、渤海沿岸和黄海沿岸。强化海洋社会学的研究,加强对人海关系的研究,参与探讨如何保护海洋自然生态环境,分析如何合理开发利用海洋,有助于促进人与海洋协调发展、和谐共处。有利于形成、把握良好的海洋社会生态环境。

(二)有利于把握海洋经济和谐运转

建设和谐社会就是要实现以人为本、充满活力、协调发展和稳定有序的社会,主要还是围绕着发展来展开的,其中经济发展处于基础地位。所以,促进海洋经济和谐运转是建设和谐海洋的首要任务。

促进海洋经济和谐运转,就是要树立现代海洋观,科学地、有计划地、充分地开发利用海洋资源,使海洋开发与改善海洋生态环境相互促进,大力推动海洋经济在追求质量和效益的前提下,健康有序地快速发展,走生态良好的可持续发展道路。同时,提升宏观调控能力,协调海洋经济发展中的各种关系,统筹陆海发展,使海洋经济与沿海地区经济和谐发展。成立海洋社会学,加强对海洋循环经济、绿色海洋经济的研究,有利于调控海洋环境与海洋发展的平衡,有利于参与促进海洋经济的和谐运转。

(三)有利于把握沿海地区和谐发展

在经济发展水平差距逐渐拉大的同时,经济发展水平的差距正逐渐转化为明显的社会差距。也就是说,经济发展的成果没能够惠及社会所有群体。以中国的广东为例,从 2002 年的 193 个沿海渔港乡镇的基础设施、社会事业以及生活设施等规模与广东全省乡镇的平均规模对比来看,渔港乡镇的生活设施指标全面低于全省乡镇的平均水平,基础设施和社会事业的指标中各有两个的指标低于全省乡镇的平均水平。[①]

---

① 广东省统计局:《建设现代渔港经济区　加快实现全面小康步伐》,广东省统计信息网站 2005 年 2 月 3 日。

"从社会进步的总体进程来认识,经济发展本身并不是目的所在,经济发展仅仅是社会进步的一个过程,经济发展要通过阶段目标来体现。"现阶段中国"所主张的经济发展,就是要落实到构建社会主义和谐社会上。"[①]由此人们可以看到,实现沿海地区经济与社会和谐发展,是建设和谐海洋的目的。这就要求人们不仅要统筹协调经济发展自身的各种关系,还要统筹协调经济发展与其他方面发展的关系,包括统筹城乡发展、区域发展、国内发展和对外开放等,推进沿海地区经济、政治、文化的各个环节、各个方面相协调发展,来实现充满生机活力、稳定有序、管理健全、各种利益关系融洽的和谐社会。成立海洋社会学,探讨如何统筹协调经济与社会发展的各种关系,有利于参与实现、把握沿海地区经济与社会和谐发展。

(四)有利于把握各国海洋军事安全

古今中外,海洋历来是军事活动的重要场所。国际安全、沿海国家的安全,都与海洋密切相关。现代海洋军事为人类打开了进一步了解海洋、征服海洋的突破口。正如20世纪初期,不少新技术最初都应用于战争一样,进入21世纪,许多尖端科技都由海洋军事发端。从人类发展的历史上看,获得资源是人类对海洋的最大需求,往往引发各种战争,把战争与海洋捆在了一起。

随着人类海洋观念的发展,海洋军事活动也在逐步发展。新的海洋国土对于任何一个沿海国家来说,都意味着海防任务的增加与海上军事活动强度的加大。从中国的海洋军事安全来看,近年来,日本、韩国对专属经济区和大陆架实行完全管辖的要求和行动愈演愈烈,这种形势对中国极其不利。日韩的划界工作基本完成,其后有可能形成集中面对中国的局面。东海中、日、韩三国交界水域的渔业安排和划界问题也十分紧迫。周边国家还有与中国争端岛礁主权和抢占岛礁问题。南海地区中菲律宾、马来西亚、文莱和越南等国除与中国有岛屿归属和海域划界问题外,还有某些大国和势力介入等更加复杂的问题。台湾海峡的军事和政治斗争形势也引人

[①] 课题组:《构建社会主义和谐社会与经济发展》,《经济研究参考》2005年第20期,第23—31页。

注目。由于中国海岸线长,黄海、东海、台海、南海都存在潜在的战争隐患,尤其是美国在韩国、日本、菲律宾设有海军基地,在东北亚设有长驻航母,对中国台湾军售不断提高规格、档次和规模;韩日在美国的支持下,也迅速建立起现代化的海空力量,导致中国海洋军事安全存在潜在威胁。强化海洋社会学,有利于参与拓展对海洋军事学的研究,为中国海洋军事安全提供智力支持。

四、有利于人们深入建设海洋社会

人们对海洋社会的深入探索、发现和把握,最终目的都在于建设以人为本的海洋社会。海洋社会学的成立,有利于参与解决海洋社会系列问题,有利于提高海洋社区服务水平,有利于海洋社会与人的和谐发展和海洋事务的国际合作。

(一)有利于解决海洋社会系列问题

在当前的中国,社会正处于经济体制深刻变革、社会结构深刻变动、利益格局深刻调整、思想观念深刻变化的转型时期,一系列结构性和变迁性社会问题日益凸显出来。海洋社会不可避免地也在发生着这些变化。例如渔村社区就是一种与以种植业为主的农村社区不同的社区类型,它是以近海捕捞或养殖为主的渔民聚集地。在海洋环境变迁和海洋渔业不断升级的影响下,海洋渔村发生了巨大的变化。近几年来,受大陆失地农民的启发和出于现实的思考,众多研究者开始关注渔民"失海"问题,认为"失海"渔民丧失了最主要的生产和生活资料,也就丧失了基本的生活来源。甚至从某种程度上而言,"失海"渔民的处境更劣于失地农民,成为了海洋社会的弱势群体,其利益得不到有效保障,民生问题比较严重。

成立海洋社会学,有助于加强对渔民"失海"问题的研究,通过海洋社会工作的开展,分析这部分弱势群体面临的困难,设法找到问题的症结所在,提出对策建议向其提供帮助。对于其他海洋社会问题,海洋社会学同样给予关注和研究,并提出解决的途径,有利于参与解决海洋社会问题。

(二)有利于提高海洋社区服务水平

海洋社区指的是具有一定地域界限的社会生活共同体,这一地域界限通常是附属于陆地的海岸带或岛屿。在海洋社区内,它们有着共同的亚文化和共同的社区意识,其空间是社会空间与地理空间的结合,人群活动集聚在此。在某种意义上,海洋社会与沿海社区是一致的。在当今的地球上,沿海区域生活着庞大的人口群体,形成一个强大的海洋社区,这是海洋社会的主体。而和谐海洋社区是指人类充分利用海洋独特的地理条件和丰富的资源进行各种直接或间接的海洋活动,以其独特的行为方式、生活方式形成的人与人之间、人与海之间的各种社会关系的理想化状态。① 海洋和谐社区的构建主要强调:人海和谐共处、双向给予和海洋活动中人际关系和谐,公平分享海洋利益、可持续地利用海洋资源,海洋社会祥和安定,海洋文明全面、协调、可持续发展。

海洋社区的社会工作就是以海洋社区及其成员整体为对象的社会工作介入手法,它通过组织成员有计划参与集体行动,解决社区问题、满足社区需要,在参与过程中,让成员形成社区归属感,培养自助、互助和自决的精神,加强其社区参与及影响决策的能力和意识,发挥其潜能,最终实现更公平、民主以及和谐的海洋社会。海洋社会学的成立,有助于加深对海洋社区工作的研究,对如何提高社区服务提出对策建议,通过社区服务,可以对海洋社区中的老年人、残疾人、失渔渔民等弱势人群乃至整个有需要的人群提供专业化的服务和帮助,最大可能地实现海洋社会的公平和公正。

(三)有利于促进海洋社会人的和谐

海洋社会工作不但致力于解决人在成长和发展中所遇到的各种困难,而且致力于促进人的发展与社会的进步。人的发展既表现为物质生活水平的提高,也表现为精神生活水平的提高,在更深和更高层次上,还表现为人的潜能的发挥和人的自我实现。海洋社会工作致力于促进人的和谐发展,在助人过程中,海洋社会工作者充分尊重那些陷入困境中的人的自主与自决,尊重受助者的自我选择、自我决定的权力。社会工作者认为人是有潜能的,并把充分挖掘个人潜能以达到个人幸福和社会进步当作自己的工作目标。

---

① 宋广智:《海洋社会学:社会学应用研究的新领域》,《社科纵横》2008年第3期。

在一些海岛社区中,代代相传的传统习俗潜移默化地影响着海岛居民的思想和行为,在大力提倡依法治岛、依法治社的今天,海岛社区的宗族势力仍然有相当的影响力,部分渔民的法制观念比较淡薄,有时甚至族规大于法规、大于村规民约。另外,海岛社会是一个男性崇拜的社会,男尊女卑的思想在海岛社区十分严重;渔民普遍都有自己的海神信仰和诸多禁忌,其中有些方面走入了封建迷信的误区,如巫术信仰等,这些封建陋习还在延续,严重阻碍了海岛居民生活方式的转型和素质的提高。在如何通过增加人的知识和技能、增强克服困难的能力、提高个人与社会协调能力,帮助渔民提高知识,为个人的发展创造条件方面,海洋社会学的成立,为海洋社区的成员和海洋社会全面发展提供最为强大的动力,有利于促进海洋社会人的和谐及其发展。

(四)有利于加强海洋国际事务合作

世界海洋是一个整体,建设和谐的国际海洋社会,研究、开发和保护海洋需要世界各国的共同努力。中国作为一个重要的发展中国家,在国际海洋事务方面担负着重要的责任和义务。中国一贯主张和平利用海洋,合作开发和保护海洋,公平解决海洋争端。中国积极参与国际和地区海洋事务,推动海洋领域的合作与交流,认真履行自己承担的义务,为国际海洋事业的发展和建设和谐的海洋社会作出了应有的贡献。

和谐的海洋不是人不"在场"的海洋审视,而是人"在场"的前提下海洋系统状态和海洋活动的科学思考、行为选择。因此,和谐海洋社会不是一种海洋自在的表征,而是全面考量人的活动中的互动和人的活动与海洋的互动关系和互动状态。所以,"和谐海洋社会"是海洋社会学研究的重要内容,涉及人与海洋的关系和海洋活动中人与人的关系两个方面,旨在实现人海和谐共处、双向给予和海洋活动中人际关系和谐。海洋社会学的成立,为如何公平分享海洋利益、可持续地利用海洋资源提供理论支撑,有利于进一步开展海洋事务的国际合作,实现海洋世界祥和安定、海洋文明健康发展。

海洋社会学作为一门分支社会学,它既重视自身理论性的阐述,更注重对特定的"海洋社会事实"进行实证性的研究。海洋社会学不是简单地描述海洋社会的表面现象和一般社会过程,它通过研究影响海洋开发系统的一系列人类活动,以及影响社会系统的一系列海洋开发活动,以及对海洋社会相关现象的分析、考证,从而揭示海洋世纪的社会运行本质。一句话:海洋社会学研究的意义,在于它有利于强化社会学对海洋社会领域的研究力度,有利于充实人们的海洋意识、海洋观念和海洋理论,更有利于人们深入探索与共创和谐的海洋社会。

参考文献:

1. 崔凤主编:《海洋与社会——海洋社会学初探》,黑龙江人民出版社 2007 年版。
2. 张开城、马志荣主编:《海洋社会学与海洋社会建设研究》,海洋出版社 2009 年版。
3. 张开城等:《海洋社会学概论》,海洋出版社 2010 年版。
4. 曲金良:《海洋文化与社会》,中国海洋大学出版社 2003 年版。
5. 杨国桢:《瀛海方程:中国海洋发展理论和历史文化》,海洋出版社 2008 年版。
6. 崔凤:《海洋社会学:社会学应用研究的一项新探索》,《自然辩证法研究》2006 年第 8 期。
7. 庞玉珍、蔡勤禹:《关于海洋社会学理论建构几个问题的探讨》,《山东社会科学》2006 年第 10 期。
8. 范英:《海洋社会学体系之我见》,《文明与社会》2010 年 7 月号;"2010 年中国社会学年会第一届中国海洋社会学论坛"文集。

思考题:

1. 海洋社会学是如何强化社会学对海洋社会领域研究力度的?
2. 海洋社会学怎样充实人们的海洋意识和海洋观念?
3. 谈谈海洋社会学对海洋社区服务工作的促进作用。

欲善其事　先利其器　磨刀不误砍柴工
有容其大　必纳其细　学科方祈创新风

第四章　兼收并蓄:海洋社会学研究方法

　　海洋社会学作为一门新兴的学科,不仅要在前面三章分别论述海洋社会学的发生背景、研究对象和研究意义,还要设专章来论述它的研究方法。这是一般学科的基本要求。而它首先是一门社会科学,所以一般社会科学的研究方法它都是适用的,但它又是专门研究海洋社会的学科,无疑有其自身独特的研究方法,本章仅从注重植入社会学研究的适用方法、广泛吸纳众学科研究的有用方法、逐步形成有自己特色的致用方法三方面探讨海洋社会学的研究方法。这种研究方法也即兼收并蓄的研究方法。

第一节　注重植入社会学研究的适用方法

　　海洋社会学是社会学的一个分支学科,它以海洋社会为研究对象,并研究海洋社会与人类整体社会的关系。作为分支学科,它必须依附于母体学科,因而,海洋社会学研究需要植入社会学研究的适用方法,主要是植入调查研究方法、实地研究方法、文献研究方法和实验研究方法。

一、植入调查研究方法

　　调查研究(survey research)是社会学最常用的一种研究方法,它适用的领域比较广泛,社会上出现的大多数现象和问题都可以采取这种研究方法加以研究,故又称社会调查。

(一)调查研究的界定

调查研究是指运用概率抽样方法抽取样本或者针对总体的所有个体,采取问卷调查或登记表的方式收集资料,并在对资料进行分析的基础上把调查结论推论到样本所在的总体的研究方法。调查研究由于在对大量样本或总体全体成员调查的基础上,能够客观、精确地分析社会现象,因而调查结论的概括性程度较高。

(二)调查研究的方式

调查研究一般是通过问卷的方式完成的,所以又可以称为问卷调查。它通过对调查对象发问卷、抽取样本、统计百分比的方法进行数量分析,可以得出较为客观的结论。因此,它是一种定量研究。问卷是为调查主题而设计的便于统计的表格,其用途是用来测量人们的行为、态度和社会特征,如果调查的对象数量很大,问卷调查就要采取随机抽样的方式确定调查对象。

(三)调查研究的分类

问卷调查又可分为自填问卷法和结构访问法。自填问卷法需要调查员将问卷表发送或邮寄给被调查者,由被调查者自己阅读和作答,然后由调查员回收或邮寄回收问卷材料进行分析研究的方法;结构访问法就是调查员依据事先设计好的调查问卷,采取口头询问和交谈的方式,向被调查者了解情况、收集有关资料的方法。

(四)调查研究的领域

海洋社会学需要研究大量涉海的社会问题,很多研究领域都适合使用调查研究的方法,例如对涉海人群生活方式和行为模式的研究、对海洋社区价值观念和风俗习惯的研究、对渔民家庭变化的研究、对渔业妇女社会地位变化的研究,等等。这些研究既可以在一个渔村中进行,这时就可以对全体村民进行问卷调查;也可以在一定的涉海区域抽取有一定代表性的人群进行,这时候就需要采取抽样的方式确定调查对象和获取数据。因而,对这些研究领域的研究对象进行科学设计问卷、发放问卷调查、回收问卷进行统计分析,就能得出较为真实的研究结果。

二、植入实地研究方法

实地研究(field research)是指研究者深入到研究对象的生活中,通过参与观察和询问,感悟和体会研究对象的行为方式,并探寻这些行为方式后面蕴含的文化内容,以逐步达到对研究对象及其社会生活的理解。这种研究方法主要通过对研究对象的资料进行定性分析来理解和解释社会现象。因此,它是一种具有定性特征的研究方法。

(一)实地研究的具体方式

个案研究是实地研究的主要方式,是对研究对象总体中的某个单一元素进行的研究,即对某个个体、事件、社会群体、社会组织或社区进行的深入全面的研究。当研究个案是一个社区时,又称为社区研究。

观察是实地研究的另外一种方式,指的是带有明确的目的,在现象发生的场景附近或其中,用研究者自己的感官和辅助工具去直接或间接地、有针对性地了解正在发生、发展和变化着的现象。

访谈也是实地研究的方式之一,分为正式访谈和非正式访谈。正式访谈是研究者事先有计划、有准备、有安排、有预约的访谈;非正式访谈是研究者在实地参与研究对象社会生活的过程中,随时碰上的、无事先准备的、更接近一般闲聊的交谈。

(二)实地研究的过程特征

实地研究的第一步是选择研究对象和背景,接着是进入研究,再接着就是收集资料,整理、分析资料,最后是形成研究结果。由于实地研究要求研究者一定要深入研究对象的社会生活环境,且在其中生活相当长一段时间,靠观察、询问、感受和领悟去理解所研究的现象,因此,参与观察是其突出特点。其研究过程不仅是一种资料收集过程,同时也是理论形成的过程。因为,研究者确定所要研究的问题与现象后,就不带任何假设进入到现象或对象所生活的背景中,通过参与观察、收集各种资料,在对资料进行初步分析和归纳后,还要作进一步的观察和归纳,经过多次循环,达到对现象和过程的理论概括和解释。

(三)实地研究的适用领域

实地研究最早用于文化人类学对于原始部落和土著居民的研究,在20世纪30—40年代被中国的社会学工作者使用。最有代表性的是费孝通教授,他通过对自己家乡江苏吴江县江村的社会结构及其运作的研究,勾勒出中国乡村从封建社会向工业社会发展的概貌,其研究成果《江村经济》是中国社会学研究中具有重要地位的代表作。实地研究由于要置身于研究对象之中开展深入细致的调查、访谈,所以又被称为田野调查。它十分适合于对某个社区、乡村等具体研究对象的研究。海洋社区是海洋社会发展的必然产物,海洋社会学必然涉及对海洋社区的研究。海洋社区的发展变迁以及海洋人群生活行为模式的变化,都可以通过实地研究进行。海洋社区与陆地社区在社会发展模式选择以及生活方式、社会关系、文化观念等方面都存在着较大的差异,两者在社会结构方面也有着明显的区别,在地域、人口、经济、文化、心理等方面存在显著的不同特征。因此,无论是对海洋社区本身的研究,或者是对海洋社区与陆地社区的比较研究都可采用实地研究的方法。

(四)实地研究方法的不足

在海洋社会学研究中运用实地研究的方法,如同在社会学其他研究领域一样,也有其不足的一面。实地研究是一种定性研究,一般以经验为出发点,在收集和消化资料的基础上,较多地采用描述的方法对研究对象进行分析,缺乏必要的数据支持;同时,由于实地研究收集资料的准确性、客观性不同程度受到研究者主观因素的影响。因此,实地研究需要与问卷调查结合起来,即定性研究与定量研究结合起来。实际上,在社会学的研究中,这两种研究方法不是截然分开的,常常是结合在一起使用,只有发挥两种研究方法的长处,才能使海洋社会学的研究取得成效。

需要说明的是:关于调查研究方法是否属于定量研究、实地研究方法是否属于定性研究的问题,本书参考了大量关于社会学研究方法的有关专著和文章,所有专著和文章都是这样界定的——"调查研究"是专指以问卷方式进行调查,将取得的数据进行数量分析的方法,不是我们一般口头所讲的调查研究。从这个角度讲,它的确是一种定量研究,硬要说它有定性研究的成分,找不到理据。同样,实地调查以观察和对被研究者的资料进行定性分析为主,它的确是一种定性研究方法。这两种方法在社会学的研究方法中都有确切的含义,只不过在实际的研究中,这两种方法大都是同时使用的,所以,定性中有定量、定量中有定性。

三、植入文献研究方法

文献研究(document study)是社会学研究中普遍使用的辅助研究方法。文献研究是指通过收集和分析现存的,以文字、数字、图片、符号以及其他形式出现的文献资料,来探讨和分析各种社会行为、关系、现象的研究方式。

(一)文献研究的基本类型

文献研究的主要类型有:一是内容分析,是对各种资料、信息的内容进行客观的、系统的描述和分析,尤其是对报刊、杂志、广播、电视等大众传媒信息的分析,其适应面最广泛;二是二次分析,是对其他研究者先前收集和分析过的原始数据进行再次分析和研究,分析与原问题不同的问题或是对原问题的深入分析或检验;三是统计资料分析,是利用现存的统计资料(以频数、百分比等统计形式出现的聚集资料)作为研究数据进行分析。

(二)文献研究的优缺点

文献研究的优点在于有一定的客观性,资料收集过程中可能受研究者主观偏见的影响,但收集方法本身不会导致资料发生变化;另一方面,文献研究的费用较低,也可以研究那些因时代阻隔而无法接触的研究对象。但文献研究也有缺点,如许多文献的质量难以保证;有的资料不易获得;许多文献资料由于缺乏标准化的形式,因而难于编码和分析;效度和信度也较难保证。

(三)文献研究的适用领域

海洋社会学中许多研究领域都需要运用文献研究的方法。例如对海洋社会历史发展过程的研究,由于研究者无法置身于已逝去的历史年代,因此大量的研究必须通过文献研究来完成,即通过对前人研究成果的分析、对其他科学研究成果的借用、印证等方法来研究,从而得出研究成果。又例如对海洋社会学的概念、范畴、命题的界定,多是通过文献研究的方法完成。近年来,中国的一批社会学研究者致力于海洋社会学的构建,杨国桢教授最早提出了"海洋社会学"的概念[1],庞玉珍教授提出了海洋社会学的研究对象[2],宁波教授对海洋社会学的界定[3]等等,这些研究都是在分析文献的基础上通过综合、演绎、推理等逻辑过程来完成的。

(四)文献研究的应用限度

文献研究是与实证研究相对的一种研究方法,实证研究包括调查研究、实地研究、实验研究等。文献研究由于借助于文献材料进行逻辑演绎,容易陷入注经式的概念"运动",陷入中国传统的考据、训诂等八股式研究之中。海洋社会是一个具有丰富内容和广阔范围的现实社会,大量的研究需要通过对现实问题进行调查,用事实说话,使研究成果更具现实性和预见性。因此,文献研究在海洋社会学的研究中应该有一定的限度,只能局限在一定的范围内,否则就容易使研究成为逻辑游戏和概念运动。

四、植入实验研究方法

实验研究(experiment study)最早是自然科学采用的一种研究方法,后来被社会学研究成功运用,目前已成为社会学较为常用的研究方法。它是研究者在实验过程中改变和控制一个或几个变量,观察其他变量是否发生变化,以确定社会变量之间的相互关系的研究方法。社会学研究中的实验研究,一般是研究某些社会现象和社会行为的变化对社会发展的影响。

(一)实验研究的内容

实验研究通过人为控制和改变某些条件来考察某些社会现象

---

[1] 崔凤:《海洋社会学与主流社会学研究》,《中国海洋大学学报(社会科学版)》2010年第2期。

[2] 庞玉珍:《海洋社会学:海洋问题的社会学阐述》,《中国海洋大学学报(社会科学版)》2004年第6期。

[3] 宁波:《关于海洋社会与海洋社会学概念的讨论》,《中国海洋大学学报(社会科学版)》2008年第4期。

之间的因果关系。其方法是按照相似性原理,将研究对象一分为二,一组接受实验条件,而另一组不接受实验条件,然后观察两组的变化,并对这些变化进行比较分析,从中获得实验结论。实验研究又分为实地实验和实验室试验,实验室试验多应用于自然科学的研究,社会学的研究对象一般难以置于封闭的实验室中进行,所以多采用实地实验的方式进行研究。

(二)实验研究的要素

由于实验研究是在高度控制的条件下,通过操纵某些因素来研究变量之间因果关系。因此,它必须具备实验组与控制组。实验组就是实验过程中接受实验刺激的那一组对象,即使是在最简单的实验设计中,也至少会有一个实验组;控制组也称对照组,它在各方面与实验组相同,但在实验过程中并不给予实验刺激的一组对象。

(三)实验研究的领域

实验研究可以在设定的环境和条件下探索事物之间的因果变化关系,在海洋社会中大量的社会现象存在着因果关系,因此,实验研究也适用于海洋社会学的研究。例如,研究海洋社区的发展受什么因素影响,可以选取多方面条件大致相同的海洋社区,例如两个渔村,设定一个为实验组,另一个为对照组,对实验组分别给予政策、资金方面的供给,对照组则没有这方面的供给,分别观察实验组和对照组的变化,就可得出研究结论。

(四)实验研究的局限

实验研究虽然可以适用于海洋社会学,但海洋社会学毕竟是一门社会科学,其研究对象不像自然科学的研究对象那样,可以在封闭的实验室中进行。海洋社会学的实验研究一般是在现实社会生活环境中进行的,虽然研究者可以给予实验对象各种刺激,观察其变化,但实验对象不是处于绝对封闭的环境中,其变化除了受实验刺激的要素影响之外,还受到其他非实验因素的影响,因而,研究得出的结论有一定的相对性;另一方面,对社会现象中因果关系的观察也需要较长的时间,而且,由于实验对象是有限的,只能在一个小群体中实施,因此,实验结论可能并不具有普遍意义。所以,实验研究在海洋社会学的研究中有一定的局限性,必须和其他研究方法配合,研究的结果才较为准确。

第二节 广泛吸纳众学科研究的有用方法

近百年来,科学技术突飞猛进,形成了自然科学和社会科学的众多学科,也形成了多种多样的研究方法。海洋社会学既与海洋有关,又与社会学有关,但它不是单纯的海洋学,也不是单纯的社会学。因而,无论是自然科学还是社会科学的很多研究方法都值得海洋社会学吸纳和借鉴,下面是几种最值得吸纳的研究方法。

一、吸纳马克思主义研究方法

马克思主义的创始人在创立其思想体系的过程中形成了科学的方法论,这一方法论表现为一种辩证的思维方法,辩证思维方法无论是对自然科学还是对社会科学的研究,都具有统领和指导的作用。海洋社会学的研究,必然经过许多思维的过程,这些思维的过程就需要依赖辩证思维的指导,才能把握研究的正确方向,否则就容易陷入形而上学的误区,从而直接影响研究的结果。辩证的思维方法主要体现在以下四个方面:

(一)归纳与演绎的统一

这是最基本的思维方法。归纳是从个别上升到一般的方法,演绎是由一般性原则到个别性结论的方法,即依据某类事物都具有的一般属性、关系来推断该类事物中个别事物所具有的属性和关系的推理方法。归纳和演绎是方向相反的两类思维方法,归纳是由个别或特殊向一般的运动,演绎是由一般到个别或特殊的运动。这两种思维方法互相依赖、互相补充,许多重大科学发现,都是使用这两种思维方法的结果。海洋社会存在着大量的社会现象,对其研究必然涉及到许多个别的现象,通过对多个个别现象进行归纳,就能得出初步结论,把已形成的结论用演绎的方法来分析相同或相似的其他海洋现象,就能得到更多的研究成果。

(二)分析和综合的统一

分析是把整体分解为各个部分、方面、要素,然后分别加以研究的方法。分析的方法多种多样,有定性分析、定量分析、功能分析、结构分析等等。综合的方法是在把整体分解为各个部分、方面、要素的基础上,再把它们组合成为一个整体的思维方法。辩证的综合,是在思维中把对象的各个部分、方面、要素按其内在联系有机地结合成统一整体。分析和综合本身也是辩证的,分析是综合的基础、综合是分析的完成,只有两者的结合,才能完成一个完整、科学的认识。研究海洋社会,由于其研究领域的广泛、社会现象众多,如果没有分析和综合的过程,就难以在纷纭复杂的材料中发现结论,难以透过大量海洋社会现象发现海洋社会的本质。

(三)抽象与具体的统一

抽象和具体是辩证思维的高级形式。从具体到抽象和从抽象到具体是人类思维两条方向相反的道路。前者是从感性具体达到抽象规定,即通过分析把整体分解成各个部分,从中抽取出本质的方面并通过概念固定下来。后者是从抽象的规定达到思维中的具体,即把反映了事物各方面本质的规定综合起来,形成关于事物的整体认识,使之在思维的具体中再现出来,此时的具体不再是感性的具体,而是思维中理性的具体,是对事物内在联系和本质属性的反映。在海洋社会学的研究中运用从具体到抽象、再从抽象到具体的思维方法,有助于我们在对海洋社会大量感性认识的基础上,发现其发展变化规律,再用这些规律分析其他海洋社会的现象,从而形成对海洋社会的理性认识。

(四)逻辑与历史的统一

在辩证思维中的历史与逻辑相统一,是指理论体系的逻辑顺序是客观历史发展顺序和认识发展顺序的反映。辩证思维的历史范畴,既指客观事物自身的历史,也指反映客观事物认识的历史。历史与逻辑之所以相一致,是因为历史是逻辑的基础,逻辑是历史在理论上的再现。逻辑与历史相一致的方法,适用于任何科学的研究,要对任何事物作出科学的研究和说明,必须运用逻辑与历史相一致的方法。因而,在海洋社会学的研究中,遵循逻辑和历史相统一的方法,才能正确描绘海洋社会发展的历史进程,使我们对海洋社会的把握,既不超越、也不落后于海洋社会发展的历史进程。

二、吸纳系统科学之研究方法

系统科学是20世纪40年代以来,由于科学向纵深、复杂化方向发展,并不断交叉融合而产生的一门科学。系统科学是以系统思想为中心的新型科学群,是20世纪中叶以来发展最快的一大类综合性科学,系统科学的研究方法对其他学科具有很大的借鉴作用。任何社会都是一个综合的大系统,海洋社会也不例外,在其研究中可以借鉴以下一些系统科学的研究方法。

(一)信息科学方法

这是一种把研究对象的运动抽象为信息传递和信息交换的过程,通过对信息的获取、传输、加工和处理,以获得对某个复杂系统运动过程规律性认识的研究方法。信息方法通过研究系统与外界环境之间的信息输入和输出关系,研究系统内部的信息接收、传输和转换机制,进而在分析的基础上发现研究对象的特点和规律。海洋社会本身是一个大系统,它与非海洋社会以及其他系统总会发生信息交换的联系,研究它们之间的联系,就可运用信息方法。

(二)反馈控制方法

这是一种用控制系统运行结果来调整控制系统运行的方法。任何一个控制系统都处于与环境的相互作用之中,这种作用往往破坏控制系统的稳定性。控制系统必须抗拒系统内外的干扰作用,否则系统就会沿着干扰作用的结果变化,使系统失去控制。系统的干扰因素相当复杂,随机性也强,直接获取干扰因素来控制和消除对系统干扰的影响是很难的。反馈控制方法利用系统给定信息与反馈信息的差异,来解决系统确定性与不确定性之间的矛盾,而不需要直接取得干扰信息来控制系统。在海洋社会学研究中,做一些个案研究可以使用这一方法,例如对某个海洋人群中的个体、某个海洋社区、村庄的研究等。

(三)功能模拟方法

这是指在未弄清或不必弄清原型内部结构的条件下,仅仅以功能相似为基础,用模型来再现原型功能的一种研究方法。功能模拟是探索复杂系统的特点和规律的重要方法。在自然界和社会领域中存在着各式各样的系统,对于那些要素较多、结构复杂的系统,可以运用功能模拟方法,从功能和行为的相似性出发,建立有关对象的技术模型;通过模型的实验研究来揭示复杂系统的规律和特点,甚至推断其结构和作用机制。这种方法具体到海洋社会的研究中就是一种实验研究,这种方法可以适当使用,但要注意边界,不可无限使用,因为作为研究对象的海洋社会,很难建立一个纯技术的模型。

(四)系统分析方法

系统分析方法是为确定系统的组成、结构、功能、效用而对系统的各种要素、过程和关系进行考察的方法。系统分析方法要求人们准确地记录系统各要素的过程和各阶段的数据,然后运用这些数据对系统进行研究。系统分析方法力图把大系统化为子系统,把全过程划分为若干个子过程,深入研究,找出其规律性和解决问题的办法。在海洋社会学的研究中,可以比较多的使用这一方法,因为在海洋社会中,除了海洋社会本身是一个大系统之外,海洋社会中的许多要素本身都是大大小小的系统,对海洋社会每一个方面、每一个要素的研究,就是把其作为系统来研究的。

三、吸纳统计学方面研究方法

统计学是在统计实践的基础上,自 17 世纪中叶产生并逐步发展起来的一门学科。目前,统计学已经发展成为一门比较成熟的学科,统计学的一些常用研究方法已广泛被其他学科借鉴。如前所述,海洋社会学需要运用调查研究、实验研究等方法,这些方法都需要统计学的方法配合才能完成,因此,海洋社会学研究必须吸纳统计学的研究方法。

(一)大量观察法

大量观察法是统计学的特有方法,它是指统计在研究社会经济现象等的数量方面时,必须对总体现象中的全部或足够多的个体进行观察,以达到对现象总体数量特征及其规律性的认识。社会经济总体现象是复杂性的,它是在各种错综复杂的因素影响下形成的,总体中的个体之间存在着数量上的差异,如果统计仅对少数个体进行观察,就会失之偏颇,得不出合乎实际的结论来。因此,只有被观察的个体数量比较多的时候,才能消除偶然因素影响造成的误差,样本对总体才有足够的代表性,用样本指标推断总体指标时,才具有较高的可靠性。在实际研究中,人们为了确保统计结果的可靠性,往往选取更多的个体进行观察,具体数目可由抽样原理计算确定。在海洋社会学研究中,这是一种十分实用的方法,例如,我们要研究海洋人群的生活方式和习惯,为取得更为真实的结果,就要对足够多的不同地域、不同年龄、不同性别的海洋社会个体进行观察,如果观察的数量不足,就很难反映出海洋人群的生活方式的真实面貌。

(二)统计分组法

统计分组既是统计资料整理的方法,也是统计分析的基本方法之一。根据统计研究问题的目的不同,可以选择不同的分组标准对总体进行不同的分组以反映总体的构成和现象之间的依存关系。这是统计法的具体方法之一,一般与统计的其他方法综合使用。在海洋社会学的研究中,由于研究对象的性质往往不是单一的,导致其现象表现也是多种多样的,所以,使用统计分组方法也是必须的。例如,研究海洋社区人们价值观念的变化,可以将研究对象分为老年组、中年组、青年组、少年组,分别对各组进行问卷调查并进行统计分析,就可得出较为全面的结论。

(三)综合指标法

所谓综合指标法,就是根据大量观察获得的资料,计算、运用各种综合指标,以反映总体一般数量特征的统计分析法。通常使用的综合指标主要有总量指标、相对指标、平均指标、变异指标等。这些指标各自从不同的角度对总体的特征进行刻画,将其结合运用,可以更加全面、深入地分析社会经济总体现象的数量方面。综合指标法在海洋社会学研究中适用的领域也很广泛,研究海洋社会的经济发展、海洋人口的增长、海洋人口生活水平的提高等等,都可以运用这一方法。

(四)抽样推断法

抽样推断法,是指按照随机原则从总体中选择一少部分单位进行调查,并根据登记结果对总体的数量特征做出有一定正确性和一定把握性的估计的统计方法。这种方法主要用于难以进行全面调查的场合(如总体规模巨大或总体为无限总体等)和不宜或不能进行全面调查的场合。抽样推断所依据的虽然是少数样本的情况,但可以推断总体的数量特征。目前,抽样的方法在许多领域都得到了广泛的应用,而且在各种非全面统计调查方法中居于主导地位。在海洋社会学研究中,由于某些研究领域难以进行全面调查或者全面调查的成本太大,我们经常需要进行抽样调查,例如对海洋人口的调查,由于普查的成本太高,可以采用抽查方式进行,这就是抽样推断法的具体运用。

四、吸纳心理学相关研究方法

心理学是对作为社会主体的人的心理进行研究的科学,海洋社会学的研究离不开对涉海人群个体及其群体的心理和行为进行研究。因此,心理学的研究方法对海洋社会学的研究也有借鉴作用,可吸纳的研究方法有以下这些。

(一)观察法

心理学需要研究人的行为和心理过程,而人的心理及其行为又表现为可观察的活动。观察法就是由研究者顺着被研究对象的活动进行追踪记录,并观察其变化过程,探究两个或多个变量之间存在何种关系的方法。观察法对于研究海洋社会中涉海人员的心理变化有普遍的适用价值,海洋社会中的人一方面离不开海洋社会的特定环境,另一方面又具有一般社会人的心理和行为模式,因此,观察法对研究海洋社会中人的心理及其行为模式具有普适性。

(二)调查法

调查法是以被调查者所了解或关心的问题为范围,预先拟就问题,让被调查者自由表达其态度或意见的一种方法。根据研究的需要,调查者可以向被研究者本人进行调查,也可以向熟悉被研究者的人进行调查。调查法可采用两种不同方式进行,一种方式是问卷调查,调查者事先拟好问卷,由被调查者在问卷上回答问题。另一种方式是访谈调查,是调查者对被调查者进行面对面的提问,然后随时记录被调查者的回答或反应。心理学的调查法与观察法一样，都是把研究的对象限定在人的心理和行为模式上，因此，两种方法配合使用，对涉海人群的个体或群体心理行为研究更为全面。

(三)个案法

个案研究法是收集单个研究对象的资料以分析其心理特征的方法。收集的资料通常包括个人的背景资料、生活史、家庭关系、生活环境、人际关系以及心理特征等。根据需要，研究者也常对研究对象进行智力测验和人格测验，从熟悉研究对象的亲近者处了解情况，或对研究对象的书信、日记、自传或他人为研究对象所写的资料（如传记、病历）等进行分析。个案的研究对象可以是单个人，也可以是由个人组成的团体。个案研究法无论对海洋人群的个体或群体的心理研究都很实用。

(四)实验法

实验法是实验研究在心理学中的具体运用，是由实验者操纵实验变量，观察其引起的变量的某种特定反应的方法。实验需要在控制的条件下进行，其目的在于排除自变量以外的一切可能影响实验结果的无关变量。实验法揭示了变量之间的因果关系，以后对同类现象进行处理时，根据其前因就能预测其后果，根据其结果也可了解其原因。所以，通过实验法可以实现心理学描述、解释、预测及控制人类行为的目的。同样，用实验法研究海洋主体的心理发展变化规律，也可以达到预测和控制海洋人群行为的目的，为海洋社会的组织管理提供依据。

此外，其他众多学科的研究方法都是可以借鉴的，限于篇幅，故不多论。

第三节 逐步形成有自己特色的致用方法

海洋社会学是一门新兴学科，正因为其新，所以其研究方法也在逐步形成之中，还没有达到完全成熟的程度。海洋社会学的研究方法必然随着对海洋社会研究的深入而不断完善，在这一过程中，一方面要吸纳各门学科的研究方法,另一方面又要遵循社会科学的基本研究方法,形成具有本学科特色的研究方法。海洋社会学不仅要研究海洋社会自身,还要研究海洋社会自身与陆地社会的依存关联,因此,海洋社会学所涉及的相关范围比较宽阔,结构内容比较丰富,我们试将海洋社会学的研究方法也分为如下四大层面。

一、宏观层面的研究方法

作为宏观层面的研究方法,它是起统领作用的,适用于海洋社会学研究中的所有结构和层次。

(一)辩证法的指导

马克思主义辩证法是关于自然、社会和思维的运动和发展的普遍规律的科学,同时又是人类认识世界和改造世界的科学方法,对任何一门学科的研究都具有方法论上的指导意义。作为科学的研究方法,马克思主义辩证法具有两大特点。一是强调研究过程的经验性与实践性。由于马克思把社会现象作为客观的外在事物加以研究,因此他非常重视以客观的历史事实与社会事实来说明普遍的社会规律;二是把社会作为一个整体来加以研究,侧重分析社会结构及各个分系统之间的相互关系,以便对社会发展变化的原因作出解释,这种解释的最终目的在于对现存社会秩序进行批判和改造。马克思主义的辩证法还指出了客观世界是一个矛盾着的统一体,按照否定之否定、量变和质变规律运动变化着。因此,要从整体上把握海洋社会发展变化的规律,把握海洋社会与人类社会发展的内在联系,把握海洋社会与周围环境的联系等等,就必须以马克思主义辩证法作为指导,透过海洋社会的种种现象探寻其发展的本质。

(二)系统科学引领

系统科学为我们揭示了客观世界作为一个系统具有相关性和整体性,系统科学的研究方法要求对任何一个事物或者社会现象进行研究时,都要注重不同层次的特点和规律,既要研究不同层次的共同规律,又要研究不同层次的特殊规律,把一般和特殊结合起来;要注重各层次之间的相互关系,特别是高层次和低层次的关系,低层次是高层次的基础,高层次是底层次的主导,只有把二者结合起来,才能具体把握整个系统;要注重系统和环境的相互关系,一切系统都不是封闭的,而是开放的,都处于一定的环境之中,既要注意系统对环境的影响,又要注意环境对系统的作用。对海洋社会的研究,也必须采取系统科学的分析方法和分析框架:把社会与海洋看作一个相互作用的统一整体,把研究的变量或过程组织起来,按不同的内容将大系统分解成若干子系统,对不同的系统、系统中的不同层次分别进行研究,才能发现海洋社会各个系统要素的相互作用与影响。

(三)文献资料辅助

人类社会发展经历了漫长的历史,各门科学的发展也为人类留下了大量宝贵的研究成果,对于任何一个发展阶段的研究者来说,都需要在继承前人研究成果的基础上,才能有所发展。没有继承和借鉴,科学不能得到迅速的发展,这就决定了人们在研究中需要借助于文献的记载,在发展科学领域时需要继承文献中的优秀成果。一般来说,科学研究需要充分地占有资料,进行文献调研,以便掌握有关的科研动态、前沿进展,了解前人已取得的研究成果以及研究的现状等。这是科学、有效、少走弯路地进行任何科学研究的必经阶段。海洋社会学虽然是新兴科学,但有关海洋历史的发展、海洋环境变化、海洋群体发展、海洋资源利用、海洋开发研究等方面目前已有大量的研究成果,海洋社会学的研究必须借鉴和利用这些研究成果,因此,借助已有的文献资料进行文献研究是海洋社会学研究的重要方法。

(四)逻辑推理并重

逻辑推理是科学研究中进行理论提升所需要的重要方法,它是根据一系列的事实或论据,按照逻辑规律,使用推理方法,最后得出严密结论的方法。逻辑推理亦称"概念思维"、"理论思维"或"抽象思维",是人们在研究过程中借助概念、判断、推理等思维形式能动地反映现实的过程,逻辑推理的基本规律是同一律、矛盾律、排中律和理由充足律。这四条规律要求思维必须具备确定性、无矛盾性、一贯性和论证性。这种逻辑是各种思维结构形式的共同规律,是人类经过千百万次的实践所形成的。在海洋社会学的研究中,有些实验是无法进行的,有些过程是无法重复的,例如,海洋灾害的形成及其对海洋社会的影响、海洋战争对制海权的意义等等,这就只能通过逻辑推理来进行。

二、中观层面的研究方法

海洋社会学中观层面的研究方法,是研究方法的主体,对海洋社会的研究起关键作用。

(一)科学研究法

科学主义是随着19世纪自然科学迅速发展而形成的一种研究方法,它以自然科学的发展成果为基础解释人和社会现象,例如牛顿力学、天文学、进化论等等。海洋社会学在研究海洋社会的发展过程中,必然涉及对海洋生物、海洋地理等的研究,因此,需要借鉴科学主义的研究方法。但科学主义有其不足之处,它把人的情感、意志等精神因素以及人本身排除在外,只考虑纯自然环境的因素,容易造成科学理性与人文精神的分裂,因此海洋社会学的研究既要借鉴科学主义的研究方法,又要克服其不足,采用科学精神和人文精神相结合的科学研究方法。

(二)实证研究法

实证主义是19世纪中叶由法国社会学家孔德创立的,实证主义认为在人的外部存在着一个真实世界,通过科学方法人类可以直接地认识这一真实世界。实证主义研究方法注重研究客观事实和社会产物,将客观存在的社会现象作为研究起点,重视对社会规律进行科学概括,试图寻求社会现象间的相关关系或因果关系。实证主义主张用随机抽样调查的方法研究大量社会现象的产生及演变,探寻随机事件和随机变量的演变趋势和规律。如海洋社会学在研究海洋社区、海洋组织、海洋群体和海洋个体的发展变化以及相互影响时,必然需要使用抽样调查、实地研究和实验研究的方法,这正是实证研究的主体。所以,以实证主义为基础形成的实证研究法是海洋社会学研究的主要方法。

(三)人文研究法

人文主义是文艺复兴以来形成的一种思想形态,它重点是对人的关注,抨击了宗教神学对人的压制,使人类获得了第一次意义重大的解放。基于人文主义思想基础,在对人和社会现象进行研究时,注重和关注人的心灵、道德情感,这就是人文主义的研究方法。海洋社会不是一个纯自然的社会,海洋社会中的人是具有一定历史内涵和文化传承的人,研究海洋社会必然要研究人,要研究海洋文化、海洋社会的习俗、海洋社会的制度、海洋文明的发展等等,因此,海洋社会学的研究必须植入人文主义的研究方法,形成海洋社会研究的人文研究法。

(四)统计研究法

统计学是研究如何测定、收集、整理、归纳和分析反映客观现象总体数量的数据,以便对研究对象给出正确认识的科学,它被广泛地应用在各门学科之中,从自然科学、社会科学到人文科学,统计学的研究方法更是社会学研究中的常用方法。在问卷调查中,对大量问卷数据的处理、分析就要用到统计学的方法,实验研究中的一些模型构建以及分析变量之间的数量关系,也需要运用统计学的方法。海洋社会学的大量研究领域都需要运用统计方法,例如,海洋社区的人口变化规律、海洋社会的经济发展情况等等。因此,统计研究法是海洋社会学必不可少的研究方法。

三、微观层面的研究方法

海洋社会学微观层面的研究方法,适用于海洋社会研究中的具体对象,是基本的和常用的研究方法。

(一)观察法

观察法是指对研究对象进行观察、记录,揭示研究对象发展变化的原因和规律的方法。在海洋社会学的研究中,大量的研究可以通过观察法来完成,例如对海洋社会个体、群体行为方式的观察,对海洋社会习俗的观察等等。观察研究能够比较真实地掌握海洋社会现实生活的情景,对海洋社会的微观研究具有重要意义。

(二)访问法

访问法是通过对研究对象进行访谈从而对访谈结果进行研究的方法,访问法对于研究范围不大的区域是比较合适的,访谈的形式也是多种多样的,既可以进行个别交谈,也可以进行群体座谈,既可以进行结构性访谈,也可以进行非结构性访谈。例如,研究一个海洋社区的生活习俗、海洋人口的流动意愿、海洋群体对某些社会政策的态度等等,都可以采用访谈法。

(三) 调查法

调查法需要借助问卷方式进行,此外,还可以收集被调查对象的有关资料,包括文字的、实物的等等,结合问卷材料进行综合分析和研究,从而得出研究结果。调查法适用于一些较大型的研究项目,发放问卷的数量越多,研究的结果就越有真实性。

(四) 实验法

实验法是指在某个区域或系统内,人为地控制一个变量,观察其引起其他变量的变化,从而寻找变化规律的研究方法。这种研究方法在海洋社会学中会被用到,但适用的范围不会很广,因为,海洋社会的任何一个系统的变化都受到多种因素的影响,即使是人为地控制一个变量,其他变量的变化也不一定是受控制变量的变化引起的,另外,实验的范围也不容易界定和控制,所以,实验法是海洋社会学研究的一种辅助手段。

四、综观层面的研究方法

海洋社会学综观性的研究方法,是对宏观、中观、微观三个层次研究方法的整合,是海洋社会学研究的根本方法。

(一) 逻辑推理与历史发展相结合

在海洋社会学的研究中,由于研究对象的时间、空间范围都很大,要总体把握海洋社会发展的全貌,必须借助逻辑推理的方法进行研究。但是,逻辑推理必须与海洋社会的历史发展相结合,否则就无法揭示海洋社会发展的真相。海洋社会首先是一个历史范畴,海洋社会有一个从小到大、从弱到强的发展历程。研究海洋社会与人类社会的关系,海洋社会与周围环境的关系,人类与海洋的互动等等,都要依据海洋社会历史发展的脉络进行,既不能超越海洋社会发展的历史,也不能落后于海洋社会发展的历史。

(二)定性分析与定量分析相结合

对海洋社会的研究,涉及海洋个体、海洋群体、海洋政治、海洋经济、海洋文化、海洋军事、海洋资源、海洋环境等庞大内容,单纯的定性研究或定量研究都比较难取得真实的结果,因此,对海洋社会的研究要把定性研究和定量研究结合起来,在研究某一海洋社会现象和社会问题时,既采取设计问卷、进行抽样调查的方式,又进行特定的访谈、采取开座谈会的方式,或者对有代表性的个案进行深入追踪调查,突破研究方法的简单化和单一化,使海洋社会学的研究走向科学化。

(三)现象描述与理论概括相结合

海洋社会呈现给我们的是斑斓多彩的画面,在对其研究的过程中,对研究对象进行现象描述和解释是必不可少的。例如,对海洋社会民间信仰的研究,可以描述海洋社区居民的种种信仰行为,这些行为影响到他们的日常生活方式。但研究不能仅仅停留在现象描述和主观解释上面,还要通过分析、综合、推理、演绎,把丰富多彩的现象上升到理论的高度,进行理论的概括,才能形成对海洋社会的科学认识。

(四)抽象思辨与经验验证相结合

所谓经验验证,就是研究过程中对感觉经验的肯定。任何的科学研究,都会碰到大量的感觉经验,这实际上也是感性认识的阶段。实证研究和经验研究并没有本质的区别,都是强调经验对知识总体的验证。对海洋社会的研究,如同对其他类型社会的研究一样,必然遇到大量的感觉经验,但认识不能停留在感性的阶段,还需要经过抽象思辨,通过一定的逻辑过程,抽象出概念和命题,建构理论体系。因此,只有对海洋社会现象进行抽象思辨并与经验验证相结合,才能获得关于海洋社会的理性认识。

以上探讨了海洋社会学兼收并蓄的研究方法。由于中国海洋社会学的研究尚处于起步阶段,对海洋社会学的研究方法还需要不断的完善。随着海洋社会学研究范围的不断扩大、研究深度的不断拓展,研究经验的不断积累,海洋社会学的研究方法将更为成熟,将会形成既多元化又具有本学科特色的研究方法体系。

参考文献：

1. 张开城、马志荣主编：《海洋社会学与海洋社会建设研究》，海洋出版社 2009 年版。
2. 风笑天：《社会学研究方法》，中国人民大学出版社 2001 年版。
3. 仇立平：《社会研究方法》，重庆大学出版社 2008 年版。
4. 林聚任、刘玉安主编：《社会科学研究方法》，山东人民出版社 2004 年版。
5. 谢宇：《社会学方法与定量研究》，社会科学文献出版社 2006 年版。
6. 费孝通：《社会调查自白》，上海人民出版社 2009 年版。
7. 风笑天：《社会学方法二十年：应用于研究》，《社会学研究》2000 年第 1 期。
8. 李承贵：《20 世纪中国人文科学研究方法回眸与检讨》，《南昌大学学报（人社版）》1999 年第 4 期。
9. 屠春友：《试论社会科学研究方法多元化原则》，《学术研究》2000 年第 5 期。
10. 风笑天：《社会学研究方法：走向规范化和本土化所面临的任务》，《华中师范大学学报（人文社会科学版）》2005 年第 6 期。
11. 汪继年编著：《现代科技与技术创新》，兰州大学出版社 2004 年版。
12. 崔凤：《海洋社会学与主流社会学研究》，《中国海洋大学学报（社会科学版）》2010 年第 2 期。
13. 方长春：《从方法论到中国实践：调查研究的局限性分析》，《华中师范大学学报（人文社会科学版）》2006 年第 6 期。

思考题：

1. 海洋社会学研究的方法有几个层次？
2. 为什么海洋社会学的研究需要唯物辩证法的指导？
3. 海洋社会学研究的致用方法有哪些？

长空漠漠　星转斗移　嫦娥吴刚觅奥秘
史河绵绵　浪起波复　沧海桑田说巨变

第五章　源远流长：海洋社会的内在变迁

　　海洋社会变迁是指海洋社会现象和海洋社会结构发生运动、发展、变化的过程及其结果。具体表现为海洋社会生活方式的变化、海洋群体行为的变化、海洋社会结构的变化、海洋社会组织的变化、海洋思想观念的变化等。海洋社会之所以发生变迁，主要是由于海洋环境的变化、政治因素或社会制度的变化、价值观念和生活方式的变化、科学技术的发展、竞争和冲突等等。海洋社会是怎样产生和发展的，其在现当代表现如何，是本书要研究的问题。

第一节　海洋社会的发生

　　人类与海洋发生互动有年代久远的历史，源远流长的海洋社会历经远古洪荒到文明初照，再到高度发达的变迁，留下了多少可咏可叹的动人故事，多少踏波逐浪的生死足迹，值得玩味和思考。本节分析海洋社会发生的自然图象、社会背景、史前遗迹和奇异史例。

一、海洋社会发生的自然图象

　　马克思主义的物质生活条件理论指出，地理环境和人口因素是社会存在和发展的必要的和经常起作用的条件。海洋社会的发生离不开一定的地理条件，这个条件就是海洋，以及与海洋关联的陆地。它在很大程度上制约着海洋人的生活和海洋社会的状态。诸如海陆交替中的海猿假说、沧桑巨变中的海民沉浮、大洪水中的幸运儿女等，展现多姿多彩的海洋社会。

(一)海陆交替的海猿假说

海猿说是一种人类起源学说。根据达尔文的生物进化理论和当代考古成果,人类起源和发展的时间表是:古猿,生活于 1400 万—800 万年前;南猿,生活于 400 万—190 万年前;猿人,生活于 170 万—20 万年前。但在这条时间链上有两段化石空白期:古猿与南方古猿之间空缺 400 万年,南方古猿与猿人之间空缺 20 万年。1960 年英国的人类学家爱利斯特·哈代提出:化石空白期的人类祖先,不是生活在陆地上,而是生活在海洋里。哈代指出:地质史表明,800 万—400 万年前,曾有大片陆地区被海水淹没,迫使部分古猿下海求生,从而进化成了海猿。几百万年之后,海水退却,已经适应了水中生活的海猿又重返陆地。它们才是人类的真正祖先。由于海水的压力和浮力,海猿在海洋中进化出了后腿直立、控制呼吸等本领,这就为再次登陆后的直立行走、解放双手、乃至于发展语言准备了条件。正因为如此,它们才得以超越其他猿类,进化成为地球上的真正的主人。[①]

(二)苍桑巨变的海民沉浮

人类注定摆脱不了海洋的纠缠,因为人们脚下的陆地并不总是踏实的。中国唐代诗人李商隐《海上》云:"石桥峰下锁雕梁,此去瑶池地共长。好为麻姑到东海,劝栽黄竹莫栽桑"。唐代诗人方干《题君山》诗云:"曾于方外见麻姑,闻说君山自古无。元是昆仑山顶石,海风吹落洞庭湖"。[②] 这里提到的麻姑是一个著名的神话人物。人们经常使用沧海桑田一语形容人世变迁巨大剧烈,这来源于一个美丽的神话故事——麻姑三见沧海桑田之变。葛洪《神仙传·麻姑传》记载,麻姑修道于牟州东南姑馀山,中国东汉时应仙人王方平之召降于蔡经家,麻姑年十八九,貌美,自谓"已见东海三次变为桑田"——"麻姑自说云:'接侍以来,已见东海三为桑田。向到蓬莱,水又浅于往者会时略半也,岂将复还为陵陆乎?'方平笑曰:'圣人皆言海中复扬尘也'"。在北太平洋底部发现了曾经存在过的人类文明,被称为"三海平原"。中国的渤海、黄海、东海的大部分地区在第

[①] 刘抗美:《"海猿说"人类来自大海》,《航海》1988 年第 2 期,第 38 页。

[②] (清)彭定求等编:《全唐诗》,中华书局 1996 年版,卷 539—14、卷 653—52。

四纪冰期变成陆地,而且是良好的平原地貌。日本列岛和中国的台湾等岛屿也曾与亚洲大陆相连。与此相反的是,考古和地质研究发现中国大陆广大地区有海相沉积,有珊瑚虫化石裸露在岩石表面,有海藻类和鱼类化石,表明这里曾经是一片海洋。甚至于20亿年前现在的喜马拉雅山脉的广大地区是一片汪洋大海,称古地中海,它经历了整个漫长的地质时期,一直持续到距今3000万年前的新生代早第三纪末期,那时这个地区的地壳运动,总的趋势是连续下降,在下降过程中,海盆里堆积了厚达30000余米的海相沉积岩层。到早第三纪末期,地壳发生了一次强烈的造山运动,在地质上称为"喜马拉雅运动",使这一地区逐渐隆起,形成了世界上最雄伟的山脉。沧桑巨变为人类亲密接触海洋提供了机会。在如今高耸的中国贵州高原,考古学家已经发现了距今上亿年的海螺化石,考古专家说"整个贵州原来是一片汪洋,经过地质变迁才形成为陆地"。①

(三)大洪水中的幸运儿女

海陆变迁并非只有人类出现之前的古地质年代才有,在古代神话中多有可怕的洪水之吻,这与地壳和海平面的变化引起的海陆变化有关系,表明人类亲历过沧桑变迁。

大洪水是世界多个民族的共同传说,在人类学家的研究中发现,美索不达米亚、希腊、印度、中国、玛雅等文明中,都有洪水灭世的传说。例如《圣经》中就有诺亚方舟的故事。中国古籍《尚书·尧典》中就记载上古之时"汤汤洪水方割,浩浩怀山襄陵";《孟子·滕文公下》云:"当尧之时,天下犹未平,洪水横流,泛滥于天下";《淮南子·天文训》谓:"舜之时,共工振滔洪水。"中国的洪水神话反映远古某个时期人类在遭到毁灭性洪水灾异之后得以生存繁衍的故事。一是洪水泛滥,淹没世界。兄妹二人躲在葫芦里避开洪水,而后结为夫妻,婚后繁衍出不同的种族;二是洪水泛滥,淹没世界。伏羲、女娲(或盘古兄妹)在石狮子或乌龟等的保护下,避过洪水,随后结为夫妻。最后,兄妹捏黄泥人,再造人类。

---

① 曲金良主编:《中国海洋文化史长编·先秦秦汉卷》,中国海洋大学出版社2008年版,第11页。

(四)多姿多彩的海洋社会

海洋社会,顾名思义是因海洋而生成的社会,海洋是海洋社会的重要依托,没有海洋就无所谓海洋社会。但由于人类是陆生动物,单纯的海洋肯定不适合人类生存,所以海洋社会与陆地又有千丝万缕的联系。

海洋社会的空间结构,根据其海陆地理形态而分为不同的类型。多数的海洋社会是存在于大陆沿海边缘地带,依托岸线、潮间带产生并成长起来的,属于海陆兼备型的海洋社会。亚洲环太平洋沿海地区,地中海沿岸、欧洲大陆沿海有很多海陆兼备型国家和地区,生成和快速成长着区域海洋社会。另一种是海岛型海洋社会,具体包括单一海岛型海洋社会和群岛型海洋社会,前者如古克里特文明,当今的冰岛、爱尔兰等;后者如日本、菲律宾和南太平洋岛国地区的海洋社会等。

二、海洋社会发生的社会背景

对人类的社会形态的发生学考察肯定要关注上古足迹、文明形态。相对于摩尔根分期法的蒙昧时代和野蛮时代,然后到文化曙光初照的古代文明。海洋社会是如何发生的?回答这个问题,我们不能不注意到渔猎经济、依海族群、生计迫使、寻仙探奇等。

(一)渔猎经济

按照阿尔温·托夫勒的说法,人类社会经济形态历经渔猎社会、农业社会、工业社会、信息社会。原始社会是渔猎社会,渔猎社会的经济形式是渔猎经济,"人类大多往往生活在很小的部落中,以采集果实,捕鱼打猎或放牧为生,这样大约经历了一万年"。[①] 原始的渔猎社会人类在没有学会用火的时期,常常生吞活剥,茹毛饮血。"茹毛饮血",《汉语大词典》释为:"谓原始人类不知用火,连毛带血生食禽兽。" "茹毛饮血"典出《礼记·礼运》:"(上古之时)未有火化,食草木之实,鸟兽之肉,饮其血,茹其毛。未有丝麻,衣其羽皮。" "渔猎"的"渔"字

---

① [美]阿尔温·托夫勒:《第三次浪潮》,朱志焱、潘琪、张焱译,三联书店1984年版,第60页。

提示我们,在原始社会,捕鱼是人类获取食物的一个重要渠道。在这样的社会里,海洋因为生存着大量的鱼类而吸引人们往而捕之。

(二)依海族群

以中国为例,在距今 4200 年夏王朝建立之前,中华大地上至少有四大族群在活动:黄河中上游的炎黄族群,黄河下游以及北方沿海、淮河流域的东夷族群,太湖区域以及西南地区的南蛮族群或称苗蛮族群,东南沿海地区的百越族群。其中东夷族群与百越族群创造的文明都带有海洋文明的色彩。

东夷族,又称东夷或夷,东夷系指中原之东方人,是中国古代,尤其是商朝、周朝时期,对中国东部海滨不同部族的泛称。史书所载东夷的范围北起幽燕、南至淮水、东抵黄勃(海)、西止豫东、豫东南的广阔地区。少昊时东夷的活动中心在山东曲阜一带。《左传》有:"天子失官(礼),学在四夷",说明了东夷族在当时已是文明程度相当高的民族。他们或许将文明带去了海外诸国。从黄帝时期的山东、河南一带,到中国东北,再到日后秦汉时期的朝鲜半岛、日本列岛。中国泰安大汶口墓地第 10 号墓中发现有鳄鱼鳞片 84 张,专家推断原来应该是大片鳄鱼皮。齐文化是在吸收殷周文化和东夷文化包括海洋文化的基础上形成的,而在性质上更接近东夷文化。齐国的造船和航海技术都很高,所造船舶可容纳一二百人,在公元前 486 年海战中击败了另一海上强国吴国的水军。齐景公竟然能"游于海上而乐之,六月不归"。[①]

百越族分布在中国东南部和南部,直至越南北部的广大地区。就中国来说包括苏南、上海、浙江、安徽、湖北、湖南、江西、福建、台湾、广东、广西等省、市、自治区,都曾是古代百越居住的地区,因地处中国大陆东南沿海而常谋生于海上。秦汉之际曾有大批吴越百姓迁徙到日本。这批移民把先进的文化技术(例如水稻种植技术)带到了日本,使日本本土文化有了一次飞跃,产生了"弥生文化"。秦统一天下,吴越故地的百姓不满秦的统治,成为秦朝统治者的忧患。史载当时越族分为内越和外越。外越流徙于海上,长期与秦朝

---

① 朱建君:《东夷海洋文化及其走向》,《中国海洋大学学报》2004 年第 2 期。

统治者作斗争,由于秦防范很严,外越无法回到故乡,被迫逃生,寻求海外居地,遂到日本。百越族航海技术发达,能够借助季风和洋流,从江南到达日本。

美国人斯塔夫里阿诺斯在谈到公元前3000年—公元前1450年的克里特岛以海外贸易著称的米诺斯文明时说,克里特岛"位于地中海东部的中间,周围的海面风平浪静,气候条件较宜于用桨或帆推动的小船航行,因而它的地理位置对商业贸易极为理想。水手从克里特岛可乘风扬帆地北达希腊大陆和黑海,东到地中海东部诸国家和岛屿,南抵埃及,西至地中海中部和西部的岛屿和沿海地区;不管朝哪一方向航行,几乎都可以始终见到陆地,一点不用奇怪,克里特岛成为地中海区域的贸易中心"。①

(三)生计迫使

一些族群下海谋生,是由于陆地资源贫乏所致。如古代希腊地区的人们就是如此。古希腊是欧洲文明的发祥地。在荷马史诗时代甚至更早的年代里,古希腊人的航海探险故事被编写成许多神话传说广为流传。在寻找金羊毛的故事中,就有一个名叫"阿尔戈"号的帆桨船。古希腊哲学家柏拉图说:"我们环绕着大海而居,如同青蛙环绕着水塘。"(We live around the sea likefrogs around a pond.)②古希腊地型特征是山岭沟壑,少平原,土地贫瘠,而海岸曲折、港湾众多,属地中海式气候特征:夏季干旱少雨,冬季温和多雨。农耕经济不发达,有利于从事海外贸易、商业活动。

中国上海复旦大学教授葛剑雄认为,"葡萄牙、西班牙、荷兰、英国等国不仅仅是沿海和海岛国家,最重要的是其国内已经不能满足自身发展的需要,如果大陆能够解决这些问题,他们是不会去从事航海的。"③

---

① [美]斯塔夫里阿诺斯:《全球通史》,吴象婴、梁赤民译,上海社会科学出版社1999年版,第131页。
② 百度文库:海洋文明,http://wenku.baidu.com/view/53fe7d05cc17552707220804.html,2010年9月20日访问。
③ 葛剑雄:《乘桴浮海——先秦两汉的海上航迹》,《海洋:我们民族留下的记忆》,海洋出版社2008年版,第3页。

(四)寻仙探奇

云雾缭绕、一望无际、波涛汹涌、深幻莫测加上不时出现的海市蜃楼,海洋总是唤起人们的想象,主体驾驭自然力的强烈欲望演化为脍炙人口的神话故事如八仙过海等等。海外仙山和不老之药就成了中国大秦皇帝梦寐以求的宝地方物了。秦始皇重视航海,统一全国后,曾五次巡视各地,包括渤海沿岸的一些港口,在芝罘刻立石碑。他最后一次巡视是从镇江附近乘船出海,扬帆北上,再次到达芝罘。秦朝有几次较大规模的航海活动,徐福东渡日本,就是其中的一次。较为流行的说法,是到海外仙山上寻找长生不老之药。

过海探奇在西方多次发生,乐此不疲的国度如葡萄牙、西班牙等,达·迦马、哥伦布、麦哲伦是其中的佼佼者。

三、海洋社会发生的史前遗迹

原始先民以舟为车,以楫为马,获渔盐之利,得舟楫之便。海生鱼类和海盐使人们得以享受海鲜美味。驾舟离岸并使用鱼网能够捕获更多。我们能够想象先民们扬舟出海而后满载而归的场面。在考古发掘和历史典籍中大量海洋社会发生的史前遗迹,诸如积贝为丘、雕木为舟、结绳为网、煮海为盐等等。

(一)积贝为丘

人类还处于依靠自然物充饥的时候,居住在海滨的先民就地取材,把捕捞鱼类与贝类作为自己的主要生活来源。[①] 在中国,自辽东半岛至广东的沿海地带广泛分布贝丘遗址。因中国既是一个幅原辽阔的大陆国家,又是一个海岸线绵长的海洋国家。考古工作者在中国北起辽宁,南至两广的漫长沿海地带,发现石器时代广泛留有贝丘遗迹,同时出土渔猎工具,是新石器时代海洋渔猎得到充分发展的产物和见证。在距今 18000 年前山顶洞人的遗址中已发现不少海蚶壳,其中有些贝壳上钻有小孔,用来穿成串打扮自己。[②]

[①] 宋正海等:《中国古代航海史》,海洋出版社 1986 年版,第 5 页。
[②] 宋正海:《东方蓝色文化——中国海洋文化传统》,广东教育出版社 1995 年版,第 1—3 页。

河姆渡遗址中曾出土大量的龟鱼类的骨骼、蚌壳和菱角等水生动植物,有的陶釜底部至出土时还残存着鱼骨,甚至连海龟、鲸鱼、鲨鱼和生活在滨海河口地带的鲻鱼和裸顶鲷等海生鱼类也是河姆渡先民的盘中餐。

(二)雕木为舟

根据《物原》有关"燧人氏以匏(葫芦)济水,伏羲氏始乘桴(筏)"的传说记载,旧石器时代晚期,以渔猎为生的原始先民已开始利用原始的航行工具与海洋打交道。①《世本》云:"古者观落叶因以为舟",《易经》也说:"利涉大川,乘木有功"。可见远古时代的筏和舟之类是受落叶、树木等浮水的自然现象启迪而发明的。又据《物原》"伏羲始乘桴,轩辕作舟"和《拾遗记》:轩辕氏"变乘桴以造舟楫"的记载,舟是由桴发展而成的。桴今称筏,是用一定数量竹或木编扎而成的水上交通工具。河姆渡人使用的木桨是世界上最古老的木桨。河姆渡遗址共出土8支木桨,都是用整块硬木为材料加工而成的。一般认为,船的发明比桨的出现要早,因此有桨必定有船。

人类至迟在新石器时代晚期就已经有了航海活动。可以作为证明的是:中国大陆在新石器时代创造的彩陶文化和黑陶文化的器物已在中国澎湖岛的良文港和台湾岛的高雄、台中、台南等地发现;代表中国东南沿海地区百越新石器的特型器物"有段石锛"(Stepped Adze),在浙、闽、粤各省屡有出土,而且在中国台湾、菲律宾、大洋洲岛屿,甚至远到南美洲如厄瓜多尔等地都有发现。《太平御览》云:"吴人以舟为舆马,以巨海为夷庚";《太平御览》引《吴志》谓"行海者,生而至越,有舟也"。② 中国7000年前就有独木舟的使用,3000年前制造帆船,2000年前指南针、水密隔舱应用于航海。③

(三)结绳为网

伏羲是中华民族人文始祖,中国古籍中记载的最早的王,所处

---

① 李明春、徐志良:《海洋龙脉——中国海洋文化概览》,海洋出版社2007年版,第33页。

② 宋正海等:《中国古代航海史》,海洋出版社1986年版,第5页。

③ 杨国桢:《瀛海方程——中国海洋发展理论和历史文化》,海洋出版社2008年版,第61页。

时代约为新石器时代早期,他根据天地万物的变化,发明创造了八卦,成了中国古文字的发端,也结束了"结绳纪事"的历史。他又结绳为网,用来捕鸟打猎,并教会了人们渔猎的方法,打猎捕鱼是原始人的基本生产生活技术,使用工具又是人类超越本能的进步。《周易·系辞下》说:"(伏羲)作结绳而为网罟,以佃以渔。"《尸子》云:"伏羲之世,天下多兽,教人以猎。"伏羲借鉴蜘蛛结网方式,教部众用绳索编结成网,网禽兽,网鱼虾,使渔猎业发展,捕获量增加。

据记载夏帝芒曾"东狩于海,获大鱼"。春秋时,沿海渔业已十分发展,以至于《管子》提出了维护生态平衡和合理开发海洋生物资源的思想。

(四)煮海为盐

海盐生产源远流长,传说中国古代炎帝时宿沙氏已煮海为盐。《禹贡》更有盐贡。春秋时鱼盐之利为富国之本。西汉时盐铁成为国家重要财赋收入,盐田广布海岸带。封建社会盐、铁官卖,一方面可以保证供应,另一方面,可以作为国家财政的重要来源和调节阀门。公元13世纪,意大利人马可波罗踏上中国这块古老而又神奇的土地。他激动地在自己的游记里这样描述:"在城市和海岸的中间地带,有许多盐场,生产大量的盐。"当年"烟火三百里,灶煎满天星",浩瀚的大海、广阔的滩涂、茂密的盐蒿草,是盐民"煮海为盐"取之不竭的"粮仓"。《后汉书》有言"东楚有海盐之饶",一个"饶"字道出了盐阜大地产盐之盛。

四、海洋社会发生的奇异史例

似水流年匆匆过,如烟往事姗姗离。青史不载寻常事,漫把显奇付刀笔。在海洋社会这个大舞台上上演了多少悲欢离合已经不得而知,但那些颇显奇异的史迹却引人注目。诸如复活节岛谜团、古埃及法老与腓尼基人、古印度人海上生存、大西洲的从传说到科考等。

(一)太平洋上复活节岛的谜团

复活节岛是位于太平洋东南部岛屿。人口约2000,主要是波利尼西亚人。岛上矗立着600多尊巨人石像。石像造型奇特,雕技精湛,一般高7—10米,重达30—90吨,有的石像一顶帽子就重达10吨之多。石像均由整块的暗红色火成岩雕凿而成。所有的石像都没有腿,全部是半身像,外形大同小异。石像的面部表情非常丰富,它的眼睛是专门用发亮的黑曜石或闪光的贝壳镶嵌上的,格外传神。个个额头狭长,鼻梁高挺,眼窝深凹,嘴巴噘翘,大耳垂肩,胳膊贴腹。所有石像都面向大海,表情冷漠,神态威严。远远望去,就像一队准备出征的武士,蔚为壮观。据考察测定石像大约雕凿在公元前1680—前1100年间。这些雕像代表什么?是谁雕刻的?怎样雕刻的?怎样运输、排列的?以上这些问题众说纷纭,莫衷一是,在岛上上万件古文物中,有25块上面刻着由人、兽、鱼、鸟等图形符号的木板,大的长2米,岛民称为之为"会说话的木板",至今无人能读懂它们。对于这些神秘古物,岛民也不知其来历。

(二)古代埃及法老与腓尼基人

古埃及文明有航海文明的特色。古埃及法老把自己安葬在通往星空的金字塔中。他们没有忘记为自己准备一条在银河中遨游的船。1949年,考古学家在一座古埃及法老的墓中,发现了一艘公元前1850年的木船。这条木船靠多只木桨划行,在古埃及主要用于商业运输。

据说,腓尼基的航海文明曾经帮助了古埃及人。"腓尼基"(Phoenicia)是古代地中海沿岸兴起的一个民族,腓尼基的意思是"紫红色的人",另说是"造船者"的意思。流传下来的古希腊和古罗马的各种著作说腓尼基人苛刻、狡诈,用一艘船的油从西班牙人手里换取不计其数的白银,以致差点压沉了他们的船只;对居住在非洲内陆的黑人横征暴敛;不耻于做强盗来公开抢劫行船上财物;贩卖奴隶。靠着这些手段,古代腓尼基人积聚起巨额财富,最大的城市推罗的富庶在古代作家们的笔下是"街上堆银如土,堆金如沙"。相传古代埃及法老尼科想杀一杀腓尼基人的威风,逼腓尼基人海上远行,以为他们会葬身鱼腹,结果腓尼基人成功返回。说明他们已经具备高超的航海技术并具有丰富的航海经验。美国人斯塔夫里阿诺斯说:"在发展贸易的过程中,腓尼基人逐渐制造出一种由好几排水手划桨的船","从约公元前11世纪到8世纪后期,腓尼基的水手和商人控制了地中海海上贸易的大部分"[1]

(三)古印度人的海上生存探索

古代印度是世界四大文明古国之一,斯塔夫里阿诺斯指出:公元前2500年到公元1500年的印度河文明属于农业文明,但"与外部世界也有了相当的贸易关系,其中包括美索不达米亚,在那里属于公元前2300年的废墟中发现了印度河流域的印章,在波斯湾的巴林岛上还发现了一些别的印度河流域的产品。这表明巴林岛是美索不达米亚与印度河流域之间进行海上贸易的一个中间站。"[2]早在公元前,古印度人就下海经商,船只往来于孟加拉湾、阿拉伯海和印度洋,发展海上商业贸易,寻财觅宝。佛经中的航海故事从一个侧面反映了古代印度人的海洋生活。佛经《五百商人入海采宝缘》讲到,佛陀在舍卫国给孤独园时,城中有一商主带领五百位商人一起入海采宝。中途因商船破损,商人们只好赶紧返航,并且祈求诸神护佑,让他们能安然到岸。平安归来的商人们仍不死心,几天后又再度出航,没想到接连两次的航程,商船都受到损坏,所以一行人只好中途折返,保命要紧。这位商主因为福德深厚,所以经历了几次海难,都安然无事,并因敬佛而获财宝。[3]

(四)从大西洲传说到科学考察

古希腊哲学家兼数学家柏拉图在两篇著名的对话著作《克里齐》和《齐麦里》中,详细记述了大西洲的海洋社会:大西洲是一个美丽富饶的文明岛国,坐落在"赫拉克勒斯之柱"以外波浪滔天的西海,也就是今日直布罗陀海峡以西的大西洋中,面积有207.2万平方千米。那里气候温和,森林茂密,花草繁盛,鲜果累累,河中有鱼,林中有大象等各种动物,还盛产金、银和古代人认为最宝贵的那种金光闪闪的山铜。岛屿中心的都城宏伟壮观,富丽堂皇的宫殿和庙宇,都是用金、银、山铜和象牙装饰起来的。岛上还有四通八达的运

---

[1] [美]斯塔夫里阿诺斯:《全球通史》,吴象婴、梁赤民译,上海社会科学出版社1999年版,第177页。

[2] [美]斯塔夫里阿诺斯:《全球通史》,吴象婴、梁赤民译,上海社会科学出版社1999年版,第177页。

[3]《五百商客人海采宝缘》,载《撰集百缘经》卷1。

河系统、建筑完美的桥梁、日夜繁忙的港口。但在一次特大的地震和洪水中整个大西洲沉沦海底,消失于滚滚的波涛之中,从此失踪。

1870年,德国著名考古学家舒里曼,在希腊伯罗奔尼撒半岛北部发掘出迈锡尼文明遗址。过了30年,英国著名考古学家艾凡斯又在克里特岛上发掘出更早的米诺斯文明遗址。这两次考古学上的伟绩轰动了世界,人们不约而同把它与失踪了的大西洲联系起来了。

对亚速尔群岛以北海底岸岩心取样研究,证明那岩石是一万多年前在空气中形成的,因为那是一种玻璃质的玄武岩,它只有从火山口流溢出来的熔岩在空气中迅速冷却才能生成。也就是说,亚速尔海底高原过去曾经是一块陆地。更耐人寻味的是,在这儿水下摄影所得到的照片上,出现了古代建筑物的断垣残壁。自1968年以来,在大西洋西部百慕大群岛海域,以及巴哈马群岛、佛罗里达半岛等地附近海域,接连发现令人惊叹的史前文明海底遗址,这给向往大西洲的西方好奇之士带来新的刺激,也是对历史学家、考古学家们的一个新的挑战。

第二节　海洋社会的发展

古希腊哲学家赫拉克利特有一句名言——人不能两次踏进同一条河流。恩格斯在谈到黑格尔的哲学贡献时说:"黑格尔第一次——这是他的巨大功绩——把整个自然的、历史的和精神的世界描写为一个过程,即把它描写为处在不断运动、变化、转变和发展中并企图揭示这种运动和发展的内在联系。"[①]先哲用睿智启示我们审视事物的发展变化。海洋社会的发展变化昭示我们——海洋是文明摇篮、海洋呼唤勇士、海洋支撑列强、海洋是霸权乐园。

一、海洋——文明摇篮

人类社会有过四大文明的辉煌,四大文明并非如一些学者所

---

① 《马克思恩格斯选集》第3卷,人民出版社1972年版,第63页。

说,只有古希腊文明是海洋文明,其他都是大河文明。因为,古代中国、古代印度、埃及都毗连大海,他们的繁荣也表现为海洋社会的繁荣,巴比伦也并非与海没有联系。本目历数爱琴海的文明曙光、太平洋明珠——古代中国、地中海奇迹。当代也有不能不提到的维京海盗社会。

(一)爱琴海曙光

公元前3000年代初希腊爱琴地区进入早期青铜时代。公元前2000年代则为中、晚期青铜时代,先在克里特、后在希腊半岛出现了最早的文明和国家,统称爱琴文明。自此,古代希腊的历史大致分为五个阶段:(1)爱琴文明或克里特、迈锡尼文明时代(公元前20—前12世纪);(2)荷马时代(公元前11—前9世纪);(3)古风时代(公元前8—前6世纪);(4)古典时代(公元前5—前4世纪中期);(5)希腊化时代(公元前4世纪晚期—公元前34年)。

克里特岛的米诺斯文明是以传说中的国王米诺斯的名字命名的。克里特岛位于地中海东部的中间,周围的海面风平浪静,气候条件较适宜于用桨或帆推动的小船航行,因而它的地理位置对商业贸易极为理想。水手从克里特岛可乘风扬帆地北达希腊大陆和黑海,东到地中海东部诸国和岛屿,南抵埃及,西至地中海中部和西部的岛屿和沿海地区;不管朝哪一方向航行,几乎都可以始终见到陆地。一点也不奇怪,克里特岛成为地中海区域的贸易中心。[①]

(二)太平洋明珠

中国的航海文明可以追溯到夏朝末年(约公元前17世纪)。在墨西哥的奥尔梅克遗址中,发现了中国殷商的16件玉雕和6件刻着汉字的玉圭。玉圭上记载着殷商祖先的名讳。[②] 汉代学者王充所著的《论衡》记述周成王时"越裳献雉,倭人贡畅"。越裳是古南海国名,倭人是指古代的日本人。虽非正史记载,但也反映了西周时海上航行已是经常事了。战国末期,中国的海上交通颇有发展,沿海

[①] [美]斯塔夫里阿诺斯:《全球通史》,吴象婴、梁亦民泽,上海社会科学院出版社1999年版,第130—131页。

[②] 华子:《印第安人是中国殷人后裔吗》,《发明与创新》2010年第8期,第56页。

地区设置了一系列港口,沿海岛屿与大陆间的联系日益增进,对邻国如朝鲜、日本、越南等的海上交通逐渐增多。

汉代和唐代是中国历史上两个繁荣强盛的朝代,航运有较大发展。汉代不但开拓了广泛的沿海航行,而且向远洋发展,远达印度半岛的南部和锡兰(今斯里兰卡);并以此为中介,使得当时世界上两大帝国——东方的汉帝国和西方的罗马帝国连结起来,构成一条贯通欧、非、亚的海上航线。汉唐开辟的海上"丝绸之路",船舶远航到亚丁附近。

宋代在航海技术方面却有划时代的创新。指南针在船上的应用,是航海技术上的重大突破。郑和下西洋、徐福和鉴真东渡,都是中国人留下的海洋故事。

(三)地中海奇迹

公元前4世纪下半叶,希腊航海家皮忒阿斯驾舟从希腊当时的殖民地马西利亚(今法国马赛)出发,沿伊比利亚半岛和今法兰西海岸,再沿大不列颠岛的东岸向北探索航行到达粤克尼群岛,并由此折向东到达易北河口。在此之前,地中海内的航行活动,已相当频繁,并且有海战。海军是雅典的军事支柱,当时拥有数百艘灵活快捷的三层桨战船,可随时派往远方海域,投入战斗。公元前490年发生的历史上有名的希波战争中,希腊曾以数百艘长约130英尺、三层桨座的战舰抵抗波斯舰队。

在古代地中海沿岸建有助航设施。公元前660年,小亚细亚西北部的特洛伊地方筑起灯塔,可能这就是灯塔的始祖。约在公元前280年,在埃及北部亚历山大港建造的灯塔,高逾200英尺,为古代世界七大奇景之一。

(四)维京的海盗

海盗是指专门在海上抢劫其他船只的犯罪者。这是一门相当古老的犯罪行业。海盗的历史可谓源远流长,可以说有了海船也就有了海盗。最早的海盗记录出现在公元前1350年,这被记载在一块黏土碑文上。特别是航海发达的16世纪之后,只要是商业发达的沿海地带,就有海盗出没。

说起海盗的历史,不能不提及维京人。这通常泛指生活于公元

800年—1066年之间所有的斯堪的纳维亚人,今天的挪威、丹麦和瑞典人。当时欧洲人更多将之称为Northman("诺曼人",意:北方人)。维京是他们的自称,在北欧的语言中,这个词语包含着两重意思:首先是旅行,然后是掠夺。他们远航的足迹遍及整个欧洲,南临红海,西到北美,东至巴格达。但他们第一次在当地百姓面前出现,就是以海盗的身份抢劫掠夺。诺曼人主要以捕鱼为生。他们惯于航海,性格顽强,富于冒险。从8世纪开始,诺曼武士乘船出外征伐劫掠。他们从丹麦、瑞典出发,向南沿着海岸而下,劫掠英格兰、爱尔兰、法国、西班牙并直穿直布罗陀海峡进入地中海,同阿拉伯人拼争,又向东沿着大河进入俄罗斯和欧洲内陆。他们的海盗行为使得人们望而生畏,所到之地无不被迫拿出钱粮以求安生。海盗时代初期,维京人对英格兰海岸及欧洲大陆的修道院、教堂和其他一些易于攻击之地发起猛烈进攻,他们因此被描绘成杀人如麻的掠夺者。

二、海洋——呼唤勇士

弄潮儿向滩头立,手把旗杆脚不湿。海洋是有挑战性的,没有勇气、不是勇士,只能望洋兴叹。古往今来,有多少弄潮儿劈风斩浪、踏歌而行,留下脍炙人口的动人故事。诸如郑和下西洋、好望角的命名、哥伦布发现新大陆、麦哲伦环球航行等。

(一)西洋呈威

自中国明代永乐三年(1405年)至宣德八年(1433年),郑和受朝廷派遣,率领规模巨大的船队由苏州刘家港出发,7次出海远航,航线从西太平洋穿越印度洋,直达西亚和非洲东岸,途经30多个国家和地区,同南洋、印度洋的30多个国家和地区进行了友好和平交流。郑和曾到达过的地方有爪哇、苏门答腊、苏禄、彭亨、真腊、古里、暹罗、阿丹、天方(阿拉伯国家)、左法尔、忽鲁谟斯、木骨都束等30多个国家,最远曾达非洲东海岸,红海、麦加(伊斯兰教圣地),并有可能到过今天的澳大利亚。他的航行比哥伦布登陆美洲大陆早87年,比达伽玛早92年,比麦哲伦早114年。郑和船队规模非常之大。如明永乐三年(1405年7月11日)郑和首次西行率领的是由240多艘海船、27400名士兵和船员组成的远航船队。郑和下西洋的目的主要是宣扬明朝国威,政治目的大于经济目的。郑和下西洋时间之长、规模之大、范围之广都是空前的。它不仅在航海活动上达到了当时世界航海事业的顶峰,而且对发展中国与亚洲各国政治、经济和文化上友好关系,做出了巨大的贡献。

(二)好望之角

"好望角"的意思是"美好希望的海角",是位于非洲西南端非常著名的岬角。北距开普敦52千米。苏伊士运河通航前,来往于亚欧之间的船舶都经过好望角。这里多暴风雨,海浪汹涌。1487年8月,葡萄牙航海家迪亚士奉葡萄牙国王若奥二世之命,率两艘轻快帆船和一艘运输船自里斯本出发,使命是探索绕过非洲大陆最南端通往印度的航路。两次经过好望角,感慨万千的迪亚士据其经历将其命名为"风暴角"。1497年7月8日,葡萄牙航海家达·伽马受葡萄牙国王派遣,率船从里斯本出发,寻找通向印度的海上航路,船经加那利群岛,绕好望角,经莫桑比克等地,于1498年5月20日到达印度西南部卡利卡特。同年秋离开印度,于1499年9月9日回到里斯本。

"好望角"一名的由来有着多种说法。最常见的说法有两种:一说为迪亚士1488年12月回到里斯本后,向若奥二世陈述了"风暴角"的见闻,若奥二世认为绕过这个海角,就有希望到达梦寐以求的印度,因此将"风暴角"改名为"好望角";另一种说法是达·伽马自印度满载而归后,当时的葡王才将"风暴角"易名为"好望角",以示绕过此海角就带来了好运。

(三)登陆美洲

哥伦布是意大利航海家,于1492年得到西班牙女王伊莎贝拉一世的资助。在西班牙国王支持下,先后4次出海远航(1492—1493,1493—1496,1498—1500,1502—1504),开辟了横渡大西洋到美洲的航路,先后到达巴哈马群岛、古巴、海地、多米尼加、特立尼达等岛,在帕里亚湾南岸登上美洲大陆,考察了中美洲洪都拉斯到达连湾2000多千米的海岸线;认识了巴拿马地峡;发现和利用了大西洋低纬度吹东风,较高纬度吹西风的风向变化。他误认为到达的大陆是印度,并称当地人为印第安人。

(四)环球航行

麦哲伦(1480—1521年),葡萄牙著名航海家和探险家,先后为葡萄牙(1505—1512年)和西班牙(1519—1521年)作航海探险,被认为是第一个环球航行的人。1519年9月6日,麦哲伦在西班牙国王的资助下,率领一支由5艘帆船266人组成的探险队,从西班牙塞维利亚港起航,开始了他名垂青史的环球航行。他们度过大西洋到达南美洲火地岛,穿过麦哲伦海峡进入太平洋。这时船队已处于缺粮断炊的困难境地,在途径菲律宾群岛时与岛上的土著人发生冲突,麦哲伦受伤身亡。最后,这支船队只剩下一艘船,取道南非驶抵西班牙,实现了从西方向西航行到达东方的计划,于1522年9月6日返回西班牙塞维利亚港,完成了历时3年的环球航行。

三、海洋——支撑列强

海洋是弄潮儿的舞台,也是强权和霸主的乐园。从葡萄牙、西班牙,到荷兰、不列颠,海洋上展示了多少大国扬威的场景。至今仍然摇曳着美利坚的航母。

(一)两只"牙"的海梦

15世纪,欧洲最早诞生的两个民族国家葡萄牙和西班牙,在国家力量支持下进行航海冒险。根据葡萄牙编年史的记载,15世纪时,在恩里克王子的主持下,葡萄牙最南端的一个小渔村萨格里什曾经建立过人类历史上第一所国立航海学校,曾经有过为航海而建的天文台和图书馆,而今一座建于15世纪的灯塔,经历了近600年的风霜雪雨,依然骄傲地矗立着。每个到葡萄牙游览的客人,罗卡角是必然的选择,这里是欧洲的"天涯海角",是远航的水手们对陆地的最后记忆。直到16世纪,葡萄牙有史以来最伟大的诗人卡蒙斯在搏击大海的征程中创作了史诗《葡萄牙人之歌》,罗卡角才一扫往日荒凉、失落的阴霾,一跃而成为欧洲人开拓新世界的支点。"陆地在这里结束,海洋从这里开始"。公元1443年,在恩里克王子的指挥下,从罗卡角出发的葡萄牙航海家穿越了西非海岸的博哈多尔角。在此之前,这里是已知世界的尽头。为了这一天,恩里克王子和他的船队已经奋斗了21年。与中国郑和的混合舰队相比,葡萄牙人的两三条帆船微不足道。但是,凭着爱冒险的天性、对财富的渴望以及强大的宗教热情,葡萄牙人终于冲破了中世纪欧洲航海界在心理和生理上的极限。葡萄牙波尔图大学副校长路易斯·亚当·达·丰塞卡说:随着海外扩张的继续推进,人们到达了越来越多的海域,于是形成了对"大海洋"、即今天的大西洋的全新认识,过去人们认为,"大海洋"仅仅是一个沿海狭长的海域,现在他们发现,这个大海洋比他们想象的大得多,它同时向南、向西无限地延伸。到1460年,被葡萄牙绘在地图上的非洲西海岸已经达到了4000千米。

葡萄牙的海洋梦没做多久,就遭遇了一个强大的对手——邻国西班牙。接见热那亚人、后来名动天下的克里斯托夫·哥伦布,是西班牙伊莎贝尔女王的幸运。从当时已经普遍传播的地圆学说中,哥伦布产生了一个想法,那就是:向西走也能到达东方。哥伦布相信,他的航海计划能很快将欧洲人带到东方,但是,在此前的六年中,哥伦布在葡萄牙却一直遭受冷遇。最终哥伦布代表西班牙抵达了美洲。当麦哲伦完成人类第一次环球航行后,原先割裂的世界终于由地理大发现连接成一个完整的世界,世界性大国也就此诞生。葡萄牙和西班牙在相互竞争中瓜分世界,依靠新航线和殖民掠夺建立起势力遍布全球的殖民帝国,并在16世纪上半叶达到鼎盛时期,成为第一代世界大国。

但是,这两个依靠掠夺迅速崛起、却在战争中挥霍财富而没有发展工商业的帝国很快盛极而衰,世界舞台上的第一场大戏悲剧性落幕。

(二)"荷兰人"的世纪

地处西北欧、面积只相当于两个半北京的小国荷兰,在海潮出没的湿地和湖泊上,以捕捞鲱鱼起家从事转口贸易,他们设计了造价更为低廉的船只,依靠有利的地理位置和良好的商业信誉,逐渐从中间商变成远洋航行的斗士。日渐富有的荷兰市民从贵族手里买下了城市的自治权,并建立起一个充分保障商人权利的联省共和国。他们成立了世界上最早的联合股份公司——东印度公司,垄断了当时全球贸易的一半;他们建起了世界上第一个股票交易所,资本市场就此诞生;他们率先创办现代银行,发明了沿用至今的信用体系。凭借一系列现代金融和商业制度的创立，17世纪成为荷兰的世纪。由于国土面积、人口等天然不足，17世纪末，荷兰逐渐失去左右世界的霸权。但直到今天，荷兰人的生活依然富足，荷兰人开创的商业规则依然在影响世界。

（三）"日不落"的帝国

与欧洲大陆隔海相望的英国，在1588年与西班牙无敌舰队的海战中大获全胜，就此逐步登上世界舞台。女王伊丽莎白一世对海洋探险和贸易的鼓励、开明的治国态度和处理社会矛盾的妥协手段，使这个地处边缘的岛国，迎来了早期的辉煌。但是，接下来的国王查理一世却因为坚信君权神授，违背了英国早在13世纪时由《大宪章》所确定的国王必须遵守法律的原则，和议会之间进行了一场为时四年的内战，战败后的查理一世被宣判死刑。最终，英国通过光荣革命，逐步建立起君主立宪制，完成了向现代社会的转型。相对宽容的社会环境，为英国的经济发展创造了条件，为工业革命的到来做好了准备；同时，也让这个岛国一步步走向了世界舞台的中心位置。随着英国殖民扩张和海外市场的成熟，商品的需求量越来越大，手工工场的生产已经不能满足需要。为了鼓励发明创造，英国颁布了世界上最早的《专利法》。这一切，使得英国出现了全民热衷于发明、生产和贸易的景象。当牛顿发现了宇宙运行的规律后，科学的精神渗透到英国社会中；当瓦特最终以万能蒸汽机解决了最核心的动力问题后，英国工业化开始以惊人的速度全面展开；当亚当·斯密以《国富论》指出了自由竞争的市场规律后，英国人开始在本国强大工业能力的支持下，推行自由贸易，拓展全球市场。在各种合力下，英国成为世界上第一个工业化国家。在此期间，英国打败了强邻法国，成为全球第一大殖民帝国。19世纪中后期开始，殖民地日益成为英帝国的负担，而自由市场经济的弊端也逐渐显现，英国的发展开始减慢，最终丧失了世界霸主的地位。

（四）"美利坚"的胃口

1620年，五月花号载着一百多名英国清教徒来到北美大陆。遵照登陆前签订的《五月花号公约》，清教徒开始了在新大陆上自治管理的生活。100多年后，由于英帝国强行增收印花税，殖民地独立战争爆发。1776年,北美13个殖民地宣布成立美利坚合众国,并在1787年制定了对美国发展影响深远的成文宪法,建立起中央政府。此时,大量移民带来了欧洲最先进的技术成果,拿过欧洲接力棒的美国,迅速完成了第一次工业革命。和华盛顿一样受美国人尊重的林肯总统带领美国人完成祖国统一并废除了奴隶制。爱迪生则将美国率先带入电气时代,对发明和创新的制度性保障成为这个国家源源不断的发展动力。1894年,美国成为世界第一大经济强国。而今,美国依然称雄世界,既是世界大国也是海洋强国。

四、海洋——霸权乐园

公元5世纪西罗马帝国灭亡,欧洲进入中世纪。走过千余年的沉闷年月后终于迎来文艺复兴的歌咏时代,资本登上世界的舞台。马克思在《共产党宣言》里用诗一样的语言描绘资本主义幽灵打造的工业社会。但帝国的躯体里有一颗不安分的心脏和灵魂,瓜分世界的闹剧注定要上演。于是海洋成了霸权的乐园,一战、二战均与海洋关系密切,还有当代发生的海湾战争。至今游弋在大洋上的美国航母更是诉说着不可一世的霸权故事。

(一)一战与海

第一次世界大战(1914年8月—1918年11月)是一场主要发生在欧洲但波及到全世界的世界大战,当时世界上大多数国家都卷入了这场战争,是欧洲历史上破坏性最强的战争之一,是一场非正义的帝国主义掠夺战争。战线主要分为东线(俄国对德奥作战),西线(英法比对德作战)和南线(又称巴尔干战线,塞尔维亚对奥匈帝国作战)。日德兰海战(1916年5月31日—6月1日)是一次著名战役,是英德双方在丹麦日德兰半岛附近北海海域爆发的一场海战。这是第一次世界大战中最大规模的海战。舍尔海军上将率领的德国公海舰队以相对较少吨位的舰只损失击沉了更多的英国舰只,从而取得了战术上的胜利;杰利科海军上将指挥的皇家海军本土舰队成功地将德国海军封锁在了德国港口,使得后者在战争后期几乎毫无作为,从而取得了战略上的最终胜利。德国海军没能打破英国的海上封锁,全球海洋仍然是英国海军的天下。英国损失的舰只,凭着强大工业经济力,很快得到补充,正如美国《纽约时报》所评论的那样:"德国舰队攻击了它的牢狱看守,但是仍然被关在牢中。"

(二)二战与海

第二次世界大战海战场是第二次世界大战的主要构成。海洋战区的硝烟波及太平洋、大西洋、印度洋和北冰洋,近20个国家海军竞相投入各种兵力卷入了战争,战火燃遍海洋的空间、水面、水下。海洋交通线是争夺的中心,掌握制海权、制空权是争夺的目的。海战场之广阔,作战样式之繁多,对抗程度之激烈,消耗损失之巨大,远远超出了历史上任何一次海战。第二次世界大战的海战,是在同盟国与轴心国之间进行的,作为反法西斯的海战,既是一个有机的整体,又有其相对独立的特点,形成了各具特色的大西洋战场、地中海战场、太平洋战场。

大西洋海战是第二次世界大战的一个重要组成部分。自1939年9月1日德国进攻波兰开始,至1945年5月8日德国投降为止,历时5年8个月之久。大西洋海战主要是德国破坏同盟国的海上交通线与同盟国保护自己海上交通线的斗争。大西洋海战对欧洲的西欧战场和苏德战场、非洲战场,以及欧洲战争的进程产生了直接的影响。

地中海战场是第二次世界大战的组成部分,自1940年6月10日意大利宣布正式参战开始,至1943年9月10日意大利海军舰队在马耳他岛向英国投降止,历时3年3个月。地中海海战主要是英美为首的同盟国与意大利、德国围绕着地中海海上交通线展开的争夺战。

太平洋战争是第二次世界大战的一个主要部分。自1941年12月8日,日本袭击美国珍珠港太平洋战争的爆发,至1945年9月2日,日本在无条件投降书上签字止,历时3年9个月。太平洋战争是由于日本帝国主义加紧扩张,夺取殖民地引发的。海战主要是围绕着太平洋战场的制海权、制空权、实施登陆抗登陆、夺取作战地域而展开的。太平洋战场与中国战场紧密联系在一起,并对大西洋战场、欧洲战场产生了重要影响。[1]

---

[1] 翁赛飞、时平:《第二次世界大战海战史》,海潮出版社1995年版。

(三)海湾战争

1991年1月17日—2月28日,以美国为首的多国联盟在联合国安理会授权下,为恢复科威特领土完整而对伊拉克进行的局部战争。海湾地区之所以牵动美国及其他许多国家的神经,主要是该地区拥有极丰富的石油和天然气资源所致。

1990年8月2日,伊拉克军队入侵科威特,推翻科威特政府并宣布吞并科威特。以美国为首的多国部队在取得联合国授权后,于1991年1月16日开始对科威特和伊拉克境内的伊拉克军队发动军事进攻,主要战斗包括历时42天的空袭、在伊拉克、科威特和沙特阿拉伯边境地带展开的历时100小时的陆战。多国部队以较小的代价取得决定性胜利,重创伊拉克军队。伊拉克最终接受联合国660号决议,并从科威特撤军。

(四)航母耀武

美国是当今世界的海洋军事强国,居有海上霸主的地位,其重要的海上军事力量是航空母舰。航空母舰(Aircraft Carrier),简称"航母"、"空母",是一种以舰载机为主要作战武器的大型水面舰艇。现代航空母舰及舰载机已成为高技术密集的军事系统工程。依靠航空母舰,一个国家可以在远离其国土的地方、不依靠当地的机场情况施加军事压力和进行作战。美国第一艘航空母舰是1922年3月22日正式启用的兰利号。在第二次世界大战中,航空母舰首度被广泛的运用。第二次世界大战结束后出现的斜角飞行甲板、蒸汽弹射器、助降瞄准镜的设计,提高了舰载重型喷气式飞机的使用效率和安全性。高性能喷气式飞机得以搭载到现代化的航空母舰上,排水量越来越大,美国福莱斯特级航空母舰是第一艘专为搭载喷气式飞机而建造的航空母舰。美国1961年建成服役的企业号航空母舰是世界上第一条用核动力推动的航空母舰,即核动力航母。在波斯湾、阿富汗和太平洋地区美国利用它的航空母舰舰队维持它的利益。在1991年海湾战争和2003年美军占领伊拉克的过程中,美国尽管在中东没有足够的陆上机场,依然能够利用其航空母舰战斗群进行主要攻击。21世纪初,世界上拥有航空母舰的国家有法国、英国、俄罗斯、意大利、西班牙、巴西、印度、泰国、西班牙。其中,美国拥有世界上最多的和最大的航空母舰,其他国家的航空母舰比美国的都小得多。日本名义上没有航母,但实际拥有轻型航母。目前韩国也拥有了航空母舰。

第三节 海洋社会的当代

从茹毛饮血到男耕女织,从动力机械时代到智能模拟,人类迎来了信息社会和海洋世纪。当代的海洋舞台上又将上演什么样的故事呢? 有人说,21世纪是海洋世纪,海洋在全球化时代具有重要的战略地位,海洋资源在后工业时代倍受瞩目,所以,新时期的海洋是经济看点,上演着海权搏弈,是生态热点并领跑未来。

一、经济看点

人类乐此不疲地弄潮海洋,并非是由于好奇,或者说主要的不是因为好奇,海洋的诱惑力始终是财富、宝藏和商机。它是全球通道,孕育着新兴产业,聚集着当今世界的发达地区,并且是巨大的能源宝库。

(一)全球通道

地球是一个水球,三分陆地七分海洋,广袤的陆地其实不过是茫茫水域中的岛屿。大洲之间重要的交通方式是海上航行。尤其是在21世纪这个海洋世纪和全球化的时代,地球被形象地比喻为"地球村",海上航运地位更加重要并得到空前发展。在各大洲沿海海岸密布着大大小小的港口,各种船只往来于大洲之间。航运业在世界经济中地位凸显。

(二)新兴产业

就21世纪科技发展而言,海洋科技是本世纪人类最有可能取得重大突破的领域之一。不少科学家预测21世纪可能有重大突破的海洋技术包括海水淡化技术、海底天然气水合物开发技术和海洋能利用技术、生物生态技术、养殖和病害控制技术、海洋医药生物技术以及海底金属资源开发技术等,凡此种种,将大大改变人类社会的能源和原料供应格局。

发展战略性海洋新兴产业,主要应抓好海洋信息产业、海洋能源产业、海洋生物、海洋文化产业和海水淡化技术。

国家强调积极发展海水淡化与综合利用技术、海洋油气高效利用技术、深海油气勘探开发技术、海洋能利用技术、海洋新材料技术、海洋生物资源可持续利用技术和高效增养殖技术。加强海洋生态环境管理、监测、预报、保护、修复及海上污损事件应急处置等技术开发以及高技术应用。优先发展大型海洋工程技术与装备。加强远洋运输、远洋渔业、海洋科考和地质调查等大型船舶技术的研发和应用。开发海啸、风暴潮、海岸带地质灾害等监测预警关键技术。开发保障海上生产安全、海洋食品安全、海洋生物安全等关键技术。

(三)发达地区

在海洋时代全球大部分人口、大部分重要城市、大部分政治、经济、文化中心集中在沿海地区,形成沿海城市圈、沿海经济带。如美国打造两岸经济带。日本围绕太平洋沿岸打造城市工业带,原有的京滨、阪神、中京、北九州等4个大工业地带与新兴的濑户内海工业地带联结成为太平洋带状工业地带。改革开放以来,中国东部沿海地区高速发展,被为沿海发达地区。2008年广东、江苏、山东、浙江、福建、辽宁、河北、广西、上海、天津10个沿海省市,加上北京市和香港,13.56%的国土面积聚集了全国40%的人口,产出了全国63%的GDP。

(四)能源宝库

海洋是能源宝库,有矿物能源,蕴藏着极其丰富的油气资源,其石油资源量约占全球石油资源总量的34%。海底还有煤炭资源,有溶于水中的铀、镁、锂、重水等化学能源资源,有用潮汐、波浪、海流、温度差、盐度差等方式表达的动能、势能、热能、物理化学能等能源。还有潮汐能、波浪能、海水温差能、海流能及盐度差能等,这是一种"再生性能源"。

2004年的地质调查表明,中国南海的石油地质储量约在230亿吨至300亿吨之间,这是中国发展海洋经济的巨大宝库。但是,自

1970年起,南海周边各国就开始在南沙诸岛开采油气资源,而且周边国家在南海开采油气资源的步子快、数量大。由于技术、经济等原因,中国在南海石油开采方面的进展不能令人满意。另外,中国南海、东海等海域发现大量的天然气水合物——"可燃冰"资源,目前已初步探明至少有700亿吨"可燃冰"资源,相当于陆上石油天然气资源总量的一半,这种海洋新能源将成为21世纪人类的重要能源。[①]

二、海权博弈

海权,顾名思义就是拥有或享有对海洋或大海的控制权和利用权,但这种权力的范围涉及军事、政治、经济等多个领域。它不仅仅是简单的控制问题,更重要的是用海洋来开拓一个新的舞台,一个新的时代。马汉说,海权即凭借海洋或者通过海洋能够使一个民族成为伟大民族的一切东西。在当今的海权博弈中人们关注一串重要的海疆数字、在岛礁上作文章暗藏玄机,更有公海游戏和两极角力。

(一)数字意蕴

《联合国海洋法公约》是历史上第一个全面的海洋法法典,此公约已有159个国家和实体签字,批准的国家达到公约规定的生效标准,于1994年11月生效。根据《联合国海洋法公约》,海域的划分以测算领海宽度的基线为起点。基线是陆地和海洋的分界线。基线向陆地一面的水域,是沿海国内水一部分,基线向海一面包括领海、毗连区、专属经济区、大陆架、用于国际航行的海峡、群岛水域、公海和国际海底区域等八个海域。

海洋法会议与公约的出现,是由于西方强权扩张后,传统"公海自由航行(Freedom of the Seas)"原则不敷使用。"公海自由航行"来自荷兰海军舰炮的射程,从陆地起算3海里之外算是"公海"。但20世纪中期以后,各大国为保护海上矿藏、渔场并控制污染、划分责任归属,传统公海概念已不敷使用。国际联盟曾在1930年召开会议对此讨论,却没有结果。而海上强权美国首先由杜鲁门在1945

[①] 曦子:《"可燃冰":希望与危险并存》,《中国高新技术产业导报》2004年11月30日。

年宣布,美国领海的管辖延伸至其大陆架,打破了传统公海的认定原则。紧接着,众多国家延伸了领海到12海里或200海里不等。到了1967年,只剩下22国沿用3海里的早期规定。有66国宣告了12海里领海,而有8国宣告200海里管辖。到2006年,仅剩新加坡与约旦继续使用3海里的规定。

"公约"规定了12海里领海宽度,肯定了200海里专属经济区制度,确定了沿海国对大陆架的自然资源的主权权利。如下图1所示:

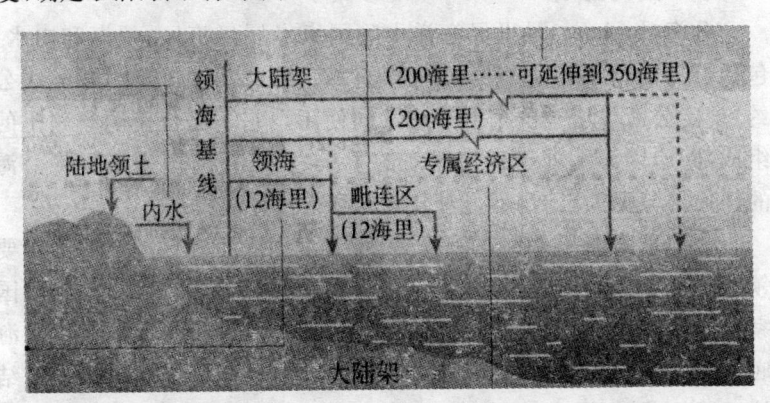

图1 领海和专属经济区示意图

(二)岛礁玄机

《联合国海洋法公约》生效以来,海岛问题成了国际海洋争端中的棘手问题。一些国家在岛礁上不惜代价做文章。比如日本农林水产省水产厅2005年8月30日宣布,该厅在2006财政年度预算概算要求中申请4亿日元(约合500万美元)调查费,以准备在冲之鸟礁石周边海域进行珊瑚养殖。而人工养殖珊瑚的目的,则是期望将冲之鸟这块礁石"养大",使之能够成为一个符合国际法规定的"岛屿"。冲之鸟礁在涨潮时露出水面的只有两块岩石,其中东边的岩石只露出1.6平方米,北边的岩石只露出6.4平方米。根据《联合国海洋法公约》第121条的规定,岛屿应是高潮时高于水面的自然形成的陆地区域;不能维持人类居住或其本身的经济生活的岩礁,不应有专属经济区或大陆架。1987年,日本政府为抑制礁石露出海面部分由于海水冲刷而逐渐消失的趋势,斥资285亿日元对其进行防波加固处理,在冲之鸟礁周围树起一圈铁制防波块,并浇灌了水泥。设施建成后,日本政府又投入了50亿日元对其进行加固。此后,日本政府又追加8亿日元拨款,加装了钛合金防护网,修建起气象观测装置和直升机起降台,以实现冲之鸟礁的"岛屿"化。[①]

原来,岛礁背后的玄机是专属经济区和大陆架,是周围海域的资源和海底资源。

(三)公海游戏

公海(highsea)是世界海洋中除国家专属经济区、领海和内水,包括群岛国群岛水域以外的全部海域。1982年《联合国海洋法公约》规定公海供所有国家平等地共同使用。它不是任何国家领土的组成部分,因而不处于任何国家的主权之下;任何国家不得将公海的任何部分据为己有,不得对公海本身行使管辖权。

占地球表面积71%的海洋是21世纪国际争夺区域资源的重要领地。早在上世纪60年代,美国、英国、法国、苏联、日本、德国等国家就开始在太平洋东北部地区的国际海底区域圈地,谋求对世界海底资源的分配。那时的"蓝色圈地运动"中,各国争夺的目标是锰结核。紧接着,深海油气、"可燃冰"(天然气水合物)、富钴结核、热液硫化物和极端环境下的深海生物基因资源,接连不断地进入海洋国家的视线中。[②] 关于国际海底矿产资源的开发制度,《联合国海洋法公约》规定实行平行开发制,但由于资源的极大诱惑力而使一些国家跃跃欲试或先下手为强。

(四)两极角力

南极是一个被大洋环绕的大陆,它位于地球的最南端;而北极却是一个被大陆围绕的海洋盆地,它位于地球的最北端。南极和北极都很寒冷,但是在南极的气候却要比北极恶劣得多。南极矿藏丰富,但国际社会达成一致,出于保护南极环境的需要,暂不开采。北极的煤炭、石油矿藏均有所开采,有的已达百年左右。

随着地球资源的日益缺乏,地球上寒冷的南北两极渐渐成为很

---

① 朱曼君:《日本要养珊瑚造"国土"》,《世界新闻报》2005年9月6日。
② 张欣:《面朝全球公海》,《瞭望东方周刊》2009年11月2日。

多国家争夺的焦点。两极地区蕴藏着丰富的石油、天然气以及矿产资源,随着全球气候不断变暖,两极地区冰层融化,开发两极自然资源的想法已经变为可能。于是,俄罗斯、加拿大、丹麦、美国等国在北冰洋展开争夺战;英国、智利等国家纷纷采取行动,要在南极洲圈定领土范围。据地质学家估计,全球 1/4 未勘探的石油和天然气深藏在冰雪覆盖的北冰洋海底,这里很可能是个"大油库"。而据俄罗斯估计,它所主张的区域中蕴藏着至少 100 亿吨石油和天然气。南极主权之争由来已久,早在 1908 年,英国政府就第一个提出对南极洲拥有主权,随后,新西兰、澳大利亚、法国、挪威、智利、阿根廷也纷纷提出对南极的主权要求,而美国和前苏联也再三表示保留对南极提出领土要求的权利。在这些国家中,新西兰、澳大利亚、法国、挪威四国相互承认各自在南极的领土要求,而英国、智利、阿根廷三国各自划定的领土相互重叠,三方坚持各自的主权要求。[①]

三、生态需求

人类与自然的关系,人在自然面前的地位和感觉,大体经历了由奴隶到主人再到朋友三个阶段。对人类中心主义的反思呼唤一片绿色,人类比以往任何时候都更加关心自己的家园——地球,包括地球之肺——海洋。当今社会的环境污染、全球变暖、物种危机都与海洋有联系,而土地资源紧缺的窘况又导致围填海造地的风潮上演。

(一)环境污染

海洋正在向"荒漠化"方向发展。海洋环境污染和生态破坏严重。由于人类活动直接或间接地排入海洋的有害物质和能量,超过了海洋的自净能力,改变了海水及底质的物理、化学和生物学性状的现象,称之为海洋污染。其污染的主要来源有:(1)工业废水、废渣直接或间接地(经江河)排放和倾倒;(2)生活污水、垃圾、农药等直接或间接排放和倾倒;(3)船舶、油船排放的废水和废物;(4)海底

[①] 孙宇:《新一轮南极"圈地"争夺战初露端倪》,《工人日报》2007 年 10 月 27 日;综合报道:《南极洲上演"领土争夺战"》,《广州日报》2007 年 10 月 24 日。

石油开采渗漏的石油及其他有害物质;(5)投弃海洋中放射性废物;
(6)大气降落的有害灰尘和有害气体。总之,引起海洋污染的物质很多,从重金属到放射性元素,从无机物质到营养盐,从石油到农药,从液体到固体,从物质到能量(如废热),都是海洋的污染物质。对海洋生态造成破坏的还有海岸带工程、港口建设、围海造地、过渡捕捞和过渡养殖等。

(二)全球变暖

当今,埃尔尼诺现象,全球变暖、南极冰雪融化、海平面升高等等都是世界性问题。海平面升高令人忧虑。联合国政府间气候变化专门委员会 2007 年发布《全球气候变化评估报告》认为,在过去 50 年中,"很可能"是人类活动导致了全球气候变暖。可能性至少在 90% 以上,这是这个委员会成立以来,首次使用这样严重的措辞形容人类活动与气候变暖之间的关联。专家预测全球至 2100 年平均气温可能升高 4 摄氏度,海平面可能上升 58 厘米。据印尼《世界日报》2007 年的一则报道,印度尼西亚环境国务部长拉赫马特维图拉尔预测,由于全球气温升高导致地球两极冰雪融化和海平面上升,印尼约 1.8 万个岛屿中可能将有 2000 个小岛在 2030 年前被海水淹没。《科技日报》2006 年 3 月 23 日电:美国气象学家在最新出版的《科学》杂志上撰文指出,全球气候变暖导致极地地区冰盖融化速度加快,如果这一趋势无法得到缓解的话,海平面上升的速度将会大大超过以前的预期,用不了 500 年时间,地球海平面的高度甚至有可能升高 6 米。

(三)物种危机

人类活动使近海区的氮和磷增加 50%—200%;过量营养物导致沿海藻类大量生长;波罗的海、北海、黑海、东中国海等出现赤潮。海洋污染导致赤潮频繁发生,破坏了红树林、珊瑚礁、海草,使近海鱼虾锐减,渔业损失惨重。由二氧化碳等温室气体排放引起的全球变暖正在影响海洋物种生存。人们关注海洋中过量的二氧化碳正在引起海水酸化的现象,担心酸化使珊瑚骨骼结构、海绵状物和钙化藻类等弱化到一定的程度时会影响珊瑚礁,因珊瑚礁系统主要靠这些物质构成。更加令人担忧的是,海洋酸化可能会妨碍浮游生物利用光合作用形成其贝壳,而这些微小的浮游生物是大气中大量的氧的来源,同时也是海洋食物链中的一个主要环节。海洋受到污染特别是受到有毒物质污染后,会直接或间接地破坏海洋生物的生存环境,进而引起海洋生物的急剧减少或大量死亡。

据预测,如果按现在每小时 3 个物种灭绝的速度,40 年后的 2050 年,地球上 1/4 到一半的物种将会灭绝或濒临灭绝。目前,世界上还有 1/4 的哺乳动物、1200 多种鸟类以及 3 万多种植物面临灭绝的危险。而如果没有人类的干扰,在过去的 2 亿年中,平均大约每 100 年才有 90 种脊椎动物灭绝,平均每 27 年有一种高等植物灭绝。正是因为人类的干扰,使鸟类和哺乳类动物灭绝的速度提高了 100 倍到 1000 倍。联合国《生物多样性公约》执行秘书朱格拉夫就曾发出警告:人类正处在自恐龙灭绝后的第六次物种大灭绝的危急关头,而导演这一悲剧的正是人类自身。

(四)造地风潮

围海造地是沿海地区为缓解用地紧张而采取的一项开发举措,荷兰、日本、新加坡等国家也都靠填海来解决土地矛盾。在中国沿海一些人多地少的地方,用地更为紧张,向海洋要地就成了各地不约而同的选择。然而,在用地需求猛增、土地价格猛涨的利益驱使下,个别地方过度开发,不科学地填海造地、围滩造田,尽管增加了土地资源,但却对海洋资源造成了严重破坏,长此以往,会带来湿地消失,加重旱情;生物多样性降低,渔业资源减少;诱发洪灾;加重赤潮危害;改变自然景观等多种自然灾害。[①]

四、领跑未来

多少个世纪,人们是那么的热爱土地。而今,人们更加青睐于海洋。当我们说 21 世纪是海洋世纪的时候,昭示的又是什么样的判断和愿景呢?无疑,海洋是巨大的资源宝库,沿海是城市密集带、是开发渔农业的牧场,并且是新的有诱惑力的生存空间。

---

① 陈冀:《填海造地变味过度开发盛行 将带来报复性恶果》,《经济参考报》2010 年 6 月 25 日。

(一)巨大资源宝库

过去,人类受益于海洋提供的各种资源,在 21 世纪这个海洋世纪乃至未来的漫长岁月,人类生存和发展将更加依重于海洋资源。海洋里的动物大约有 18 万种,植物约 2 万种。这些丰富的海洋生物可为人类社会提供食物、药物和工业原料。其中已被人类开发利用的经济价值较大的鱼类有 400 多种,贝类和甲壳类近百种,藻类 70 多种,仅占海洋生物种属的一小部分。据科学家估计,海洋的食物资源是陆地的 1000 倍,它所提供的水产品能养活 300 亿人口。海洋里能源是永远也不会枯竭的。地球的自转、日月的天体引力,使海水潮起潮落、海流永不停歇,这就为人类提供了一部最大的天然永动机:潮汐能、波浪能、海流能、海水热能等。海水中的溶解物质,仅铀一项,就足以令人惊叹。氘的发热量是同等煤的 200 万倍,天然存在于世界海水中的氘就有 45 万亿吨,一座百万千瓦的核聚变电站,每年耗氘量仅为 304 千克。此外,海水中还含有 200 亿吨重水。水和甲烷气体在低温高压之下,能形成气体水化物(沼气水化物)——可燃冰,千万年中在海底形成 1000 米厚的冰层,161 万亿当量,若将这些气体全部释放出来,相当于目前已知全球天然气总量的 487 倍,全世界洋底已发现可燃冰矿床 60 处。

海洋中除盐、镁、金、铀、溴化物外,海滩中的砂矿、浅海底部的石油、磷钙石和海绿石,深海底部的锰结核和重金属软泥及其基岩中的矿脉都十分丰富。其中石油资源约 1350 亿吨,占陆地上石油资源的一半,如果包括天然气折算石油储量在内,则世界大陆浅海区石油储量为 2400 亿吨。海洋洋底锰结核属多金属结核,含有锰、铁、镍、钴、铜等几十种元素。其中锰的产量可供世界用 1.8 万年,镍可用 2.5 万年。海洋是个巨大的天然水库,地球上 96.53%的水都在这里,大约有 133800 万立方千米。海洋中还有丰富的淡水资源,那就是漂浮在两极海洋中的冰山。海洋还是人类的大药库。[1]

---

[1] 陈夏法:《海洋——地球的资源宝库》,《百科知识》2008 年第 7 期下;詹伦忠:《海洋人类的资源宝库》,《中学地理教学参考》1997 年第 10 期。

(二)沿海城市集群

世界上的发达地区往往集中在沿海地区,这里成长起一大批在经济政治上具有重要地位的海洋城市,如美国的纽约、旧金山、洛杉矶、新奥尔良、休斯敦、迈阿密、西雅图;加拿大的温哥华、渥太华、多伦多;英国的伦敦、格拉斯哥、利物浦、伯明翰;法国的里昂、马赛;德国的汉堡;意大利的罗马、米兰;西班牙的巴塞罗那、马德里;荷兰的阿姆斯特丹、鹿特丹;希腊的雅典;中国的上海、深圳、香港、澳门;日本的东京、名古屋、神户;韩国的釜山;新加坡的新加坡;澳大利亚的悉尼、墨尔本;新西兰的惠灵顿;南非的开普敦;巴西的里约热内卢等等。

许多国家的沿海城市连绵成为城市带。如美国东北部大西洋沿岸城市带包括波士顿、纽约、费城、巴尔的摩、华盛顿几个大城市。日本的东京、横滨、静冈、名古屋,到京都、大阪、神户该城市群一般分为东京、大阪、名古屋三个城市圈。欧盟坚持沿北大西洋经济带开发为长期战略目标。欧洲西北部沿海城市带,这一超级城市带实际上由大巴黎地区城市圈、莱茵—鲁尔城市圈、荷兰—比利时城市圈构成。主要城市有巴黎、阿姆斯特丹、鹿特丹、海牙、安特卫普、布鲁塞尔、科隆等。中国沿海目前已经形成环渤海城市群、长三角城市群、珠三角城市群。

沿海城市集群依托港口发展交通运输业,发展临港工业和临海工业,发展滨海旅游业,发展战略性新兴海洋产业。

(三)海洋牧场建设

"海洋牧场"是指在某一海域内,采用一整套规模化的渔业设施和系统化的管理体制(如建设大型人工孵化厂,大规模投放人工鱼礁,全自动投喂饲料装置,先进的鱼群控制技术等),利用自然的海洋生态环境,将人工放流的经济海洋生物聚集起来,进行有计划有目的的海上放养鱼虾贝类的大型人工渔场。

建设海洋牧场的目的,一是为了提高某些经济品种的产量或整个海域的鱼类产量,以确保水产资源稳定和持续的增长。二是在利用海洋资源的同时重点保护海洋生态系统,实现可持续生态渔业。这种生态型渔业发展模式颠覆了以往单纯的捕捞、设施养殖为主的生产方式,克服了由于局部污染和过度捕捞带来的资源枯竭、由近海养殖带来的海水污染和病害加剧等弊端,可以说是海洋渔业领域传统生产方式的重大转变,也是该领域调整产业结构大力发展"低碳渔业"的一场产业革命。①

世界海洋发达国家都一直在探索研究海洋牧场建设,日本、美国、俄罗斯、挪威、西班牙、法国、英国、德国、瑞典、韩国等均把海洋牧场建设作为振兴海洋渔业经济的战略对策。

(四)新的生存空间

向海洋要空间。人类专家预测,21世纪中后期,世界总人口将突破200亿。届时有限的陆地空间已不能满足人类正常生活的需求。未来学家已经在勾画"上天、人地、下海"的新型城市蓝图。目前已经建设的人工岛、海上城市、海上机场,大多是为某种海洋开发服务的。浮在大型海底矿场上的海上城市,可供矿工居住、购物、游乐,也可用来就地加工矿石或作为装船外运的码头。②

20世纪60年代,有一位名叫库司桃的法国人,组织了一项名为"大陆架"的海底生活实验活动。他们把一个直径5米的圆球形水下"房屋"送到距离海平面100米深的海底,6名试验人员在水下房屋内进行了21天的观察工作。这项试验当时惊动了世界,因为它创造了两项世界纪录,一是人类首次在海底生活了21天,二是征服了100米深的海底。继法国人后,美国夏威夷海洋学院也进行了水下实验室的试验,设计和建造了当时世界上最大的水下房屋。这种水下房屋是两个长21米,直径2.7米的浮筒,重达700多吨,其中一个为实验舱,另一个是生活舱。这项实验由5名潜水员参加,在距离海平面159米的深处进行。这5名潜水员在海底生活了5天。③

未来的海洋城市家园有两种:海上浮动城市——现代的"诺亚方舟";潜艇式的海洋城市——风平浪静时,海洋城市会漂浮在海面上打开上部的透明罩沐浴着阳光和海风;波涛汹涌时,海洋城市会

---

① 李剑桥:《山东:"海洋牧场"建设面临重大机遇》,《大众日报》2010年8月24日。
② 张欣:《面朝全球公海》,《瞭望东方周刊》2009年11月2日。
③ 李湘洲:《到海洋中安居》,《百科知识》2005年第7期。

下潜到海洋深处享受海底的安宁。

从海洋社会的发生、发展到海洋社会的变迁在 20 世纪以来主要表现为海洋社会的现代化和城市化,期间的历史可谓源远流长。当今海洋社会的现代化和城市化,科学技术在海洋经济发展中的作用日渐突出,海洋社会人口的流动日趋频繁,居住方式也由分散向集中发展,人们的生产方式、生活方式、思想观念、价值观念也发生明显的变化,人们的生活质量与水平不断提高。[①] 在 21 世纪,海洋社会由于海权博弈和大国政治的影响而充满变数,海洋社会问题多成为国际社会的焦点领域,其蕴含的能量和酝酿的危机都是空前的,由此而导致的社会变迁令人刮目相看。

参考文献:

1. 宋正海:《东方蓝色文化——中国海洋文化传统》,广东教育出版社 1995 年版。
2. 张开城等:《海洋社会学概论》,海洋出版社 2010 年版。
3. 曲金良主编:《中国海洋文化史长编·先秦秦汉卷》,中国海洋大学出版社 2008 年版。
4. [美]史蒂文·瓦戈:《社会变迁》,王晓黎等译,北京大学出版社 2007 年版。
5. [美]斯塔夫里阿诺斯:《全球通史》,吴象婴、梁赤民译,上海社会科学出版社 1999 年版。

思考题:

1. 如何理解海洋社会变迁?
2. 简述海洋社会发生的社会背景和史前遗迹。
3. 当今海洋社会变迁有什么新特点?

---

① 张开城等:《海洋社会学概论》,海洋出版社 2010 年版,第 147 页。

兄弟缘分　荣辱与共　水陆何曾分彼此
日月同辉　唇齿相依　山海原本为一家

第六章　手足情深:海洋社会的外在关照

海洋社会不是独立存在的,也不是独立发展起来的,而是人类社会的有机组成部分。本书对海洋社会与陆地社会的关联进行对比和分析,从而阐述海洋社会与陆地社会在社会的基础、相互之间的关系和相互之间的作用等方面的各种关联,并通过对这种关联的分析,从而对海洋社会在整个人类社会中的地位、作用及发展趋势有更清晰的了解,这对现实环境下重新定位海洋社会的地位有着重要意义。

第一节　海洋社会与陆地社会的兄弟缘分

海洋社会与陆地社会是同源而生的两兄弟。在本节中,我们对社会的起源、功能、发展及社会折射等方面,通过历史的分析,揭示海洋社会与陆地社会的共性,从而充分认识海洋社会作为人类社会形态之一的基本地位。

一、同源而生——同是人类社会发展产物

本部分主要通过社会的起源、发展、结构、关系等方面的对比,以确定海洋社会与陆地社会都具有作为独立社会形态的基本特征。

(一)同是人类适应自然环境的产物

人类与自然的关系与其他动物不同之处在于不是简单地适应,而是因地制宜、利用工具进行改造和发展,当人类有了这种主动适应能力后,就不再完全受到自然环境的制约,而可以在以前不具备生存条件的环境下生活。

第六章 手足情深:海洋社会的外在关照

人的生产和生活进化到需要体现社会关系而不仅是自然关系时,人类社会形态才随之产生,而这最根本的原因又是生产方式的进步,当人们社会化的生产成为必需时,才会出现社会关系。我们从近代发现的一些处于原始状态的人类部落中可以看到,由于仍处于原始的狩猎和采集食物的生产方式,部落中体现的仍是以血缘关系为基础的自然关系,还没有体现出明显的社会关系。而在人类出现以种养为基础的生产方式后,对自然环境已从被动适应阶段进步到主动适应阶段,由于生产中需要社会化的协作和交往以及生产力提高带来的财富积累,人与人之间出现了社会化关系,社会形态才逐渐形成。如中国距今7000年前的河姆渡遗址的发现,就可以证明人类社会的初期,即当农业和畜牧业产生时就是陆地社会形成之日。

在陆地社会形成的同时,海洋社会形成的基础也同样开始出现了。早在人类文明出现的新石器时代,人们在开始原始农业的同时就发明了船,目前考古发现最早的船约在9000年前。同样在河姆渡遗址也出土了8支木桨,这是目前所知世界上最早的水上交通工具。遗址出土的大量动植物遗存中以水生动植物为多,特别是鲨、鲸、裸顶鲷等海生鱼类骨骸的发现,证明河姆渡先民已经能驾驭舟楫,开展水上活动,把活动范围扩大到近海地区,这在经济活动和与外界交往中有重要意义,也说明人已经开始有意识地征服水域了,人类有条件以新的方式生产了。[①]

随着人类社会的进步,在一些具备自然条件和社会条件的地区,人们有意识地把海洋性生产方式作为自己的主要生产手段,船不仅仅是一种交通工具,更是一种生产工具了,而人类社会的形成是以生产方式为基础的。在海洋性生产中,由于使用船只中更需要人的社会化协作,社会关系体现得更加明显,海洋社会也就具备了形成的条件。在印度孟买,考古学家发现了距今4000年的较大规模海运码头和货仓遗址,[②]这从实物证实了海洋社会已初步形成,而

[①] 河姆渡遗址博物馆网资料,http://www.hemudusite.com/culturel.asp,2011年10月23日访问。

[②] 杨槱、陈伯真:《人、船与海洋的故事》,上海大学出版社2010版,第24页。

同时期的陆地社会较发达地区也只是刚刚进入较成熟的农业社会，这种发展证明了海洋社会与陆地社会是同步产生的，也同样是人类适应自然环境的产物。远在公元前 3000 年，地中海克里特岛的米纳斯文化的出现则标志着海洋社会作为一种社会形式进入了成熟阶段。

（二）同样反映了人类社会发展状况

人类社会作为一种社会形态出现后，经历了原始社会、奴隶社会、封建社会、资本主义社会和社会主义社会等阶段，而文明形态的发展则经历了青铜时代、铁器时代、工业时代、信息时代。陆地社会和海洋社会都反映了当时的社会发展状况。

在早期地中海沿岸，先后出现了众多的强大国家，其中既有典型的大陆社会，如埃及、赫梯、亚述、波斯等，也有典型的海洋社会，如腓尼基、米纳斯、希腊、迦太基等，最早的城市文明也在两种社会中各自发展。这些国家都是由奴隶、平民、贵族、教士等阶层组成的。但社会形态的不同又造成了这些国家阶层在结构上的不同之处，海洋社会国家都是城邦制社会，国土面积不大，奴隶数量不多；而陆地社会国家面积广阔，奴隶众多。造成这种区别的是海洋社会国家的主要生产方式是运输、贸易，生产者主要是贵族和平民；陆地国家的生产方式主要是农业种植，需要大量奴隶作为劳动力。其中的罗马则是个混合了海洋社会和陆地社会的国家，在社会层面上也集两种特征于一身。近代的英国与法国，分别较典型地代表了当时的海洋社会和陆地社会，而且英法两国都很集中鲜明地反映了欧洲近代的社会状况，成为欧洲近代文明的缩影。

（三）同样是人类生产和生活的体现

由于自然环境的不同，陆地社会以农业、畜牧业和手工业等（后期包含了工业等新兴产业）为主要生产手段，而海洋社会则以运输和贸易为主要生产手段。

人类的技术水平总是根据对生产或生活的需要而提高的，而生产又是其中的根本推动力，从人类社会旧石器时代的打制、磨制石器到制作工具的出现充分说明了这一点。船的出现及发展充分体现了人类技术水平的进步过程，特别是一些以海洋社会为主体的地区,由于船只不仅仅是人的交通工具,更是人的生产工具,因此海洋社会有更大动力促进制船技术的发展。而且航海过程,对人类的天文、地理、制造技术进步有着极大的推进作用,在某些方面是陆地社会不可替代的。古希腊的自然科学和自然哲学取得了伟大的成就,涌现了"科学之祖"泰勒斯、毕达哥拉斯、欧几里德、阿基米德、亚里士多德等一大批伟大的科学家,这不是偶然的,正是基于古希腊卓越的航海技术和发达的海洋社会,使希腊的学者能以更深更广的眼光探索世界,从而奠定了现代科学的基础。

作为传播文明的代表性用具,车和船分别代表着陆地社会和海洋社会的发展水平,车和船的发展史就能体现当时的制造技术和社会生产的状况。蒸汽机发明后,人类开始进入机器时代,船舶和军舰也很快运用了这一技术,将船舶动力由人力改为了蒸汽机,蒸汽机船最早出现于18世纪80年代,这比英国人史蒂芬孙发明的第一台蒸汽机车还早20多年。而现代核技术在运输工具上也适用于军用舰艇。

(四)同样以类似的社会关系相维系

社会的存在,必然是以各种社会关系相维系,才能保证社会的稳定,这种关系是人们在生产和生活的活动中形成的不依人们的意识为转移的必然联系,它是物质关系的反映。对社会关系还可以从其他一些角度进行分类:(1)从社会关系的主体和范围看,可以划分为个人之间的关系,群体、阶级、民族内部及相互之间的关系,国内和国际关系等;(2)从社会关系的不同领域看,可以划分为经济关系、政治关系、文化关系、伦理道德关系、宗教关系等等。[1]

我们可以看到,不管是陆地社会还是海洋社会,都同样存在着种种不同的社会关系。我们把作为人类最早的陆地社会和海洋社会的典型——古埃及和克里特岛进行比较,两个王国同在地中海范围,存在的时间也都在公元前3000年到公元前1000年左右,两地都出现了阶级的分化,国王都是最高统治者,也都产生了政府机构、法律、军队等社会行政手段,都是按照相类似的原则组织起来的。

---

[1] 百度百科名片——社会关系:http://baike.baidu.com/view/360388.htm,2011年10月23日访问。

同样的,两种社会也都以军事作为社会存在的基础。海洋社会国家失去海权就意味着政权的失败,如迦太基在与罗马的布匿战争中失败,结果是解散海军,迦太基从此沦为一个小国。陆地国家在陆军失败后也面临同样的结果,拿破仑在滑铁卢失败而被流放到圣赫勒拿岛。又如作为集中体现协调、规范社会关系和社会行为的法律,也产生了英美法系和大陆法系两个法律体系,英美法系又被称为海洋法系,并不是法律内容不同,而是法律实施的形式更适合海洋社会的使用。因此,我们可以确切地看到海洋社会与陆地社会在社会关系上的异曲同工之处。

二、同责之身——承担着相同的社会功能

本目通过对海洋社会各种功能的分析及与陆地社会进行简要地比较,旨在使人们对海洋社会于人类社会的基本作用能有全面一些的认识。

(一) 生产功能是社会的存在

社会的基础是在人类的生产力基础上产生的生产关系,生产是社会最基本的功能。陆地社会以农业、畜牧业、手工业以及近代发展起来的工业为主要生产方式,一切都来自于土地。而传统的海洋社会则是以贸易或军事作为生产方式,并且在海洋社会中军事的作用不仅仅是防御,还和生产紧密联系,成为了一种间接的生产手段。从陆地军事和海上军事作用上看,成吉思汗的蒙古帝国虽然横扫中亚、中东和东欧,但这种军事行动本身不具备可持续的生产效果,蒙古帝国的游牧生产方式也不可能在所占领的地区得到推广,这种军事行动的直接效果很快就消失了。但从米纳斯王国到近代欧洲列强的海军,除掠夺的作用外,更重要的是保护其本身的贸易功能,美国海军的发展史更证明了这点。由于美洲大陆并没有实力较强的国家对美国形成威胁,美国海军长期得不到重视,几经起伏,到1878年,全国海军只有48艘战舰能开火,当时,美国海军实力只列世界第12位,排在丹麦、中国和智利之后,技术水平远远落后于欧洲列强。但随后几年欧洲争斗严重影响了美国与欧洲的贸易航运安全,美国不得不开始重视海军的建设,1890年,美国国会终于放弃了大

陆政策和孤立主义,开始摆脱旧的海军战略思想,建立深海海军,美国终于向海洋跨出了坚定的步伐。经过短短的30年,美国就具有了世界最强大的海洋军事力量,这也是其在许多方面至今仍能称霸世界的重要基础之一。①

"从事商业的习性往往必然是依靠海洋强大起来的民族的显著特点。"②目前水路运输是世界上国际货物运输的最主要方式,据统计世界海上运输的货物总量在国际货物运输业中占2/3以上,是第一大运输方式。在现代海洋社会中,生产的形式已不限于原来意义上的商业了,运输(从贸易中单列成一个行业)、旅游、开采、养殖捕捞、能源开发等都成为了海洋社会的生产方式。

(二)规范功能是社会的导向

社会功能之一是以一整套行为规范来维持正常的社会秩序,调整人们之间的关系,规定和指导人们的思想、行为的方向。这种规范导向可以是有形的,如通过法律等强制手段或舆论等非强制手段进行;也可以是无形的,如通过习惯等潜移默化地进行。如法律、宗教、风俗、习惯和文化等,都是起到这种规范导向作用的。

在海洋社会与陆地社会中,这一系列的规范导向行为都同样地存在,虽然体现的形式不一样,但内容都同样存在。例如在鼓励对外扩张方面,中国春秋战国时期的秦国以军功论赏,而葡萄牙在中世纪末则是以经济手段鼓励人们对海外的探险和掠夺,国王也对预期有利益的海外探险予以资助,哥伦布就是在这种环境下进行环球航行探险的。

中国作为一个陆地社会国家,为求社会的稳定,历代以农业为本,因此在政治、法律、文化中,都鼓励以耕、读为重,商业、技艺为轻,特别是明朝中期以后到清朝,长期实行海禁,使中国这个具有丰富海洋资源的大国沦为一个封闭、自满而又落后于世界先进技术和生产水平的陆地国家。而西欧诸国则在私权为法理的基础上,从法

---

① [美]莫里斯:《美国海军史》,勒绮雯译,湖南人民出版社2010年版,第68页。
② [美]阿·塞·马汉:《海权论》,萧伟中、梅然译,陕西师范大学出版社2007年版,第62页。

律、行政、社会舆论等多方面,保护、鼓励海外贸易和海洋扩张,甚至在争夺海权的战争中以私掠船只的形式进行争斗。

(三)组织功能是社会的维系

一个社会的形成,就是将无数个人以各种形式组织起来,以发挥社会的各项功能。这种组织行为,可以以宗教组织、法律组织、行政组织、生产组织、军事组织等多种形式以及相应的措施并行实施,以形成一股合力,调整矛盾、冲突与对立,维持统一的局面。只要对比一下陆地社会和海洋社会,便可看到两种社会都同样具备这些形式及措施。

对比各个陆地社会和海洋社会,承载其组织功能的形式有相同之处,也有不同之处,如古代地中海国家具有陆地社会国家的极权社会和海洋社会的民主社会两种不同社会形式,但其在维护社会的经济、政治、军事、外交及社会稳定方面等功能上并没有不同,社会所必须的组织形式在两种社会中都同样的存在,陆地社会的军团与海洋社会的舰队都是为了防御或进攻,庄园与船队也都是为了生产。

组织功能对于海洋社会具有更重要的意义。由于海洋船舶更需要依靠群体才能掌控,因此,海洋社会具有的组织功能更加突出。作为海洋社会最基本的体现,贸易船队和军事舰队的行动是不可能由单独个人完成的,而必须由一定的群体按一定的分工操作才能完成,所以海洋社会的每一个基本组成部分都必须是一个组织。

(四)交流功能是社会的沟通

任何一种社会形态,以各种社会关系相维系,其生产、生活也都离不开协作关系,这就使位于社会之中的个人、家庭、团体、国家之间,都必然进行各种形式及各种内容的交流,因此,一个社会必然具备一种交流功能。社会创造了语言、文字、符号等人类交流的信息工具,使用车、船、马等作为交流的工具,通过人口、物资、文化、军事、外交等作为交流的内容从而保持和发展人们的相互关系。

海洋社会与陆地社会一样,通过人口、物资、文化、军事、外交等多种途径产生内部和外部的交流,而随着社会的发展,不论在陆地社会还是海洋社会,这种交流的范围越来越广,交流的内容也越来越深入。

例如古埃及文化和米纳斯文化这两种文化虽然在地域上非常接近,但两种文化却各自产生了不同的文化基础:不同的文字。这也证明海洋社会同样体现了人类的生产和生活内容,也体现了人类文明的进步。又如腓尼基字母文字更是希腊字母和拉丁字母的基础,并成为欧洲国家字母文字的始祖。中国在陆地上有丝绸之路——张骞通西域;海上也有丝绸之路——郑和下西洋。

作为海洋社会基础的商业贸易本身就是一种交流,因此,交流功能在海洋社会中占据着极重要的位置,一旦失去这种功能,海洋社会就可能失去其特性,从而失去其完整性和独立性。中国在唐宋时期海洋交流比较发达,近年来在广东沿海发现的"南海一号"和"南澳一号"宋船就是很好的证明。宋朝自建立到灭亡,300多年间始终面对着北方少数民族政权的威胁。辽、金、西夏、蒙古政权长期掌握着对西域的陆路交通,宋朝与外部交往主要依靠海路,加上宋朝重视海上漕运和海上贸易,造船与航海事业比以前有重大进步,并设市舶司专管海上贸易,中国的海洋社会迅速发展起来。但明清两朝多次海禁,并压抑商业,虽然明初有郑和下西洋的盛举,但这种航行已基本失去了完整的交流功能,因此,中国的海洋社会迅速萎缩。到清末,虽然广州仍有十三行从事海洋贸易,但实际在海上运输和贸易的都是西方商人,中国海洋社会的这种交流功能则大失。

三、同道以成——经历了同样的发展过程

本目对海洋社会的发展规律、发展过程及发展的因果关系等方面,通过与陆地社会的比较分析,揭示海洋社会的发展是人类社会发展的有机组成部分,也是按照人类社会发展的基本规律而发展的。

(一)都具有相同的社会发展动力

社会发展的根本动力是生产力的进步,随着生产力的进步,生产方式和社会意识也就随之发展,从而推动整个社会的发展。但社会是需要一定的稳定性的,因此,只有生产力出现革命性的进步时,社会结构才会发生重大改变。社会形态的发展是由其社会的生产关系发展所决定的,也就是由对生产资料和资本的占有形式决定的,在上古时代和中古时代(工业革命前),陆地社会和海洋社会分

别主要是以对土地和船只的占有形式体现出其生产关系的。进入工业社会后,生产资料和资本的形式逐渐多样化,但同样是按对生产资料和资本的占有形式来体现生产关系。无论是海洋社会或者是陆地社会的发展过程,同样是遵循这一发展规律。

古代地中海的海洋社会国家和陆地社会国家几乎是同时由部落发展成国家,但在形成国家时不约而同地分别采取了两种不同的国家体制,这是由两种社会不同的生产方式所决定的,以适合各自的社会特点和需要。欧洲在17世纪到18世纪以英法两国为代表进行了资产阶级革命,虽然英国属于传统上的海洋社会国家,法国属于传统上的陆地社会国家,但两个国家革命发生的基础都是商业和金融资产阶级的大量产生,两个国家的革命也同样为第一次工业革命打下了社会基础,两个国家也几乎同时进入了工业社会。

(二)经历了相同的经济发展过程

人类社会的经济生产水平以工具为代表,从石器时代进步到青铜时代、铁器时代、工业时代、后工业时代,社会的生产力随着生产工具的进步而进步,生产关系也随着生产方式的发展而发展,不管是海洋社会还是陆地社会,都是循此规律发展的。在第一次工业革命后,随着蒸汽机的出现,工业品的生产从手工工场过渡到以工厂为基础的大机器工业企业,工业品产量数十倍地增长。而同期船舶动力也从人工和风力过渡到机器,造船业取得了飞速发展,从载重量不到千吨迅速增加到超过万吨,海上运输也从过去的贸易体系中分列出来,发展成为一个独立的产业。

在后工业时代,服务业在经济体系中占了重要位置,各国都把旅游业当成重点开发的产业,在陆地旅游业得到深入开发的同时,海洋旅游(包括海岸、海岛、深海等)及相关产业也越来越受到青睐,在一些地区成为主要的经济来源,如夏威夷、马尔代夫等地。

(三)受制于相关的科学技术水平

社会的发展首先是生产力的发展,社会生产力的发展是由社会科学技术水平所决定的。不管是什么社会,对科学技术的需求都是同等的,进步的社会总是尽可能把最新的科技应用到实际中。从人类社会的发展史上可以清晰地看到,每次科学技术的突破性进步,对海洋社会和陆地社会都同样带来了巨大的发展机遇,当科学技术发展遇到阻碍时,不论是海洋社会还是陆地社会的发展也随之变缓。欧洲中世纪在宗教禁锢思想的环境下,科技的发展呈停滞状态,当时欧洲的海洋社会和陆地社会也同样发展得很缓慢。蒸汽机发明后,海洋和陆地就几乎是同时出现了汽船和火车,铁路和航线如同一张大网,迅速把地球形成了一个四通八达的网络,极大地促进了海洋社会和陆地社会的同步发展。

(四)体现了类似的文明发展程度

社会各方面的发展,促使社会的文明也得到相应的发展,这种发展是不分社会类型的,海洋社会文明和陆地社会文明构成了人类文明的两大体系,并互相促进发展。

几乎在同时,两个相隔遥远的海洋社会和陆地社会的代表国家——希腊与中国,在社会文明发展方面有着惊人的相似,分别出现了人类两部最早的文学作品:《荷马史诗》和《诗经》,出现了最早的历史著作:希罗多德的《历史》和左丘明的《春秋左氏传》,出现了雅典学院与百家争鸣两种光辉灿烂的东西方文化,并成为欧洲文化和中国文化的源头。战争作为人类文明的暴力体现,在海洋社会和陆地社会都发挥了类似的作用,第二次世界大战中盟军对德国的陆地战争和对日本的海上战争都对最后的胜利起了决定性的作用。

四、同胞情谊——折射出彼此的时代气息

作为人类社会的两种基本形态,海洋社会与陆地社会都从产生之日起就不是绝对的独立,而是相对地独立,相互之间存在着千丝万缕的联系,其相对独立使得相互之间也折射着对方的时代气息。本目试从两种社会彼此之间各方面的折射来分析它们之间的共通性。

(一)经济折射着彼此的发展

从经济上看,早期陆地社会是海洋社会的物资来源地,海洋社会是陆地社会的物资交流渠道,两者有机结合而成为经济的整体。中国宋代制瓷业的大发展,是以当时宋代海上贸易的繁荣为基础的,特别是当时福建的制瓷业,就主要是以出口为目的的,这在近年中国南海广东沿岸发现的"南海一号"和"南澳一号"宋代商船中得

到了证明,当时福建制瓷业的发达反映了海上贸易的兴旺,而海上贸易兴旺又折射了陆地的生产发展情况。据分析,南宋时期财政收入的 70% 来源于工商税收,仅绍兴末年(1162 年)的广州、泉州、明州等 3 个市舶司关税收入即达 200 万贯。[①] 海洋社会的经济发展也取决于陆地社会的发展程度,最早的海洋社会出现在地中海地区不是偶然的,而是因为当时周边的陆地社会发展在世界处于领先地位,海洋社会最基本的生产方式——商业才有了发展的可能性。

从城市化看,在具有商业化倾向的社会中,不管是陆地社会还是海洋社会,城市都在向海洋靠近,海港城市和工业城市的密切结合,成了近代社会经济的特点之一,如英国的利物浦与曼彻斯特、中国的上海、日本的阪神经济圈。从 20 世纪 60 年代开始,"亚洲四小龙"经济腾飞的成功基础就在于其出口导向型战略。而美国从 19 世纪末开始逐渐成为世界第一经济强国,与其同时成为世界第一海上军事强国是同步的,而日本在战后的经济奇迹也是基于原料和市场的国际化。

(二)政治折射着彼此的行为

在具有海洋条件的国家政治中,海洋社会与陆地社会的特点往往是交错存在的。例如中国南宋时期鼓励海上贸易,中国的海洋社会得到较大的发展,这种发展折射的社会背景却是由于中国北方游牧民族国家的强大,传统的陆上丝绸路被阻断,而海上贸易也能给南宋政府提供大量的财政收入。中国从明朝开始实行海禁,是中国传统观念的必然结果。中国历来重农轻商,特别是宋代理学成为此后历代政权的主导后,海洋社会的发展逐渐衰落,郑和下西洋虽然规模空前,但由于其目的只是宣扬明朝大国的天威,基本属于一种单向的沟通而双向交流功能不强,形式上的海洋活动实质只是陆地社会的简单翻版,对中国海洋社会的发展没有太大的影响。

在近代欧美历史中有一个现象,就是海盗船的政治化。在各国互相处于战争状态时,它们都鼓励甚至支持武装私掠船对敌方的军用民用船只进行攻击劫持,以阻断敌方的物资来源。这些私掠船虽

---

① 百度贴吧——中华城市吧:http://tieba.baidu.com/f? kz=1018403571,2011 年 3 月 6 日访问。

然不是政府的正式行为,但实质上却是陆地社会矛盾的折射。

法律作为政治的体现形式之一,集中地反映了这种社会的折射现象。在古代法律体系中,不管是海洋社会还是陆地社会,总是需要对人类的基本行为准则进行规范,法律总是融合了各种社会的实际情况在内。古罗马法律就开始有了对海洋权利及关系的表述,中国宋朝也有了中国历史上第一部贸易法——《广州市舶条法》,这是两个海洋社会与陆地社会在政治上折射的典型,现代的《海商法》和《对外贸易法律》则体现了陆地社会的商业关系。国际法律两大主要体系由于传播途径的不同而被称为"大陆法系"和"海洋法系"(即英美法系),虽然这两个体系并不是仅仅代表陆地社会或海洋社会,但其特点也折射了彼此的基本精神,两大体系在法律基础上并没有根本性的不同。实际上,大陆法的来源就是作为海洋社会法律来源的古希腊法,海洋法系尤其是在国际贸易和海商运输方面有着广泛的影响力,但其涉及的行为人又往往是陆地社会的成员。

(三)生活折射着彼此的环境

陆地社会和海洋社会都是人类的生活类型,只不过是体现了人类因地适宜而产生的特性,而在两种社会密切联系和交往的环境下,一种社会的生活各个方面,很自然会对另一种社会的生活内容产生折射。从最简单的食品而言,海洋社会的人固然离不开谷物食品,陆地社会的人也少不了海洋水产食品,而中国福建惠安女的生活习惯无疑来源于当地海洋社会的生产方式。海洋社会具有突出的交流功能,将两种社会的生活方式进行沟通,欧洲古代对中国瓷器的狂热,正是因为中国的大批瓷器、茶叶等物品通过海洋社会的交流功能到达欧洲大陆,使欧洲人的生活方式发生了很大改变。

在海洋社会中,人的居住更体现了聚集的特点,城市化是早期海洋社会的一种特征,城市化集中体现了海洋社会与陆地社会生活的相互折射,以致也很难细分这种生活方式和内容原来的出处了,如建筑、风俗等,而陆地社会的城市在有条件的地区也都与海洋社会逐渐接近。

(四)文明折射着彼此的文化

海洋社会与陆地社会虽然形式不同,但由于两种社会天然的内在联系和外在的交流功能,在社会文化方面也必然互相体现、互相折射。

地中海沿岸产生了最早的海洋社会,腓尼基文字作为最早的字母文字,通过古希腊字母直接影响了欧洲字母文字的产生,可以说,在欧洲字母文字中就折射了古腓尼基、古希腊的海洋社会文化。中国唐朝时期,日本遣唐使把中国文化通过海洋传送到日本,使日本作为一个岛国的海洋文化完全折射了中国唐代的陆地文化乃至影响至今。

译著是一种文化交流方式,也是一种社会文化的反映,但这种交流只有在海洋社会与陆地社会实现跨地区的交流后,才会成为社会文化一个重要部分。清朝末年,以林纾为代表的翻译家翻译了大量的欧美近现代的文学作品及论著,向中国民众展示了丰富的西方文化,开拓了人们的视野,也对后来的社会变革产生了文化思想上的重大影响。

第二节 海洋社会与陆地社会的唇齿相依

海洋社会与陆地社会休戚相关,它们之间存在着全面的各种关联。本节从两种社会及其内在的经济、政治、文化等方面分析它们之间的互补、延伸、依靠和协调关系,从而对海洋社会的外在关联有更进一步的了解。

一、取长补短:社会之间的互补

海洋社会与陆地社会有着各自的特点,两种社会在各方面有着互补的关系,本目先对这种互补的基础、内容、形式和范围进行分析,从而对这种互补有全面而深入一些的认知。

(一)互补是社会发展的必然规律

海洋社会与陆地社会各有所长、各有所短,因此必然会产生两种社会之间的以长补短现象。这既是社会之间的外在关联所产生的自然反应,更是社会存在和发展中的内在需要。一般来说,海洋社会比陆地社会更容易接受和探索新的东西,而陆地社会比海洋社会稳定,物质生产的能力更强。

社会的发展也是以互补为基础的。两种社会在发展的过程中，各自的社会体系需要各种交流作为补充，一种社会体系内的经济、政治、文化等在没有外来补充时将会呈现单线发展的的模式，在得到外来补充时将会多维式发展，只有在不同社会形态下，才更能体现其互补性。例如陆地社会之间的互补，如果传递的距离较远，会有不足之处：一是传递的时间长，二是传递的层次多，三是传递的能量小，因而造成这种互补性的衰减。但如果通过海洋社会进行传递的互补，则时间短，传递直接，能量大。如丝绸之路从汉代开辟上千年，但不管是物质还是文化方面，真正能从中国传递到欧洲（或从欧洲传递到中国的）却是极少的，而中欧之间物质和文化的直接交流还必须在中欧有了直接的海上贸易来往后才得以实现，可见海洋社会与陆地社会的互补是社会的必然规律。

(二) 互补内容包含社会各个方面

海洋社会与陆地社会互补的内容是包含了社会各个方面的，其中主要表现在经济、政治、军事、文化几个方面，但在实际互补中会因为社会的需求不同而有所侧重。

经济的互补性可以说是最重要的互补内容，不论哪个社会，从根本上说都是为了生产而存在的，而市场、原料是生产的两个基本前提，即使是古代中国这样资源丰富而市场庞大的小农经济社会，到了清朝闭关锁国的环境下，其丝绸、茶叶、瓷器也把海外作为重要的市场条件。近代欧洲第一次工业革命，也要靠当时欧洲国家巨大的海上运输能力，从殖民地运来原料，再将产品倾销到世界各地，才取得成功的。在当代，全世界70％的国际贸易要通过海运来完成。

在军事和政治上，没有海权的陆地军事强国或没有陆权的海上军事强国都是不能长久的。即使如拿破仑这样的雄才，在欧洲大陆纵横驰骋，但法兰西帝国的海军却被纳尔逊率领的英国海军击败，使法国失去了海外的原料和市场，不得不铤而走险进攻俄罗斯，从而失败。同样，虽然英国海军当时称霸世界，但在欧洲大陆却始终无法维持优势。

在文化上，《荷马史诗》和古希腊为代表的海洋文化以及埃及、犹太为代表的陆地文化构成了古代地中海文化圈，对世界文明史产生了巨大的影响。

(三)海陆互补形式的多样化发展

历史上海洋社会对陆地社会的补充主要是以贸易和运输这种形式来完成的,而随着现代海洋的生产方式的多种化,海洋社会与陆地社会的互补逐渐扩大到以物资、运输、贸易、战争、外交、科技、生产、法律等多种形式实施,比如铁矿与钢铁制品是作为物资形式完成两种社会之间的互补,《海商法》与《商业法》则是法律形式的互补,而未来海洋资源对陆地社会的互补作用更是不可估量,互补的形式也将更多样化。

活动在海上的庞大舰船群不光需要海员,还需要大批从事不同的手工作业的人员,来辅助船用器材的制造和修理,或其他多少与海洋或与各种舰船相关的行业,这就需要陆地社会有相关的配套技术、人员、设备及其他条件,也就是以一种产业补充的形式进行。

现代中国自 1949 年以来,一直保持陆地社会在国际外交上的强势,但由于海上力量的薄弱,中国的海洋权益受到破坏,外国军舰可以公然进入中国领海。而近年来中国的海洋经济及海洋军力的飞速发展,使中国的海洋外交逐渐形成较大影响,也维护了中国的整体国际利益。

(四)海洋社会互补突破地域限制

由于地球表面有 70% 以上是水域,社会之间就只有通过海洋社会才能实现不受地域限制的互补,陆地社会之间虽然也有多方面的互补,但受地域距离和运输能力的影响,这种互补在各方面都无法与海洋社会之间的互补能量相比。即使到了现代,通过海洋社会实现的社会之间互补的单位成本也是最低的,能量也是最大的。

人类社会的发展自近代以来呈加速状态,重要条件之一就是随着近代以来海洋社会的发展,海洋社会与陆地社会的这种大规模跨地域的互补作用越来越明显,2008 年世界海运贸易总量达到 82 亿吨,占世界贸易总量的 70%。[1] 再看中国内地地区,以往长期发展之所以较慢,很关键的一点就是缺乏海洋社会的补充支持,使物资、人

---

[1] 联合国贸易和发展会议(UNCTAD)年度调研报告:《大公报》,2009 年 12 月 10 日。

员、技术的交流受到限制,原材料和产品的物流成本相对较高。

不仅是物资方面,其他方面也是如此。澳大利亚原来只是罪囚殖民地,随着经济的开发,需要大量的劳动人口,欧洲白人大量移民,1829年白种澳洲居民达40万人,1860年已达100万人,20世纪初达400万人。到20世纪末,澳洲人口达到1800万人,其中白种人比重占95%。① 美洲也基本是这种情况,非原居民在人口中占了绝大部分。

二、枝叶交错:社会之间的延伸

海洋社会和陆地社会从一开始就是交错存在的,很难把海洋社会与陆地社会之间清晰地划分开,社会之间总是在时间和空间上进行互相延伸,使自身的各项功能不仅在社会内部,而且在社会之间也发挥着效能。本目对这种社会之间的互相延伸进行研究分析,以了解延伸关系对社会整体的意义。

(一)延伸扩大了彼此的社会交流

社会具有的交流功能,如只在陆地社会内或海洋社会内进行交流,则地域和内容受到限制,而互相结合进行交流,则可打破这种限制,扩大彼此的交流功能。海洋社会由于可以更加直接发挥这种交流作用,往往起到了比陆地社会更加明显的效果。近代西方文明就是随着欧洲各国的军舰和船只传播到世界各地,而中国文化又通过同样的途径交流到了欧洲,由于这种交流方式相对通过陆地社会交流而言更加直接,我们可以看到,在近代欧洲文化运动中,中国文化产生了重要影响,特别是启蒙运动中莱布尼茨、伏尔泰、狄德罗等人通过对中国文化较深入的研究,大大推动了这一运动的蓬勃发展。

欧洲近代海洋社会大发展的成果,延伸传达到了欧洲内陆国家,从而促使德国、俄罗斯等传统陆地社会国家进行社会变革并开始走向海洋社会。英国第一次工业革命,正是通过这种海洋社会和陆地社会的多层次互相交流而得到传递,带动了当时以西欧和美国为主的国家生产力的革命性变化。

---

① [美]汉斯·昆:《世界宗教寻踪》,杨煦生、李雪涛等译,上海三联书店2007年版,第24—25页。

(二)延伸增强了彼此的社会影响

一个社会总是以各种形式对外产生影响,这种影响并不限于正面,也可能是某种负面的。这种影响既可以通过陆地传播,也可以通过海洋传播,但陆地因为自然和社会的障碍比较多,要经过多站式传递,不容易持久。13世纪的蒙古帝国横扫中亚、中东、东欧,建立了人类有史以来最大的帝国,但成吉思汗死后,蒙古帝国很快就分崩离析,各个分裂的鞑靼王国也在不长的时间中被当地文化所同化,在现在中亚某些国家中,虽然当地人相貌还有着蒙古人的特征,但已基本找不到蒙古文化的遗留了。中国作为太平洋西岸最具有影响力的国家,其古代文化正是通过海洋影响了东亚和东南亚两千年。

巴拿马运河和苏伊士运河对整个人类社会的影响都是巨大的。运河把大西洋、太平洋、印度洋连接起来,不仅仅是海洋社会的延伸,更将世界的距离接近,使海上交通更便利,从而带动了陆地社会的发展。

非洲的文化如果仅仅停留在非洲本地,那也只是一种地域文化,但非洲文化通过黑奴来到美洲后,成为了美国文化的一部分,特别是黑人音乐不仅对美国文化产生了巨大影响,还通过美国文化对世界的渗入,对世界文化产生了远远超出地域文化的影响。

(三)延伸促进了彼此社会多样化

海洋社会与陆地社会的存在不论是地域上还是社会上总是互相交合的,不可能在社会之间划定明确的界线,这种相互交合使两个社会必然有着各方面的延伸现象存在。这种社会的交合延伸使海洋社会与陆地社会不论是社会的结构、功能、发生、发展,还是社会群体、人口变动、生活方式、婚姻家庭、信仰宗教,都相互交汇渗透,从而促进了社会内容的多样化。

在全世界各地,在海洋社会和陆地社会交汇的地区,即使是同一国家、同一民族,也都各有特点,这种特点就是社会多样化的体现。就以中国广东省而言,粤东、粤西及珠三角虽然相邻,但在各方面都有很大的不同,也就是这种社会延伸所造成的。以潮汕地区为例,该地区是一个比较典型的海洋社会与陆地社会交汇的状况,一方面受到客家文化和闽文化的影响,一方面是本地传统的海洋经济,形成了独特的潮汕文化。从明代开始,潮汕文化便受到海外文化的一些影响,以后这种海外文化的渗透越来越多,其文化内涵也蕴涵潮汕人的移民情结,近代商贸业的发展也促进了潮商文化的形成。①

(四)延伸传播了彼此的社会价值

在社会的交互延伸内容中,还有很重要的一点就是社会价值的传播,这包括了文化、宗教等意识形态的内容。社会的延伸在以军事、经济、政治等形式进行的同时,往往也同时伴随着以社会文化来传播自身的社会价值,海洋社会在这种传播中起了重要作用。

现在世界三大宗教中,影响最广的无疑是基督教,而基督教从产生之日起就与海洋结下了不解之缘。正是通过海洋,基督教才随着罗马帝国的军队从中东传播到了欧洲,又是随着欧洲殖民主义向全世界的扩张而传播到全世界,现在除了中东阿拉伯地区外,世界各地都有基督教的存在,这也很大程度上改变了世界的文化发展进程。

二次世界大战后,日本战败投降,美国占领了日本,美国不仅从政治、军事上占领,更大量向日本社会倾注了美国的社会价值观,经过几十年的熏陶,日本国民的文化价值观基础开始由原来受中国一千多年影响的儒家文化价值观逐步转向美国的文化。

三、辅牙相倚:社会之间的依托

陆地社会和海洋社会不仅在地理位置上是相依的,在社会的各种关系上也是互相依托的。本目分析了两个社会的这种依托关系,辩证地理解这种依托的形式和作用。

(一)相互依托是社会稳定的需要

由于海洋社会与陆地社会都不是独立存在的,不管是政治、经济、文化的各方面,也不论是国家内部或者说是区域性的,相互间都必然会有依托关系存在,这种依托关系必须达到相对平衡(不是平均),这个社会才能相对稳定。一旦失去这种依托而产生失衡,必然对社会的整体平衡产生不利影响。

---

① 郑松辉:《近代潮汕海洋文化特征的形成与发展》,《广东技术师范学院学报》2006年第5期。

希腊与波斯的战争中,由于波斯在公元前 480 年的萨拉米海战中失败,其占绝对优势的陆地军队不得不撤退。由于 1588 年西班牙无敌舰队覆灭,使西班牙从此失去了在世界争霸的能力。日本近代就是依靠甲午海战和对马海战的胜利一跃而成为世界强国之一。而葡萄牙、西班牙、荷兰虽然曾经先后在海上称霸世界,建立了众多的海外殖民地,从殖民地掠夺到了大量财富,但其由于自身主客观原因,并没有建立与其海权相匹配的陆地经济体系,农业生产一直停滞不前,制造业也没有能够发展起来,因此无法长期维持庞大的军事力量,财政却经常处于入不敷出的状态,从 1575 年到 1647 年,西班牙皇室 6 次宣布破产。[①]

(二)相互依托形成了社会的本质

在现实的社会中,在具备条件的地区可以看到海洋社会与陆地社会并不是独立存在的,即使是某种社会形态在这一地区中占有主要位置,但显示出来的社会整体本质却不仅仅是这种社会的简单体现,总是以海洋社会与陆地社会相互交汇、相互依托的形式而存在。这种两种社会相互依托形成的社会整体,才能全面而真实地反映社会的本质。

以近代的日本社会来分析,日本在 1868 年的明治维新后走上改革之路,迅速富强起来。当时日本的工业生产和资产阶级都较发达,军事力量已达到世界强国水平,海外贸易也发展得非常快。到 20 世纪初,日本沿海工业地区已呈现鲜明的资本主义社会的特点,但从全日本社会的整体来看,社会的封建色彩仍非常浓厚,因此当时日本社会的本质仍是封建资本主义,直到第二次世界大战结束后,日本才真正成为一个现代资本主义社会。

(三)相互依托支持了社会的发展

社会发展的根本动力是生产力的发展。海洋社会传统的基本生产方式是贸易,而贸易的物品不管是生产资料还是生活资料都是陆地社会的产物,交易对象也大多数是陆地社会之间的。若没有海

---

① [美]道格拉斯·诺斯、罗伯斯·托马斯:《西方世界的兴起》,厉以平、蔡磊译,华夏出版社 2009 年版,第 185 页。

洋社会这种直接、快速、大能量的运输方式作为依托,陆地社会的经济发展在原料来源、生产能力和市场容量等方面就必然受到很大限制,随着社会经济的发展,两个社会的相互依托的关系越来越重要。

以船只为例,船只运来铁矿和煤,冶炼成钢铁,再制造成船只,陆地社会和海洋社会的经济依托关系就表现得非常突出了。

日本战后的发展就是一个非常典型的相互依托而发展例子,日本本地资源稀少,市场有限,但战后日本社会充分发挥了陆地社会与海洋社会的相互依托的优势,一方面大力发展造船业和航运业,从国外获得大量的原料和能源,是世界上最早使用大型专用船(运输铁矿石、煤炭、石油等)运输物资的国家,1962年到1968年短短的6年中,日本建造的专用船的单船载重量就增加了150%,使日本资源进口的运费同期下降了50%。[①] 另一方面大力发展重工业和制造业,使日本的产品迅速打开国际市场,成为世界经济强国之一。

(四)相互依托是社会生活的形式

海洋社会与陆地社会作为人类生活的形式,同样相互提供了人的谋生手段和生活来源,也为相互的生活方式提供了来源。

海洋社会的生产用品和生活必需品大部分是来自陆地社会的,海洋社会的主要功能——运输的物资也大部分来自陆地社会,这就为海洋社会提供了生活来源。现代远洋捕捞业和海水养殖业的日趋兴旺也正是依托陆地社会的需要所致。随着陆地生活资源生产能力的逐渐饱和,人类从海洋中获取生活资源成了重要的途径。

同样,海洋社会也向陆地社会的生活提供了大量海洋生活资源。这些曾经不被人们重视的海产品,如今已经给渔民的生活带来翻天覆地的变化。现代社会中,大量内陆人口因为各种原因涌向沿海地区,海洋社会也就为陆地社会的生活提供了大量生活来源。仅2007年,中国广东省的外省农民工汇带回家乡的劳务收入就达1300多亿元。[②]

---

① [日]高桥龟吉:《战后日本经济跃进的根本原因》,施复亮、周白棣译,辽宁人民出版社1984年版,第37页。

② 王鹏、陈明、李传智、王广永、罗翠琼:《来粤农民工去年捎1300亿回家》,《广州日报》2008年01月24日A3版。

四、琴瑟和弦:社会之间的协调

社会之间的协调是社会发展的必然规律,有效协调可以使两种社会的各种相关因素相互补充、相互配合、相互促进。本目分析阐述了这种协调的各方面,以了解协调对海洋社会和陆地社会关联的重要性。

(一)相互协调是社会平衡的基础

海洋社会与陆地社会都是社会整体的一部分,不管从生产还是生活方面,两种社会之间都必然要进行协调,以达到社会平衡,这也是社会能持续存在的基础,当相互间出现不协调时,则必然出现社会整体的变动。

奥斯曼帝国是一个环绕地中海的国家,兼有海洋社会和陆地社会,还涉及到不同种族、不同宗教,政治关系的协调就显得十分重要。奥斯曼帝国的司法行政是平衡中央及地方权力的重要一环。其错综复杂的管辖权是为了融和不同族群的文化和宗教,共设三个法院系统,穆斯林及非穆斯林各占一个,另一个是贸易法庭。这些法院的分类范畴,并非全是专门的,例如在帝国主要的法庭穆斯林法庭,可处理不同宗教背景诉讼各方的贸易纠纷。即使可透过地区统治者发挥影响力,奥斯曼帝国还是倾向于不干预非穆斯林宗教的法律制度。[1] 正是这种相互协调的体系,使奥斯曼帝国这么一个跨地区的多民族、多宗教的国家存在了 600 年之久。

(二)相互协调使社会功能正常化

海洋社会与陆地社会都有着各自的功能,两种社会各自的功能在相互间必须达到协调,才能使各自的社会功能得到正常发挥,不会因为各自社会特点而使功能发挥产生矛盾。

如海上运输与陆地运输的协调是非常重要的,如未能协调好,就会出现压船或压港的情况,这不仅给运输人及贸易人造成损失,还将使物资的使用者受到物资供应不及的损失。

---

[1] 百度百科——奥斯曼帝国:http://baike.baidu.com/view/39712.htm,2011 年 11 月 17 日访问。

社会行为是由社会组织来实施的,随着海洋社会的发展,在大陆社会的各组织体系中,必然要进行相应的协调、改变。"市舶司"这一政府机构的兴衰就代表了古代中国对海洋社会与陆地社会协调关系的过程。现代在政府的行政机构中也相应设立了海事法院、海洋局、海事局、海关等行政机构,而对于海洋社会,也必须在陆地社会组织结构的基础上设立相关组织进行管理,如地方行政机构、各类经济组织、经济形式等。

中国在20世纪90年代前是没有《海商法》的,部分相关内容分散在其他法律中。随着中国对外贸易经济的发展,海洋社会的规范功能急需完善,1993年,中国颁布了历史上第一部《海商法》。

(三)相互协调是社会发展的助力

不论是在海洋社会还是陆地社会,要得到发展,社会之间就要进行协调,这种协调不仅是这种社会本身的发展条件之一,也是对方社会的发展条件,当两种社会出现不协调的时候,社会的发展就会受到阻碍而影响发展速度,如海运与陆运就是这种需要协调的关联之一。海港的建立,不仅要有合适的港湾条件,更重要的是要与陆地整体环境相协调,在陆地经济环境、自然环境、交通条件等方面与之匹配,才能互相促进。如中国深圳市在改革开放前只是一个渔村,而随着深圳的建设深圳港也就具有了与陆地社会协调发展的条件,迅速发展成中国最大的港口之一。而中国也有一些具有较好条件的港口,但相应的陆地社会未能协调发展,使港口的优势多年都未能很好地发挥,影响了当地社会整体的发展。

中国香港作为一个小型的海洋社会,过去以贸易和金融为主,但在战后为适应国际经济环境和中国大陆的情况,大力发展服装、塑胶、玩具、电子、钟表等轻工业。而近20年来,根据中国大陆的制造业对香港制造业产生的压力,香港又把金融、服务、旅游等作为发展重点,以延续其较好的发展前景。

(四)相互协调形成社会整体能量

协调是增强组织凝聚力的有效途径,只有两种社会的各种关系协调了,才能构成社会整体,社会之间相互支持,社会整体的能量才能发挥出来。

19世纪下半叶,中国和日本都是由原来的封闭社会被西方的军舰打开了国门,但结果却完全不同。日本通过1868年的明治维新,在短短30年中从一个落后的封建国家变为独立的资本主义国家,成为世界大国之一。而清政府先后搞了洋务运动和戊戌变法,虽然中国海军当时实力也曾列世界前五位,但腐朽的清王朝为了保有既得利益,只提倡经济和军事等方面的改革,而极力避免触及政治改革,主张"中学为体、西学为用",在逐步经历了一系列入侵打击后,才缓慢地吸收一些先进的西方文化。因此中国的变法不但没有成功,反而随着八国联军侵华战争,彻底沦为了任人宰割的半封建半殖民地社会。

第三节 海洋社会与陆地社会的互荣互进

随着社会、经济、政治的发展,特别是科学技术的飞跃进步,使海洋社会开始进入了一个全新的发展时代,海洋社会也具有了更多的重要性、独立性、多样性和普遍性,海洋社会与陆地社会的作用和反作用更加明显。本节从发展的角度对两种社会的相互作用进行论述,对社会之间的互相促进作进一步的认识。

一、阋墙御侮:海洋社会与陆地社会的相互影响

社会相互之间的作用首先表现在彼此的影响。社会之间具有的各种关联在出现变动时,就必然影响社会整体的各个方面,从而可能改变社会发展的方向。本目将对这种相互影响的表现形式和结果进行探讨。

(一)相互影响社会发展方向

不管是陆地社会还是海洋社会的行为,都有可能改变社会之间原来的平衡和稳定,从而深刻地影响甚至改变对方社会的发展方向。

从16世纪到19世纪中叶,世界政治的格局基本是谁控制了海洋谁就成为了世界霸主。中国从明朝开始政治上实行禁海政策,使中国海洋社会逐渐衰落,这影响的不仅仅是海洋社会,也造成中国陆地社会的发展受到极大影响,中国也逐渐落后于西方社会,从而在鸦片战争中失败而沦为半殖民地半封建社会。

1905年的日俄战争中,由于俄国在对马海战中的惨败,不仅丧失了在远东的政治地位和利益,也使海军自此一蹶不振。对日本而言,朝鲜和中国东北南部成了日本的势力范围。此一战争最重要的意义,是日本海军在世界上的地位仅次于英美,成为第三强海军国家,也奠定日后日本海军造舰发展以至于向太平洋扩张的雄心,这场海上之争对此后的东亚政治格局产生了重大影响。

(二)相互影响社会内部结构

社会内部结构既是由其本身的条件所决定,也受到外部环境的重大影响,任何一种社会的状态都必然影响与之相关联的另一种社会的内部结构,当外部环境出现变化时,必然对社会的内部结构产生影响,从而使之进行相应调整。

奥斯曼帝国直至17世纪都掌控着东西方贸易之咽喉,从而累积了大量财富。但西班牙、葡萄牙两国因与之交恶,无法依照马可·波罗的路线前往东方,故另拓海路,从而掀起了大航海时代之序幕。此后经过百余年,因为海路贸易兴盛,丝绸之路渐渐衰亡,奥斯曼帝国的经济亦开始衰退,无法维持海上力量,从而逐渐衰落分裂。

近代史上的经济掠夺和经济入侵往往都是由海洋上打开门户的,中国晚清时期帝国主义列强用军舰打开了中国的大门,中国的海洋社会得到迅速发展,社会经济结构也被改变,商业逐渐成为社会主要经济形式之一,可以分析下表:[1]

晚清财政收入结构比较表

年代	田赋 岁入(两)	比重(%)	盐课 岁入(两)	比重(%)	厘金 岁入(两)	比重(%)	关税 岁入(两)	比重(%)
1842	29575722	76	4981845	13	/	/	4130455	11
1885	32356768	48	7394228	11	12811708	19	14472766	22

---

[1] 申学锋:《清代财政收入规模与结构变化述论》,《北京社会科学》2002年第1期。

续表

年代	田赋 岁入(两)	比重(%)	盐课 岁入(两)	比重(%)	厘金 岁入(两)	比重(%)	关税 岁入(两)	比重(%)
1888	33243347	42	7507128	10	13600733	18	23167892	30
1894	32669086	43	6737469	9	13286816	18	22523605	30
1903	37187788	38	13050000	13	16252692	17	30530699	32
1911	48101346	27	46312355	26	43187097	24	43139287	23

从上表可以看到，在晚清开关后的60年中，厘金(相当于内贸税)和关税就增长了20倍，占财政收入的比例也从5%增长到将近48%，其中关税增长了9.44倍，在70年中，商业性财政收入从原来微不足道上升到与生产性财政收入相当的地位。

(三)相互影响社会外部环境

社会的存在、发展、变化不仅取决于社会内部，也受到外部环境的深刻影响，这种外部影响有时可能起到决定性的作用。海洋社会与陆地社会作为相互交汇存在的社会，在各个方面都是相互影响、互为因果，社会的变化、任何一个方面的变动、军事胜败等，都可能影响整个社会的发展趋势和结果。对这种相互影响进行分析和研究，有助于对社会的存在、发展及变化的本质认识。

奥斯曼帝国位处东西文明交汇处，并掌握东西文明之陆上交流达6个世纪之久，因为其掌控东西贸易之咽喉，从而累积了大量财富。但由于欧洲各国开辟了海上新航线，从而开创了大航海时代，海路贸易兴盛。此后丝绸之路渐渐衰亡，奥斯曼帝国的经济亦开始衰退，从而无法支撑起庞大帝国所需的军事力量，逐渐失去了争霸能力。

前苏联海军曾是当时世界上规模第二大的海军。苏联解体后，虽然俄罗斯海军接收了原来的苏联海军大部分舰船、武器装备和兵员，但由于俄罗斯经济持续低迷，俄罗斯海军的战斗力受到严重削弱，基本上没有新的舰艇服役，大批造舰项目因经费原因下马，至今只能勉强保留一艘航空母舰。

(四)相互影响科学技术发展

科学技术的发展需要有一定的社会条件为基础。任何一个社会的发展状况都可能对科学技术的发展产生决定性影响。这种条件主要有两个方面:一是科学技术的发展条件,主要是社会基础、科技基础;二是科学技术的应用条件。这两方面的条件由海洋社会和陆地社会共同具备才能成为现实。不管是什么社会,对科学技术的需求都是同等的,进步的社会总是能促进科技的发展,并把最新的科技应用到实际中。

世界科学技术大发展的古希腊时期和近代欧洲都具有一个特点,就是海洋社会与陆地社会的平衡发展给科学技术的发展创造了良好条件。从15世纪末到16世纪初,欧洲的海运和航海技术得到了巨大提高,正是航海探险启示了人们对世界的认识,才出现了哥白尼的日心说,打开了欧洲近代科学飞速发展的大门,开创了整个自然界科学向前迈进的新时代。从哥白尼时代起,脱离教会束缚的自然科学和哲学开始获得飞跃的发展。

中国古代的科学技术水平曾经处于世界领先地位(主要是应用型科学技术),四大发明对世界文明的发展起了极重要的作用。但这四大发明都是宋朝以前产生的,此后,中国的科学技术水平就逐渐落后于世界先进水平了,一个很重要的原因就是中国明清两朝的闭关锁国政策,失去了海洋社会的交流与市场的条件,中国的科学技术发展也就失去了动力。当代中国在改革开放以来,陆地社会与海洋社会都得到了飞速发展,中国的科学技术水平也逐渐赶上了世界先进水平。

二、相得益彰:海洋社会与陆地社会的相互促进

社会之间的各种作用必然产生反作用,表现在社会发展上就是相互制约或相互促进,而社会进步的必然性决定了相互促进是其中的主旋律。本目展示了海洋社会与陆地社会各方面的相互促进作用,以发展的角度来为两个社会在现代的关系进行重新定位。

(一)社会之间存在着互制与互促

由于海洋社会与陆地社会有着必然的联系和影响,那对彼此自

然就会产生作用和反作用,从而相互制约或促进社会整体的发展,这一点,从历史的历程可以很清晰地展示出来,而且随着社会的发展,全球化的交流和影响越来越深入,这种两个社会的制约与促进作用也更加突出。

中国的社会发展自古以来就处于世界领先地位,但如果分析一下近千年来的情况,根据现代对历史资料的估算,宋朝的经济总量占世界75%,明朝占45%,清朝占25%。① 这得归功于满清以前中国雄厚的基础,巨大的惯性作用使中国延续到康乾之时仍保持了经济总量的世界第一,但比例也开始严重下降。这是因为明清两朝逐渐失去了海洋社会对陆地社会的促进作用,科学技术水平停滞不前,发展速度远远落后于欧美国家。

美国自独立以后100年中,都对海军的建设不甚重视,直到19世纪末,由于美国经济的发展急需开拓海外市场,以及受到海军上校阿尔弗雷德·塞耶·马汉《海权论》等著作的影响,美国才急忙大力建设一支强大的海军,这不仅为美国的国际化经济体系建立了可靠的保障,也促进了美国海洋社会其他产业的大发展,美国经济如虎添翼,在短短的30年时间中就成为世界头号大国。

(二)相互促进都是以科技为基础

社会进步是以生产力的进步为标志的,而生产力的进步又取决于科学技术的进步水平,因此,社会的相互促进也必然是以科技的促进为基础的。而且科技是需要发现和验证作为基础的,在这点上,海洋社会在地域上的广阔性为科技的发展起到了重要促进作用。

在19世纪中叶,随着航海条件的改善,古生物学、地质学、胚胎学、比较解剖学、细胞学等学科所提供的丰富资料为科技进化论的产生准备了条件。1831年达尔文以自然科学家的身份参加了"贝格尔"号军舰的环球旅行。在历时5年之久的航行考察实践中,使他获得了地质、古生物、植物、动物等多方面极为丰富的实际知识,为他以后从事生物进化理论的总结,提供了直接的感性知识源泉。

---

① 《宋朝的经济》,百度文库,http://wenku.baidu.com/view/bba1b241be1e650e52ea99a0.html,2011年2月27日访问。

C·R·达尔文在 1859 年出版的《物种起源》标志着进化论的诞生，奠定了人类对生物进化认识的基础，使生物学发生了一个革命变革，是 19 世纪自然科学的三大发现之一。

在近代中国，虽然清末引进了国外科学技术，产生了洋务运动和近代资产阶级，但是并没有从根本上改变中国的社会基础。1915 年的新文化运动提出"民主"与"科学"的口号，"科学"主要是指近代自然科学法则和科学精神，反对封建迷信和愚昧。新文化运动中"民主"和"科学"两面旗帜的树立，使中国许多方面都发生了翻天覆地的变化，还造成了新思想、新理论广泛传播的大好机遇。

(三)相互促进都是以经济为动力

社会的发展是以经济发展为基础的，海洋社会与陆地社会的相互促进也必然以经济促进为根本动力。经济的发展离不开物资互补的交流，没有这种物资交流，经济发展就没有原料、能源和市场，就只能停留在较低的水平。由于海运的能量优势，在现代社会中，物资的交流运输大部分是由海运完成的，海运对陆地社会经济发展的促进有着极其重要且无法取代的重要作用，法国 AXS-Alphaliner 海运调研机构 2008 年 6 月的统计数据显示：此时全球海运贸易占全球贸易运输总量的 90%。全世界共有 5 万艘商船，海运贸易总量为 60 亿吨。[①]

海运还带动了其他方面的发展：一是港口运输，二是沿海城市的发展，三是配套的陆路交通、工农业生产、商业贸易、财政金融、旅游服务和国际交流等多方面的协调发展。

同时，陆地社会经济的发展也促使海洋社会更快速、更多元地发展。中国随着改革开放以来经济稳定、持续而高速的发展，已成为驱动全球海运需求增长的主要动力来源，特别是在干散货运输、油轮运输和集装箱班轮运输三大市场上。在过去 10 年来，中国在现货市场进口原油增加了 5 倍；期内承运的超大型油轮(VLCC)数量亦由 2000 年的 11 艘，上升至 2009 年的 55 艘，增长 4 倍；2003 年中国港口集装箱吞吐量完成了 4867 万标箱，到 2009 年这个数字达

---

① 法国 AXS-Alphaliner 海运调研机械统计数据：法国《费加罗报》2008 年 7 月 2 日。

到了12100万标箱。①

(四)相互促进都是以政治为纽带

政治对社会的发展起着一种政治保障作用,提供了必要的政治条件和政治环境。因此,陆地社会与海洋社会之间的相互促进也必然以政治上的促进为纽带,这体现在两方面:一是政治地位,一是政治发展。

中国自古以来就是世界大国之一,国际地位很高,但1840年开始,随着鸦片战争、甲午战争等海上入侵,中国的国际地位一落千丈,丧权失地,不仅谈不上国际影响,就连曾经得到的尊重也所剩无几。随着近30年中国开放政策的实施,中国的国力增强,对外各方面的交流频繁,融入国际社会更多,国际影响也逐渐增强。随着中国海洋社会能力的增强(如中国即将下水的第一艘航空母舰),中国对国际海洋的影响也日益增强。

三、同舟共济:海洋社会与陆地社会的共存历程

从人类社会出现到当代,海洋社会与陆地社会就是共存的,随着社会的发展,两种社会的关联也经历了由地区性、阶段性向世界性和持续性发展的历程。

(一)共存的初盛时期

从人类社会存在起,海洋社会与陆地社会的关联就开始存在了,直到罗马帝国的分裂,出现了地区性的初盛,这种关联不仅是当时海洋社会和陆地社会共同兴旺发展的基础,更对后世人类文明的发展起到了重要作用。

在初期阶段,世界各地区的发展水平有很大差距,人们对海洋的利用能力也有很大的不同,因此海洋社会与陆地社会的关联呈现着一种区域性的表现,只有在东亚、南亚及地中海地区比较突出,特别是地中海地区,不论是海洋社会的腓尼基、米纳斯、希腊、迦太基,还是大陆社会的埃及、赫梯、亚述、波斯等,以及混合型的罗马,都充

---

① 《中国交通运输部2009年公路水路交通运输行业发展统计公报》:http://www.jttj.gov.cn/shownews.asp?id=2180,2010年8月12日访问。

分体现了海洋社会与陆地社会的种种关联,显示出极强的活力,从而产生了古希腊文化为代表的古代地中海文明,奠定了欧洲文明的基础。

(二)共存的平缓时期

从罗马帝国分裂到欧洲文艺复兴前这段时期,世界各地由于大规模的区域冲突较多,以及当时宗教势力的保守禁锢,海洋社会和陆地社会的发展都受到阻碍,海洋社会的功能受到很大客观限制,特别是跨区域的交流功能未能充分发挥作用。

在这段时期中,西欧、东亚、阿拉伯地区的区域性海洋社会与陆地社会的关联仍然存在,虽然如中国的宋朝也有着繁荣的海上贸易,这种关联比较密切,但由于主要是区域性的贸易,给社会整体带来的影响力比不上其他时期。

(三)共存的扩张时期

随着欧洲航海探险对世界的了解,欧洲人凭借先进的航海能力和军事实力,开始了长达700年的殖民扩张,海洋社会与陆地社会的关联也随之迅速扩大到全世界各地。

这时期的特点是以军事上的优势从海上打开门户,再进行掠夺性的贸易。由于科技的进步和工业革命的成功,使这种通过海洋社会给陆地社会带来的冲击是巨大的,深刻地改变了整个人类社会的原状。而正因为这种扩张能带来巨大的利益,又刺激了海洋社会的迅速发展,这种互相影响在这一时期得到很显著的体现。

这个时期由于世界的不平衡,基本是一种由强国将这种社会的关联单边强势扩张到世界各个区域,同时也孕育着海洋社会与陆地社会全面关联时期的到来。

(四)共存的全面时期

第二次世界大战后,随着世界各国独立运动的高涨,国际社会不再是以军事为基础的单边社会,海洋社会与陆地社会的关联进入了一个全面发展的新阶段。在这个时期,海洋社会与陆地社会的关联呈现了新的特点,一是更加普遍,不再仅仅是个别实力强大的国家操控世界海权,中小国家对海洋权利的意识大大增强,维护海洋权利的能力也得到加强,联合国海洋公约就是最好的体现。二是更加深入,随着各国对海洋社会的认识加深和社会发展,海洋社会得到更深度的发展,与陆地社会出现了许多新的关联内容和关联形式,涉及的范围也更广泛。三是更加重要,海洋社会对世界发展起着越来越重要的作用,随之使其与陆地社会的关联也更加重要,不仅仅是贸易运输支撑了世界的经济发展,而且也为未来的发展提供了条件。

四、融合贯通——海洋社会与陆地社会的互进展望

随着科技的发展和现实的需要,人类对海洋的开发利用更加深入,形成了海洋社会的多样性、广泛性,也为海洋社会的重要性赋予了更多的内容,海洋社会与陆地社会的关联也将有新的发展。本目以辩证发展的分析论述了未来海洋社会与陆地社会之间关系的发展。

(一)共进的更加全面

现代社会中,人类随着科技进步、经济发展和意识提高,海洋社会的发展呈更快、更深、更广的趋势,从而使海洋社会与陆地社会的关联越来越全面,这种全面体现在多方面。

一是地域更广泛,全世界对海洋越来越重视,不仅不再是少数国家以海上武力相争夺海权,而且也不再限于有海洋的国家,完全的内陆国家也逐渐认识到海洋的国际化对自己的影响。1982年12月10日在牙买加的蒙特哥湾召开的第三次联合国海洋法会议通过,1994年11月16日生效的《联合国海洋法公约》,已获150多个国家批准,占全世界国家总数的80%。[①] 这些批准海洋法公约的国家中,很大一部分没有海岸线,这些国家本身目前并不存在海权问题,但也纳入了国际海洋体系中,成为海洋社会的一个成员,海洋社会也越来越体现出其国际化。

二是范围更广阔,不再是传统的通过运输和军事的形式体现,工业、渔业、养殖、旅游、科研、能源等多方面也在海洋社会中发展起来,海洋社会的多样性日新月异,从而使海洋社会与陆地社会的关联内容也越来越广阔。

---

① 陈德恭:《现代国际海洋法》,海洋出版社2009年版,第28页。

(二)共进的更加密切

在现代社会环境下,海洋社会对世界的影响越来越大,海洋社会与陆地社会相互间的补充、延伸、依托和协调也越来越密切,社会之间的关联已成为社会整体发展不可缺少的重要条件之一,随着世界一体化的发展趋势,这种关联也不再局限于以往的区域性和阶段性了。美国气象学家爱德华·罗伦兹(Edward Lorenz)提出的"蝴蝶效应"也越来越体现在社会学界,一种社会发生的事件将直接反应到另一种社会上,古代中国那种"闭关锁国"的社会已不可能再存在了。

太平洋的洋流异常造成的厄尔尼诺和拉尼娜现象对太平洋周边国家的海洋社会和陆地社会都造成了巨大的影响,人类在陆地社会的活动也深刻地影响了海洋社会,如河流的水污染和富营养也带入了近海,出现了赤潮等状况,从而对海洋捕捞和养殖业、沿海旅游业产生了负面影响。这些现象虽然发生在海洋,但随之要调整的却主要是陆地社会的相关方面。在现代社会中,世界性和区域性的各方面合作已成为不可缺少的发展模式,海洋社会与陆地社会的关联将更加密切,独善其身已不可能存在于社会。

(三)共进的更加深入

由于技术水平的限制,人类社会发展到今天,主要还是开发和利用陆地社会的资源,海洋社会与陆地社会的关联主要还是以物资流通为基础而产生的。经过几千年的发展,开发利用海洋成了解决当前人类社会面临的人口膨胀、资源短缺和环境恶化等一系列难题的极为可靠的途径,技术的进步也使人类对海洋的开发利用方式越来越丰富,发展海洋事业已成为世界性大趋势和各国的战略抉择。在这种社会环境下,海洋社会与陆地社会的关联将越来越深入。

一些新的生产方式、生产关系在这种关联中出现,如海洋(海岛)旅游已发展成了一个相对独立的产业,一些区域性组织的产生也是这种关联深入的体现。中国改革开放 30 年来,沿海地区经济飞速发展,使中国的海洋社会也得到了前所未有的发展,而随着国家的强盛,近年来更注重发展海权力量。中国的海权力量的发展在于主权诉求,在于实现国家和平统一和维护海洋权益的防御性诉求,有限的国际拓展也在于更好地履行打击海盗、海上反恐、海上搜救、灾难救援等非传统安全领域的国际责任。

(四)共进的更加重要

由于海洋社会的发展将以超过陆地社会的速度得到发展,海洋社会对陆地社会的发展的作用也将越来越大,随着人类对海洋开发能力的增强,海洋社会的作用已不再局限于以陆地社会为对象的物资交流,而越来越呈现独立的重要性。目前全球海运量已占了全球贸易运输总量的90%,不仅本身成为一个极重要的产业,而且社会整体的发展更离不开海运的物资来源,成为世界经济的重要组成部分。社会的经济发展离不开资源,陆地资源的开发和利用已接近人类的极限,目前任何一种资源的已发现蕴藏量都已不足以开发百年,而海洋资源的开发还只处于起步阶段,人类将在下个世纪更多地依赖占地球面积2/3以上且远未被充分合理开发利用的海洋。海洋地质专家估计,海底储存石油2500亿吨,比陆地储油量大3倍,仅20世纪90年代,海上开采石油就达6亿多吨。海水里的铀储量约为40亿吨,是陆地储量的4000多倍。[①] 海洋资源的开发和利用将是人类社会未来持续发展的条件之一。

从本书的论述中可以看到:海洋社会的外在关照,主要是指海洋社会与陆地社会之间的关系,表现为同源而生、同责而发、同道而进的同胞兄弟缘分,以及它们之间的取长补短、血肉交错、辅牙相倚与琴瑟和弦的相邻命运,进而探讨它们互荣互进的历史行程与未来走向。这也进一步说明:海洋社会与陆地社会都是人类社会的重要组成部分。只重视陆地社会而忽略海洋社会,无论从人类社会的总体还是建设人类社会而言,其片面性都是显而易见的。因此,本书强调海洋社会与陆地社会的这些关照,无疑有助于人们正视海洋社会的重要地位与重要作用。

---

① 百度知道:有关海洋矿产的资料,http://zhidao.baidu.com/question/24167455.html,2007年4月13日访问。

参考文献：

1. [美]阿·塞·马汉:《海权论》,萧伟中、梅然译,陕西师范大学出版社 2007 年版。
2. 陈德恭:《现代国际海洋法》,海洋出版社 2009 年版。
3. 杨槱、陈伯真编著:《人、船与海洋的故事》,上海大学出版社 2010 年版。
4. 薛桂芳、胡增祥编著:《海洋法理论与实践》,海洋出版社 2009 年版。
5. 河姆渡遗址资料,河姆渡遗址博物馆网,2011 年 10 月 23 日访问。
6. [美]海斯、穆恩、韦兰:《世界史》,吴文藻等译,生活·读书·新知三联书店 1974 年版。
7. [日]高桥龟吉:《战后日本经济跃进的根本原因》,施复亮、周白棣译,辽宁人民出版社 1984 年版。
8. [美]理查德·E.苏里文、丹尼斯·谢尔曼、约翰·B.哈里森:《西方文明史》,赵宁峰、赵伯炜译,海南出版社 2009 年版。
9. 王红英编著:《改变世界历史进程的经典战役》,广东世界图书出版公司 2009 年版。
10. 张开城、马志荣:《海洋社会学与海洋社会建设研究》,海洋出版社 2009 年版。
11. 徐新:《发展社会学》,上海大学出版社 2009 年版。
12. 关银凤:《神秘的文明》,中国社会出版社 2009 年版。
13. [德]汉斯·昆:《世界宗教寻踪》,杨煦生、李雪涛等译,上海三联书店 2009 年版。

思考题：

1. 海洋社会与陆地社会的功能有什么异同?
2. 试述现代海洋社会与陆地社会的相互关系。
3. 现代海洋社会的发展对当代社会发展有何重要意义?

> 四面八方　劳心劳力　海人共具社会性
> 七情六欲　为食为渴　世间同类天使然

第七章　同此凉热：海洋社会的人类属性

　　从海洋社会源远流长的内在变迁及其与陆地社会有着共荣共生的兄弟关系可知，海洋社会的存在和发展离不开人类的参与。海洋社会是人类社会发展的产物，自然而然具有人类属性。人类的耕海、涉海活动，使海洋社会展现出无限的精彩与魅力。海洋社会因人类的发展而壮大，因人类文明的瑰丽而多彩多姿。人类的劳动创造了海洋社会，人类属性是海洋社会的根本属性。这种属性无疑包括自然属性和社会属性，两者有机结合且相得益彰，使海洋社会与陆地社会成为人类共同的家园。这就是本书要重点研究的问题。

第一节　自然属性：海洋社会的人类属性之一

　　海洋社会是由人类创造、发展的，人类属性是海洋社会的根本属性。人是海洋社会研究的出发点，作为实践活动主体的人，必然时时刻刻与海洋社会发生千丝万缕的关系，因此处于海洋社会这一环境中的人兼具自然属性和社会属性。人类属性的自然属性统一于海洋社会中人的实践活动。我们应当对海洋社会的人类属性的自然属性进行准确地理解和全面地把握。

一、海洋社会自然属性的概念和内容

　　海洋社会人类属性的自然属性有着和陆地社会人类属性的自然属性相同的特征，同时，它还具有自己专有的特征，这些独有的特

征凸显了海洋社会人类属性的自然属性。我们在学习和掌握自然属性的时候要重点把握这些独有的特征。

(一)关于海洋社会的一般属性

海洋社会具有人类社会的一般属性即共同属性,而一般属性包括自然属性和社会属性,海洋社会的一般属性不同于陆地社会的一般属性。人类利用海洋在经济、政治、文化等方面的实践活动促进了海洋社会的全面发展,创造了人类新的历史,实现了人类社会的伟大变迁:发轫于地中海的海洋文明,孕育了文艺复兴,迎来了新时代的曙光;大航海催生了资本主义制度,海洋国家把人类带入了现代社会;在进入近代社会以后,人类依靠海洋发展不仅是全方位的,而且是世界性的,而 21 世纪也被称为海洋的世纪。

综上我们可以得出,海洋社会带有深深的人类烙印,具有人类社会的一般属性。但海洋社会的人类属性有别于陆地社会的人类属性,它突出表现在人类属性中自然属性的作用范围以海洋社会为界限,具有海洋特色。海洋社会的自然属性生于海,长于海。没有海洋的自然属性,海洋社会也就无从谈起。

(二)海洋社会具有的自然属性

海洋社会的自然属性可以从三个层面来解读。一是自然地理形态。自然地理形态是海洋社会中人类赖以生存的物质环境,包括水、空气、植物、动物等。二是人化自然。海洋社会由于人类存在,深深打上了人类烙印。它不是简单动物和植物的归集,而是人类逐渐把物化自然能动改造成人化自然的结果。其实质在于人类成为海洋社会的一部分。三是自然规律。海洋社会中动植物的繁衍生息、生老病死都按照自然规律运行,河流的流向、风雨雷电等自然现象的发生和陆地社会的自然规律都是相同的。

(三)海洋社会自然属性的概念

事物的属性是一事物区别于其他事物的本质表现,要了解一事物,就必须把握其属性。马克思认为:"人的自然属性是人与周围的事物发生关系时,表现出来的本能的特性。例如,人饿了要吃食物,冷了要穿衣服,遇到危险时要躲避或者反抗,发育成熟后寻觅配偶。这些人与周围的事物发生关系时表现出来的天生的本能特性,就是人的自然属性"。① 同样,海洋社会人类属性的自然属性就是人类在海洋社会中,以海洋作为其主要生活资源并以此生存的本能的特性。渔民扬帆出海打渔,沿海居民面临台风时本能地躲避、自救,疍民的婚丧嫁娶等等,都是海洋社会人类属性的自然属性的本能体现。

我们认为海洋社会的自然属性就是海洋社会以自然规律为运行准则,海洋社会中的人与其他生命体共同生存发展,并受自然规律约束的特征。海洋社会及陆地社会一样都具有自然属性,但海洋社会自然属性的"海味"很足,而且范围比较广泛,内容丰富。

(四)海洋社会自然属性的内容

海洋社会具有自然属性。它的内容包含濒海动物的繁衍生息、濒海植物的花开花落以及大海的潮涨潮落等等,这些都是自然属性的内容,自然属性的本质在于海洋社会的运行以物质为基础。人作为海洋社会的一部分,自然属性对人的制约和指导作用明显。例如,人要生存,必须要吃东西;要有足够的精神,就必须要适当地睡眠等等。自然属性是人和生命体一切活动的基础,它是通过对客观物质直接利用而直接作用在人和动植物的身上。自然属性多表现在生命体的生理活动上,如食欲、交配欲等,都是极为原始的需求。因此,我们不应把自然属性贬低,它是人与动植物生存的禀性。

从起源来看,植物与动物相通。不管是植物利用根茎吸收养料,还是动物觅食,首先必须生存下来;其次,当面临危险的时候,植物和动物及其他生命体都有自己独特的自我保护手段。

二、自然属性是海洋社会的基本属性

2001年5月,联合国缔约国文件指出:"21世纪是海洋的世纪"。海洋的兴旺也将开辟人类发展新的生活模式,以及由此引起的一系列世界观、价值观的深刻变迁。一种社会结构之所以能够成为人类繁衍生息、从事各种社会生活的新领域,是有其现实的存在基础的。基础的重要性不言而喻,本目主要阐析自然属性是如何成

---

① 《马克思恩格斯全集》,人民出版社1995年版第1卷,第270—280页。

为海洋社会基本属性的。

(一)生命体是自然界的一部分

海洋社会中的生命体是由自然物质组成的,它是由蛋白质、糖类、脂类、核酸、水和无机盐等物质构成的有机体。自然界的人以及动物、植物都是由有机物构成,死后又分解为自然界的有机物。对一个生命体来说,在幼年、青年、中年、老年等各个时期,身体成分会呈现一定的变化,然而,不管体貌形态如何变化,生命体构成了自然界不可或缺的一部分。

(二)生命体生存离不开自然界

不管是人的吃、穿、住、行,还是植物的光合作用都离不开自然界。作为自然界的有生命的存在物,依赖自然界提供的各种资源和生态环境,包括光、热、水、气、土壤、矿藏等无机成分以及植物、动物和微生物等生物部分。这些条件,既为海洋社会中的生命体提供了生存的物质基础,也为其生存和发展提供了物质生活资料。生命体离开自然界无法生存和发展。

(三)生命体受自然规律的制约

生命体从生到死都受生命运动的规律支配;生命体在海洋社会中的一切活动都必须遵循自然规律。自然规律本身具有不以人的意志为转移的客观性,规律不能任意改变、创造或消灭。各种生命有机体的活动都是在客观规律的基础上进行的。

(四)生命体都有各种自然欲求

人与动植物都需要海洋社会提供物质资料满足生存的所需,而人类的表现尤其明显。在马斯洛需求层次理论(Maslow's hierarchy of needs)中,马斯洛把需求分成生理需求、安全需求、社交需求、尊重需求和自我实现需求五类,依次由较低层次到较高层次排列。水、食物、睡眠、生理平衡、分泌这些需要任何一项得不到满足,人类的生理机能就无法正常运转,人类的生命就会因此受到威胁。在这个意义上说,生理需要是推动人类行动最首要的动力。

三、海洋社会之自然属性的运行规律

海洋社会自然属性受自然规律的约束,当符合自然规律的时候,人的成长和海洋社会的发展都朝着良性的轨道发展,反之就有可能导致矛盾和冲突,影响人的发展甚至产生一系列海洋社会问题。下面探讨一下海洋社会自然属性的几种规律,以更好地发现、利用规律为海洋社会造福。

(一)优胜劣汰规律

优胜劣汰论源于 1859 年英国生物学家和生物进化论的奠基者达尔文在其巨著《物种起源》中提出的生物进化的自然选择学说。达尔文进化论的基本论点是:优秀的得以胜出,劣质的将被淘汰,在自然界指生物在生存竞争中适应力强的保存下来,适应力差的被淘汰。生命体必须要适应周围的自然环境,接受大自然和海洋社会的挑选与考验。

这一规律肯定了在推动海洋社会建构方面,优胜劣汰规律所发挥的功能和作用。这一规律是海洋社会自身运动最核心、最基础的规律,同时也是作用最广泛、最深刻的规律。只有先进的事物战胜落后的事物才能促进整个海洋社会结构的良性发展,才能让生命有机体的进化更具适应性。

(二)新陈代谢规律

所谓新陈代谢是指生物体与外界环境之间的物质和能量交换以及生物体内物质和能量的转变过程。新陈代谢是生物体内全部有序化学变化的总称,它包括物质代谢和能量代谢两方面,同时它又由两个相反而又同一的过程组成,一个是同化作用过程,另一个是异化作用的过程。人的自然属性需要自身不断地吃进食物积累能量,还必须不断地排泄废物消耗能量,人同外界这样时刻进行物质和能量交换。新陈代谢是生命体现象的最基本特征。

海洋社会的新陈代谢规律有两层意思:一个是人自身的新陈代谢,另一个是海洋社会的新陈代谢。海洋社会自身同样进行着各种物质能量的流转,人作为海洋社会的基本组成单位,受海洋社会新陈代谢规律的调节,各类人才的涌现及生命体的消逝都是这种规律的直观体现。

(三)和谐守恒规律

海洋社会主体与自然变化的和谐守恒规律指海洋社会中生命

体的活动与自然界之间具有保持和谐、守恒状态的态势。和谐守恒是相对的动态平衡,它并不是绝对静止的。在矛盾的作用下,自然界时刻发生新变化,这些变化打破了和谐守恒的状态;变化同时具有积极和消极之分,新的变化打破了旧的和谐守恒的状态,而生命体的活动需要与自然界建立新的和谐守恒状态。这一规律与19世纪自然科学发现的能量守恒定律有相类似的地方。能量守恒定律指出:"自然界的一切物质都具有能量,能量既不能创造也不能消灭,而只能从一种形式转换成另一种形式,从一个物体传递到另一个物体,在能量转换和传递过程中能量的总量恒定不变。"它的主要目的是建立物质运动变化过程中的某种物理量间的等量关系。

能量守恒定律如此,和谐守恒规律也着眼于生命体与自然界和谐守恒,建立运动、矛盾、平衡的良性互动。旧状态的打破,昭示着新的状态的产生,以新的守恒状态促进海洋社会的发展更上新台阶。

(四)总体自然规律

海洋社会自然属性揭示了人必须受总体自然规律的约束。人类对于总体自然规律的认识是随着自然科学的发展而发展的,在古代对这种认识带有直观性、片面性,在现代人类对自然规律的认识得到了扩展和深化。人类认识到,在自然规律面前并不是完全消极被动的,人们在实践中,通过大量的外部现象,逐渐认识并发现各种相应的自然规律,并用这种认识指导实践,即应用各种自然规律来改造自然、保护自然,为海洋社会谋福利。因此,人的自然属性的规范和塑造均受总体自然规律的制约。

四、海洋社会自然属性的争议与对待

海洋社会自然属性是自然存在的,怎么样深入去研究它,使它区别于陆地社会自然属性,是我们一直探讨的问题。正视海洋社会自然属性的存在,合理地利用它,在过往的论著中较少涉及。海洋社会的发展缺少不了自然属性的发挥,重视海洋社会自然属性是对海洋社会人性关怀的最好诠释。

(一)人类的自然属性应得到充分肯定和表达

人的本性是利己的,但应该全面看待。生命的存在,是每一个生物的显著特征。为了维持生命,任何生物都会努力获得生命延续所需要的各种物质。因此,人作为生物一种,免不了为了维持生命,争取食物、生存空间等等。这一根本自然特征是无论如何也不能抹煞的。生命诚可贵,只有我们认同自己、善待自己才是人的本能选择。在海洋社会中,面临险境时求生的欲望以及趋利避害的其他追求就成为人的欲望的源泉,它不可能被彻底消灭。满足生命延续,就成了我们的基本权益,即生存权以及其他伴生的权益,比如健康、安全、所有权等等。

(二)人类的自然属性是海洋社会存在的基础

海洋社会因人类群体的存在,逐渐成为一个复杂的生态系统。人类自然属性的表达,使海洋社会开始运转和发展。如人类为满足食欲学会了渔猎,为躲避风雨修筑了建筑物,等等,这些促进了海洋社会的进步,从一定意义上说,人类自然属性是海洋社会存在的基础。

(三)人类自然属性的发挥推动海洋社会发展

随着海洋社会人类的不断发展,人类对海洋的需求发生了重大的变化,这种对自然属性的满足推动了海洋社会的发展,自然界也成为社会物质财富的源泉。人类要生存就得满足一系列需求,而需求只能靠劳动来满足,正是人类的需求决定着人们必须进行生产劳动的活动,正是需求引起人们行动的动机、意志,并通过理想转化为现实的力量,成为社会发展的动力。以饮食为例,沿海人类最早也与动物一样采集野果、捕杀猎物,但后来人类进行种植和饲养,随着社会发展饮食已经发展为一种普遍的文化现象,比如火的发明使人类渔猎到的食物得到加热,熟食更美味而且可以保存,这极大地加强了人类改造自然的能力。对于饮食的生理需求产生了酒文化、茶文化、烹饪文化等。

(四)人类自然属性必须得到海洋社会的重视

长期以来我们羞于谈满足正常的人类自然属性的需求,如封建社会对妇女的三从四德的戒律等。中世纪的欧洲、封建社会和新中国成立后的10年间,都夸大了人类的社会属性,压抑了人类的自然属性。古谚有云:"仓廪实而知礼节,衣食足而知荣辱",承认人的自然属性,满足人自然属性中的基本需求,是我们实现更高理想的前提。因此,我们要敢于正视人的自然属性,并且善于根据人的自然属性的特点进行工作、学习的人性化管理,即掌握规律、利用规律更好地为海洋社会服务。要正视和重视海洋社会人类的自然属性,利用自然规律来更好地发展人的机能,拓展人类智慧。同时,人类的发展也能反哺海洋社会的建设,彼此相得益彰。

第二节 社会属性:海洋社会的人类属性之二

人类社会历史的发展兼具陆地社会与海洋社会两个方向。例如中国古代东南沿海地区就已经与东南亚、西亚海域形成海洋经济、文化互动,中国虽然失去通过海洋实现社会转型的发展机遇,但海洋传统在它的沿海地区仍具顽强的生命力,与海外的物质、文化的互动从未间断。[①] 中国悠久的特色鲜明的海洋社会发展史告诉我们,人是海洋社会的实践主体,人的海洋社会化过程丰富了海洋社会内涵。海洋社会的社会属性值得我们去深入发掘。

一、海洋社会人类属性中的社会属性

人不仅是自然存在物具有自然属性,而且人同样是社会存在物具有社会属性。人的社会属性是人的本质的重要方面。人作为海洋社会的一种社会存在,是海洋社会实践的主体,人的涉海、用海的社会劳动带有明显的社会属性。我们在理解这一部分内容的时候,要着重把握海洋社会的人类属性中的社会属性。

(一)海洋社会人类属性中社会属性的界定

人是社会性的动物,自然界属人的本质只有对社会的人来说是存在的,人是社会和自然界联系的纽带。只有在社会中,自然界才表现为它自身属人的存在,而自然对人来说才成为人,社会是人同自然界完成了的本质统一。正因如此,人的自然存在及其自然属性与一般动物不同,具有了人的特性,现实的人的自然属性已经社会化。

---

① 杨国桢:《海洋世纪与海洋史学》,《光明日报》2005年5月17日。

(二)海洋社会人类属性中社会属性的范畴

人是在社会中产生的,是社会劳动的产物。由于大海浩瀚、风险莫测与渔业生产丰歉的偶然性,世界各国沿海地区的社会活动形成了浓厚的海洋传统,人类逐渐从懵懂的崇拜海洋到认知海洋、利用海洋、开发海洋资源,创造出美好的生存和生活环境。这就可以充分认识到海洋社会的社会属性就是人类通过认识海洋、改造海洋和保护海洋等成为海洋社会的群体。这些探索活动都是以劳动的形式表现出来。海洋社会的社会属性就是海洋社会中人与人通过劳动建立起来的生产、分配、交换、消费等关系,以及由海洋崇拜、海洋文化等组成的意识范畴。

(三)海洋社会人类属性中社会属性的内容

其社会性包括如下两个方面的内容:

1. 人类与海洋共生的相互依存性。海洋社会的人如果脱离海洋,其个体便无法生存。就譬如人一出生来到人间,便处在特定的人群、团体和社会中,并与社会建立起这样或那样的联系。脱离了社会,脱离了社会化的存在,他就无法成为一个人,"狼孩"就是生动的一例。英国作家笛福在《鲁宾逊漂流记》中为我们塑造了一个远离社会的人为生存而斗争的形象,但鲁宾逊时刻盼望遇救,以重返人类社会,恰好说明了他对社会生活的依赖、留恋和渴望。同样海洋社会化程度的不断提高,促使人类对海洋的依赖感随着社会化程度的提高和人对海洋社会依赖程度的加深而加深。

2. 海洋社会人与人的交往性。交往是人们在社会生活的人际关系中发生的各种往来、接触和联系。海洋社会的人类通过交往,实现各种信息的传递,使彼此了解在这个特殊社会的各种观念、见解、习惯、行为等等,这些交往成为海洋社会个体意识和人类自我意识形成的重要条件,是海洋社会中人与人之间的相互作用与促进的成果,是海洋社会人类属性的社会属性之一。

(四)海洋社会人类属性中社会属性的演进

在公元前 7 世纪末至公元前 6 世纪末,海上贸易的快速发展,给地中海地区的经济带来了高度的繁荣。手工业、矿冶业、农业和商业相互影响,海洋文化构成希腊文明的核心,古希腊人创造了人类第一个海洋文明时代。地中海沿岸的欧洲国家进入了一个蓬勃发展的时代,资本主义生产方式的萌芽方兴未艾。从大航海开始的16世纪起到欧洲列强在世界称霸的19世纪,有学者把这400—500年左右的时间称为海权时代。① 大航海开启的海路通道,使世界相连,从而促生了人类交往的巨大变化,引发了世界人口的大迁移和种族新分布,带动了自然科学和社会科学的大发展,其历史意义深刻而久远。荷兰、西班牙和葡萄牙凭借雄厚的海上力量先后成为这一时期兴起的新兴国家。英国从17世纪开始,凭借其海上力量的优势向海外扩张,在鼎盛时期占有50多块殖民地,总人口达到3.45亿,是英国本土人口的8倍,占世界总人口的1/4,它的领土和殖民地遍及全世界。19世纪末20世纪初,美国外交战略开始转变,扩张成为帝国主义国家,海权是美国称霸世界的重要基础。

海洋社会人类属性的社会属性的历史演进呈现渐进式的特点。在几千年的历史长河中,人类依靠海洋,通过有目的的劳动创造,在经济、政治、文化、军事、外交等广泛的领域拓展了人类的社会属性,促进了海洋社会的全面发展。

二、海洋社会中人的社会化过程概说

人类是海洋社会的主体,是海洋历史的创造者。海洋社会的良性运行和健康发展离不开人类的参与。同样,人处于海洋社会这一大背景下,个人的成长和发展同样依赖海洋环境。海洋社会的产生和发展也源于沿海人类的实践活动。从远古人类赤脚共同狩猎捕鱼到独木舟的发明,是一个巨大的历史进步,而指南针的发明和应用大大拓宽了人类活动的半径进而造就了灿烂的航海时代。因此,人的发展和海洋社会的进步是相辅相成的。

(一)海洋社会中人的社会化的主要内容

2010年6月在中国的浙江省杭州境内发现了距今一百万年前的古人类文化遗存。这是中国东南沿海地区迄今发现的年代最早的古人类文化遗存"。② 我们从历史遗迹可以看出,一百万年前中国

---

① 叶自成:《陆权发展与大国兴衰》,新星出版社2007年版,第18页。
② 钟明:《中国东南沿海发现距今一百万年古人类文化遗存》,http://culture.china.com.cn/lishi/2010-06/03/content_20181339.htm,2010年6月3日访问。

东南沿海地区已经有古人类文化遗迹,海洋社会人的社会化历史是何等地悠久。

海洋社会人的社会化可以从以下三个方面来理解:1. 文化角度。海洋文化随着海洋社会的产生而兴起,是人海互动及其产物的结果,是人类文化中具有涉海性的部分。① 2. 人性发展角度。社会化是一个人心智、性格形成和发展的过程。童年个体在一定的海洋社会历史条件下,通过自我意识的发展、道德意识和道德判断的发展,逐步形成稳定的世界观、价值观,达到人性的发展。3. 社会结构角度。在人类的早期,海洋对人类生活的影响很小。随着社会生产力的提升,人类活动范围逐渐扩大。人类也更加适应海洋环境的变化,控制和改善自身的能力增强,人类的生产、分配、交换、消费活动变得有序和协调。

(二)海洋社会中人的社会化的动力因素

人类在海洋社会中生存,人与人之间就需要能够互相明白彼此所要表达意思的动力,语言、思维模式、学习能力等方式就形成了海洋社会独特的人类聚集圈。

1. 语言能力。人类具有语言能力是人类接受海洋社会化的前提条件。同时,这也是人类与其他动物的显著区别。语言是客观事物在人大脑中的表象、概念和思想的外部表现,是人类表达思想和感情所使用的工具和符号。② 没有语言,人们就无法自由沟通思想,无法表达感情,海洋社会人的社会化也终究难以实现。

2. 思维能力。人们在工作、学习、生活中每逢遇到问题,总要"想一想",这种"想一想"就是思维。它是通过分析、综合、概括、抽象、比较、具体化和系统化等一系列过程,对感性材料进行加工并转化为理性认识及解决问题。思维能力也是人类区别于其他动物的根本特征,是人类个体接受海洋社会化、适应海洋社会生活的生物基础。

3. 学习能力。学习能力是个体所具有的能够引起行为或思维方面比较持久变化的内在素质,并且,还必须通过一定的学习实践

---

① 张开城、张国玲主编:《广东海洋文化产业》,海洋出版社 2009 年版,第 27 页。
② 郑杭生主编:《社会学概论新修》,中国人民大学出版社 2003 年版,第 86 页。

才能形成和发展。动物也具有一定的学习能力,但它们只限于简单地模仿,缺乏创造性。而人可以凭借语言能力和思维能力认识客观事物的属性,加快自己适应社会的过程。海洋社会中的人同样必须具备学习能力。

(三)海洋社会中考古对人的社会化考证

海洋社会中人的社会化过程见于沿海地带人类的海洋聚落活动史,这些聚落活动的特点是沿海岸活动,靠海洋为生。海洋性的聚落遗迹广见于考古发现,如中国沿海地区史前考古中常见的贝丘、沙丘遗址主要就是这种海洋性的聚落文化遗存。由于生态与文化的延续性,以贝丘遗址为特点的海洋性聚落文化中的一些还从史前时期延续至很晚的历史时期。[①] 由于海陆变迁等原因,这类海洋性的聚落文化不仅见于海岸上,也开始发现于海底,如中国山东长岛海域的岳石文化遗存和福建东山海底更新末期的人类与哺乳动物化石地点等,[②]都是重要的线索。[③]

(四)海洋社会中人的社会化的重要意义

从个人方面来看,人的社会化是个人适应海洋社会、参与海洋社会生活的必要前提。人的社会化是个人满足需要、获得生存与发展的必要条件,社会化促进海洋社会成员个性的形成和发展。个性与社会价值标准吻合,能够有效地参予社会生活,有利于个人适应不断变迁的海洋社会。

从海洋社会方面来看,它有助于海洋社会的正常运行,有助于海洋社会文化的传承与发展,有助于维持海洋社会的正常秩序,保持海洋社会稳定。

从综合角度来看,社会化的最终结果,就是要培养出符合海洋社会要求的社会成员,使其在海洋社会生活中承担起特定的责任、

---

① 福州市文物考古工作队等:《1992 年福建平潭岛考古调查简报》,《考古》1995 年第 7 期。

② 尤玉柱:《东山海域人类遗骨和哺乳动物化石的发现及其学术价值》,《福建文博》1988 年第 1 期。

③ 吴春明:《试说海洋考古与社会经济史学的整合》,《中国社会经济史研究》1999 年第 1 期。

权利和义务。社会化有助于把人推到一定社会结构中充任特定的社会角色。社会化既造就了人的社会共性,又塑造了人的独特个性,是人的社会共性与独特个性的有机统一过程。

三、海洋社会中人的社会地位和角色

海洋社会的社会化目标是塑造和培养合格的海洋社会成员,以此来更好地建设、发展海洋社会。海洋社会原住民"疍民"从何而来?海洋社会中的社会成员处于一种什么社会地位和被赋予一种什么社会角色?海洋社会成员之间靠什么来沟通和彼此认同?21世纪海洋社会中的人类将走向何方?这些都是本部分所要回答的问题。

(一)海洋社会原住民"疍民"的由来

沿海的渔民是海洋社会的原住民,他们自身的生活变迁最能体现出海洋社会的变迁。渔民的先辈们捕鱼用的帆船以前是扯风帆的,借风使力,看天吃饭。如在中国的东南沿海,渔民因生于海上,居于舟楫,飘泊无所,被叫做"疍家人"。据《广东通志》上说,因其像浮于饱和盐溶液之上的鸡蛋,长年累月浮于海上,故得名为"疍民";《崖州志》记载,"疍民……男女罕事农桑,惟辑麻为网罟,以鱼为生。子孙世守其业,税办渔课。间亦有置产耕种者。妇女则兼织纺为业"。勤劳朴实、勇于拼搏、乐观豁达、积极创新的疍家人,无论在服饰、饮食、居住还是性格、婚俗、宗教等方面都自成一体,他们自身独特的民俗民风形成了独特的"疍家文化",这种文化使得他们联系得更为紧密,归属感更强。

(二)海洋人社会地位和社会角色理论

在中国,"疍民"旧时是倍受歧视的,俗谚有:"出海三分命,上岸低头行,生无立足所,死无葬身地"。在专制时代,这些疍人被视为"贱民",不能上考场、不能迁居陆上、不能和岸上人通婚、不准穿新衣、鞋袜上街、不准将棺材抬到陆上,疍人入村前,不准到陆上人的寺庙参神拜佛,婚嫁等筵席不准设在陆上人的祠堂、庙宇,学校不收水上子弟入学读书等等。民国申令开放,疍人一切权利才与国民同等,于是,生活亦获改善。新中国成立后,中国政府非常重视疍民,划出一些地方让他们上岸居住,并对生活困难的疍民给予安置费。

这就引出了"社会地位和社会角色"的概念。

所谓社会地位是指群体成员在社会关系中所处的特定位置,或者说是个人在社会生活中与他人发生关系时的社会位置。当然社会地位也同时被我们视为具有高低贵贱贫富差别的"分层"地位。而社会角色是由人们所处的特定社会地位、身份所决定的一整套的规范系列和行为模式,是人们对具有特定地位的人的行为的一种期望,是社会群体的基础,它随着社会实践的发展而不断更新内容。在海洋社会中,如同陆地社会一样,个人的社会地位是和社会规范相联系的。拥有一定的地位,就享有该地位赋予的权利,承担该地位要求的义务。这些由社会地位所决定的权利规范和义务规范在实际生活中由个人表现出来就产生了角色。所以说,没有地位,角色也就无从谈起。角色是社会地位的外在表现,是社会群体或社会组织的基础,更是人民对于处在特定地位上的人们行为的期待。

(三)社会地位角色与人类的海洋崇拜

源于古时社会生产力水平的低下,人类对自身社会角色的认知失调。近海的原始先民,面对一望无际且变幻莫测的海洋,误认为大海受超自然力量所控制,因而萌发出朴素的信仰观念,产生了海洋崇拜。海龙王成为最早占据中国人类意识形态的海洋主宰者。中国隋朝开皇十四年(公元 594 年),文帝下诏祭四海,册封了东海龙王、西海龙王、南海龙王和北海龙王。随着时代的发展和变迁,人为臆造的海龙王满足不了中国沿海居民对海洋信仰的愿望和需求。因而,便相继产生了在现实中确有其人而又将其神化的新海神,即观音、妈祖和孙仙姑等。而妈祖成为被朝廷敕封的"国家级"海洋女神,凡民间航海遇险化险为夷者,人多功归于妈祖,因此宋、元、明、清几个朝代都对妈祖多次褒封,封号从"大人"、"天妃"、"天后"到"天上圣母",神格越来越高,并列入国家祀典。而且海神的职能不断扩展且无所不管,囊括航海安全、渔业丰歉、男女婚配、生儿育女、祛病消灾等等。[①]

[①] 曲金良、周益锋:《从龙王爷到"国家级"海洋女神——中国历代海洋信仰》,《海洋世界》2006 年第 2 期。

海洋崇拜满足了当时中国先民开拓海洋的精神需求,排遣了游离故土的思念,增加了与海浪搏击的勇气、智慧,塑造了舟、船的团队精神。这种海洋崇拜的凝聚力成为征服大海的精神力量,也形成了今天如此绚丽多姿能让后人珍视的海洋文化。

(四)21世纪海洋社会中的人类和谐

人类文明史和世界发展史表明,海洋社会是一个从小到大、从弱到强的产生、发展历程。海洋社会的产生源于地球上出现了以海为生的人类群体。在原始社会,以海为生的人类群体数量小、能力弱,没有对整个人类社会形成重大影响。人类的进化发展与海洋社会的产生、发展是彼此同步的。海洋社会的真正崛起是到了近代之后,尤其到了当今时代,海洋社会真正成为人类社会的重要组成部分。进入21世纪,也就是被大家称之的"海洋世纪",人类涉足海洋的足迹将更为深远,人类开发、利用海洋的深度和广度以前任何时候都无法比拟。同时,我们也要清醒地认识到,需要协调人与海的相互关系,协调好海洋社会内部的矛盾,以此达到可持续发展的目的。要塑造和谐的海洋价值理念和先进的海洋文化,让海洋文明成为全人类共享的财富。

四、海洋社会中人的社会性进化载体

海洋社会中人的社会化过程是通过海洋个体、海洋群体、海洋组织、海洋社区等载体进行的。这些载体是最能影响海洋社会化的主体。以单个海洋社会的成员来讲,他的社会化过程依赖于其所处的环境中是否具备海洋社会化必需的基本条件。如果这些载体出现重大缺陷的话,人类属性的社会属性在海洋社会中的进化过程将推迟或者发生异变。在本部分我们只是简要地引出海洋个体、海洋群体、海洋组织、海洋社区的概念,在本书的第十五、十六、十七、十八章将有重点论述。

(一)海洋个体

海洋个体是海洋社会的有机细胞。海洋社会是海洋个体的社会,没有一个个有机组成部分,海洋社会不可能有今天这么壮大的规模和程度。新生的海洋个体在与他人交往中,学习并掌握其所在社会的规范,逐渐形成与社会一致的又有自己特色的社会态度、价值观念、行为模式及人格特征,成长为社会的积极成员。人类通过种系发展遗传给新生儿的只是发展社会性的可能,而要把这种可能性变为现实性,还有赖于后天海洋社会生活条件及教育的影响,需要个体经历海洋社会化的学习与锻炼的过程。

海洋社会与海洋个体之间的关系是一种互相依赖的关系,海洋社会离不开海洋个体的参与,海洋个体参与海洋社会的行为是海洋社会得以实现的基础。海洋社会为海洋个体提供了释放智力、体力的空间和吸纳知识、集累经验使其需求、利益、自身价值得以实现的机会。同时海洋社会得益于海洋个体的智力、体力、物力、资金等元素的有序组合。

(二)海洋群体

海洋群体是海洋社会的天然主宰,海洋社会是海洋群体的社会。海洋群体是指通过一定的海洋社会互动和海洋社会关系结合起来并共同活动的海洋个体的集合。海洋群体是构成海洋社会的基本单位之一。海洋群体的本质在于其内部具有一定的结构,即由海洋规范、社会地位和社会角色所构成的海洋社会集合体。海洋群体的特征:以海洋为原始契合点、经常性地互动、相对稳定的海洋社会成员关系、明确的海洋社会行为规范、具有共同的群体意识。海洋社会最初的海洋群体是渔民群体,他们源于共同的生存需要、海洋崇信、出海捕鱼,结合成朴素的互助、合作关系。

(三)海洋组织

海洋组织是海洋社会的公共用器。海洋社会是海洋组织的社会。在人类社会早期阶段,生产力极为低下,人们以血缘、地缘关系为纽带。人类社会进入工业社会以后,社会分工越来越细,完成特定目标和承担特定功能的社会组织的大发展就成为近代社会发展的必然趋势。海洋组织的产生,其动力来源于功能群体的出现,以及群体正式化的趋势。在海洋社会的演进过程中,一部分功能性海洋群体演化成了海洋组织;另一部分海洋群体正式化,造就了海洋组织的产生。海洋组织具有一般社会组织的整合、协调、维护利益、实现目标的功能,同时它具有海洋社会独有的特质。

(四)海洋社区

海洋社区是海洋社会的栖息家园。海洋社会是海洋社区的社会。海洋社区是与传统的陆地社区相对应而言的,它是人类在开发、利用和保护海洋的实践活动中所形成的具有文化认同、特殊结构的地域共同体及其活动场所。海洋社区按其功能和地理位置划分有不同的分类,在这里就不一一枚举了。

第三节 两性合一:海洋社会的人类属性之美

海洋社会的自然属性和社会属性存在于人类属性之中。海洋社会的自然属性与社会属性既对立又统一,并形成人类属性之美。由于人类活动范围的扩大,海洋社会的研究边界愈发宽广且带有深深的人类属性的烙印。人类属性是海洋社会之标志。海洋社会是我们共同的家园。

一、海洋社会人类属性中的自然属性和社会属性的对立统一

人类的实践活动创造了一切,同样在创造和开拓中内化了海洋社会的人类属性。海洋社会中的人具有自然属性和社会属性,而自然属性和社会属性是既对立又统一的两个方面。哲学上经常从人化自然的角度来看人的自然属性和人的社会属性,马克思就是从人的属性开始,分析得出人在自然、社会、人自身的异化等概念。在海洋社会学的概念中,自然属性是社会属性的基础,社会属性是自然属性的社会化。脱离社会属性考察人的自然属性,就抹杀了人和动物的本质区别。海洋社会自然属性是形成海洋社会社会属性的基础,海洋社会的社会属性制约着自然属性。

(一)海洋社会人类属性中的自然属性和社会属性的对立

海洋社会自然属性和社会属性的对立表现在两个方面:一是二者的区别、差异性。社会性是人类所独具的,反映人和动物的区别;自然性是人和动物所共有的,反映它们之间的联系。自然性以实物和生物本能为特征,社会性以关系和文化为特征。二是二者相互克

服、相互否定。自然性表现为人的食色之性、自维性,它要求满足个人需求,在一定条件下具有使人破坏协作、脱离社会的趋向;海洋社会社会属性表现为人的协作性、互爱性,它要求满足共同需求,要求人遵守道德、法律,把自己的需求、维护个人利益限定在合理的范围内,使人具有促进协作、维护社会关系甚至是忘我为他的趋向。

(二)海洋社会人类属性中的自然属性和社会属性的统一

海洋社会自然属性和社会属性的统一性表现在三个方面:一是二者互相依存。社会属性以自然属性为前提和基础,人是带着自然属性进入社会的,社会属性离不开自然属性;社会属性又必须以自然属性为目的,满足人的自然需求。自然属性也离不开社会属性,人对性的需求,对物质的需求,都是在人口生产和物质资料生产中实现的。二是二者相互渗透。没有孤立、纯粹的人的自然属性。人的自然属性是社会化了的自然属性,和动物的兽性已根本不同,比如人必须吃熟食、穿衣服,这些都是人们在一定社会关系中生产出来的。也没有孤立的、纯粹的人的社会属性,人与人的社会关系是必须以人身这个自然物为载体的,社会属性是人的自然需求、自然本能在社会关系中的实现。三是二者在一定条件下互相转化。自然属性在一定条件下也向社会属性转化。由于人的各种自然需求都需要通过社会属性行为才能实现,这时的自然需求已经不是纯自然属性的了,它已成为一种社会需求,生产力正是人的自然需求、自然能力的社会化形态。

(三)海洋社会人类属性的两性矛盾构成人类的本质属性

在人的起源过程中,海洋社会形成后,由于海洋文化的传承性,又使得人的社会性反过来塑造着和决定着人的自然属性。社会发展具有历史继承性,每一代人在进入生活时,都会遇到某些早已为他们的活动准备好了的起始条件,即社会环境。人们把几千年来发展和积累起来的那些工具、技术、知识和文化遗产的总和作为自己活动的基础。所有这些传承而来的社会条件与个人努力之和就在影响着人之个体。

海洋社会自然属性和社会属性的矛盾运动,规定着个人与社会的存在和发展。自然属性在和社会属性对立、斗争中,以需求的形式向社会属性提出来,要求人在社会活动中给予满足。社会属性便以生产的方式表现出来,经过人的劳动,创造物质资料,再经过分配、消费(在交换出现后还要通过交换)等环节,满足了需求。通过解决生产与需求的矛盾,解决了人的自然属性与社会属性的矛盾,使双方的对立实现了统一。自然属性和社会属性的矛盾,从海洋社会产生的那一天起就在人的身上存在,并且和人类社会永远同在。

(四)马克思主义者对人类属性及其本质所持的基本观点

提到人类属性的讨论,需要我们从哲学上探究其根源。马克思《1844年经济学——哲学手稿》中关于人类自然属性和社会属性的论述中揭示了人的自然属性与自然界、社会之间的关系。他认为"自然界的人的本质只有对社会的人说来才是存在的。因为只有在社会中自然界对人来说才是人与人联系的纽带,才是他为别人的存在和别人为他的存在,才是人的现实的生活要素……只有在社会中,人的自然的存在对他来说才是他的人的存在,而自然界对他说来才成为人。因此,社会是人同自然界完成了的本质的统一,是自然界的真正的复活,是人的实现了的自然主义和自然界的实现了的人道主义"。[①]

中国学术界多年来坚持认为马克思在《〈费尔巴哈〉提纲》中提出了人的本质是社会关系的总和,笔者认为那是马克思所指的人的"现实的本质",马克思并未否认人类的本质。那么人类的本质是什么呢?本书认为它首先是人的自然属性和社会属性的统一。因为本质是由事物的根本矛盾决定的,从类的角度考察人,人的根本矛盾就是人的自然属性和社会属性的矛盾。

二、人类活动范围的内涵和外延扩大了海洋社会的研究边界

当今人类的活动范围是历史上任何时代都不曾达到的,人类基因组工程的新突破,航空航天技术的迅速发展,纳米技术的实践应用,峰值性能达到千万亿次超级计算机的研发等,人类探索未知

---

① 《马克思恩格斯全集》,人民出版社1995年第2卷,第240—260页。

领域的脚步更快,范围更广。相应地,这些空间的拓展也给海洋社会的研究人员带来更多亟待研究的课题,海洋社会的研究边界将更为开阔,其研究方法将更为先进。人类作为海洋社会的受益者,更应关注海洋社会的变化,要坚持"以人为本、和谐发展"的海洋开发理念。

(一)海洋社会人的活动彰显了人类属性

人作为社会性的动物,生产活动是人们的最基本的活动。人类在海洋长期的生产活动中,意识形态和行为习惯都发生了巨大的变化,人类的自我文明程度有了明显的提高,人们改掉了自己原有的自由散漫等不良习惯,养成了新的优良习惯,这就是海洋社会的分工性、分层次管理性和制度的制约性。这时的人群就是为生产而结伙,又被生产而约束着的一群人。人之所以是人,从根本上说,并不在于人的自然属性,而在于人的社会属性。人的社会性是主要的、根本的,它渗透着并制约着人的自然属性。因为,人是社会活动的主体,是社会关系的承担者和体现者。人的社会活动一开始就是社会性的活动。它改变着客观物质世界,也在改变着人类自身,是人本质力量的重要体现。生产劳动是人与动物区别的本质属性,而在生产劳动基础上形成的各种社会关系,既区别了人与动物,又把不同时代、不同社会制度、不同阶级和阶层的人区别开来了。所以,社会性是人的本质属性。

(二)海洋环境是人类赖以生存的源泉

地球上连成一片的海洋,包括海水、溶解和悬浮于水中的物质、海底沉积物,以及生活于海洋中的生物。因此海洋环境是一个非常复杂的系统。人类并不生活在海洋上,但海洋却是人类消费和生产所不可缺少的物质和能量的源泉。随着科学和技术的发展,人类开发海洋资源的规模越来越大,对海洋的依赖程度越来越高,同时海洋对人类的影响也日益增大。在古代,人类只能在沿海捕鱼、制盐和航行,主要是向海洋索取食物。到现代,人类不仅在近海捕鱼,还发展了远洋渔业;不仅捕捞鱼类,而且还发展了各种海产养殖业;不仅在沿岸制盐,还发展了海洋采矿业,如在海上开采石油。此外,还开发了海水中各种可用的能源,如利用潮汐发电等。海洋现在已成为人类生产活动非常频繁的区域。20世纪中叶以来,海洋事业发展极为迅速,现在已有近百个国家在海上进行石油和天然气的钻探和开采;每年通过海洋运输的石油超过20亿吨;每年从海洋捕获的鱼、贝近1亿吨。随着海洋事业的发展,海洋环境亦受到人类活动的影响和污染。因此,海洋环境的好坏关系到人类赖以生存的物质基础,保护海洋环境是我们义不容辞的责任。

(三)调动人类发展海洋社会的内生动力

现代海洋经济包括为开发海洋资源和依赖海洋空间而进行的生产活动,以及直接或间接为开发海洋资源及空间的相关服务性产业活动。当前中国海洋政治的紧迫任务在于为维护国家海洋安全,捍卫国家海洋权益,保障国家的海洋生存空间。尤其要处理好中美、中日、中国与南海周边东盟国家关系中的海洋问题。海洋文化是人海互动的产物和结果,是人类文化中具有涉海性的部分。构成海洋文化的两个基本要素是"人"和"海"。海洋文化的生发,在于人与海的关联和互动,在于海洋的"人化"。[①] 海上军事力量是海洋实力中最重要的部分。例如中国目前海洋国土安全的形势相当严峻,海军必须拥有强大的海洋作战力量,来保卫中国海洋主权。海洋外交是外交活动的重要组成部分。近年来,中国开展了一系列海军舰艇出访、海上维权执法、海洋权益管理等工作,在国际组织中维护了中国的海洋权益。

世界的海洋经济、政治、文化、军事、外交领域的合法进步,拓展了海洋生存空间和活动半径,保障了各自的海洋权益,也为海洋社会的发展奠定了坚实基础,这些要素互为依靠、环环相扣、缺一不可,拉动世界海洋社会建设不断前进。

(四)人类发展海洋社会必须坚持的道路

人类认识和改造自然界是为人类创造良好的生存条件和发展环境。发展,是为了人在更好的环境里生活,发展依靠人。然而在过去相当长的时期内,以征服自然为目的、以物质财富的增长为动力的传统发展模式,在一定程度上破坏了人类赖以生存的基础,特

---

① 张开城、张国玲:《广东海洋文化产业》,海洋出版社2009年版,第27页。

别是海洋环境的破坏。人类改造自然的力量转化为毁害人类自身的力量,人们在试图征服海洋的同时,往往不知不觉地变成了被海洋征服的对象。例如在中国,据统计,大中城市附近和河口海域污染最严重。渤海约 22% 的海域遭受无机氮污染,约 20% 的海域遭受磷酸盐污染,上海、浙江、天津、江苏、辽宁近岸和近海遭受营养盐污染较重。中国海水中油类含量超过一、二类海水水质标准的海域面积达 5.6 万平方千米,河北、天津、福建、浙江和上海近岸的油污染较重。2009 年中国近海发现赤潮近 30 次,赤潮灾害严重威胁中国海域生态环境,并给海洋经济带来巨大损失,仅辽宁、浙江两次较大赤潮造成的渔业损失就近 3 亿元。这一系列问题都向人们发出警示:人类的行为如果违背自然规律,必将遭到自然的惩罚。恩格斯早就告诫我们:"我们不要过分陶醉于我们对自然界的胜利。对于每一次这样的胜利,自然界都报复了我们"。① 我们决不能再走先污染后治理的老路,必须树立以人为本的新发展观,找到一条人与海洋和谐发展的道路。

三、海洋社会从一开始便打下了深深的人类属性的历史烙印

唯物史观认为,社会存在决定社会意识,物质资料的生产是社会存在和发展的基础,阶级斗争是阶级社会发展的直接动力,从而确认作为物质生产和阶级斗争的主体的人民群众是历史的创造者。人民群众不仅创造着自己的历史,而且对整个社会的发展起最终决定作用,正是他们的生产斗争和包括阶级斗争在内的各种社会斗争推动历史的发展。海洋社会是人的社会,人类的社会实践活动创造了海洋社会。海洋社会从一开始便打下了深深的人类属性的历史烙印。

(一)劳动是人类参与海洋社会建设的基本方式

"劳动是人类文明进步的源泉,劳动创造世界"。② 劳动是人类

---

① 《马克思恩格斯选集》,人民出版社 1995 年第 3 卷,第 457—517 页。
② 胡锦涛:《在 2010 年全国劳动模范和先进工作者表彰大会上的讲话》,http://news.xinhuanet.com/politics/2010-04/27/c_1259809.htm,2010 年 4 月 27 日访问。

为满足生存、发展和进化的需要而进行的创造物质资料和精神资料的活动,是能动的、有计划的、创造性的活动。劳动是人类生存、发展和进化的基础和动力并贯穿人类活动的全部过程。而且它存在于人类活动的各个领域,海洋社会就是劳动创造的结果。在漫长的海洋社会发展期,渔猎工具的改进是海洋社会前进的明显标志,从最初的粗布加上麻作为原料,通过捆卷的方法制成鱼网;随着渔业的发展,渔猎的对象不只是鱼,现在已广泛采用聚乙烯、尼龙等原料制作渔网,工艺更加先进,经久耐用。劳动工具的改进增加了我们改造海洋、利用海洋的能力。海洋文化的产生与传承也是劳动的结果,它把海洋予以"人化",是人类给海洋打上意识印记的产物和结果。

(二)海洋社会的存在与发展是人海之间的统一

早在石器时代,中国沿海地区就有了人类的活动,有了海洋采集和海洋捕捞行为,随着生产力的提高,随着海洋交通工具和捕捞工具的不断进步,海洋渔业也得到了较快的发展,沿海地区的渔类资源、盐业资源以及珍珠等稀有物品已经开始成为中原王朝资源来源的一部分。放眼全球,沿海地区始终存在着经济发展对海洋社会的欲望与冲动,当传统的海洋社会经济的能量被释放出来以后,海洋社会这一共同的利益诉求就显得自然而然了。人海的和谐互动创造了巨大的社会财富,目前世界海洋产业总产出在1万亿欧元左右,占全球生产总值的比重约3.5%,增长潜力巨大。

(三)海洋社会的发展与人的发展是辨证的过程

无论海洋社会还是人,都必须求发展,把发展放在首要位置。海洋社会发展与人的发展是不可分割的。任何社会的发展都以经济发展为基础,但海洋社会发展不仅仅是追求经济的增长,其根本目的应是追求人的发展,实现海洋社会的全面进步。人的全面发展与海洋社会的全面发展是辨证统一的。人在本质上是一切社会关系的总和,人必须通过社会才能成为人,也必须通过社会才能获得发展,人的发展程度依赖于社会的发展程度。因此,可以说人的发展和海洋社会的发展在本质上是一致的,两者具有内在的统一性。人的全面发展,是海洋社会发展的核心目标,是海洋社会发展的归宿点；人的发展是在海洋社会发展的过程中得以实现的。① 人的全面、自由的发展是理想性与现实性的统一，要把握机遇，创造有利条件，培育和塑造人的素质与品德，实现人与海洋社会的共同进步。

(四)人的全面发展是海洋社会最为本质的要求

促进人的全面发展，是社会主义社会的本质要求，同时也是海洋社会的本质要求。在海洋社会自身发展过程中，只有坚持人的全面发展的价值取向，努力推进人的全面发展，海洋社会的理想才能最终得到实现。

在海洋社会中，人的发展有其自身的历史特点。海洋人的全面发展主要是指海洋人的素质和能力相对地全面提高，即海洋人的思想道德素质和科学文化素质以及其他素质的提高。

不断提高海洋人的素质，促进海洋人的全面发展，对于海洋社会具有重要意义。在建设海洋社会过程中，推进海洋人的全面发展和社会经济、文化的全面发展以及改善人民的物质文化生活，是互为前提和基础的。海洋人越是全面发展，海洋社会的物质文化财富就会创造得越多，人民的生活就越能得到改善，而物质文化条件越充分，又越能推进人的全面发展。海洋社会生产力发展是逐步提高、永无止境的历史过程，人的全面发展程度也是逐步提高、永无止境的历史过程。它们相互结合、相互促进地向前发展。

四、把握海洋社会的人类属性旨在提升海洋社会的人性之美

海洋社会是人的社会，人与海洋的互动对后世产生了深刻影响；而人与人的互动是建设海洋社会的最佳方式；人类的实践活动是海洋社会最显著特征；和谐共荣是人与海洋社会的终极理想。保护人类居住的海洋环境，培养人类对海洋的审美态度和真挚情感，形成并珍惜人海和谐的亲密关系，不向海洋过多地透支、索取，最终能达到人与海洋的共生共荣，保持人类和海洋社会的永续发展。

(一)人与海洋互动关系给予后世以巨大影响

从原始人在海边偶尔拾取贝壳与捕猎海鱼，到夏商时期规定沿

---

① 陈媛：《人的全面发展的三个辩证统一》，《广西社会科学》2002年第2期。

海地区向中原王朝贡献海产品,到西周春秋时期形成较为系统的海洋资源(鱼、盐、海珍品)征收法令,均体现出这样一个特征:人们对海洋资源的需求不断扩大,并正在逐步纳入国家管理的范畴,这在某种程度上推动了人们对海洋认识的不断深入,反映着人们海洋意识的不断加强。随着科学技术的发展,人们对海洋的认识逐步深化,海洋呈现在人们眼前的不再只是渔人之利、舟楫之便了,而愈益显示出丰富的资源与广阔的活动场所,这在客观上为人类进一步走向海洋创造了条件。人们认识到海洋与人类社会的关系,已经从海洋能够影响社会进滞的关系发展为影响人类生存与发展的关系。海洋养育了我们,我们要感谢海洋,要协调好人类和海洋的关系,使之造福于子孙万代。

(二)人与人互动是建设海洋社会的最佳方式

实现人与海洋社会的和谐统一,最根本的是要处理好人与人之间的关系,建立和睦融洽的海洋社会个体之间的和谐关系。实现人与人的和谐发展,首先是建立相互信任、帮助和尊重的良好人际关系。海洋社会早期,个体无力面对大海的肆虐,互助帮扶共度难关。其次要树立人是海洋社会第一位的观念,尊重个体、尊重知识、尊重人才、尊重创造。要保持海洋社会各阶层之间、海洋社区之间关系的和谐发展。海洋社会的构建离不开各行各业的人,只有大家齐心协力,才能实现理想。再次是推进海洋社会人的全面发展,其中最根本的是提高人的综合素质,即提高人的教育水平、精神追求和道德修养。以人为本是贯穿于构建和谐海洋社会的一条基本原则。只有坚持以人为本,才能真正实现人与人自身的和谐发展。坚持以人为本,创造和谐的人人互动关系是建设海洋社会的最佳方式。

(三)人类实践活动是海洋社会最显著的特征

人类对海洋的实践活动有一个由浅入深螺旋式的上升过程,对海洋的认识和实践从来没有停息,并将一直进行。人类对海洋的实践活动按照规模和程度,从时间上可分为三个阶段:第一阶段,远古时代直到公元 15 世纪,海洋作为兴渔盐之利和通舟楫之便的阶段;第二阶段,从公元 16 世纪的航海大发现直到 20 世纪第二次世界大战,海洋作为世界航运的重要通道;第三阶段,第二次世界大战以后,海洋成了人类拓展生存与发展的重要空间。

人作为"社会人",人类的海洋开发行为或人的涉海行为,受时代的局限性和利益的引导。海洋社会的变迁集中到一点就是人类自身实践活动的发展变化。中国指南针的发明拓展了人类航海的半径,明朝时期的郑和是世界地理大发现的伟大先驱;面对"21世纪是海洋世纪"的时代特征,我们唯有更好地发展、利用海洋,保护好海洋,创造更加灿烂的海洋文明,保证人类可持续发展所需要的财富和资源。所以,作为海洋社会最显著特征的人类实践活动,要把握好实践活动的方向和力度。这不仅是对海洋的关怀,也是对人类自身的终极关怀。

(四)和谐与共荣是人与海洋社会的崇高理想

海洋是人类共同的家园,我们要培养公民爱护海洋的理念,关注海洋生态变化,使海洋社会的发展更为健康、有序。然而进入工业时代以来,海洋生态环境恶化威胁到海洋社会的发展和海洋产业的增长。海洋生态平衡的打破,一般来自两方面的原因:一是自然本身的变化,如自然灾害;二是来自人类不合理的、超强度开发利用海洋生物资源的活动。

海洋文化对构建人与海洋和谐相处的关系,保护海洋生态环境和资源,保持海洋经济的可持续发展具有极为重要的促进作用。因此,大力弘扬海洋文化,提高各民族的海洋意识,保护好我们的"蓝色家园",促进海洋经济的繁荣,带动海洋产业的发展,以海洋经济的繁荣来维护海洋环境的生态平衡,以海洋生态环境的良性循环促进海洋社会的更大发展,各个单元环环相扣,互相支撑。以此,最终形成一个和谐共荣的海洋社会。

到此,本书对海洋社会学研究对象的第一层次——包括海洋社会的内在变迁、海洋社会的外在关照及海洋社会的人类属性等三方面的基本内容,均已作了初步的论述。这些论述,所讲的都是海洋社会学研究对象的主轴部分之一,主要是从主轴的历史维度来探讨海洋社会的内在变迁、外在关照和人类属性及其互动之规律,并为本书从第八章开始的海洋社会学研究对象的第二层次作出了基本的辅垫。

参考文献：

1. 张开城、马志荣主编：《海洋社会学与海洋社会建设研究》，海洋出版社2009年版。
2. 范英：《社会与文明漫说》(1981—2000)，中国评论学术出版社2009年版。
3. 杨国桢：《关于中国海洋经济社会史的思考》，《中国社会经济史研究》1996年第2期。
4. 庞玉珍：《海洋社会学：海洋问题的社会学阐释》，《中国海洋大学学报(社会科学版)》2004年第6期。
5. 崔凤：《海洋社会学：社会学应用研究的一项新探索》，《自然辩证法研究》2006年第8期。

思考题：

1. 如何理解海洋社会的自然属性与社会属性？
2. 如何理解海洋社会与陆地社会的人类属性的异同？
3. 简谈海洋社会的人类属性之美。

摇橹作笔　玄机映日　画成生猛新世界
把海为家　极目苍天　铸就历代弄潮儿

第八章　海洋环境:海洋社会的生力摇篮

海洋是人类生命的发源地。人类的产生、居住、生产、迁徙和发展多依赖于海洋,与海洋自然环境息息相关。同时,人类的涉海行为又赋予了海洋新的生命力,使其具有社会属性,构成了具有鲜明特色的海洋社会环境。本章将着重从海洋环境是海洋社会存在和发展的生力摇篮这个基本视角,来界定海洋环境的相关概念,进而论述海洋环境的主要类型、基本特征以及对海洋社会所具有的重要功能。

第一节　海洋社会是海洋环境的社会

本节将主要阐述海洋环境的基本概念、影响海洋环境的因素、海洋环境与陆地环境的异同、海洋环境与人类关系的变迁,重点在于从社会学的研究范畴对海洋环境重新释义,并从横向和纵向对其内涵和发展轨迹进行比较分析,以期在总体上对海洋环境有清晰的认识。

一、海洋环境的基本内涵

海洋环境在学术领域并没有一个确切的定义,在许多阐述中它甚至等同于海洋生态、海洋资源。从社会学的角度出发,本书所定义的海洋环境不仅包括自然属性,还包括社会属性,以期全面考量海洋环境的丰富内涵。

(一)环境的一般定义

环境是相对于某一中心事物而言的,环境因中心事物的不同而不同,随中心事物的变化而变化。围绕中心事物的外部空间、外部条件和外部状况,构成中心事物的环境。除个人以外的一切都可以是环境,每个人都是别人环境的组成部分。人类活动对整个环境的影响是综合性的,而环境系统也是从各个方面反作用于人类,其效应也是综合性的。人类与其他生物不同,人类不仅以自己的生存为目的来影响环境、使自己的身体适应环境;还会为了提高生存质量,通过自己的劳动来改造环境,把自然环境转变为新的适合自己的生存环境。因此,通常所说的环境就包含着自然环境和社会环境两层含义。

(二)海洋环境的定义

尽管总的来说,海洋是一个连续整体,但由于研究海洋的出发点不同,其环境要素也会有很大区别,因此对"海洋环境"概括出一个完整的定义是有困难的。有些学者根据不同的侧重点,对海洋环境进行了不同意义上的定义,但大多都是从海洋环境的自然要素上进行定义的。如蔡守秋认为:"从环境科学或环境保护的角度出发,人们将海洋称为海洋环境,海洋环境并不是指海洋周围的环境,而是海洋本身,正如将大气作为大气环境一样。"[1]张皓若认为:"海洋环境是指地球上连成一片的海和洋的总水域,包括海水、溶解和悬浮于水中的物质、海底沉积物和生活于海洋中的生物。"[2]韩德培则认为海洋环境是:"指地球表面除内陆水域以外的连成一片的海和洋的总水域,包括海水水体、海洋生物、海底、海岸和海水表层上方的空间等组成的自然综合体,溶解和悬浮于海水中的物质、海底沉积物属于海洋环境的组成部分,还包括入海河口区域、滨海湿地和与海岸相连或通过管道、沟渠、设施,直接或间接向海洋排放污染物及其相关活动的沿海陆地区域。"[3]这是目前所有有关著述中对"海洋环境"较完整、较全面的定义。

---

[1] 蔡守秋、何卫东:《当代海洋环境资源法》煤炭工业出版社2001年版,第3页。
[2] 张皓若、卞耀武主编:《中华人民共和国海洋环境保护法释义》,法律出版社2000年版,第3页。
[3] 韩德培主编:《环境保护法教程》,法律出版社2005年版,第250页。

(三)本书所指的定义

由于没有统一的定义,在表述海洋环境时,回避给"海洋环境"一个直接定义的居多。如果从社会学视角去理解海洋环境,海洋环境则应是海洋社会的生力摇篮。它不仅指影响海洋社会生存和发展的各种天然的和经过人工改造的自然环境,还应包括与海洋有关的经济、政治、文化、军事、外交、法规等社会环境。因此,本书所定义的海洋环境除了包括由"海洋水体、生活于海洋中的海洋生物、海底沉积物,海底和海水表层上方的空间,岛屿,入海河口区域、海峡、海岸等与陆地相连接的地理空间"等要素所构成的海洋自然环境,还包括人工环境和社会环境,这些要素构成各个独立的、性质各异而又服从总体演化规律的基本环境要素组合。

(四)必须注意的关系

人们对海洋环境、海洋资源、海洋生态等关系的认识,在理论和实践上也并不一致,往往存在着混乱。中国《海洋环境保护法》对"海洋环境"、"海洋生态"、"海洋资源"等概念也没有做出明确的定义,使用上也存在很大的模糊:生态时而指环境,环境时而指资源,资源又时而指环境。事实上,海洋资源是指蕴藏在海洋中对人有用或有使用价值的成分;而海洋生态是指海洋生物生存和发展的基本条件,海洋生态环境平衡则是衡量海洋环境是否处于良好状态的标志。因此,三者相比而言,海洋环境是一个含义最为广泛的概念,侧重于整体,体现了自然的生态属性和社会属性;海洋资源是海洋环境的组成部分,体现的是自然的经济属性;海洋生态指的是海洋生物生存和发展的环境,是海洋环境的一部分。

二、海洋环境的影响因素

影响海洋环境的因素是错综复杂的,有内在和外在的因素,有自然和人为的因素,其中最重要的是自然、人口、制度和技术这四个因素。

(一)自然

自然要素是形成海洋环境的最基本条件,且一直在不断变化和自我演化的,包括海洋上的大气、海洋水体、土地、海洋生物等物质因素。生命的起源和早期演化依赖于海洋,海洋对生命的形成和进化提供了必要的物质基础和生活环境,也为人类生存和发展提供了必要的自然基础,可以说,没有自然条件,就没有海洋社会。但是,自然又具有局限性,首先是容易发生不可避免的天然灾害,如台风、地震、火山爆发、海啸、海岸坍塌等。其次,其所蕴藏的资源并不是取之不尽的,当被过度开发、破坏污染或超过承载的人口极限时,可能会造成资源枯竭或环境失衡。

(二)人口

影响海洋环境的人口因素主要有人口数量、人口质量和人口迁移等。由于环境的承载力是有限的,因此人口数量过多对海洋环境质量的影响是十分明显的。首先,人口过多就意味着对土地、水、电、金属等资源的需求大,会加大资源的开发程度,加剧资源的消耗速度,使人类面临巨大的环境负荷压力;其次,人口过多意味着排放物较多,造成环境污染的可能性大,如果超过环境的自净能力,环境污染会加速,如目前赤潮发生的频率越来越高。人口分布也影响着环境质量,事实上,对于海洋环境质量来说,影响的最主要因素不是人口数量,而是人口素质。环境观和发展观决定着人们的行为,素质较高的人有正确的环境意识,在发展经济的同时能够重视环境保护工作,形成人口与环境的良性循环,而素质较低的人,难以形成正确的环境意识,可能对环境造成极大的破坏,如发达国家的海洋环境往往比还处在工业阶段的国家保护得好。人口迁移一般是从自然环境差的地方迁移到自然环境好的地方,从经济落后的地方迁移到经济发达的地方,迁移带来的影响有正面的,也有负面的。一方面,人口迁移可以促进迁出地和迁入地之间的联系,有利于社会的发展,提升社会环境的质量;另一方面,有利于缓解迁出地的人地矛盾,使迁出地环境得以修复,但也有可能加剧迁入地的人地矛盾,加剧迁入地环境的破坏与污染。如改革开放以来中国西部内陆农村的大量人口流向东部沿海地区,缓解了农村地区的人地矛盾,在促进两地经济发展的同时,也引发了沿海地带自然环境质量的下降问题。

(三)制度

制度是指为满足人类的生存需要而形成的社会关系以及与此

相联系的社会活动的规范系统,如政治制度、经济制度、文化制度、教育制度、宗教制度等,人类依靠制度来衡量和约束自己的行为。制度的建立对海洋环境的保护有着非常重要的意义,在海洋社会发展过程中,社会交往逐步形成稳定的模式并且制度化,根据现实需要适时进行制度改革,以新代旧,这些都深刻影响着人类的社会生活,也影响着人的涉海行为,从而影响着海洋环境。例如,把海洋设置为国家管辖和国际管辖区域,划分海洋国土,对维护海洋权益、开发与保护海洋环境有重要作用。

(四)技术

技术是人类对自然、社会进行控制、改造、协调和利用的知识、技能、手段和方法的中介,它是影响环境质量最活跃的可变因素。从工业革命之前以自然物的简单变形为主的渔具、渔船等传统技术,到工业革命之后以机器劳动代替手工劳动为代表的电力技术,再到当代社会的计算机技术、生物技术、新材料技术、激光技术等现代技术,技术始终贯穿于整个人类活动,成为人类驾驭海洋的必要工具。技术对海洋环境的影响是动态的,工业革命前即技术发展的前期,人类采用技术的目的是利用环境而不是有意识的改变环境,产生的正面效应明显;而随着科学技术的迅速发展,工业革命以后人类利用技术的范围和程度不断扩大、加强,对环境的不良改造有时带来的是毁灭而不是繁荣。因此,如何依靠技术去节约自然资源、改善海洋环境是人类将要长期面对的一个命题。

三、海陆两种环境的比较

地球分为海洋和陆地,相应的,地球环境也分为海洋环境和陆地环境,由于构成不同,两者具有显著的区别特征,但在某些方面两者又具有环境的共性,并且互相依赖、互相影响、共依共存。

(一)海洋环境本身固有的自然特征不同于陆地

海洋环境以水为主体,而陆地环境是以陆地为主,两者面积比例约为7:3。海洋不仅面积广大,而且相互连通,各大洋之间都有宽阔的水域或者较狭窄的水道相连,即使是比较封闭的内陆海或陆间海,也都有海峡与其他海或洋相通。世界上的陆地却都被海洋环抱着,相互之间被隔离开来,除欧亚大陆和非洲大陆、南北美洲大陆之间有狭窄的地峡相连外,其他大陆都被水域所包围。在气候上,海洋性气候的年、日变化都比较和缓,年温差和日温差都比较小,降水量的季节分配比较均匀,多云雾天气,湿度大;而大陆性气候刚好相反。海洋底部分为沿海陆地、大陆架、大路坡、洋盆、海岭和海沟等部分,陆地分为平原、高原、丘陵、山地、盆地五种地形。海洋水是咸水,而江河水是淡水;海洋水体较深,拥有陆地上没有的动物和植物,且种类比陆地繁多。影响海洋生态的环境是湿地和海洋,而影响陆地生态的环境是森林、草原、荒漠和冻原。

(二)海洋人与自然环境的互动形式不同于陆地

地理环境的差异性、自然资源的多样性,是人类分工的自然基础,这造成各地域、各民族不同的物质生产方式。而不同生产方式的差异,导致文化类型的不同,直接影响着各地域人群的生活方式与思维方式。沿海居民生活在陆地上,生活、生产却与海洋密切联系,食物多为海产,从事的多为渔业劳动,交易行为却在陆地上进行。而陆地居民生活、生产、交往都在陆地上,从事的多为农业劳动等。

(三)海洋人所处的海洋社会环境也不同于陆地

由于自然环境的差异,海洋社会和陆地社会形成的社会环境也有很大差异。海洋社会是一种开放性社会,因海洋的广阔与一望无际而表现出大气与开放姿态,又因海洋无法私人占有而形成平等观念,密切了人际关系,在行为、文化、意识和制度等方面具有多元性、重商性、兼容性、开拓性。海洋居民更具有冒险精神,注重与异域异质群体的交流与互动,其内涵包含近代的民主理念、平民意识与自由思想。借助海洋的四通八达,文化传播速度快,社会进步快,它不仅具有地域性与民族性,更具有时代性与世界性。而陆地社会是一种相对封闭性的社会,具有厚重性、重农性、精致性、稳定性,陆地文化因受山岭江河阻隔而造成狭隘性与封闭性,曾因对土地的私人占有而产生封疆与世袭观念,又因土地占有的面积大小形成社会等级制度。

(四)海洋环境与陆地环境两者又是相互依存的

海洋环境与陆地环境构成了整个地球环境,其中海岸带是海洋向陆地的过渡地带,是沿岸地域人类活动最频繁的区域。海洋与陆地相互依赖、相互依存,如海洋的污染源不仅仅来自沿海地区,更包括内陆的大江大河,内陆源污染加剧,海洋也会受到影响。陆地社会和海洋社会代表人类文明两个不同的发展阶段与发展水平。早先,人类只能在陆地从事生产与生活;随着生产力水平的提高,人类开始从陆地走向海洋,使陆地与陆地沟通,促进航海与商品贸易的发展。随着社会的不断发展,海洋社会与陆地社会之间的差异会越来越小,彼此相互依赖的程度会越来越大。

四、海洋环境与人类发展

自然环境与人类是一个有机联系的系统,环境与人类社会通过不断地进行物质、能量和信息等的交换而相互作用、相互影响。自从有了人类,自然环境就不断被烙上人类活动的印记。海洋社会在人类认识海洋、利用海洋、征服海洋的过程中不断地成长和发展。同时,海洋也在不断地塑造着人类及人类社会本身。按照历史的发展阶段来分,人类与海洋环境的关系大致可以分为原始社会、古代社会、近代社会、当代社会四个阶段。

(一)原始社会

在人类社会的早期,人类对海洋完全是依赖关系。人类最初是在海岸附近活动,生产活动是从海边采拾贝类,以海贝肉为食物。如在中国辽东半岛至广东沿海地区,都发现了许多新石器时代人类留下的"贝丘遗址",包含了大量古代人类食剩而抛弃的贝壳残遗。原始时期人类涉海行为较少,以维持最基本生存的活动为主。但沿海的人们也开始尝试利用独木舟等简单船具在海岸带从事渔猎活动,迫于生存压力,少数的原始部落还逐步发展成长途的漂流跋涉,进而到达原先并无人居住的海岛和大陆。总而言之,这一时期的海洋主宰与支配着人类,显示出巨大的神秘感和不可战胜感,人类只是单纯依赖自然环境,人类只是自然界的一部分。

(二)古代社会

海洋是生命的摇篮,孕育了古代蓝色的世界。古代社会前期的人类已具备一定的海洋知识,不仅在沿海地区进行航海活动,还利用渔盐之利、舟楫之便,进行经济、政治、文化的交流,海洋社会得到快速发展。但这个时期海洋社会对海洋的实践有限,人类及人类社会都深受其所处当地环境的影响,被其所处的环境规定着、限制着。世界各国航海活动的航程还很有限,都只是在从本国海岸出发的就近航海,亚洲和欧洲之间并未直接沟通的海上航路,亚洲人或欧洲人都没有直航美洲或大洋洲。虽然古代社会对海洋环境的开发程度较低,但海洋广阔的水体已经成为海上通道和海洋国家争夺的战场。到古代社会的地中海时期,海洋活动主要是通过军事手段控制海上交通线、发展海外贸易等。葡萄牙人、西班牙人的大航海行动发现了新大陆,开辟了新航线,也促进了经济和资本主义的发展,促进了海外贸易、海上掠夺以及工业和海军的发展。

(三)近代社会

到了近代,人类更加积极地探索海洋,依托海洋创造了较发达的工业社会。工业革命之后,人类利用海洋的能力和开发海洋的速度迅速提高,海洋环境变成了工业器械所指向的对象。在工业社会和资本主义时代的价值观念和语词环境中,人类不再是自然环境的一部分,而是与自然环境相对并凌驾于自然环境之上的统治者和征服者。随着欧洲殖民者对殖民地的开发和对全球市场的掠夺进入高潮,联系各大洋的货船、油轮、军舰在各大洋频繁穿梭,推动着资本主义经济迅猛发展,也对世界整体格局产生了空前的改变,塑造了当前世界人口分布、经济、政治、文化格局的雏形。西欧由于对海洋的控制,成为了世界政治、经济、文化的中心,各大资本主义强国围绕海洋霸权的竞争也空前激烈。

(四)当代社会

人类进入当代社会后,尤其是 20 世纪中叶以来,随着生产力的发展和科学技术的进步,海洋开发和利用技术的革命性进步使海洋和人类的关系更为密切,海洋对人类的作用超出任何时代。尤其是二次大战后,大量新兴沿海国家和地区迅速崛起,以得天独厚的开放优势,在实力方面超过了内陆国家和地区。这一时期的海洋环境开发主要是围绕海洋资源的开发利用进行的。海底矿产资源开发、海洋水产资源开发、海洋能的利用等均进入了前所未有的新阶段。

对于海洋资源的开发利用,各海洋强国更多的以政治和外交为主,辅之于军事手段争取海洋霸权,并在此过程中形成了现代的世界海洋制度体系,调和着各种矛盾,也从根本意义上确保了和平的海洋环境。

第二节 海洋环境的基本类型与特征

在海洋环境的基本构成要素中,既有海洋自身的地理、生物、物理、化学等常态环境,也包括由个人、组织、群体、社会所构成的动态环境。因此,根据海洋环境的属性特征,我们先把海洋环境划分为自然环境、社会环境和人工环境三大方面,然后再论述海洋环境的基本特征。

一、海洋自然环境的主要类型

海洋自然环境是指环绕于人类周围的由海洋水体、生活在水中的海洋生物,海底及海底沉积物、海岸和海水表层上方的空间等组成的自然综合体,还包括岛屿、入海口、海峡、海岸等与陆地相连,直接或间接与海洋发生物质能量交换及其相关活动的地理空间。

(一)海洋上空及大气

海洋上空是大气,海洋在水分循环中向大气提供大量水分,世界海洋每年蒸发水分达45万立方千米,其中约90%的水汽直接在海洋上空凝结,并以降水的形式返回海洋。[①] 同时,海洋吸收地球上的一半太阳辐射能,然后以长波辐射、潜能和感热的形式向大气输送热量,从而推动大气运动。此外,风也是海洋上空的重要组成部分,分为海风、陆风和海陆风。在海陆交界的小范围内,白天大气底层海面气压高于陆地,在不考虑其他因素的情况下,空气总是从气压高处流向气压低处,风从海面吹向陆地,形成海风;而晚上则相

---

① 百度文库:http://wenku.baidu.com/view/801d6842a8956bec0975e3e0.html, 2010年8月24日访问。

反,低地层气流从陆地吹向海面,形成陆风,在一定高度以上也有海上吹向陆地的相反气流,即海陆风。

(二)海洋水体及生物

广阔的海洋水体是海洋环境的最重要构成部分,是各类海洋生物的生存空间。它是由水、盐离子和其他溶解质组成的,其中氯化钠是重要成分。海水的温度决定于能量辐射过程、大气与海水之间的热量交换和蒸发等因素。大洋中浅表水温范围为－2℃—30℃;深层水温大体为－1℃—4℃。海洋水温在垂直方向上,上层和下层截然不同。上部在 1000—2000 米的水层内,水温从表层向下层降低很快,而 2000 米以下则水温几乎没有变化。① 在各种力的作用下,海水不停运动着,波浪、潮汐和海流等都是海水的运动形式。

生活于海洋水体的海洋动物与海洋植物使海水有了生命和多元的价值,它们形成了庞大而完整的海洋生态环境。海洋植物是海洋中利用叶绿素进行光合作用以生产有机物的自养型生物,属于初级生产者。海洋植物门类甚多,可以简单地分为两大类:低等的藻类植物和高等的种子植物。从低等的无真细胞核藻类(即原核细胞的蓝藻门和原绿藻门),到具有真细胞核(即真核细胞)的红藻门、褐藻门和绿藻门,及至高等的种子植物等 13 个门,共 1 万多种。② 海洋动物是海洋中异养型生物的总称,是海洋重要的生命支持系统。现知海洋动物有 16 万—20 万种,门类繁多,各门类的形态结构和生理特点可以有很大差异。微小的有单细胞原生动物,大的有长可超过 30 米、重可超过 190 吨的蓝鲸。③ 海洋动物分布极广,从海上至海底,从岸边或潮间带至最深的海沟底,都有海洋动物。按生活方式划分,海洋动物主要有海洋浮游动物、海洋游泳动物和海洋底栖动物三个生态类型,分别是指:随水流而漂动的或游泳能力很弱的小型动物;海洋生物中能够主动游泳活动的生态类群;生活在海底

---

① 百度百科:http://baike.baidu.com/view/1105700.htm,2010 年 5 月 27 日访问。
② 百度百科:http://baike.baidu.com/view/135513.htm,2010 年 12 月 29 日访问。
③ 中文百科在线:http://www.zwbk.org/MyLemmaShow.aspx?lid=153915,2011 年 4 月 30 日访问。

(泥)内或海底上的动物生态类群。在海洋生物各种生态类群中,底栖动物的种数最多。

(三)海洋底部及层次

海洋底部的地势起伏并不亚于陆地,既有坦荡的平原,又有雄伟的山脉和深度超过万米的深渊。根据地形和物质来源特点,可把海洋底分为大陆架、大陆坡、洋底、海洋沉积物四部分。大陆架是围绕大陆和岛屿的浅海区,是陆地向海洋自然延伸并被海水淹没的部分,坡度极为平缓,海水很浅,一般深度不超过200米,坡度一般为1°—2°。全世界大陆架面积约为2712万平方千米,占海洋总面积的7.5%左右。目前世界上的石油产量有20%来自大陆架。大陆架上的水域也是海洋生物资源最丰富的地方。世界上的渔获量有90%来自大陆架上面的水域。大陆架并不是永远不变的,它随着地球地质演变,不断产生缓慢而永不停息的变化。

大陆坡是在大陆架外侧一个陡急的斜坡,它是大陆架与洋底的过渡地带,宽度20—100千米不等,总面积和大陆架相仿。大陆坡上往往有深切的峡谷地形,规模可起落数千米,超过陆地上最大的峡谷。大陆坡是大陆的边缘,故其底部才是大陆与大洋的真正分界,以上为海底,以下为洋底。

洋底是大洋的主体,占海洋总面积80%左右。洋底的起伏形态与陆地一样,十分复杂,但分布很有规律。在各大洋的中部,都有一条高峻脊岭,它们彼此相接,全长约八万千米,贯通四大洋,统称大洋中脊。大洋中脊的两侧,便是广阔的大洋盆地,海深一般有4000—5000米,海盆底部特别平坦,称为深水平原,在大洋盆地中分布面积最广。[1]

此外,海底和洋底上面覆盖着由多种海洋沉积作用所形成的海洋沉积物,根据沉积物的来源,可以把海底沉积物分为两类:大陆边缘沉积物和远洋沉积物。大陆架和大陆坡的沉积物大多是陆源沉积物。

---

[1] 以上两段数据均来自于百度百科:http://baike.baidu.com/view/1105700.htm,2010年5月27日访问。

(四)岛屿及海洋空间

狭义的海洋环境往往局限于海洋本身,事实上,海洋环境还应包括岛屿、入海口、海峡、海岸等与陆地相连的海洋空间,它们是海洋环境的重要构成部分。岛屿是指比大陆面积小,四面被海洋包围、高潮时露出水面、自然形成的陆地。彼此相距较近的一组岛屿称为海洋群岛。全球岛屿总数达5万个以上,总面积约为997万平方千米,大小几乎和中国面积相当,约占全球陆地总面积的1/15。海洋中的岛屿面积大小不一,小的不足1平方千米,称"屿";大的可达几百万平方千米,称为"岛"。[1] 按成因可分为大陆岛、海洋岛或火山岛、珊瑚岛和冲积岛。按岛屿的数量及分布特点可分为孤立的岛屿和彼此相距很近、成群的岛屿(群岛)。

入海口是指河水流入海里的入口,即淡水和海水混合的区域,一部分地域为陆地,一部分地域为大海。入海口区域是淡水和海水交融的地方,所以盐份浓度变化无常。入海口海水部分可以形成三角洲、入海口、海滩等。海峡是指两块陆地之间连接两个海或洋的较狭窄的水道,通常位于两个大陆或大陆与邻近的沿岸岛屿以及岛屿与岛屿之间。其中有的沟通两海(如台湾海峡沟通东海与南海),有的沟通两洋(如麦哲伦海峡沟通大西洋与太平洋),有的沟通海和洋(如直布罗陀海峡沟通地中海与大西洋)。海峡一般深度较大,水流较急。据统计,全世界共有海峡1000多个,其中适宜于航行的海峡约有13个,交通较繁忙或较重要的只有40多个。[2]

海峡是由海水通过地峡的裂缝经长期侵蚀,或海水淹没下沉的陆地低凹处而形成的,一般水较深,水流较急且多涡流。海峡内的海水温度、盐度、水色、透明度等水文要素的垂直和水平方向的变化较大,底质多为坚硬的岩石或沙砾,细小的沉积物较少。海岸是海洋和陆地相互接触、相互作用的地带,世界海岸线全长约44万千米,由潮上带、潮间带和水下岸坡三个部分组成,是海洋向陆地的过渡地带。它包括海水运动对于海岸作用的上限及其邻近的陆地,以

---

[1] 百度百科:http://baike.baidu.com/view/94076.htm,2011年5月13日访问。
[2] 百度百科:http://baike.baidu.com/view/94125.jsp,2010年12月28日访问。

及海水对于潮下带岸坡剖面冲淤变化所影响的范围。[①]

海岸带作为第一海洋经济区,其生态系统具有复合性、边缘性和活跃性的特征。陆海两类经济荟萃,生产力内外双向辐射,因此成为社会经济地域中的"黄金地带"。其中,海岸带中的滨海带被称为"海洋第一经济带"。

二、海洋社会环境的主要类型

社会环境是指由人与人之间的各种社会关系所形成的环境,包括政治、经济、文化、军事、外交、法规等方面。在人类社会漫长的实践过程中,人类通过与海洋的互动,形成了以观念、制度、行为准则等为内容的各种非物质要素,这些要素共同有机构成了海洋环境中的社会环境,并且与陆地社会具有明显的差异性。

(一)经济环境

经济环境,主要是指一个国家或地区的社会经济制度、经济发展水平、产业结构、劳动力结构、物资资源状况、消费水平、消费结构及国际经济发展动态等。海洋经济不仅包括为开发海洋资源和依赖海洋空间而进行的生产活动,还包括为开发海洋资源及空间而进行的直接或间接的相关服务性产业活动,这样一些产业活动而形成的经济产业集合均被视为海洋经济范畴。具体来讲,海洋产业包括直接从海洋获取产品的生产和服务;直接从海洋获取的产品的一次性加工生产和服务;直接应用于海洋和海洋开发活动的产品的生产和服务;利用海水或海洋空间作为生产过程的基本要素所进行的生产和服务等。由此可见,海洋经济为海洋社会的发展提供了良好的物质条件。

(二)政治环境

海洋政治,即围绕海洋的国家为维护本国海洋利益而处理本国内部以及与其他国家的关系时所采取的直接的策略、手段和组织形式。海洋政治的核心是争夺或维护海权。海权是一个国家的海洋

[①] 百度文库:http://wenku.baidu.com/view/a2042cea6294dd88d0d26bdc.html, 2011年2月23日访问。

权利、海洋利益和海上力量三位一体的复合体系。第二次世界大战之后,传统海洋制度衰落,新的安全威胁出现,海洋政治的主题远远超出传统范畴,从控制海权到追求海洋利益的多元化,各种海洋问题如跨国捕鱼、远洋航运、海底资源的开发与分配,海域和大陆架的划界,海洋污染与生态保护,海洋科学研究,打击海盗、偷渡、海上恐怖活动等,在国际事务中日益突出,逐渐成为国际政治领域的重要主题。可以说,海洋政治均围绕着涉及海洋的相关权益而展开。

(三)文化环境

海洋文化是人类文化中具有涉海性的部分,是人海互动的产物和结果。构成海洋文化的两个基本要素是"人"和"海",两者互动而产生的非物质文化,包括语言、文艺、知识、宗教、科技、观念和习惯等,全面体现了人海关系中的认识关系、实践关系、价值关系和审美关系。海洋文化崇尚力量的品格,崇尚自由的天性,具有强烈的个体自觉意识、竞争意识和开创意识。海洋文化是人类在特定环境下主观意识的反映样态,在于人与海的关联和互动,在于海洋的"人化"和"化人",海洋文化的产生和发展不仅是人类改造海洋自然环境的过程,也是改造人类自身的过程。

(四)综合环境

海洋社会环境除了包含经济、政治、文化三大方面外,还包括海洋军事、外交、法规等方面,他们独立而又交织在一起,共同构成海洋社会的综合环境体系。海洋军事历来是海洋社会的重要内容,通过海洋军事活动可以达到捍卫国土安全的目的。海洋军事是一个国家海洋战略的支柱,海洋利益的多少往往与投入的海上力量成比例,具有强大海军的国家必然受到邻国尊重。海洋军事不仅保障了海洋主权和管辖权的依法行驶,还为海上运输、远航捕捞、海上开发、研究等方面提供了坚实后盾。海洋法规根据范围的不同可以分为国际海洋法规和国内海洋法规,分别对国际和国内各种海域的各种活动进行规范、建立秩序。海洋法规为维护国际和平,实现海洋事业的发展目标、战略方针提供了行动准则,有利于正确处理海洋国际问题,维护本国海洋权益,并有效促进海洋开发和国际、部门之间的合作。海洋对于各国的意义不仅是军事上和法规上的,还包含更多经济、政治、资源等多方面的利益,因此海洋外交成为处理国家间海洋事务,建立国际关系不可或缺的交往方式,海洋外交具有悠久的历史,是国家之间、区域之间沟通的桥梁。

虽然上述社会环境在海洋社会的发展中发挥着不同的作用,但它们并不是孤立存在的,他们相互影响、相互渗透,社会环境的整体功能一定是建立在这些相互关联的部分之上的。如海军可以根据国家需要随时应召集结到某一地区形成威慑力量,对国家的政治和外交影响甚深。

三、海洋人工环境的主要类型

通俗地说,人工环境是指为了满足人类的需要,在自然物质的基础上通过人类有意识的社会劳动,对自然物质进行加工和改造所形成的环境或人为创造的环境。人工环境与自然环境的区别,主要在于人工环境对自然物质的形态做了较大的改变,使其失去了原有的面貌,是人类智慧与物质相结合的成果。海洋社会为适应和充分利用海洋而创造的人工环境主要包括聚落环境、生产环境、交通运输环境和人文环境。

(一)聚落环境

聚落是人类聚居和生活的场所。聚落环境是人类有意识地开发利用和改造自然而创造出来的生存环境。海洋社会的聚落环境经历了从散居到聚居,由村落发展成为城市的变化过程,在这一变化过程中形成了各种形式的聚落环境,根据性质、功能和规模可以将聚落环境分为院落环境、村落环境和城市环境。

海洋社会的院落环境经历了从低矮的平房到明亮的楼房或商品房的转变。村落环境具有人口不多,生产资料丰富,自然环境优越的特点,一般是以渔村的形式存在的。沿海城市是随着海洋社会发展到一定阶段,生产力和生产关系的改变所带来的人口聚居场所的变化,沿海城市因海而生、因海而兴,体现了人类开发海洋的成果。沿海城市往往扮演着联系国内外的桥梁、吸收外资的基地以及先行者、试验场等诸多重要的角色。

(二)生产环境

海洋作为联结五大洲的天然通道,具有显著的开放优势。在现代化的进程中,沿海区域显然是一个国家开放的窗口和联结国际间相互贸易的纽带和桥梁。由于国家和地区对外贸易的需要,许多沿海城市建起对外开放港口、自由贸易区、保税区和高科技园区,近岸海域成为资本输出、对外贸易和吸引外国投资的集中区域。20世纪60年代以后,跨国公司为了实现生产空间优化,在发展中国家建立了许多沿海生产的加工区。亚洲、加勒比海国家和非洲国家也都鼓励建立沿海经济开发区。由于具有先天的开放优势,这些开发区的工业生产增加迅速,所在区域经济和社会发展水平都超过内陆地区。在人类未来的发展中,沿海区域将会发挥更大的作用。

海岸是海洋环境的重要构成部分,开发利用海岸的海堤、人工岛、围海工程等构成了海洋社会经济生产的重要人工环境。通过修筑海堤可以把湾口围起来,抽出海水,形成土地,或填土造地,变沧海为桑田。如日本就修筑了很多人工岛,在这些岛上建起工厂、仓库等,在东京湾内用城市垃圾填海,造出了18个小岛。中国上海的金山石化企业、福建和广东的一些发电厂都是在填海后的土地上建成的。

(三)交运环境

海港、人工海峡、跨海大桥、海底隧道是海洋社会在不断发展过程中开发海洋环境的重要工程,为各国和地区之间的交流发展提供了便利的条件。海港是水陆交通运输的枢纽,通过所拥有的水域和陆域以及相应的设施来集聚和分散货物和人流,起着控制的节点作用。当今世界上80多个国家和地区一共有海港9800多个。[①] 不论是在过去、现在还是未来,这些海港都推动着海洋社会的异地间联系交往与共同发展。海峡分为人工海峡和自然海峡,人工海峡又分为洲际运河和半岛运河。洲际运河是在两大洲的地峡上开凿的,如苏伊士运河和巴拿马运河,它们分别为大洋航行的咽喉要道。半岛

---

① 王诗成:《论实施国家海洋大通道建设工程》,海洋财富网,http://www.wangsc.com/wscwenzhang/ShowArticle.asp?ArticleID=14505,2008年10月17日访问。

运河是指在半岛上开筑的运河,如日德兰半岛的基尔运河。人工海峡使运输距离大为缩短,对海上交通运输的繁荣具有重大意义。随着现代海洋社会的蓬勃发展,人类对海洋空间的便捷交往也提出了越来越高的要求,跨海大桥、海底隧道等现代交通途径也就应运而生。这些工程建设既可以通汽车,又可以通火车,方便了海洋社会之间的交通往来,缩短了各地之间的距离。

(四)人文环境

人文环境是指人类各种文化活动所形成的物质和精神的环境要素的综合,包括精神文化环境和物质文化环境,这里所指的人工环境是物质文化环境。现代经济、技术、文化、艺术、科学活动场所等都属于文化环境,如音乐厅、展览馆、学校、图书馆、人文景观等。海洋社会的人文环境受海洋自然环境的影响,包括建筑、文化场所等,其中建筑包括文化遗址、古建筑、纪念地、博物馆等。

四、海洋环境具有的基本特征

海洋具有浩瀚的空间和漫长的海岸线,不同区域、不同时代的海洋具有不同的环境特点和之于人类的社会效用,从整体上概括,海洋环境具有外向性、整体性、权益性和鲜明的时代性等特征。

(一)外向性

海洋连接着五大洲的大大小小的岛屿与陆地,几乎每一寸海洋都是唇齿相依。海路由一滴滴海水铺垫,这种海洋水体的连续性与贯通性,使海洋环境具有天然的外向性。地球上的陆地全部为海洋所分开与包围,所以陆地是断开的,没有统一的世界大陆;而海洋却是连成一片,各大洋相互连通,它们之间的物质和能量可以充分地进行传递与转换,形成统一的世界大洋,成为地球上水圈的主体。海水的运动不仅使海水流动,而且同时输送能量和物质,促进了海洋生态的良性循环,影响着全球的气候。同时,各国领海、专属经济区和公海相互连通,造成各国之间的海洋环境开发利用具有相互依存性。

(二)整体性

海洋环境是一个内部具有相对一致性、外部具有独特性的庞大整体,构成要素之间相互联系、相互作用但不能相互替代。环境诸要素相互作用形成的总体效应是在个体效应基础上的质的飞跃,即这些要素如地貌、气候、水文、土壤等,不是简单地汇集在一起的,而是通过大气循环、水循环、生物循环和地质循环等一系列运动和能量的交换,彼此之间发生密切的相互联系和相互作用,从而在地球表面形成了一个特殊的自然综合体。而环境诸要素的相互作用和制约关系,则是通过能量在各要素之间的传递,或能量形式在各要素之间的转换实现的。此外,人类通过对自然环境的改造利用,可以形成人工环境,在探索自然环境的过程中,又形成具有非物质特性的社会环境。这个自然要素和非自然要素构成的综合体要大于组成该环境的各个要素性质之和。

(三)权益性

海洋环境的权益争夺历来是海洋社会的基本目标。古代的海洋争夺主要发生在一些封闭和半封闭的海域,如地中海、波罗的海、黑海以及中国黄海等海域。大规模的海洋争夺最早发生在地中海,这与地中海由欧、亚、非大陆三面环绕的环境有很大关系。进入15世纪后,西班牙和葡萄牙成为海上强国,航海技术的发展加快了对海洋环境探索的步伐,更多的岛屿和海域被发现,加剧了对海洋的争夺。随着18世纪资本主义工业革命的完成,资本主义的内在要求推动着资产阶级寻找新的原料产地和产品市场,开拓新的殖民地,海洋争夺进一步加剧,蔓延到整个海洋世界,领海和海峡成为争夺焦点。进入现代社会后,世界沿海国家纷纷以新的目光关注海洋,许多沿海国家把主权管辖海域作为"蓝色国土"加以开发、利用和保护,同时积极参与国际海底和大洋的勘探开发,向广袤的海洋索取陆地上衰竭和缺乏的战略资源,争夺在海洋上的有利态势和战略利益,从而激起了海洋空间权益斗争的热潮。

(四)时代性

海洋环境是相对于人类社会而言的,既包括海洋环境的自然属性,也包括海洋环境的社会属性。海洋环境的社会属性是人类与海洋互动过程中,人类对海洋环境认识、反映、利用的结果,离开了人类的涉海行为,海洋环境就只有自然属性。人类经历了被动适应、积极探索和能动开发、改造海洋的过程,而正是由于人类在不断的介入,海洋环境也在因社会的变迁而呈现出不同的时代特征,具有鲜明的时代性特点。

第三节 海洋环境对海洋社会的功用

海洋环境是海洋社会赖以存在的基础和前提,是人类涉海活动的舞台。海洋环境通过人类的创造性活动对海洋社会的发展起着至关重要的作用。以人类劳动为中介,海洋环境在各个不同阶段对社会发展都产生重要影响。按照自然环境、人工环境和社会环境对海洋社会不同的影响程度,可以把海洋环境对海洋社会的功用分为基本功用、延伸功用、高级功用、深层功用四大方面。

一、海洋环境的基本功用

海洋与陆地、大气共同组成了地球的基本环境,构成了人类生活和生产的基本空间。马克思主义认为,地理环境是生产力系统的重要组成部分,是社会发展的内在力量。对海洋社会而言,其存在和发展均是以海洋环境为物质基础的,它的存在和发展离不开海洋气候、海洋水体、海岸地带和丰富的海洋生物资源。

(一)提供海洋气候环境

海洋气候为海洋社会的存在与发展提供了最基本的条件,海洋气候的任何一点细微变化都可能深刻影响或改变海洋社会。海洋占地球表面积的71%,到达地球表面的太阳辐射能,约一半以上被海水吸收和贮存,然后海水向大气输送热量,推动大气运动,并向大气提供大量水分。海洋大气环流促进了南北之间或东西之间的热量和水分交换。同时,由于海洋中的植物吸收太阳能,使海洋能够进行光合作用,产生了人类生命所需要的氧气。地球上氧气的70%大约由海洋产生。此外,海洋产生的季风周期性地带来温暖湿润的气候,为农作物提供必须的水分。在海洋寒暖流交汇处的地方和有上升流的地方,则会形成大的渔场,为海洋社会提供了丰富的食物来源。

(二)提供临海群居地带

海洋社会依赖辽阔的海岸线和适宜生存的自然环境作为群居地。据考古证明,原始社会在五六千年前就是沿河靠海而群居的,古代文明古国的繁荣也大都离不开海洋环境的支撑,如面临大西洋和地中海的古埃及、依居地中海的苏美尔、傍居印度洋流域的古印度以及面对太平洋的古代中国。近现代以来,海洋社会发展迅速,沿海国家和区域的发展速度超过了以内陆国家和地区为代表的陆地社会。尤其是近半个世纪以来,沿海国家和地区以其临海和海港优势迅速崛起,使海洋社会成为世界上最有实力的区域社会。现在,整个世界呈向海洋靠拢之势,各国经济中心都开始向沿海移动,沿海地区的城市化进程加快,世界人口趋海移动加快,海洋环境成为人来社会越来越依赖的群居地。据统计,在距离海岸200千米以内的沿海地区,大约集中了世界1/2以上的人口,全世界有200多个百万人口以上的大城市,其中3/4都是集中在沿海地区;在全世界30多个400万人口以上的特大城市中,沿海城市就集中了80%。①

(三)提供广阔活动空间

广袤无垠的海洋,给海洋社会提供了巨大的活动空间,包括海岸、海面、海中和海底。由于海洋水体空间大,海洋运输的距离长、范围广,许多航线可以同时进行,海洋为人员和货物的往来运输提供了天然的交通要道。当陆地可供开发的土地资源日益减少之时,人们自然而然的把目光转向了海洋。当前,海洋空间利用已从传统的交通运输,扩大到生产、通信、电力输送、储藏、文化娱乐等诸多领域。海洋是重要的工业、矿业、渔业生产场所,人们在广阔的大洋中勘探、发掘矿物资源,在海上从事生产作业。同时,海洋还是人们重要的生活和文化娱乐活动空间,风光优美的海滨、海岛、海景是人们趋之若鹜的休闲胜地。

(四)提供丰富海洋资源

海洋蕴含了数量巨大的海洋生物、海洋矿物、海水化合物、海洋能等自然资源,是海洋社会存在发展的物质保障,人类通过生产

---

① 申长敬、刘卫新、左立平主编:《时空海洋》,海潮出版社2004年版,第32页。

劳动把这些资源变成财富,逐步繁荣海洋社会。海洋生物资源储量巨大。位于近海水域自然生长的海藻,年产量相当于目前世界年产小麦总量的 15 倍以上,如果把这些藻类加工成食品,就能为人们提供充足的蛋白质、多种维生素以及人体所需的矿物质。海洋中还有丰富的肉眼看不见的浮游生物,加工成食品,足可满足 300 亿人的需要。[①]

人类最早对海洋自然资源的利用是从海洋渔业开始的,海洋生物资源有着特殊的重要地位。海洋生物有力的弥补了人类陆地食物资源的不足,丰富了食物来源。据估计,在人类当前所利用的总动物蛋白质(包括饲料用的鱼粉)中,约有 12.5%—20%(鲜品计算)来源于海洋生物资源。[②] 到了近现代,随着社会生产力的飞速发展,人类对自然资源的需求量急剧提升,对海洋自然资源的依赖进一步加强,海洋自然资源的综合利用也日益深入和扩展,许多原先不能直接利用的资源日益得到重视,并发挥巨大的作用。比如在淡水资源紧缺的临海区域,成熟而经济的海水淡化技术为人们的日常生活提供了基本用水,包括海水冷却、海水脱硫、海水回注采油、海水冲厕和海水洗涤等海水直接利用技术日益得到推广和普及。与此同时,海水化学资源的综合利用也日益朝着精细化工的方向发展。

二、海洋环境的延伸功用

海洋环境是海洋社会存在和发展的物质基础,但是,人类也不是被动的利用海洋,而是充分发挥创造意识,能动的改造着海洋,挖掘海洋的潜能,使海洋环境进一步为海洋社会提供发展动力。

(一)围海造地,有效制造陆地

某些滨海区域人地矛盾激化,使人们将眼光投向大海,通过围海造陆来扩大陆地活动空间。对于山多平地少的沿海城市,填海是一个为市区发展制造平地的有效方法。不少沿海大城市,例如东京、香港、澳门、深圳及天津,均采用此法制造平地。根据不同的海

[①] 百度百科:http://baike.baidu.com/view/1720301.htm,2011 年 4 月 13 日访问。
[②] 百度百科:http://baike.baidu.com/view/205479.htm,2010 年 12 月 17 日访问。

域情况,在近岸浅海水域用砂石、泥土和废料建造陆地,通过海堤、栈桥或者海底隧道与海岸连接,这种新建陆地称为人工岛。世界上一些沿海发达国家如日本、美国、法国、荷兰等都已建造了人工岛。有些机场,如日本关西国际机场更是完全建设在人工岛上,仅有连络道与陆地连接。人类填海造地的历史十分悠久。荷兰人从13世纪起就开始围海造陆,目前,荷兰有1/5的国土是从海中围起来的,故有"上帝造海,荷人造陆"之称。日本早在11世纪就有了填海造地的历史记录,二战后,日本大规模填海造地的情况更为普遍。过去一百年来,日本一共造就了1200万公顷的土地,相当于两个新加坡的面积。澳门人多地少,沿岸有许多淤积成的浅滩,有的在落潮时能露出水面,澳门人将它们视为良好的后备土地资源,以满足发展居住、绿化、交通、工业、商业等建设的需要。一百多年来,澳门人利用填海造陆的办法使土地面积扩大了1倍。①

围海造陆是缓解人多地少矛盾的重要途径,但兴建海上城市,工程和费用巨大,需要以强大的国力作基础,在实施前需要经过充分的科学论证,特别是做好以水利工程为中心的配套建设。

(二)兴建海港,打造物流枢纽

目前,国际贸易总运量中的2/3以上,其中中国进出口货运总量的约90%都是利用海上运输。② 海上运输迅速发展,已成为人类发展经济和进行贸易往来的重要手段。随着海上运输的发展,港口也逐渐发展起来。海港是海上运输的起点与终点,是最大量货物的集结点,是现代物流的枢纽。

从世界港口发展历程来看,港口主要伴随着航运的发展而发展,一般将世界港口的发展划分为三个阶段。第一阶段是18世纪以前,当时的港口仅是作为从事船舶装卸活动的场所。第二阶段是从18世纪末至20世纪中叶,港口的功能已扩展到贸易领域和转口功能,即港口不再是为船舶从事装卸活动的场所,而且港口也是贸易活动的领地,为转口贸易提供便利条件。第三阶段开始于20世

---

① 申长敬、刘卫新、左立平主编:《时空海洋》,海潮出版社2004年版,第33页。
② 张淑芳:《中国贸易航线图》,《中国经营报》2009年10月31日。

纪50—60年代,伴随着工业技术革命的发展,港口工业迅速兴起,出口加工工业、自由贸易工业不断借助港口优势在港区内建设起来,将港口与城市发展、港口与出口加工工业等有机地结合起来,使港口成为集疏运中心、贸易中心、金融中心和工业中心为一体的综合性准政府区域。港口采取完全商业化的发展态势,逐渐发展成为国际贸易的运输中心与物流平台,主要业务范围从货物装卸、仓储和船舶靠泊服务,到货物的加工、换装及与船舶有关的工商业服务,进而扩大到货物从码头到港口后方陆域的配送一体化服务。港口逐步成为统一的,集运输与贸易一体化的经济共同体。

在港口发展过程中,受内外因素的影响,港口的规模、服务功能和范围可能有所变化。例如,荷兰的鹿特丹很早就是世界贸易的中心,之后,鹿特丹港又通过开凿连通北海的运河,改善水运条件而持续发展。鹿特丹利用中转散装货物的机能,发展了农矿产品加工业和造船工业,中继贸易也带动了腹地近代工业的迅速发展。第二次世界大战以后,西欧各国经济复兴,鹿特丹成为欧洲联盟的大门,港湾和航空设施得到完善,港口的中转机能更加突出。现在,鹿特丹是世界上最大的港口之一,其腹地覆盖了欧盟的半数国家。

(三)海水农业,向海洋要耕地

海水农业是指直接用海水灌溉农作物,开发沿岸带的盐碱地、沙漠和荒地。适合发展海水灌溉农业的地区一般是沿海荒滩和盐碱地以及沿海沙漠。"海水农业"迫使陆地植物"下海",这是与以淡水和土壤为基础的陆地农业的根本区别。目前,世界各国对海水农业的研究主要集中在两个不同的方向,一是通过基因工程提高普通农作物(如大麦和小麦)的耐盐性;而另一个研究方向是培育野生耐盐植物。

大面积推广海水灌溉农业,将大大缓解人类面对的淡水资源危机、可耕地资源危机以及土壤沙漠化危机。在滩涂地区大面积种植耐海水作物,可促淤造陆、减缓海水对海岸土地的侵蚀。同时,在一定程度上可减轻工业和养殖业对沿海滩涂和近海造成的污染,并能大量吸收二氧化碳,减轻温室效应,改善生态环境。因此,发展海水灌溉农业,在产生巨大经济效益的同时,更能带来无法估量的生态和社会效益,这必将引发海洋和农业产业的新一轮革命。

(四)发展渔业,实现海产增养

由于种种因素的影响,海洋中的主要经济鱼类和甲壳类的捕捞量已经接近或超过其资源的最大拥有量。从长远看,人类对海洋产品的需求仍在增加。因此,只有充分利用海洋空间,应用技术手段处理好保护与开发的关系,实现海产增养,海洋这个巨大的"蛋白质"仓库才不至于枯竭。海产增养技术主要包括以下几个方面:一是新养殖海水鱼类开发技术;二是人工苗种培育技术;三是颗粒饵料系列化技术;四是海洋增养设施的开发与研究;五是现代计算机技术、遥感技术等与水产养殖业的结合。

随着海水养殖业的发展,与之配套的海水养殖工程也有很大发展,并局部影响着海洋的鱼类资源分布和水文环境。当前,人工鱼礁技术对渔场环境的改造,为实现海底"田园化"发挥了重要作用。日本的大型组合鱼礁、美国的钻井平台和大型船体鱼礁的投放,把鱼礁技术工程提高到了一个新的水平。德国、美国、日本、挪威等国为了提高养殖密度,缩短生产周期,都在实行人工卵孵化装置,大量大型浮动养殖组合体已经投入使用。

三、海洋环境的高级功用

如果说海洋环境在为人类提供群居地、生活资料、生产活动空间、基本交通运输等方面满足了海洋社会较为初级的生存需求,那么海洋环境为海洋社会的产业结构、社会管理、军事、科学技术等方面提供的条件,便满足了海洋社会较高层级的发展需求,有助于丰富和规范海洋社会体系,加快其发展速度。

(一)海洋产业结构的依据

一定区域的海洋产业结构和门类与该区域海洋环境的特点密切相关,并受海洋环境的强烈影响和制约。按照中华人民共和国国家标准《国民经济行业分类》和中华人民共和国海洋行业标准《海洋经济统计分类与代码》的规定,对海洋三次产业作如下划分:海洋第一产业包括海洋渔业;海洋第二产业包括海洋油气业、海滨砂矿业、海洋盐业、海洋化工业、海洋生物医药业、海洋电力和海水利用业、海洋船舶工业、海洋工程建筑业等;海洋第三产业包括海洋交通运输业、滨海旅游业、海洋科学研究、教育、社会服务业等。渔业资源丰富的区域,其第一产业往往占有较大的比重;油气资源丰富的海域,由之而来的油气采掘、海洋工程建筑等的迅速发展,往往会形成一座海滨工业新城,其第二产业比重占有绝对优势。而一些环境优美的海岛则依托其独具魅力的海景,发展起繁荣的滨海旅游业。一定区域的海洋产业结构总是与该区域的海洋环境息息相关的。

(二)海洋管理的重要客体

海洋管理也可称为海洋综合管理,是各级海洋行政主管部门代表政府履行的一项基本职责。它的核心内容包括:海域使用管理、海洋环境管理以及海洋权益管理,协调机制,从这些方面的整体利益出发,通过方针、政策、法规、区划、规划的制定和实施,以及组织协调,综合平衡有关产业部门和沿海地区在开发利用海洋中的关系,以达到维护海洋权益,合理开发海洋资源,保护海洋环境,促进海洋经济持续、稳定、协调发展的目的。海洋环境管理强调海洋污染防治与生态保护并重,遏制近海海洋环境恶化的趋势。海洋污染防治方面尽快推行排污总量控制制度和污染事故报告制度,强化海洋环境监测和排海污水处理管理。海洋生态保护方面要积极防止海洋生态和生物多样性破坏,大力扶植海洋生态农业、生态养殖、生态旅游、生态工程等技术项目,积极建设海洋保护区,引导发展海洋生态和环保产业。

(三)海洋军事的角逐场所

海洋军事行动以海洋为活动范围和空间,并由此渗透到内陆。在战争时期,海洋是海洋舰队军事活动的重要战场;在和平时期,海洋是海军执行威慑任务和海洋外交使命的活动空间。海洋的军事活动,是由海洋自身的自然特性决定的。各大海洋彼此相连,作战时的空间比陆地广阔得多,在地域空间上,海战不仅包括海洋区域的立体空间,还包括岛屿与陆地沿海地带的空间。随着科学技术现代化的发展,特别是潜艇和航空母舰的出现,海洋军事活动从水面扩大到了水下。现代的海上战争,是利用海空、海面、水体、海底、电磁五维空间区域的立体化战争。在海洋军事中,海空分为高空、中空、低空和超低空;海洋水体分为浅海、深海和大洋的水体空间;而海底则分为近海大陆架、深海海底和大洋底的空间。海洋广阔、多维的环境特征为海洋军事活动提供了尽可能大的活动范围,成为海洋兵力角逐的重要战场。

(四)高新技术的重要领域

随着世界新技术革命的兴起,各种科学技术不断得到创新,并广泛运用于海洋的开发利用。20世纪以来的海洋领域,人类在基础海洋科学、应用海洋科学、海洋高新技术等方面的研究不断取得重大进步,并将产生研究生命起源、地球起源、全球气候变化规律的"现代海洋大科学"。人类将会在深海基因、深海矿物开发、深海空间利用等方面取得重大进展和突破。海洋高新技术的研制、开发和运用将使人类21世纪全面开发利用海洋的理想变成现实。

四、海洋环境的深层功用

海洋环境的深层功用,在于一定程度上满足人们的精神生活需要,创建高于物质文明的精神文明,既融合了整个海洋文明的共性特征,又具有不同海域的个性特征,形成指导人们行为规范的意识体系,从而为海洋社会的发展提供内在动力。

(一)塑造了海洋人的基本特征

从远古时期开始,居住于沿海区域的人类在第一次从事涉海活动时,就注定了他们将面对一个比内陆人群更为广阔的世界。他们以简陋原始的独木舟开始从事海洋渔猎,进而发现更多沿海岛屿,人类的足迹不断地踏上这些未知的领域,逐渐遍及全球任何一个角落。正是这些早期涉海人的后代,绕过好望角,横渡大西洋,从而有了人类历史上最伟大的地理大发现,将现代文明带向了美洲、澳洲。人类对海洋的探索,其征程远比对陆地的探索面临更多的艰难凶险。在茫茫大海中航行,人们只能以船为依托,同心协力、同舟共济才能战胜海上的惊涛骇浪和孤独。而海洋的开阔性往往赋予这类探索巨大的回报,更强有力地推动了海洋社会的发展。可以想象,当欧洲西北部沿海国家正竭力探索未知的海洋世界之时,东方的俄罗斯人也正在向内陆进发。但前者的行为塑造了一个崭新的世界,后者依然封闭的自成一体,并未对世界格局形成深刻影响。因此,在海洋人的文化禀赋中,更具有一种勇往直前的开创精神,充满着对未知领域的强烈探索欲望。在这一过程中,海洋人更培养出了团结协作精神和民主自觉精神。可以说,创造性、协作性、开阔性及民主性是海洋文化的基本特征。

(二)深刻影响海洋文化的类型

由于人类社会在地球上的分布选择所处海洋资源与环境条件的不同,海洋文化具有不同的区域特色。

根据海洋自然地理环境的不同,可以将海洋文化分为许多不同的类型,具体可以划分为"海-陆兼具型",如中国、美国、印度等大型沿海国家,以及非洲、阿拉伯半岛、欧洲地区的许多"沿海型"和"半岛型"国家和地区;一类是单一的"岛屿型",如英国;一类是"群岛型"或者"列岛型",如南太平洋群岛地区、日本列岛等。根据区域的不同,还可以把海洋文化具体分为欧洲海洋文化区、环印度洋文化区、环太平洋文化区、中美洲海洋文化区等文化区域。一般而言,岛屿型或列岛型文化对海洋的依赖尤其强烈,更深刻的打上了海洋文化的烙印。而沿海型国家或半岛型国家由于具有更为广阔的内陆腹地,其海洋文化的色彩往往没有那么强烈。如在传统上影响中国至深的是农业文化,海洋文化虽然历史悠久,但对中国整体影响并没那么强烈。

(三)决定海洋文明的显著特色

海洋文明有着与陆地文明不同的显著特点,这与海洋社会所处的海洋环境有很大关系。海洋文化是在广阔的海洋之上通过交流和交融发展起来的,这一广阔的背景养成了人民的开放心态,使人们具有"海纳百川,有容乃大"的胸怀和视野。同时由于各自不同的区域海洋环境特征,各地形成了特色明显的区域海洋文明,主要包括大西洋文明、地中海文明、太平洋文明等。

1. 大西洋文明:15—16世纪地理大发现后,世界文明的中心转移到了大西洋沿岸地区,大西洋文明的特点是政治文明、经济文明、文学艺术文明等都很发达。如现在的主流思想,无论是资本主义思想还是社会主义思想,都出自于大西洋文明中。

2. 地中海文明：地中海岛屿星罗棋布，岸线曲折，半岛颇多，天然良港遍布，为航海发现与海外开拓提供了良好的地理条件，多语种与殖民地文化、宗教、文艺复兴，多民族结构、农耕、田园与酿酒文化构成其文明的独特之处。

3. 太平洋文明：早期是西部的亚太文化——秦、汉、唐、明之儒家文化与佛教文化，向日、韩、东南亚诸国传播；东南亚地处太平洋与印度洋之交汇处，具有周边移民所带来之多元文化（语言、文学、习俗）如佛教、回教与印度教交汇之特色。20世纪后期兴起的亚洲四小龙海洋经济文化，以及21世纪中国制造业与海外贸易影响加大所兴起的以京、沪、穗为中心的中国文化效应。太平洋东部是亚欧移民与美洲土著文化之结合。海洋文化以渔业（如：大马哈鱼与金枪鱼捕获、加工、外销），牧业（牛、羊、驼畜牧），肉、毛、皮加工、制造与贸易，海啸、地震灾害与宗教祈福等结合，成为具有特色的南美太平洋文化。海岛文化是太平洋海洋文化的重要特色，从北向南众多的海岛跨越不同的气候带，经受不同陆地国家的政治经济影响，在人种、语言、文化、宗教与艺术活动等方面各有特色，诸如大和族文化、鲜族文化、汉族闽粤文化，夏威夷太平洋群岛与澳洲、新西兰等海岛移民文化等。海岛文化具有倚海繁衍、安居、自力更生的蓝色海洋文化之特色。

(四) 推动海洋文明的广泛传播

依靠海洋得天独厚的地理优势，人类的文明在贸易、外交、战争等过程中得以传播、融合和发展。早在古代社会，人类的涉海活动就促进了医学、自然地理学和天文学等自然科学的发展，人文知识也得到较大发展。航海事业和海上贸易的蓬勃发展，极大地开阔了人们的眼界，使各地文明互相影响、互相借鉴、互相交流，大大促进了文化人类学、民族学、宗教学、语言文学的丰富和发展。而进入近代社会以来，以海洋交通运输为核心，以控制世界产品及原料生产和销售为目的的价值导向，使人类发展步入了全球化时代，海洋成为全球化的最重要载体，海洋社会也迸发出前所未有的力量，改变了整个世界。

总之,海洋社会源于海洋,海洋环境与海洋社会的关系,不仅在于海洋环境奠定了海洋社会需要的物质基石,给予了海洋人"渔人之利"、"舟楫之便",还在于它衍生出了璀璨多姿的海洋文明,是孕育海洋社会的生力摇篮。随着人口膨胀、陆地环境的恶化、陆地资源的迅速衰竭,浩瀚而富裕的海洋日益受到人们的重视,人类未来的生存和发展将会更加依赖于海洋环境,海洋社会的重要地位也会随之凸显。在我们走向海洋世纪的同时,要充分认识到保护海洋环境的重要性,只有善待海洋,才能真正实现海洋社会的可持续发展。

参考文献:

1. 曲金良:《海洋文化与社会》,中国海洋大学出版社2003年版。
2. 张开城、马志荣主编:《海洋社会学与海洋社会建设研究》,海洋出版社2009年版。
3. 孔德新编著:《环境社会学》,合肥工业大学出版社2009年版。
4. 广东省社会学学会海洋社会学专业委员会:《2009年中国社会学年会海洋社会变迁与海洋社会学学科建设论文集》,2009年7月。

思考题:

1. 海洋环境的定义是什么?
2. 海洋环境的分类有哪些?
3. 试述海洋环境的主要特征。
4. 海洋环境对海洋社会的主要功用有哪些?

耕牧蓝绿　变咸为甜　收获财富养人类
经略水天　化弊成利　积聚能量强物基

第九章　海洋经济:海洋社会的物力根基

海洋经济是以海洋环境为依托的,但它同时又是海洋政治、海洋文化、海洋军事、海洋外交和海洋法规等赖以存在的物力根基,还是海洋个体、海洋群体、海洋组织和海洋社区无限发展的物力支撑。本书仅就海洋经济的基本概念,海洋经济的基本类型和特征以及海洋经济的主要社会功用等方面试做大致的考察。

第一节　海洋社会是海洋经济的社会

我们说海洋经济是海洋社会的物力根基,那么什么是海洋经济?海洋经济包括哪些活动?海洋经济的地位如何?发展海洋经济有什么意义?这是本节所要论述的主要问题。

一、海洋经济的基本含义

开发海洋、发展海洋经济是当今世界的热点,但什么是海洋经济?由于专家知识结构不同、价值观念不同、看问题的角度不同,迄今为止,对海洋经济范畴的界定还没有统一、规范的标准。

(一)美英对海洋经济的界定

美国的查尔斯·科尔根(Charles·S. Colgan)认为海洋经济是"指生产过程依靠海洋为投入的经济活动、或在地理位置上发生于海上或海面以下的经济活动"。[①] 美国海洋政策委员会的《美国海洋

[①] Charles·S. Colgan, APaper from National Governors Association Center for Best Practices Conference, Waves of Change: Examining the Role of States in Emerging Ocean Policy, Oct. 22, 2003。

政策要点与海洋价值评价》中将海洋经济定义为"直接依赖于海洋属性的经济活动,或在生产过程中依赖海洋作为投入,或利用地理位置优势,在海面或海底发生的经济活动"。① 美国学者朱迪思·卡尔豆(Judith Kildow)认为"海洋经济是指提供产品和服务的经济活动,而这些产品和服务的部分价值是由海洋或其资源决定的"②。英国的海洋经济活动包括海上活动、海底活动、以及为海洋活动提供产品生产和服务的经济活动。③

(二)中国对海洋经济的界定

杨金森研究员是中国较早界定海洋经济概念的学者之一,1984年他在《发展海洋经济必须实行统筹兼顾的方针》中认为"海洋经济是以海洋为活动场所和以海洋资源为开发对象的各种经济活动的总和",④这一定义的特点是从外延上对海洋经济进行界定。1986年,另一位学者权锡鉴在《东岳论丛》上发表了《海洋经济学初探》一文,定义了海洋经济活动和过程。权锡鉴认为海洋经济活动是人们为了满足社会经济生活的需要,以海洋及其资源为劳动对象、通过一定的劳动投入而获取物质财富的劳动过程,亦即人与海洋自然之间所实现的物质变换的过程。⑤ 后来又有学者徐质斌认为海洋经济是活动场所、资源依托、销售和服务对象、区位选择和初级产品原料对海洋有特定依托关系的各种经济的总称。⑥ 这些学者都从自己的认识角度谈了什么是海洋经济,说明了海洋经济活动的涉海性和海洋经济的本质,但是他们没有跳出海洋谈海洋,没有说明海洋与其他经济活动的关系。

---

① 狄乾斌:《海洋经济可持续发展的理论、方法与实证研究》,辽宁师范大学 2007 年博士学位论文,第 14 页。
② 石洪华、郑伟、丁德文等:《关于海洋经济若干问题的探讨》,《海洋开发与管理》2007 年第 1 期,第 81 页。
③ [英]David Pugh:《英国海洋经济活动的社会——经济指标》,国家海洋信息中心经济部译,《经济资料译丛》2010 年第 2 期,第 75 页。
④ 孙智宇:《中国海洋经济研究的回顾与展望》,辽宁师范大学 2007 年硕士学位论文,第 5 页。
⑤ 权锡鉴:《海洋经济学初探》,《东岳论丛》1986 年第 4 期,第 20—25 页。
⑥ 徐质斌、牛福增主编:《海洋经济学教程》,经济科学出版社 2003 年版,第 12 页。

(三)本书对海洋经济的界定

在对中外现有海洋经济概念进行综合分析研究的基础上,根据海洋社会学学科的性质,我们提出了自己的海洋经济概念。海洋经济是海洋社会的物力根基,是海洋社会生产、交换、分配和消费活动的总和;是人类社会经济总体的重要组成部分。

(四)对海洋经济含义的理解

为了更好的理解本书所界定的海洋经济概念,理解海洋经济的相关内涵,我们主要从以下几个方面来把握。(1)海洋经济是物力根基。海洋经济是海洋社会的物力根基,也就是说海洋经济是海洋社会其他活动的根基,海洋社会其他活动是建立在海洋经济的基础上的,没有海洋经济,海洋社会这所大厦将会坍塌,将不复存在,也就无所谓海洋社会。(2)海洋经济是海洋社会生产、交换、分配和消费活动的总和。海洋经济由生产、分配、交换和消费四部分组成,缺一不可,缺少任何一个环节,海洋经济活动就是不完整的、不可持续的,只有这四个环节协调发展,海洋社会才会健康运行,才会持续发展下去。(3)海洋经济是人类社会经济总体的重要组成部分。人类社会的经济活动随着人类智力的不断开发,其范围必定越来越广。其中的海洋经济活动则是人类同样不可或缺的重要组成部分。

这表明海洋经济是由三个层次合成的有机整体,海洋经济是海洋社会的物力根基,是从海洋社会大厦的基础谈海洋经济,说明海洋经济对海洋社会的重要作用;海洋经济是海洋社会生产、交换、分配和消费活动的总和,是从海洋经济活动的流程谈海洋经济,说明海洋经济活动主要由哪几个流程组成,是对海洋经济的另一个角度的解读;最后海洋经济是人类社会经济总体的重要组成部分,是从人类社会经济的总体谈海洋经济,说明人类社会总体经济有很多种,海洋经济是其组成部分,而且是重要的组成部分,说明海洋经济在人类社会经济总体中的重要地位。

二、海洋经济活动之概述

海洋经济活动是人类利用海洋空间或者海洋资源进行的生产和服务活动的总称。无论是物质生产,还是文化生产和服务生产,都是由生产、分配、交换、消费四个环节组成的。生产是起点,消费是终点,分配和交换是连接生产与消费的中间环节。生产、分配、交换、消费相互制约、互相依赖,构成生产过程的矛盾运动。海洋经济活动也不例外。

(一)海洋生产活动

生产是指人们直接征服、改造、利用和保护自然和社会,并创造物质财富和精神财富的过程。海洋生产是指人们借助于某些工具,把与海洋相关的生产要素转化为产品和服务的过程。海洋生产活动是在海洋经济活动各个环节中起决定作用的一个环节。海洋生产不只限于海洋物质产品的生产,还包括海洋服务性商品的生产。任何生产活动,都离不开人们的劳动和借助于一系列其他生产资料,离不开二者之间的一定结合方式和方法。海洋生产是海洋生产力和海洋生产关系的对立统一。海洋生产工具的变化很大,从远古时代人们主要使手、树枝,借助于一些简单的粗陋的工具到后来出现的轮船、捕鱼器等现代化的工具,再到远洋捕捞船舶、石油钻井平台、科学考察船和水下机器人等现代化的装备。马克思曾经说过:"不论生产的社会形式如何,劳动者和生产资料始终是生产的因素。但是,二者在彼此分离的情况下只在可能上是生产因素。凡要进行生产,就必须使它们结合起来,实行这种结合的特殊方式和方法,使社会结构区分为各个不同的经济时期。"[①]海洋生产中的劳动力要素与生产资料要素结合构成现实生产系统时,应在物质属性上保持相互适应性、在数量关系上保持一定的比例,这样生产力系统才能正常运行和发挥效率,避免或减少生产过程中的损失和浪费。

(二)海洋交换活动

交换包括劳动活动的交换和劳动产品的交换。可以这样说,只要有劳动分工,就必然有劳动交换。交换必须有一个前提,交换双方必须在等价的基础上进行,否则交换活动就不能持久和继续,除非交换双方存在血缘关系或者双方地位不平等,一方是在另一方的地位、权势下的一种非自愿行为,社会上绝大多数交换活动都是建

---

① 《马克思恩格斯全集》第24卷,人民出版社1972年版,第44页。

立在等价和自愿的基础上的。海洋交换活动就是海洋生产要素和海洋产品的市场形成于价格决定的过程。市场是交换的场所,也是交换关系的总和。海洋市场可以是有形的、特定的出售和买进某些水产品的场所,比如水产品批发市场;也可以是无形的,比如海洋期货市场。海洋经济交换活动的运行表现为生产与消费、收入与支出或者说供给与需求在相互作用中的不断循环和周转过程:海洋生产者投入海洋要素(劳动、资本、海域),产出的海洋产品和劳务按照一定的原则分配给社会成员,通过交换活动,最后进入消费过程。

(三)海洋分配活动

分配包括生产资料的分配、劳动力的分配和消费品的分配。生产资料和劳动力的分配说明这些生产要素归谁所有和如何配置的问题,是进行物质生产的前提。消费品的分配是确定个人对消费品占有的份额。同理,海洋分配活动也可以分为三个方面:一是海洋生产资料的分配,即海洋资源的分配;二是海洋劳动力的分配;最后是海洋劳动产品的分配,这些都是海洋经济活动的必要条件。海洋生产资料分配是指海洋资源怎样在国家间、地区间、产业间和代际间进行公平和高效的分配。海洋劳动力分配是指如何在各种海洋经济活动中配置劳动力资源,是配置富有经验的老渔夫还是配置年轻力壮的小伙子?是配置掌握现代化科技知识的专家还是配置一生都在海边长大的渔民?一项经济活动配置多少生产人员、多少辅助人员、多少管理人员等,这些人员的配置将决定海洋生产效率的高低,也决定着人们消费水平的高低,所以必须高度重视。海洋劳动产品的分配是指海洋产品如何在国家、企业和生产者之间进行公平和有效的分配。在市场经济条件下产品分配问题,其实质是各种生产要素的使用量和它们的报酬问题。在海洋生产中投入的生产要素的使用量和他们的报酬代表了生产要素所有者的收入。投入海洋生产中的生产要素亦即生产资源,包括海域、劳动力、经营者的素质以及其他从事海洋生产的工具(轮船、捕鱼器等),海洋收入则是一定时期各种生产要素所创造的海洋产品的价值。海洋分配活动就是在一定的生产关系下,投入生产过程中的各种生产要素如何从海洋产品中取得相应报酬,以及怎样确定它们在海洋产品中的合理份额。

(四)海洋消费活动

消费分为生产性消费和生活性消费。生产消费是指生产过程中生产工具、原料、燃料等各种物质资料和劳动的消耗,其本身就是生产过程,我们不讨论。生活消费是指人们为了满足物质和文化的需要,对各种物质资料和服务的消耗。消费是社会再生产的重要环节,也是社会生产的归宿。海洋消费活动是海洋经济活动的终点,又是海洋经济活动的起点,是海洋经济活动的一个重要环节。海洋消费就是利用海洋产品,满足人们的消费需求,实现海洋产品价值的过程。海洋生产是在市场经济条件下进行的,这决定了海洋消费也是在市场经济条件下的消费,即通过海洋市场进行商品性消费。影响海洋产品消费的因素有:海洋产品生产能力、海洋产品的价格、居民的收入水平、居民的消费嗜好、相关替代品的价格等。

三、海洋经济的重要地位

海洋经济是社会可持续发展的基本支持领域,就海洋经济的重要地位来说,主要表现在它对一国宏观经济的影响上。具体来说,就是它对国民经济、部门经济、地区经济和居民生活贡献的份额上。[①]

(一)海洋经济与国民经济

国民经济是指一个现代国家范围内各社会生产部门、流通部门和其他经济部门所构成的互相联系的总体。工业、农业、建筑业、运输业、邮电业、商业、服务业、城市公用事业等,都是国民经济的组成部分。海洋经济是国民经济的重要组成部分,海洋经济的发展对国民经济的增长起着重要的作用。海洋经济与国民经济的关系是部分对整体的关系:离开国民经济,也就无所谓海洋经济;没有海洋经济,国民经济就不完整,尤其是在当今粮食、资源和能源日渐危机的时代。海洋经济在国民经济中的地位,主要表现在对国民经济的贡献率和在国民经济中的比重不断扩大上,表现在关系国计民生的战略性产业发展速度上,还表现在其巨大的发展潜力上。以中国为

---

① 陈可文:《中国海洋经济学》,海洋出版社2003年版,第65—69页。

例,改革开放以来,中国的海洋经济有了飞速的增长,每年的发展速度都是两位数,高于同期国民经济的发展速度,从而带动国民经济的发展。根据海洋统计年鉴可知,中国海洋生产总值从1978年的60亿元增加到2009年的31964亿元,增长了约533倍,海洋经济在国民经济中的比重从1978年占国民生产总值的0.7%(估算数)上升到2009年的9.53%,海洋就业劳动力人数从1979年的165.69万人增加到2009年的3270万人,海洋经济发展对国民经济的高度发展起到了促进作用。同理,海洋经济快速发展是建立在国民经济发展的基础上的。改革开放以来,经济发展对海洋开发利用的支持能力不断增强,正是由于国民经济的快速增长,国民经济能力的不断增强,才能够在资金、劳动力、技术和市场等方面支持海洋经济的发展。

(二)海洋经济与地区经济

海洋经济与地区经济的发展是密切相关的。海洋经济不仅以自身的资源优势支持沿海地区经济发展,而且辐射到内陆地区,促进内陆地区经济发展。海洋经济是地区经济的重要组成部分,地区经济包含海洋经济。沿海地区具有海洋资源优势与区位优势,沿海地区可以依托这些优势大力发展海水捕捞、海水养殖、滨海旅游、港口经济等海洋经济,把海洋资源优势和区位优势转化为经济优势,从而带动当地经济的发展。沿海各地的经济发展水平与当地海洋资源的开发利用程度密切相关,这从世界发展史可以看出一二。葡萄牙和西班牙由于开发利用海洋经济比较早,曾经成为世界上的一个经济中心;随着英国海权的强大,英国成为世界的中心;二战后,美国开发海洋资源的程度比较高,再加上二战后一系列科技革命的影响,美国成为世界上经济的中心。中国也大体如此,广东省和山东省开发海洋资源的程度比较深,海洋资源利用得比较好,广东省和山东省经济总量位于中国各省市前列。海洋经济不仅对沿海地区经济发展有利,而且对内陆地区经济发展也有影响。在国际进出口贸易中,各种运输方式相比,海洋运输是运量最大和运费最省的一种交通运输方式,国际上大多数进出口贸易都是通过海洋运输实现的。海洋是内陆地区经济发展的出海通道,内陆地区的资源和产品以及大部分进口物资的运输都要通过海上运输来实现。与此同时,沿海地区在资金、技术和人才方面对内地经济的发展提供了越来越多的支持。

(三)海洋经济与部门经济

海洋经济既是国民经济的一个组成部门,又是国民经济其他部门的组成部分。海洋经济的范围覆盖国民经济的农业、工业、建筑业、交通运输业和商业服务业等各部门,是这些部门发展的重要因素。海洋经济部门与国民经济部门的一致性,是由海洋经济的综合性决定的。据中国国家海洋局统计,在中国经济部门按标准分类的48个部门中,其中海洋经济就有46个,由此可见海洋经济与部门经济的关联程度。2009年,海洋第一产业增加值为1879亿元,海洋第二产业增加值为15062亿元,海洋第三产业增加值为15023亿元。

(四)海洋经济与居民生活

世界上绝大多数人口比较多的发达城市都分布在沿海,随着经济的发展,粮食、能源危机的加剧,沿海地区将聚集更多的人口。海洋经济的发展可以改善人民的生活,提高人民的生活水平和生活质量。海洋食品是国民食物的重要来源。准确计算全球海洋生物的资源量是困难的,但据专家的粗略估计约为600亿—700亿吨,目前的年捕捞量仅占0.01%,约8000万吨。根据预测,现在海洋生物资源的利用水平仅是可开发资源的一部分,尚有较大潜力。只要我们加强海洋渔业资源的管理、搞好海洋生态环境的保护,开展资源的合理利用和有节制的进行捕捞生产,确保海洋生物资源的再生产过程,并通过放生改善资源的结构和质量,提高单位水体的生物资源档次,海洋水产捕捞产量完全能够增加,可以满足不断增长的人类的需要。海洋油气和海盐是重要的生产生活原料来源。海滨具有优美的环境,良好的气候、沙滩、海水、阳光等构成了人类理想的居住场所,滨海旅游已经成为人类旅游休闲的好去处。海洋矿产资源是制造生活用具的重要原料。海砂和海石是重要的建筑材料;据科学探测表明,海洋中蕴含着陆地上存在的绝大多数金属,随着陆地金属的枯竭,海洋金属将是未来重要的金属来源,这些金属是制造日常用具的重要金属材料。海洋药物是人们重要的医药和保健品之一,比如众所周知的贝壳、海马等一些海洋生物就是很好的海洋药物,随着人类对健康的重视,越来越多的国家和企业在研究海洋药物和海洋保健品。

四、发展海洋经济的意义

海洋经济是国民经济的重要组成部分,也是国民经济持续快速发展的重要支撑领域。大力发展海洋经济,是经济社会发展的需要,是人口不断增长的需要,是增强国防综合实力的需要,是走可持续发展道路的需要,是对外开放发展国际贸易的需要,是维护国家海洋权益的需要,是参与国际竞争的需要。

(一)发展海洋经济是不断增强综合国力的需要

世界上的大国,无一不是靠近沿海的国家,无一不是海洋经济比较强大的国家。海洋是国家生存和发展的基础,"海兴则国兴,海衰则国衰",发展海洋经济可以增强国家的综合国力。海洋经济涵盖国民经济第一、二、三产业的各个重要领域,是国民经济的重要组成部分。世界上的发达国家大多数也是海洋经济发展的强国,海洋经济占到这些国家国内生产总值的10%左右。改革开放30多年来,中国的沿海省份已成为中国发展最快的区域,以13%的陆地面积滋养了40%的人口,创造了65%以上的国内生产总值,海洋生产总值已占国内生产总值的10%。[①] 海洋经济还是没有武装的海防力量,加快海洋经济发展,对维护国家海洋权益和增强国防实力具有不可替代的重要作用。

(二)发展海洋经济是走可持续发展道路的需要

海洋经济是国民经济可持续发展的强有力的支持领域。海洋是全球生命支持系统的一个重要组成部分,也是人类社会可持续发展的宝贵财富。当前,随着陆地资源短缺、人口膨胀、环境恶化等问题的日益严峻,各沿海国家纷纷把目光投向海洋,加快了对海洋的研究开发和利用。一场以开发海洋为标志的"蓝色革命"已经在世

[①] 国家海洋局:《沿海省份海洋生产总值占GDP的10%》,中国网,http://www.china.com.cn/news/content_20856183.htm,2010年9月3日访问。

界范围内兴起。海洋是地球最大的资源宝库,蕴藏着丰富的资源,可以弥补陆地资源的不足,是人类赖以生存和发展的重要条件之一,也是人类社会可持续发展的重要源泉。中国是一个海洋大国,拥有14000千米海岸线,除了内海渤海以外,还濒临黄海、东海、南海,海洋资源丰富,丰富的海洋资源为中国经济可持续发展提供了广阔的天地和十分有利的条件。这对中国在人口愈来愈多、耕地愈来愈少的情况下实现经济社会的可持续发展,对于全面建设小康社会,实现中国在21世纪国民经济发展第三步战略目标具有十分重大的意义。

(三)发展海洋经济是坚持实行对外开放的需要

海洋活动在本质上是一种开放性的活动。通过航海活动,资本主义打开了境外市场,取得了境外原料,为其高速发展提供了条件。可以说,如果没有新航线的开辟,没有向海外的扩张、掠夺,就没有资本主义的原始积累。由于沿海具有发达的城市群、优越的港口和便利的海上交通,使沿海聚集了各种经济功能,从而使沿海经济取得了在国内和国际经济联系中的主导地位。中国的经济特区、沿海开放城市和沿海开放地带等改革开放的前沿阵地都与海洋联结在一起。改革开放以来,中国沿海地区发挥区位优势,积极引进和利用外资,开发利用海岸带及临近的海域资源、发展海洋经济与港口经济、带动相关产业的发展,使沿海地区成为中国经济发展最快、外向度最高和最有活力的地区。当今世界经济中心正在向太平洋转移,而太平洋西岸更是世界经济增长速度最快的区域。中国刚好位于太平洋西岸,中国要充分利用这一历史机遇和区位优势,加大对外开放力度,发展海洋经济,从而带动整个国民经济的发展,使中国成为世界经济强国。

(四)发展海洋经济是主动参与国际竞争的需要

21世纪是海洋的世纪,世界各沿海国家都比较重视海洋,因此21世纪也必将是各沿海国家相互竞争的世纪。由于海洋特性,海洋开发具有国际竞争性,不仅近海资源是竞争的对象,广阔的公海更是竞争的对象,这给沿海国家既带来了机遇,又带来了挑战。目前,世界上各沿海国家都纷纷把开发利用海洋作为加快经济发展和增强国际竞争力的战略选择。如美国制定了《21世纪海洋蓝图和海洋行动计划》,加拿大出台了《海洋法》和国家海洋战略,韩国则颁布了《韩国海洋21世纪》,欧盟发表了《海洋政策绿皮书》。可以说,未来国际竞争的胜败在很大程度上将取决于对海洋的重视程度。中国作为一个海洋大国,作为世界上最早开发利用海洋的国家之一,应该重视全球海洋开发的浪潮,重视海洋、开发海洋,变海洋大国为海洋强国。

第二节 海洋经济的基本类型与特征

海洋经济是有其基本类型的,但角度标准的不同,分类的方法也不同。本节分别从海洋经济发展的历史形态、空间地理类型、海洋经济研究范围等方面来分析其基本类型,并从总体上阐述海洋经济的基本特征,从而使我们更好的理解海洋经济。

一、按照海洋经济发展的历史形态划分

按照海洋经济的历史形态,可以把海洋经济分为远古代海洋经济、古代海洋经济、近代海洋经济和现代海洋经济。

(一)远古海洋经济及其特征

据史料记载,人类发展与水有着密切的关系,人类社会的几大文明都与水有关。"缘水而居,不稼不穑。"《列子·汤问》这句话十分形象的说明了处于蒙昧阶段的人类选择居住场所的情景。在人类历史长河的早期阶段,人类逐水而居,海洋成为人类的必然选择之一。生活在沿海地区的原始人,很早就开始和海洋发生着种种密切的联系。他们或者下海捕鱼,或者沿着海滩采拾海贝,以便从大海中汲取一切可以利用的资源。据考古资料表明,早在旧石器时代,中国沿海地区就有了人类活动的足迹,他们主要从事原始的海洋渔猎和捕捞;新石器时代,此类遗址已遍布沿海各地。如河姆渡出土的7000年前的船桨,殷商甲骨文中出现的晦(海)、涛、鱼、龟等与海有关的字,殷墟出土的太平洋、印度洋的龟甲和贝壳,都显示出

远古海洋文明的曙光。《史记·皇帝本纪》中记载,轩辕黄帝曾"东至于海",《周易》中所述"伏羲氏刳木为舟,剡木为辑,舟辑之利,以济不通,致远于天下",反映出我们的祖先对海洋利用的理性认识。在距今 4000 多年前的原始社会末期,定居在沿海地区的居民开始大规模采拾贝类作为食品。海水制盐在中国起源也很早,据古文献《世本》记载,居住在山东沿海地区的居民早在 4000 多年前就开始"煮海为盐"了。海上航行与海洋捕捞可能晚一些。从古籍《物原》中所述"燧人氏以刳(葫芦)汲水,伏羲氏始乘桴(筏)"的传说记载看,在距今 1 万年前,以渔猎为生的先人们不但与海洋发生了接触,而且能够利用树干进行近距离的海上漂浮。

综上所述,海洋经济的本特征是:人们依赖简陋的工具,向海洋夺取渔、盐等基本生活资料,活动范围限于近岸和浅海水域。原始海洋开发阶段的意义是很大的,为人类认识海洋和开发利用海洋积累了初步的知识和经验。

(二)古代海洋经济及其特征

随着人类社会的发展,人类的生活方式也发生了巨大的变化,人类利用海洋的方式也有了改进,人类由原始的兴渔盐之利、行舟楫之便逐步演化并形成了海洋渔业、海洋交通运输业和海洋盐业等传统的海洋经济。如在中国夏商周时期,海洋经济就有了新的发展。在夏朝海洋捕捞和海岸带制盐已有一定的规模,沿海地区居民缴纳的贡税主要是各种海货和海盐。秦汉、隋唐时期,中国的海洋渔业、海水制盐业和航海事业已经有了长足的发展,特别是航海事业的发展尤为显著,当时已有到达朝鲜、日本和南海各国的航线。明代中国的航海事业发展达到高峰,创造了世界航海史上的奇迹,郑和 7 下西洋,访问了 30 多个国家。在这一时期,不仅中国,外国的海洋经济也获得了巨大发展。公元前 8 世纪,欧洲腓尼基人及希腊人,对地中海相当了解,他们把贸易的范围扩大到整个地中海和地中海以外的地区。1488 年,葡萄牙人迪亚士发现了好望角,1498 年,达·伽马发现了通往印度洋的航路。16—18 世纪期间,哥伦布、麦哲伦和库克等人进行了环球航行,促进了航海技术的发展,为欧洲以外的地区带来了欧洲的大量移民。这时期的欧洲有许多科技成就,有的推动了航海探险,有的直接为海洋经济的发展奠定了基础。

古代海洋经济与远古代海洋经济相比,有许多进步。古代海洋经济已经有了现代海洋经济的雏形,当时,航海技术已经相当发达,人类进行海洋经济活动是一种有目的有意识的行动;但是当时的海洋经济比较单一,仅仅是进行海洋运输和海洋捕捞,而且海洋捕捞和海洋运输还处于初始阶段;另外,古代海洋经济主要是借助于人力,还比较原始,没有现代化的装备去武装海洋经济,因此这一时期的海洋经济是原始的、其发展速度也比较缓慢。

(三)近代海洋经济及其特征

在整个古代,由于人们的知识有限,对海洋的认识还不是很到位,对海洋的开发大多建立在对海洋或者海洋资源的直接利用上,没有什么新的拓展。到了近代,随着以蒸汽机投入使用为标志的工业革命的到来,社会生产力发生了革命性的变革,机器大工业代替了工场手工业,人类进入了机器时代,这为人类更大范围的认识海洋、开发海洋提供了可能。从 19 世纪后期起,大规模的全球海洋调查和探险活动陆续展开,这标志着近代海洋经济的开始。第二次世界大战后,电子技术得到发展并被广泛应用,与海洋探险和开发活动关系极为密切的深潜技术、造船技术和导航定位技术,以及航海保障系统技术等陆续开发并被运用到海洋调查、勘测、海上生产作业和研究等工作上来。科学技术的进步,极大地推动了人们对海洋知识的了解,扩大了人类对海洋的认识,促进了一系列海洋开发活动的展开。各沿海国家纷纷向海洋要资源、要财富,对传统海洋产业进行技术升级,一些新兴海洋产业初见端倪。

近代海洋经济的特征是广泛引进现代科技革命的劳动成果,这一时期的海洋经济已经远远超过远古代和古代海洋经济的规模。此时的海洋经济虽仍是陆地经济的补充,但是却是正在成长壮大中的海洋经济,是很有发展潜力的海洋经济。

(四)现代海洋经济及其特征

20 世纪 60 年代后,随着科技的进一步发展,人们对海洋认识的进一步深化,人类开始大规模的开发利用海洋。在科学技术的推动下,人类利用海洋资源的新领域越来越多,截至目前,已经形成了海洋捕捞、海水增养殖、海洋运输、海水淡化、海水制盐、海洋油气、滨海旅游、滨海采矿等多部门的海洋经济。人们对海洋越来越重视，海洋意识越来越强，制定并通过了《联合国海洋法公约》，各个国家也制定了自己的海洋法律法规，以保障海洋经济的快速健康发展。世界海洋经济产值持续高速增长，增速达到 11%，平均每 10 年就翻一番。海洋经济对世界经济的贡献也日益提高，海洋经济增加值占到世界 GDP 的 7%左右，估计到本世纪中叶可以达到 13%。目前，越来越多的国家已经认识到海洋经济的重要性，纷纷制定出了自己国家的海洋战略，不仅向远海、公海发展，而且向深海进军，许多海洋大国已经变成海洋强国。随着人类社会的发展，世界面临的人口、粮食、环境、资源和能源五大危机日益明显，为了摆脱危机，人类大举向海洋进军，21 世纪是海洋的世纪，已经得到越来越多有识之士的认可。

现代海洋经济的特征是：资源依赖性；技术密集、资金密集和高风险；国家主导型等特征。[1] 资源依赖性应从海洋经济本身的涉海性要求来看，一国（或地区）管辖海洋面积越大、所拥有的各类海洋资源总量越大、质量越高，其发展海洋经济的潜力就越大。海洋资源是海洋经济发展的前提和基础，海洋经济的发展对海洋资源具有高度依赖性。技术密集、资金密集和高风险特征：海洋高新技术的密集研发和应用一般伴随着高额的资金投入，现代海洋经济产业的技术密集型特征决定了其资金密集型的特征；海洋经济高风险主要来自两个方面，一方面是海洋科技创新失败以及发展决策失误导致的风险，另一方面是台风、赤潮、海啸等自然灾害带来的风险。当今世界，几乎所有国家都将管辖内的海洋资源界定为国家所有。由于海洋经济的技术密集型、资金密集型和高风险性的特征，企业一般不愿意也没有这个能力进行开发，这时，国家就必须起主导作用。

二、按照海洋经济的空间地理类型划分

按照海洋经济的空间地理类型济，可以把海洋经济划分为四

---

[1] 伍业峰：《海洋经济：概念、特征及发展路径》，《产经评论》2010 年第 5 期，第 128—129 页。

类:海岸带经济、海岛经济、河口三角洲经济、公海和国际海底经济。

(一)第一类及其特征

海岸带(Coastal Zone)是指海洋与陆地相互交接、相互作用的过渡地带,通常包括海岸线两侧近陆与近海的区带。由于海岸带包括海域和陆域两种区域单元,海岸带经济可以从多方面理解。从海域来理解,海岸带经济是以海域为主体、联系海域经济要素的区域经济,是海洋区域经济的一部分;从陆域来理解,海岸带经济是以陆域为主体、联系海域经济要素的区域经济,是陆域经济的一部分。如果把海域和陆域作为一个整体来理解,海岸带经济是海域和陆域经济的复合体,又是国民经济的组成部分。海岸带经济的发展,取决于不同的社会生产力条件及其可利用的海、陆资源要素的聚集和组合状况。

海岸带经济的特征有以下几点。一是海岸带经济活动密集,经济总体发展水平高。由于沿海地区具有区位优势、交通运输优势、资源优势,世界上经济比较发达的国家和地区,无不处于沿海地区。二是海岸带海陆产业密集,产业结构高级化趋势明显。海岸带作为海陆连结区域单元的结合部,既是钢铁、电力、化工等占地大、耗水多、运量大和排废多的陆地产业的理想布局场所,又是港口、船舶修造、水产品加工、海水养殖等海洋产业的必然发生空间,此外,海岸带也是发展商业、旅游业和服务业的黄金地段。三是海岸带经济是一种纽带似的经济,承内启外,对国民经济发展起着纽带作用。

(二)第二类及其特征

海岛经济是指海岛区域经济,包括海岛陆域及其周围海域经济。海岛经济是海洋经济的重要组成部分,兼备海陆经济的特点,在沿海经济发展中具有重要的作用。海岛经济是以海岛为依托,全面开发利用海岛陆域和海域资源,发展形成的包括海洋水产、海洋交通运输、滨海旅游和海洋工业等产业的综合体。由于大部分海岛都比较小,而且布局比较分散、和陆地不接壤、岛上基础设施不完善、岛上淡水贫乏等原因,海岛经济总体上赶不上海岸带经济。

海岛经济的特征有以下几点。一是海岛资源优势突出,劣势明显。资源优势主要体现在"渔、港、景"上,海岛的劣势主要体现在淡水资源和常规能源的短缺以及基础设施落后,这些导致海岛经济比较落后。二是产业单调,总体水平低。海岛经济是以海洋资源开发为基础发展起来的资源型经济。由于受自然、资源、经济、技术等条件的限制,除少数条件较好的大岛外,绝大多数海岛是以渔业为主,辅以少量种植业,第二、三产业落后。三是独立性差,天然外向。大多数海岛面积较小,人口少,市场容量有限。海岛经济的发展,需要从岛外输入大量的资源、人才及技术,单独依靠海岛的力量难以发展。

(三)第三类及其特征

海洋专属区和大陆架是现代海洋法律制度发展的产物,《联合国海洋法公约》实施以来,海洋专属经济区和大陆架已经成为沿海国家海洋资源开发利用的新领域,成为一个国家海洋经济发展的新空间。《联合国海洋法公约》对大陆架和海洋专属经济区的定义分别为:大陆架是领海以外依其陆地领土的全部自然延伸,扩展到大陆外缘的海底区域的海床和底土,如果从测算领海的宽度的基线量起到大陆边的外缘的距离不到200海里,则扩展到200海里的距离;专属经济区是领海以外并邻接领海的一个区域,专属经济区从测算领海宽度的基线量起不应超过200海里。① 专属区和大陆架经济,是以专属经济区和大陆架资源为开发利用对象而形成的海洋区域经济,它是人们勘探、开发、养护和管理专属区和大陆架海床及底土的自然资源所进行的经济活动。它包括勘探专属经济区和大陆架自然资源;组织开发专属经济区和大陆架的自然资源;对专属经济区和大陆架的人工岛屿、设施、构筑物的建造、使用和管理;在专属经济区和大陆架从事海洋科学研究等。

海洋专属区和大陆架经济的特征:一是他们是近代各个国家对海洋权益重视的结果,是一种新兴的海洋经济;二是具有专有性和不完整性,是临海国家专有的海洋经济区,但是又有不完整性,一方面是由于一些国家经济实力不强,还没有能力适应这种新的需求,另一方面是争议性,由于一些国家之间专属区和大陆架重叠,双方

---

① 联合国第三次海洋法会议:《联合国海洋法公约》,海洋出版社1992年版。

又互不谦让。

(四)第四类及其特征

在本书中,大洋泛指公海、国际海底区域。这些海域是人类的共同财产,属于国际社会共有,供所有国家平等地、和平地共同使用。当然,大洋经济亦就是公海经济和国际海底区域经济。《联合国海洋法公约》规定:公海是指不包括在国家的专属经济区、领海、内水、群岛国的群岛水域内的全部海域。① 公海不属于任何国家领土的组成部分,也不在任何国际法主体管辖之下,它属于管辖范围以外的海域。国际海底是指国家管辖范围以外的海床和大洋底及其底土。国际海底区域包括两部分:被海水覆盖的大陆边(大陆架、大陆坡和大陆基)和大洋底。公海经济就是人们利用公海所进行的一系列经济活动,包括利用公海发展远洋运输、利用公海发展远洋捕捞业和利用公海开展科学考察和研究等。国际海底经济是利用现代高新科学技术开发多金属结核资源、海底热液矿资源和其他矿藏资源的经济活动。随着海洋科技和新技术革命的兴起,在国际海底发现了丰富的矿产资源。

大洋经济有以下几点特征。一是公共性。大洋经济具有公共物品的特性,不属于任何人所有,任何个人、任何国家都能够使用。二是高风险性和高收益性。说高风险是因为公海都处于各个国家专属区之外,也就是位于大海深处,有大风、暴雨、海啸等海洋自然灾害的危险,高收益性是指海洋中会有巨大的各种能源,只要有能力开发,就能获得巨大收益。

三、按照海洋经济研究的相关范围划分

我们知道,按照经济研究范围的大小,经济可以划分为综观经济、宏观经济、产业经济和微观经济。依据经济学这一分类方法对海洋经济进行划分,即按照海洋经济的组织规模划分,可以把海洋经济分为海洋综观经济、海洋宏观经济、海洋产业经济和海洋微观经济四大类。

---

① 联合国第三次海洋法会议:《联合国海洋法公约》,海洋出版社1992年版。

(一)海洋综观经济

当今现代化、信息化的经济社会工作是一个复杂的系统工程,要引导经济和社会稳定、协调发展,需要正确处理和解决一系列的关系和矛盾。综观经济是建立在社会经济发展综合性基础上的,分析的是社会经济的总体现象和总体行为,从总体上考察社会经济如何协调发展,达到社会总体的经济效益。[①] 同理,海洋综观经济是建立在海洋社会经济发展综合性的基础上,分析海洋经济的总体现象和行为,从总体上考察海洋经济中的各种经济如何协调发展,从而取得更好的海洋经济效益。海洋综观经济具有综合性、系统性、整体性的特征。海洋经济,不仅有海岸带经济,还有半岛经济、海岛经济、公海经济等。研究海洋经济,不能只见树木不见森林,不能只研究局部的海洋经济,而应该研究整体的海洋经济,也即海洋综观经济。海洋综观经济,是把海洋经济作为一个整体来研究,研究海岛经济如何和海岸带经济、半岛经济、公海经济相互作用,研究海洋底部、海面、海洋上空经济活动之间的关系,研究他们之间的协调等。海洋经济不仅中国有、日本有,美国也有;管理海洋的部门不仅有海洋部门,还有国土部门、外交部门、交通部门等,要想协调这些经济活动和部门活动,就需要把他们看作整体,看作一个系统,运用综合的方法来解决,这就是海洋综观经济。

(二)海洋宏观经济

海洋宏观经济就是将海洋经济运行作为一个整体来进行研究的,考察的是整个国家海洋的产出、就业和价格。海洋宏观经济是某个沿海国家(地区)海洋经济活动过程中劳动、资本等消耗所获得成果的活动。海洋宏观经济的特点是总量分析,它以国民经济中的海洋经济总量的变化及其变化规律作为分析研究的对象,考察海洋生产总值、海洋经济总投资、总消费、海洋产品物价水平、海洋产品外汇收入等总量的变动及相互之间的关系。海洋宏观经济问题有海洋经济发展战略,海洋的经济结构,海洋生产力布局,海洋生态环

[①] 魏双凤:《综观经济学的研究对象、特点和方法》,《广西经济管理干部学院学报》2005年第1期。

境和经济活动之间的关系,海洋资源综合利用的效益和途径,海洋经济的预测等。

(三)海洋产业经济

现代经济社会中,存在着大大小小的、居于不同层次的经济单位,企业和家庭是最基本的也是最小的经济单位,整个国民经济又称为最大的经济单位;介于二者之间的经济单位是大小不同、数目繁多的,因具有某种同一属性而组合到一起的企业集合,又可看成是国民经济按某一标准划分的部分,这就是产业。同理,海洋经济实际经济活动既不是一个经济主体的活动,也不是这些互不联系的、独立的多个经济主体的活动,而是一系列互相联系、互相作用、具有某些共同特点的经济活动主体组成的集合,即海洋产业。海洋产业是指以开发利用海洋资源、海洋能和海洋空间为对象的产业部门。海洋产业经济是介于海洋宏观经济和海洋微观经济之间的中观经济。

(四)海洋微观经济

和宏观经济相反,海洋微观经济研究的是单个产品的价格、数量和市场。海洋微观经济学主要是个量分析,主要分析单个经济主体在局部范围内所受到的主要制约因素,这些制约因素在何种条件下,按照何种方式以达到均衡状态,单个经济主体如何取得最大的利润或经济利益,以及最大化经济效益与均衡状态的关系。每一个渔民,每一家海洋产品生产、海洋加工、海洋销售的企业都属于海洋微观经济的范畴。海洋微观经济问题主要有各种海洋产业的内部结构,海洋企业的经营管理,各种海洋企业提高经济效益的途径和方法等。

四、上述各类海洋经济具有的总体特征

但凡事物,都有自己的特征,有自己与其他事物不一样的地方。作为经济的一种,海洋经济与陆地经济、空间经济等相比也有自己的特征,前面介绍海洋经济的特征是零散的、不全面的,因此有必要对其总体特征做些概述:

(一)整体特性

海洋经济的整体性有三个方面,第一方面是海洋有海底、海中和海上三维立体空间,海底、海中和海上都可以作为海洋经济活动的发生领域。海底可以开采石油、天然气、矿产和铺设海底电缆、海底仓库,海中可以养鱼、养海带、建设海上油库等,在海面上可以发展交通运输、建海上工厂、海上旅馆、海上机场等。第二方面是指由于海水的连续性和贯通性,使海洋的海岸带、海区和大陆架连为一体,从而使领海、专属经济区和公海是联通的。第三方面是指各部门、各区域和各个企业之间,以海洋水体为纽带建立了特定的联系,突破了陆地空间的限制,使得海洋经济具备了很强的整体性。海洋的这种空间整体性为海洋经济的发展提供了广阔的空间,使得海洋经济具有极大的增长潜力。[1]

(二)综合特性

海洋经济不是单一的部门经济或行业经济,不是单纯的海洋渔业,是人类所有涉海海洋经济活动的总和,其范围包括国民经济的第一、二、三产业。海洋经济的开发,不仅涉及海洋经济部门,还涉及国土部门、军队、旅游部门、交通部门。海洋开发涉及方方面面,开发海洋经济应该海陆统筹,应所有涉海部门共同行动,只有这样才能开发好海洋、利用好海洋、利用海洋为人类造福。

(三)公共特性

海水的流动性、海洋鱼类的巡游性、海洋污染的扩散性等决定了海洋经济不可能界定产权(或者界定产权的成本很高,得不偿失),这就决定了海洋经济的公共性。海洋这一巨大的水体把世界各个国家连接在一起,除了海洋国际公约规定沿海国家专属的外,公海属于全人类的财产。海洋资源的公共性,决定了海洋资源开发利用上共享性和竞争性的并存。资源的共享性使得所有个人和企业不需要付费和付很少的费用就可以开发利用海洋资源。海洋资源的竞争性,使得开发海洋资源的个人和企业出现竭泽而渔式的开采,造成海洋资源的破坏、衰退甚至于枯竭。

---

[1] 朱坚真主编:《海洋经济学》,高等教育出版社 2010 年第 6 版,第 8 页。

(四)高科技性

海洋的各种自然特性,如海水的腐蚀性、海洋上有台风、海啸、海底的巨大压强、海底的黑暗性等决定了海洋经济的高科技性。在古代,由于科技水平低,海洋经济活动仅限于近海领域,仅仅是海洋捕捞、海水晒盐和海洋运输业,产业开发规模较小,发展速度较慢。近代以来,特别是第二次世界大战以来,随着科技的进步,人类对海洋的认识不断加深,海洋经济活动范围才不断拓展开来,形成了许多新兴海洋产业和经济活动,比如海水淡化、海上城市的兴建、海洋医药行业等。

第三节 海洋经济对海洋社会的功用

海洋经济在国家事务中扮演着重要的角色,海洋经济是海洋社会的物力根基,海洋经济对海洋社会具有多方面的功用,如在政治、文化、军事、外交、国防、科技等方面均具有重要的功用,由于篇幅所限,本节仅从海洋经济对国民经济增加值、就业、外交、文化四个方面的功用进行阐述,以阐明海洋经济对海洋社会的功用。

一、海洋经济对国内生产总值的贡献

海洋经济作为经济的一种,与陆地经济一起共同组成国民经济,为国民经济做出贡献。

(一)国内生产总值的一般概念

国内生产总值(Gross Domestic Product,简称 GDP)是指在一定时期内(一个季度或一年),一个国家或地区的经济中所生产出的全部最终产品和劳务的价值,常被公认为衡量国家经济状况的最佳指标。它不但可以反映一个国家的经济表现,更可以反映一国的国力与财富。一般来说,国内生产总值有三种形态,即价值形态、收入形态和产品形态。从价值形态看,它是所有常驻单位在一定时期内生产的全部货物和服务价值与同期投入的全部非固定资产货物和服务价值的差额,即所有常驻单位的增加值之和;从收入形态看,它

是所有常驻单位在一定时期内直接创造的收入之和;从产品形态看,它是货物和服务最终费用减去货物和服务进口。由此看来,GDP反映的是国民经济各部门的增加值的总额。

(二)海洋经济活动的衡量指标

海洋经济活动作为一个整体,根据其内容和结构的差别,采用各种有特定含义的不同名称的数量指标来表示经济活动的数量关系。每种指标衡量一种事物,回答某一特定问题。衡量一个国家在一定时期海洋经济活动成果的数量指标有海洋经济总产品、海洋生产总值、海洋产业(海洋相关产业)增加值,这三个指标是一个国家在一定时期对海洋经济活动投入的生产资料和劳动力生产出来的全部产品和劳务的实物量和价值量。海洋经济总产品是指海洋经济活动生产出的全部产品和服务的数量。一定时期内全部海洋产品和服务构成海洋社会总产品。海洋生产总值是海洋经济生产总值的简称,是指按市场价格计算的沿海地区常住单位在一定时期内海洋经济生产活动的最终成果。主要功能是反映海洋经济活动的总体情况,与国内生产总值概念相对应,是衡量海洋经济对国民经济的贡献水平的重要指标。

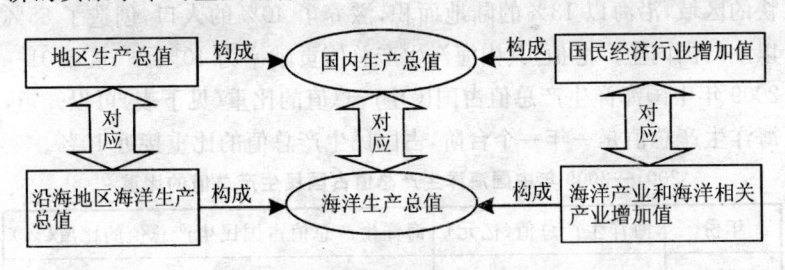

海洋经济与国民经济对应关系图

海洋产业(海洋相关产业)增加值是指按市场价格计算的沿海地区常住单位在一定时期内海洋产业(海洋相关产业)生产活动的最终成果。海洋产业增加值的主要功能是反映开发、利用和保护海洋所进行的生产和服务活动,是衡量海洋产业对海洋经济贡献作用的主要指标;海洋相关产业增加值的主要功能是反映与海洋产业构成技术经济联系的各种生产活动,是与海洋产业活动密切相关的上、下游产业活动,是衡量海洋产业对其他产业的推动与拉动作用的重要指标。海洋生产总值由海洋产业增加值和海洋相关产业增加值共同构成。其中,海洋产业增加值包括主要海洋产业增加值、海洋科研教育管理服务业增加值。具体公式如下:

$$\boxed{海洋生产总值} = \boxed{海洋产业增加值} + \boxed{海洋相关产业增加值}$$
$$\parallel$$
$$\boxed{主要海洋产业增加值} + \boxed{海洋科研教育管理服务业增加值}$$

(三)海洋生产总值的重大贡献

海洋开发的产值和营业收入是很高的,对于增加沿海国家或地区的经济收入和实力有重要意义。日本是一个海运大国,它每年从海外运进 10 亿吨原料和燃料,加工后又通过海洋销往世界各地,从而获得巨额利润。英国在 20 世纪 70 年代以前是石油进口国,国际收支十分拮据。自从北海油田投产以来,一跃成为石油输出国家,国际收支状况迅速改善,1979 年其贸易收入达 72 亿磅。挪威开发北海油田之后,其外贸逆差变顺差。下面,我们以中国为例谈一下海洋生产总值对国民生产总值的贡献。

据统计,改革开放 30 多年来,中国的沿海省份已成为中国发展最快的区域,沿海以 13% 的陆地面积,滋养了 40% 的人口,创造了 65% 以上的国内生产总值,其中海洋生产总值贡献率为 10%。[1] 从 2001—2009 年中国海洋生产总值占国民生产总值的比重(见下表)可以知道,海洋生产总值是一年一个台阶,占国民生产总值的比重接近 10%。

2001—2009 年中国海洋生产总值占国民生产总值的比重[2]

年份	海洋生产总值(亿元)	海洋生产总值占国民生产总值的比重(%)
2001	9549.9	8.7
2002	11305.9	9.4
2003	11983.7	8.8

---

[1] 国家海洋局:《沿海省份海洋生产总值占 GDP 的 10%》,中国网:http://www.china.com.cn/news/content_20856183.htm,2010 年 9 月 3 日访问。

[2] 数据来源:2001—2007 年数据来自中国海洋统计年鉴,2008—2009 年数据来自海洋局网站。

续表

年份	海洋生产总值(亿元)	海洋生产总值占国民生产总值的比重(%)
2004	14697.7	9.2
2005	17698.5	9.6
2006	21220.3	10.1
2007	26722.5	9.74
2008	29662.0	9.87
2009	31964	9.53

(四)海洋经济促进经济的增长

20世纪60年代以来,世界面临的人口、粮食、环境、资源和能源五大危机日益明显,为了摆脱危机,人类又回到了孕育生命起点的海洋,探索蓝色波涛之下的丰富资源。进入20世纪90年代以来,世界海洋经济的发展突飞猛进。世界海洋经济总产值从1990年的6700亿美元发展到2005年的19000亿美元,占世界国民经济总产值的20%,世界海洋经济总产值平均以每年11%的速度增长,高于世界GDP的增长速度。随着世界各国的战略重点转向海洋,21世纪将成为海洋开发利用的世纪,海洋经济必将成为21世纪世界经济发展中重要的新的经济增长点。[1] 目前,世界上各沿海国家都纷纷把开发利用海洋作为加快经济发展和增强国际竞争力的战略选择。如美国制定了《21世纪海洋蓝图和海洋行动计划》,加拿大出台了《海洋法》和国家海洋战略,韩国则颁布了《韩国海洋21世纪》,欧盟发表了《海洋政策绿皮书》。中国对海洋经济同样高度重视,已经批准《联合国海洋法公约》并制定了一系列与海洋相关的法律法规。2008年起源于美国的金融危机波及全球,中国也受到影响,中国采取了一系列振兴经济的计划,其中海洋相关产业被列入振兴产业之一,随着国家对海洋的重视,中国继续实行对外开放政策,中国的海洋经济将会在国民经济中发挥更重要的作用。

---

[1] 朱坚真、吴壮主编:《海洋产业经济学导论》,经济科学出版社2009年版,第1页。

二、海洋经济在促进就业方面的贡献

就业问题,是经济发展过程中的一个重要问题,处理好,能促进经济和社会的发展;处理不好,造成大量人员的失业,则会影响经济社会的发展。同理,海洋经济作为经济的一种,也存在着经济与就业之间的关系。

(一)就业和海洋就业

就业是一定年龄阶段内的人们所从事的为获取报酬或经营收入所进行的活动。如果再进一步分析,则需要把就业从三个方面进行界定,即就业条件,指一定的年龄;收入条件,指获得一定的劳动报酬或经营收入;时间条件,即每周工作时间的长度。就业是民生之本,是劳动者谋生的重要手段。从经济学的角度讲,就业是派生需求,有人认为"就业是最好的保障",就业问题事关国计民生。

海洋就业就是一定年龄阶段的人们从事与海洋相关的经济活动以获得报酬的一种活动。海洋就业与就业是一种个体与总体的关系,是个性与共性的关系,海洋就业是个性,就业是共性,海洋就业具有就业的一切特性,但是海洋就业也有其特殊性,海洋就业是从事与海洋相关的产业的人员的一种活动,涉海性是海洋就业的本质特点。

(二)经济增长与就业

加快经济发展,促进经济增长是解决就业问题的基本前提,经济增长与就业增长的关系也一直成为人们关注的焦点。根据有关西方经济学理论,经济增长与充分就业是一个国家或地区所追求的两大宏观经济目标。20 世纪 60 年代,美国经济学家阿瑟·奥肯根据美国的相关数据,提出了经济周期中失业变动与产出变动的经验关系,即奥肯定律。奥肯定律的内容是,失业率每高于自然失业率 1%,实际 GDP 将低于潜在 GDP 的 2%。从奥肯定律我们可以推论,失业率每减少 1%,则实际国民收入将增加 2%,实际国民收入即为经济的增长。这一定律表明,失业率与经济增长是反方向变动的关系,存在着负相关的关系,而就业增长率与经济增长率之间就是正相关关系。

对于经济增长与就业关系的一致看法是经济增长能带动就业增长,发展经济是解决就业问题的根本途径,这也被历史反复证明。至于经济发展与就业增长的"鸡"与"蛋"的关系,专家学者们较一致的看法是:高质量的就业会促进经济的发展,而经济的发展又吸纳了大量新的就业人员,经济增长与就业增长是相互促进的。

(三)海洋产业与就业

21世纪是人类迈向海洋、开发和利用海洋的世纪。在许多沿海国家和地区,海洋产业都呈现出迅猛发展的势头,海洋产业已经成为新的经济增长点。海洋产业是人们在发展海洋经济的过程中,利用海洋资源和海洋空间所进行的各类生产和服务活动。海洋产业的发展以沿海地区作为最主要的依托空间,这种区位优势本身就对劳动力构成了一个强大的吸引磁场,具有吸引劳动力的内在动力。沿海地区是海洋产业发展的空间基地,人口具有向沿海地区集聚的规律,并且沿海地区的经济、社会发展程度越高,这一集聚趋势就表现得越为明显。海洋产业的产业与就业之间的相关程度十分密切,产业的带动能力较强。发展海洋产业,可以促进和带动其他产业的发展。产业与产业之间、产业群与产业群之间都密切相关,一个海洋产业的兴旺发达往往会带动一系列海洋产业。大批海洋产业的兴起,势必会提供更多的就业机会,从一定程度上缓解劳动力的就业压力。

(四)就业功用之实例

海洋资源开发的内容十分广泛,涉及十几个产业部门,可以容纳大量的劳动力就业。我们以中国为例,谈谈海洋经济对就业的功用。

以中国为实例,海洋经济的快速发展促进了沿海地区的劳动就业,根据21世纪初中国涉海就业情况调查报告,中国沿海地区有近1/10的就业人员从事涉海行业,2001年,海洋就业人数为2107.6万人,涉及国民经济16个门类,165个行业小类,占沿海就业区就业人数的8.1%。2005年,海洋就业人数为2780.8万人,占沿海就业区就业人数的9.7%。2006年,全国涉海就业人员2960.3万人,占全国就业人数的3.9%,与"十五"初期2001年相比增长了40.4%。2008年全国涉海就业人员3218万人,其中新增就业67万人。中国沿海就业具有行业覆盖面广,人员素质和年轻化程度高等特点,在海洋三类产业中的分布也与产业结构相一致,海洋第一产业吸纳了将近70%的就业人口,以高新技术为主要支撑的第二产业,劳动就业率低,但劳动生产率高,总的来说就业结构较为合理。由此看来,涉海就业对沿海地区乃至全国扩大就业起到了积极的作用。

三、海洋经济在促进外交方面的贡献

21世纪是海洋的世纪,海洋经济作为海洋社会的物力根基,支撑着海洋社会的各个方面。海洋经济和外交有什么关系?海洋经济对海洋外交有什么功用?这里就这些基本方面做些阐述。

(一)外交和海洋外交

外交(diplomacy),指一个国家在国际关系方面的活动,如参加国际组织和会议,跟别的国家互派使节、进行谈判、签订条约和协定等。外交的活动形式多样,主要有访问、谈判、交涉、缔结条约、发出外交文件、参加国际会议和国际组织等。主权国家外交的宗旨是,以和平方式通过对外活动实现其对外政策的目标,维护国家的利益,扩大国际影响和发展同各国的关系。根据外交主体和对外政策目标的不同,外交具有多种性质。如半殖民地半封建时期的中国政府腐败无能,饱受帝国主义、殖民主义的欺凌与压迫,实行的往往是"屈辱外交";中华人民共和国建立后,坚持的是独立自主的和平外交。此外还有霸权主义外交、不结盟外交等。就外交重点的不同而言,有经济外交、科技外交、文化外交、体育外交等;就外交对象而言,有双边外交和多边外交。

海洋外交是整个外交体系的重要组成部分,是与陆地外交相对而言的。古代时期,科技尚不发达,世界各国对于海洋的认知往往局限在本国近海领域,并没有关于海洋外交的认知。随着造船业与航海业的发展,始有海洋外交、海上贸易之实。经过数千年的发展,到了科技发展日新月异、全球化加速推进的现代社会,在和平与发展的时代潮流下,随着海洋在当今世界政治、经济、文化等领域地位的不断提高,海洋外交的重要性和战略意义日益凸显。海洋外交是指通过外交手段和途径处理国家间海洋事务,开展海洋事务各领域

的沟通交流等活动。例如涉及海洋权益争端的谈判磋商、海洋国际组织的活动、开展海洋事务国际交流与合作等。① 海洋外交包括海军之间的交往、海洋权益的保障、与沿海国家的交往,海洋资源的合作开发,海洋领土争端的解决等。

(二)经济与外交关系

政治根源于经济,由经济决定,因此必须在经济基础上认识政治,政治不是离开经济而孤立存在的,一定的政治总是在一定的经济基础上产生的,并为一定的经济基础所制约。政治反作用于经济,给经济的发展以巨大的影响。其中外交属于政治的范畴,所以从某种范畴上来说,经济决定外交,外交对经济具有反作用。积极的外交可以为经济发展提供良好的国际环境,促进经济的发展,反之,屈辱外交、失败的外交则给一个国家带来内忧外患,阻碍经济的发展。常言道,弱国无外交,虽然这句话不一定正确,但是却在一定程度上表明了经济对外交的作用,经济强大了,有实力了,外交就能维护国家的权益;反之,一个国家经济落后,是一个弱小国家,在国际外交舞台上根本不可能维护国家的权益。

(三)海洋经济和外交

海洋经济与海洋外交的关系就像经济和外交的关系一样,经济在某种程度上决定外交,外交对经济有一定的反作用。海洋经济的发展,可以促进海洋科技的发展,海洋科技的发展可以促进科技工作者造出坚固耐用的军舰以及用于维护海洋权益的导弹;海洋经济的发展,可以创造更多的国民生产总值,国民生产总值提高了,可以投入教育,培养更多的海洋外交人才。总之,海洋经济的发展中,制造出来的坚船利炮,培养出来的优秀科技外交人才,非常有利于海洋外交的开展。海洋外交的进行,可以维护国家海洋权益,为国家创造良好的国际环境,良好的国际环境可以促进海洋经济的发展。海洋经济和海洋外交是一种促进与反促进,制约与反制约的关系。

---

① 陈亚东:《论和平发展时期中国新型海权的构建》,湘潭大学 2008 年硕士学位论文,第 27 页。

(四)外交功用之实例

海洋经济的发展,对海洋外交有着巨大的作用。海洋经济的发展,可以增强国家的实力,解决海洋权益争端。以中国为例,中国的海洋外交一直比较活跃。在海洋权益争端方面,中国一直坚持以外交手段解决问题。例如 2002 年 11 月签署的《南海各方行为宣言》,旨在保持南海局势的稳定,强调以和平方式解决问题。"最惠国通过合作方式管理与邻国的海上争端,特别是签署了具有约束性质的《南海各方行为宣言》,产生了重要的战略效应。"[1]中国与越南在 2000 年 12 月正式签订了关于北部湾的划界协议,这是中国与海上邻国间通过平等协商、谈判划定的第一条海上边界。2005 年 3 月,中、菲、越三国签署了《在南中国海协议区三方联合地震工作协议》,朝着共同开发的目标迈出了第一步。[2] 海洋经济的发展,还可以促进海洋对外交往的进行。随着中国海洋经济的增长,中国积极参与国际海洋事务,开展国际海洋合作。国家海洋局下设有国际合作司,专职负责海洋事务的国际合作。海洋经济的发展,可以促进海军之间的交流。海军外交促进了各国海军之间的了解,加强彼此间的交流,展示了中国海军的力量和风采,宣示了中国和平发展的海洋政策,表明了中国参与国际和地区海洋事务的积极态度。

四、海洋经济在促进文化方面的贡献

作为海洋社会的物力根基,海洋经济为海洋社会各个方面提供物质保障,其中也包括海洋文化。下面我们将介绍什么是海洋文化,海洋经济和海洋文化有什么关系,海洋经济对海洋文化的功能作用是什么。

(一)文化和海洋文化

文化,英文为 culture,这个词源于拉丁语,原意为:耕耘、耕作。可见,从其最初的含义上看,就有人们对于自然界的开拓之意。文

---

[1] David Shambaugh. China Engages Asia: Reshaping the Regional Order. International Security, Vol. 29, No. 3, Winter, 2004/2005, p. 64-69.
[2] 何胜、张学刚:《当前东南亚形势浅析》,《现代国际关系》2007 年第 3 期。

化是一个复杂的整体,其中包括知识、信仰、艺术、道德、法律、习俗以及人作为社会成员之一分子所获得的任何技巧与习惯。[①] 文化具有符号性、象征性、传递性、超生理性和超个人性、变迁性等特征。

海洋文化,就是和海洋有关的文化;就是缘于海洋而生成的文化,也即人类对海洋本身的认识、利用和因由海洋而创造出来的精神的、行为的、社会的文明生活内涵。海洋文化的本质,就是人类与海洋的互动关系及其产物。[②] 人类源于海洋,因由海洋而生成和创造的文化都属于海洋文化;人类在开发利用海洋的社会实践过程中形成的精神成果和物质成果,如人们的认识、观念、思想、意识、心态,以及由此而生成的生活方式,包括经济内容、法规制度、衣食住行习俗和语言文学艺术等形态,都属于海洋文化的范畴。海洋文化中崇尚力量的品格,崇尚自由的天性,其强烈的个体自觉意识、竞争意识和开创意识,都比陆地文化更富有开放性、外向性、兼容性、冒险性、神秘性、开拓性、原创性和进取精神。

(二)经济和文化关系

经济和文化是社会有机体的重要组成部分,经济与文化的关系密切。首先,经济是文化的基础。马克思主义认为,经济是基础,文化是建立在经济基础之上的上层建筑的一部分。毛泽东也说过,一定的文化是一定社会的政治和经济在观念形态上的反映。经济决定着文化,有什么样的经济才有什么样的文化,那种企图逾越经济发展的历史阶段的文化思想就像空中楼阁,注定要失败。其次,经济为文化提供建筑材料。经济为文化的发展提供物质条件,大到公共文化服务体系的建立、文化监管经费的安排,小到文化人的工薪报酬、文化消费者的消费支出,无不需要经济的支撑。同时,文化对经济又有反作用。文化对经济发展的反作用,其表现形式是多样性的,既有直接的、有形的,又有间接的、无形的,最大的特征是渗透性。而文化与经济的交集就是文化产业,文化产业是极具发展潜力的朝阳产业,同其他产业相比,具有低能耗、无污染、文化资源能在

---

① 参见《中国大百科全书·社会学卷》,中国大百科全书出版社1991年版,第409页。
② 曲金良:《海洋文化概论》,青岛海洋大学出版社1999年版,第3页。

使用过程中不断积累和增加价值等特点,是新的经济增长点。

(三)海洋经济和文化

海洋文化和海洋经济是不可分割的孪生兄弟。海洋文化和海洋经济都是以濒临海洋为前提,以海上交通运输和商品贸易为基础的。海洋文化和海洋经济是共生共荣、相辅相成、互相融合、互相促进的。海洋经济是海洋文化的基础,海洋文化是海洋经济发展的精神动力。海洋文化依赖海洋经济为其提供一定的物质基础而产生和发展,在海洋经济为其提供的物质形式下存在和传播;没有海洋经济,就不会产生海洋文化;没有海洋文化的繁荣,也就没有海洋经济的发展。海洋文化为海洋经济提供精神动力、智力支持和思想保证。只有大力弘扬海洋文化,提高全民族的海洋意识,才能促进海洋经济的繁荣,带动海洋产业和沿海各涉海行业的发展;海洋经济的发展和海洋文化的发展之间存在着水乳交融的内在联系,海洋经济催生了海洋文化;海洋文化又促进了海洋经济的发展。在今后,海洋文化与海洋生活而形成的海洋文化产业,将会随着海洋经济和海洋文化的大飞跃而更显其辉煌的功用。

(四)经济对文化的功用[①]

1. 海洋经济为海洋文化的发展提供物质基础。无论何种海洋文化事业,都需要一定的经济实力作保证。人类航海业早在古希腊、古罗马就存在了,但发达的航海业只是在近代资本主义经济有了长足的发展后才出现的。今天,先进的航空母舰、核潜艇能横行于汪洋大海中,就是主要靠发达的海洋经济作坚强后盾的。今天世界上经济最发达资本主义国家(英、美、法、德、日等国)的经济,无不与海洋息息相关。从某种程度上可以说,这些国家的经济就是海洋经济。

2. 海洋经济是海洋文化发展的动力。开发利用海洋的实践,成为推动海洋生物技术、海洋资源勘探技术发展的强大动力。海水淡化,海上石油开采,海上飞机场、海上城市这些新兴的海洋经济都需要海洋文化的智力支持。恩格斯说:"社会一旦有技术的需要,则这

---

① 许维安:《论海洋文化与海洋经济的关系》,《湛江海洋大学学报》2002年第10期。

种需要就会比十所大学更能把科学推向前进。"

3. 海洋经济本身又是海洋文化发展的源泉。这表现在:第一,海洋经济本身应成为海洋文化的研究对象,否则海洋文化就没有生命力;第二,在发展海洋经济中积累的经验、管理技术可以转化为海洋文化,今天的海洋文化就是昨天的海洋经济,今天的海洋经济就是明天的海洋文化;第三,海洋文化一般都是在发展海洋经济的基础上发展起来的,海洋经济在得不到充分发展时,海洋文化的发展往往受到阻碍或难以发展。

海洋经济是海洋社会的物力根基,是人类社会经济总体的重要组成部分。人类社会的近代史,就是一部海洋经济的发展史。凡是重视海洋、重视海洋经济的国家和地区,经济就处于世界前列。随着经济的发展,全球经济逐渐趋于一体化,地球正变成地球村。据统计数据表明,近代大部分国际贸易的货物都是通过海洋运输的,海洋已成为人类最便捷的交通通道,海洋经济已成为世界经济的主体。让我们正视海洋经济对人类的贡献,大力发展海洋经济,为全人类造福吧!

参考文献:

1. 陈可文:《中国海洋经济学》,海洋出版社2003年版。
2. 朱坚真主编:《海洋经济学》,高等教育出版社2010年版。
3. 徐质斌、牛福增主编:《海洋经济学教程》,经济科学出版社2003年版。
4. 朱坚真、吴壮主编:《海洋产业经济学导论》,经济科学出版社2009年版。

思考题:

1. 简要概述海洋经济的含义和海洋经济活动。
2. 海洋经济的基本类型和基本特征是什么?
3. 海洋经济对海洋社会有何主要功用?

飞龙翔空　游鱼潜渊　无边海疆作舞台
执政行权　保民安邦　运筹帷幄定乾坤

第十章　海洋政治:海洋社会的权力指向

海洋政治是当今致力于在竞争激烈的海洋社会中占有一席之地的国家其政治生活的重要组成部分。当今海洋政治地位之突显，与人们对于海洋的重要性的深刻认识、人类对于海洋越来越多的索求、海洋能为人类当前及下一步的发展提供更多保障密不可分。维护已有的海洋权益，试图攫取更多的海洋权益，要求一国具有深遂的战略眼光、开拓海洋的意识、经营海洋的实力。上升到政治层面，就是要求一国大力弘扬海洋政治，使海洋意识深入人心，为一国耕海牧洋提供战略性指导。海洋政治，它是当今海洋社会试图谋求海洋世界话语权的国家权力共同指向的对象。本书主要就政治及海洋政治的含义、海洋政治的类型及特征、海洋政治的功用等作出论述。

第一节　海洋社会是海洋政治的社会

海洋社会是世界各国对于海洋的重要性有了深刻认识后各国逐鹿海洋而形成的一种新的社会形态,其直接动力来自于各国政治层面的大力推动。本节内容主要包括:政治及海洋政治的含义、海洋政治的形成条件、海洋政治的核心、当今争夺海权的代表性国家。

一、政治与海洋政治

政治作为上层建筑,在一国的发展过程中起着十分重要的作用。海洋政治是一国称雄海洋的重要保障。这里将首先分析政治的基本含义,并从中引伸出海洋政治的含义及特征。

(一)政治的基本含义

政治无处不在,但在不同的时期、不同的国度政治内涵又有所区别。学术界越来越认同淡化社会的阶级属性而更多地从管理社会的角度来给政治下定义。有学者曾对古今中外有关政治的含义进行了梳理,最后尝试对政治作如下定义,即政治是有关政府权威性决策及执行的社会活动及社会关系。其权威性指政府行为可以采用合法性武力作后盾,及其所具有的最高性、全面性特点。"有关"意指政治不仅包含政府权威性决策及执行的社会活动及关系,而且包含公民、利益集团、政党以及其他一切组织对政府体系的投入、参与、监督活动和关系,以及公民、利益集团、政党等组织对政府权威性决策及执行的地位和权力的争夺活动及关系。[1]

(二)海洋政治的含义

根据上面对政治含义的界定,我们可以这样来定义海洋政治:它是海洋社会的权力指向,即世界海洋国家之间有关海洋权益的决策及执行并相互影响的政治活动的总和。有的学者则把海洋政治进一步具体化为"主权国家之间围绕海洋权力、海洋权利和海洋利益而发生的矛盾斗争与协调合作等所有政治活动的总和"[2]。绝大多数国家在近代以前根本不重视海洋,海洋政治更鲜有人提及,在那种环境下政治虽然无处不在,但海洋政治在绝大多数情况下都是名亡实亡。另外还要明确指出的是,当今世界约有1/4的内陆国家,海洋政治在这些国家中无法占有一席之地;即便有一点点海洋政治,也会受制于与其相邻的临海国家。此外,海洋政治势必与其他沿海国家或者靠海国家发生联系,损害或者影响他国的利益,进而对其他沿海国家或者靠海国家产生积极或者消极的影响,刺激他方作出种种反应。因此,海洋政治虽与政治有着密切的联系,但是又有着明显的区别,二者不可混为一谈。

---

[1] 谢宝富:《关于政治定义的几点再认识》,《首都师范大学学报(社会科学版)》2003年第4期。

[2] 刘中民:《世界海洋政治与中国海洋发展战略》,时事出版社2009年版,第1页。

(三)海洋政治的开展

在地理大发现以前,世界被天然地割裂为几大区域。各洲之间虽然偶尔有联系,但既不经常、规模也受到限制。公元前5世纪波斯建立了人类历史上第一个跨欧、亚、非三洲的大帝国,不过很快就土崩瓦解。其中原因固然很多,但是缺乏便捷、有效的交通方式是一个重要的制约因素。罗马也曾把地中海变成了帝国的内湖,不过其战略重心一直局限于欧洲地区。当时的汉帝国虽曾派出使者试图与罗马交好,但由于受到海洋的阻隔,结果未能如愿,使者只得从陆路原路返回。16世纪以后,世界各地联系越来越密切,特别是到了今天,借助于科技的突飞猛进人类已经把地球变成一个真正的村落。在这一点上,海洋政治功不可没。世界联成一体其起因固然来自西方世界对于未知世界的向往与索求,而把这种向往与索求变为现实的则是来自以葡萄牙、西班牙为代表的欧洲国家海洋政治的直接推动。

(四)海洋政治的中心

海洋政治最先出现于欧洲,欧洲人在争夺海洋方面一直走在世界前列。雅典、罗马是古代重要的海洋国家;近代以来,以葡萄牙、西班牙等为代表的欧洲殖民者最先开始环球航行,引领人类迈进海洋时代;当今美国为首的西方海洋强国通过多次海外战争将海洋政治演绎得淋漓尽致。

海洋政治与政治并不是同步产生的。随着人类生产力的发展、征服自然能力的不断提高尤其是当人类有了一定征服海洋的能力时才产生了海洋政治。在1500年前后,欧洲造船技术有了很大提高,西方人把从中国传去的罗盘针应用于航海;与此同时,由于欧洲资本主义萌芽的兴起,新兴的资产阶级迫切需要开辟新的市场、寻找更多的原料产地;另外,欧洲宗教改革尤其是新教的广泛传播、致富光荣观念的流行,加上《马可波罗游记》对于中华帝国富庶的描绘导致当时的西欧社会盛行一种到海外淘金的热潮,以上三个方面造成了在政府主导下的开发海洋活动欧洲走在世界前列的局面。

尽管西方人有关海洋政治的理论研究比到海外探险的实践要晚很多,不过在海洋政治理论研究这一点上西方仍然走在其他地区的前面。美国海军将军马汉的"海权论"系列著作可以视为海洋政治领域研究中具有开拓性、影响也最为深远的代表性著作。① 马汉有关海权方面的代表性著作主要有《海权对历史的影响(1660—1783)》《国际环境下的美国利益》《亚洲的问题》《海权中的美国国家利益》等。此后前苏联海军司令戈尔什科夫、20 世纪 80 年代初期美国海军部长莱曼、原苏联海军元帅卡皮塔涅茨·伊万·马特耶维奇均出版过有重要影响的相关海洋政治著作,这些著作进一步奠定了海洋政治学的理论基础。② 虽然近些年来,亚太地区的一些新兴国家海洋力量有了显著增长,海洋政治也受到了空前的重视,但在海洋政治理论方面则尚缺乏有重大影响的学者和受到国际社会重视的学术观点。可以说,到目前为止,事实上从实践到理论,欧美国家都占据世界海洋政治舞台的中心。

二、海洋政治的形成

海洋政治不是凭空产生的,它需具备相应的条件。大致说来,海洋政治的形成需要有利的地理条件,需要整个国家尤其是政府具有开拓海洋的意识,同时能够克服制约成为海洋大国的不利因素,并抓住有利时机成为海洋大国。

(一)地理环境的特殊

地理环境是生产发展必不可少的自然条件,直接影响到一个民族的生存方式。一个国家所处的地理环境对海洋政治的形成既可能起促进作用,也可能起阻碍作用。人类居住陆地,由于各自所处的地理环境不同,对陆海的态度也大不一样。有的守土重迁,重视陆权;有的向往海洋,重视并大力发展海权。越是在遥远的古代,人类愈是依赖于周围的环境,仰仗大自然的赐予来维持生存。在早期,限于生产力水平,农林牧渔自然资源具有决定性的意义,相对而

---

① 刘中民:《世界海洋政治与中国海洋发展战略》,时事出版社 2009 年版,第 18 页。
② [苏]谢·格·戈尔什科夫:《国家的海上威力》,房方译,海洋出版社 1985 年版;[美]莱曼:《制海权:建设 600 艘舰艇的海军》,海军军事学术研究所译,海军军事学术研究所 19991 年版;[俄]卡皮塔涅茨·伊万·马特耶维奇:《冷战和未来战争中的世界海洋争夺战》,岳书瑶等译,东方出版社 2004 年版。

言社会生活资料从陆上获得比从海上获得更加容易、更加安全。对于陆地疆域辽阔、气候温暖、资源丰富的国度来说，国民可以依赖肥沃的土地丰衣足食，一国政府也具备保持长治久安的自然条件，一般不会舍稳求险向海上发展。而陆地地理条件恶劣的国家，在陆地获取生存资源困难的情况下，才会极力向海洋谋求生存所必须的资源。例如古希腊、荷兰等陆地资源缺少的沿海国家，居民居住在陆上交通不便的沿海地区，既没有可供游牧的草场，也没有可供耕作的土地，浩瀚的海洋便成为人们谋取生活资料的来源。而印度、中国等古文明地区，背负大陆，面向一望无际的深海，水足地沃，气候适宜，人们很容易通过农耕丰衣足食，通过发展陆地农业创造辉煌文明。在这种相对稳定的地理环境下，人们对陆地的认识是根深蒂固的，而对海洋的认识，显得比较模糊、简单且感性。从国防上看，大陆国家即便濒海，在生产力水平不发达的情况下，所面临的主要威胁仍常常来自陆上，国防的重点大多在陆上方向，海上方向没有必要予以足够关注，若非遭遇来自海上方向的进攻与防御压力，其海防意识就难有大的改变。因此，以中国、印度为代表的大陆国家等因封闭的地理环境则难于成为海洋国家，而地中海周边的国家则因其地理位置的特殊性则容易成为海洋政治的发源地。

(二) 海洋地位的显现

地理大发现以后尤其是到了今天，海洋的地位日益被人们所认识。海洋的重要性体现在以下几个方面。第一，海运是最廉价而且也是运载量最大的运输方式。相比陆运，海运具有运费低廉、运量大的优点，是国际贸易尤其是远距离运输的首选方式。第二，海洋是人类下一个资源宝库，是人类后续发展的力量源泉。工业革命200多年以来，人类对于陆地资源的开发已经接近尾声。在第二次世界大战后，海洋在资源上的价值与潜能已经为人类所共知。海洋蕴含着多种资源，是人类下一步发展的资源宝库。第三，制海权的争夺是国际争夺的重要目标。近代以来，世界大国围绕着海权进行了激烈的争夺。这种争夺在今天显得更为激烈，控制了海洋就控制了全世界，也就锁住了任何一个想成为海洋大国、挑战既存海洋强国地位国家的咽喉。

(三)政府的海洋意识

海洋意识作为人们对海洋在人类社会发展中的作用、地位和价值的认识,对国家和民族发展有着深远影响。历史证明,有没有海洋意识、海洋意识是否强烈,不仅关系到海洋能否得到有效地开发、利用,而且影响到国家民族的安危兴衰。[①]

政府的海洋意识在一国海洋政治的形成过程中具有十分重要的地位。政府决策者深刻认识到海洋的战略地位,是该国制定和实施科学合理的国家海洋战略的前提和基础。历史上的海上强国之所以强大,都是政府(主要是最高统治者)高度重视海洋事业,并在其发展过程中制定顺应时代潮流且符合本国国情的海洋发展战略的结果。对于是否决定成为海洋国家,一个国家的政治议题是否包含海洋政治的成分,政治家的决策至关重要,海洋强国发展史充分说明了这一点。如葡萄牙的亨利王子、英国的伊丽莎白女王、俄罗斯的彼得一世、法国的路易十四、美国的西奥多·罗斯福和富兰克林·罗斯福,都是因为高度重视海洋、积极指导本国开发利用海洋并建设强大海上力量而使国家走向强盛的。夺取出海口、争夺海上霸权,是历代俄国沙皇对外侵略扩张的重要任务。彼得一世在执政期间,制定了一套全面而详尽的战略计划:西出大西洋,北抵北冰洋,东进太平洋,南下印度洋。俄罗斯正是以此为轨迹进行扩张,才取得了今天世界第一版图大国的地位。日本自丰臣秀吉时代起,就制定了先侵占朝鲜半岛和中国台湾,进而占领中国东北地区,而后以此为基地和跳板,吞并全中国、东南亚乃至整个亚洲,最终称霸世界的海洋发展战略。而美国向太平洋进军,占领夏威夷群岛、菲律宾、关岛、日本冲绳岛、萨摩亚等海外基地,控制巴拿马运河、马六甲海峡、白令海峡等海上战略咽喉要道,逐步走向世界超级大国的宝座,则是以马汉的海权思想为指导的。所有这些发展战略都离不开政府领导者所具有的高屋建瓴的海洋意识。

(四)挑战与机遇并存

一国要想成为海洋大国、拥有称霸海洋的实力,既需要一定压

[①] 张德华等:《中华民族海洋意识影响因素探析》,《世界经济与政治论坛》2009年第3期。

力,又不能缺少一定动力。就国际环境来看,应该既面临着挑战同时又具备成为海洋大国的难得机遇。中国长久以来未能成为海洋大国,除了农业文明本身的封闭性这个众所周知的原因外,缺乏来自海外异族的压力是另一个重要的因素。事实上中国从秦始皇统一六国一直到鸦片战争前夕,所面临的唯一威胁就是北方游牧民族南下危及到自己政权的稳固。因此历朝统治者为了巩固自己的政权其思考的不外乎是如何抵御北方少数民族的进攻,其主要防护措施要么是修筑长城试图将凶悍的游牧民族阻挡在国门之外,要么是把皇室的女儿远嫁异域美其名曰"和亲",要么是像两宋时期向北边的少数民族政权称臣,每年送给对方大量财物购买短暂的和平。

但是到了1840年以后,以上所有选项既显得陈旧又效果不彰。远方异族从海上进攻中华帝国,古老的国家碰到了新问题。包括中华帝国在内的所有殖民地半殖民地国家都面临着当时海洋大国的严重挑衅,是勇于接受挑战还是以不变应万变是摆在所有遭受外来侵略的弱国面前的一个现实问题。大部分殖民地半殖民地国家均不愿坐以待毙,重视海洋政治、发展海上力量就成了工业文明兴起以后落后国家对付来自海上侵略的新举措。对于广大的殖民地半殖民地国家而言,挑战虽然严峻,但也存在改变不利处境的难得机遇,这种机遇最为明显的表现就是帝国主义国家为了争夺世界霸权爆发了两次世界大战,争斗的双方在两次大战中力量均遭到了极大的削弱,客观上给亚、非、拉国家提供了摆脱外来压迫的难得机遇。经过半个多世纪的发展,许多亚、非、拉国家充分利用后发优势,逐步缩小了与传统海洋大国的差距,积极主张自己应得的海洋权益,挑战既存的海洋大国,缓慢而又坚定地改变着既存海洋社会的政治格局。

三、海洋政治的核心

近世以来,海洋争夺活动日益激烈。争夺海洋实际上就是争夺海洋的控制权。虽然国际公约对于海权作了明确的规定,各国在主张自己的海洋权益时也往往把公约作为主张海权的法律依据,但事实上公约在缓解海洋竞争激烈程度方面的作用仍相当有限。

(一)争夺海洋的背景

自从西方殖民者走上了对外侵略奴役他国的道路之后,海洋的重要性就与日俱增。近代海军发展起来后,世界各国争斗的中心从争夺陆地发展到陆地与海洋并重,这种争夺也是第一次世界大战爆发的直接原因。1900年,时任德国宰相的皮洛夫曾宣称"让别的民族去分割大陆和海洋而我们德国人只满足于蔚蓝色天空的时代已经一去不复返了。我们也要为自己要求阳光下的地盘",明确点出海洋已经成为列强争夺的主要目标。第二次世界大战期间,海战对于战争的结局也起着极为重要的作用,如美英盟军的诺曼底登陆作战,日美的中途岛海战均是双方的生死之战。今天,海洋的重要性更是不言而喻,人类把最后发展的依靠与希望寄托在海洋上,未来大规模的战争将很可能因为争夺海洋权益而起。

(二)海权的主要含义

政治的核心是政治权利,海洋政治的核心理所当然就是海洋权利。海洋权利是海洋权力和海洋利益的统一。

有学者指出:海权是一个国家的海洋权利、海洋利益和海上力量三位一体的复合体系。前苏联海军将领戈尔什科夫在20世纪就曾提出过"国家海权"的概念,他明确指出,"一定国家的海权,决定着利用海洋所具有的军事与经济价值而达到其目的之能力"[1]。在他看来,"国家海权定义的范围,主要包括为国家研究开发海洋和利用海洋财富的可能性,商运和捕鱼船队满足国家需要的能力,以及适应国家利益的海军存在"[2]。

现代意义上的海权简单地说就是国家的海洋综合国力,是衡量国家海洋实力和能力的重要指标。大致包括以下几个大的方面:(1)国家海洋战略:全民族的海洋意识,政府的海洋政策,国家支持海洋事业的总体能力;(2)海洋地理环境和资源:海岸线长度,海域面积,海洋的区位,海洋资源;(3)海洋自然力:海洋水文,海洋气象,海底地形;(4)海洋调查研究能力:船只,科技人员,仪器设备,近海

---

[1] 王生荣:《海洋大国与海权争夺》,海潮出版社2000年版,第46页。
[2] 王生荣:《海洋大国与海权争夺》,海潮出版社2000年版,第46页。

和大洋调查研究能力;(5)海洋水文气象保障能力:海洋环境监测、海洋预报,海洋信息服务;(6)海洋开发能力:产业种类和规划,开发装备数量和水平,产业就业人数,海洋产业产值;(7)海洋防卫能力:海洋军事力量,海洋防卫运输能力,海洋防卫动员机制;(8)海洋管理能力:管理法规,管理队伍,管理机制。① 这种定义实际上是对戈尔什科夫海权定义的细化。

综合以上分析,可以认为海权就是当今社会人类在对于海洋的重要意义已经有了高度一致认识的背景下一个国家能够支配海洋、利用海洋为本国发展服务的能力。

(三)海洋权益的规定

按照《国际海洋法公约》(以下简称《公约》)的规定,世界各国在海洋世界分成不同的功能区(包括领海、毗连区、大陆架、专属经济区、公海、国际海底区域等),世界各国拥有如下方面的权利。

1. 领海。按照《公约》的规定:沿海国的主权及于其陆地领土及其内水以外邻接的一带海域,在群岛国的情形下则及于群岛水域以外邻接的一带海域,称为领海。在权利方面领海主权及于领海的上空及其海床和底土。公约特别强调对于领海的主权的行使受本公约和其他国际法规则的限制。

2. 毗连区。它是领海以外邻接领海的一带海域,沿海国对某些事项进行必要的管制。其宽度为从领海基线起最大不超过24海里。由于其1/2与领海重叠,实际宽度只有12海里。沿海国的管制包括采取措施防止在其领土或领海内违犯其海关、财政、移民或卫生的法律或规章以及惩治在其领土内违犯上述法律规章的行为。

3. 大陆架。它是"(1)邻接海岸但在其领海范围以外,深度达200公尺或超过此限度而上覆水域的深度容许开采其自然资源的海底区域的海床和底土;(2)邻近岛屿海岸的类似的海底区域的海床和底土。"沿海国为勘探大陆架和开发其自然资源的目的对大陆架享有主权权利。

---

① 杨金森:《国家海上力量建设》,http://www.soa.gov.cn/zhanlue/hh/8.htm,2010年12月16日访问。

4. 专属经济区。它是领海以外并邻接领海的一个区域,其宽度从领海基线量起不应超过 200 海里。在这一海域,沿海国享有对其自然资源的专属权利及其管辖权;其他国家享有航行权、飞越权以及铺设海底电缆和管道的权利。

5. 公海。它是"不包括在国家的专属经济区、领海或内水或群岛国的群岛水域内的全部海域"。公海对所有国家开放,不论其为沿海国或内陆国;任何国家不得有效地声称将公海的任何部分置于其主权之下;公海应只用于和平目的。任何国家在公海享有六项自由:航行自由、飞越自由、铺设海底电缆和管道自由、建造国际法所容许的人工岛屿和其他设施的自由、捕鱼自由和科学研究自由。

6. 国际海底区域。它是国家管辖范围以外的海床洋底及其底土,也就是领海、专属经济区和大陆架以外的深海洋底及其底土。它是《公约》的一个新概念。《公约》规定国际海底区域及其资源是人类的共同继承财产。在该区域内,国际社会实行资源平行开发制。同时,国际社会还设立了国际海底管理局来专门负责对区域内的活动进行组织和控制。

(四)国际规定与海权

《公约》对于海洋的多项权利作了详细而又准确且尽量避免引起纠纷的硬性规定,至少说明了以下两点。(1)人类对于海洋重要性的认识已经史无前例。无论是领海,还是毗连区、大陆架、专属经济区、公海、国际海底区域,各国都极力争取自己相应的权利。(2)国际社会对于海洋的争夺已经日趋白热化。为了争夺有限的海洋资源及其他海权,各国互不让步,寸利必得,寸海必争。为此国际社会不得不对各国主张的海权进行明确的约定,并希望争夺各方能按照《公约》的规定谨慎行事。

应该指出,《公约》在许多海洋权益争端方面依然无能为力。一是因为很多海洋权益方面的纠纷早在《公约》生效前就已经存在,公约没有溯及既往的效力,所以公约出台后,这些历史遗留下来的纠纷一个都没能解决。另外,一国根据《公约》所能取得的海洋权益是当今和平时代所能取得的应得海洋权益,能否拥有这些海洋权益及能否保持之前获得的尽管不是《公约》规定的其他海洋权益,则要视情况而定。国际政治斗争残酷的现实表明:一个国家能够拥有多少海洋权益,凭借的是本身的实力。我们还应看到即使《公约》对于一个国家拥有哪些海洋权益作了较为细致的界定,但它也是在承认当今海洋大国的既得利益的基础上为了照顾其他临海国的适当利益而制定的一个折衷协议。

四、海洋政治的逐鹿

各国为了争夺海洋霸权,可谓不遗余力。当今世界上逐鹿海洋的国家既有工业革命以来称雄海洋世界已久的老牌发达国家,也有20世纪80年代以后亚太地区的一些新兴发展中国家。这些国家要么已经建立了强大的海洋力量,要么正在建设具有角逐海洋能力的军事力量,使得海洋世界的斗争前景更加复杂。

(一)美国

美国海军登上世界舞台是在20世纪,尤其是在第二次世界大战期间。从欧洲战场到太平洋战场,从珍珠港事件到日本在密苏里号战舰上签署投降书,美国海军都扮演了重要角色。在随后的冷战中,美国海军又成为美国对苏联进行核威慑和全球对抗的重要力量。

21世纪,美国海军在全球例如东亚、南欧以及中东等地都有着相当规模的布署,并有能力将力量投射到全球沿海地区,参与和平维护和区域战争,在美国外交和防御政策中扮演积极的角色。[1] 虽然冷战之后舰只和军职人员有所减少,但美国海军依然在技术发展方面投下巨资。美国海军舰只的吨位比排在其后的17国海军舰只吨位之和还要大。[2]

2010年5月25日,奥巴马总统签署了《2010年海军建设概念》,

---

[1] "Forward...From the Sea". 美国海军部网站,www.navy.mil.com,2006年7月25日访问。

[2] Work, Robert O. "Winning the Race: A Naval Fleet Platform Architecture for Enduring Maritime Supremacy". 战略与预算评估中心在线,http://www.shipol.com.cn/xw/jckx/130951.htm,2006年4月8日访问。

强调美国海军要锻造六大核心能力:一是前沿存在;二是威慑;三是海上安全;四是海上控制;五是力量投送;六是人道主义救援。[1] "前沿存在",就是美国的炮舰可以到世界的各个角落自由游弋,把美国的安全边界前推到其他国家的家门口。"威慑",就是其他国家不听美国的话,美国就可以找个借口进攻他。"海上安全",就是要保证美国的炮舰神圣不可侵犯,只有美国的安全。"海上控制",就是马汉海权论的翻版,谁控制了海上咽喉要道,谁就控制了海洋;谁控制了海洋,谁就控制了全世界。所谓"力量投送",指的是战争力量的投送,绝对不会是和平力量的投送。"人道主义救援",并不是普遍意义的"人道主义救援",而是只对美国人和美国的盟友实施"人道",而对他人实施"霸道"。美国为了维护已有的海上优势,竭力打击任何一个将来有可能挑战或对美国构成威胁的国家,不言而喻中国是潜在的遏制和打击目标。

(二)英国

布朗接替布莱尔上台后,力图恢复英国昔日的海上霸主地位,在政府的推动下,英国推出了一系列新的海洋力量发展计划,具体内容有以下几个方面。第一,加强海斯莱恩海军基地的建设,力图把它建设成为未来英国皇家核潜艇的唯一部署基地。第二,建造两艘新型航母。这两艘新航母分别命名为"伊丽莎白二世"号和"威尔士亲王"号,排水量均为 65000 吨,总耗资预计达 39 亿英镑(约 76 亿美元),预计分别于 2014 年和 2016 年服役。加上原有两艘排水量为 20000 吨的"卓越"号和"皇家方舟"号,共有四艘航空母舰。第三,英国皇家海军将攻击型核潜艇作为"全球舰队"的"总先锋",在已经订购 3 艘"机敏"级攻击型核潜艇的基础上计划再投资 75 亿美元,购买 7 艘"机敏"级新型攻击型核潜艇,使"全球舰队"的攻击型核潜艇数目达到 10 艘,从而形成强大的攻击力。在未来的很多年,"机敏"级核潜艇将在全世界无与伦比。"机敏"级核潜艇有能力使英国皇家海军处于世界海军的领先地位,成为潜艇竞赛中的"曼联足球队"。

---

[1] 罗援:《美国到处伸手的炮舰政策可以休矣》,《中国青年报》2010 年 8 月 6 日。

(三)印度

印度自独立以后便开始重视海洋权益。进入 21 世纪后,更是制定了雄心勃勃的海洋政治战略。印度海军军事学说自 2008 年起开始付诸实施。印度的海军强军规划分为两个阶段。

第一阶段(到 2017 年),计划大幅度更新海军舰艇,将主战舰艇数量增加 50%(从现有的 78 艘增加到 120 艘)。由于已经到达使用期限,"维拉特"号反潜航母和苏制 И—641K 型潜艇都面临更换。目前在印度的造船厂内处于不同建造阶段的舰艇共计 20 只。另外,将航空母舰"戈尔什科夫海军上将"号改装为"维克拉马季贾"号的工作正在紧锣密鼓地进行,10 艘俄制 877ЭKM 型潜艇正在改进。同时,印度还在继续独立建造另一艘轻型航母,按法国许可证批量生产"蝎子"级柴电潜艇的工作也步入正轨。此外,自行设计驱逐舰和护卫舰的生产工作也正在进行。印度海军十分重视加快发展岸基设施,计划在 2010 年前完成拉姆比利海军基地(安德拉邦)的建设,在利用现有民用港口驻泊点的基础上在科钦主海军基地完成驻泊点的建设,另外卡尔瓦尔海军基地(卡纳塔克邦)将于 2012 年投入使用。

第二阶段(2018—2022 年),印度海军的舰艇总数将增加到 160 艘。在印度海军军事学说内容和实施措施中,印度海军被视为在国际舞台上提高国家威望、击退来自海上的对国家安全的威胁以保障国家利益的强大、可靠的力量。

(四)越南

越南最近几年不断加大海军建设力度,力图将目前以轻型装备为主体的近岸型海上力量打造成具有远洋护航能力和海上作战能力的现代化海军。首先,组建海岸警卫队,以逐步承担起海岸警卫和海上增援任务,而且在必要时还要负责协助海军作战。目前海军陆战队已占海军力量的 2/3,成为越南海军海上作战的中坚部队。其次,更新武器装备。越南海军在加大从俄罗斯采购武器装备力度的同时,不断扩大武器进口来源,先后从法国、韩国、波兰、匈牙利、乌克兰等国购买了导弹艇、巡逻艇等海军装备。最后,建造海军新基地。越南现有各类港口 119 个,其中主要海军基地和军用港口 10 余个,但越南海军基地的总体布局目前却呈现出"南重北轻"的特点。为平衡南北方向海上防御重心,越南国防部从2007年开始在北部重镇海防修建新的大型军港。海防军港建成后将具备停泊4万吨级大型战舰和40—60艘水面舰艇及潜艇的能力,将成为继金兰湾之后的越南第二大海军基地。另据俄罗斯媒体透露,最近几年,越南军方高度重视海军的信息化网络建设,先后从英、美、法、俄等国进口了近程和远程监视系统,目的是要打造由海岸监视雷达组成的覆盖范围广阔的侦察监视网络。

越南的所作所为意在争夺中国南海域的丰富资源。越南是对中国南海地区有领土要求的一个重要国家,其目的是要最大限度地实现对中国南海地区的有效监控,与中国等相关国家争夺中国南海域丰富的油气资源。

除了以上几国之外,俄罗斯、日本、德国作为既存的海洋大国,也在为了维护乃至扩大自己的海洋权益进行各种各样的努力。中国要成为世界性海洋大国,势必应主张相称的海洋权益。因此,各国围绕着海洋的争夺将会更加白热化。

第二节 海洋政治的基本类型与特征

按照不同标准,海洋政治可以分为不同类型。按历史时期来划分,海洋政治可分为古代海洋政治、近现代海洋政治。古代涉足海洋政治的主要国家有波斯、雅典、迦太基和罗马;近现代海洋国家的主要代表有葡萄牙、荷兰、英国、美国。古代海洋政治与近现代海洋政治分别具有不同的特征。

一、古代海洋政治的代表

就世界范围来看,在奴隶社会时代,海洋政治曾在国家对外政策中占有较为重要地位的国家有波斯、雅典、迦太基、罗马等。

(一)波斯的海洋政治

从地理角度而言,波斯在今天应该算是一个亚洲国家,但是公元前5世纪,它在地中海周边频繁活动,积极参与地中海海域的海权争夺,与其东边的广大亚洲国家反而联系更少。

波斯的位置大致与今天的伊朗相当。古代波斯在世界上的影响比今天要大得多,与古典希腊同时代的波斯曾经不可一世,是人类历史上第一个地跨欧、亚、非三洲的大帝国。波斯能够参与当时的海洋政治,其基础来自它意外收获了一支貌似强大的海军。波斯本来没有海军,但在征服地中海沿岸的腓尼基和埃及以后,将两国庞大的舰队编成波斯海军,建立了海上霸权。据希罗多德说,波斯帝国除了具有规模空前的陆军外,其海军力量也是独一无二的。波斯帝国仅在亚洲地区的海军力量就有战舰1207艘,官兵57万人。另外,其在小亚细亚、色雷斯和马其顿的欧洲附属国必要时也能为波斯提供相当实力的海军。

公元前480年,波斯王薛西斯率领百万大军入侵希腊。波斯的陆军取得了胜利,但是在海战中却输给了实力明显不如自己的雅典。以雅典为首的希腊海军与波斯海军在萨拉米斯岛进行了决战,这次海战是希腊城邦与波斯帝国具有决定性意义的一战。在这场海战中,希腊联军损失了约40艘战舰,关于波斯人的损失没有详细记录,有的史学家认为超过600艘,人员伤亡数万,波斯战舰的残骸和溺毙的士兵尸体被海潮冲到萨拉米斯岛对岸的一处海湾里,在几千米长的海滩上堆积如山,令人触目惊心。此战以后,波斯海军一蹶不振,将爱琴海地区的制海权拱手相让。

(二)雅典的海洋政治

在萨拉米斯海战以前,雅典并非海上强国。公元前490年希腊城邦(雅典与斯巴达为主)与波斯帝国的马拉松战役之后,大多数雅典人认为两国的战争已经结束,只有雅典人特米斯托克利坚信这只是开始,波斯人肯定会卷土重来,艰苦的斗争还在后面。他力主加强国防,扩建海军,时刻准备和波斯再战。特米斯托克利出任首席执政官后,把大力发展雅典海军的主张变为现实。在他的坚持下雅典将城邦银矿全部所得用于扩建海军,一共建造了120多艘战舰。特米斯托克利还亲自参与设计希腊战舰,使其短小精悍,速度快,机动性强,特别适合在希腊沿岸狭窄曲折的海湾里作战。他还创造性地解决了雅典海军军费不足的难题,开创了公私合营的道路,首创

"船主制度",即战舰的所有权属於国家,但交给船主管理,船主负责招募水手和桨手,以及日常的保养和维护,国家负责提供士兵,以及训练和指挥。船主以招标方式产生,任期一年。这个创造性的构想一劳永逸地解决了海军军费的问题。

雅典海军的扩建计划恰好赶上了第二次希波战争。温泉关失守以后,许多人打算死守雅典城,特米斯托克利力排众议,促使议会通过决议放弃雅典城,举国撤到萨拉米斯岛。特米斯托克利打算利用这里的海峡地形,和波斯海军决战。萨拉米斯海战中,雅典以弱胜强,奠定了其海洋强国的地位,波斯帝国的西进计划受到了严重的阻击。从此希波战争攻守易位,希腊联军开始主动出击,控制了从爱琴海到黑海的各个战略要地,并将波斯势力从小亚细亚的希腊诸城邦中赶了出去。雅典依靠其强大的海军主导希腊联盟长达 27 年,史学家讽刺地称这段时期的希腊联盟为"雅典帝国"。

(三)迦太基海洋政治

腓尼基位于今天的叙利亚和黎巴嫩地区,这里最早的居民是胡里特人。大约从公元前 3000 年开始,迦南人入侵了这里,他们征服并同化了当地民族,形成了腓尼基文化。到公元前 2000 年之前,腓尼基人建成了众多属于自己的城邦。在公元前 1000 年前后,腓尼基人的大城市推罗与西顿已经成为地中海沿岸的商业中心。在当时的地中海地区,腓尼基是最发达的商业民族,其活动范围主要在地中海的东岸,他们在西班牙、意大利、希腊和遥远的西西里岛沿岸建筑起有堡垒的商站。腓尼基人成了一个使以精明著称的犹太商人相形见绌的商业民族。腓尼基人的富庶和他们商业的发达分不开,而发达的商业又有赖于他们杰出的航海技术。他们拥有当时最发达的航海技术与设备,成为地中海、黑海一带商业交通的主要力量。

公元前 1000 年初,腓尼基人加速扩张,向希腊和埃及王国势力的薄弱地区伸展,建立起独特的商业化殖民国家。公元前 814 年,腓尼基的推罗人在突尼斯建立了迦太基王国,这是他们的第一个独立国家,突尼斯的原住民是柏柏尔人,是北非地区有色人种的一支。因此也可以把迦太基看作是一个殖民国。[①] 腓尼基人在此落户后,

---

① 迦太基,该词源于腓尼基语,意为"新的城市"。

其发展非常迅速。从公元前6世纪开始,迦太基人开始与欲染指地中海西部的希腊人发生冲突。大约在公元前535年,迦太基人联合伊特拉斯坎人,在科西嘉岛近岸打败了其中一支希腊人的舰队。但是在公元前480年,希腊军队却在西西里岛大败迦太基的军队。此后百年间,迦太基与希腊为了争霸地中海而纷争不断。希腊之后,腓尼基人迎来了更为强大的对手——罗马人。公元前263年开始,迦太基与罗马展开了3次布匿战争,这3场战争持续了118年,布匿战争在古代军事史上写下了重要的一篇。陆上强国罗马为战胜海上强国迦太基而建立了强大海军,最终打败了迦太基,迦太基海军衰落了。

(四)罗马的海洋政治

罗马的海上力量发轫于布匿战争时期。在罗马崛起之前,迦太基的舰队实力在地中海世界首屈一指,罗马虽有舰船,但与迦太基相比却相形见绌。起初,罗马屡遭顿挫,诸番海战尽为迦太基所败。公元2世纪中叶,罗马最终打败迦太基人,将领土扩张至西地中海。为夺取更多的海外利益,罗马乘布匿战争胜利的东风,向东地中海推进,经过3次马其顿战争、3次密特里达战争,征服了东地中海,地中海因此被罗马人称为"我们的海"。

罗马打败了强敌迦太基后进入了帝国内战时期。在这期间,罗马舰队取得了跨越性的发展并逐渐成熟。内战期间,舰队在镇压海盗、维护罗马海上利益和军事将领的争权夺利中,被广泛地运用。海盗是催使舰队力量壮大的要素之一。公元前1世纪以后,受内战的影响,罗马国内社会秩序愈加紊乱,地中海海盗趁机肆虐。[①] 公元前67年,元老院决定将镇压与清剿地中海海盗的任务交给时任执政官的庞培。是年,庞培征集500余艘舰船并组织12万名士兵镇压海盗。经数月斗争,庞培基本肃清了地中海的海盗势力,俘获800多艘海盗船,摧毁120多个海盗据点。[②] 庞培征剿海盗的军事行动

---

① [古罗马]阿比安:《罗马史》,谢德风译,商务印书馆1979年版,第488页。
② [苏]科瓦略:《古代罗马史》,王以铸译,生活·读书·新知三联书店1957年版,第574页。

是罗马有史以来最大规模的海上军事行动,它不仅为罗马镇压海盗和组织大规模海战积累了相关经验,也开辟了罗马帝国大规模动用武装力量维护海上治安的先例。

在接下来的内战中,军事将领间的争权战争促使了正规化、军事化舰队的诞生。这段时期,罗马已能组织并熟练地驾驭大规模的舰队。因转运士兵、辎重及参加战争之需,军事将领们都组建了较为正规的舰队并修建了许多军港。此外,舰队作战技术也有突破,舰队不仅仅被用来作为运送士兵的工具,其与军团协同作战的能力也大为提高,甚至在一些战役中担当了主角。屋大维建立罗马帝国后,发展并完善了罗马帝国的海上力量。他于执政伊始建立了拉文那、米森努姆、日耳曼、亚利山大城等舰队,规定了舰队的编制,确立了士兵招募原则,还为各支舰队修筑基地和军港。至此,罗马帝国舰队正式建立。奥古斯都屋大维以后的历代罗马皇帝,根据边境防御或维持海上治安的需要,又相继增建了潘诺尼亚舰队、不列颠舰队、本都舰队等。上述舰队共同构成了罗马帝国的海上力量。

公元3世纪以后,罗马帝国经济发展迟滞,数以百万的军队醉心于拥立皇帝所获得的赏金,行省官吏也以敲诈百姓为能事,国力的全面衰落使帝国舰队丧失了依靠,罗马海上力量衰落了。这是历史发展的必然。

二、古代海洋政治的特征

古代海洋政治有着鲜明的特征,参与的国家只是当时地中海周边的几个大国,时间上主要是从希腊城邦兴起后到西罗马帝国灭亡前夕,值得注意的是尽管海洋政治时间短暂但也为相关国家带来了丰厚的利益。

(一)地域上的特殊性

古代涉足海洋政治的几个国家均位于地中海周边,这不仅仅是巧合。所有这些国家在对外发展时都将目光瞄向了海洋深处,而不是内陆深处。首先,这是因为在这些国家的周边并没有广阔的大陆,从而无法象古代中国一样仅仅局限于向内陆发展。事实上我们仔细观察地中海周边地区,可以看出,几乎所有地区距离海洋都不远,这是欧洲人涉足海洋政治的天然优势。尤其是这些国家的政治中心如雅典城本身就是一座港口城市,罗马城离海边也很近,迦太基也是一座港口城市,波斯西北靠黑海、北边是里海、南边是阿拉伯海,所以这个区域从地理上来看天然就具有开放性。其次,就雅典、迦太基而言,这两个国家本身的自然禀赋都不优越,尤其是在粮食方面都无法充分自给,面对日益增长的人口压力,迫切需要向外移民或者同外部进行贸易,以换取他们必要的生活资料。最后,地中海事实上是一个全封闭式的内海,面积不大且大多数时候风平浪静,适合航行且无大的风险。放眼世界这种有利地形确实堪称独一无二。

(二)参与者的有限性

古代参与海洋政治的国家为数很少,只有雅典、罗马、迦太基、波斯这几个国家,与今天全球半数以上的国家均对海洋政治表现出浓厚的兴趣相比,不可同日而语。这种参与群体的有限性是因为只有这几个国家在当时有向海外扩张的能力与需求。雅典是当时希腊世界最为发达的国家,是古典文明的代表,农业、手工业及商业都达到欧洲地区的最高水平。波斯也是地中海东部地区最为强大的国家,而且波斯也是当时世界上少有的开明国度,面积广大、人口众多、信仰各异,统治者对于各族特有的生活习惯、风土人情表现出古时少有的宽容,为不同文化群体互相交流提供了难得的机会。迦太基是以商业起家的航海大国,拥有一流的航行技术,它离开了海洋贸易就无法存续下去。罗马则是继希腊之后欧洲文明的另一集大成者。以上国家在他们最为强大的时候均有涉足海洋政治的实力,放眼世界其他地区,在当时则缺乏这类耕海牧洋条件充足的国家。

(三)时间上的阶段性

古代海洋政治在时间上具有明显的阶段性,不如近现代国家涉足海洋政治时的一以贯之。当时,一个国家关于是否发展海洋力量有着不同的意见,前后的实际做法也有很大的不同。例如,雅典在希波战争前没有显示出角逐海洋的兴趣,其国内也没有强大的海军,而与雅典同时期的另一个希腊城邦斯巴达从头到尾都没有发展海军。另外从古代罗马衰落以后到新航路开辟前夕,欧洲在这段时间里也一直不重视海洋力量。可以说,古代少数国家涉足海洋政治、发展海洋力量是在某一时间阶段所进行的偶然现象,具有明显的阶段性。之所以会呈现这种阶段性,原因在于雅典帝国达到其顶盛后已无须继续向海外扩张,而且其在波斯衰落以后缺乏共同的敌人,同盟内部矛盾迅速浮现,维持已有的海洋霸权都显得力不从心。而罗马帝国的势力已经达到当时所能达到的极限,无法继续向更远的地方进行扩张,海洋力量已经无法带来更多的经济效益。进入封建社会后,自然经济的封闭性则彻底铲除了海洋政治的土壤。

(四)利益上的可观性

对于古代涉足海洋政治的国家来说,海洋政治曾给它们带来了实实在在的经济利益。腓尼基人在遭遇到强大的对手之前,凭借其精明的生意头脑与先进的航海技术几乎垄断了地中海周围的贸易,不仅建立了强大的商业帝国,也为自己带来了丰厚的利润。雅典凭借其海上霸权,尤其是在与斯巴达的争斗过程中,牵头组建了提洛同盟,也曾为雅典带来了令其他盟国眼热的收益。自公元前5世纪60年代始,随着雅典实力的增长,同盟成为雅典控制和剥削盟邦的工具。同盟金库被迁到雅典,捐款不仅由雅典自由支配,而且捐款额和捐舰额也由雅典随意摊派。公元前464年,总额达400塔兰特以上的捐款变成雅典的重要财政收入。希波战争结束后,同盟并未解散,盟捐转化为贡金,雅典向盟邦派遣大批军事移民,干预盟邦内政、外交、司法,将盟国沦为附属国,因而同盟又被称作"雅典帝国",当时雅典的附属国多达250余个。不少同盟国家因为不甘受到雅典的剥削,曾多次发动反雅典暴动,但均遭残酷镇压。[1]

波斯帝国在其势力最强盛时,也从海外获取了令人惊叹的收益。有学者分析,波斯帝国一年收入的黄金大概等于明帝国10年的收入;而希腊化时代马其顿国王亚历山大在波斯国库里掠夺的黄金价值等于李自成在北京掠夺的所有财产(包括明朝国库和大贵族财产,约3700万两白银,合2万—3万塔兰特黄金)的10倍之多,或

---

[1] http://61.133.116.56:801/reslib/400/070/050/110/060/120/050/zgzx_903.htm,2011年3月28日访问。

者是明朝有史以来国库最高值（6000万—8000万两）的5倍。大流士统治时期,"波斯各郡每年缴纳的税金总和约为14560塔兰特",另外还有不少实物税收,其中就有来自海外的收益,比如埃及要交700塔兰特价值的谷物和渔产,奇里期亚人每年还得进贡一批马匹等。

罗马凭借一支包括海军在内的强大武装力量的东征西伐,建立了一个地跨亚、非、欧三洲的大帝国,地中海变成帝国的内湖。罗马的扩张为帝国带来了罗马人所从未敢想象过的巨大财富。随着海外战争的胜利,大量的战利品涌入罗马帝国,帝国政府利用战争掠夺来的财富及强迫别国交纳的战争赔款修建了大量的公共娱乐场所、剧场、浴池和角斗场。大量的战俘奴隶涌入罗马,奴隶取代亲自劳作的罗马公民成为重要的劳动力。罗马公民不再勤于耕作,而是在角斗场、剧院和宴会消磨暇日,整个罗马帝国弥漫着奢侈堕落的空气。罗马的扩张既带来了罗马的繁荣也加速了罗马的衰落。

三、近现代海洋政治代表

近现代海洋政治时间跨度从新航路开辟后一直到今天,这是从欧洲国家开始引导并进而吸引全球国家积极参与海洋政治的时期。近代积极参与海洋政治的主要国家有新航路开辟后不久的葡萄牙和荷兰、工业革命以后的英国和第一次世界大战以后迅速崛起的海洋强国美国。

（一）葡萄牙海洋政治

葡萄牙率先实行海外扩张,是由多种因素促成的。15世纪初,葡萄牙的国内情况为扩张创造了大好时机,虽然葡萄牙国内社会充满着矛盾,但是扩张符合各个社会阶级的利益。1415年,葡萄牙从北非摩尔人手中夺取休达（在今摩洛哥北部直布罗陀海峡南岸,17世纪后一直为西班牙所占）,建立了第一个殖民据点,揭开了大航海的序幕。为了垄断航线,葡萄牙禁止别国船只在西非海岸航行。1455年,教皇尼古拉五世授予葡萄牙海上霸主地位的特权令,葡萄牙取得了对海洋的独断权。随着葡萄牙海洋航线沿西非海岸的向南延伸,葡萄牙的殖民势力范围也不断拓展。1487年,迪亚士绕过好望角进入印度洋,1498年,达·伽马沿迪亚士开辟的航道打通了到达印度的航路。1500年,皮德罗发现了南美洲的巴西,并宣布为葡萄牙所有。1509年,葡萄牙舰队击败印度、阿拉伯和土耳其的联合舰队,取得了印度洋的制海权。接着,葡萄牙继续向东方扩张殖民势力,控制马六甲海峡,窃据中国澳门,势力直达日本,从而建立了一个从直布罗陀经好望角直到远东的庞大殖民基地网,建立了对这些海域的海洋霸权。葡萄牙大航海的成功激起了西班牙的航海欲望。1492年,意大利人哥伦布在西班牙国王的支持下横越大西洋到达美洲,在海地建立了第一个据点。此后,西班牙的殖民势力在西半球迅速扩展。1522年,葡萄牙人麦哲伦在西班牙国王的支持下率船队完成环球航行,开辟了从西班牙越大西洋绕南美南端海峡进入太平洋,再经马六甲海峡越印度洋经大西洋返回欧洲的环球航线。到16世纪中叶,北美的大片地区、中美以及除巴西外的整个南美都被划入了西班牙帝国的版图,西班牙成为与葡萄牙并立的殖民大帝国。西班牙的扩张直接挑战了葡萄牙的海洋霸权,两国间的矛盾不断激化。在教皇多次干预下,两国多次签约划分势力范围,从而形成了西葡并立的海洋秩序,西班牙占有中南美洲大部地区,葡萄牙则控制了包括非洲、亚洲和南美巴西在内的广大地区。葡萄牙的海洋霸权一直持续到16世纪。

(二)荷兰的海洋政治

荷兰在摆脱了西班牙的封建统治后,资本主义获得了迅速发展,其特点是以商业资本为主。早在尼德兰革命之前,荷兰人在波罗的海的地区贸易中一直发挥着日益增长的作用。他们在中世纪晚期站稳脚跟,到16世纪初逐渐取代汉萨同盟诸城市。伴随着世界贸易中心从地中海向大西洋的转移,阿姆斯特丹作为连接欧洲与外部世界尤其是东欧和西欧的纽带,已经"变成欧洲经济的三重中心:商品生产、转运中心和资本市场"。[①] 在荷兰资本主义发展过程中,其商业和国际贸易占有十分突出的优势,这种情况决定了荷兰

---

① [美]伊曼纽尔·沃勒斯坦:《现代世界体系》(1卷),尤来寅等译,高等教育出版社1998年版,第243页。

海上力量的发展,使它可能继葡萄牙、西班牙之后成为17世纪的海上霸主。英国著名的海洋军事专家安德鲁·兰伯特指出:"他们拥有强大的海上经济实力,又有和西班牙长期作战的经验,其海军实力非同寻常。荷兰共和国的生存在很大程度上依赖于北海渔业以及波罗的海地区的贸易,它还从地中海、西印度群岛和东印度群岛等长期贩运中获得巨额商业利润。"[1]

造船业是当时荷兰最发达的工业部门之一。在造船业的兴盛时期,荷兰同时开工造船达几百艘,仅阿姆斯特丹一处就有几十家造船厂。到17世纪中期,荷兰已建立了一支庞大的商船队,其船舶总吨数相当于当时英、法、葡、西四国的总和。航海业的发展,保证了荷兰对外贸易的优势。当时成千上万的荷兰商船航行在各大海洋上,他们经营外国商品,充当各地贸易的中介人并承担商品的转运业务,被称为"全世界的海上马车夫"。这种转口贸易的进行,使荷兰取得了海上贸易的霸权。当时,欧洲南方和北方国家之间的贸易以及欧洲与东方之间的贸易几乎全部都掌握在荷兰人的手中。由于不同国家市场价格相差很大,这种转口贸易为荷兰人带来了巨额利润,荷兰资本主义的繁荣就是建立在这种商业垄断权的基础之上的。马克思曾指出:"现在,工业上的霸权带来商业上的霸权。在真正的工场手工业时期,却是商业上的霸权造成了工业上的优势。"[2]但是,17世纪50—70年代的三次英荷战争使荷兰的军事和商业优势遭到了严重的削弱,荷兰从此一蹶不振。

(三)英国的海洋政治

18世纪初,英国取代了荷兰的"海上霸主"地位,这为其称霸海洋铺平了道路。英国能够战胜荷兰,主要原因是英国的资本主义发展迅速,具有雄厚的经济实力。荷兰是靠经营海上转运贸易发家的商业国,没有发达的工业基础,最终在自由竞争中敌不过工业资本发达的英国。对此,马克思指出:"荷兰作为一个占统治地位的商业

---

[1] [英]安德鲁·兰伯特:《风帆时代的海上战争》,郑振清、向静译,上海人民出版社2005年版,第52—53页。

[2] 《马克思恩格斯选集》第2卷,人民出版社1995年版,第258页。

国家走向衰落的历史,就是一部商业资本从属于工业资本的历史。"①进入工业资本时代,英国工业革命确立了其在未来必将深刻影响历史进程的资本全球化运动的源头地位。工业革命从18世纪60年代开始于英国,至19世纪30年代前后,西方国家陆续进入大规模的工业化阶段。英国成为欧洲大陆上最后一个称霸世界的海洋强国,其原因是多方面的。第一,英国是工业革命的发源地,工业技术的革新创造了以往社会所不敢想象的财富,这是支撑英国建立一支强大海上力量的经济保证。第二,英国有广大的海外殖民地,客观上需要有一支强大的海上力量来维护其在殖民地拥有的各种利益。第三,英国为了维护其海洋霸主地位,制定了海军优先发展的战略。

第一次世界大战后,为了保持自己的海上优势,英国与其他国家展开了新一轮的海军竞赛,在淘汰旧军舰的同时,开始建造新的军舰。1919—1920年,英国政府为海军拨出高达1.88亿英镑的财政年度开支,比1913—1914年财政年度的开支增加了3倍。这样,战后一场大规模的海军军备竞赛又在几个大国之间展开了。不过,英国虽然雄心勃勃,但战后面临的财政窘迫的现实却不容其回避。在这种情况下,1919年4月,英国不得不在实践中改变自己的海军扩军计划,承认美国拥有海军大国地位,与英国享有相同的制海权。1919年5月,英国放弃了自1886年以来一直坚持的"两强标准"原则。到了20世纪30年代,英国彻底丧失了海洋霸主地位,被美国取而代之。

(四)美国的海洋政治

美国的海洋政治战略与马汉海权理论的诞生密不可分。马汉认为,国家的强大、繁荣和商业贸易的发达程度与国家制海权息息相关。美国要成为强国,就必须抛弃"大陆主义",在世界贸易方面采取更富于进取性和竞争性的政策。这就要求美国必须拥有一支强大的海军,占领海上关键岛屿作为海军基地以保护美国在海外的商业利益。马汉的观点影响了美国的决策层,1890年美国国会终于

---

① [德]马克思:《资本论》第2卷,人民出版社1975年版,第372页。

放弃了大陆政策和孤立主义,摆脱旧的近海作战思想,建议发展可以用于深海作战的现代化海军。到 19 世纪末,美国的海军力量已由原来世界海军的第 12 位跃居第 5 位。① 1895 年,英国属地圭亚那和委内瑞拉发生边界冲突,美国强行干涉,英国被迫接受美国的"仲裁";1898 年,美国吞并夏威夷,击败西班牙,占领古巴和菲律宾;1903 年,美国又策动巴拿马脱离哥伦比亚独立,由此一跃成为东太平洋上的海权强国。②

表面看来,美国是通过排挤英国在美洲及亚洲的势力而不断提升自己的海洋力量的,实际上其强大的根本原因在于美国完成工业革命后日益增长的全球资本扩张能力。19 世纪 90 年代中期开始,美国每年对外贸易顺差急剧上升。在从 1895—1914 年美国海权崛起的过程中,美国的出口收入超过进口付款的累计数已达 100 亿美元。在海外市场及利润回流扩大与增长的同时,美国政府用于管理机构和社会福利的支出也大幅度增加。③ 1914 年,美国国民收入已达 137 亿美元,比同期英国的 110 亿美元高 0.25 倍,比同期法国的 60 亿美元高 1.28 倍,比同期德国的 120 亿美元高 0.14 倍。④ 一战和二战后,欧洲英法霸权国家普遍衰落,美国一跃成为世界性海洋强国,它在世界财富和资源分配中占据主要份额。必须指出的是,美国海洋霸主地位的确立与其在世界经济中所取得的优势地位在时间上并不完全一致,个中原因不难理解,那就是海军建设有一个很长的周期,不可能一蹴而就。

第一次世界大战结束以后,英国为了维护海洋霸权,企图联合法国等对抗美国。巴黎和会后战胜国列强成立了国际联盟,剥夺了战败国德国的海洋权利。美国没有实现自己的预定目标,海洋霸主

---

① 王连元:《美国海军争霸史》,甘肃文化出版社 1996 年版,第 39—40 页。
② 张文木:《世界地缘政治中的中国国家安全利益分析》,山东人民出版社 2004 年版,第 252 页。
③ [美]H. N. 沙伊贝、H. G. 瓦特、H. U. 福克纳:《近百年美国经济史》,彭松建等译,中国社会科学出版社 1983 年版,第 218 页。
④ [美]H. N. 沙伊贝、H. G. 瓦特、H. U. 福克纳:《近百年美国经济史》,彭松建等译,中国社会科学出版社 1983 年版,第 216 页。

与新兴海洋强国之间的矛盾激化。在战争中海洋力量迅速增强的美国,竭力想取得与英国平等的地位;通过甲午战争和日俄战争成为西太平洋海洋强国的日本,则想获得太平洋地区的优势地位。1921年,华盛顿会议开幕,会上美国取得了与英国同等的海上地位,并联合英国迫使日本做出让步,在凡尔赛-华盛顿体系下,确立了远东和太平洋地区的新秩序。凡尔赛-华盛顿体系下的新秩序是不稳固的。德国、日本和意大利对该秩序非常不满,形成"修约派",他们先后撕毁凡尔赛和约有关海军军备的条款,拒绝签署《伦敦海军条约》,力图用武力打破既有秩序。希特勒上台后,德国与日本、意大利形成法西斯同盟,而当时的苏联被排除在该秩序之外,迟滞了反法西斯同盟的形成。1939年,第二次世界大战首先在欧洲爆发。1941年,日本偷袭珍珠港,大战从亚欧大陆扩大到太平洋区域。1942年,反法西斯国家联盟形成,与法西斯集团展开殊死决战。战争以德国和日本的战败告终,在战争中英国和法国的力量也被极大地削弱。英国世界海洋霸主的权杖被悄悄地转移到美国手中,美国成为最强大的海洋国家,这种局面一直维持到现在。

四、近现代海洋政治特征

1500年以后,伴随着西方殖民者通过海路发现了广大的亚洲及美洲等地区,人类的联系更加紧密,欧洲殖民者开启了近现代海洋政治时代。西方资本主义的发展需要向外扩张是近代海权形成的客观原因,而强大的海权则为一国霸权的形成奠定了基础。随着西方人的脚步遍及世界的每一个角落,世界其他各国也对海洋政治表现了极大的兴趣,越来越多的国家加入到海洋权益的角逐斗争中来,由此导致了海洋霸主的位置常常被后来者所取代。

(一)扩张寻求海权

西方近代"海权"观念是随着地理大发现而不断拓展的。伴随新大陆的发现,西班牙、葡萄牙、荷兰、英国渐渐确立了全球海洋战略观念。1610年,荷兰驻威尼斯公使曾说:"我们充满着对统治海洋的热望。因为海洋与国家的商业利益、实力和安全具有密切的关系。"其实不仅仅是荷兰热衷于统治海洋,先于荷兰的葡萄牙、西班牙及稍后的英国、美国都从未停止过对海洋的大力经营。西方海权发展的历史线路是：商业冒险与劫掠式殖民扩张（葡萄牙、西班牙）——商业资本扩张（荷兰）——工业资本扩张（英国、美国）。殖民地、海军构成了西方国家近世以来争夺、维护霸权的重要支撑，但起争夺霸权的最根本的历史动力及其支撑因素无疑是资本主义的扩张愿望及扩张能力。

（二）海权成就霸权

世界霸权国不仅都是当时世界海军最强大的国家，而且同时也是世界经济领先产业的主导国。例如，1430—1494 年世界领先产业是黄金贸易，1494—1540 年世界领先产业是印度香料贸易，而葡萄牙在这两个产业中都居主导地位。也就是说，通常霸权国也是世界经济领先产业的主导者。[①] 由此可见：一个海权国家要成就世界霸权，不仅需要足够强大的海军，而且还必须是世界科技的创新国，必须主导世界经济的领先产业。[②] 我国学者王逸舟将世界大国应该具备的条件总结为以下几个方面，我们从中或许能发现海军、制度创新和经济主导对于"世界大国"的重要性。[③] 第一，从地理环境看，世界大国必须是有"安全盈余"的岛国或半岛。比如，葡萄牙地处伊比利亚半岛前部，荷兰拥有许多小岛和海角，英国以多佛尔海峡为屏障，美国是一个巨大的"岛国"，这些过去的和现在的世界大国都具备称霸的地理条件。第二，要能维持全球性政治和战略组织、集中拥有占世界整体一半以上的海军力量。这一点对于所有关注世界霸权问题的西方理论家是一致的。第三，必须是"主导经济"的国家。这不是指单纯的经济规模和富裕程度，而是指以经济创新能力为中心的综合经济实力。上述四国在各自的时代都开拓了经济及科技的新领域，这些新领域不仅帮助这些国家成为世界霸主，而且逐渐外溢、成为各国争相仿效和开发的领域。第四，国内政治是开

[①] George Modelski and William R. Thompson, Leading Sectors and World Powers, University of South Carolina Press, 1996, p. 105.

[②] 曹云华、李昌新：《美国崛起中的海权因素初探》，《当代亚太》2006 年第 5 期。

[③] 王逸舟：《西方国际政治学：历史与理论》，上海人民出版社 1998 年版，第 433—434 页。

放和稳定的,即便有偶尔的内乱或政局不稳等国内问题,也不足以削弱其对外的领导作用。①

(三)海权竞争加剧

近现代海洋政治的地位远远超过以往任何时代。海洋已经成为人类目前和今后发展的重要资源来源、重要运输通道、称霸世界的主要舞台。大力发展海洋政治、加强海洋力量的建设是近现代国家的共识。当以英、法为代表的西方殖民者用坚船利炮打开了广大的亚非封建国家的国门时,他们一方面实现了从经济上奴役这些落后国家的目标,从中获取了巨大的政治、军事、经济利益。另一方面,相当一部分落后国家也从中看到他们与西方国家的差距,并试图以侵略者为师,通过变法来改变从未有过的屈辱局面。中国的洋务运动及戊戌变法就是这种尝试的典型代表,而印度也在通过"非暴力不合作"的方式获得民族独立后提出了"印度必须成为一个有声有色的国家"的宏伟目标,近些年许多国家大力发展海洋力量就是这种理论付诸实践的最好注解。进入 21 世纪以来,发展海洋力量、重视海洋政治、积极参与全球范围内的海洋竞争已经成为全球的共识。

(四)海权地位不稳

近现代海洋政治强国往往受到潜在的海洋大国的挑战,地位很不牢固。古代海洋争斗其规模相对有限、历时也不长,甚至经历过一段很长时间的间隔期,到了近现代争夺海洋霸权的激烈度空前未有。与古代大多国家对海洋不感兴趣不同,海洋已经成为近现代几乎所有政治家的共同爱好。不仅政界人士对于海洋重要性的认识前所未有,理论界在这方面也大有作为,为各国竞技海洋提供了坚强的理论支撑。当一个国家觉得自己有能力开拓海洋时绝对不会犹豫不决,所以其结果是逐鹿海洋的国家越来越多,竞争越来越激烈,形成一种你追我赶的势头,海洋霸主的地位也就经常易主。就目前为止,称霸海洋舞台的先后有葡萄牙、荷兰、英国、美国。虽然

---

① George Modelski. Long Cycles in World Politics. Seattle: University of Washington Press, 1987, p. 56.

每一国都曾有过辉煌的时期,也曾试图对于那些挑战自己霸主地位的国家进行千方百计的打压,但终究会由于综合国力的下降而逐步淡出霸主的地位。

第三节 海洋政治对海洋社会的功用

海洋政治改变了人类对于海洋的看法,使人类更加深刻认识到海洋的重要性。海洋政治一方面影响了人类的过去,工业革命以来,人类不断地向沿海地区迁移,如今过半的地球人口生活在濒海地区;另一方面海洋政治也会对人类的将来产生广泛而深远的影响,并有可能导致人类产生新的冲突。

一、海洋政治影响了整个人类

海洋政治对于人类的影响是巨大的。具体表现为海洋政治改变了人类的生存空间、国际政治格局,它不仅影响了人类的前进方向,甚至改变了人类的价值观念。

(一)改变了人类的生存空间

农业文明时代,人们主要生活在河谷两岸或者河流的中下游平原地带。新大陆发现后,这些地方开始衰落,而许多沿海小村庄却迅速发展成为城市。打开世界地图,我们可以清晰地看见,当今人口稠密、经济发达的地区都毫无例外地位于沿海的狭长地带。具体来说,全球 3/4 以上的人口、80% 以上的国家首都、人口超过 100 万的 100 多个大城市的大多数都集中在距离海洋不到 1000 千米的濒海地区;几乎绝大部分国际贸易都依靠海运进行。再具体一点,美国大西洋沿岸及太平洋沿岸、南部墨西哥湾地区,欧洲的大西洋沿岸、地中海周边,亚洲的太平洋及印度洋沿岸都是当今世界各国政治经济的重心。而且这种人口向沿海地区聚集的趋势依然没有结束。今天,人类离开了海洋就无法生存,海洋尤其是沿海地区已经成为人类生活的核心区域,海洋政治深刻地影响了人类的生存空间。

(二)改变了人类的政治格局

地理大发现一方面是人类开始向熟悉的人群之外寻求进一步发展的冒险性探索,另一方面也是世界各国海洋竞技的开始。从此以后,各国开始重视海洋力量的建设,力争为此后的海洋竞争奠定致胜的力量。各大国争相实施海洋战略,而海洋战略的实施则改变了整个世界海洋政治的格局。一个国家实施海洋政治战略,意味着要加入已有的海洋竞争格局,必然会冲击已有的海洋政治格局。一方面老牌的海洋政治国家不愿就此退出,会对于新参加者进行各种各样的打压;另一方面,海洋政治的实施是一个长的周期,短则十余年,长则更久,斗争的过程曲折而复杂。海洋世界一直是世界"获得者"与"未获得者"之间的斗争。在 19 世纪,作为"获得者"的国家包括英国、法国、美国;作为"未获得者"的国家包括德国、俄罗斯、日本。尤其是德国的崛起,对世界影响至深。今天,随着中国、印度等国经济的发展,实力的增强,对于海洋的依赖越来越严重,成为海洋大国的愿望愈益迫切,也引起了其他海洋大国的警觉和不安。虽然新兴大国成为海洋强国尚需时日,但导致将来海洋政治格局的改变则勿庸置疑。

(三)改变了人类的前进方向

人类的发展方向是一步一步摸索前进的,到底选择一个什么样的发展方向,其实并没有一个预设的明确目标。海洋政治改变了人类的发展方向,其中最先改变了欧洲社会的发展方向。欧洲资本主义在 1500 年左右突飞猛进,这是因为新航路开辟为欧洲资本主义发展提供了它所需的一切——原材料、销售市场及当时欧洲地区急需的真金白银。从此,欧洲的发展一日千里,科技领域高歌凯奏,社会面貌日新月异,一举洗刷了黑暗的中世纪污名,在最短的时间内冲到了人类的最前列。如果说以前欧洲的发展是蜗牛式的,那么新航路开辟后欧洲的发展则是跳跃式的,欧洲从中世纪的庄园时代很快进入了城市化时代,人口不断向城市和沿海迁移。沿海日益成为欧洲地区的经济中心、商业中心、乃至政治中心,随之而来的则是工业文明不断向腹地推进,整个欧洲呈现一片欣欣向荣的景象。欧洲海洋政治所带来的工业革命不仅改变了欧洲,也改变了全世界。欧洲之后,美洲、亚洲、非洲均沿着欧洲的路线向前推进,并复制了欧洲的发展路子。

海洋政治的发展过程就是强国不断向外扩张的过程,其扩张发展的结果就是世界形成贫富悬殊的两极。欧洲地区走上资本主义发展的历程就是一部对外不断奴役的历史。过去的强国征服弱国,一般是阶段性的,却不一定是永久性的,而海洋政治主导下的发达国家和地区彻底地颠覆了这个原则。从新航路开辟一直到今天,富裕国家对于贫困国家的剥夺和奴役的本质依然没有任何改变,从赤裸裸的公开抢劫,到全球化幌子下的不合理的全球政治经济秩序这一铁的事实,导致广大的亚非拉发展中国家要改变自己的落后面貌显得异常艰难,甚至有时候变得更加遥不可及。

(四)改变了人类的价值观念

不同地区的人类其价值观本来各不相同,海洋政治则改变了这一点。西方的价值观随着西方文明的扩张在世界范围内得到了越来越多的推崇,并且朝着西方世界所设想的普世价值观的目标不断接近。启蒙运动时期西方思想家为了开启民智所宣传的"民主、自由、人权、平等、博爱"不仅在西方世界大获成功,迅速取代欧洲原有的价值观和传统理念,并随着欧洲人的脚步到达世界各地而传遍了全世界。近世以来,西方世界一直致力于推动"自由、民主、人权"这些"普世价值"。"自由、民主、人权"被广为传播的过程并非是西方的自觉自愿,事实上是世界上所有被西方奴役的民族经过长期英勇的抗争,并和西方有识之士共同努力,把这些本属于世界上少数人的特权变成了西方国家不得不接受的"普世价值",其内涵也在不同文明的互动过程中被大大丰富了。不过我们也应该承认这样一个基本事实:近几百年来,这些价值观虽然也遭到各种各样的抵制,但是其强劲势头依然没有停止,对于其他民族的原有价值观的冲击并逐渐取而代之则是难以回避的事实。

二、海洋政治影响了具体国家

实施海洋政治战略是一国强大的必要条件,会为一个国家海洋产业的发展创造很好的机会,客观上有利于各国之间的经济文化交流。

(一)要成为强国并维持强国地位离不开海洋政治战略

近代以来,国家之间的竞争是全方位的,而控制海洋、取得海洋霸权是一国走上强国的必由之路。近 500 年以来称雄于世的西方大国无一不是海洋强国,从葡萄牙、荷兰、英国到美国,其强大的基础都来自强大的海洋力量、掌握一流的航海技术、拥有制胜的海上力量。葡萄牙在其强盛时期独霸海上航线;荷兰在其强大之时,垄断了欧洲地区的海上运输业务;英国在其称霸海上时,其殖民地遍布世界各地,海上到处都是它的商船和战舰;今天的美国在世界各地均部署有强大的海上武装力量,12 艘航空母舰游弋在海面上准备随时待命,时刻保持着美国的绝对海上优势,防止和恐吓任何敢于挑战美国海洋霸权的国家,为确保美国主导下的国际海洋通道的畅通提供了实力保障。

(二)一国拥有海洋世界的话语权离不开海洋政治战略

一个国家决定走什么样的发展道路,就决定了其将来在国际社会中的地位。一个临海国家对海洋政治不感兴趣,也就不会有致力于海洋大国建设的举动,就不会拥有海洋世界的话语权,既不可能拥有超过自己应得的海权,甚至连应有的海权都无法保有。近代以来的海洋强国无不垄断地区的海洋权益,其他国家则连基本的海权都无法守住。如葡萄牙称霸海上的时候就限制其他国家的活动;荷兰在其称雄海上之时,垄断了当时欧洲各国的海洋运输业务,其利润之高令其他欧洲国家无法容忍;不列颠帝国强大之时,其商船遍布世界各地,其海军无论是在战舰数量方面还是在战斗力方面均是独一无二的;美国取代英国成为世界上独一无二的海洋大国,不仅在全世界建立了众多的海外基地,而且为巩固自己的海洋霸权随时准备遏制有可能挑战美国海洋霸权的新兴大国。中国、印度等新兴国家已经将目光转向了海洋,试图谋求自己应得的海洋权益,为自己在海洋世界拥有一定的话语权打下基础,这势必挑战当前的海洋强国。

(三)一国海洋产业要大力地发展离不开海洋政治战略

一国实施海洋战略,意味着海洋产业将会迎来巨大的发展机遇,因为它能为海洋产业的发展提供坚强的后盾。海洋产业是指开发利用和保护海洋资源形成的产业,主要有海洋渔业、海洋交通运输业、海盐和盐化工业、海洋油气业、滨海旅游业、海滨砂矿开采业、船舶修造业、海洋服务业等,这些产业均与海洋力量有着十分密切的关系。当前,在世界范围内,海洋产业正以惊人的速度向前发展,20世纪70年代以来,世界海洋产业总产值每10年左右翻一番,2010年产值达15000亿美元,2020年将达30000亿美元。2011年海洋产业对全球GDP的贡献将从1991年的4.2%上升到10%,海洋产业对全球经济的直接和间接贡献将从1991年的10%上升到2011年的20%。其中以海洋石油业、滨海旅游业、海洋渔业、海洋交通运输业为代表的世界四大海洋支柱产业已经形成,发展前景让人看好。[①]

凡是海洋强国,往往也是在海洋石油业、滨海旅游业、海洋渔业、海洋交通运输业等行业领域发展得最好的国家。如日本的远洋捕鱼,美国的远洋运输、海洋石油开发,西班牙的滨海旅游均在世界上占有重要的地位。这些国家为了维护这些产业的优势地位,必然会继续强化其海洋战略。进入21世纪以来,中国的海洋产业也有长足的发展,这与中国积极参与海洋竞争、实施海洋政治的战略是分不开的。

(四)一国要与他国进行文化交流离不开海洋政治战略

一般说来,陆界文化的交往更多的是同质文化的交往,而异质文化的大规模交往则是海洋时代之后的事情。一国以开放的心态迎接海洋时代,必定会促进跨海地区的文化交流。由于人员的往来频繁、商品的互通有无,不同语言的接触、宗教信仰的碰撞都将会深深地影响到交流双方。也正是因为海洋政治战略的实施,世界各地区的交流与接触日益频繁,取长补短也就显得十分正常。不少地区海派文化的兴起、外国文化习俗的引进、外国生活方式的流行、跨国婚姻的增多且被不断接受均是海洋政治的伴生物。

三、海洋意识得到了极大普及

随着西方殖民者的足迹遍及世界各地,其海洋意识也随之影响

[①] 倪国江、文艳:《海洋科技现状、问题及未来使命》,《科技管理研究》2009年12期。

了他们所到之处。其中,海洋意识发挥影响的表现是多方面的,表现在各国对于海洋经济的重要性的深刻认识、制海权的重要性认识都远超以前任何时代,各国也都逐渐开始大力加强海洋力量的建设、重视科学技术在开发海洋中的地位与作用。

(一)海洋经济的重要性日益普及

海洋占地球表面积的71%,海洋拥有陆地上的一切矿物资源;地球上生物资源的80%在海洋;世界可开采石油储量的45%在海洋;海水中铀的储量相当于陆地总储量的4500倍;全球可燃冰储量是现有石油天然气储量的两倍;海水聚变技术有望满足人类500万—1000亿年的能源需求。当今世界,随着经济社会和海洋科技的突飞猛进,人类对海洋的探索程度不断加深,利用能力日益提高,海洋经济开发的深度、广度和领域正在发生深刻的变化。[1] 特别是随着陆地资源的过度开发,发展海洋经济已经成为解决21世纪人类共同面临的人口剧增、资源匮乏、环境恶化等问题的重要途径。控制海洋空间、争夺海洋资源、抢占海洋科技制高点已成为国际大势所趋,世界各国纷纷把发展海洋经济提升到国家战略层面。

(二)制海权的重要性日益普及

从近代西班牙、英国的海上称霸到现代美国崛起并成为世界霸权国家的历史变动中,人们发现:与中世纪不同,全球化时代的国家财富的增长与国家海权而非陆权的扩张是同步上升的。这是因为,海洋是地球体的"血脉",因而也是将国家力量投送到世界各地并将世界财富送返资本母国的最快捷的载体。于是,控制大海就成了控制世界财富的关键。

马汉认为,国家的强大、繁荣和商业贸易与国家制海权息息相关。美国要想成为强国,就必须抛弃"大陆主义",在世界贸易方面采取更富于进取性和竞争性的政策。这就要求美国必须拥有一支强大的海军,占领海上关键岛屿作为海军基地以保护美国在海外的商业利益。海军的目标是打垮敌国海上封锁,夺取制海权。他从英

---

[1] 李彬:《增强全民海洋意识 加快海洋经济发展》,《潮州日报》新闻网,http://www.chaozhoudaily.com/Article.asp?ID=11531,2011年4月20日访问。

国的成功经验中认识到制海权对于国家发展的重要性,他说:"决定着政策能否得到最完善执行的一个最关键的因素是军事力量";"以战争为其表现天地的海军则是国际事务中有着最大意义的政治因素,它更多地是起着威慑作用而不是引发事端,正是这种背景下,根据时代和国家所处的环境,美国应给予其海军应有的关注,大力地发展它以使之足以应付未来政治中的种种可能"。[①] 马汉关于制海权的理论提出后,在英国、德国、日本等国得到广泛传播,并成为后起的德、日等新兴工业国家制定外交政策的重要依据。一国在历史上重视海洋与否的传统直接影响到了其今天在海洋世界中的地位。近世以来,曾经的海洋大国或者今天仍是世界海洋大国的如西班牙、葡萄牙、荷兰、英国、法国、德国、前苏联,以及当今有影响的海洋国家如美国、英国、日本、俄罗斯等均在发展海洋政治方面具有独特的优势,并且具有向海外发展的迫切性。而从 20 世纪后期到今天,世界格局发生了重大的变化,以前不太重视海洋的国家如中国、印度由于近些年经济的快速发展,与海外的联系越来越密切,成为海洋强国的愿望也十分迫切。

(三)海洋力量的观念日益普及

角逐海洋需要坚强的后盾,具体来说需要一支强大的海军及有力的海上管理队伍。美国作为世界上最为强大的海洋霸权国家,拥有十多艘航空母舰,其舰队的总吨位数超过排名在其后的 17 个国家舰队吨位数的总和,在与世界其他各国进行海洋霸权的竞争中拥有绝对的优势。那些致力于成为地区性海洋大国的国家必须在本地区内拥有海洋力量的优势,为此,那些力求争得与其国力相称海权的国家近些年来纷纷加大海洋力量的发展,以改变海洋力量过于薄弱的局面。当今英国、法国、德国、俄罗斯等二流的海洋国家一直重视海洋力量的建设与维护,以确保他们第二梯队的位置不被别国超过。日本的海洋力量在第二次世界大战中虽然遭受重创,但二战以后其凭借自身强大的经济实力,海洋力量得以迅速恢复。中国要成为亚太地区的地区性海洋大国,除了要大力发展包括航空母舰、

---

① [美]马汉:《海权论》,萧伟中、梅然译,中国言实出版社 1997 年版,第 396 页。

潜艇及其他常规性海洋力量之外,还应改变目前海上渔船、执法船队、海上边防、海关、港监、渔政等"多龙闹海"的状况,按照平战结合的原则组建统一的海上执法队伍,实现海上活动的统一管理;加强海上综合力量建设,形成一支包括海军、商船队、渔船队、海洋科技船队、海上执法管理船队(飞机)等在内的强大海上力量,构建一个装备精良、应变灵活、行动迅速、机制健全的海防体系,确保自己的合法海权不受别国侵犯。

(四)海洋开发的观念日益普及

海洋战略的实施,必将促进一国海洋科技的迅速发展。海洋强国之路实际上也是一个国家科技强大的必由之路。海洋资源利用的种类和数量的规模变化,与海洋科技的发展程度密切相关。海洋科技的发展大致经历了逐步递进的四个阶段,即初步认识、逐步积累、形成体系、现代海洋科技四个阶段。[1]

在海洋开发过程中,海洋科技发挥了主导作用,是海洋开发推进的根本支撑力量。海洋科技提升了海洋产业结构要素,提高了国家经济对海洋经济的依存度。当前,开发海洋资源和能源、改善和维护海洋环境与生态、保障并争取国家海洋权益已成为海洋开发活动的三个主要内容。

当前,各国海洋科技发展的不平衡现象非常突出。美国、日本、法国、德国、英国、加拿大等国家凭借本国雄厚的经济、科技实力以及有力的政策支持,在海洋科技领域占据首要位置,成为世界海洋科技强国;俄罗斯、中国、印度、澳大利亚、韩国等国家,由于海洋科技研究起步晚,或受本国经济和科技实力较弱所局限,海洋科技的整体水平与美、日等国尚有差距,处于第二集团军的地位,但近年来在国家政策的大力扶持下,呈现出强大的发展后劲;其他沿海国家则因为客观原因,海洋科技总体水平不高,仅限于发展某一领域的科技优势,以开发本国优势海洋资源,如巴西由于近海石油资源丰富,非常注重发展海洋石油勘探与开采技术,而秘鲁渔业资源丰富,其在海洋渔业科技方面具有一定特色和优势。

---

[1] 倪国江、韩立民:《世界海洋科学研究进展与前景展望》,《太平洋学报》2008年12期。

开发海洋需要雄厚的科技实力,一方面各国在海洋科技领域的竞争越来越激烈,另一方面各国在海洋科技方面的合作也显得十分迫切和必要。实现海洋的可持续发展,保证国际社会公平合理的分享大自然所赐予的海洋财富,需要海洋科技在不同国家的相对均衡发展。因此各国互相协调,共享海洋科技的最新成果,为人类的发展提供坚强的科技后盾势在必行。

四、耕海牧洋的竞争日益激烈

海洋是人类最后的资源宝库,虽然加强合作实现人类可持续发展的呼声越来越强烈,但在主权国家依然是国际舞台上的政治实体这一现实情形下,各国之间围绕仅存的海洋资源的竞争将是激烈而不可避免的。

(一)各国对海洋资源的竞争日烈

人类从来没有像今天这样富足过,也从来没有像今天这样焦虑过。从海洋的价值被人类认知以来,每个国家都致力于从海洋政治中获取最大的经济利益。今天,海洋产业在不少海洋大国的经济比重中占有越来越高的比例,[1]海洋经济连同海岸经济在许多国家经济中占有十分重要的地位。以美国为例,海岸经济和海洋经济对于美国整体经济来说都非常重要,分别占到就业率的75%和GDP的51%。美国商务部国际事务助理部长帮办、美国国家海洋与大气局国际事务办公室主任詹姆斯·特纳日前指出,当前海洋经济同时也面临许多问题。海洋城市区域的发展扩大,已经被认为是一个挑战;人口的增加以及来自农业的污染,对海洋和海岸地区的环境质量带来严重的影响;此外,还涉及到气候变化的影响,对海洋生物资源及栖息地带来什么样的后果。在公海领域也存在着很多急需面对的问题,如"2007年,有19%的鱼类过度捕捞,8%正在枯竭,1%是在枯竭中恢复过来。研究发现,有52%的鱼类已经完全被开发。因此我们需要控制鱼类捕捞的配额,只有20%的鱼类是适度捕捞或者是捕捞度不足,其中大部分鱼类都已经被完全开发或者过度捕

---

[1] 廖洋等:《美国海洋经济的发展现状与展望》,《科学时报》2009年8月30日。

捞。因此对于各国政策制定者来讲,非常重要的就是恢复鱼类数量"。全世界共有 151 个沿海国家,其中海岸相邻或相向的国家之间有 380 多处需要划分海洋边界区域,目前只解决了约 1/3。今后相当长的时间里,以争夺专属经济区和大陆架资源、国际海底区域资源以及深海生物资源利用为主要目的的海洋权益之争将愈演愈烈。

(二)各国竞相发展海洋军事力量

海洋大国总是与一支强大的海军并存,当海军不再强大,海洋大国的地位也就不复存在。海洋权益竞争的最终结果是海洋军事实力的比拼。为了守住已得的权益、在有争议的海权利益中取得有利的地位,以美国为代表的海洋强国一直注重海洋力量的建设,力图保持已有的海洋利益。以英国、俄罗斯、日本、德国、法国等为代表的海洋力量第二梯队也不会甘心淡出海洋竞技的舞台,在他们实力依然十分强大时捍卫自己的海洋力量优势是其必然选择。第二次世界大战后尤其是近 20 余年内兴起的发展中国家随着综合实力的增长,必然会要求相应的海洋权益。以印度、越南、巴西、中国等为代表的新兴国家,争夺海洋的军事力量近几年迅速增长,引起了西方国家的不安。在可以预见的将来,各国在发展海洋力量方面的竞争将会更加激烈。

(三)旧制度难解海洋世界新冲突

有史以来,人类在如何解决争夺海洋权益冲突问题上一直无章可循。早先葡萄牙和西班牙在争夺海洋权益时搬出了教皇,把裁判权交给宗教,但是到了英国与西班牙、荷兰争夺海洋霸权时宗教裁判的惯例不再被援引。20 世纪英国与美国在海洋世界进行激烈的争斗时明显地遵循实力原则。在 20 世纪虽然国际社会为了平衡各方的利益制定了《联合国国际海洋法公约》,但事实证明,其在解决各国海洋争端方面显得无能为力。今天,在世界各大海域,仍然存在着各种各样的海权纠纷,如上个世纪英国与阿根廷的马岛之争、日韩独岛之争、俄日北方四岛之争、中国与东南亚国家在中国南海地区的争夺等等。如何解决这些棘手的海权争斗,公约的规定显得无能为力。因此,要避免今后世界各国海洋竞争无序、失控,更可行的多边条约或者协定的制定、具有实际执行力及约束力的机构或组织就显得尤为必要。

(四)开拓海洋加强合作势在必行

海洋是人类的共同家园,与人类的今天及未来息息相关。建设和谐美好的海洋社会,需要全人类共同努力。保护海洋生物资源需要全球国家的合作,当前有些海洋生物物种濒临灭绝,必须采取措施来加以保护。当前的现实是尽管国际社会对于保护濒危的海洋生物物种已经达成共识,但个别国家在自身利益的驱动下依然我行我素,导致保护濒危物种的效果并不显著。另外,保护海洋环境同样需要全球协调与合作。近几十年来,由于人类活动的加剧,对海洋环境的破坏令人触目惊心,海洋生态灾难时常出现。如发生在2010年美国墨西哥湾的石油钻井平台爆炸事件,酿成了美国周边海域史上最大的海洋生态灾难。因此,国际社会一方面要互相协作,预防海洋生态灾难的发生;同时,在海洋生态灾难发生以后,更应积极配合,共同应对,尤其是在防止海洋生态灾难的扩大化方面更需国际社会之间的技术协作。此外,在打击海盗、维护海洋运输通道的畅通等方面,均离不开国际社会的协调与合作。

总之,海洋政治不是与政治同步出现的,而是随着生产力的发展、尤其是近代西方殖民扩张后各方面发展的迫切需要的而产生的。就影响来说,近现代的海洋政治远超古代的海洋政治。当前世界逐鹿海洋的国家越来越多,这一方面是因为人类当前及今后的发展更加需要海洋的资源,也是各国力图拥有一定的海权话语权所致。激烈的海洋竞争,既是各国随着自身力量的增长谋求相应的或者更多海权的结果,也与一国大力谋划海洋,力图经营海洋的海洋政治战略分不开的。这充分说明:海洋政治,它是海洋社会的权力指向。

参考文献:

1. [美]伊曼纽尔·沃勒斯坦:《现代世界体系》(1卷),尤来寅等译,高等教育出版社1998年版。
2. 刘中民:《世界海洋政治与中国海洋发展战略》,时事出版社2009

年版。
3. 王连元:《美国海军争霸史》,甘肃文化出版社1996年版。
4. 王生荣:《海洋大国与海权争夺》,海潮出版社2000年版。

思考题:

1. 什么是海洋政治及其特点?
2. 海洋政治有哪些类型及特征?
3. 海洋政治对于人类社会有哪些功用?如何发挥其积极功用,避免其消极功用?

云蒸霞蔚　五彩斑斓　虹浪连地开艳葩
风奇俗异　渔歌悠扬　信仰精神寄海魂

第十一章　海洋文化：海洋社会的智力聚焦

海洋是人类的摇篮,也是人类彰显自己智慧的舞台。人类依海而生、劈风斩浪,一步步从远古走来,留下了许多惊天地泣鬼神的故事,创造了灿烂多彩的海洋文化,彰显着人类的智慧和创造。本书将从文化和海洋文化的概念切入,主要论述海洋文化的发生和发展、海洋文化的类型和特征以及海洋文化的功能和作用。

第一节　海洋社会是海洋文化的社会

人类社会主要是由经济、政治和文化等三大子系统组成的有机整体,整个社会是如此,海洋社会也一样,主要由海洋经济、海洋政治和海洋文化等构成。可见海洋文化是海洋社会的重要组成部分,当然也是海洋社会学的重要研究内容。本节将首先分析海洋文化的概念,并进而论述海洋文化的发生和嬗变,以及人类在涉海活动中的文化创造。

一、海洋文化的内涵

文化源于人类改造世界的创造性活动,海洋文化源于涉海人群的生产和生活,是涉海人群的创造性活动及其产物。本节将首先解读文化和海洋文化的概念,进而研究海洋文化的发生和海洋文化的嬗变。

（一）文化的一般释义

什么是文化？从哲学上说,"文化就是人的本质力量的对象化"[①]。

---

① 张开城:《海洋与渔业文化论要》,《海洋与渔业》2004年第5期。

"与天然的、本然的事物和现象相区别的,人类意志行为及其结果就是文化。"[1]"野生的禾苗非为文化,经过人工栽培出来的麦、稻、黍、稷等则为文化;天然的燧石非为文化,而经过原始人打制成的石刀、石斧、石锄则为文化;天空的雷鸣电闪非为文化,而原始人把它们想为人格化的神灵则为文化,等等。可见,文化原是人类创造的东西,而不是自然存在的事物。"[2]

文化的范围相当宽泛,"广义的文化总括人类物质生产和精神生产的能力、物质的和精神的全部产品;狭义的文化指精神生产能力和精神产品,包括一切社会意识形式,有时又专指教育、科学、文学、艺术、卫生、体育等方面的知识和设施"。[3]

(二)海洋文化的含义

什么是海洋文化?曲金良认为,海洋文化,作为人类文化的一个重要组成和体系,就是人类认识、把握、开发、利用海洋,调整人和海洋的关系,在开发利用海洋的社会实践中形成的精神成果和物质成果的总和。具体表现为人类对海洋的认识、观念、思想、意识、心态,以及由此而产生的生活方式,包括经济结构、法规制度、衣食住行习俗和语言文学艺术等形态。[4]

我们认为,广义的海洋文化是人海互动及其产物,是人类的涉海活动以及在这一活动中创造的物质财富和精神财富的总和,具体表现为海洋物质文化、海洋行为文化、海洋制度文化和海洋精神文化。本书所指的海洋文化是狭义的海洋文化,即海洋社会的智力聚焦,是人类在涉海活动中创造的精神财富的总和,包括海洋文化哲学、海洋科学理论、海洋宗教与民间信仰、海洋文学艺术等。构成海洋文化的两个基本要素是"人"和"海"。海洋文化的产生,在于人与海的关联和互动;在于人类的涉海生产实践和生活方式;在于海洋

---

[1] 张开城、胡安宇主编:《龙文化·回顾与展望》,青岛海洋大学出版社1993年版,第7页。
[2] 司马云杰:《文化社会学》,山东人民出版社1987年版,第7—8页。
[3] 《中国大百科全书·哲学卷》,中国大百科全书出版社1987年版,第924页。
[4] 曲金良:《发展海洋事业与加强海洋文化研究》,《中国海洋大学学报(社科版)》1997年第2期。

的"人化","人的本质力量对象化"于海洋这一特殊的客体,以及在这种"对象性"关系中的客体主体化的向度,全面展示在人海关系中的认识关系、实践关系、价值关系和审美关系之中。[1]

(三)海陆文化之比较

文化有各种分类方法,其中一种是按照生成的地理特征来划分。从地理上说,地球表面分为陆地区域和海洋区域。相应地,人群聚落也分为陆地群落和海洋群落,社会类型也区分为陆地社会和海洋社会。从哲学文化学的角度说,地理环境虽然不是社会发展的决定因素,但在社会存在和发展中是必要的和经常起作用的因素,它影响生产部门的分布、影响人们的生活方式、对经济社会的发展起促进或延缓作用,甚至在一定程度上影响人们的思维方式和行为模式、影响人们的性格。这事实上说明了地理环境对文化的作用。由于环境的差异,在陆地社会和海洋社会就形成两种重要的文化类型——陆地文化和海洋文化。在陆地生活圈中形成的文化是陆地型文化,也叫做陆地文化;在海洋生活圈中形成的文化是海洋型文化,也叫做海洋文化。受所处社会环境的影响,海洋文化开放兼容,陆地文化则宽厚沉稳。两种文化各有不同点,也有相同点,比如刚健有为、不懈进取、博大宽容等,就是两种文化都具有的品格。

我们赞同海洋文化与陆地文化各有不同特点的观点,但不同意海洋文化先进而陆地文化落后的说法。[2] 我们认为,海洋文化和陆地文化的特点不同但二者无优劣之分。其实,这两种文化都存在着自身的优点和局限,而且每一种文化在不同地域不同时代也会有差异性。同是海洋文化,东西方就有差异;同是陆地文化,在古今也会不同。就海洋文化和陆地文化而言,不能把一种文化绝对化为优秀的先进文化,也不可把另一种文化绝对化为低劣的落后文化。

(四)东西海洋文化论

东方原本只是一个相对的地理概念,在历史上处于不同地理位

---

[1] 张开城:《海洋文化及其价值》,《中国海洋报》2008年4月11日。
[2] 参见苏晓康等:《河殇》,现代出版社1988年版,第1—11页;王学渊:《海洋文化是一种先进文化》,《海洋开发与管理》2003年第3期;《海洋文化和内陆文化》,http://sh-bbs.soufun.com/1210029915--1-1338/45992328_45992328.htm,2007年8月8日访问。

置的国家,其所指称的东方是不同的。近代以来,人们逐渐形成一个约定俗成的共识,即把欧洲以东的地区(其中主要是亚洲)称为东方。到了现代,东方的概念中又加进了政治和经济方面的含义。如称资本主义社会、经济发达国家为西方世界,称社会主义社会、经济不发达国家为东方世界等。我们理解的东方,更多的从文化的层面上去理解。这里所说的东方文化主要是指亚洲地区,包括部分非洲地区的历史传统文化。其中,中华文化是东方文化中很具代表性的思想和哲学体系。

人类文化可以区分为东方文化和西方文化,海洋文化也区分为东方海洋文化和西方海洋文化。

西方文化的根基在希腊。希腊多山,缺乏可耕地,没有商业互通有无就不能生存,又临地中海,具备海上贸易的条件。公元前8—公元前6世纪是希腊历史上的大殖民时代,一批又一批希腊人被迫下海,成为海盗、殖民者或经商者。奴隶制时代的希腊罗马人经过长期艰难曲折的海上开拓和生产实践活动,在一定程度上造就了西方人的开放意识和勇于探索的冒险精神,使他们具有较强的海洋意识,其核心内容是他们明确认识到海洋在国家的政治、经济、军事等方面的巨大作用,而社会上对海上开拓、探险也具有较高的认可度。这是西方古典文明最重要的成果之一。它和中古时代北欧人的海洋意识一起,成为近代西方人海洋意识的主要源泉。[①] 冒险探索、殖民扩张、商贸谋利成为西方海洋国家文化的普遍特性。

在中国数千年的悠久历史中,中国人不但创造了丰富灿烂的海洋文化,而且形成了不同于西方海洋文化发展模式的中国海洋文化传统,是东方海洋文化的代表之一。中国海洋文化讲求"天下"一体、"四海"一家、互通有无、和谐发展、耕海养海、亲海敬洋、知足常乐的"中国式"发展模式和人文精神。所有这些,都通过与陆地文化的互补联动,极大地影响和推动了整个中国历史及整个中国文化的自身发展,并且通过"中国文化圈"(今多被称为"汉文化圈"、"儒家文化圈")深刻地影响东方,进而通过东西方海上丝绸之路深刻地影

---

① 徐松岩:《海上势力与西方古典文明》,《光明日报》2000年1月21日。

响世界的历史进程。

二、海洋文化的发生

海洋文化发生在人海互动中,发生在涉海活动中。人类在海洋渔业生产和生活中形成海洋鱼文化,在海洋审美活动中产生海洋艺术文化,在海洋宗教与民间信仰中形成祭祀文化,在涉海军事活动中形成海洋军事文化等。

(一)食海而渔

人类食海而渔有年代久远的历史,在整个原始渔猎时代,人类活动的主旋律就是捕鱼打猎。中国的《竹书纪年》载"(夏帝芒)东狩于海,获大鱼"。

人类在海洋渔业生产和生活中形成海洋鱼文化,如捕鱼风俗、食鱼风俗、鱼祭、涉鱼类节日等等。在中国浙江象山有一年一度的中国休渔节,广东阳江有一年一度的开渔节,每个节日都是一次文化盛宴。

鱼是一种自然物,但鱼类的自然属性一旦和人类相联系就有了社会属性,两者的结合即产生了鱼文化。鱼文化在人们的饮食、风俗、美术等方面都有表现,在表现为各种生熟海鲜的同时反映出了人类关于鱼的馔食文化,在表现为各种鱼祭鱼信仰的同时演化出了鱼的风俗文化,在表现为各种图画造型的同时展现出了鱼的美术文化。[1]

(二)美海而歌

海洋是人类面对的超大超美景观,海洋人的海上生存也是一种超凡的体验和经历,具有大气磅礴、惊心动魄的特征,由此而引发人们的诗意文涌,言志抒情是也。中国古代文论中的"物感说",就是这个意思。中国赞美海洋的诗词,当推曹孟德的《观沧海》和毛泽东的《浪淘沙·北戴河》。曹操《观沧海》诗曰:"东临碣石,以观沧海。水何澹澹,山岛竦峙。树木丛生,百草丰茂。秋风萧瑟,洪波涌起。日月之行,若出其中;星汉灿烂,若出其里。幸甚至哉,歌以咏志。"[2]

---

[1] 张义浩:《论鱼文化的表现领域》,《浙江海洋学院学报》2000年6月第2期。
[2] 山东大学中文系编:《毛主席诗词讲解》,山东省新华书店1972年版,第143页。

作者极写大海的辽阔壮美——汹涌澎湃,浩淼接天,"日月之行,若出其中;星汉灿烂,若出其里"。联系无垠的宇宙挥写大海的气势和威力——茫茫大海与天相接,空蒙浑融;在这雄奇壮丽的大海面前,日、月、星、汉(银河)都显得渺小了,它们的运行,似乎都由大海自由吐纳。

毛泽东词谓"大雨落幽燕,白浪滔天,秦皇岛外打鱼船。一片汪洋都不见,知向谁边?往事越千年,魏武挥鞭,东临碣石有遗篇。萧瑟秋风今又是,换了人间"。① 这首词一开始就向人们展现出雄浑壮阔的海洋景观,"大雨落幽燕"一句排空而来,"白浪滔天"更增气势,"一片汪洋都不见,知向谁边"则唤起人们的遐思。

渔民在生产生活中常常会有歌之、咏之、舞之、蹈之的场景。如"咸水歌"是中国疍家人口耳传唱的口头文化,是渔民从口里自然而然地哼出的解闷、消愁、鼓劲、励志、抒情的一种自由歌谣。中国清代屈大均《广东新语·诗语》中记载:"疍人亦喜唱歌,婚夕两舟相合,男歌胜则牵女衣过舟也。"咸水歌词具口语化特征,如"渔女喜唱'咸水歌',听得大海不扬波,听得龙王昏昏醉,听得鱼虾入网箩"。"浪拍海滩银光四溅,江心明月映照渔船。大姐放纱小妹上线,渔歌对唱水拨琴弦……"

(三)惧海而祭

祭海是一项古老的民俗,从发生学意义上看是源之于对大海的敬畏,同时也是祈福避祸。如中国舟山人靠海吃海,每年祭海时,由德高望重的老渔民牵头,青壮渔民设祭坛、抬神像等,格外踊跃。"让大海休养生息,让鱼儿延续生命,让我们懂得感恩,表达对海的崇敬……",伴随着一阵悠扬的歌声,古老的祭乐嘀嘀响起,身着传统服装的渔民代表手持平安旗,在祭乐声中缓缓入场。一坛坛清醇的美酒缓缓倒入海中,渔民们跪朝大海,叩首揖拜,感恩大海。这是舟山市岱山祭海谢洋大典的场景。今日的《祭海谢洋文》则道出了海岛人崭新的人与自然的和谐理念——春捞夏歇,秋捕冬忙;保护生态,善待海洋;自然规律,天行有常;应天顺时,乃吉乃昌……

---

① 《毛主席诗词》,人民文学出版社 1976 年版,第 29 页。

(四)卫海而筑

人们为了巩固海防,常常在沿海一带修筑军事设施,建军港,修炮台,形成海洋军事文化。如中国山东蓬莱的古登州港,也叫做蓬莱水城,总面积 27 万平方米,南宽北窄,呈不规则长方形,负山控海,形势险峻,它的水门、防浪堤、平浪台、码头、灯塔、城墙、敌台、炮台、护城河等海港建筑和海防建筑至今仍保存完好,是中国现存最完整的古代水军基地。1982 年,水城与蓬莱阁一同被中国公布为全国重点文物保护单位。爱国英雄戚继光曾驻守于此,他是山东古登州(今山东蓬莱)人,明代抗倭英雄,曾挥笔写下"封侯非我意,但愿海波平"的名句。

中国厦门胡里山炮台地理位置十分重要,东距白石头炮台 4500 米左右,向东可支援白石头炮台,正(南)面和对岸的屿仔尾炮台隔海相对,互为犄角,炮火交叉可封锁阻击厦门航道之敌舰;向西可追击进入厦门港的敌舰,同时可协助相距 5000 米左右的磐石炮台,守住厦门港;向北可支援陆军阵营等。胡里山炮台还配备了当时最优的装备,特别是两尊 280 毫米口径、射角为 360 度的克虏伯大炮,威力巨大,成为战略性炮台,是主炮台、指挥台,是厦门要塞的"天南锁钥"。胡里山炮台"历史再现项目"采取高科技手段、现代工艺和表现手法,建设幻影成像影厅、4D 影院、胡里山炮台与克虏伯家族情缘资料馆、仿制红夷大炮发射表演区四个重点项目,充分展示了胡里山炮台历史场景。

三、海洋文化的嬗变

海洋文化伴随着人类文明的脚步一路走来,历经原始形态、古代形态、近代形态和现代形态,可谓沧桑流变、千姿百态。

(一)原始之形态

海洋洋文化的发生学考察告诉我们,史前社会的依海族群主要是通过渔猎的方式利用海洋,这在考古学上古文明遗址中多有发现,另有神话传说等可以证明。

中国浙江河姆渡遗址、北京山顶洞人遗址都发现了原始先民依海而生的痕迹,包括海上交通工具、渔具、贝壳等。

贝丘(Shell Mound)是古代人类居住遗址的一种,以包含大量古代人类食余抛弃的贝壳为特征,日本称为贝冢,大都属于新石器时代,有的则延续到青铜时代或稍晚。贝丘遗址多位于海、湖泊和河流的沿岸,在世界各地有广泛的分布。人们曾考察了许多贝丘,尤其是丹麦东部沿海的贝丘遗址。调查表明,这些贝丘属于中石器时代晚期的埃特博莱(Ertebolle)文化,包含有哺乳类、禽类和鱼类,这显然都是史前人类的食物。贝丘中还有大量燧石工具,以及粗陶碎片。英国、法国、意大利、西班牙、葡萄牙和北非的贝丘年代一般也是从中石器晚期到新石器时代早期。在南非和日本北部,新石器时代文化持续时间较长,贝丘堆积继续到铁器的出现。在太平洋岛屿上,贝丘一直到近年仍在堆积着。中国沿海发现贝丘遗址最多的,当推辽东半岛、长山群岛、山东半岛及庙岛群岛,此外在河北、江苏、福建、台湾、广东和广西的沿海地带也有分布,在内陆的河流和湖泊沿岸还发现有淡水性贝丘遗址。

中国利用海水生产食盐的历史悠久,相传公元前 4000 多年夙沙氏就已经开始教民煮海水为盐,从福建省发掘出土的古物中即有熬盐工具,证明早在仰韶文化时期,当地已用海水煮盐。春秋时期,秘仲做了齐桓公的宰相,专设盐官煮盐。大约到明朝永乐年间,开始废锅灶,建盐田,改火煮为日晒。

西方文化言必称希腊,古希腊位于地中海东北部,除了现在的希腊半岛外,还包括爱琴海、马其顿、色雷斯、意大利半岛和小亚细亚等地。这一地区的文化是典型的海洋文化,在这里,公元前十一二世纪到公元前七八世纪间被称为"神话时代"。神话故事最初都是口耳相传,直至公元前 7 世纪才由大诗人荷马统一整理记录于《荷马史诗》中。英雄史诗都是以一定的历史事实为基础的,《荷马史诗》向我们展示了公元前 12 世纪至公元前 9 世纪时希腊人的社会状况,以及希腊人从氏族公社进入奴隶制社会的过渡过程。

(二)古代之形态

海洋文化的古代形态以有确切文字记载的历史为始,如中国的海上丝绸之路、郑和下西洋,西方则有地理大发现、航海技术的发展、海上贸易空间拓展、美洲的发现和海上环球航行等。

中国的海上丝绸之路也是陶瓷之路和香料之路,运往海外的是丝绸和陶瓷,从海外运回中国的是香料等。海上丝绸之路是古代中国与外国交通贸易和文化交往的海上通道,起点是泉州、广州、徐闻、合浦等南方沿海港口城市。海上丝绸之路形成于秦汉时期,发展于三国隋朝时期,繁荣于唐宋时期,转变于明清时期,是已知最古老的海上航线。

中国明代永乐三年(1405年)至宣德八年(1433年),郑和受朝廷派遣,率领规模巨大的船队7次出海远航,最远到达非洲东海岸,同南洋、印度洋的30多个国家和地区进行友好和平交流。郑和下西洋时间之长、规模之大、范围之广都是空前的,它不仅在航海活动上达到了当时世界航海事业的顶峰,而且对发展中国与亚洲各国家政治、经济和文化上友好关系做出了巨大的贡献。

以希腊文明为代表的地中海文明,是西方海洋文明的一个辉煌灿烂的时期。公元前500年—公元前336年是希腊文明的繁盛期。希腊诸城邦三次击败波斯帝国入侵,保卫自己的领土和在小亚细亚的殖民地,使自己成为地中海航道的主人。希腊文化也在此时臻于顶峰,在许多领域都涌现出优秀的代表人物,如著名政治家、雅典盛世的主导者伯利克里,哲学家德谟克利特、苏格拉底、柏拉图、亚里斯多德,数学家毕达哥拉斯、欧几里德、阿基米德,医生希波克拉底,悲剧作家索福克勒斯、埃斯库罗斯。

大航海时代,是从15世纪末到16世纪初,又被称作地理大发现,包括欧洲人开辟横渡大西洋到达美洲、绕道非洲南端到达印度的新航线以及第一次环球航行的成功。大航海时代是人类文明进程中最重要的历史之一。达·伽马是15世纪末和16世纪初葡萄牙航海家,由于他实现了从西欧经海路抵达印度这一创举而驰名世界,并被永远载入史册。克里斯托弗·哥伦布是意大利航海家,先后4次出海远航登上美洲大陆,开辟了横渡大西洋到美洲的航路。麦哲伦是葡萄牙著名航海家和探险家,先后为葡萄牙(1505—1512年)和西班牙(1519—1521年)作航海探险,从西班牙出发,绕过南美洲,发现麦哲伦海峡,然后横渡太平洋,被认为是第一个环球航行的人。

(三)近代之形态

在世界近代史上,海洋政治文化和军事文化尤为引人注目。

"日不落帝国"是世界史上一个重要的政治文化现象。西班牙帝国衰弱后,第二个获得"日不落帝国"称号的是大英帝国。自1588年击败西班牙无敌舰队后,英国逐渐取代西班牙,成为海上新兴的霸权国家。

经过鸦片战争中英国坚船利炮洗礼的中国人开眼看世界,1861年(咸丰十年底开始)至1894年"师夷之长技以制夷"的改良运动——洋务运动;1872年(清同治十一年)由李鸿章招商筹办并于1873年1月成立的轮船招商局是中国最早设立的轮船航运企业。1888年12月17日于山东威海卫的刘公岛正式成立,在1894—1895年的中日甲午战争中全军覆没的北洋海军,是中国清朝后期建立的第一支近代化海军舰队。

1839年3月10日,奉命为钦差大臣的林则徐到达广州查禁鸦片。在广州查禁鸦片的过程中,林则徐意识到英国殖民者不肯放弃罪恶的鸦片贸易,而且蓄谋要用武力侵略中国。为抗击鸦片侵略,战胜敌人,他进行了大量的"师敌之长技以制敌"的军事变革实践。他亲自主持并组织翻译班子,翻译外国书刊,把外国人讲述中国的言论翻译成《华事夷言》,作为当时中国官吏的"参考消息";为了解外国的军事、政治、经济情报,将英商主办的《广州周报》译成《澳门新闻报》;为了解西方的地理、历史、政治,又组织翻译了英国人慕瑞的《世界地理大全》,编为《四洲志》,还组织翻译瑞士法学家瓦特尔的《国际法》等一系列著作。通过分析外国的政治、法律、军事、经济、文化等方面的情况,他认识到只有向西方国家学习才能抵御外国的侵略。在军事方面,他着手加强和改善沿海一带防御力量。专门派人从外国秘购200多门新式大炮配置在海口炮台上。他开创了中国近代学习和研究西方的风气,对中国近代维新思想起到启蒙作用,受到人们高度赞扬,被称为"开眼看世界的第一个人"。

魏源是中国近代史上著名的思想家,于1842年写成50卷的《海国图志》。这是一部划时代的著作,其"师夷之长技以制夷"命题的提出,打破了传统的夷夏之辨的文化价值观,摒弃了九洲八荒、天圆地方、天朝中心的史地观念,树立了五大洲、四大洋的新的世界史地知识,传播了近代自然科学知识以及别种文化样式、社会制度、风土人情,拓宽了国人的视野,开辟了近代中国向西方学习的时代新风气。

(四)现当代形态

海洋文化的现当代形态中,引人注目的有海洋政治与军事文化、海洋艺术文化、海洋科技文化等,这些文化彰显着海洋人的智慧和创造。

海洋军事文化方面如马汉的《海权论》,以美国为代表的现代海洋霸权与国际政治格局,以航空母舰为代表的海洋军事文化,《联合国海洋法公约》和现代海权博弈等。

海洋艺术文化如海明威的《老人与海》、高尔基的《海燕》、电影《泰坦尼克号》、法国科幻小说家儒勒·凡尔纳的科幻小说《海底两万里》和同名动画片、电视系列片《大国崛起》,以及其他大量的海洋摄影、绘画作品。

在文明昌盛的今天,人类已经建立了海洋科技文化的庞大体系,海洋科学的成就为海洋开发提供了强力支撑。数字化海洋技术是当代海洋科技文化的代表。值得注意的是,海洋文化基础理论研究已经成为海洋人文社会科学中的一个重要领域。

四、海洋文化的摇篮

海洋文化的发生是源于人类的活动和创造,而且是涉海性的活动和创造。人类的活动多种多样,主要有生产经营性的物质活动、主观的精神性活动、日常的生活活动等,这些活动是文化的摇篮。

(一)生产经营活动

人们的涉海生产经营活动多种多样,如渔业生产经营、盐业生产经营、海洋航运、海洋旅游业、海洋矿业、海洋能源业、海水淡化等等。涉海生产经营活动不仅创造了物质财富,还创造了海洋文化。以舟船文化为例,中国浙江河姆渡文化遗址出土的木桨、陶舟,古希腊木桨船由单排桨到三排桨的改进;从动力技术上说,由人力桨船到自然力帆船,再到蒸汽轮船。世界上最早的蒸汽轮船是由法国发明家所建造的,但是没有获得成功,最早试验成功并得到应用的蒸汽轮船是美国发明家富尔顿制造的"克莱蒙特"号。中国最早的蒸汽轮船要比西方国家晚,中国第一艘蒸汽轮船是"黄鹄"号,是由江苏无锡的徐寿和他的好友华衡芳所建造的,排水量25吨,船长25米,航速每小时12.5海里,在长江里试航获得成功。从前中国人造船时常常要请专门的"风水"先生择选开工日期,造船时,先把船底"龙骨"竖立起来,用红布系在龙骨上以辟邪,接近竣工时,最后一道工序便是在船头装上一对"船眼睛",也叫"定彩",在安龙目时选定吉时,备牲礼向诸神叩拜。船眼处按金、木、水、火、土五行用五色彩条扎于银钉,"龙眼"里要藏上"大金"、龙银或带印有龙纹的银毫、铜币,寓意出海时船眼见钱、满载而归,并用红布蒙住船眼,俗称"封眼"。下海时揭去红布,叫"启眼"。新船下海,俗称"赴水"。船主择"黄道吉日",进庙拜神。开船时船上披红挂绿、敲锣打鼓,鸣放鞭炮不能间断,既有庆贺新船启航,又有崩去船舱和海里邪气之意。

（二）日常生活方式

海洋群体的日常生活方式本身就是一种文化,如服饰文化,中国福建惠安女服饰的典型搭配是"黄斗笠、花头巾、蓝短衫、银腰链、黑旷裤",惠安女子的特色服饰被誉为"巾帼服饰中的一朵奇葩",具有较高的实用艺术价值和民俗文化研究价值。由于特色鲜明,人们风趣地称之为"封建头,民主肚;节约衫,浪费裤"。花头巾把头部包裹严实,上衣短肥露出肚脐,长裤特别肥大。

再如饮食,中国渔家吃饭时之所以蹲着吃,而且忌坐于舱口晃足吃饭,是因为"坐"字有"沉积"之意,"坐下"便是"沉下";用餐忌将筷子搁在碗上,因为筷子横搁在碗沿上,近似船搁礁状;吃鱼时,忌翻鱼身,嘴也不能说"翻鱼",一般说"顺着吃"或"划过来吃",因为渔民将船视为木龙,而龙是鱼所变,翻鱼意味着翻船,渔民在海上最怕"翻";同理,饭勺羹匙也不能倒放,倒过来的饭勺羹匙形似翻过来的船,有喻示翻船之意;吃饭时从锅里盛出一盘鱼放下之后,再也不许挪动这一盘,挪动就意味着"鱼跑了"等等。

（三）主观精神活动

涉海的主观精神活动是一种文化活动,如海洋艺术创作与欣赏、海神崇拜与民间信仰活动等。海神信仰和涉海民间信仰是涉海人群在面对浩淼无垠、变幻无常、神秘莫测的海洋和人类的无助时，为充满了凶险和挑战的涉海生活找到精神护佑，或为家庭进行祈福避凶，对神灵的信仰使人获得精神上心灵上的慰藉。中国大陆南方沿海和台湾的王船信仰就是藉助迎王以迎来福气，送王以送晦气、霉运、恶煞。南海观音崇拜香火旺盛，观音具有"大慈与一切众生乐，大悲与一切众生苦"的德能，能救 12 种大难。因此，中国自隋唐以来，观音信仰随佛教的兴盛在中国民间尤其在沿海民众之中深入人心。观世音菩萨"诸恶莫作，众善奉行；大悲心肠，怜悯一切；救济苦危，普渡众生"的说教，特别能引起沿海民众尤其广大渔民的共鸣，因此民众就很自然地把她塑造为海上保护神，并赋予她慈母的化身。故此，观音信仰在下层民众中迅速流传，尤其在沿海地区和海岛渔民中间，成为民众供奉的主要神祇。

妈祖信仰在中国沿海地区影响广泛。妈祖的形象已经成为人们心目中善良、智慧和正义的化身，反映人们对扶危济困、舍身助人等高尚品德的颂扬和追求，激励人们积极向善，展示涵养朴实而崇高的人性品质，体现智慧、正义、勇敢、无私、孝悌、仁爱、乐善好施和献身精神等美德。

（四）其他涉海活动

涉海活动很多，除上面提到的之外，还有涉海体育活动、海洋科研活动、放生活动等，每一种活动都具有文化创造的意义。

具有体育健身意义的中国龙舟比赛不仅在内陆江河湖泊上举行，也在海上举行。比如，2010 年"中国龙舟月·第四届中国湛江海上国际龙舟邀请赛"于 6 月 16 日端午节在湛江金沙湾观海长廊海域举行。国家通过举办端午节龙舟赛活动，大力宣传龙舟文化，弘扬"团结、协作、拼搏、进取"的龙舟精神，不断激发人们积极向上、奋勇拼搏的建设热情。

龙舟就是船上画着龙的形状或做成龙的形状的船。赛龙舟是中国民间传统水上体育娱乐项目，已流传两千多年，多是在喜庆节日举行，是多人集体划桨竞赛。史书记载，赛龙舟是为了纪念爱国诗人屈原而兴起的。赛龙舟不仅仅是一种体育娱乐活动，它还体现了人们心中的爱国主义和集体主义精神，表现了龙的传人同舟共济、奋力拼搏、勇往直前的精神。

放生是具有高文化内涵的活动,比如将被捕获的鱼、鸟等生类放之于山野或池沼之中,使其不受人宰割、烹食,被称之为"放生"。中国的放生活动古已有之。《列子·说符篇》载:"正旦放生,示有恩也。"2010年5月21日,中国广东放生协会正式成立并在广州举行了会员大会。协会宗旨被概括为"三生",即维护生态平衡、弘扬生命价值、促进生活幸福。该协会负责人说,成立放生协会是保护地球、关爱生命、行善积德的好事情,让人们更加爱护地球、尊重生命。协会还倡导低碳、绿色的生活方式,从而让生活更美好。广东省海洋与渔业局此前举办过两届广东"休渔放生节",民众参与热情颇高。

第二节 海洋文化的基本类型与特征

事物的分类方法多种多样,比如人,按照性别可以分为男人和女人,按照年龄可分为少年人、青年人、中年人、老年人,按照肤色可以分为白种人、黄种人、黑种人。海洋文化也是这样,按照地理区域可以分为东方海洋文化和西方海洋文化,按照时间特征可以分为原始海洋文化、古代海洋文化、近代海洋文化、现代海洋文化,我们这里是按照逻辑结构展开海洋文化的讨论的。

一、海洋文化的基本类型

海洋文化的构成类型从广义上说包括海洋物质文化、海洋制度文化、海洋精神文化和海洋行为文化,从狭义上说包括海洋文化哲学、海洋科学理论、海洋宗教与民间信仰、海洋文学艺术等。

(一)海洋文化哲学

海洋文化哲学是关于海洋文化起源、本质、价值和发展规律的哲学理论,审视人类的海洋文化精神、文化理念、文化价值。维科认为,哲学的对象不是自然,而是由人所构成的文化世界。

维科敏锐地看到人的丰富性和人类文化的多元性、复杂性,他认为,上帝是诗人,而不是数学家。至于人,理性并不是决定一切的,还有信仰、情感、体验、艺术、宗教、爱等等。从哲学的高度可以以对象化的思维方式直觉到文化是一种"存在着的"精神"氛围"或者"弥漫"。文化的根本特质是"生活",是一个充满活动能力、情感倾向和思想活力的永不休止的动态过程。文化是如此,海洋文化也是如此。[①]

(二)海洋科学理论

海洋科学是研究海洋的自然现象和社会现象、性质及其变化规律,以及与开发利用海洋有关的知识体系,包括海洋自然科学和海洋社会科学。海洋自然科学是地球科学的重要组成部分,它与物理学、化学、生物学、地质学以及大气科学、水文科学等密切相关。海洋科学的研究领域十分广泛,其主要内容包括对于海洋中的物理、化学、生物和地质过程的基础研究,和面向海洋资源开发利用以及海上军事活动等的应用研究。海洋自然科学如海洋气象学、物理海洋学、海洋化学、海洋生物学和海洋地质学等,海洋社会科学如海洋经济学、海洋政治学、海洋法学、海洋社会学、海洋管理学等。

(三)海洋宗教信仰

海洋宗教是海洋社会中对超自然的神秘力量的信仰和崇拜,认为有神灵主宰海洋,决定人世命运等。在海洋科技极不发达的古代,浩瀚海洋有许多令人难以解释和驾驭的现象,海洋的神秘莫测即使是在今天仍然令人生畏,加之对海洋自然灾害难以抗拒,人们的海上活动风险难测,寄望于神灵保佑,对海神的信仰也就因此而产生。海洋宗教是伴随着海洋社会的发展形成的一种社会意识形式。

除海洋宗教外的海洋民间信仰是人们对超自然的力量、对神灵所寄予的一种期望,是人们为了满足自己的精神追求和寻求心灵上的慰藉而产生的对超自然力量、神灵的信仰和崇拜。中国的海洋宗教与海洋民间信仰具有多样性,如龙王崇拜、观音崇拜、妈祖崇拜;信龙母、洪圣水神、信船王等。

[①] 李鹏程:《论文化哲学的形上建构》,《光明日报》2008年1月17日;李重、张再林:《当今文化哲学研究的问题与出路》,《光明日报》2007年7月10日。

(四)海洋文学艺术

文学艺术是借助语言、表演、造型等手段塑造典型的形象以反映社会生活的意识形式,属于社会意识形态,包括语言艺术、表演艺术、造型艺术、综合艺术等。文学发展的历史中,大海是一个永恒的主题。关涉海的诗文曲赋不胜枚举,如"海上生明月,天涯共此时","曾经沧海难为水,除却巫山不是云","春江潮水连海平,海上明月共潮生";海洋文学中知名度较高的如《老人与海》、《白鲸记》;海洋艺术方面有海洋书法、海洋绘画、海洋摄影等;现代海洋综合艺术如海洋戏剧、海洋电影和电视剧等;知名度较高的如影片《泰坦尼克号》、《海霞》,科幻片《海底两万里》等。

二、海洋文化的大致结构

按照系统论的观点,世界上的事物都有其内部结构,海洋文化也一样,逻辑上是由海洋文化元素、海洋文化丛组成的多层次的复杂系统,时间上表现为不同的文化层,空间上表现为不同的文化圈。

(一)海洋文化元素

从逻辑的角度看,海洋文化的结构层次是海洋文化元素—海洋文化丛—海洋文化圈。

海洋文化丛是由一个个的具体的文化元素(文化特质)组成的,这些海洋文化元素是海洋文化的细胞。为了研究的方便,我们可以把这些文化元素分为海洋物质文化元素和海洋非物质文化元素两类。物质文化类的海洋文化元素如渔网、渔船、渔篓等,非物质类的海洋文化元素如海钓技术、贝雕技艺、疍家咸水歌等。再如海洋航运文化类元素有轮船、码头、港口机械、灯塔、浮标等。

海洋文化元素不是一个个的孤立的存在,而是互相联系互相依存的,形成不同的集合。诸如海洋民俗文化元素、海洋宗教文化元素、海洋军事文化元素。

(二)海洋文化丛

相关的文化元素相互结合而形成的功能单位被称为文化丛,这种文化丛在时空中可以作为一个单位存在并发挥作用。比如,农民的犁头、耕牛、套具等会形成一个文化丛,它们的结合可以发挥耕地

的功能,学生的笔、课本、作业本也构成一个文化丛或功能单位。文
化丛是相关文化元素按照内在的功能逻辑进行整合的产物,也就是
说,相关的文化元素之间的联系是有一定逻辑的,不符合逻辑的文
化元素的堆放并不形成文化丛,也不能发挥作用。海洋文化丛也是
这样,互相联系的海洋文化元素形成一个个关联性的具有特定功能
的链条——海洋文化丛。以海钓为例,海钓文化丛的构成元素至少
有鱼杆、鱼饵、鱼笼、水桶等。其他还有渔文化丛、盐文化丛、航海文
化丛等等,都是由一些互相联系的文化元素结合而成的统一体。

(三)海洋文化层

文化在历史的发展上是存在着不同层次的,每一个层次都反映
着不同时期由种种文化要素所连接起来的平面分布特征,这种文化
历史层面就被称为文化层。它是人类活动留下的痕迹、遗物和有机
物的堆积层,形成"老的在下,新的在上"的叠压状态。

从历史的角度看,海洋文化的历史发展形成不同的文化层。比
如中国山顶洞人用海蚶壳、鱼眼骨制作装饰品,属于旧石器时代晚
期,距今3万年左右。中国浙江河姆渡人类遗址出土渔具、木桨、独
木舟残件、陶舟模型等,属于新石器文化,距今6000—7000年。

(四)海洋文化圈

一定区域的类似文化丛相连接,其主要的文化特质内容相似或
者基本相同,这种地理上的文化相关联的文化现象群叫文化圈。凡
人类共同生活环境所形成的社会的、语言的、风俗的、道德的、宗教
的等共同文化特质群集皆可以称之为文化圈,如华人文化圈、东亚
文化圈、汉字文化圈、儒家文化圈、伊斯兰文化圈、东方文化圈、西方
文化圈等。

海洋文化圈由众多的海洋文化丛结合而形成。文化圈有大小
之分,与大陆文化圈对应的海洋文化圈属于大文化圈层次,东方海
洋文化圈和西方海洋文化圈属于中文化圈层次,华夏东夷海洋文化
圈、南方百越海洋文化圈属于小文化圈层次。

三、海洋文化的主要特征

海洋文化具有交流性、商业性、自由性、拓展性等特征。

(一)海洋文化的交流性

海洋是全球通达、相互联络的,海洋文化具有大尺度时空中开放、传播以至全球交流的特点。海洋是流动的、含纳的、通达四方的,人类借助于海洋超越了一域一处的局限,将文化传播到四面八方,实现异域异质文化相互辐射与交流,使海洋文化呈现多元文化交流、互动、流变、发展的历史过程。

(二)海洋文化的商业性

人类的海上活动带有强烈的商业性和慕利性,沿海族群下海谋生,常常是由于陆地资源贫乏所致。如古代希腊地区的人们就是如此,该地区多山少平原,土地贫瘠,而海岸曲折、港湾众多,故农耕经济不发达,有利于从事海外贸易、商业活动,这决定了希腊人只有通过海外贸易才能维持其生存和发展。中华先民中的东夷族、百越族依海而生,得鱼盐之利,享舟楫之便,从事渔业、盐业生产和贸易活动。葡萄牙、西班牙、荷兰、英国和当今的美国都是看到了海上贸易具有的巨大商机,进而积极开拓海外市场,成为名噪一时的海洋大国的。

即使在中国明清海禁时期,"海滨之民,唯利是视,走死地如鹜","冲风突浪,争利于海岛绝夷之墟"。明代后期开放后,航海人有一句口号:"若要富,须往猫里务(菲律宾 Burias 岛)。"[①]

(三)海洋文化的自由性

如前所述,海洋是全球通达、相互联络的,海洋具有大尺度时空中开放自由的特点,人们的海上生存和活动赶超了狭隘地域的局限和束缚,在广阔的空间中自由航行,自由地营生,相对于陆地社会而言,海上活动显得无拘无束,所以在历史上发生过很多逃难到海上的事件。而且,海洋社会具有商业性,人们在商业活动中遵循价值规律平等地交易、自由买卖,自由和平等是商业社会的要求和特征。

(四)海洋文化的拓展性

海洋文化具有拓展性,这一点在古希腊文化中表现的特别明显。海洋对古希腊人来说是一种挑战,他们把征服海洋看成一种英雄行为,海外殖民及频繁的航海贸易使希腊人练就了勇于开拓、善

[①] 杨国桢:《海洋迷失:中国史的一个误区》,《东南学术》1999 年第 4 期。

于求索的民族性格。拓展性不仅是希腊文化具有的特征,而且是世界海洋文化的共性。海洋深幻莫测,人类的海上行为带有强烈的冒险性和探索精神,人类的海洋探险和海洋发现体现了一种拓展的欲望和冲动,无论是郑和,还是哥伦布、麦哲伦、达伽马都是赢得赞誉的勇士,因为他们的探求、冒险和努力拓展了人类的海洋事业。

四、海洋文化的文化精神

海洋文化的文化精神是海洋文化的核心和灵魂,这里论述的海洋文化精神的基本内容有:博大兼容精神、开放交流精神、刚毅无畏精神、开拓探索精神。

(一)博大兼容精神

我们把自身居住的星球称为地球,但有人说应该叫"水球",因为陆地占地球的29%,海洋占71%。海洋水体面积广博、大而无际,令人感叹,令人生畏。

海纳百川,以成其大。博大兼容精神是以海比德的产物,也是海上生存者应具有的品格。古人以海比德,以海之属性喻人胸怀品性。海的流变、含纳、大气、宽广、生机等都被人们引为榜样,"海纳百川,有容乃大"是对海洋"品格"的赞扬。《老子》第十五章谓"古之善为道者,微妙玄通,深不可识。……澹兮其若海";第三十二章谓"道之在天下,犹川谷之于江海"。《庄子·秋水》篇有一段精彩的描写:秋水时至,百川灌河;泾流之大,两涘渚崖之间不辨牛马。于是焉河伯欣然自喜,以天下之美为尽在己。顺流而东行,至于北海,东面而视,不见水端。于是焉河伯始旋其面目,望洋向若而叹曰:"野语有之曰,'闻道百,以为莫己若'者,我之谓也。"雨果曾说过:比大地更宽广的是海洋,比海洋更宽广的是天空,比天空更宽广的是人的心灵。河伯望洋而兴叹,雨果望海而悟心,人难道没有看到海洋和天空的宽广并从中获得启示吗?

(二)开放交流精神

海洋具有天然的开放性,在某些国度和地域人被地封闭,但海洋却把陆地联结起来,混成一体。海洋是人类交往交流的桥梁和通途,人类离开陆地,远涉重洋,正是受动于交往和交流的意愿。

在中国明代永乐三年(1405年)至宣德八年(1433年),郑和受朝廷派遣,率领规模巨大的船队七次出海远航,最远到达非洲东海岸,同南洋、印度洋的30多个国家和地区进行了友好和平交流。中国出口的丝织品和瓷器等,早就在亚非各国享有盛誉,亚非的很多国家早就想同中国发展贸易关系,取消"海禁政策"派遣郑和出使,表明中国恢复同海外各国正常贸易的意愿。郑和曾到达过爪哇、苏门答腊、苏禄、彭享、真蜡、古里、暹罗、阿丹、天方、左法尔、忽鲁谟斯、木骨都束等30多个国家,最远曾达非洲东岸的红海、麦加,并有可能到过澳大利亚并与他们建立友好关系。

曾任中国北京大学副校长的学者何芳川认为,航海活动主要目的是促进文明交流,海洋是一个文明交流的桥梁,航海是一个文明交流的载体。没有航海,很难有文明之间的大规模交流。今天在中国谈航海,是在谈一种开放的精神,要用一种海的开阔的胸怀和眼光来应对21世纪。[1]

(三)刚毅无畏精神

海洋文化精神作为一种精神现象、意识现象,是社会存在的反映。大海变幻莫测,海上生存充满变数,踏浪而行是对生命的挑战。海上遭风暴、遇礁石,船毁人亡,葬身鱼腹是常有之事,遭遇海盗抢劫也不可避免,而为了生计他们又必须铤而走险,这样无形中成就了海洋族群的冒险拼搏精神。同时,海洋人在长期的与海浪和风险的搏斗中形成了刚毅无畏、强悍机智、知难而进的精神。

黑格尔说:"大海给了我们茫茫无定、浩浩无际和渺渺无限的观念。人类在大海的无限里感到他自己的无限的时候,他们就被激起勇气,要去超越那有限的一切。……人类仅仅靠着一叶扁舟,来对付这种欺诈和暴力,他所依靠的完全是他的勇敢和沉着,他便是这样从一片稳固的陆地上,移到一片不稳的海面上,随身带着他那人造的地盘,船——这个海上的天鹅,它以敏捷而巧妙的动作,破浪而前,凌波而行——这一种工具的发明,是人类胆力和理智最大的光荣。"[2]

---

[1] 何芳川:《航海论——谈一种开放的精神》,《北京日报》2006年11月30日。
[2] [德]黑格尔:《历史哲学》,王造时译,生活·读书·新知三联书店1956年版,第134—135页。

面对海洋你可以选择退却和逃避,但勇士和强者则追求富有挑战性的生活。世界船王包玉刚说过,"涉足航运业是一种挑战",虽然他父亲极力反对,说是危机四伏,但包玉刚仍坚持己见。这正是大海"弄潮儿"的本色。

(四)开拓探索精神

海洋充满了诱惑,人类对海洋充满了好奇,由于海洋的吸引和好奇心的推动,于是人们去探险、去发现。15—17世纪地理大发现(又称大航海时代)是地理学发展史中的重大事件,在此之前,人类生活在相互隔绝而又各自独立的几块陆地上,没有哪一块大陆上的人能确切地知道,地球究竟是方的还是圆的,而几乎每一块陆地上的人都认为自己生活在世界的中心。由于大航海时代英雄们的探索和发现,人们才有了对地球和海洋的新认识。黑格尔曾经这样赞美大海:大海邀请人类从事征服,从事掠夺,但同时也鼓励人类追求利润,从事商业……①

第三节 海洋文化对海洋社会的功用

海洋文化研究与建设是社会文化建设的重要组成部分,是应对新世纪国际竞争、不断提高综合国力的需要;是解决文化建设与社会经济等发展程度不平衡问题的需要;是解决人们文化素质相对偏低问题的需要;是克服落后观念,使思想观念与时代同步的需要;是提升价值观念和社会道德水平的需要。海洋文化具有的功用是多方面的,现就其社会经济功用、社会政治功用、社会精神功用和社会综合功用等方面略作论述。

一、海洋文化的社会经济功用

在现代社会里,财富是人们非常感兴趣的字眼。但我们要说,文化与财富有不解之缘,文化本身就是不可多得的财富,同时又是

---

① [德]黑格尔:《历史哲学》,王造时译,上海书店出版社2006年版,第92页。

能产生另一种财富的财富。海洋文化的经济功用表现为它是国力元素、生产要素;表达为产业文化,是无形资产;在海洋文化产业化开发中发挥重要作用。

(一)国力元素

随着科学技术的不断发展,文化与经济的联系日益紧密,现代商品中的文化含量与文化附加值越来越高,文化、科技在投入产出中的贡献率越来越大,文化对社会经济的发展已显示出了强大的力量,从一定意义上讲,现代经济也是"文化经济","文化力"在经济发展与社会全面进步中的作用越来越突出。社会文化力是综合实力的重要标志,与社会经济、社会政治、社会军事所拥有的力量一样,文化的力量也是综合国力的重要组成部分。一国综合实力的强弱,不仅体现在社会经济发达程度上,而且也体现在文化发展水平上,体现在一方百姓思想道德和科学文化素质上。文化是社会经济发展水平的重要体现,是社会文明程度的一个显著标志。现代经济竞争的胜败,已不再单纯取决于财富的多寡,而在很大程度上受制于构建在不同经济结构、模式下的文化力的强弱及其变化。文化软实力已成为大国争雄的角力场,因此,海洋文化的功利价值决不可低估。

(二)生产要素

人们理解的社会文化生产力是指人们生产文化产品、提供文化服务的能力,但文化可以转变为物质生产力。在《1844年经济学哲学手稿》中,马克思就曾指出宗教、家庭、国家、法、道德、科学、艺术等等,都不过是生产的一些特殊的方式,并且受生产的普遍规律的支配。在这里,马克思注意到了社会意识的经济功能。其实,文化转变为社会生产力并不难理解。在物质生产力中,工具代表着社会生产力的发展水平,也代表着人类认识和掌握自然界的能力水平。在这里,工具就是文化转变为社会生产力的标志。在现代,科技文化力的作用不可低估,邓小平认为:"科学技术是第一生产力"。[1] 海洋文化不仅渗透到海洋社会生产力的各种社会物质要素中发挥作用,还构成海洋文化经济和海洋文化产业的核心力量和战略力量。

---

[1] 《邓小平文选》第3卷,人民出版社1993年版,第274页。

(三)产业文化

产业文化是以产业为基础的,所展现与之相关的精神、行为、制度、物质等方面的文化现象,包括生活空间、社会价值、乡土艺术、古迹、历史等文化内容。海洋产业文化主要是指海洋渔业文化、海洋盐业文化、海洋商贸文化、海洋航运文化。海洋产业文化建设的意义在于:其一,海洋产业文化建设塑造海洋产业之魂——发展理念的构建,并由此使产业、产品形成强大的渗透性和竞争力;其二,海洋产业文化同时为本产业中企业文化提供导向和核心价值观。

(四)文化产业

海洋文化产业是指从事涉海文化产品生产和提供涉海文化服务的行业,包括如下领域:滨海旅游业(滨海城市游、渔村游、海岛游、海上游),涉海休闲渔业(观光渔业、体验渔业、观赏性专门养殖),涉海休闲体育业(水上项目、水下项目、沙滩项目),涉海庆典会展业(海洋文化节、休渔节、开渔节、博览会、博物馆),涉海历史文化和民俗文化业(饮食起居、服饰、传统节日、婚俗、海洋宗教与民间信仰的产业化开发),涉海工艺品业(珊瑚、贝类、珍珠工艺品、涉海雕刻等),涉海对策研究与新闻业(广播电视、书报刊、网络、咨询服务),涉海艺术业(文学、音乐、戏剧曲艺、电影电视剧、书法绘画摄影等)。[①]

二、海洋文化的社会政治功用

海洋文化中的社会历史文化、政治文化、军事文化、法治文化具有重要的政治功用,表现在国家海权维护、国际秩序维护、军事技术发展、法治社会构建诸方面。

(一)国家海权维护

海洋历史文化考证可以用于海权维护,比如中国南海海权问题就是如此,历史文献表明,中国最早发现、命名南沙群岛。早在公元前2世纪的汉武帝时期,中国人民就开始在南海航行,通过长期航海实践先后发现了西沙群岛和南沙群岛。两千余年来,中国对南海诸岛的记述不绝于书,东汉杨孚《异物志》、三国时代万震的《南州异

[①] 张开城、张国玲等:《广东海洋文化产业》,海洋出版社 2009 年版,第 33、41 页。

物志》和康泰的《扶南传》都对南海诸岛的地貌作了描述;元代汪大渊所著的《岛夷志略》、宋朝的《诸蕃志》、清代的《更路簿》和《海国见闻录》都有南海诸岛名称和分布的内容。历史文献表明,中国同时还是最早开发经营南沙群岛的。晋代裴渊《广州记》云:"珊瑚洲。在东莞县南五百里,昔人于海中捕鱼,得珊瑚。"此外,南海诸岛上陆续发现、出土的历代遗物及遗址更是有力的佐证。1868 年《中国海指南》记载了中国渔民在南沙群岛的活动情况,此外,《更路簿》是中国人民明清以来开发南海诸岛的又一有力证明。[1]

(二)国际秩序规范

海洋社会政治文化和法治文化具有维护国际秩序的功能。比如《联合国海洋法公约》(United Nations Conventionon the Law of the Sea)就是联合国主持制定的全面规范世界海洋活动的国际条约,具有规范各国管辖范围内外各种水域的法律地位,是调整国家之间、国家与国际组织之间在海洋方面关系的国际公法。此公约对内水、领海、临接海域、大陆架、专属经济区(亦称"排他性经济海域",简称 EEZ)、公海等重要概念做了界定,对当前全球各处的领海主权争端、海上天然资源管理、污染处理等具有重要的指导和裁决作用。

(三)军事技术发展

海洋科技是当今世界三大尖端科技之一,海洋高科技的发展已经成为体现一个国家综合实力和当代科技发展水平的重要特征。如今,世界各国在海洋上的竞争比历史上任何时期都要激烈,而这个竞争实质上是高新技术的竞争。谁在海洋高新技术方面领先,谁就会在世界海洋竞争中占据主动。海洋科技文化的一个重要应用领域是海洋军事领域,诸如舰艇技术、航空母舰技术、潜艇技术、导弹技术,还包括海洋气象、远洋和深海探测技术等。

(四)法治社会构建

现代海洋法治社会需要健全的海洋法律制度和文本,需要制度的"物质附属物"——相应的机构设施,需要海洋人的海洋法治意识,需要海洋人依法行为"不逾距",需要海洋社会的和谐有序,需要

---

[1] 刘志鹏、刘建玉:《南海诸岛是中国的固有领土》,《历史学习》2004 年第 9 期。

人们的社会经济活动、政治活动、精神活动、日常消费生活等都有规可循。尤其是,可以使国家之间、民族和地区之间在海洋权益关系上能获得法律保障。随着近年来中国全面实施依法治国基本方略,努力建设富强、民主、文明、和谐的法治国家,在海洋领域强调加强海洋法治建设,实施依法治海方略的提出和实施,海洋法制文化已经日益引起人们的关注。

三、海洋文化的社会精神功用

海洋文化具有重要的社会精神功用,具体表现为求真功能、道德功能、审美功能、激励功能等方面。

(一)求真功能

海洋文化的科学价值就是求真,求真是海洋文化研究中的科学眼光和理性审视。它包括对海洋社会的科学考察、实验及其成果,人类认识和利用海洋、人海互动的历史的客观描述和评价。海洋科学就是"求真"的产物和结晶。今天的海洋科学业已形成了内容丰富的知识体系,包括海洋物理学、海洋化学、海洋生物学、海洋地质学、海洋气象学、海洋环境保护等诸多学科。[1]

(二)求善功能

海洋文化的社会道德价值就是求善,包括三个方面,一是以海洋为参照系的道德价值观照,以海洋观照人格,以人类眼光中海洋的自然特征所具有的人格意义来了悟理想人格的某些要素;二是在人海互动中主体受到对象物大海的洗礼,完成人格塑造,实现人格提升;三是继承、提炼海洋与渔业从业人员在长期的休养生息中积累和形成的道德品格和道德规范,提升海洋与渔业工作者的道德素质。

(三)求美功能

海洋文化的社会审美价值就是求美,求美是海洋文化研究中的审美眼光和审美体验。海洋的自然属性本身就具有审美意义,人类海洋文化遗存也具有丰富的美学内涵,人海互动所生发的审美体验更是一种特殊的满足。在人海互动中,人在直面生命的威胁和挑战

---

[1] 张开城、张国玲等:《广东海洋文化产业》,海洋出版社 2009 年版,第 26—27 页。

中通过考验自我、观照自我,获得一种满足,这与花前月下小桥流水、杨柳岸晓风残月是截然不同的审美情境。后者属于秀美,前者属于壮美。而且这种审美观照是主体直接参与、置身其中的,由于主体同时又是客体,是观照者同时又是观照对象,所以属于王国维所说的"有我之境"——直面大气磅礴之象、雷霆万钧之力、深幻莫测之域,而吾人色正神定、处之泰然。这使我们想起尼采的强者人生取向:在威苏威火山旁建筑你们的城市,把船只驶向未经探测的海洋! 想起曹孟德的《观沧海》,想起高尔基的《海燕》,此快意远非"纡朱怀金"之乐可比。这一观照的重要意义不仅在于情绪情感和生活体验方面,其更重要的意义是人在对象性关系、对象性活动中的主体自我肯定,表达主体的张力,宣示自己的价值,证实自己的力量![1]

(四)激励功能

文化的力量是一种社会精神力量,文化的核心是文化精神,文化精神的功能首先表现为精神激励。相应的,海洋文化的重要功能是精神激励功能。2004年年初一篇《广东呼唤"海洋文化"回归》的文章谈到:20世纪80年代,善于经商、吃苦耐劳的潮汕人,开始被人们称作是"中国的犹太人";但到了90年代中期,这个称号却被温州人夺走(温州人有个著名的口号:白天当老板,晚上睡地板——引者注);随着近年来宁波经济的迅速崛起,现在已经有不少人开始称宁波人是"中国的犹太人"。这个称呼的"旁落",说明广东人丧失了改革开放初期积极进取的精神,从一个侧面启发我们应重视海洋文化的激励功能。

四、海洋文化的社会综合功用

海洋文化具有重要的社会综合功能,具体表现为凝聚功能、沟通功能、提升功能和激励功能等,建设和谐的海洋社会,海洋文化建设是基础性一环。

(一)凝聚功能

海洋文化具有社会凝聚功能,以中国妈祖文化为例,对妈祖的

---

[1] 张开城、张国玲等:《广东海洋文化产业》,海洋出版社2009年版,第26—27页。

信奉,在台湾省很普遍。在大部分台湾同胞心目中,妈祖不但是战胜风浪、开发台湾、与自然灾害及各种敌人作斗争的精神支柱,同时妈祖还代表着"根",代表着家乡的一切,也是把他们与中国大陆紧紧相连的一条重要感情纽带。因此,妈祖已不仅仅是一种民间信仰世界里的一名普通神祇,她已成为海外赤子寻根怀旧、文化认同的具体象征。这种寻根认祖情怀,成为融和民族情感,加强民族团结的凝聚力、向心力,而这种凝聚力、向心力正是华夏儿女共同努力实现祖国统一,共建强大祖国的情感基础,也是妈祖文化和平博爱精神的核心所在。妈祖文化精神正日益成为搭建中国海峡两岸乃至全球闽商互相合作、共谋发展,共同建设海峡西岸经济区强势平台的精神支柱。[1]

（二）沟通功能

海洋文化具有社会沟通功能。比如,中国大陆在重视与台湾经济联系的同时,要高度重视文化联系,做到社会经济纽带和社会精神纽带并重。几百年来,尽管经历了漫长历史的风风雨雨,但是两岸的妈祖情缘,峡阔浪高隔不断,斗转星移情弥深,至今对两岸文化交流,乃至促进祖国和平统一仍发挥着巨大的作用。首先,妈祖信仰文化是海峡两岸文化交流的重要纽带。其次,妈祖信仰文化是台湾民众中华情结的重要载体。最后,妈祖信仰文化蕴含着两岸同胞对国泰民安的共同期盼。[2]

（三）提升功能

海洋文化具有社会教化作用,能够提升海洋人的人格品性、精神境界、艺术修养、技术能力乃至体格力量,使海洋人从德、智、体诸方面得到塑造,完成个体的社会化和群体的格式化,使个体成为特定的社会角色,使群体成为文化圈的承载体,使整个海洋社会得以进化发展。

（四）传承功能

文化是人类社会的遗传方式,传承性是社会文化的重要特性,

---

[1] 张元坤:《强化妈祖文化精神纽带作用 推动两岸交流合作先行》,《福建理论学习》2010年第5期。

[2] 颜延龄:《弘扬妈祖信仰文化 促进祖国和平统一》,《福建论坛》2006年第4期。

海洋文化传承性的表现是多方面的。第一，是文化精神的传承。海洋人的开放交流精神、博大兼容精神、刚毅无畏精神、开拓探索精神，通过耳濡目染、言传身教一代代相传，延为心性品质。第二，是科技文化的传承。科学技术具有继承性，后代人"站在前人的肩上"继续探索，推动科技的进步和文明的进化。第三，是海洋艺术的传承，包括艺术形式的传承、内容的传承。比如中国八仙过海的故事流传至今，被采用现代化手段演绎成电视连续剧。第四，是风俗习惯的传承。包括节庆习俗、饮食服饰习俗、生产生活禁忌、宗教信仰的传承等。第五，是物质文化的传承。涉及航运交通、建筑设施、园林场馆、军港要塞、村落市井等等。

海洋文化既是人类文化的重要组成部分，也是海洋社会的主要组织部分。它作为海洋社会的智力聚焦，是人类在长期的海洋生产和生活中创造的宝贵精神财富的总和，是具有特别重要价值的文化之源、智力资源、理念之源、精神资源和战略资源。21世纪是海洋世纪，21世纪是文化世纪，在海洋世纪和文化世纪中，海洋文化的地位和作用愈益彰显并为世界所共同追求，海洋文化将迎来阳光明媚的春天。在海洋社会这一广阔的舞台上，海洋人将成为海洋文化的真正主人而作出前所未有的贡献。

参考文献：

1. 曲金良：《海洋文化概论》，中国海洋大学出版社1999年版。
2. 张开城、张国玲等：《广东海洋文化产业》，海洋出版社2009年版。
3. 司马云杰：《文化社会学》，山东人民出版社1987年版。

思考题：

1. 如何认识海洋文化及其主要构成？
2. 海洋文化有哪些主要特征？
3. 试述海洋文化的重要价值。

曾几何时　逞强凌弱　血战原本争是非
如今备武　应作后盾　唯和才算真本心

第十二章　海洋军事:海洋社会的武力后盾

在海洋社会中,不同城邦、不同地区、不同国家为了获得海洋和陆地的政治、经济、文化的利益,必然要建立与其国力相匹配的海上军事力量。海洋军事已日益成为海洋社会的武力后盾,对此,俄罗斯总统普京曾言:"如果没有一支强大的海军力量,俄罗斯将无法在新的世界秩序中发挥作用。"[1]本书从"作为武力后盾的海洋军事"角度着眼,围绕海洋社会是海洋军事的社会、海洋军事的基本类型和特征以及海洋军事对海洋社会的功用等内容展开,试图从社会学的角度对海洋社会的军事属性做一俯瞰式的概括,以期提供一种军事学的视野。

第一节　海洋社会是海洋军事的社会

本书认为,海洋军事就是海洋社会的武力后盾。海洋社会不仅是海洋经济、海洋政治、海洋文化的社会,而且更是海洋军事的社会,海防、海权、海军和海战则成为海洋军事的基本要素。本节主要围绕海防的建设发展进程、海权的核心地位及海军、海战的军事地位逐次展开论述。

一、海防是海洋国家的长城

海防是海防事务的简称。国无防不立,海无防不宁,民无防不

---

[1]　张炜:《国家海上安全》,海潮出版社2008年版,第14页。

安,海防是国家和民族生存与发展的根本保证。从这个意义上讲,海防乃是海洋国家的长城。这里主要从海防史的发展演变角度进行简要概括。

(一)上古时期海防建设

海防建设主要包括舰船建设和海军兵器建设。最初的海防建设可追溯到公元前 2000 多年前的奴隶制时代。

舰船建设。早期主要有两种类型的船只:一种是宽体船,用来装载货物;一种是长体船,也叫桨帆船,它是为作战而专门设计制造的,在战斗中主要用桨做动力。中国早期的舰船与世界其他国家大体相同。春秋战国时期,吴国的战船最著名,快速而灵活,由"大翼"、"中翼"、"小翼"三种舰船构成,战斗力很强。

武器建设。早期海军的兵器主要是冷兵器。① 如中国春秋时期,楚国公输班就创造了舟师专用的兵器钩拒,对敌方战船"退则钩之,进则拒之"。公元前 36 年,西罗马阿格里巴装备了火箭和多爪钩抛射器等兵器。多爪钩抛射器使用原理是,将一根上面装着铁爪钩的杠杆向队列里的敌舰后部抛去,将敌舰抓住后拖动敌船使靠在一起再加以摧毁。

(二)中古时期海防建设

从公元 476 年西罗马帝国灭亡到 1640 年英国资产阶级革命爆发,是西方的中世纪,即封建社会时代。

舰船建设。在中世纪地中海的海战中使用的战船和早期的战船差不多,船的结构和风帆几乎是一样的,三角帆用作辅助帆。在舰船设计上,15 世纪才有大的突破,早先脆弱的仅有一叶风帆的单桅船发展成了装满帆的大型船舶。改装后的大帆船能够对付大西洋上的狂风巨浪,同时,无需补给和维修就能穿越宽阔无垠的大洋。

武器建设。火药的出现和使用,是海军冷兵器的转变和终结。如英国亨利八世在第一个建造专门用来作战的舰船的同时,研制了大型船用前装炮。中国在明嘉靖年间(1522—1567 年),为了抗击倭

---

① 冷兵器是指不带有火药、炸药或其他燃烧物,在战斗中直接杀伤敌人,保护自己的近战武器装备。

寇来自海上的侵犯,将火药武器运用于水中,发明创造出世界上最古老的水雷。欧洲在 1585 年安特卫普战役中用过水雷。1590 年(明万历 18 年),中国发明了世界上最早的一种以香作引信的定时爆炸漂雷。

(三)近代时期海防建设

从 17 世纪中叶至 20 世纪初第一次世界大战爆发,是世界近代时期。期间,海军和海防建设不断得到强化。

舰船建设。随着航海技术和战舰操纵技术的进步,以及海外扩张的需要,18 世纪出现了配备有大量舷侧炮的大战舰的黄金时代。其中最有意义的是,1724—1727 年俄国木匠叶菲姆·尼科诺夫试制了第一艘用于军事目的的潜艇。随后,世界各国海军出现了快速然而脆弱的鱼雷艇,紧接着出现了更大型更快速的鱼雷快艇驱逐舰。

武器建设。近代世界海军武器的建设,主要体现在舰炮的改革和水雷、鱼雷的发明上。1778 年 1 月 17 日,北美人民为了攻击停在费城特雷瓦河口的英国军舰,把火药和机械击发引信装在啤酒桶里,制成水雷,沿河往下漂,被英国水兵捞起时,突然爆炸,炸死炸伤一些人,震惊了英国舰队。世界上的第一枚鱼雷,是 1864 年奥地利海军军官鲁匹斯在一家公司的资助下制成的,其航速每小时 6 海里,航程只有 940 米。英国在第一次世界大战中使用的 MK1 舷鱼雷,口径为 622 毫米。

(四)现代各国海防建设

随着海洋世纪的到来,世界各国无论是海洋强国还是海洋弱国都越来越重视海军和海防建设。

舰船建设。世界进入现代,随着科学技术的发展,出现了具有战略威慑力的舰船,如航空母舰、核潜艇。20 世纪 60 年代以来,出现了核动力航空母舰。目前,全世界共有 9 个国家总共拥有 30 多艘航空母舰。美国是世界第一海洋强国,其海军现役航母以"尼米兹"级(核动力)为主,其数量达到 10 艘;有弹道导弹核潜艇 14 艘。俄海军现有弹道导弹核潜艇 12 艘,巡航导弹核潜艇 7 艘。英国现有弹道导弹核潜艇 4 艘,攻击型核潜艇 9 艘。法国现已一跃成为世界第三大海洋强国,现有核动力航母 1 艘,弹道导弹核潜艇 4 艘,攻击型核潜艇 6 艘。

武器建设。现代海军舰船武器不断革新,出现了许多种精确制导武器,主要有导弹和精确制导鱼雷。导弹,按飞行弹道和导弹外形的不同,可分为弹道导弹和巡航导弹;按发射点与目标的位置不同,可分为空对舰、舰对岸、岸对舰、舰对舰、潜对舰、舰对空和潜对地。制导鱼雷出现于第二次世界大战末期,战后 60 多年来,随着科学技术的发展,制导鱼雷的战斗性能有了很大的提高,在原有被动声制导、有线制导的基础上,又研制了主动声制导、主被动声复合制导、尾流制导等制导鱼雷。此外,舰炮也得到相当的重视,各国海军都在争相研制性能更好的新型舰炮。

二、海权是海洋军事的核心

所谓海权,就是国家为保障自身经济、政治利益,运用海上力量,去控制海洋。海权是一种客观存在,谁意欲兴国,谁就要控制海权、发展海权。这里主要围绕海权的战略意义、海权对强国的作用及中国海权的历史、当代海权的主旋律等内容展开论述。

(一)海权是无形的巨剑

海权是客观存在的,但它却是无形的,然而,这无形的东西能否被掌握,却能决定一个海洋国家的兴衰、存亡。2000 多年前,古罗马哲学家西塞罗就指出:"谁控制了海洋,谁就控制了世界。"

在当今,海洋权益斗争愈演愈烈,特别是各国间出于国家政治战略的考虑,除了争夺海洋管辖权、岛屿归属权和海洋资源外,对海洋通道争夺和战略海区控制的斗争也更加激烈复杂。中国在海洋权益方面面临的斗争复杂而尖锐,海洋权益已经并且还在继续受到损害,海洋国土争端面临着严峻的形势。因此,中国必须强化海权意识,必须筑起海上长城,必须掌握和发展海权。纵观世界史,识海权者国家兴,不识海权者国家衰。

(二)海权意识圆强国梦

就某种程度而言,海权意识可以圆强国梦。如 19 世纪 80—90 年代,美国充其量也不过是一个二流国家。马汉在其《海权对历史的影响》一书中指出,美国拥有成为全球性海洋强国所需要的一切历史因素。美国政府只需要提供领导、意志和能力，就能实现这一目标。马汉的海权理论打动了美国政府并使其开始走向海上强国的道路。1901年，罗斯福成为美国总统，马汉的海权理论被带进了白宫，从此，美国的海权得以长足的发展。罗斯福将马汉"建立一支具有机动能力的海军，并在海外建立足够的加煤基地"的建议作为信条，大力发展海军事业。马汉理论圆了美国的强国梦，到1914年第一次世界大战前，美国已成为超越英法之上的世界第一强国。1915年底，美国总统威尔逊发出了建设一支"世界上最强大"海军的呼吁。从此，美国一直居于世界第一海洋强国的地位。

（三）中国海权的屈辱史

回顾自鸦片战争以来的近百年中国近代史，人们不会忘记1884年中法马尾海战、1894年的中日甲午海战，以及前沙皇俄国与日本帝国主义在我国领土东北和旅顺口海域所进行的强盗争夺战。在近一百年的时间里，帝国主义从海上入侵中国达80多次。自16世纪开始，古老中华由盛而衰，踏上了一条屈辱凄惨的道路。失败的主要原因，在于中国明王朝统治阶级推行的以"禁海"为代表的闭关锁国、退守陆地的基本国策，使中国的海权意识淡漠，只见陆地，不见海洋。

1912年12月，孙中山为民国获奖总司令黄钟瑛写了这样一幅挽联：'尽力民国最多，缔造艰难，回首思南都俦侣；屈指将才有几，老成凋谢，伤心问东亚海权。"的确，中国自鸦片战争后的百余年间，英、法、日、俄、美、德等列强，从海上入侵中国达84次，入侵舰艇达1860多艘，入侵兵力达47万人，中国与列强签订了许许多多不平等的条约，割让了大片领土，赔偿了不计其数的黄金和白银。中国无海权则无国家之兴，历史的悲剧，必须永远记取。

（四）现代海权的主旋律

现代海权的主旋律主要表现在两个方面，一个是愈演愈烈的蓝色圈地运动，一个是为圈地运动而不断地加强海上力量。在古代主要是为贸易和掠夺海外财富而进行蓝色圈地运动，现代特别是当代，主要是为开发海洋资源为己用而展开蓝色圈地运动。一句话，就是为争夺海洋权益。

当然,蓝色圈地运动并非只限于周边海域的划分。特别是随着世界经济的全球化,各国的经济联系日趋紧密,对海洋运输的依赖性进一步增强,海洋的通道仍在发挥着前所未有的作用,而且,海洋通道仍然具有着军事和政治上的重要战略意义,控制海洋的关键就在于控制海上通道。因此,蓝色圈地运动又必然地表现在对海洋通道的激烈争夺上。在当代,"圈地"运动已染指到南北两极地,北冰洋的海底已成为一些国家争夺占领的对象,可以预言,不久的将来,南极的海底也将受到瓜分。

三、海军是海洋军事的砥柱

海军是以水域为活动区域的军种。海洋社会以海洋军事为后盾,海洋军事则以海军为中流砥柱。这里主要从海军的支柱性、中西方海军发展历程及海军武器装备等方面对作为海洋军事砥柱的海军进行简要阐述。

(一)海军是海权的支柱

海权是海洋军事的核心,海军是海权的支柱,海洋权益的支柱,控制海洋就必须发展海军。纵观世界史,从古至今,所有海洋强国的强盛都与其拥有强大的海军分不开。马汉的"海权论"、戈尔什科夫的"国家海上威力论",都对海军在海权中的地位和作用做了深刻的论述。

今天,世界各海洋国都在争相发展海军。像美国这样拥有世界上最强大、现代化程度高的海军的国家还在不断地发展海军;俄罗斯也不甘示弱;日本也正在向中远海发展;综合国力并不强的印度,其海军也已经拥有了核潜艇和航母,成为世界上6个航母拥有国之一。越南也提出要"建设一支有足够力量保卫领海和远离陆地海岛的海军"。韩国也计划在若干年内建造三艘轻型航母加入海军行列。同样,作为发展中的大国——中国,也必须有一支与大国地位相称的海上力量。回顾自鸦片战争以来的近百年中国近代史,帝国主义从海上入侵中国达84次之多。有国无防,有海无疆,外敌欺辱,山河破碎的惨痛历史永远不能忘记。无海军则无海权,无海权则无中国的振兴。未来的外来威胁主要在海上,国家利益主要在海上。中国必须强化海权意识,强化海防雄心壮志,必须拥有一支强大的、现代化的海军,必须拥有一支与国家辽阔的国土和宽阔的海域相称的可靠的海上防卫力量。

(二)西方海军发展历程

海军,作为有别于陆军的军种,早在奴隶社会时期的地中海地区就产生了。由于当时科学技术还不够发达,海军的装备和武器还处于落后状态,战术也比较机械简单。中世纪,总体上海军的发展比较缓慢。但是,随着15世纪末16世纪初三次伟大航海的地理大发现,海军建设出现了前所未有的大变革、大发展。17世纪上半叶,海上强国都建立了强大的海军,如英国,标准军舰从1640年的43艘扩展到1650年的72艘,以及1655年的133艘,超过了同期荷兰的水平。

近代海军的发展越上了一个新台阶。17世纪下半叶,英国打败荷兰后,一度成为唯一的海上强国。但海上争霸斗争并未到此结束,随后俄国、美国、日本等国也或先或后加入到争夺海上霸权的行列。群雄逐鹿,极大的推动了各国海军的发展,海军装备和海军武器以及海军战术都有了质的飞跃。19世纪初,潜艇已在各海洋强国的舰队中列装;以爆破弹和线膛炮为主要标志的新火炮应用于舰船上;海军兵种开始增多。

现当代,世界各海洋国家的海军有了突飞猛进的发展。现代海军装备和海军武器发展产生了新的飞跃,舰艇,特别是战列舰越造越大;出现了具有战略威慑力的航空母舰;潜艇吨位加大,攻击能力和远航能力增强;通信系统大大改善,出现了名副其实的指挥舰;海军军事理论有了创新,海军兵种得到了健全,海军的作战能力有了明显的提高。第二次世界大战结束后,东西方进入冷战时期,美苏两霸争雄天下,它们更加重视发展海军,新式舰艇、飞机和武器层出不穷,双方都制造出核动力航母和核动力潜艇,出现了洲际弹道导弹和巡航导弹。在当代,随着信息技术的应用,海军武器装备走上了智能化的发展道路,改变着海上作战样式和作战方式,进而影响着整个现代战争的样式和方式。

(三)中国海军发展历程

中国海军最早产生于春秋战国时期,当时叫"舟师",使用的是风帆战舰,只能在近海进行较大规模的海战。汉代称海军为"楼船军",著名的战船有楼船、艨艟、先登、赤马、斥候、艋、斗舰、走舸等,种类颇多。三国时期海军有较大的发展,特别是吴国,更是以水师立国。宋元明时代,中国古代海军发展进入一个鼎盛时期,造船技术和航海技术都有重大突破。宋代最突出的战船是车轮船,当时人们形容它"以轮击水,其行如飞"。其特点是不受风向和流向的限制,因为它是靠机械推动。宋代航海早于西方2—3个世纪,以罗盘导航、天文定位与航迹推算来进行。

清代,中国古代海军开始从兴盛走向衰败,清代水师定制之初,有较强的战斗力。但到了清代中期,由于封建的政治制度日益腐败,水师旧陋新弊不断滋生,开始走向衰落。

20世纪30年代,国民党政府成立海军部,并两次提出雄心勃勃的造船计划案,由于种种原因最终未能实现。至1937年抗日战争前夕,与日本海军相比,中国海军严重落后。抗日战争爆发后,在与日军会战中,中国海军损失惨重,中国沿海彻底被日本海军控制。

20世纪50年代以来,中国的海军建设进入了快速发展的阶段。尤其自1990年以来,中国加快了海军装备的发展步伐,中国海军开始从浅蓝走向深蓝。90年代后期至新世纪,051B型("旅海"级)、051C型("旅海"Ⅱ级)、052B型("旅洋"级)、052C型("旅洋"Ⅱ级)等国产新型驱逐舰和从俄罗斯购进的4艘"现代"级驱逐舰先后进入现役,至此,中国海军具备了远洋作战的能力。进入21世纪的头10年,以新一代驱逐舰为核心,中国海军编队频频走出国门,执行出访、联合军演、护航等任务。

(四)海军装备的大家族

1. 航空母舰。航空母舰是现代海军的重要大型战舰,是舰载飞机的海上活动机场。航空母舰以舰载机攻击水面、水下、空中和岸上目标,并支援其他兵力作战,是海军中能遂时进行"立体战"的舰种。按作战性能和用途,可分为重型攻击航母、轻型护航航母和反潜航母三类。

2. 战列舰和巡洋舰。战列舰和巡洋舰均属大型水面舰艇,号称海上战斗堡垒。战列舰的主要武器是舰炮,历史上战列舰曾在海上称霸一时。巡洋舰过去常与战列舰为伴,组成海上舰艇编队的核心。昔日的巡洋舰是以舰炮作为主要作战武器,现代巡洋舰均以导弹为主要武器。

3. 驱逐舰。驱逐舰具有良好的机动性能和多种作战能力,被称为海战多面手,受到各国海军的重视。驱逐舰上武备种类很多,现代导弹驱逐舰上装有多种导弹武器。从20世纪60年代开始,有些驱逐舰配备了舰载直升机。

4. 护卫舰和猎潜艇。护卫舰是专门用来为战斗舰艇护卫,为海上运输船队护航,以及在港口和基地进行巡逻、警戒的一个舰种。护卫舰根据武备及执行任务的不同,分为防空护卫舰、反潜护卫舰(猎潜舰)、雷达哨护卫舰、导弹护卫舰和护卫艇。猎潜艇主要担任近海反潜巡逻和船队护卫任务,以发现和攻击潜艇为主要任务。作为海上猎手,猎潜艇上装备有较强的反潜武器,有威力大、命中率高的反潜鱼雷、反潜火箭和深水炸弹等多种反潜兵器。

此外,还有扫雷舰艇、登陆舰艇、攻击型潜艇、核动力潜艇、海军航空兵飞机、舰艇武备、舰载雷达和声纳、电子干扰与诱饵欺骗等装备,限于篇幅,不再赘述。

四、海战是海洋军事的搏斗

战争不是个人与个人之间的械斗,而是国家间的行为。这里主要从海战与海洋军事间的关系、中西海战简史及未来海战特点等方面进行探讨。

(一)海战与海洋军事关系

海战泛指水域战争。海洋军事是指海上武装力量建设和与海上战争有关的事宜的总和。具体的说,海洋军事是指一切同海军或海战有关的事情。如海防建设,海战的组织和准备,海军的组织、编制和装备、海军军事科学和军事技术的研究、海军军事教育和军事训练等。海洋军事既与海战有着密切的联系,又不等同于海战。海洋军事建设是为了防御可能发生的海战和在发生的海战中取得胜利,而为了打赢未来海战必须加强海洋军事建设,两者是相互促进、相辅相成的关系。

毋庸置疑,随着历史的发展,海战的含义和内容也发生了很大的变化。海战已经历了桨船时代、帆船时代、蒸汽动力时代,现进入到核动力时代;作战方式由撞击战和接舷战,发展到使用火炮、鱼雷、深水炸弹、战术导弹和战略导弹核武器;由单兵种作战发展到多兵种一体化协同作战。海战的基本类型是海上进攻战和海上防御战;作战的基本样式有海上机动编队的进攻战和防御战,潜艇战和反潜战,海上封锁战和反封锁战,海上破交战和反破交战等。海战的基本目的是消灭敌方兵力,保存己方兵力,夺取制海权。从古代、近代到现代,与海战一直伴行的是海洋军事建设,当今海洋军事建设的发展更为迅速。

(二)西方史上的海上拼搏

1. 桨船时代的大规模海战。公元前 480 年希腊和波斯进行的撒米拉海战,是桨船时代早期的大规模海战。1571 年,威尼斯、西班牙联合舰队同奥斯曼帝国进行的勒颁多海战,是桨船时代晚期的一次大规模海战。

2. 帆船时代的大规模海战。帆船时代的海战以风帆战舰为主,但仍然有一部分划桨战船,初期使用冷兵器作战。14 世纪中叶,战舰上装备了滑膛炮。在远距离上实行舷炮战,近距离上则进行撞击战、接舷战。18 世纪末 19 世纪初叶,战舰上装备了发射实心弹的榴弹炮和发射爆炸弹的加农炮,舰队机动能力增强,舰炮射程增大;双方舰队以纵队战例线,在更远的距离进行舷炮战,战例线战术成为主要战术。

3. 蒸汽舰船时代的大规模海战。这一时代较早的海战是克里木战争中的海战,此后有 1894 年的甲午海战、1905 年的对马海战。1916 年的日德兰海战是蒸汽舰中期的战役规模海战,1944 年的诺曼底登陆战役是世界历史上规模最大的两栖登陆作战。19 世纪中叶,帆船舰队逐渐过渡到蒸汽舰队。19 世纪末至 20 世纪初,潜艇和海军飞机开始出现在海洋战场,无线电通信也开始用于海战指挥。第二次世界大战期间,潜艇与水面舰艇配合作战,战果显著。著名的战役有1940年英国舰载机袭击塔兰托,1941年日本航母编队袭击珍珠港,1942年的日美中途岛海战。由于海军航空兵的出现和运用,战役与战斗的突然性、速决性、破坏性空前提高,"巨舰大炮制胜"战略思想逐渐被动摇。

4. 核动力舰船时代的海战。这一时代的著名海战有1950年的仁川登陆作战,1974年的第四次中东战争中的海战,1982年的马尔维纳斯群岛海战,1986年的锡德拉湾袭击战(即美军袭击利比亚的海空战),1988年波斯湾海战,1990年和2003年的两次海湾战争。现代海战的特点是陆、海、空、天、电一体的五维战争,特别是核潜艇装备了分导式多弹头洲际战略导弹核武器之后,与战略轰炸机及陆基战略导弹构成了三位一体的战略核威慑力量,使海军成为战略军种。

(三)新中国的海战光荣榜

自鸦片战争百余年来,中国近代海军的发展也遭到严重挫折。但从1949年4月23日新中国海军成立之日起,人民海军从无到有、从小到大、从弱到强,到现在已经发展成为拥有水面舰艇部队、海军潜艇部队、海军航空兵部队、海军岸防部队和海军陆战队的现代化海军兵种,形成了海上机动作战、基地防御作战和海基自卫核反击作战的装备体系,防空、反潜、反舰作战和电子对抗能力有很大提高,构成了新中国坚强的海上防线。新中国成立以来,人民海军在保卫海防、解放我国诸海岛及对海上入侵之敌的战斗中英勇顽强,谱写出了许许多多壮丽的篇章,主要有:

1. 1950年5月25日:广东军区江防部队配合陆军打响了垃圾尾海战,经过71天的英勇作战,解放了万山群岛。

2. 1955年6月27日:海军航空兵4师在福建台山列岛和马祖东南上空先后击落国民党空军F-84型战斗机2架、PB-4Y型海上巡逻救护机1架。

3. 1958年2月18日:海军航空兵4师在山东半岛上空1.5万米高度击落国民党空军RB-57型高空侦察机1架。

4. 1965年3月24日:海军航空兵4师在海南岛万宁1.6万米上空击落入侵的美军无人驾驶高空侦察机1架。同年3月31日、8月21日,又先后在海南岛上空击落2架美军无人驾驶高空侦察机。

同年9月20日,海军航空兵4师在海南岛上空击落入侵美军F-104C型战斗机1架。

5. 1966年10月12日:海军发布嘉奖令,表彰南海船运大队在圆满完成援越运输任务的同时,进行了33次对空作战,取得击落美国飞机13架、击伤16架的光辉战绩。

6. 1967年6月26日:海军航空兵6师在海南岛东南地区上空击落美军入侵的F-4C型战斗机1架。

7. 1968年2月14日:海军航空兵6师在海南岛万宁地区上空击落、击伤美军A-1型舰载攻击机各1架。

8. 1974年1月19日:南海舰队舰艇部队对入侵中国西沙永乐群岛海域的南越海军进行了自卫还击,一举击沉其护卫舰1艘、击伤驱逐舰3艘。20日,协同陆军收复了被南越侵占的西沙全部岛屿。

(四)未来海战的模式特点

现代高科技的迅猛发展必将引起海战模式产生新的变化,据一些专家研究,21世纪的海战模式和特点会产生以下发展趋势。

1. 海战模式发展趋势。(1)远距三维多层次袭击的破交战。未来海战中,当侦察器材发现运输船队后,通过指挥系统下达攻击命令,潜艇可在几十海里至几百海里的水下实施攻击;航空兵可进行远程奔袭;水面舰艇可迅速机动至一定距离发射导弹袭击船队。(2)区域掩护和机动防御相结合的护航战。未来护航战,将是发生在编队一定距离上的海上进攻战,护航战不再是纯防御形式。(3)对舰艇泊地和岸上目标的快速突然袭击战。未来海战中,更多的将是航空兵、水面舰艇和潜艇用飞航导弹实施的协同攻击。(4)全方位综合防护的基地防御战。未来海战中,针对泊地和岸上目标的快速突然袭击战的特点,基地的防御配系应是全方位的综合防护体系。(5)快速、立体、大纵深的登陆战。未来海战中,由于军事技术高度发达,可使登陆战更具有快速、立体、大纵深的特点。(6)海、陆、空总体打击的抗登陆战。由于侦察预警能力及武器威力的极大提高,从敌方集结上船到突击上陆的全过程,海、陆、空三军都可以对敌实施全程打击,迫使敌中途放弃登陆。(7)五维一体的海上战争。由于信息战、电子战设备的发展,海战较多的是五维战争,即信息、电子、空中、水面和水下五维战。当然,信息战、电子战设备平台将充当海战中的"先锋"。①

2. 未来海战的特点。(1)小规模。未来海战中,战役以上规模的海战会越来越少,而小规模、高技术、中强度的海上武装冲突会越来越多。作战样式将更多地出现"远距离格斗"、"超视距攻击"、"不见面的海战"、"外科手术式的袭击"等新的作战样式。(2)大空间。海上作战空间范围将不断拓展,空前广阔。从宇空到海空、从海空到水面、从水面到水下、从陆地到海洋,从视觉空间到非视觉空间,都将成为海战和海上角逐的空间。(3)短时间。战场流速加快,作战持续时间大大缩短。以往海战以"年"、"月"计,后来缩短到"天",现在则以"分"来计,未来会更短。②

第二节 海洋军事的基本类型与特征

本节主要从军事战略的角度探讨海洋军事的类型及特征。首先对世界海洋军事战略做一概述,其次从安全战略的角度按照力量运用的范围将海洋军事进行分类,并对当代海洋军事的特征进行概述。最后,对我国历史上的海洋军事战略历程及存在的问题作简要的介绍。

一、世界海洋军事战略概要

在世界海洋军事发展史上,先后出现过"大陆学派"、"巨舰炮论"、"权核理论"、"战略转移"等几大战略潮流。

(一)大陆学派

"大陆学派"产生于 19 世纪的法国,当时的海军仍处于风帆时代,法国是个大陆国家,但国土南北两面临大西洋和地中海,有漫长的海岸线和许多良港,具有发展一支强大海军的良好的地理条件。

---

① 成中:《海洋在召唤》,广西教育出版社 1990 年版,第 178 页。
② 张召忠、郭向星编著:《现代海战启示录》,八一出版社 1993 年版,第 64 页。

不过,法国的战略家们只把海上力量看作是陆上力量的辅助者,以巴隆《海战论》为代表的"大陆学派"海军理论认为,法国不应和英国舰队进行大编队的海战,而应依托海岸,用小编队,直接打击英国商船队,这样可以动摇英国的经济根基,保障陆上作战的胜利。这一"袭商战"思想成为法国此后一个多世纪的海军战略,虽然法国在财力和海军技术上不逊于英国:1837年时,法国有23艘蒸汽战舰,而英国只有21艘螺旋桨、旋转炮塔,这些技术都是法国首先应用到战列舰上的,但法国海军却重点发展了大量小型舰艇。由于错误的战略指导,法国海军无力维护本国海外利益,国运也从此走向衰败。

二战中,德国海军继承了"大陆学派"的"袭商战"理论,不但进行大规模潜艇战,甚至连战列舰和战列巡洋舰也作为海上袭击舰使用。虽然德国潜艇一度严重威胁英国的海上生命线,但最终在盟军水面舰艇和航空兵的联合打击下,其潜艇战彻底失败。

战争实践证明,"袭商战"只是海军任务之一,不能把"大陆学派"作为海军战略。"大陆学派"的根本错误在于,把海军作为陆军的附属,只强调海军破坏性的一面,而忽视了海军保护海上航线,促进国力增长的价值。

(二)巨舰炮论

"巨舰炮论"产生于19世纪末的英国,当时的海军已经进入蒸汽机铁甲舰时代。当时的英国是世界头号强国,拥有大量海外殖民地;而新兴的工业国家德国却急于准备建立一支庞大的舰队,挑战英国的霸主地位,夺取英国的海外殖民地。对此英国则提出"两强战略",要建立一支能同时压倒两个欧洲海军大国的舰队。"巨舰炮论"主张建造坚甲重炮的巨型战舰,通过舰队决战和海上封锁来夺取制海权。

"巨舰炮论"赋予了海军和陆军同样的平等地位,其缺点在于需要巨大的资金投入,英国、德国、和日本都曾为此消耗了巨大的国力。

(三)权核理论

权核理论是"海权论"与"核海军论"的简称。"海权论"诞生于19世纪末的美国,当欧洲列强进行造船竞赛和舰队决战的时候,美国海军的马汉将军提出了"海权论"。他把海军建设上升到国家命运的高度,从国际关系、地缘政治等大战略角度认识海上力量,提出了"炮舰外交"、"海军威慑作用"等观点,认为海军在战时和平时具有"共同价值"。"核海军论"诞生于二战结束后的苏联,当时人类战争史进入了核时代,在第一颗原子弹投入实战之后,很多国家的理论界掀起了"海军无用论"。特别是美国在太平洋上进行的比基尼核试验,证明了核弹对于潜艇和水面舰艇具有巨大的破坏作用。就在美国海军将领们极力维护海军地位的同时,从 1955 年开始,由于苏联在弹道导弹技术上的突破性进展,苏联海军在"导弹——核战争"军事理论的指导下,推出了"核海军"理论,并在这个理论指导下,建造了大量以导弹为主要武器的核动力潜艇。直到 20 世纪 70 年代,以戈尔什科夫海军元帅为代表的苏联"核海军"理论逐步完善。

"核海军"理论,突出了海军对岸上目标打击的作用(主要是核打击),把海军的威力从海洋扩展到全球每个角落。"核海军"理论要求建造以水下核力量为主的均衡型远洋海军。苏联的"核海军"理论吸收了"大陆学派"和"海权论"的部分内容,同时影响了英国、美国等老牌海上强国的海军理论。

"核海军"理论实现了苏联海军的跨越式发展,但"核海军"理论的局限性在于其灵活性不足,难以应付全面战争之外的常规局部军事冲突。苏联解体后,"核海军"理论下建立的苏联舰队,在失去经济支持的情况下基本丧失了战斗力。

(四)转移理论

所谓转移理论又称"战略转移",是指沿海临海各国针对时代背景对其海上军事战略进行调整的理论,它大致有"军事战略海上部分"和"由海向陆"两种理论。"军事战略海上部分"诞生于 20 世纪 80 年代的美国,当时美国已经走出了越战失败的阴影,1986 年,美国提出"以实力威慑为基础实施全球性海上进攻"的新战略,准备建设一支"600 艘舰艇"的庞大海军。"军事战略海上部分"把海军理论上升到国家军事战略的高度。"由海向陆"诞生于冷战结束后的美国,由于失去了苏联海军这个强大的对手,1996 年美国海军提出"前沿存在,由海向陆"战略构想:把美国海军的作战对手由海权国家转变为陆权国家;把美国海军主战场从远洋转移到陆权国家沿海地区;把主要作战目标由夺取制海权转变为控制海岸和部分陆地。对美国而言,"由海向陆"的实质是其试图以海权国家压服陆权国家,它折射出美国试图以强势海军力量来支撑其图谋的独霸地位。

二、世界海洋军事类型概述

海洋军事,主要是从安全战略的角度进行分类,按照力量运用的范围,海洋军事可以大略分为四种,即全球型海洋军事、次全球型海洋军事、地区型海洋军事和区域型海洋军事。此种类型的划分可谓是上述"大陆学派"、"巨舰炮论"、"权核理论"、"战略转移"等理论的进一步拓展和具体化。

(一)全球型国家海洋军事

这是一种能在全球范围内维护海上方向国家利益的安全战略,其特点有三。

一是以夺取全球海上主导权为主要目标。自现代国家建立和商品经济体系确立以来,国家利益不断外溢,国家安全边界亦随之向海上拓展,一些海洋军事强国认为,要想使本国海上方向的利益处于绝对安全状态,就要夺取全球海上主导权,建立绝对的海上军事优势,并在自己价值观指导下建立国际海上新秩序,夺取海上安全问题的组织领导权和规则制定权。

二是拥有超强的海上实力。世界海洋总面积约为3.61亿平方千米,覆盖了地球表面积的2/3。要想在如此大的范围内实施海上机动和控制,需要建立起强大的远洋舰队。英国作为19世纪的海上霸主,当时就拥有200余艘先进的蒸汽动力舰船,官兵人数达20万。前苏联海军为了对抗美国海军的海上优势,则建立起一支远洋导弹核舰队,弹道导弹核潜艇最多时达到108艘,是美国同类潜艇拥有量的2倍。当前美国作为世界上最强大的海洋军事强国,拥有285艘舰艇,均吨位达到12000吨;且拥有12艘航母,不仅性能上是世界最好的,而且数量上也超过了世界其他国家海军航母的总和。

三是强调谋求地缘战略优势。一国的海上实力要在全球范围展开行动,不管其多强大,如果没有有效的后勤保障,也是很难做到的。如美国在太平洋战区建立的三线基地网,几乎遍布于整个太平洋区域,形成了以西太平洋地区为主要战场的大纵深、宽正面的战略部署,为其兵力的机动和快速部署提供了便利的条件。

(二)亚球型国家海洋军事

亚球型国家海洋军事又称次全球型国家海洋军事,它是一种在世界海洋的关键性领域维护国家海上利益的安全战略。它有以下三个特点。

一则本土不存在强敌的威胁,并在世界大洋中拥有较多的海外领土。冷战结束后,一些大国如英、法的安全环境发生了根本性的转变,如英国和西欧不再面临直接的军事威胁,主要是通过域外的联合作战行动来保证国家安全,包括海外领土的安全。法国政府认为,没有必要保持一支为世界大战、尤其是核大战而准备的庞大海军,法国海军未来的任务主要是实施对外干预和应对局部战争及各种突发性事件。

二则力图通过维持较强的海上军事存在来维护其大国地位。如关于国家安全构想俄罗斯就认为,美国的强权政治严重地威胁到了俄罗斯现有的国际地位和利益,从而把巩固和维护大国地位作为维护国家安全的重要目标。法国也认为,在新世纪中,法国要想继续保持目前这样一个大国地位,并力争在未来的多级世界中成为举足轻重的一极,就必须能够在世界海洋范围内显示力量和存在,为此,法国海军在大西洋战区、地中海战区、印度洋战区、太平洋战区都设置了司令部。

三则拥有较强的远海快速反应能力。要想在世界大洋的重要领域维护自身的利益,拥有较高的远海反应能力显得尤为必要。如根据1996年法国制定的防务改革计划,至2015年法国海军将建立一支拥有4.5万兵力、81艘作战舰只的精干现代化海军力量。英国海军已经决定在当前拥有3艘航母的基础上,再建造2艘"未来航母",并在此基础上构建英国未来的"全球舰队"。俄罗斯海军在经历长期停滞和消沉后,2003年开始大力投资,重振海军,并将核潜艇作为其发展重点。

(三)地区型国家海洋军事

这里所谓的"地区",主要是指能够在一个乃至两个大洋的范围内维护海上利益的安全战略。此种国家海洋军事的特点包括两个方面。

一是聚焦于制约海上外向发展的不安全因素。这些问题和因素主要包括：国家的陆上安全威胁仍未得到有效解决；国家统一与领土完整任务尚未完成；存在较多的海洋权益纠纷；国家的发展水平较低，综合实力不强等等。比如印度和巴基斯坦两国长期以来没有解决好领土边界争端，两国边境地区经常处于紧张的军事对峙之中，这使得印度不得不长年投入大量的财力、人力稳定印巴边境。又基于印度三面邻接印度洋的地缘态势，印度选择了通过控制印度洋作大南亚的安全战略目标，从而构建了其独特的地区性海上安全战略。中国作为一个发展中大国，不仅没有解决台湾问题，还与许多周边国家存在着海域划界问题以及海洋权益纠纷，这也使得中国一直把安全目标聚焦在保持中国自身的稳定与发展和维护周边地区的和平与稳定上。日本目前仍然属于地区型海洋军事，但近几年来，其军事大国的意愿不断膨胀，不断突破和平宪法的限制，并将防卫范围逐步扩向周边。从日本当前拥有的海上实力看，一旦日本成为普通国家和联合国安理会常任理事国，将可能放弃地区性海洋军事战略，转而奉行全球性海洋军事战略。

二是力图通过海洋来提升综合国力和国际地位。对于发展中国家而言，发展才是硬道理。而当前，随着陆地资源的日益减少，无论是等待开发的200海里专属经济区和大陆架，还是连通全球的海上运输线，都已经成为发展中国家进一步寻求发展的利益空间。同时，在超级大国建立单级世界的强大压力下，为避免受制于人，也必须加强海上力量的建设和在周边海域的军事存在，以进一步树立起大国地位和形象。

(四)区域型国家海洋军事

这里的区域，是指某一特定的范围，即沿海国根据《联合国海洋法公约》所拥有的内水、领海、毗连区、专属经济区和大陆架。区域型海洋军事主要在本国管辖海域内维护权益的安全，多为沿海的中小国家采用。它主要有三个基本特点。

一是以维护本国认为应该拥有的管辖海域的海洋权益为中心。

根据《联合国海洋法公约》,沿海国在 200 海里的专属经济区海域及上空,在各自的大陆架上都享有一定的主权权利和管辖权,这就使沿海国约 200 海里的海域成为沿海国所属的"海洋国土",而维护这片国土所拥有的权益,就成为沿海国维护主权和安全的重要内容。

二是通过结盟的方式来维护自身的安全。中小沿海国实力有限,其结盟一般有两种:一种是中小国家因地缘上的紧密联系而结成的国家集团,如东盟;一种是主动加入本地区已经建立的具有很大影响的军事联盟或国家集团,比如北约和欧盟。

三是战略谋划的重心逐步转向应对非传统海上安全威胁。这在东南亚国家表现的尤为突出,如为了遏制海盗和恐怖活动对马六甲海峡安全造成的威胁,2004 年,马、新、泰三国各派 6—7 艘军舰、100 名兵员组成的海上联合特遣队,正式启动了对海峡的常年联合巡逻。2005 年,印尼又加入其中,开展了代号"空中之眼"的马六甲海峡空中巡逻。此外,东盟一些国家也积极寻求通过军事演习加强本国海军的应变能力。

三、世界海洋军事特征简论

军事活动空间紧密伴随着人类的活动空间,海洋自古就是军事活动的空间。随着人类海洋观念的发展,海洋军事活动也逐步发展。无论对于全球型海洋军事、次全球型海洋军事还是对于地区型海洋军事和区域型海洋军事来说,当代海洋军事皆具有以下四个特征。

(一)海洋军事活动范围扩大

伴随着新的海洋国土的经营与开发,产生了这一国土的戍守问题。从国防的需要出发,海上军事活动的空间随之扩大。为了足以防御新海洋国土,国家在海洋方向的军事活动已经不能局限于海岸带和领海以内,必须扩展到专属经济区和大陆架海域;也不能只局限于戍守某些海上交通线与点状目标,必须戍守更为广阔的整个海域的天空、水面以至海水深层直达底土,戍守区域将由海洋上的点、线扩展到海洋区域的全面和整体。

(二)海洋军事斗争强度加大

新的海洋国土对于任何一个沿海国家来说,都意味着海防任务的增加与海上军事活动强度的加大。同时,《联合国海洋法公约》的诞生,形成了世界性围圈海洋的态势,产生了相邻沿海国家之间海洋国土划分的新问题,集中体现在海洋资源之争、海区划界之争、岛屿主权之争等方面争议,以至争夺的趋势明显加剧。虽然本应该以和平的方式来解决这些问题,但非和平的方式仍然在出现,尤其是一些霸权主义国家在主权问题上信口雌黄,奉行强权主义,仍然迷信武力,常以武力对别国的海洋资源、主权海域以至海岛巧取豪夺,使得海洋上的武装冲突以至局部战争此起彼伏而接连不断。因而,海洋上不仅是军事活动的强度加大,而且军事对抗与斗争的强度也日趋加大。海洋在当今的和平年代,比以往的和平年代更带有军事对抗的色彩,某些海区的军事对抗强度远比陆地大得多。

(三)海洋军事战争威胁增强

海洋既然是人类生存与发展的重要空间,世界上的某些国家就会通过海洋攫取他们更多的生存空间,在公海大洋上称王称霸,为所欲为,视整个大洋为己有。同时,科学技术的现代化与武器装备的发展,又使某些国家企图利用海洋的广阔空间作为侵略扩张发动战争的基础,把大量的军事力量布设在海洋里,把大量的战略武器潜伏在海洋里,形成巨大的海上战略威慑力量,所以,当今的海洋实际上已经成了巨大的火药库,这对世界和平构成了巨大的威胁。这种来自海洋上的战争威胁,在目前以至今后相当长的时期里都将难以消除,相反却有继续增强的趋势,威胁的强度正在逐渐超过陆地上的战争威胁。

(四)海洋军事运用价值增强

人类社会的武器和战争艺术均在飞速发展,现在陆上的任何一个地方都将在战争中受到攻击而难于进行周密的防御。海洋空间以其特有的宽广和深邃,为不意的进击与隐蔽的防御提供了良好的条件,这就促使人们把海洋作为一个新的而且是十分有利的军事活动空间。因此,海洋也就具有了更大的军事运用价值。

四、中国海洋军事历程简介

在华夏文明的发展历程中,海洋文化占有重要的位置。华夏民族进行了丰富多彩的海洋军事实践,形成了独具特色的海洋军事文化。但总体上分析,在新中国成立以前,历史上对海洋军事重视不够、维护海洋权益屡受挫折的历史教训也极为深刻。

(一)海洋价值认识的两极性

作为一个陆海兼备的国家,内陆与沿海民众对海洋价值的认识呈现出两极化的分布。由于中国除近代以来,大多强敌均来自西北陆地,使内陆国民对陆地价值的认识居于主导地位,重陆轻海的观念即由此产生。即使沿海民众对于海洋价值有较高的认识,也不能改变这种现实。同时,在对海洋的认识中,局限于渔盐通商之利。随着明代以来倭寇的骚扰和西方列强的入侵,海防意识虽有所增强,但对于扩展海洋利益、开发海洋资源、加强海洋防卫仍然认识不够,存在海洋军事力量建设方向错位、力度不够的问题。

(二)海权实际维护的淡薄性

军事领导层海洋意识的淡薄,与民众对海洋价值的认识不足相叠加,成为海洋军事力量建设、海洋军事文化发展的巨大桎梏。即使国家关于维护海洋权益的战略决策出台之后,也往往由于军事领导的海洋意识淡薄而执行不力,晚清北洋舰队的建设过程及后来的悲剧就证明了这一点。

(三)军事地理研究的空白性

海洋地理环境,是维护海洋权益的基本依托。中国海洋地理的特点是属于边缘海,海区属于封闭半封闭状态,缺乏直接进出大洋的通道;岛屿分布不均,大岛主要分布在近海,缺乏远海作战与远洋防卫的战略依托。因此,特别需要搞好对海洋军事地理环境的研究,扬长避短,为海洋权益维护提供理论指导。然而,由于中国历代强敌多来自西北,对地理环境的研究多侧重于陆地,从《孙子兵法》的"九地篇",到顾祖禹的《读史方舆纪要》,基本构筑了完备的陆地军事地理学,有力地指导了内陆战争以及对西北强敌的作战,但对海洋军事地理环境的研究存在很多空白。

(四)海洋军事建设的滞后性

由于历代强敌多来自西北,海洋军事力量的建设始终没有得到足够的重视,即使在三国、南北朝时期水军力量比较强盛的时代,也多是江师而非海师,担负的主要任务是防卫江河而非维护海权。当今时代,随着对海洋资源的开发利用,海洋权益也在不断地扩展,许多国家相继建立了维护海洋权益的准军事部队以及海洋执法力量,形成了层次完备、分工合作、紧密协调的海洋军事体制,有力地维护了国家的海洋权益。与世界发达国家先进科研水平相比,中国海洋科研仍然相对落后,使中国海洋军事装备缺乏远洋存在、远途投送的硬件基础,难以满足维护中国海洋权益的需要。

第三节 海洋军事对海洋社会的功用

本节主要探讨海洋军事对海洋社会的作用,由于当今时代仍然是和平与发展问题,因此海洋军事亦主要围绕此主题展开。从这个意义上讲,海洋军事对海洋的社会功用,也称作海军(海军是海洋军事的中坚力量)的非战争运用,是指在既非全面战争、亦非局部战争的情势下,在国家战略和军事战略全局的指导下,利用海军军种特性、为达成战略目的而展开的非军事行动。概而言之,其功用大略有四:维护海上政治安全、维护海上经济安全、维护海上公共安全、维护海上军事安全。

一、维护海上政治安全

政治是以国家政权为核心的社会活动和社会关系,它是经济的集中体现。国家作为政治主体,其政治安全主要包括领土安全、主权安全、政权和政治制度安全、意识形态安全、民族尊严以及国家地位得到国际社会的承认等等。任何一个濒海国家,其海上方向都是国家政治的对外窗口,因此海上综合力量尤其是海上军事力量的强弱直接影响着国家政治地位的高低;在特定历史环境下,它是国家兴衰的决定性因素。

(一)维护海上政治安全的功用之一

维护国家统一与领海(土)完整,是海军维护海上政治安全的功用之一。21世纪是"海洋的世纪",海洋成为国际竞争的重要领域,海洋维护对国家统一和领土完整具有十分重要的意义。马汉说：
"光有法律而没有力量就得不到公正。法律的合理性与否不取决于力量,但有效性要由后者赋予。"[①]因此,维护中国海洋权益和海洋安全必须要有强大的海上力量作保障。

从历史与现实角度看,海上军事力量是海洋实力中最重要的部分,世界上所有的海洋强国都离不开强大的海军作为后盾。环顾当今世界,美、俄、英、法等强国无不拥有一支强大的海上舰队;我国周边一些国家,也从保护自己海洋权益的角度出发加强海军建设。近几年中国海军建设有所加强,但由于以往受近海防卫战略指导思想的影响,其作战能力仅限于近海,对远海海域的国家安全关注不够。中国是一个海洋大国,维护中国海外合法权益和海洋领土安全、收复被占岛屿、完成祖国统一大业,是中国海军的神圣使命。不论国家的利益在全球哪一个地区受到威胁,中国的海军都应有能力加以捍卫,并能够对来自任何强权大国的挑衅和威胁予以强有力的遏制和反击;中国海军应有能力维护和保障我国海洋安全。中国国家海上安全战略必须从政治上确保台湾不从祖国分裂出去,必须确保钓鱼列岛、南海诸岛是中国领土不可分割的一部分的事实。

(二)维护海上政治安全的功用之二

维护国家在国际上的地位,是海军维护海上政治安全的功用之二。强大的海上军事力量不仅是濒海国家确保国家安全的必要途径,而且也是各国提高国际经济政治地位的普遍做法。历史已经证明,没有海上军事力量的国家是不能长期占据强国地位的,当然在国际上无发言权可言。目前,世界上拥有海军的国家和地区数量猛增,海军装备在数量和打击威力上空前提高。随着高技术武器的不断更新,从海上发起的战争能够对世界四分之三的陆地进行打击,海战场的战略地位更加突出。无疑,对中国而言,建立一支强大的海上军事力量是新世纪中国崛起的必然要求。海军作为海上军事力量的核心,在国家发展的重要战略机遇期内,应为国家利益的拓展提供有力的战略支撑,具备维护国家海上安全的能力,保障国家

---

① 马汉:《海权对历史的影响》,解放军出版社1998年版,第19页。

海洋经济和科研活动安全,并藉此维护我国的国际地位。

(三)维护海上政治安全的功用之三

推进国家政治外交的进展,是海军维护海上政治安全的功用之三。海军在国际上历来被看作是国家力量的象征,是各国武装力量中唯一能在和平时期超出本国主权范围活动的军种。它往往根据国际政治经济利益的需要,在广阔的海域进行活动,直接为国家政治外交斗争服务。海军兵力能够在危机爆发后,利用其机动性迅速地出现在现场,代表国家在政治、外交和军事上对危机作出及时的反应,对当事国和地区产生重要的影响。海军成为和平时期支持国家政治外交斗争强有力的工具。

霸权主义者在政治外交上运用海军,主要是干涉别国内政,维护本国的利益,推行强权政治,采取的是霸道的"炮舰外交"。例如,美国一些海军理论家认为,海军已成为美国在任何时间、任何地点和任何具体情况下,政治上使用武装力量的最重要手段。而第三世界的濒海国家运用海军则以维护国家海洋权益和相对和平与稳定的海洋环境为目的。中国是社会主义国家,一贯奉行独立自主的和平外交政策,反对霸权主义,维护世界和平,主张在和平共处五项原则基础上建立国际政治经济新秩序。但是"弱国无外交"的历史经验告诉我们,要想在政治外交中取得主动地位,必须有坚实的军事力量为后盾。自20世纪80年代以来,中国海军舰艇部队多次出访美国、俄罗斯、印度、巴基斯坦、泰国、朝鲜等国家的港口、基地,都是直接服务于国家的政治外交政策。这些活动不仅巩固了我国在国际上的地位,促进了我国与这些国家人民和海军之间的相互了解,同时也宣传了中国独立自主的和平外交政策,并扩大了我国在国际上的影响。

(四)维护海上政治安全的功用之四

确保国家海上政治的安全,是海军维护海上政治安全的功用之四。海洋是国家安全的重要屏障,又是敌方入侵的主要途径。因此,有效地保卫国家海上方向的安全已成为和平时期沿海国的一项事关国家安危、民族荣辱的根本性任务。在此情况下,海军作为保卫国家海上方向的基石,其使命与任务越来越广泛、繁重。目前越来越多的国家更加关注海洋安全,把海洋安全看作国家安全的关键。首先,与中世纪不同,全球化时代国家财富的增长与国家海权的扩张是同步上升的。这是因为,海洋是地球的"血脉",是将国家力量投送到世界各地并将世界财富送返资本母国的最快捷的载体。于是,控制大海就成了控制世界财富的关键。其次,进入全球化进程中的国家安全是"边界安全"与"安全边界"的统一:前者是主权安全或领土安全,后者是利益安全;前者是有限的,后者是无限的。也就是说,安全边界越远大,边界安全就越有保障。安全边界是利益边界,利益边界的载体是海洋。所以在全球化过程中的海洋国家特别注重海洋权益的安全,只有获得制海权才能保障利益边界即海洋权益的安全,国家安全才有保障。

战后,世界上拥有海军兵力的国家和地区只有 20 多个。但是随着海洋斗争形势的发展,海洋战略地位不断提高,海军的地位与作用日益突出,海洋国家都着眼于国家的海洋权益和海上方向的安全,竞相发展海上力量。目前,已有 120 多个国家和地区拥有自己的海军,着力发展海军兵力已经成为一种世界性的潮流。冷战结束后,世界濒海国家的军事战略都作出了重要调整,如美国海军的战略调整为"从海上向前推进",即由过去在海洋上与前苏联海军作战转变为从海上干涉地区性危机与冲突;日本的军事战略由"本土防御"向"海上防卫"发展,十分强调海军力量的发展;印度则提出了"控制印度洋"的战略目标;俄罗斯的海军战略虽然由远洋进攻转变为近海防御,但仍然强调"海军是国家国际和平外交的最重要象征"。世界性的海军力量建设的加速趋势,加剧了海洋方向的不安定因素的增长,同时也对我国海上力量的建设与运用,提出了新的挑战。

二、维护海上经济安全

国家海上经济,是以发展海洋经济、获取经济利益为目的的开发利用海洋的活动。由于海洋的自然属性和社会属性,海上经济活动是一个比较复杂的过程,存在诸多风险和不安全因素,因此拥有一支强大的海上军事力量无疑是维护海上经济安全的重要保障。

(一)确保海洋资源开发的安全

进入 21 世纪,最有希望和最有效的资源空间是海洋。海洋作为生物资源基地,其总量多达 400 亿吨;海洋作为矿物资源基地,其矿藏资源量估计在 6000 亿吨左右;海洋作为能源基地,储藏有大量石油和天然气以及丰富的潮汐、波浪、海流、温差、盐差等能源资源;海洋作为化学资源基地,含有硫、镁、钙、钾和硼等近 80 种元素。随着海洋科学技术的发展,各国等相继进入了对海洋的经济利用和开发进程。1982 年《联合国海洋法公约》问世,一方面解决了沿海国家长期以来任意分割海洋的问题,理论上将 35.8% 的海洋合法权划归濒海国家管辖;另一方面也带来相邻相向国家的海洋主权和管辖权争议,国家海洋资源及开发安全也成为新的海上经济安全焦点。

(二)确保海上对外贸易的安全

经济全球化使得海上贸易更为频繁。以中国为例,自改革开放以来,中国积极发展外向型经济,海上贸易活动成为整个经济活动中最重要的内容。目前,中国与 228 个国家和地区建立了贸易关系,开辟了 30 多条远洋运输航线,通达世界 150 多个国家和地区的 1200 多个港口,中国的商船队已跻身世界前列,船队总运力在世界船队总排位中名列第四,连续多年成为国际海事组织的 A 类理事国,港口集装箱吞吐量连续多年位居世界第一。在世界排名前 20 位的国际港口中,中国沿海港口已占近一半席位。如此巨大的海上贸易活动,安全问题至关重要,既有不可预期的自然灾害,也有人为的航行事故,还有海盗、海上恐怖主义等非传统安全威胁。因而保障海上贸易活动安全,也构成了海军的一项义不容辞的光荣使命。

(三)确保海外经济利益的安全

由于全球化的发展,以往国家只要守住大门,经济就可以运行的情况已经不复存在,几乎所有国家的经济都与世界市场有密切的关系。海外投资、劳务输出、出境人员乃至海外侨胞的安全,都将直接影响一国的经济稳定与发展。任何国家在海外的突发性事件,如大型海外投资企业在他国遭受恐怖组织、非法武装的袭击,或遭遇投资国的局势动荡造成企业生产能力瘫痪,以及由此带来人员生命财产的重大损失,其影响都不可小视。

(四)确保海洋经济可持续发展

近 20 年来,海洋经济持续快速发展,对世界经济贡献率达到 40% 以上,成为具有重大战略意义的新兴经济领域。随着人类海洋开发活动的发展,海洋环境安全问题日益严重。濒海湿地面积迅速丧失,海洋生物种群的迅速减少,海上运输中的重金属污染、石油污染,包括突发性污染事件和慢性危害,都将极大地威胁海洋经济乃至人类的可持续发展。因此,要实现海洋经济的可持续发展,必须统筹规划海洋的开发和整治,做到海洋资源开发和海洋环境保护同步规划、同步实施。同时,加强海岸带的综合开发和管理,整治破坏海洋生态的违法行为,都是维护国家海上经济安全的重要内容,而海上军事力量为经济建设保驾护航的作用就显得极为突出。

三、维护海上公共安全

海上公共安全主要是指人类面对海洋必须共同面对的威胁,既包括一切来自海上的自然因素的不可抗力的伤害,也包括近年来急剧上升的海上恐怖主义和跨国犯罪等非传统安全威胁。

(一)保障海上交通运输

海上通道安全属于海上安全范畴,最直接的理解是国际海上运输通道的通畅,是一国维持生存与发展及化解外来入侵、干扰、破坏的能力在海上的延伸;是确保一国经济、贸易活动在海上的延伸空间及拥有的运输便利,也是化解海上安全威胁后所确立的海上和平空间。海上通道被称作"生命线"。严格意义上说,海上通道指的是海上过往船只在海上通行的航线,[①]也被称为"海上交通线"(lines of sea traffic),亦称"海上运输线"。海上通道的安全具有战略意义,海上通道安全其实质是确保一国尽可能取得对世界海洋(包括内海和相连水域)充分有效的利用。在和平时期,对海上通道的关注主要是基于国际贸易航线或海上能源运输安全的考虑;在战时或危险状态下,对海上通道的关注则一方面要保障兵力的投放和战略物资的运送,另一方面要基于保障通道安全以及万一海上通道被切断如何

---

① 中国现代国际关系研究院:《海上通道与国际合作》,时事出版社 2005 年版,第 86 页。

保证能源持续、有效供应的考虑。当然,海洋通道安全建立在一种以国际法为依据的基础之上,在特定时期可以包括控制一国海上通道安全的能力。例如,实行登临检查,只有在商船和其他非政府公务船有从事海盗行为嫌疑、从事未经许可的广播、没有国籍、从事麻醉药品的非法贩运活动时才能实行登临检查,决不能以自己的意志作为国际法或以控制大规模杀伤性武器或反恐为借口,扩大自己的海上军事存在。需要指出的是,维护海上战略通道的安全是一个全球性、系统性的工程,单靠军事手段远远不够,它需要国际社会包括联合国、区域性国家组织及有关国家求同存异、通力合作、共同完成。

(二)应对海上自然灾害

近年来,因环境污染和生态环境恶化造成的海洋风暴潮、海浪、海冰、地震海啸、海岸侵蚀、台风和海雾,以及赤潮生物灾害等,对濒海国家的经济发展和人民生命财产造成极大的损失。如 2003 年印度尼西亚地震灾害、2004 年印度洋海啸灾害,皆造成数十万人死亡和重大经济损失的严重后果。据科学家预测,全球气候变暖导致的海洋水体膨胀和两级冰雪融化,可能在 2100 年使海平面上升 50 厘米,危及濒海国家沿海地区,特别是那些人口稠密、经济发达的河口和沿海低地。类似诸多的海上自然灾害,绝非某一个国家所能面对,它需要国际社会尤其是濒海诸国的军事力量的协同配合。在近几年发生的几次重大自然灾难中,世界许多国家的军队均广泛参与了救援行动。如 2004 年的印度洋海啸大救援,曾被誉为历年来规模最为宏大的一次"多国部队"联合行动,不仅美、英、法等西方大国表现主动,日本以及一些发展中国家也纷纷伸出援手,印度在本国发生严重灾难的情况下仍派遣了救援部队,巴基斯坦、马来西亚、新加坡、孟加拉国等也均纷纷派出部队支援行动。此次救援行动可谓军兵种齐全,规模空前。目前许多国家体系化、专门化的应急法律规范,不仅对宣布紧急状态权力的行使主体、程序等内容做了规定,为防灾工作的高效实施提供了重要保证;也为应急动员的高效实施提供了法律依据。以美国为例,该国政府近年来愈来愈高度重视军事化救援力量的建设与发展。其《联合作战纲要》中明确规定,抢险救灾行动在美国总统或国防部长的指令下在美国本土地区、美国在海外的领地或海外地区进行计划和实施。其中，国内行动的军事支援由美国北方总部、南方总部或太平洋总部负责，具体责任划分取决于事件的发生地点等。正因为有着明确的职能划分，美军才能够确保在 24 小时内迅速启动危机反应机制。

(三)打击海上恐怖主义

众所周知,恐怖主义在世界许多地区都不同程度的存在,尤其是继"9·11"以后,包括北美、欧洲、中东、南亚、东南亚各国,都面临非国家行为制造的严重恐怖主义威胁。与此同时,海上恐怖主义也在不断的发展。正如美国助理国务卿戴利所言:"我们有理由相信,随着恐怖分子藏身的空间逐步缩小,而绳套逐渐收紧,他们会转向最缺乏管制的空间:海洋。"[①]海上恐怖主义袭击的目标既包括油轮和商船,也包括军舰、码头、港口、旅游胜地乃至居民聚集区。近年来,海上恐怖组织呈现出有组织、有预谋、手段先进、规模越来越大等特点,它不但威胁各国国家安全,也对海上公共社会安全带来了严重的威胁。无疑,依靠联合各濒海国家的海洋军事力量,协同作战,共同打击海上恐怖主义,对维护海洋的稳定有着重要的现实意义。

(四)制裁海上跨国犯罪

海盗、海上走私、贩毒、非法移民、小武器走私等跨国性的海上犯罪活动日益增加,对良好的海洋秩序形成了巨大的冲击,被看作是又一类海上非传统安全威胁,比如亚洲公海海域、尤其是太平洋至印度洋的咽喉要道马六甲海峡的海盗问题。据有关资料显示:2004 年,印度尼西亚海岸边发生海上犯罪活动 50 起,马六甲海峡发生海上犯罪活动 20 起,非洲东海岸的海盗和海上武装抢劫事件也屡屡发生。此外,海上重大的毒品走私案屡禁不止,贩毒、小武器等走私活动也有愈演愈烈之势,利用海上集装箱集体偷渡的非法移民事件也不断发生。近年来,中国多次派海军参与海上通道安全事务,并圆满地完成了任务,在国际上树立了良好的形象。不过,在维护海上通道安全方面,中国不能单纯依靠增强海军力量来保护航线,而应在保持和发展必要的军事力量的同时,通过双边或多边磋

---

① 张炜:《国家海上安全》,海潮出版社 2008 年版,第 79 页。

商与对话,增进了解和信任,加强国际合作,共同对付非传统性安全的威胁,以达到双赢或共赢的局面。

四、维护海上军事安全

在以和平和发展为主题的当今世界,军事安全仍然是国权安全体系中最重要的因素之一。随着人类对海洋资源的认识、开发和利用,海上经济安全在整个国家安全中占据着日益重要的地位,国家海上军事安全问题日渐重要,并因此成为难以回避的重要现实问题。无疑,海军作为以海洋为主要活动空间的军种,跨海越洋直接面对国际矛盾和冲突,为国家利益提供安全保障,是海军的天职。

(一)保证海上军事训练的安全

根据国际惯例和公海自由原则,国家在和平时期为保障海上军事安全而进行海上军事训练或武器装备试验等军事活动,可以在其领海、国家管辖海域、公海或兼跨这些海域一定范围内的海区及其空域进行,采取宣告设立临时或经常性的海上或空中安全区、军事训练区、武器实验区、海上禁区、危险区等。由于海上军事训练活动的海域不一、科目不一、战术背景不一、动用人员装备不一,因而可能产生的安全问题也是多种多样的。

(二)保证海上军事外交的安全

当今世界是开放的世界,任何国家的军队都不能在封闭的环境中发展壮大。加强各国海军间的往来,不仅可以共同探讨治国、治军之道,同时也可以了解各国军队建设各有的特点和优势,对于促进各自国家的军队建设、加深彼此了解、增信释疑,具有积极的促进作用。

自1985—2007年6月,中国军队共派出28支舰艇编队,访问了38个国家,舰艇编队出访国家已经覆盖了亚、非、拉、欧、美五大洲,航迹及至太平洋、大西洋和印度洋,并实现了环球航行。这些军事外交性质的海上军事行动,具有鲜明的和平性、政治性,同时有军事训练伴随其间,航程远,航行时间长。远离祖国单独执行任务,可能遇到各种各样的复杂情况,既要与不可预测的海况自然条件进行搏斗,也要妥善应对各种涉外情况,包括进入访问国后人员、装备的安全问题等等。

(三)保证海上军事合作的安全

当今世界,军事领域越来越具有开放性,正确处理国际军事关系,开展军事外交,参与国际军事合作,营造有利的安全环境,成为世界各国、尤其是主要大国的战略选择。而海军作为国际性的军种,更是可以跨越国界,与任何一个沿海国为邻,它无需在广袤的海洋上分兵驻守,却可以应召到世界任何海区,这是其他军种无法比拟的优势。冷战后的美国,不仅加强其传统的军事同盟,而且注重发展其主导的军事合作,尤其是海上军事安全合作,以确保其全球利益的战略基础、战略支点和战略纵深。美国每年仅在西太平洋地区,就有100余次海上联合军事演习。2004年年底的印度洋海啸大救援,美国海军大力开展救灾行动,改善了美国在该地区的形象,实现了其多年来未能实现的进入印尼的战略计划,收到了巨大的战略效益。

作为国际性军种,中国海军也越来越多的参与了海上国际军事合作活动。例如:遵照国际法及联合国决议和要求,受国家派遣,参加或担任运送联合国维持和平部队;参加一定范围的国际制裁行动;应召参加国际海上救助行动;联合军事演习活动及启动由周边国家海军参加的海上联合巡逻行动等等。

(四)保证海上日常勤务的安全

海军日常作战勤务,是指海军兵力在和平时期为了履行国家赋予的使命与任务,所进行的各种经常性的兵力活动,主要包括:海上巡逻、海上护航、海上护渔、海上警戒、海上救援、海上运输等。海军日常作战勤务是和平时期为国家海上方向的安全与利益提供的强有力保障。

海上巡逻通畅是海军兵力在本国领海和专属经济区内采取的一种兵力活动,其目的是通过经常性的海上巡逻及时发现海上的不安全因素,表明国家领土主权完整和合法海洋权益的神圣不可侵犯。海上护航,是海军兵力为了完成国家赋予的保卫国家海上交通线的安全与畅通、保障中外商船的航行安全、保证国家海上科学试验与考察船队的安全等任务而采取的各种海上护航行动。海上护渔,是海军兵力为保障国家海上渔业生产作业安全和阻止外国船只在本国渔业区进行非法捕捞所采取的兵力行动。海上侦察,是海军兵力在某些海域对其他国家各种海上军事与非军事活动进行调查与侦察,查明其活动目的、性质、内容、方式等,以便掌握海上军事斗争的动向。海上警戒,是海军兵力为保障国家在海洋上进行的科学研究、武器试验等重大的活动安全所采取的行动。海上救援,是海军兵力对船只的触礁、搁浅及其他海损等海难事故、沿海地区的各种自然灾害,以及出于人道主义对国际海难等事故所采取的救护活动,以保障国家经济建设的正常进行和避免生命财产损失。

海洋社会是海洋军事的社会。海防、海权、海军、海战是海洋军事的基本要素。海防是海洋国家的长城,是海洋国家和民族生存与发展的根本保证;海权是海洋军事的核心,"谁控制了海洋,谁就控制了世界";海军是海洋军事的砥柱,从古至今,凡是海洋强国,都与有强大的海军分不开;海战是海洋军事的搏斗,它的本质也是政治的特殊手段的继续,随着历史的发展,海战的含义和内容发生了很大的变化。海洋军事按照力量运用来分类大体有四种类型:全球型海洋军事、亚球型海洋军事、地区型海洋军事、区域型海洋军事。当代海洋军事的特征主要有:海洋上军事活动的范围扩大、海洋上军事斗争的强度加大、海洋上的战争威胁增大、海洋军事运用价值增强。海洋军事对海洋社会具有很大的功用,主要有:维护海上政治安全、维护海上经济安全、维护海上公共安全、维护海上军事安全。

参考文献:

1. 陆儒德编著:《中国走向海洋》,海潮出版社 1998 年版。
2. 丁一平编著:《世界海军史》,海潮出版社 1999 年版。
3. 张炜:《国家海上安全》,海潮出版社 2008 年版。
4. 王立东:《国家海上利益论》,国防大学出版社 2007 版。
5. 张瑞:《中国海洋战略边疆》,军事科学出版社 2008 年版。

思考题:

1. 为什么说海权是海洋军事的核心?
2. 为什么说海军是海洋军事的砥柱?
3. 简述海洋军事的特征。
4. 简述海洋军事的社会作用。

海水引路　传递情谊　南天北地友多怜
海船下聘　播撒文明　东成西就桥益坚

第十三章　海洋外交:海洋社会的和力桥梁

海洋外交在海洋社会中充当和力桥梁,对外起着维护海洋世界和平、促进海洋世界发展的作用;对内起着维护国家海洋利益、展现国家风采、树立国家形象的作用,是海洋社会不可或缺的要素。本书从海洋外交的基本概念入手,阐述海洋外交的发展历史、地位意义,并渐次铺陈海洋外交的基本类型与特征,以及对海洋社会的具体功用,试图描绘出海洋外交的基本脉络,并结合多个案例展现出海洋外交生动丰富的一面。

第一节　海洋社会是海洋外交的社会

在国家关系日益复杂、国家利益交错关联、海洋社会的战略意义日益显著的当今世界,海洋外交的重要性十分显著。海洋外交是海洋社会不可或缺的一部分,对于海洋社会的发展具有重要意义。我们首先对海洋外交的定义、特点等基本问题进行阐述,接着从历史和国内外这两个维度分别回顾国外与中国的海洋外交历史,最后结合时势论述海洋外交的地位与意义。

一、海洋外交之相关概念

本部分首先从阐述"外交"的定义开始,接着延展到对"海洋外交"的内涵和特征的介绍,并以中国为例列举一些海洋外交的实例。本文认为海洋外交并不是独立的内容,要很好地了解海洋外交必须先了解"海权"、"海洋战略"、"海洋强国"等三个与海洋外交紧密相关的概念,故此最后一小节对这三个概念作出了简述。

(一)海洋外交的定义

外交(diplomacy)通常指由国家元首、政府首脑、外交部长和外交机关代表国家以和平手段进行的,旨在实现其对外政策的目标,维护国家的利益,扩大国际影响和发展同各国的关系的对外交往活动,其活动形式多样,如参加国际组织和会议,跟别的国家互派使节、进行谈判、签订条约和协定等,各国外交都受本国政治、经济制度以及国内政策和需要的制约。[①] 海洋外交是整个外交体系的重要组成部分,是与陆地外交相对而言的。古典时期,科技尚不发达,世界各国对于海洋的认知往往局限在本国近海领域,并没有海洋外交的认知。随着造船业与航海业的发展,始有海洋外交、海上贸易之实。经过数千年的发展,到了科技发展日新月异、全球化加速推进的现代社会,在和平与发展的时代潮流下,随着海洋在当今世界政治、经济、文化等领域的地位不断提高,海洋外交的重要性和战略意义也日益凸显。本书认为,海洋外交是海洋社会的合力桥梁,是通过外交手段和途径处理国家间海洋事务,开展海洋事务各领域的沟通交流等活动的总和。例如涉及海洋权益争端的谈判磋商、海洋国际组织的活动、开展海洋事务国际交流与合作等。[②]

(二)海洋外交的特点

海洋外交的特殊性基于海洋的特殊性。一是海洋的重要性。海洋是生命的摇篮、风雨的故乡、五洲的通道、资源的宝库,是 21 世纪人类社会可持续发展的宝贵财富和最后空间。21 世纪,国际政治、经济、军事和科技活动都离不开海洋,海洋是国家生存与发展的物质基础和开展国际政治军事斗争的重要舞台。[③] 二是海洋的公共性。海洋是流动的整体,公海和国际海底区域是全人类的共同财产,海洋事务需要世界各国的广泛参与。相较于陆地而言,海洋的

[①] 百度百科:外交,http://baike.baidu.com/view/37954.htm,2010 年 7 月 28 日访问。

[②] 陈亚东:《论和平发展时期中国新型海权的构建》,http://cdmd.cnki.com.cn/Article/CDMD-10530-2008180821.htm,2010 年 8 月 3 日访问。

[③] 孟祥军:《中国国家海洋战略构建研究》,http://cdmd.cdki.com.cn/Article/CDMD-10614-2006111297.htm,2010 年 9 月 4 日访问。

开放性、公共性更强。正是因为海洋的这种特殊性,海洋外交牵涉的国家、各种利益、各项事务纷繁复杂,具备了复杂性。时代的发展使即使是不临海的内陆国家的利益也同样与海洋息息相关,因此海洋外交又具有广泛性。海洋是人类未来发展的空间,蕴含了巨大的潜力和财富,因此海洋外交还具有可持续发展性。

(三)海洋外交的实例

以中国为例,中国与越南在 2000 年 12 月正式签订了关于北部湾的划界协议,这是中国与海上邻国间通过平等协商、谈判划定的第一条海上边界。2002 年 11 月签署的《南海各方行为宣言》,旨在保持南海局势的稳定,强调以和平方式解决问题。"最惠国通过合作方式管理与邻国的海上争端,特别是签署了具有约束性质的《南海各方行为宣言》,产生了重要的战略效应。"2005 年 3 月,中、菲、越三国签署了《在南中国海协议区三方联合地震工作协议》,朝着共同开发的目标迈出了第一步。2006 年 10 月,中国与东盟国家再次共同承诺,在已有共识的基础上,为最终达成南海各方行为准则做出努力。中国与法国间有中法海洋科技合作联合工作组,中美间也有海洋科技、海洋政策方面的合作,中俄间定期召开海洋领域合作联合工作组会议,中国还与周边国家如马来西亚、印度尼西亚签署了海洋合作协议。东亚海洋大会 2006 年第二次会议与东亚海洋部长论坛同时在中国召开。中国还出席了一系列国际海洋相关会议,如中国是联合国政府间海委会的执行理事国,同时还是国际航运组织的 A 类理事国、南极条约协商国、国际海底理事会和海洋法庭成员国。另外,中国还广泛参与了国际海洋技术援助合作。[①]

(四)其他相关的概念

除了海洋外交这一基本概念外,还需阐明其他与之紧密相关的概念,本书选取海权、海洋战略、海洋强国做简要阐述。海权是一个客观范畴、中性概念。濒海国家均拥有海权,但其大小强弱程度不同,濒临海洋并不意味着必然拥有海权,海权的拥有主要依靠后天

[①] 陈亚东:《论和平发展时期中国新型海权的构建》,http://cdmd.cnki.com.cn/Article/CDMD-10530-2008180821.htm,2010 年 8 月 3 日访问。

的建构。一般意义上的海权是指沿海或海洋国家采取多种手段,运用各种力量,维护海洋利益,开发利用海洋,为国家总体战略服务的综合能力。[1]主权国家之间围绕海洋权益而发生的矛盾斗争与协调合作等所有政治活动是以海权为后盾的,"弱国无外交",强大的海权是海洋国家政治角逐的决定力量。海洋战略是国家用于筹划和指导海洋开发、利用和管理,海洋安全和保卫的指导方针,是涉及海洋经济、海洋政治、海洋外交、海洋军事、海洋法律、海洋技术诸方面的最高策略,是正确处理陆地与海洋、经济与军事、近期与长远的海洋发展原则。[2]海洋强国是指海洋经济综合实力发达、海洋科技综合水平先进、海洋产业国际竞争力突出、海洋资源环境可持续发展能力强大、海洋事务综合调控管理规范、海洋生态环境健康、沿海地区社会经济文化发达、海洋军事实力和海洋外交事务处理能力强大的临海国家。[3]

二、世界海洋外交之历史

要了解海洋外交的现在和将来就必须知道海洋外交的历史,因为正是历史造就了现在和未来。纵观世界海洋外交的历史,可分为古典时期、近代时期、冷战时期和冷战以后四个阶段,在此逐一阐述,力图展现海洋外交的世界历史图景。

(一)古典时期

在古代,世界许多地方的民族都有海洋外交的历史,其中以地中海地区最有代表性。克里特人作为古代地中海最早的航海民族从公元前1800年就建立了强大的海军,他们自己组建商船队并加装武力进行海上贸易,保障海上航行安全,防止海盗侵扰。此后,从公元前1100年到公元前500年,迈锡尼人、腓尼基人、迦太基人先后成为地中海海上霸主,而迈锡尼人是世界上首先建立海上舰队的民

---

[1] 陈亚东:《论和平发展时期中国新型海权的构建》,http://cdmd.cnki.com.cn/Article/CDMD-10530-2008180821.htm,2010年8月3日访问。
[2] 郑明:《海洋意识与海洋战略——从郑和下西洋等几个涉海的周年纪念谈起》,《中国远洋航务公告》2005年第3期。
[3] 殷克东、孟昭苏、张燕歌:《我国创新型海洋强国的战略选择》,《北方经济》2009年第4期。

族。公元前5世纪古代雅典和罗马兴起,创造了古典海洋史上的顶峰。进入中世纪之后,出现了几股势力为扩大财富和影响而争夺地中海霸权的局面。公元8世纪起,阿拉伯人,继而是土耳其人在地中海相继兴起;后来热那亚和威尼斯也建立舰队争夺地中海霸权,并成为欧洲到地中海东岸的主宰,垄断着来自东方的丝绸以及各种珍品的贸易,权势日益增强。纵观古典时期的国外海洋外交,多是集中在战争同盟、霸权争夺和贸易垄断上,相对现代海洋外交要简单、激烈些。

(二)近代时期

葡萄牙和西班牙人由于掌握先进的航海技术,并能制造出120吨的大帆船,从15世纪末开始将目光越过地中海而向世界海洋扩张势力。由于欧洲工商业和社会消费的需求,他们前往其他国家地区寻找黄金和香料。17世纪欧洲小国荷兰兴起,这是由于它充分利用了濒临大西洋航线的地理优势发展贸易和海外事业。随着欧洲经济中心从地中海盆地向北转移,欧洲主要航线也从地中海转移到大西洋。荷兰控制着莱茵河等欧洲主要河流的出海口,拥有面向英国和大西洋的优良港湾,尤其他地处欧洲两条古老航线(即南北方向的从卑尔根到直布罗陀、东西方向的从芬兰到英国航线)的枢纽位置,获得了发展海洋势力的有利条件。到17世纪中叶,荷兰占领了印度沿海、锡兰、东印度群岛、马六甲海峡和中国台湾以及美洲的巴西等地。但荷兰在17世纪后期受到英国的挑战,英国在1851年颁布歧视性法令《航海条例》,不允许荷兰船只运输进出英国及其殖民地的货物。另外1652—1673年荷兰在三次英荷战争中被打败。从此英国确立了它的海上霸主地位,并建立强大的海军作为海上霸主地位的支柱。英国还建立"日不落"的殖民帝国,英国的殖民地政策是不仅把殖民地当作贸易的对象,而且把母国的政治经济制度推行到殖民地,使殖民地成为母国的延伸,以长期维持母国发展。同时它还实行欧洲均势的外交政策,扮演"离岸平衡手"的角色,以灵活的方式削弱欧洲大陆最强大的国家。

(三)冷战时期

冷战时期的海洋外交主要以美苏争霸为主旋律。美苏海洋争霸开始于20世纪60年代。早在20世纪50年代美国对苏联实行遏制政策,美国海军沿苏联本土的边缘实行前沿部署,苏联实行近海防御战略,重点发展战略核火箭。但从1959年美国先后有了"北极星""海神""三叉戟"海基战略核导弹,可以在公海上对苏联本土实施战略打击。1962年古巴导弹危机中苏联的海上弱势暴露出来,再加上60年代苏联开始推行"进攻性外交",由此,苏联同美国展开海洋争霸即争夺世界海洋的控制权。海洋控制权的争夺是美苏战略竞争的重要组成部分。20世纪60—70年代美苏主要争夺海洋核战略优势,尤其是水下核战略优势,即进行"湿冷战",形成海上核恐怖均势。20世纪80年代以后美苏展开海洋常规战略优势的争夺。美国提出新的"海上战略",美国战略家认为在冷战中当美苏发生冲突时,控制了海洋的一方将处于优势。"海上战略"力图使美国军方有余地在未来发生的任何冲突中,对时间、地点、规模、方式做出选择。一旦美苏在欧洲开战,美国将实行"水平升级",用海军对苏联进行打击,确保美国在非核大战情况下取得与对手进行的大规模战争的胜利。为此美国认为必须拥有一支世界上最强大而且必须明显地胜过任何对手的海军,并提出建立600艘舰艇和战时控制世界上16个重要海上咽喉的目标。到1988年美国已经拥有15艘航空母舰和588艘军舰,在海洋领域占据明显的优势,而苏联则在1986年以后放弃了远洋战略。

(四)冷战以后

冷战结束后,一方面,美国在海洋上已经没有平等竞争的对手,美国海军成为世界上唯一具有全球力量投放能力、航母数量最多和战斗力最强的海军,在世界海洋上占据了绝对的优势。另一方面,随着两极争霸格局结束,世界政治格局向多极化方向发展,世界形势趋于缓和,和平这一主题日益明朗,这为和平解决国际争端提供了政治大环境。同时,在新科技革命的推动下,世界经济多极化格局基本形成,世界各国经济相互依存关系不断深入,以经济为基础、科技为先导的综合国力的竞争日益激烈,过去靠战争才能获得的利益,今天通过科技、经济的手段也可以获得,这为和平解决国际争端提供了现实的可能。① 越来越多的冲突和斗争围绕海洋通道而展开,控制海洋通道越来越成为 21 世纪国家利益博弈的关键领域和军事战略的重要课题。经济全球化导致各国的经济依存关系不断加深,安全的链接性增大,使得国家利益之间不再是一种简单的零和结构,而是一种复杂的共和结构。同时,在政治多极化的条件下,大国间形成了错综复杂的安全利益关系,都力求将彼此的矛盾尽可能限制在可控范围内,并努力通过协调与合作解决矛盾和分歧。② 1982 年 12 月谈判完成并签字,并于 1994 年 11 月生效的《联合国海洋法公约》就是一个冷战后国际海洋外交的典例。它是第三次联合国海洋法会议历经九年艰苦谈判,经过不同利益集团之间的斗争和妥协所取得的结果,基本反映了当时国际社会在海洋问题上所能达成的共识。③

三、中国海洋外交之回顾

在这里重点回顾一下中国海洋外交的历史,中国海洋外交的历史可分别从古代社会、近代社会、解放后至改革前和改革开放以后四个阶段来阐述。

(一)中国古代社会的海洋外交

中华民族开发利用海洋由来已久。战国时韩非子在总结治国经验时就强调海洋开发的重要性,指出"历心于山海而国家富"。海上丝绸之路主要有东海起航线和南海起航线两条主线路,比陆上丝绸之路的历史更为悠久。东海起航线始自周王朝(公元前 1112 年)建立之初,武王派遣箕子到朝鲜传授田蚕织作技术。箕子于是从山东半岛的渤海湾海港出发,走水路抵达朝鲜。这样,中国的养蚕、缫丝、织绸技术通过黄海最先传到了朝鲜。南海启航线的起点主要是

---

① 张硕、白启鹏:《搁置争议,共同开发——邓小平处理海洋领土争端的新构想》,《金卡工程·经济与法》2009 年第 12 期。
② 邓文金:《改革开放时期中国海洋观的演变——以中共第二、第三代领导集体为中心的考察》,《党史研究与教学》2009 年第 1 期。
③ 外交部网站:《外交部条约法律司司长谈外交中的海洋工作》,http://www.fmprc.gov.cn/chn/pds/wjdt/sjxw/t255507.htm,2010 年 9 月 4 日访问。

广州、泉州、宁波、徐闻古港,形成于秦汉时期,发展于三国隋朝时期,繁荣于唐宋时期,转变于明清时期,是已知的最为古老的海上航线。在隋唐以前,海上丝绸之路只是陆上丝绸之路的一种补充形式。到隋唐时期,由于西域战火不断,陆上丝绸之路被战争所阻断,代之而兴的便是海上丝绸之路。到唐代和宋代,伴随着中国造船、航海技术的发展,中国通往东南亚、马六甲海峡、印度洋、红海,及至非洲大陆的航路纷纷开通并延伸,海上丝绸之路替代了陆上丝绸之路,成为中国对外交往的主要通道。[①] 宋、元、明时期,中国一直拥有世界上最强大的海上船队和最先进的航海技术,是名副其实的海洋大国。明朝郑和在1405—1433年间7次下西洋,远洋航行规模之盛大是史无前例的,是中国西洋外交史的顶峰。首次远航28000人,乘船62艘,一直航行到爪哇、锡兰及卡利卡特,最远曾达非洲东海岸、波斯湾和红海海口。[②] 但自清王朝开始,由于封建专制主义和闭关锁国的封建文化思想,正当欧洲殖民主义国家纷纷在海上扩张的时候,中国的统治者却实行背向海洋的闭关锁国的政策,自动放弃了长期以来形成的海上优势。正是在这一历史时期,中国丧失了发展成为世界性海洋强国的机会,最后成为西方列强侵略的对象。

(二)中国近代社会的海洋外交

从一定意义上说,一部中国近代史,就是一部列强侵略中国的历史,更是一部列强从海上侵略中国并频频得手的历史。面对外国列强的坚船利炮,当时的清政府也曾奋力抗争,1888年清政府购进了铁甲巨舰2艘、巡洋舰8艘及其他炮舰数十艘,其阵容在亚洲乃至当时的世界都称得上是一时之盛。[③] 然而被动的兴武备制海防,却只得到战败连连的结局。孙中山总结近代列强凭借海权优势,破中华之门户,入中华之堂奥,侵吞中华之河山,夺中华之宝藏的历史事实和惨痛教训时指出:"自世界大势变迁,国力之盛衰强弱,常在海

[①] 百度百科:海上丝绸之路,http://baike.baidu.com/view/23000.htm?fr=ala0_1_1,2010年8月15日访问。

[②] 王历荣、陈湘舸:《中国和平发展的海洋战略构想》,《求索》2007年第7期。

[③] 陈伟:《国力之盛衰强弱常在海而不在陆》,《纪念孙中山诞辰140周年研讨会论文集》,2006年11月。

而不在陆,其海上权力优胜者,其国力常占优胜。"[①]进而孙中山提出了关于海军建设、海港建设和海洋船队建设的一整套设想,无奈在当时军阀割据、国力衰弱的情况下难以实现,但仍给后人留下了宝贵的思想财富。

(三)解放后至改革前的海洋外交

新中国成立初期确立了以建设强大的海军为骨干,以加强沿海岛屿守备为依托,以防守海岸线和保卫领海为重点,以反对帝国主义和霸权主义来自海上的侵略为核心的近岸积极防御战略指导思想。这一时期海洋外交的重点内容是海防和海军的建设,这种海洋外交的实质是军事海防,没有形成真正的海洋外交。毛泽东称沿海地区为海防前线,发出了"加强防卫、巩固国防"的号召。1950年1月1日毛泽东为《人民海军报》题词:我们一定要建立一支海军,这支海军要能保卫中国的海防,有效地防御帝国主义可能的侵略。在20世纪80年代以前,对战争的判断始终占据国家决策的主导地位:先是防止国民党和西方帝国主义从海上进攻大陆,后是西部和北部面临着强大的军事压力。此时的主要任务是建立有效的近岸海军防御力量,防范和打击来自海洋方向的入侵者,保卫大陆的和平与安宁。直到这时中国政府的海洋权益观念才初步形成,并对应享有主权的岛屿、领海、大陆架等发表了主权声明。总之,这一时期的海洋外交是内向型的,从属于陆地战略。因为中国在海洋方向面临美苏的封锁和威胁,海洋被当作是国家安全的抵御屏障。另外中国长期孤立在国际体系外,与外界的经济往来很少,海洋外交发展缺乏动力,也没有系统的海洋外交理论。[②]

(四)改革开放新时代的海洋外交

改革开放以后中国逐步形成了以海军质量建设为核心、以提高海军现代综合作战能力为主要任务,以突出国家领海主权和国家利

---

① 民革海南省委员会:《国力之盛衰强弱常在海而不在陆——孙中山海洋观及现实意义研究》,http://www.minge.gov.cn/txt/2008-10/07/content_2505176.htm,2010年8月2日访问。

② 陈亚东:《论和平发展时期中国新型海权的构建》,http://cdmd.cnki.com.cn/Article/CDMD-10530-2008180821.htm,2010年8月3日访问。

益为原则的近海积极防御战略指导思想。新世纪新阶段又提出了以建设信息化的现代海军为重点,以发展远海合作与应对非传统安全威胁的能力为方向,以捍卫国家领海和海洋权益为主要任务,增大战略纵深的近海积极防御战略指导思想。随着形势的变化中国在外交上不断显示出自己的主权。为有理有利有节地展开海洋政治斗争,邓小平、江泽民均高度重视运用法律手段解决海洋权益争议问题,除颁布一些重要的国内法如《领海和毗连区法》《专属经济区和大陆架法》外,还在1996年加入《联合国海洋法公约》,运用国际法和国际公约公平合理地处理国际海洋事务以及与周边国家的海洋关系,当仁不让地维护中国的海洋权益。发展海洋经济,科学技术是关键。在江泽民的关心支持下,中国有关部门制定了《海洋技术政策(蓝皮书)》《"九五"和2010年全国科技兴海实施纲要》等多项海洋科技发展规划,开展国际合作,极大地促进了中国海洋科技的发展。随着中国融入国际体系,国家的海洋观念开始发生变化,海洋外交取得了长足的发展。海上力量的发展方向,由过去的近岸防御走向近海防御,逐渐开始在海上制约和抵御敌人的入侵,保卫国家的领土主权,维护祖国统一和海洋权益。面对日益紧张的海洋权益争端,邓小平创造性地提出了"搁置争议、共同开发"的主张,有效地缓解了海洋争端的紧张局势,为国家的经济建设赢得了和平稳定的海洋战略环境。改革开放后中国海洋外交的内涵不断丰富,但是海洋方向的问题逐渐增多,而且形势日渐复杂,海洋外交发展的速度和效率滞后于问题的出现,被动性日益明显,亟需新的理论思路和行动措施。①

四、海洋外交之地位意义

在和平与发展的时代潮流下,在海洋对于人类生存与发展的意义不断提高的背景下,海洋外交的地位不断提高,意义越发重大。鉴于此,我们必须对海洋外交的战略地位、主导地位、时代意义和现实意义有清醒的认识。

---

① 邓文金:《改革开放时期中国海洋观的演变》,《党史研究与教学》2009年第1期。

(一)战略地位

2500年前,古希腊雅典政治家、统帅地米斯托克利就说过:"谁控制了海洋,谁就控制了一切。"美国前总统肯尼迪也说过:"控制海洋意味着安全,控制海洋就意味着和平,控制海洋就意味着胜利。"由此可见,围绕海洋的国家对外政治行为、战争与外交,成为国家间关系和国际事务的一个重要的领域。① 通过海洋外交,参与国际海洋事务,可以扩大中国在国际海洋领域的话语权和影响力,在国际海洋制度和机制中实现国家的海洋利益诉求。在海洋通道和海洋非传统安全领域进行国际合作,可以最低成本保障中国的远洋航行安全。通过海洋权益争端领域的外交努力使各方保持接触,可以缓解紧张局势,促进海洋争端的顺利解决。② 海军外交活动可以充分展示中国的海军风貌,宣扬中国的和平发展理念。而值得注意的是,对于有争议的海域甚至是被侵占的海域和岛礁,中国基于力量和战略的原因没有基本的控制,需要靠发展与濒临海域或海上通道国家的友好关系来弥补战略上的劣势;中国的海洋运输、海外中转、补给、修理等经济和安全问题,需要靠与这些国家的协作来解决;中国需要积极开展与这些国家的外交,寻找更多的切入点,实现本国的利益诉求。中国需要积极地参与国际海洋事务,继续与海洋大国进行科技、海洋政策等方面的合作。由此,足见海洋外交的战略地位何其显著。

(二)主导地位

冷战后,一方面,美国强化对华战略包围态势,印度逐步把势力范围扩张至南海,日本在美国的支持下崛起,朝鲜半岛复杂而危险的局势,台湾分立主义势力致两岸关系紧张,南海争端面临严峻局面等,总之,中国海洋方向面临严峻的形势。另一方面,中国正处在一个重要的战略机遇期,经济全球化、大国间关系的协调等为中国构建海洋战略提供了一个和平的周边环境。随着我国经济的快速

---

① 宁波:《关于海洋社会与海洋社会学概念的讨论》,《中国海洋大学学报》2008年4期。
② 陈亚东:《论和平发展时期中国新型海权的构建》,http://cdmd.cnki.com.cn/Article/CDMD-10530-2008180821.htm,2010年8月3日访问。

发展,资源需求的大量增加,周边海洋对于中国的意义更是不言而喻。而在以和平与发展为时代主题的当今世界,高级政治逐步让位于低级政治,国与国之间的冲突更多地通过外交方式予以解决。传统的通过战争解决国际争端的武力方式,虽然直接方便,但因其成本高昂,结果不可预知,加上使用武力往往会使国家陷入孤立,所以渐渐让位于和平的外交方式。在既不能用武力强取,又不能漠视国家主权被人日益侵占的情况下,通过外交方式稳定周边形势,显示主权存在就成为所能采取的较为妥当的措施。而发展海洋经济和海洋军事都是为寻求外交方式解决海域争端维护海洋权益提供战略支撑,因为没有实力的外交就是无效的外交。可见海洋外交在处理海洋事务、维护海洋利益中占主导地位。

(三)时代意义

纵观历史和现实,海洋与一个沿海国家的兴衰有着内在的、必然的联系,海洋兴则国家兴,海洋衰则国家衰。今后全球的竞争是经济、政治的竞争,也是综合国力和高科技的竞争,谁要立于不败之地,谁就要做好海洋的文章。在中华民族的发展史上,辉煌的时代大多是向海洋拓展的时代,而落后屈辱的时代则与轻视经略海洋乃至丧失海权密切相关。海洋问题,绝不是一个区域经济问题,而是一个牵动全局的战略问题。第二次世界大战之后,传统海洋制度的衰落,新的安全威胁的出现,海洋政治的主题远远超出传统范畴,从控制海洋外交到追求海洋利益的多元化,海洋问题如跨国捕鱼、远洋航运、海底资源的开发与分配,海域和大陆架的划界,海洋污染与生态保护,海洋科学研究,打击海盗、偷渡、海上恐怖活动和非法飞越、广播等,在国际事务中日益突出,逐渐成为国际政治、外交领域重要的主题。[①] 因此,发展海洋外交符合和平与发展的时代潮流,符合提高中华民族海洋意识的迫切任务,符合强国家兴民族成为海上强国的战略需求,凸显出了它的时代意义。

(四)现实意义

中国是一个海洋大国,拥有1.8万多千米的海岸线,6500多个

---

① 张开城:《从南海问题看海洋政治社会》,《时代经济论坛》2008年第9期。

海岛,约300万平方千米的管辖海域,4亿多人口生活在沿海地区。沿海工农业总产值占全国总产值的60%以上;沿海地区还是全国科技最发达最密集的地区,是中国重要的工业基地和高新技术产业基地;经济特区及各种经济开发区等外向型经济产生的经济利益也主要集中在沿海地区,沿海地区是中国经济发展的黄金地带。而且中国东南沿海以其宽阔的海域和海域中分布的众多岛屿,将中国与周边大洋分隔开来,构成了沿海地区的第一道天然海上屏障,控制这一海域对维护中国的安全有着重要意义。随着科技的进步、经济的发展和世界各国围绕海洋权益斗争的展开,海上的军事较量也更加激烈。特别是在《联合国海洋法公约》生效后,由于国际海洋法规不完善和国际海洋秩序的混乱局面,加上超级大国和地区霸权主义借题发挥,海洋权益斗争加剧,从而使海洋成为世界军事斗争的敏感区。特别是随着高技术在军事领域的广泛应用以及军事斗争形势的发展演变,未来海洋战场的地位、作用日益突出:海洋是国家重要的军事运输线,通过海洋可以直接到达世界许多国家、地区和战略要地;海洋是军事强国进行前沿部署,利用技术差达到非对称、非接触高技术战争的重要作战空间,同时也是滨海国家实行防御的重要战略方向。面对现实和需求,斗争和问题,海洋外交具备十分重要的现实意义。[①]为此,中国政府也做了大量工作来应对紧迫的形势。比如,中国国家海洋局在外交部、科技部、解放军总参谋部、教科文全国委员会等部门的积极支持下,积极调整工作思路,开展系列海上重大维权执法工作,海洋权益管理工作得以强化;稳步开展维权能力建设,夯实了维权基础;配合国家整体外交战略,全面参与双边和地区海洋权益活动;积极参与"游戏规则"的制定,在国际组织中维护了中国的海洋权益。同时,在国际合作方面也出现了新的局面:大国海洋外交实现新突破;周边海洋外交出现新契机;地区海洋合作呈现出广阔前景;多边海洋合作取得实质性进展;国际海洋技术援助合作方兴未艾;与港澳台地区合作进一步加强。

[①] 纪爱云:《试论21世纪中国海洋战略的构建》,http://cdmd.cnki.com.cn/Article/CDMD-10094-2008124451.htm,2010年8月10日访问。

第二节 海洋外交的基本类型与特征

本节按照海洋外交的主体维度、内容维度、目的维度和特殊海洋外交四个标准对海洋外交进行了类型区分,并逐一展开,论述每个类型的定义和特征,配合生动丰富的相应案例试图排列出海洋外交类型的图谱。

一、主体维度海洋外交的基本类型与特征

1957 年周恩来总理就曾经有过一个论断,即"中国的外交是官方的、半官方的和民间的三者结合起来的外交"。[①] 这是按照外交参与主体对外交类型进行划分,同样海洋外交也可依据主体维度分为官方、半官方、民间三种。下文分别简要讲述了这三种海洋外交类型的定义与特征,最后用案例来使之更清晰。

(一)官方海洋外交之定义与特征

官方海洋外交是由一国政府的外交机构代表国家所进行的对外海洋交往活动,它通过官方渠道进行,为"国家利益"服务。这里所谓的"国家利益"是相对于非国家层面的大众利益而言的。其特点是政府性和职业性。

(二)半官方海洋外交定义与特征

半官方海洋外交相对于民间海洋外交而言,它带有地方政府的官方色彩,而相对于由中央政府推行的官方海洋外交而言,它又带有接近民间的非官方色彩,所以半官方海洋外交是介于官方海洋外交与民间海洋外交之间的外交类型,兼具官方和民间两种性质。其特征可描述为兼具性和中介性。

(三)民间海洋外交之定义与特征

民间海洋外交是中国外交工作的重要组成部分,即由民间的个人和团体所进行的对外海洋交往或交流活动。半个多世纪以来,民

[①] 张志洲:《民间外交涵义的学理分析》,《国际观察》2008 年第 5 期。

间海洋外交在让世界了解中国和让中国了解世界,以及促进中国人民与世界人民的团结与合作等方面,做出了不可磨灭的贡献。民间海洋外交在外交的内容上可涉及军事、经济和文化事务等方面,而需要明确的就是其外交主体是民间:民间的个人和团体。其特点是非职业性和非政府性。

(四)主体维度的海洋外交之案例

官方海洋外交示例:2005年3月,在各当事方外交部门的指导下,中国的中海油与越南、菲律宾的国家石油公司签署了《在南中国海协议区三方联合海洋地震工作协议》;同年8月正式启动了海上作业,为逐步实现南海海域的共同开发开了一个好头。半官方海洋外交示例:由中国红十字会等社会团体组织进行了国际海啸救援活动。民间海洋外交示例:1992年以来,中国一直派人参加由印度尼西亚主办的非正式、非官方的"处理中国南海潜在冲突研讨会",积极宣传和平解决南沙争端以及"搁置争议、共同开发"等主张,发挥了积极影响,取得了良好效果,就海平面变化、南海海洋数据库、生态系统调查等三个领域的海上合作项目达成共识。

二、内容维度海洋外交的基本类型与特征

从内容维度对海洋外交进行类型区分也是比较通用的方式,我们认为从海洋外交的内容看,可以分为经济、文化、体育、科技等类型,下文分别阐述内容维度的各种海洋外交类型的定义,并结合案例说明,使读者对此有更丰富的认知。

(一)海洋经济外交

海洋经济外交是主权国家元首、政府首脑、政府各个部门的官员以及专门的外交机构,围绕国际海洋经济问题开展的访问、谈判、签订条约、参加国际会议和国际海洋经济组织等多边和双边的活动。它有两种表现形式,其一是指国家为实现其海洋经济目标而进行的外交活动,即以外交为手段,为国家谋求海洋经济上的利益,比如通过加入国际海洋组织和对外交往,扩大对外贸易。引进外国海洋技术与资金,或限制来自外国的进口,消除外国对本国海洋商品的歧视等等。其二是指国家为实现其外交目标(在政治上或军事上

提高本国的国际地位等)而进行的海洋经济活动,即以海洋经济为手段,为国家谋求对外关系上的利益。比如通过对发展中国家提供经济技术援助,以提高本国的国际地位、扩大在国际问题上的发言权等。海洋经济外交有着特殊的地位和重要性,特别是在经济全球化趋势日益发展的今天尤其如此。其特点是经济与外交的结合。

(二)海洋文化外交

海洋文化外交即是以海洋文化传播、交流与沟通为内容所展开的外交,是主权国家利用文化手段达到特定政治目的或对外战略意图的一种海洋外交活动。纵观近几年来国际海洋外交方式的发展与演变,可以看出,世界各国越来越重视运用文化外交这一手段来实现各自的对外战略。海洋文化外交作为一种柔性的外交方式,在处理国际海洋事务中,对不同的国家所产生的效应不管在程度上还是在性质上都有着不同的表现。海洋文化外交有利于维护海洋世界的和平与安定,有利于为构建和谐海洋世界创设良好的外部环境,有利于本国在国际上树立良好的外部形象,有利于异质文化在交流中创生世界文化新品格。其特点是文化性、灵活性、柔和性。比如通过郑和下西洋600年纪念活动把中国海上力量的快速成长描绘成一个已有600年历史的友好地区强国的发展新阶段,活动的精髓并不在于凸显中国海军曾经多么强大,而在于表明中国在十分强盛时仍追求和平外交,以郑和的七次下西洋说明和平崛起是中国历史发展的必然结果,以此来减轻周边国家对于中国海军崛起的忧虑。

(三)海洋体育外交

政府为了实现国家政治或外交目的,或促进国家间关系所进行的对外海洋体育交往和交流被称为海洋体育外交,它是海洋外交的一部分。例如,1870年美国和英国举行了第一届著名的横渡大西洋"美洲杯"帆船比赛,巩固了欧美之间的传统外交关系。还有自1896年开始的奥运会帆船比赛也是一项海洋体育外交活动,兼具体育运动和外交活动的双重性质。简而言之即以体育运动为外交手段,来达到巩固或改善外交关系的目的。在海洋体育外交中,体育竞技并不是唯一的看点,各国在体育的舞台上展开的外交战也是精彩的博弈角逐。

(四)海洋科技外交

海洋科技外交指以主权国家的国家元首和政府首脑、外交部门、科技部门以及专门机构和企业等为主体,以促进海洋科技进步、海洋经济和社会发展为宗旨,以互惠互利、共同发展为原则而开展的与其他国家或地区以及国际组织等的多边或双边科技合作与交流,包括谈判、访问、参加国际海洋会议、建立研究机构等众多方式。其特点是以科技为基础。海洋科技是当今世界三大尖端科技之一,海洋高科技的发展已经成为体现一个国家综合实力和当代科技发展水平的重要特征。如今,世界各国在海洋上的竞争比历史上任何时期都要激烈,而这个竞争实质上是高新技术的竞争。谁在海洋高新技术方面领先,谁就会在世界海洋竞争中占据主动,就能从海洋中获得更多的资源和更大的经济利益,这就等于谁拿到了海洋资源宝库的金钥匙,谁就拥有资源开发的优先权。[①]

三、目的维度海洋外交的基本类型与特征

按照目的维度可以将海洋外交分为友好型、合作型和预防型三种类型,下文分别简要讲述这三种海洋外交类型的定义与特征,最后列举这三种海洋外交类型的案例。

(一)友好型海洋外交定义与特征

友好型海洋外交是指一国通过出访等方式向别国传达善意和友好,旨在加强沟通、发展友好关系的对外交往活动。友好型海洋外交的特征有:一是主动性,指一国主动与别国进行外交活动,可以是在双方还没有建立外交关系时的尝试性外交接触,也可以是用以巩固已经建立的良好外交关系;二是表意性,指友好型海洋外交主要是用于表达善意和友好。

(二)合作型海洋外交定义与特征

以合作的新理念为指导,开展多边或双边的国际交往交流活动,旨在建立多边或双边的各领域合作机制。合作型海洋外交的特

[①] 张硕、白启鹏:《搁置争议,共同开发——邓小平处理海洋领土争端的新构想》,《金卡工程·经济与法》2009 年第 12 期。

征有:一是共赢性,合作型海洋外交旨在建立双边或多边的合作关系,这种合作建立在双赢或多赢的基础之上,合作关系双方或各方必须具有共同利益和一定的信任基础;二是双向性,指合作型海洋外交是双方或多方共同推进的,而非一国所能为之。

(三)预防型海洋外交定义与特征

预防型海洋外交是发挥海洋外交工作的预见性与主动性,根据海洋安全发展需要,预设计划、预做工作、主动影响国际海洋安全秩序和发展趋向的重要手段。21世纪的中国不得不面临很多现实的海洋问题,需要高超的智慧和技巧去应对和化解。海洋外交作为维护国家安全的重要屏障和手段,必将面临着巨大的现实挑战。因此,未雨绸缪,对可能面对的威胁到国家海洋利益的问题进行周密的目标分析,进而提出有效的解决方法是积极应对的前期策略的必要准备。由此可见,预防型海洋外交的特征就是前瞻性、预防性。

(四)目的维度的海洋外交之案例

友好型海洋外交示例:2002年5—9月由海军"青岛"号导弹驱逐舰和"太仓"号综合补给舰组成的中国海军舰艇编队,进行了中国人民解放军海军有史以来的首次环球航行访问,航程3万余海里,访问了10个国家。合作型海洋外交示例:中越海上问题专家小组举行的10轮会谈,取得了"海上海浪和风暴潮预报"合作项目的阶段性成果,双方正研究进一步开展低敏感领域的合作。预防型海洋外交示例:2003年11月12日中国海军"明"级潜艇在日本南部九州岛与种子岛之间的大隅海峡中由东向西航行,该潜艇没有采用潜航而是以半浮形式航行,指挥塔上悬挂着五星红旗,明确向有关国家显示自己的航行行动。这次航行显示了反制及防范"美日武力干涉台湾事务"的军事行动能力,并发出警告,未来如果台海有事,日本根据"周边有事"的新条文对两岸军事冲突予以介入,战事扩大,那么中国海军潜艇部队就有可能采取必要措施来牵制进入台湾海峡作战的日本军力。① 再如,2011年4月8日,针对东京电力公司将福岛第一核电站核废液排放至太平洋一事,中国外交部发言人洪磊表

---

① 余克礼:《中国将勇于面对美日军事干涉》,《联合早报》2003年11月22日。

示,作为日本的近邻,中方理所当然地对此表示关切,希望日方按照有关国际法行事,采取切实措施保护海洋环境。中方正在密切关注事态发展,同时进行专业评估,并就此继续与日方保持接触,要求日方及时、全面、准确地向中方通报有关信息。① 这是为了预防日本福岛第一核电站核废液排放至太平洋将可能对中国海域环境和社会民生造成的负面影响。

四、特殊海洋外交之海军外交的定义特征

海军不仅具有军事效用,在和平时期也被广泛地运用在外交领域,并有很好的效果。所以,海军外交是海洋外交的特殊内容和重要部分,故在此专门就海军外交的定义、解释、特征和案例进行详细的论述。

(一)海军外交之定义

海军外交是海军代表国家所进行的外交活动,是国家的一种外交形式。它也是海军的一种运用方式,被视为海军的政治运用。西方学者对海军外交有各种各样的定义,例如,"海军外交是一个相当新的名词,是指一个国家用来影响另一个国家行为的一系列措施中危险较小的海上活动",是"为了在国际争端的解决或在本国领土或管辖区内反对外国的进程中确保优势或避免损失,采取的非战争行为的有限海军力量的威胁或运用"。在西方海军历史传统中,海军外交也称为"炮舰外交",并无贬义。

(二)海军外交之释义

海军之所以可以进行外交活动,是由海军的独特性质所决定的。马汉曾对此有过精辟的论述,他说:"惟有海军的活动范围具有国际性质,它同政治家的活动范围紧密相联。"② 这就是说,海军以海洋为自己的活动空间,它具有全球机动性,并可以在公海和外国港

---

① 林文龙:《外交部:希望日方采取措施保护海洋环境》,http://888.taihainet.com/1278/110409/9652437,00.php,2011年4月9日访问。

② [美]斯科特·C.特鲁夫:《美国海岸警卫队的现代化改装》,《外国海军文集》2003年第1期。

口游弋,海军军舰具有"流动的国土"和国家主权代表的地位,因此它具有作为国家的外交工具的有利条件。在这方面,海军历来比地面力量和空中力量更具有某些传统优势,因为相对于陆地和天空,海洋是一个国际媒介物,军舰可以不依靠附近的基地而从海上到达遥远的港口,正如英国学者爱尔·克劳在备忘录中所写的:"国家拥有海上力量就能成为任何濒海国家的邻居。"[1]海军在海洋上依法航行不受任何限制,而其他军种在和平时期从事政治活动却受到严格限制,这决定了海军是唯一一种可以在和平时期以武装身份跨出国门,走向世界的军种,外交活动成为了海军固有的功能。美国学者汉斯·摩根索指出:"海军具有高度的机动性,它能把一国的旗帜和权力带到地球的四面八方,而且海军的壮观景象会给人留下极为深刻的印象,因此,战舰示威从前一直是威望政策的得意工具。"[2]

(三)海军外交之特征

海军外交的特征有三。第一,显示实力。海军"能在国际舞台上形象地显示本国的现实战斗威力……海军的示威行动在很多情况下,仅仅以其潜在的实力施加压力和以发动军事行动相威胁,不诉诸武力便可达到政治目的"。第二,传达外交政策信息。海军通过自己的活动,表明这个国家的意图是什么,兴趣在哪里。第三,产生政治影响和支配力。英国学者爱德华·卢特瓦克提出海军"劝导理论"(The Theory of Persuasion),就是海军通过自己的行动直接或间接地对对方的心理产生某种影响,迫使其不得不去做某事或不做某事,这样实施海军外交的国家就可以达到预期的目的。他提出海军可以通过日常部署和故意引起敌方注意的主动形式来达到"劝导"的政治效果。海军外交可以成为中国总体外交极有特色的一部分,它也是中国军事外交的一种重要类型,有利于中国外交手段和形式的多元化。

(四)海军外交之案例

比如,从1985年11月海军"合肥"号导弹驱逐舰、"X615"号大

---

[1] 徐质斌:《树立正确的海洋观》,http://www3.gdou.edu.cn/hykv/nextpage.asp?id=141,2010年9月5日访问。

[2] 李小华:《"温厚单极和平论"解析》,《美国研究》1999年第3期。

型补给舰组成海军舰艇编队出访巴基斯坦、斯里兰卡和孟加拉国迄今,中国海军舰艇已经外出访问20多次,出访对象遍及世界各大洲。再如,参加亚太地区海军多边合作机制,例如"国际海上力量研讨会"和"西太平洋海军论坛"等。还有,中国与巴基斯坦(2003年10月、2005年11月)、印度(2003年11月、2005年12月)、法国(2004年3月)、英国(2004年6月)、澳大利亚(2004年9月)、泰国(2005年12月)进行的海上非传统安全领域的联合军事演习,主要是海上搜救演习。

第三节 海洋外交对海洋社会的功用

无论从世界的角度还是从单个国家的角度看,海洋外交都具有多方面的功用,对于促进整个海洋社会的和谐至关重要。本节分别从经济、政治、文化和环境四个方面对海洋外交的功用进行阐述,力图厘清海洋外交对海洋社会的重要作用。

一、海洋外交的社会经济功用

伴随着现代社会的快速发展,人口骤增而资源却日益减少,发展经济成为人类平衡这一矛盾的支点。随着对海洋认知的不断深入,人们越来越关注海洋所蕴含的巨大财富,将目光从大陆转向海洋。在和平的时代潮流下,海洋外交无疑对海洋社会具有重要的经济功用。

(一)经济功用释义

近几十年来,世界海洋经济保持着快速发展的势头,自1970年以来,基本上10年翻一番,1970年产值只有1100亿美元,1980年达到了3400亿美元,1990年达到6700亿美元,2000年已经达到15000亿美元,约占世界总产值的10%。据专家预测,今后世界海洋经济将持续快速发展,成为世界经济发展的新的增长点,对沿海国家国民经济的贡献会越来越大。目前,各个沿海国家政府正在不断提高对海洋的认识,积极调整海洋政策,加强海洋开发与利用,将海洋开发列为 21 世纪的重要战略任务。① 以美国为例,美国是一个海洋大国,其专属经济区内海域总面积达到 340 万平方海里,超过美国 50 个州土地面积的总和。据统计,2000 年,美国与海洋直接相关的产业总产值为 1170 亿美元,创造的就业机会在 200 万个以上。美国紧靠海洋的沿海地区每年经济产值总计超过 1 万亿美元,在国内生产总值中占据着约 1/10 的比重。过去 30 年,美国沿海地区共新增 3700 多万人口,其沿海地区人口密度目前比全国人口平均密度要高出 2—3 倍左右。由此可见,海洋经济无疑对于海洋社会具有重要意义,而海洋外交能够促进海洋经济的发展。海洋外交对海洋社会的经济功用主要体现在维护海洋贸易、保障海洋交通和保护资源利益三个方面。

(二)维护海洋贸易

海洋是世界经济的"蓝色动脉",例如,中国作为全球第三大贸易强国,对外贸易的依存度已经超过 80%,而对外贸易 95% 以上是通过海运实现的,因此海运畅通与否,直接关系到中国的进出口贸易。就中国而言,由于经济的持续快速发展,国内的能源和资源已成为一个非常薄弱且不足以支撑中国持续崛起的环节。② 在此情势下,海洋外交有利于发展和利用海洋资源,保证本国贸易安全。没有贸易安全,中国的外向型主导经济就会停顿。外向型经济停顿,中国的经济发展就会停滞,改革开放的成果也就无法维系下去。

(三)保障海洋交通

海洋不仅蕴含着丰富的资源,还是世界贸易的必要载体。目前,海洋运输是国际物流中最主要的运输方式,在国际货物运输中使用最广泛,国际贸易总运量中的 2/3 以上都是通过海上运输。对于各个国家尤其是国民经济依赖海洋交通所提供的能源生存的国家,保障海洋交通利益尤为重要。所以很多国家不断拓展本国在海洋运输方面的实力,这样不仅可以以此从别国赚取利润,更重要的

---

① 庞玉珍:《海洋社会学视角——论海洋发展对社会变迁影响的三个历史阶段》,中国社会学学会,"2009 年中国社会学年会",2009 年 7 月。
② 张文木:《大国崛起的逻辑》,《中国社会科学》2004 年第 5 期。

是保障了本国的海洋交通利益。日本就是一个很好的例子。目前在原油、天然气、集装箱、散货、杂货、特种船的运输能力上,日本的原油和天然气运输能力是世界第一,每年经过苏伊士运河、马六甲海峡、巴拿马运河的日本油轮占到世界油轮的30%左右。在集装箱领域,日本拥有世界前20强的船队,综合规模远远超过其他任何国家。海洋外交能够巩固本国在世界海洋交通中的地位,促进跨国运输订单的生成和维持,从而维护本国的海洋交通话语权。保障海洋交通利益就是确保海洋交通的自由权。例如,随着中国对外贸易的发展,中国海洋交通利益在不断增长,海上交通线已经成为中国的海上生命线。促成海洋交通利益上升的具体原因是:其一,中国的对外贸易额和贸易依存度不断提高;其二,中国的贸易伙伴主要是世界濒海国家;其三,中国正在成为重要的能源进口国。由于这些因素,中国对海上交通安全的依赖性、敏感性大大增加。中国海上交通利益成为中国海洋利益的至关重要的方面,海洋外交有利于保证本国在世界公海及用于国际航行的海峡和外国沿岸水域的正当航行权。

(四)保护资源利益

世界海洋资源丰富,世界水产品中的85%左右产于海洋。鱼类是主体,占到世界海洋水产品总量的80%以上,此外还有丰富的藻类资源。海水中含有丰富的海水化学资源,已发现的海水化学物质有80多种。其中,11种元素(氯、钠、镁、钾、硫、钙、溴、碳、锶、硼和氟)占海水中溶解物质总量的99.8%以上,可提取的化学物质达50多种。由于海水运动产生海洋动力资源,主要有潮汐能、波浪能、海流能及海水因温差和盐差而引起的温差能与盐差能等。海洋资源利益关乎世界资源安全。所谓资源安全就是一个国家或地区可以持续、稳定及足够地获取自然资源的状态和能力,它表明了国家的资源保障程度。以中国为例,中国的海域有海洋生物两万多种,海洋鱼类3000多种,滨海砂矿资源储量31亿吨,海洋可再生能源理论蕴藏量6.3亿千瓦。尤其是,中国海域作为环太平洋油气带的组成部分,蕴藏着丰富的能源,海洋石油储量约240亿吨,天然气资源量

14万亿立方米。[①] 中国的海洋资源利益包括以下几个方面。一是海洋资源主权。中国海洋资源包括领海、毗连区、专属经济区、大陆架上的自然资源,对这些资源的永久主权是国家主权的重要组成部分。二是海洋资源的勘探开发权。目前中国海洋资源开发权受到损害,一些邻国对中国海洋资源进行非法开发和掠夺。海洋是资源宝库和经济发展的支柱,海洋外交有利于保护海洋资源利益,促进资源的合理开发利用。

二、海洋外交的社会政治功用

外交与政治就像关系紧密的朋友,总是相辅相成,相互影响的,无疑海洋外交具备重要的政治功用。海洋外交对海洋社会的政治功用主要体现在保障海洋安全、捍卫海洋主权和消除国际疑虑三个方面。

(一)政治功用释义

强于世界者必强于海洋,衰于世界者必先败于海洋,海洋对海洋国家有着兴衰成败、生死存亡的意义。古今中外的史实表明,凡大力向海洋发展的国家,皆可使国势走向强盛;反之,则有可能沦落到落后挨打的地步。随着世界资源配置方式由封闭性转化为世界性的开放方式,海洋成为畅流世界各个角落最便捷的载体,从军事上控制海上主要战略通道即掌握制海权,成为大国控制世界资源并据此保持其大国地位的主要方式。在21世纪的今天,建立在卫星信息监控技术和导弹远距离精确打击与准确拦截技术基础上的制海权,仍是国家兴衰的决定性因素。海洋关系着国家的兴衰荣辱,并且已成为当今世界范围内最重要的国际问题之一。海洋外交与海洋政治联系紧密,海洋外交对海洋社会的政治功用主要体现在保障海洋安全、捍卫海洋主权和消除国际疑虑三个方面。

(二)保障海洋安全

海洋既是屏障也是跳板。海洋的安全和稳定直接关系到各沿海国家的根本利益。海洋既可作为国家安全的屏障,起"护城河"的

[①] 《国务院关于印发〈全国海洋经济发展规划纲要〉的通知》,国发(2003)13号。

作用,也可能成为外来势力对中国进行渗透的跳板。另外,伴随战后以来世界全球化进程的加快,当世界各国在海洋领域继续谋求传统安全并使国际海洋斗争呈现出新的特点之际,来自海洋领域的非传统安全问题也日益进入国际关系领域并对国家的能源开发、交通运输、环境保护、社会秩序乃至国家主权都产生了不利影响。对中国而言,海洋担负着保卫国家安全和四化建设的重任,国家的发展、民族的振兴与海洋息息相关。如果海洋安全得不到保证,国家的对外开放、经济发展也得不到保障。海洋外交能避免武力斗争的高昂成本,以和平的方式保障海洋安全,这在当今错综复杂的国际关系中尤为重要。例如,针对美韩黄海军演,中国外交部发言人多次重申,中方坚决反对任何外国军用舰机在黄海以及其他中国近海从事影响中国安全利益的活动,希望有关各方保持冷静和克制,不做加剧地区局势紧张的事。这就是在通过海洋外交维护本国海洋安全。

(三)捍卫海洋主权

海洋也是国家安全的屏障,现在对国家安全造成的危险主要来自海洋,最可能发生冲突的也是海洋。我们要像保卫每一寸陆地国土一样保卫每一寸海洋国土。但目前中国面临着资源被掠夺,岛屿被侵占,划界有争议,海洋国土被分割以及多元化威胁的局面。通过积极的海洋外交可以开拓解决岛屿归属、海上划界问题的新思路,探索与有关国家建立信任机制的途径,在确保争议各方信守业已达成的共识的基础上,坚决遏制有关国家单方面采取使事态扩大化的各种行动,最终达到捍卫海洋主权的目的。例如,1982年决议的《联合国海洋法公约》对内水、领海、临接海域、大陆架、专属经济区、公海等重要概念做了界定,对当前全球各处的领海主权争端、海上天然资源管理、污染处理等具有重要的指导和裁决作用。在这份公约最终得以决议的会议中,共有168个主权国家或组织参加了会议,这也是迄今为止联合国召开时间最长、规模最大的国际立法会议。会议通过《联合国海洋法公约》,改变了以往不利于发展中国家尤其是广大沿海国家维护海洋主权和海洋利益的局面,是广大发展中国家团结一致、展开海洋外交斗争的结晶。再如,面对日益激烈的陆地与海洋边界纠纷,中国外交部于2009年增设边界与海洋事务司,并由长期负责亚洲事务的资深外交官、前中国驻韩大使宁赋魁任司长。该司的设立证明,中国政府已决意将解决海洋纠纷提上议事日程,将对中国解决复杂的海洋纠纷问题大有裨益。[①]

(四)消除国际疑虑

海洋外交可以让国外各种力量消除对中国海洋力量发展的疑虑和担忧。比如,中国现在的海洋力量已经有了一定的发展,但是还远远未达到有影响的地步,然而国外尤其是西方已经对中国海洋力量的发展感到担心了。这种担心与中国整体国力的上升有关。中国是正在迅速兴起的大国,中国的战略崛起期同时也是国际摩擦的多发期和高峰期,中国会面临前所未有的安全困境、矛盾冲突和猜忌怀疑。西方国家并没有真正领会中国保证永远不称霸的反复声明,而是以自己的逻辑审视中国的发展。为此,中国需要采取最适合在国际体系中生存和发展的战略。中国一方面要实现自己的崛起,另一方面需要一个和平发展的环境。中国需要不断向外界传递理性的信息,而中国海洋外交可以起到促进国际社会最大限度地理解和接纳中国海洋力量增强的作用。中国海洋外交适应了当代中国的战略需要,无论在理论上还是实践上都具有越来越重要的价值。

三、海洋外交的社会文化功用

随着时代的发展,文化的重要性日益显著,有时它的作用胜于金戈铁马,不费一兵一卒、一枪一炮也能起到化干戈为玉帛的作用。海洋外交的文化功用主要表现在促进文化交流、发扬文化精髓和培养海洋意识等。在此先对海洋外交的文化功用进行简单释义,然后结合案例分别论述其主要的文化功用。

(一)文化功用释义

海洋文化对国民经济发展起到巨大的促进作用。在西方,发达的海洋文化渗透于经济中并促进了近现代西欧经济的发展。21

[①] 吴玉蓉、王国培:《外交部低调增设边界与海洋事务司》,http://epaper.dfdaily.com/dfzb/html/2009-05/06/content_129568.htm,2009年5月6日访问。

世纪是海洋世纪,要把中国建设成为海洋强国,实现中华民族的伟大复兴,还需要继续弘扬本民族传统的海洋文化,同时要学习西方海洋文化中的精华,为加强中国的综合国力而奋斗。海洋为中国提供了新的经济增长点和重要支柱,弘扬海洋文化对中国经济社会发展具有重要的战略意义,而海洋外交的文化效益就是可以促进中国海洋文化的发展与弘扬。海洋外交使中华民族全体成员树立更加强烈的海洋意识,使关注海洋成为整个社会的共识和自觉行动,使中国的海洋开发战略和海洋强国战略的实施更具有坚实的社会群众基础,给中国国家和社会生活注入更多海洋的内涵,海洋问题被置于国家生活的更高的地位和优先议事日程。海洋文化将日益改变中国传统的大陆文化、农业文化在社会生活中占主导地位的格局,使民族文化中更多地渗进外向、创新、勇于挑战和冒险的海洋文化特征。中国也将有更多的机会把具有本国特色的海洋文化向世界传播,将本国的文化力量在世界释放和发挥,将自己的优秀文明成果展示在世界面前,从而有助于增强中国在世界上的软实力。

(二)促进文化交流

文化作为一国的软实力,是一国智慧的象征,也是一国民族心理、民族品格的本真写照,具有独一无二的民族特性。例如,通过海洋外交可以将中国以和为贵、友好包容的海洋文化传播出去,以塑造中国在海洋事务中良好的对外形象。通过海洋外交可以使中国同其他国家建立双边或多边交流与沟通机制,增加互信。虽然在文化交流中中国面临着文化帝国主义的外部威胁,但不能因此就退缩或是自我封闭,海洋外交使中国以一种开放的姿态去积极应对挑战,以开放的眼光来看问题,将本国的文化融入世界,与世界进行平等对话。通过海洋外交达成的双向互动来创生出中国海洋文化的新品格,既提升了自身的文化竞争力,又提升了自身文化的世界感染力,从而为海洋文化交流的顺利实施创造良好的条件。以郑和七下西洋为例,他带领的宝船舰队与东南亚、南亚、非洲东岸的国家进行的海洋外交活动就大大推动了中国同各国的科技文化交流,如吸收引进了阿拉伯人的过洋天文航海技术、非洲的动植物培育技术等,大大开拓了国人的视野,形成了中外文明的双向交流,体现出中国海洋文化的兼收并蓄、博大精深的特色。①

(三)发扬文化精髓

海洋外交有益于发扬海洋文化的涉海性、交流性、开放性和商业性等精神特质,实现海洋与社会的和谐发展。以中国为例,第一,通过海洋外交既能弘扬中国传统海洋文化崇尚和平的精神特质,又能借鉴世界先进海洋文化的竞争、开放等优秀文化传统。在尊重本民族传统文化的基础上,接纳与利用别国或其他民族先进的文化成果,以"固我海疆,振我中华",这样才能创造出更加灿烂的海洋文化,加快中国海洋现代化进程,把中国建设成为海洋强国。第二,通过海洋外交能深度挖掘海洋文化内涵,把它作为经济发展的重要载体,通过整合、提炼、提升海洋文化的商品属性和价值,将文化优势转化为经济优势。第三,意识文化是海洋先进文化的核心内容,海洋外交有助于建设当代海洋先进意识文化。第四,海洋外交有助于树立民族海洋强国价值观,从国家战略需求出发,与2020年全面实现小康社会的目标相适应,建立全新的海洋认识体系。② 比如,国家海洋局与国际海洋学院和海委会于2010年9月3日—4日在北京共同主办"第33届世界海洋和平大会暨海委会成立50周年庆典",会议主题是"海洋、气候变化和可持续发展"。外交部部长助理刘振民在大会开幕式上致辞时说:"中国一直主张建立和谐海洋秩序,和谐海洋秩序也是以联合国海洋法公约为基础的秩序,是沿海国与非沿海国和谐相处的秩序,是人类与自然和谐相处的秩序。海洋要造福于人类,人类要爱护海洋。"③

(四)培养海洋意识

虽然海洋在当今世界的经济、政治、文化中扮演着越来越重要的角色,但是对于很多人来说海洋是一个充满想象但又遥远的名

---

①② 纪爱云:《试论21世纪中国海洋战略的构建》,http://cdmd.cnki.com.cn/Article/CDMD-10094-2008124451.htm,2010年8月10日访问。

③ Tina:《外交部部长助理:中国一直主张建立和谐海洋秩序》,http://www.china.com.cn/news/2010-09/03/content_20856407.htm,2010年9月3日访问。

词,关于海洋的认知并不具体生动,海洋意识并没有在每个人心中生根发芽。如在中国,随着其海洋事业的发展,中华民族的海洋意识有了显著的提高,在很大程度上摆脱了重陆轻海思想的束缚。然而,意识的飞跃是最为艰巨的飞跃,意识的跨跃是最为困难的跨跃。由于中华民族是一个安土重迁的民族,目前在全民海洋意识方面仍存在着许多不容忽视的问题。主要表现在以下几个方面。一是普及不够,即海洋意识尚未普及和渗透到全民族和各级政府之中。据一些最新调查资料显示,不仅90%以上的学生、政府工作人员不知道中国有300万平方千米的海洋国土,不了解大陆架、专属经济区等概念,而且有很多人甚至不清楚热点争议区域南沙群岛在哪里。二是层次不高,即海洋意识尚处于初级和低层次的状态。如不少人对于海洋的认识还停留在"兴渔盐之利,通舟楫之便",而不知道海洋已经成为人类生存与发展的第二空间;不少部门缺乏从全局和整体上经略海洋的意识,较少考虑可持续、高效益地开发和利用海洋资源。[①] 海洋外交有助于普及和提高全民族的海洋观念,有助于克服重陆轻海的思想,有助于增强全民族的海洋观念和海洋战略意识。

四、海洋外交的社会环境功用

万事万物要有好的发展就必须有好的环境,正如草木生长需要阳光雨水一样。对于当今世界而言,人类赖以生存的生态环境已然脆弱得不堪重负,而国家赖以发展的政治经济环境也总是变幻莫测,海洋外交对于保护我们共同的环境,无论是硬环境还是软环境都具有重要作用。下面我们着重从保护生态环境、开发资源环境、维护发展环境三个方面来论述海洋外交的环境功用。

(一)环境功用释义

这里所说的环境既包括传统意义上的生态环境、资源环境等硬环境,也包括发展环境等软环境。近年来,可持续发展的理念深入人心,保护生态环境、珍惜资源已经成为世界各国的共识。以美国

[①] 孟祥军:《中国国家海洋战略构建研究》,http://cdmd.cnki.com.cn/Article/CD-MD-10614-2006111297.htm,2010年9月4日访问。

为例,在海洋经济和沿海地区蓬勃发展的同时,美国并未能有效控制人类活动给海洋生态环境等造成的负面影响,其带来的结果是污染加剧、水质下降、湿地干涸以及鱼类资源遭到过度捕捞。2001年的一项研究结果显示,美国23%的港湾不适宜游泳、捕鱼和海洋物种生存。2002年,因在海水中发现与排泄物污染相关的细菌,美国有关部门曾先后1.2万次下令关闭海滩。研究还发现,美国259种主要鱼群中大概有25%已经或正在被过度捕捞,美国沿海地区平均每年损失的湿地面积达到4万英亩。美国海洋和沿海地区所出现的生态险情引发了美国各界的忧虑。2000年,依据国会通过的《海洋法案》,一个由总统任命的海洋政策委员会宣告成立,并于2001年正式开始对美国海洋政策和法规进行全面研究。该委员会经过两年多深入细致的调研,先后听取了400多名专家的证词,于2004年4月发布了一份长达500多页的报告,为21世纪美国海洋管理政策勾画出了初步的新蓝图。这是自1969年一个名为"海洋科学、工程和资源"的总统委员会发表类似报告35年来,美国首次对国家海洋管理政策重新作出彻底评估。新报告就沿海地区的环境保护、更有效监测水质状况、减少船只造成的污染、防止外来物种入侵、减少海洋垃圾、实现渔业可持续发展、保护海洋哺乳动物和濒危物种、珊瑚礁保护、加强对海上能源开采和其他矿产资源的管理等提出了近200条具体建议。[①]

(二)保护生态环境

21世纪,世界发展的核心是人类发展,人类发展的主题是绿色发展,加强生态和环境保护将成为各国国家海洋战略的重要内容。通过海洋外交能促进各国在海洋生态环境保护上的合作与平衡,共同保证海洋经济与环境保护协调发展;通过海洋外交可以完善国际海洋法律制度,为保护海洋环境、维护海洋权益、防治海洋灾害发挥巨大作用;通过海洋外交可以增进国际科技交流,进行共同研发,实现科技兴海,高效微创,以控制陆源污染,加强海洋生态恢复与建

---

① 毛磊:《谋求持续发展美国酝酿变革海洋管理政策》,http://www.farmer.com.cn/wlb/yyb/yy7/200406140740.htm,2004年6月14日访问。

设。比如,2006年以落实《南海各方行为宣言》为契机,宣言各方重点开展了在基础海洋学研究、防灾减灾、海洋生态环境保护等领域的合作,为稳定周边作出了应有的贡献。

(三)开发资源环境

目前,部分海域生态环境恶化的趋势还没有得到有效遏制,近海渔业资源破坏严重,一些海洋珍稀物种濒临灭绝;部分海域和海岛开发秩序混乱、用海矛盾突出;海洋调查勘探程度低,可开发的重要资源底数不清。[①] 通过海洋外交可以构筑有吸引力的国际合作平台,共同进行海洋科学研究、海洋资源调查等,实现资源、资料共享,提高双方的信任度和依存度,在合作中实现经济共赢,建立政治互信。并形成国际海洋资源开发战略,以促进海洋资源价值的最大化和持续性实现。比如,1997年和1998年,中国先后与日本和韩国签订了渔业协定,就东海海域和南黄海海域划界前的渔业活动做出了实际性的临时安排,有效地搁置了双方的专属经济区划界争议,基本稳定了有关海域的渔业作业秩序。

(四)维护发展环境

目前和平共赢的全球发展环境对于各国来说都是难能可贵的,不管是强国还是弱国都有维护这个良好环境的责任和义务。例如,中国作为一个儒家文化深厚的国度,特别是作为一个社会主义国家,向来奉行的是和平外交政策,没有向外扩张的野心。同时,它也不具备向外扩张的实力。它追求的是和平的发展环境,但历史上任何性质的和平都是以实力作后盾的,没有实力作后盾的和平是不存在的,即使存在也是不长久的。所以我们必须拥有相适应的海上军事力量以保障我们的海洋权益,但一味的强调发展海上军事力量势必会引起与既有海洋大国的冲突和周边国家的警惕,最终会落入历史上许多濒海国家发展海上力量却难逃海上霸主与陆上强邻联合夹击而走向衰败的定律中去。[②] 故此,需要借助有效的海洋外交来

[①] 孟祥军:《中国国家海洋战略构建研究》,http://cdmd.cnki.com.cn/Article/CDMD-10614-2006111297.htm,2010年9月4日访问。

[②] 樊松岭:《中国海权与海洋战略思考》,http://cdmd.cnki.com.cn/Article/CDMD-80000-2007083225.htm,2010年8月5日访问。

打消现有的海洋强国和周边国家的疑虑,解决海洋争端,树立良好的国家形象,维持现有的和平发展环境,使中国在目前这个难得的战略发展机遇期能最大限度的增强海防实力,发展海洋经济,弘扬海洋文化,树立新的海洋发展观。

海洋外交作为海洋社会的和力桥梁,对海洋社会的经济发展、政治稳定、文化传播、环境安全都有非常重要的作用。在21世纪,科技日新月异,社会变迁迅速,国家与国家之间的关系越来越复杂,人们又越来越依赖海洋而生存,海洋将成为新时代人们的关注点。特别是中国,无论过去曾经拥有过多么辉煌的海上历史,也无论曾经经历过多么耻辱的海上侵略,在今天这样一个全新的、多元的、欣欣向荣的海洋世界中,都要直面自身海洋实力的不足、海洋意识的淡薄和激烈的竞争形势,奋起直追,建设现代化的海洋强国,积极开展海洋外交,把握世界变动的脉搏。

参考文献:

1. 熊曙光:《历史视野下的国外中国海权研究》,《中国图书评论》2007年第10期。
2. 王淼、贺义雄:《完善我国现行海洋政策的对策探讨》,《海洋开发与管理》2008年第5期。
3. 石家涛:《海权与中国》,上海三联书店出版社2011年版。

参考题:

1. 海洋外交的定义是什么?
2. 海洋外交的主要类型与特征有哪些?
3. 海洋外交对于海洋社会的功用有哪四个方面?

设定方圆　制海衡洋　万邦乐见升平景
扶桑旭日　朗月疏桐　法规终显艳阳天

第十四章　海洋法规:海洋社会的制力天平

　　海洋社会是法制社会。海洋法规乃海洋社会的保障,它对维护国际和平与海洋秩序、捍卫国家主权和海洋权益、增进国际合作与国际交往以及发展海洋经济、传播海洋文化、构建和谐海洋等有着不可替代的作用。本书从海洋法规概念入手,阐述海洋法规的含义、特点,基本的海洋法规制度,海洋法规的历史演变、类型、特征、功用等,以揭示海洋社会的法理机制,并以此向世人昭示:海洋法规是海洋社会人海和谐的制力天平。

第一节　海洋社会是海洋法规的社会

　　21世纪是海洋世纪。在国际关系日趋复杂、海上争夺日益激烈、海上交往日益频繁、海洋上空风云激荡的今天,海洋法规对维护海洋社会的和谐与发展有着举足轻重的作用。本节首先阐述海洋法规的含义、特点及其相关制度,回顾海洋法规的历史演变,进而揭示海洋法规的地位及其意义。

一、现代海洋法规之概述

　　海洋社会以海洋法规为制度保障。所以,在这里本节开宗明义,首先阐明海洋法规的概念和特点,在此基础上,结合海洋社会的现实,进一步阐述海洋法规的基本制度及其他相关的概念。

(一)海洋法规的基本定义

　　作为具有特定含义的学术用语,本书关于"海洋法规"(law and

regulation of sea)的称谓,在以往的教科书及相关涉海法学著作中并不多见。在规范层面上,学术界多以"海洋法"谓之。如"海洋法是指有关各种海域(如领海、毗连区、专属经济区、大陆架、海峡、群岛、公海、国际海底等)的法律地位和调整各国在各种海域从事航行、资源开发和利用、科学研究以及海洋环境保护的原则、规则和规章制度的总称"。[①]"海洋法(Maritime law)是确定各种海域法律地位,并调整国际法主体,主要是国家间在各海洋领域内从事各项活动而形成的相互关系之原则、制度和规范的总体。"[②]"海洋法,顾名思义,是指在国际上形成的有关海洋的各种法规的总和。换言之,海洋法是关于各种海域的法律地位以及调整各国在各种不同海域中从事航行、资源开发、科学研究并对海洋进行保护等方面的原则、规则和规章、制度的总称。"[③]徐祥民教授则认为,"当人们对海洋法做聚焦式的观察时",海洋法是"对海洋的控制、管理、使用的规章制度"[④]……可谓仁者见仁、智者见智,但其共同特点是:上述所讨论的海洋法基本上都是国际法意义上的海洋法,所以,有学者直接谓之"国际海洋法",称"国际海洋法是国际法中的一个部门法,是有关海洋区域的各种法律制度,以及在海洋开发各方面调整国与国之间关系的原则和规则的总称"。[⑤]而本书所称之海洋法规,就是海洋社会的制力天平,主要指规定海洋各个海域的法律地位、规章制度以及规范和调整各涉海主体在不同海域从事海洋开发、利用、科研、保护等各种活动及其相互关系的原则、规则的总称。这里需要说明的是,对本书所谓"法规"应作广义的理解,这一概念既包括以《联合国海洋法公约》为代表的现代国际海洋法及其他国际海洋"条约"、"宣言"、"协议"、"协定"等,又包括各国相关的涉海法律、法规、规章、地

---

① 梁西主编:《国际法》,武汉大学出版社1993年版,第155页。
② 屈广清主编:《海洋法》,中国人民大学出版社2005年版,第8页。
③ 魏敏主编:《海洋法》,法律出版社1987年版,第4页。
④ 徐祥民:《现代国际海洋法的实质及其给我们的启示》,《中国海洋大学学报(社科版)》2003年第4期。
⑤ 百度百科:国际海洋法规,http://baike.baidu.com/view/237803.htm,2011年12月12日访问。

方法规及其他规范性文件。换言之,本书所称"海洋法规"非一般意义上的位阶层面的"法规"(如中国国务院制定的涉海法规),而是特指——既包括国际海洋法规,又包括各国国内相关的涉海法律、法规、规章、地方性法规、规章等在内的完整的规范体系和各种海洋制度。因为它们对于海洋社会均具有律制和规制作用,并由此形成海洋社会的制力天平。

(二)海洋法规的主要特点

海洋法规的特点即海洋法规区别于其他法规的本质属性。就国际法层面看,作为国际法的一部分,海洋法规首先具有国际法的一般特征,并遵循国际法的基本原则(如维护国际和平,尊重国家主权和领土完整,和平解决国际争端等),同时,它又具有部门法所独有的特点。具体说:

1. 国际性。海洋法规是关于海洋的法规。而海洋——这一连接世界各沿海国重要地理媒介的特性,就决定了作为规定各海域法律地位和国内外各涉海主体行为规范的海洋法规必定打上国际性的烙印:其调整对象为国际海洋关系;效力范围及于世界海洋。它不但反映和体现了各沿海国的利益与诉求,其实现更离不开世界各国的广泛参与与合作,从而进一步昭示了海洋法规的国际共同性特征。正因为此,才有上述学者干脆将其称之为"国际海洋法",顾名思义,就是国际海洋社会各种法规的总和。

2. 包容性。此处"包容性"的意蕴有四点。其一,海洋法规的关联性。海洋法规的关联性源自"海上活动的相互关联性"。由于海洋资源的复合性,决定了海水水体、海洋生物、海岸、海床、底土等各海洋组成部分及其开发、利用活动的高度关联性,进而决定了规范上述活动的各海洋法规(如领海与毗连区法、专属经济区与大陆架法、矿产资源法、海洋交通安全法以及渔业法、港口法、海洋环境保护法等)之间必然"具有普遍的联系性",其共同构成了国际海洋法这一国际法的重要部门法。其二,内容的综合性。它不仅涉及自然科学的许多学科和专业,且涉及经济、政治、军事、文化、管理等众多社会科学的诸多学科。其三,是形式的广泛性。海洋法规不仅包括国际法意义上的狭义的海洋法规,也包括各国内海洋法规。① 其四,是渊源的包容性。前已论及,本书所称海洋法规包括国际和各国内部涉海法律、法规、规章及其他规范性文件、海洋制度以及对外所签订的国际条约、协议等等,所以具有最大的包容性。

3. 权益性。海洋立法的宗旨就在于维护海洋权益和正常的海洋秩序,确保海洋经济的持续发展。所以,作为国际法的一个分支,海洋法规规定的就是世界各种海洋的法律地位、国家在不同海域的权利和义务,亦即"国家在各种海域的划界关系",②维护的是各国的海洋主权、海洋权益与和谐的海洋秩序,由此显示出其国家权益性的特征。

4. 时代性。海洋法规"是应国家、社会利用海洋的需要,顺应各国的海洋开发政策而于近半个多世纪才迅速发展起来的一个新的法律体系分支",其产生和完善皆服从于特定历史条件下的国家海洋政策,所以必定"具有强烈的时代特点"。③ 如日本新近颁布的《海洋基本法》即是其新的海洋战略和海洋政策的集中体现。至于国内海洋立法,随着"海洋世纪"的到来和国际合作的加强,加之《联合国海洋法公约》等现代海洋法规的影响,海洋管理领域的专门性法规普遍增多,且日趋系统化、法典化,并具有明显的时代性、涉外性特征。

(三) 海洋法规的相关概念

1. 领海(territorial sea)与毗连区(contiguous zone)。领海即指沿海国根据其主权划定的,邻接其陆地领土及内水以外的一定范围的海域。国家对领海及其上空和海底行使主权。《联合国海洋法公约》规定领海的宽度为 12 海里。④ 毗连区则是在 12 海里宽度的领海以外,另外划出的 12 海里宽度的海域。换言之,即毗连沿海国领海,其宽度从测算领海宽度的基线量起不超过 24 海里的区域。⑤

---

① 屈广清主编:《海洋法》,中国人民大学出版社 2005 年版,第 9—10 页。
② 高维新、蔡春林主编:《海洋法教程》,对外经济贸易大学出版社 2009 年版,第 8 页。
③ 徐祥民主编:《海洋法律、社会与管理》,海洋出版社 2010 年版,第 8 页。
④ 百度百科:领海,http://baike.baidu.com/view/21818.htm,2011 年 12 月 12 日访问。
⑤ 百度百科:毗连区,http://baike.baidu.com/view/350178.htm,2011 年 12 月 12 日访问。

2. 专属经济区(exclusive economic zone, EEZ)。即沿海国在其领海以外划定的一定宽度的经济区。其宽度为自领海基线起 200 海里,故常泛称 200 海里专属经济区。简言之,即位于领海以外并邻接领海的沿海国管辖海域,其宽度自领海基线量起不应超过 200 海里。①

3. 大陆架(continental shelf)。自海岸线向外延伸,海底坡度显著增大处的浅水地带。外缘平均水深 130 米,宽度 10—1000 千米。②

4. 公海(high sea)。沿海国和群岛国管辖海域以外的全部海洋区域。公海对所有国家,无论是沿海国还是内陆国都开放,所有国家都有平等和平使用的权利。③

(四)中国的海洋法规制度

1994 年,《联合国海洋法公约》生效,标志着现代国际海洋法律制度的建立,从而为维护良好的国际海洋秩序、实现全球海洋资源的可持续开发奠定了坚实的国际法律基础。为落实《联合国海洋法公约》精神,以此为契机,各国纷纷制定符合本国实际的海洋法规。以中国为例:作为海洋大国,目前中国的海洋法规制度主要包括领海制度(如 1958 年 9 月 4 日中国政府公告的《中华人民共和国关于领海的声明》)、海湾、海峡制度(如《老铁山水道航行规定》)、港口管理制度(如《港口法》)、船舶管理制度(如《船舶登记条例》)、水产资源保护及渔业制度(如《渔业法》)、海洋环境保护制度(如《海洋环境保护法》)、海上交通安全制度(如《海上交通安全法》)、海底石油资源开发制度(如《对外合作开采海洋石油资源条例》)以及海洋功能区划制度、海域使用权登记制度等。随着海洋事业的发展,中国的海域物权法律制度等一些新的海洋法规制度也会逐渐完善起来。

二、国际海洋法规之演变

国际海洋法规的历史源远流长。自公元 2 世纪古罗马始,中经

---

① 百度百科:专属经济区,http://baike.baidu.com/view/21836.htm,2011 年 12 月 12 日访问。

② 百度百科:大陆架,http://baike.baidu.com/view/18862.htm,2011 年 12 月 12 日访问。

③ 百度百科:公海,http://baike.baidu.com/view/20472.htm,2011 年 12 月 12 日访问。

欧洲中世纪和近代社会一直延伸到现在,然而,直到二次世界大战结束,其仍停留在习惯法阶段。1982年《联合国海洋法公约》获得通过,人类才有了真正的、现代意义上的国际海洋法规。

(一)古代时期

国际海洋法规的历史可追溯到公元2世纪古罗马制定的陆地与周围海域之间关系的法令(如罗马法的"共有物"概念就承认海洋是"大家共有之物")。公元前9世纪,地中海沿岸有了《罗德海法》,这是世界上第一部海商习惯法。然而直到1945年第二次世界大战结束,国际海洋法仍停留在习惯法阶段。从领海、毗连区乃至渔区的建立都没有成文的国际海洋法作为依据。

(二)中古时期

欧洲中古时代又称欧洲中世纪,欧洲封建制度确立。此时,封建君主对土地的领有权也开始向海洋发展,海洋争夺日趋激烈,并由此促使了三大海事法规(12世纪法国的海事裁判集《奥列隆惯例集》、14世纪西班牙的海事裁判集《康索拉度海法》和15世纪瑞典的海事裁判惯例集《维斯比海法》)的形成与出笼。[①]

(三)近代时期

从17世纪开始,随着各国争夺海洋权益斗争的加剧,严格意义上的海洋法规产生了。具体说,为了维护荷兰资本主义的利益,素有"国际法之父"之称的荷兰法学家格老秀斯于1609年发表了著名的《海洋自由论》,明确提出了海洋自由的原则。之后,传统的习惯法逐渐发展成国际海洋法规,其维持海洋公共秩序达三个世纪之久。1618年,英国学者塞尔登写成《闭海论》,不同意格老秀斯的海洋自由原则,认为英国对其周围的海洋有独占和控制使用的权力。到了18世纪初,荷兰学者宾刻舒克提出了著名的"大炮射程论",确定了领海宽度。1782年意大利法学家加赖尼根据当时的大炮射程,提出3海里领海宽度说。1793年,美国第一个正式提出3海里领海的主张。此后,英、法也相继规定了3海里的领海宽度,而1852年的英俄条约则规定了公海自由的原则。

[①] 管华诗、王曙光主编:《海洋管理概论》,中国海洋出版社2003年版,第6页。

(四)现代时期

1930年,在国际联盟主持下,国际法编撰会议在海牙召开。该编撰会议所讨论的问题主要涉及领海宽度、毗连区和历史性海湾。会议虽就领海性质取得了比较一致的意见,但关于领海宽度问题争论激烈。为促使国际海洋法规的制定,联合国大会于1950年成立了国际法委员会,并于1958年、1960年分别举行了第一届海洋法会议和第二届联合国海洋法会议,虽然通过了《领海与毗连区公约》、《公海公约》、《捕鱼与养护生物资源公约》和《大陆架公约》四个公约,但在领海宽度问题上未取得任何结果,直到1973年的联合国第三次海洋法会议,持续9年之久,最终于1982年通过了《联合国海洋法公约》。《联合国海洋法公约》的诞生,是国际海洋法规发展史上的一个里程碑。

三、中国海洋法规之发展

悠悠五千年,中华民族创造了灿烂的古代文明。然而,由于重陆轻海的历史传统,在海洋立法领域,中国却远离文明:古代立法,多是陆上法规;明清的"海禁"国策,更使中国走向闭关锁国;近代以来,包括国民政府统治时期,在海洋立法方面虽有涉及,但也是微不足道的。新中国成立后,特别是20世纪80年代以来,中国才真正迎来了海洋立法的春天。

(一)中国古代社会的海洋政策

作为一个海陆二元国家,中国不但有着辽阔的黄色国土,并且拥有广袤的"蓝色国土"——近300万平方千米的管辖海域。然而,数千年来,由于种种原因,中国历朝历代都秉承了重陆轻海的历史传统。具体到海洋法规的制定,众所周知,中国几千年的人治社会,少的是法治底蕴,多的是专制传统,加之重陆轻海的指导思想,统治阶级即便立法,也多是陆上法规,几乎不涉及海洋规范,这也正是研究中国海洋法制史的难点所在。如果硬找国家层面公开的涉海政策的话,那就是明朝及其以后长达数百年的海禁政策(明太祖朱元璋临终前开列了15个"不征之国",再清楚不过的表明了其重陆轻海的基本国策),元朝更是不时"寸板不许下海",以阻止民众迁徙南洋和与东洋贸易。"此后,虽有明末平定倭寇后解除海禁、清军收复台湾后放宽海禁,以及晚清洋务运动带来的门户开放,但断断续续的海禁政策已成明清两朝主流。"[①]清朝康熙收复台湾后,曾开放海禁,但晚年再次禁海,到了乾隆时期,更是实行全面的闭关锁国政策。

(二)中国近代社会的海洋法规

如前述,数百年的海禁政策和清王朝的闭关锁国,使中国丧失了与世界同步发展的最佳时机,直到1840年英国人凭借其坚船利炮,远洋而来打开了中华国门。如果说近代中国有涉海举动的话,那就是1864年与普鲁士的签约。该条约视渤海为我国内海的一部分,对外宣布了中国对渤海的权利主张。再是,1875年,中国对日声明,沿岸10里以内为中国的领海。

(三)国民政府时期的海洋法规

辛亥革命后,当局设立渔政局,着手制定渔业政策,并陆续公布了《公海渔业奖励条例》、《渔船护洋缉盗奖励条例》、《渔业技术传习章程》。到了南京蒋介石政府统治时期,因其一心忙于"剿共",无心海洋事务,其间仅有的几次涉海立法举措,就是1929年公布了《渔业法》;1930年,在海牙国际法编撰会议上,中国提出3海里领海宽度的主张;1934年,宣布中国实行12海里海域管辖。然而,由于内忧外患,积弱积贫,战火连连,千疮百孔,整个社会一片萧条,虽有上述海洋立法和涉海举措,但从根本上说,不可能有海洋立法的兴盛。

(四)新中国海洋立法大致进程

新中国成立后,中国政府高度重视对我国海洋权益的维护,1954年中国颁布了《海港管理暂行条例》,1955年发布《国务院关于渤海、黄海及东海机轮拖网渔业禁渔区的命令》,1958年公告《关于领海的声明》,1961年制定《进出口船舶联合检查通则》,1964年出台《外国籍非军用船舶通过琼州海峡管理规则》,1972年参加联合国海底委员会,1973年加入"国际海事组织",出席"联合国海洋法会议"。[②]改革开放以来,中国更是加快了海洋立法的步伐,先后颁布

[①] 谢奕秋:《陆海统筹:值得吸取的历史教训》,《南风窗》2010年第14期。
[②] 管华诗、王曙光主编:《海洋管理概论》,中国海洋出版社2003年版,第9页。

和实施了《领海及毗连区法》、《专属经济区和大陆架法》、《海洋环境保护法》、《海域使用管理法》、《渔业法》、《海上交通安全法》、《全国海洋经济发展规划纲要》、《全国海洋功能规划》和沿海省市海洋经济发展规划、十一五全国海洋发展规划等海洋法规及规范性文件，地方海洋立法也初见成效，初步形成了具有中国特色的海洋法规体系。

四、海洋法规之地位意义

以《联合国海洋法公约》为代表的现代国际海洋法规，既是国际法体系中独立的部门法，又是被誉为"海洋宪法"的重要的部门法，其对于各国海洋利用、开发、科研、保护等涉海实践，有着普遍的国际法意义和强烈的现实指导意义。

(一)独立的部门法

所谓"法的地位"即指该法在整个法的体系中是否为一独立的部门法。具体到海洋法规，很明显它是一个独立的法的部门：作为国际法的一个新兴部门法和重要组成部分，自《联合国海洋法公约》通过和生效后，它就形成了一个独立完整的体系，成为国际法的一个重要分支，并日益引起国际社会的广泛关注。

(二)重要的部门法

海洋法规的地位通过它在国际海洋社会中的作用得到了最充分的体现：作为一个重要的部门法，海洋法规——特别是被誉为"海洋宪法"的《联合国海洋法公约》的通过和生效，对维护国际海洋秩序、维护世界安全与稳定、维护世界各国的海洋权益以及合理开发海洋资源、保护海洋环境、促进海洋科研和国际合作、最终实现人海和谐与海洋经济的持续发展等方面都起到了独特的作用，其地位不言而喻。

(三)国际普遍意义

首先，《联合国海洋法公约》第一次以法律形式明确规定了200海里专属经济区制度，扩大了沿海国家的管辖海域，从而打破了海洋霸权主义者对国际海底区域及其资源的垄断。所以，它的生效，开创了人类开发、利用和保护海洋的新纪元，具有划时代的意义。

其次,国际海洋社会合法权益的行使和实现都离不开海洋法规的保障。作为规范海洋行为和解决全部海洋问题的根本大法,以《联合国海洋法公约》为代表的国际海洋法规对自然延伸原则、领海和专属经济区、大陆架、公海、生物资源养护、海洋环境保护、人类共同继承财产乃至国际海洋争端的解决等均作出了划分和规定,这对于维护世界和平、正义和促进国际海洋事业的发展;对于公正、公平、科学和永续地利用海洋等都具有全球性的普遍意义和深远的历史意义,标志着人类和平利用海洋、全面管理海洋时代的到来。

(四)现实指导意义

如上述,以《联合国海洋法公约》为代表的现代国际海洋法规,不仅对于各国的海洋活动均具有约束力,尤其对各国的涉海实践有着强烈的现实指导意义。实践证明,现代海洋法规不仅是国家进行海洋管理的重要工具,同时又是合理开发与利用海洋资源、实施海洋环境保护、确保人海和谐和海洋事业持续发展的法律武器,更是正确处理内外海洋关系、维护国家海洋权益的法律依据。尽管由于种种原因,它还存有这样那样的问题或不足,但其最终会在各国的海洋实践中不断得到健全和完善。具体到中国,《联合国海洋法公约》的生效,不仅为中国与相关国家的海域划界提供了国际法依据,从而有利于维护中国的海洋主权和主权权利,同时也有利于打破世界海洋霸权主义的垄断,争取中国在公海和国际海底的应有权益,从而大大提高了中国在国际海洋事务中的地位。这一点,在海上风云骤起的今天,对中国意义尤为重大。

第二节 海洋法规的主要类型与特征

"横看成岭侧成峰,远近高低各不同。"此乃唯物辩证法之释义也。它说明,世界上的任何事物都有其双重乃至多重的属性。海洋法规亦然。据此,本节分别从立法机构、立法层面、立法内容和立法动机上对海洋法规进行分类,并通过多角度考察,逐一论及,从而使海洋法规的主要类型与特征清晰地呈现在人们面前。

一、从立法机构上看其主要类型与特征

我们知道,法是由立法机构(主体)依据法定的权限、程序制定的。具体到海洋法规,按照制定主体和适用范围的不同,海洋法规可分为国际海洋法规、一国海洋法规、区域海洋法规和双边海洋法规。不同类型的海洋法规在效力、适用对象、范围等方面各有其特点。兹分述如下。

(一)国际海洋法规及其特征

作为国际法中的一个部门法,现代意义上的国际海洋法规,是由联合国立法机构制定的"有关海洋区域的各种法律制度,以及在海洋开发各方面调整国与国之间关系的原则和规则的总称",[①] 如《南极条约》、《联合国海洋法公约》等。国际海洋法规除了具有国际法的一般特征外,还具有如下区别于其他国际法规的部门法特征:立法主体为联合国立法机构;立法方式多是会(成)员国通过协议的方式制定;执行主体为国家(或国际)政府机构;基本内容为有关领海、毗连区、专属经济区、大陆架、公海、国际海底区域等国际法上的权利和义务;调整对象为国际海洋关系;效力范围及于世界海洋。

(二)国家海洋法规及其特征

前已论及,一般而言,法理学意义上的海洋法规即指国际海洋法规。然而,就现实层面看,在前者基础上,各沿海国又纷纷通过国内立法,制定了大量的海洋法规,以维护国家的海洋权益和发展本国的海洋事业。相对于国际海洋法规,其明显特征就是由一国立法机关制定,政府机构执行,内容多属于海洋主权和海洋管理方面的规定,效力只及于一国的管辖海域。如中国全国人大及其常委会制定的《领海及毗连区法》、《海域使用管理法》、《海事特别程序法》等海洋法规即属于此。

(三)区域海洋法规及其特征

这是某一局部海域沿海国家之间制定(订立)的关于该海域开

---

① 百度百科:国际海洋法规,http://baike.baidu.com/view/237803.htm,2011年12月13日访问。

发、利用、保护或解决海洋争议、维护地区稳定的区域性海洋法规。其特征是：立法主体是特定海域的沿海国家；形式多为"条约"、"宣言"、"协议"之类；其效力范围仅及于局部海域该法规订立国。如中国同越南、菲律宾、马来西亚、印度尼西亚、文莱东盟国家在2002年签署的《南海各方行为宣言》。其目的在于希望通过这一历史上第一个关于南海问题的多边政治文件，为和平与永久解决有关国家间的分歧和争议创造有利条件，至于实际效果如何，则另当别论。

（四）双边海洋法规及其特征

该类型涉海法规是特定国家经协商达成的海洋规范。其特征：主体为当事国双方；形式多为"协定"、"协议"等；内容多为两国间有关海洋领域的某些具体涉海事项；效力范围只及于当事国双方。如《中华人民共和国政府和美利坚合众国政府关于有效合作和执行1991年12月20日联合国大会46/215决定》、《中华人民共和国国家海洋局和南太平洋常设委员会合作协议》等即为该类型海洋法规。

二、从立法层面上看其主要类型与特征

从规范层面看，海洋法规是一个庞大的体系。就一个国家而言，位阶层面上，它是"由现行的海洋基本法，综合性管理法律法规，区域性管理法规，单项或专项性的行业法规等按照一定的原则组成的相互联系、互相制约的有机整体"。[①] 而不同位阶的海洋法规，又有着各自不同的特征。

普遍性存在于特殊性之中，特殊性体现着普遍性。现以中国的海洋法规为例说明之。

（一）海洋法律及其特征

海洋法律是一国权力机关制定的涉海规范的总称。其特征：就立法机构看，海洋法律制定机关为国家最高权力机关（如中国全国人大及其常委会）；就内容看，覆盖海洋主权、海洋权益、海洋开发、利用、科研、保护乃至海洋外交、海洋军事等各个领域。中国虽尚未出台《中华人民共和国海洋法》这一海洋基本法，但颁布并实施了诸

[①] 杨先斌：《完善中国海洋法律体系的思考》，《法制与社会》2009年第10期。

如《领海及毗连区法》《海域使用管理法》《海事特别程序法》等综合性海洋法律和《海洋环境保护法》《渔业法》等单项或专项行业涉海法规;就效力范围看,其效力及于一国的所有管辖海域。

此外,作为国家根本大法的宪法,则是现代国家海洋立法的宪法基础。

(二)海洋法规及其特征

在完整的海洋法规体系中,海洋法规是一国政府为实施海洋法律而制定的涉海规范性文件。其特征:立法机关为国家最高行政机关(如中国国务院);内容多为海洋管理领域的执法规定,带有明显的执行性特征;形式为涉海行政法规(如中国的《渔业法实施细则》、《国际海运条例》《海洋石油勘探开发环境保护管理条例》《海洋倾废管理条例》《涉外海洋科学研究管理规定》等),其效力低于海洋法律。

(三)海洋规章及其特征

海洋规章是一国中央政府下属的享有行政规章制定权的海洋主管部门依法制定的有关合理开发、利用、保护和改善海洋资源方面的部门规章。在中国,海洋规章的制定机关为国务院海洋主管部门。海洋规章的内容多为海洋管理领域的规范性文件(如中国的《海域使用许可证管理办法》《海洋功能区划验收管理办法》《海洋自然保护区管理办法》《海洋行政处罚实施办法》《海洋捕捞渔船管理暂行办法》《海洋捕捞渔民转产转业专项资金使用管理暂行规定》《远洋渔业管理规定》等),带有明显的行业性特征;其效力低于海洋法律、法规。

(四)地方法规及其特征

地方性海洋法规是各地结合本地情况因地制宜制定的地方性涉海法规。其形式包括地方性海洋法规和地方政府海洋规章。具体到中国,即地方(省、自治区、直辖市)人大及其常委会和省级地方政府依法制定的地方性涉海法规、规章(如《广东省海域使用管理条例》《广东省港口管理条例》《深圳经济特区海域污染防治条例》《浙江省海洋环境保护条例》《海南省海洋环境保护规定》《江苏省海岸带管理条例》《青岛近岸海域环境保护规定》《天津市海域环境保护管理办法》、《河北省近岸海域环境保护暂行办法》、《厦门市海域使用管理规定》、《宁波市无居民海岛管理条例》等),其内容涉及海洋资源、海岛海域、海洋环境以及海岸带、海洋自然保护区等方面的开发、利用、规划、保护等管理性规定,带有明显的地方性特征,其效力只及于本辖区海域。

三、从立法内容上看其主要类型与特征

按照内容和使用领域的不同,海洋法规又可分为综合类海洋法规、海商类海洋法规、资管类海洋法规和程序类海洋法规。现结合国际海洋法规,并以中国海洋法规为例,分述如下:

(一)综合类海洋法规及其特征

综合类海洋法规是规范海洋社会不同领域各种涉海活动及其相互关系的系统性海洋法律文件《联合国海洋法公约》及中国的《关于批准〈联合国海洋法公约〉的决定》、《领海及毗连区法》、《专属经济区和大陆架法》以及尚未出台的《中华人民共和国海洋法》等即属此类海洋法规。其最大特征就在于其综合性:海洋法规的调整对象是海洋社会关系,而海洋社会关系是由海洋经济、海洋政治、海洋文化、海洋军事、海洋外交等多种社会关系共同构成的综合性的社会关系。正是这调整对象的综合性,既决定了其在调整方法、调整手段上具有综合性的特征,同时也决定了它能够比较全面、系统地反映海洋社会关系的全貌。

(二)海商类海洋法规及其特征

本文所指海商类法规是关于海洋运输、海事、经贸等涉海领域的法律规范的总称,既包括国际海洋运输、海事、海商领域多边和双边国际条约,如中国参加的《联合国班轮公会行动守则公约》、《1965年便利国际海上运输公约》、《国际海事卫星组织(INMARSAT)公约》、《国际海事卫星组织(INMARSAT)业务协定》、《集装箱关务公约》等,又包括中国国内海洋运输、海事类法规,如《海商法》、《海上交通安全法》、《港口法》、《国际海运条例》、《海事诉讼特别程序法》等。该类海洋法规的调整对象为特定的海上运输关系和船舶关系;最明显的特征就是国际性,即规范国际海洋运输、海上贸易及其他

海事行为,并调整由此而产生的各种涉海关系。所以,海商类法规带有强烈的公法色彩,兼具技术性、责任限制性和特殊风险性的特征。

(三)资管类海洋法规及其特征

海洋资源管理法规是关于海洋资源开发、利用和管理的法律规定(如《联合国海洋法公约》以及中国的《海域使用管理法》、《海洋环境保护法》、《渔业法》、《矿产资源法》及《海洋石油勘探开发环境保护管理条例》、《旅游管理条例》、《盐业管理条例》等)。资源管理类法规按照海洋资源配置的宏观要求,规定了各涉海主体在海洋开发、利用和资源保护过程中的行为规则。所以,宏观性和管理性就成为此类法规的重要特征。如上述《海域使用管理法》及附属法规和规章,就确立了海洋功能区划、海域权属管理、海域有偿使用等3项基本制度,对海洋功能区划的编制原则、编制、审批程序及其地位和作用等均作出了全面、明确的规定。

(四)程序类海洋法规及其特征

程序类海洋法规相对于实体类海洋法规而言,是规定海洋行政主体实施海洋行政行为的顺序、方式、方法、过程、步骤、时限的海洋法律规范。《联合国海洋法公约》本身就包含若干程序类规范(如关于一般性强制法律程序和职能性强制法律程序适用的规定;关于特定种类争端中强制调解、强制商业仲裁等程序适用规定以及海洋环境保护争端的四种解决程序规定等)。此外,中国的《行政处罚法》、《海洋行政处罚实施办法》、《海事诉讼特别程序》等亦是基本的程序类海洋法规。其特征,一是调整对象的特殊性。即调整海洋行政主体在海洋管理过程中与行政相对人之间所产生的各种关系。二是目的的特殊性。即确保海洋管理过程中海洋行政法律关系双方当事人权利的实现和法定义务的有效履行。

四、从立法动机上看其主要类型与特征

从海洋立法的目的角度看,国际视野下,海洋立法是为了维护国际海洋社会秩序和海洋事业的持续发展;一国视野下,则是为了维护国家的海洋主权和海洋权益,合理开发、利用和保护海洋,规范

海洋科研和实现对涉外海洋活动的依法管理。

(一)维护权益类海洋法规及其特征

海洋权益是特定国家海洋权利和海洋利益的总称。海洋权利包括海洋主权,属于国家主权的范畴。海洋权益类法规是关于一国海洋主权的基本法律。如为维护中国的海洋权益,中国出台了《中华人民共和国政府关于中华人民共和国领海基线的声明》《中华人民共和国领海及毗连区法》《中华人民共和国专属经济区和大陆架法》等法规。1996年5月,中国全国人大常委会又批准了《联合国海洋法公约》,其中,领海与毗连区法、专属经济区和大陆架法构成了中国海洋权益的"宪章"。与其他海洋类法规不同,海洋权益类法规的立法宗旨不在于海洋的开发和利用,而在于维护国家海洋主权和海洋利益,保卫国家蓝色国土的完整,由此形成了其区别于其他类型海洋法规的鲜明特征。

(二)环境保护类海洋法规及其特征

此类法规是关于海洋环境保护的法律规范的总称。如中国的《海洋环境保护法》《防止沿海水域污染暂行规定》《防治陆源污染物污染损害海洋环境管理条例》《海洋石油勘探开发环境保护管理条例》《海洋倾废管理条例》《防止船舶污染海域管理条例》《防止拆船污染环境管理条例》《防治海岸工程建设项目污染损害海洋环境管理条例》《海洋自然保护区管理办法》等。不难看出,该类法规的内容主要是海洋环境领域行政管理方面的规定;立法体例上多采取列举式;立法目的在于保护和改善海洋环境,保护海洋资源,维护海洋生态平衡,促进海洋经济和海洋社会的持续发展。

(三)科学研究类海洋法规及其特征

海洋科研类法规是规范一国海洋科学研究、国外研究组织和个人来该国管辖海域从事海洋科学研究以及国家(或国家与国际组织)间海洋科研合作的法律文件(就中国而言,包括中国对外签订的多边、双边海洋科研条约、协定和国内相关的海洋法律文件),如《禁止在海床洋底及其底土安置核武器和其他大规模毁灭性武器条约》《北太平洋海洋科学组织公约》以及《中华人民共和国国家海洋局和德意志联邦共和国联邦研究技术部关于海洋科学技术发展合作的议定书》、《中华人民共和国国家海洋局和法兰西共和国海洋开发研究院海洋科学技术合作议定书》、《中华人民共和国国家海洋局和西班牙王国国家海洋研究院海洋科学技术合作议定书》、《水法》、《测绘法》、《海关法》等。作为一种行为规范,海洋科研类法规的最重要特性就在于它为上述科研主体提供了进行海洋科研及合作的行为模式、标准、样式和方向,以保障海洋科研的顺利进行。

(四)涉外管理类海洋法规及其特征

涉外活动管理类海洋法规是规范国际组织、外国的组织和个人在一国管辖海域内进行海洋科学研究活动的法规。对此,各国均根据自己的国情作出了相应的规定。如中国政府颁布的《涉外海洋科学研究管理规定》、《国务院关于核准〈北太平洋海洋科学组织(PICES)公约〉的批复》、《铺设海底电缆管道管理规定》等行政法规和地方性法规即属于此。其主要特征就是它的涉外性:首先是主体的涉外性,即适用于国际组织、外国的组织和个人;其次是内容的涉外性,即对各种涉外海洋活动的管理;再次是目的的特殊性,即促进海洋领域的国际交流与合作,促进国际海洋事业的发展,维护国家安全和海洋权益。

第三节　海洋法规对海洋社会的功用

海洋社会是法治社会。所以,作为海洋社会的制力天平,海洋法规对于海洋社会有着多方面的保驾护航功用。本节分别从经济、政治、文化、社会四个方面对海洋法规的功用作系统的探讨,以使人们对海洋法规的功用有正确的了解和把握。

一、海洋法规的政治功用

现代国际海洋法规的政治功用,集中体现在维护国际和平、捍卫海洋权益、保障海洋安全、解决海洋争端几个方面。

(一)维护国际和平

和平、安全、稳定、繁荣,这是全人类的共同愿望和美好追求。

然而,事物的发展是不以人的意志为转移的。纵观世界百多年来发展的历史,可谓是战火连连,硝烟弥漫。从19世纪40年代的中英鸦片战争,到1980年的英阿马岛海战,一个重要特点,就是与海有着不解之缘:起源于海者有之,争夺于海者有之,厮杀于海上者更是有之。今天,和平与发展成为世界的主题,构建和谐海洋、维护世界和平成为全世界人民的共同心声。路在何方? 笔者认为,包括海洋法规在内的国际法是维护世界安全与稳定的利器。具体到海洋社会,唯有依法治海,才有全球良好的海洋秩序,海洋社会的祥和与平安才能最终实现。对此,《联合国海洋法公约》有着充分的体现:如第88条和第301条明确规定"公海应只用于和平目的",并要求各缔约国切实履行"公海只用于和平目的"、"保护和保全海洋环境"、禁止武力威胁和使用武力、禁止在12海里领海内搜集情报及和平解决海洋争端的的义务。此外,在对领海、毗连区、大陆架和公海等传统海洋基本法律制度细化和完善的基础上,《联合国海洋法公约》又进而制定了专属经济区、用于国际航行的海峡、国际海底区域等许多崭新的海洋法律制度,将各国的海洋开发、利用纳入法治化、规范化的轨道;它"第一次对海洋权益进行了全面而系统的规定"[①],从而为国际海洋社会建立起了一种新的政治秩序,有力地维护了世界和平。

(二)捍卫海洋权益

海洋权益"是海洋权利和海洋利益的总称,包括领土主权、司法管辖权、海洋资源开采权、海洋空间利用权、海洋污染管辖权、海洋科学研究权以及国家安全权益和海上交通权益等等"[②]。当今世界,各国对海洋权益日益关注。对此,《联合国海洋法公约》赋予了各缔约国公海自由、开发和利用"国际海底区域"资源、从事海洋科学研究和国际海上通道航行等主要海洋权利,从而为各国行使和维护正当的海洋权益提供了国际法依据,也为中国领海和毗连区的宽度主

[①②] 陈万平:《我国海洋权益的现状及维护海洋权益的思考》,《当代经济》2008年第8期。

张提供了保证。同时,200海里专属经济区和大陆架制度也拓展了中国的管辖区域。① 正如李肇星同志所言:《公约》在我国生效有利于维护我国海洋权益和扩大我国海洋管辖权;有利于维护我国作为先驱投资者所取得的实际地位和长远利益;有利于发挥我国在海洋事务中的积极作用;有利于维护我国的形象。近来,东海、南海风云骤起,中国的海洋权益受到某些周边国家的侵害,致使中国岛屿被侵占,海洋资源被掠夺,海域划界矛盾重重,海上运输通道潜藏威胁,海洋主权面临严峻的挑战。对此,中国一定要从战略高度认识海洋法规在海洋维权中的重大作用,加大海洋维权的立法步伐(当前应优先制定领海及毗连区法、专属经济区和大陆架法的配套法规以及海洋综合管理法规),同时强化海上执法和海洋司法,保障国家海洋主权不受侵犯,依法维护国家的领土主权和海洋权益。

(三)保障海洋安全

海洋安全事关国家安危。今天,国际海事安全挑战增多,海洋安全问题凸现,除传统威胁外,更多的是来自海洋的非传统的威胁,如"针对航运的恐怖主义行为、贩运大规模毁灭性武器、海盗行为和海上持械抢劫、非法贩运麻醉药品、精神药物和核物质以及偷运人员和武器"等。此外,"自然资源的耗竭、海洋环境的恶化以及自然灾害也与安全议程直接相关。"②20世纪90年代以来,全球局部战争不断。"其中,影响最大、范围较广又难以解决的热点,多发生在海上或沿海地区",③对人类社会安全构成极大威胁。对此,除《联合国海洋法公约》相关规定外,国际社会几经努力,还相继签署了《制止危及海上航行安全非法行为公约》、《国际海上人命安全公约》、《制止危及海上航行安全非法行为公约议定书》、《国际船舶和港口设施保安规则》和《不扩散核武器条约》等一批法律文件(条约),从而为打击海上犯罪、保障国际海上安全提供了国际海洋法依据。

---

① 陆儒德:《从国际海洋法谈新的国土观念》,《中国软科学》1996年第9期。
② 周忠海:《海洋法与国家海洋安全》,《河南省政法管理干部学院学报》2009年第2期。
③ 王诗成:《国际海洋新秩序》,http://hi.baidu.com/lawofthesea/blog/item/e656e3fab63c25254f4aea85.html,2011年12月13日访问。

(四)解决海洋争端

海洋关乎国家兴衰荣辱。《联合国海洋法公约》的通过和生效"唤醒了沿海国家开发和维护海洋资源的意识"。然而,随着各国开发和利用海洋活动的增多,加之海洋环境压力日增,"引发了争夺海洋岛屿、海洋国土、海洋资源和海洋通道的新的争斗",海洋纠纷和海上冲突事件时有发生。目前,"全世界有300多处海域出现划界纠纷,有争议的岛屿达100多个"。① 而亚太地区更为复杂,海权争夺日益激烈,尤其是中国周边一些国家单方面宣布了一系列触及中国海洋权益的海洋法规,更应引起中国的高度关注和有效应对。

为调解纠纷,解决国际海洋争端,《联合国海洋法公约》创设了多层次的争端解决机制:"首先,坚持争端各方自由选择解决方法原则,允许争端各方选择任何和平方法解决其争端;其次,对于争端当事方不能自行解决的争端,适用一般性强制法律程序和职能性强制法律程序;再次……对特定种类的争端适用强制调解、强制商业仲裁等程序。"② 如关于海洋环境保护争端,《联合国海洋法公约》就列出了四种解决程序供各缔约方自由选择。此外,《联合国海洋法公约》还规定了仲裁程序,如关于国际海底区域争端,它规定如果争端当事方不能用自己选择的和平方法解决争端,"任何一方只能选择将争端提交法庭下设的海底争端分庭,而不能选择其他法院或是法庭作为争端解决途径"。由于《联合国海洋法公约》实行禁止保留制度,任何一国在批准或加入《联合国海洋法公约》的同时实际上就接受了其争端解决机制,并且接受了海底争端分庭的管辖。③ 多年来,仲裁一直是国际社会解决海洋争端的重要方法,而国际法院审理的海洋争端则占了其诉法案件约20%。由于对所有缔约国都有拘束力,以《联合国海洋法公约》为代表的现代国际海洋法规被国际社会公认为解决海洋争端的法律武器。

---

① 陈万平:《维护我国海洋权益的策略思考》,《中国国情国力》2008年第7期。
② 吴慧:《国际海洋法争端解决机制对钓鱼岛争端的影响》,《国际关系学院学报》2007年第4期。
③ 刘惠荣、高威、冀渺一:《国际海洋环境与争端解决问题初探》,《海洋开发与管理》2005年第4期。

此外,若从人类文明的角度看,海洋法规又有着维护和促进海洋政治文明的功用,由于篇幅所限,在此不再赘述。

二、海洋法规的经济功用

海洋经济首先是法制经济,海洋经济的腾飞离不开海洋法规的保驾护航。本目从四个方面阐述海洋法规的经济功用:促进经济发展,维护经济秩序,护卫海洋资源,保障海洋环境,从而确保海洋经济的健康、持续发展。

(一)促进经济发展

完善的海洋法规能够更好地保护、开发和利用海洋资源,使"蓝色国土"真正成为全球经济发展的推动力量,同时也为各国实施可持续发展战略提供可靠的法制保障。20世纪90年代以来,世界海洋经济快速发展,1995年的世界海洋经济总产值达到8600多亿美元,占世界国民经济总产值的5%,比1980年翻了三番多。中国的海洋经济更是处于快速发展的黄金时期,1995年,全国主要海洋产业总产值比1990年增长4倍多,[①]到2004年,更是达到了12841亿元,远远高于同期国民经济的增长速度,成为中国国民经济新的增长点。[②] 这一切虽说源于多种因素,但海洋法规功不可没:除《联合国海洋法公约》及其他国际涉海法规外,包括中国在内,各国也都相继颁布了一系列涉海经济法规,并以此规制海洋资源开发,畅通海洋运输,助推海洋经贸,保护海洋环境,极大地促进了海洋经济的发展。所以,有人说"没有海洋法规的保驾护航,就没有今天海洋经济领域的可喜局面",此话一语中的!

(二)维护经济秩序

完善的海洋法规是海洋经济快速、持续发展的保障。上述海洋经济的巨大成就有目共睹,而这一切皆得益于海洋经济法规的健全

[①] 王诗成:《国际海洋新秩序》,http://hi.baidu.com/lawofthesea/blog/item/e656e3fab63c25254f4aea85.html,2011年12月13日访问。

[②] 刘涛:《中国海洋事业发展迅速海洋法律体系已初步形成》,人民网,http://politics.people.com.cn/GB/1026/3975245.html,2005年12月13日访问。

和完善:各国通过《联合国海洋法公约》等国际海洋法规和自己国内的涉海法规(如中国的《渔业法》、《矿产资源法》、《海域使用管理法》、《海洋环境保护法》、《海上交通安全法》以及涉外海洋科研管理条例等),不但为依法治海提供了法律依据,同时也为依法用海提供了保障,更为海洋经济创造了良好的发展秩序和发展环境,使得全球海洋资源开发、海洋环境保护、海上交通运输、海洋科学研究诸领域以及海水养殖、滨海旅游、涉海贸易、公海利用、洋底开采等海洋经济活动都有法可依,有章可循,由此形成了较好的海洋秩序,进而促进了世界海洋经济的持续、快速增长。例如,正是国际航行的海峡过境通行制度,保障了国际航运秩序。目前,90%以上的国际贸易货运量借助于海运完成(这一切当然也为中国发展远洋交通提供了便利,促进了中国远洋经济的发展)。今天,借助海洋法规所形成的海洋经济秩序,从传统的海洋捕捞、养殖等第一产业,到海洋矿产、海洋运输、滨海旅游等海洋第二、三产业(甚至潜水技术、海水淡化等海洋高技术产业)都得到了迅猛发展,海洋法规对海洋经济秩序的维护功用彰显于天下。

(三)护卫海洋资源

海洋资源法规旨在调整因开发、利用、保护、改善海洋资源所发生的社会关系,保护海洋资源。世界环境与发展大会通过的《21世纪议程》指出,海洋是全球生命系统的基本组成部分,是保证人类可持续发展的重要财富。占地球面积70.8%的海洋蕴藏着丰富的资源,合理开发、利用、保护和改善海洋资源对于各国解决可持续发展问题具有重要的战略意义。鉴于此,1989年第45届联合国大会决议敦促世界各国把海洋的开发利用列入国家的发展战略。中国是一个人口大国,但却是一个资源"小"国(指人均占有)。所以,依法保护海洋资源就显得尤为紧迫。为此,在《联合国海洋法公约》的基础上,中国先后制定了《渔业法》、《海域使用管理法》、《海洋环境保护法》、《矿产资源法》及《海洋石油勘探开发环境保护管理条例》、《野生动物保护法》及《海洋石油勘探开发环境保护管理条例》、《旅游管理条例》等涉海资源法规和地方性法规。世界海洋经济的发展证明,完善的海洋资源法规不仅是合理开发利用海洋资源、保护海洋环境和人体健康的法律武器,又是协调经济社会发展和海洋资源保护的重要调控手段;既是提高公民海洋资源法制观念和促进公民参与海洋资源管理的好教材,更是依法处理涉外海洋关系和维护国家海洋资源权益的利器与工具。①

(四)保障海洋环境

良好的海洋生态环境是海洋社会可持续发展的基本条件。一个时期以来,随着海洋经济的发展和人类涉海活动的增多,海洋环境受到严重的影响,致使生态环境恶化,近海赤潮频发,渔业资源衰退,海洋灾害增多……直接影响到海洋经济的健康和持续发展。所以,保护和依法治理海洋生态环境成为海洋社会的强烈呼声和不二选择。为此,《联合国海洋法公约》不仅首次创设了一种普遍的法律制度框架,确立了各缔约国在海洋环境保护问题上的权利、义务与责任,同时还作出了"干预"、"倾废"等防止海上污染的相关补充,并规定了海洋环境保护争端的强制性选择方式。近年来,各国纷纷行动,依法保护和改善海洋生态环境,有效地抑制了国际海洋环境恶化的趋势,充分显示了海洋法规"海洋环境卫士"的功用。中国也先后制定了《海洋环境保护法》、《防止船舶污染海域管理条例》、《海洋石油勘探开发环境保护条例》、《海洋倾废管理条例》、《防止拆船污染海洋环境管理条例》、《防治陆源污染损害海洋环境管理条例》、《防治海岸工程项目污染损害海洋环境管理条例》等海洋环保法规。这一切对呵护海洋生态环境、确保海洋肌体健康和海洋资源的持续利用有着极为重大的意义。此外,中国海监总队也加大了海洋环境的执法力度,做好做实对中国沿海的海域使用、海洋工程建设项目环保、海洋生态保护及重点海域的执法检查,严厉惩处各种破坏海洋环境的违法行为。海洋司法方面,1984 年中国先后设立 10 个海事法院,至 2002 年 9 月,中国海事法院依法审理了 300 多件海域污染损害赔偿案件,②取得了良好的社会经济效益。

---

① 周晨:《我国海洋资源法体系初探》,中国论文联盟网,http://www.lwlm.com/sifazhidulunwen/200806/45128.htm,2011 年 12 月 13 日访问。

② 吴兢、陈杰:《我国海洋环境保护法律体系初步形成》,《人民日报》2002 年 9 月 24 日。

三、海洋法规的文化功用

海洋法规是一种法治文化,属于海洋法治文化的范畴。所以,海洋法规的文化功用也就具体表现为海洋法治文化的功用。文化具有传播力、引导力、影响力和凝聚力。自然,海洋法规在海洋社会也就发挥着传播、导向、影响和激励功用。鉴于此,这里首先对海洋法治文化进行释义,并在此基础上,对海洋法规的传播功用、导向功用和规范功用作系统的阐述。

(一)文化功用释义

法治文化"是一个国家、地区和民族对于法律生活所持有的以价值观为核心的思维方式和行为方式。它既包含人们对于法律的理解和认识,还包含了由法律和法治而引发的人们对于法治生活的认知观念和行为"。可见,法治文化首先是一种"观念和意识",同时又是一种"行为准则",更是一种"现代化的观念文明"。[①]

那么,何为海洋法治文化?目前学术界对此尚没有一个权威的说法。笔者认为,海洋法治文化就是一个国家、地区或民族在长期的涉海实践中形成的海洋法治意识和法律制度、法治机构、涉海活动等法治实践的总称。它内化于一个国家或地区的海洋法律思想、治海理念、制度、设施、产业,并支配着人们的涉海行为。

海洋法治文化有狭义和广义之分。狭义的海洋法治文化仅指人们的海洋法治意识、思想、知识、理论、理念、信仰等,并依次分为海洋法治心理、海洋法治意识和海洋法治思想三个由低到高的层次。广义的海洋法治文化则包括海洋法治意识、海洋法治规范、海洋法治方式和海洋法治物质载体四个方面,是包括海洋立法、执法、司法、普法、守法、涉海法律服务和海洋法治监督在内的海洋法治文化体系。就结构看,它是由海洋法治物质文化、海洋法治精神文化、海洋法治制度文化和海洋法治行为文化构成的有机统一整体。

抽象意义上的文化尽管是无形的,但在海洋社会的现实生活中,海洋法治文化的作用却表现得淋漓尽致:它既是弘扬和传播海

[①] 冯爱东:《法治文化的内涵和功能》,《江苏法制报》2005年10月25日。

洋法治精神的有效载体,又是海洋普法的的重要动力。其作用于人们的涉海实践和海洋经济建设,影响着公众海洋法治信仰的确立乃至海洋立法、执法和海事司法行为;不但关连着海洋政治文明建设和对海洋外交政策的理解与执行,甚至关乎着海洋领域的科研合作能否顺利进行。概括说,海洋法治文化的现实功用就是:提升法治意识,培育法治信仰;增强法治观念,提高法律素养;传播海洋文化,助推海洋科研;规范涉海行为,推动依法治海,最终实现法治海洋。

(二)传播法治精神

海洋法规的传播功用,突出表现在其以特有的文化属性和传播方式,播撒海洋法治精神,培育海洋法治信仰。其具体表现形式,一是传播。即借助于海洋普法,提升公众的法治意识和法治观念,培育全社会的海洋法治信仰。所以,海洋普法的过程也就是一个传播先进文化和海洋法治精神的过程。二是"解渴"。即海洋法治文化功用的发挥,可以满足海洋实践对海洋法规的渴求,在"解渴"的同时,也播撒了海洋法治的种子。如当广大农渔民群众遇到诸如海域使用、渔民转产、环境保护、水产养殖等这些日常生产、生活中与自己切身利益相关的难题但却苦于法盲而一筹莫展时,适时的现场说法就能使其识法明理——了解海洋法治精神,明白个人的权利义务,自然也就会理性地处理问题。长此以往,润物无声,潜移默化中使群众认可和接受了海洋法治精神。

(三)引导正确选择

海洋法规通过对人们涉海、治海行为的引导,帮助人们作出正确的选择,由此显示出其特有的导向功用。具体说,一是指引。思想支配行动,文化引领实践。趋利避害是人的本能。问题是凡事都要有个度,要弄明白趋什么样的利和如何趋利,用今天的话说就是要依法取利、合法致富。否则就有可能损人利己、危害社会,甚至走向犯罪。这样,海洋法规的导向功能就派上了用场——借助于海洋法规的指引,人们就会明白"做什么"和"怎么做",从而保持海洋社会的和谐、有序。二是催化。我们知道,实现海洋法治的前提就在于全社会对海洋法规的正确认识和理解。为此,就要借助于海洋法治文化的理解力,对具体的法规条文进行相应的文化解读,使深奥的法规内涵生活化,抽象的法规条文具体化,这样才能为人们所理解、接受,也才能成为人们的行为准则,从而发挥出其应有的作用。此时,海洋法规的文化功用就得到了充分的展示。

(四)影响涉海行为

海洋法规最现实的功用就是直接或间接地影响各涉海主体的涉海行为,其方式有二。一是规范。文化是一种规范力。作为一种原则、规则,海洋法规规范着人们的涉海行为和治海行为,使之在海洋法治的轨道上有序进行。二是影响。海洋法规的文化因子内含着海洋社会主体"可以做什么"和"不可以做什么"的意蕴。所以,当人们的海事行为失范时,受海洋法治文化的熏陶和教化,当事人就会自觉调整自己的涉海行为,从而实现海洋法规的文化功用。

此外,作为一种法治文化,海洋法规还有凝聚人心和激励斗志的功用。如海洋法规通过对各种涉海活动和治海行为的表彰、奖励和激励机制,让公众理解和接受,让执法者受到感染和鼓励,让作出贡献者得到褒扬和重用,不但起到了凝聚人心的作用,更激励着人们依法用海、依法护海,合作共事,奋发向上。

四、海洋法规的突出功用

如前述,海洋社会是法治社会。海洋法规不仅是海洋社会的制度支撑和规则保障,更是构建和谐海洋的重要条件。本目从海洋管理利器、促进国际交往、维护海洋秩序、构建和谐海洋四个方面,详细论述了海洋法规的突出功用。

(一)海洋管理利器

作为海洋社会赖以存在和持续发展的法制基础,完善的海洋法规是依法治海的有效手段。以《联合国海洋法公约》等现代国际海洋法规为代表,包括各国有关海洋权益维护、海洋资源开发利用、海洋环境保护、海洋科学研究、海上交通运输等各个领域的涉海法规,目前已初步形成了海洋社会较为完善的海洋法规体系。其中,《联合国海洋法公约》涉及海洋国际关系和海洋开发的各个方面,包括领海和毗连区、用于国际航行的海峡、群岛国、专属经济区、大陆架、公海、岛屿、闭海或半闭海、内陆国出入海洋的权利和过境自由、海洋环境的保护和保全、海洋科学研究、海洋技术的发展和转让、海洋争端的解决等制度和规范,①从而为依法用海、护海、管海奠定了坚实的法律基础,使海洋运输、海上捕捞、海水养殖、大洋采矿、油气开采、海水化工、海域使用、滨海旅游等资源开发、利用所有领域的第一、二、三产业的各种涉海活动和海洋科研、涉外合作、国际交流、环境保护等涉海领域的海洋管理、执法基本上做到了有法可依,有章可循,从而大大提升了依法治海的水平和效率。例如,正由于海洋资源的再分配和新的渔业规则的确立,加之渔业管理中国际合作与援助的增强,《联合国海洋法公约》生效后,国际渔业资源的养护和管理有了明显的改善。中国自《海域使用管理法》实施以来,"三无"现象也得到了根本的扭转,全国海域使用已基本纳入有序、有度、有偿的轨道,海域使用管理也有了较大的改观,海洋法规的社会作用由此可见一斑。

(二)促进国际交往

我们知道,海洋环境及海洋资源的特点决定了海洋开发与海洋科研领域国际合作的必然性。由此,鼓励参与海洋事务、发展国际交流与合作就成为国际法的基本原则。而《联合国海洋法公约》关于鼓励和促进各国包括在公海"进行海洋科学研究","并在互利的基础上,促进为和平目的进行海洋科学研究的国际合作"的相关规定;关于领海内的"船舶无害通过权"、专属经济区内的航行和飞越自由以及内陆国家享有通过过境领土、出入海洋自由等条款规定,都体现了促进国际交往的原则和宗旨。中国也先后制定了《涉外经济合同法》、《专利法》、《商标法》和《涉外海洋科学研究管理规定》、《国务院关于核准〈北太平洋海洋科学组织(PICES)公约〉的批复》、《铺设海底电缆管道管理规定》等法律、法规,从而为中国扩大对外开放、增进国际合作提供了法律保障,有力地促进了海洋经济、技术和科学研究领域的国际合作和文化交流。30多年来,中国取得了一批重大海洋科技成果,与国外的海洋科研合作进展顺利,这其中,海

---

① 王诗成:《国际海洋新秩序》,http://hi.baidu.com/lawofthesea/blog/item/e656e3fab63c25254f4aea85.htm,2011年12月13日访问。

洋法规确实起到了积极的促进作用。

(三)护卫海洋秩序

海洋是人类共同的家园,是维持人类持续发展的资源环境。随着海洋科技的发展和陆地资源的锐减,各国纷纷把发展的目光转向海洋,以石油开发为代表的海洋产业迅速崛起。然而,人们不愿意看到的另一个事实则是,随着世界海洋事业的迅猛发展,一场以争夺海洋资源和保卫海洋安全为核心的国际海洋权益斗争日益加剧。所以,为了维护国际海洋社会秩序,《联合国海洋法公约》"确立了调整和支配全面利用海洋及其资源的规则,建立起一种全面、公平和可行的世界海洋新秩序和法律制度……它的许多规则和原则已经成为习惯国际法,为世界各国所遵守"。[①]为规范各国对海洋资源合理、有序地开采和利用,保证各国"共用"海洋和国际"共管"海洋,《联合国海洋法公约》声明:海床、洋底、底土及其资源是"人类的共同继承财产",由联合国"国际海底管理局"代表全人类行使管理权,任何国家不得对其主张或行使主权或主权权利,任何"一个负责任的海洋大国,参与国际事务,发展国际交流与合作,都应该在国际法基本原则和现代海洋法的框架内进行",[②]并遵守和执行区域协定和双边协定,尊重他国的海洋法规。实践表明,《联合国海洋法公约》的上述规定,"使得人类对海洋的管理开发更加规范化、秩序化。世界从盲目的、以武力威胁式的占领、开发和利用海洋,转向适当地合作与妥协,按照法律和规则取得和维护各自的海洋权益",[③]新的海洋国际新秩序由此建立。

(四)维系人海和谐

构建和谐海洋,努力实现人海和谐,这是海洋社会追求的目标,而海洋法规则是和谐海洋社会的基石和根本保障。多年来和谐社

[①] 周忠海:《海洋法与国家海洋安全》,《河南省政法管理干部学院学报》2009年第2期。

[②] 贾宇:《健全海洋法律制度依法实施海洋开发》,http://hi.baidu.com/lawofthesea/blog/category/%C2%DB%B5%E3%BC%AF%BD%F5,2011年12月13日访问。

[③] 《第四单元维护海洋权益》,中学生在线 http://stu.bdchina.com/xinbanziyuan/shandongban/xia/g2/g2dl/sdg2dl16.htm。访问日期

会建设的经验表明,海洋社会的稳定和健康发展,必须具备利益表达、激励动力、整合平衡和利益救济这四种健全的社会机制,"而促使和保障这四种机制正常启动和运行的最明确、最有力、最具体的手段就是法律"。作为社会关系的调节器,海洋法规正是凭借其"明确性、确定性和国家强制性"优势,来"调整社会关系,平衡社会利益,整合社会资源,维护社会秩序",[①]进而实现海洋社会的稳定与和谐。

和谐海洋社会包括人与人之间的和谐、人与社会之间的和谐和人海和谐,是三重和谐的统一。而这一切,都要借助日益健全的海洋法规:首先,唯有海洋法规才能提供"大家共同遵守的行为规则和各种社会制度……并用强制手段保证这些规则、规范和制度的实施和实现",[②]从而确保人们之间和睦相处。其次,唯有借助海洋法规的平衡和调节作用,才能化解海洋社会"管海"、"用海"之争和其他社会利益的冲突,从而实现个人与社会的和谐。最后,只有借助法治的手段,才能实现海洋资源的合理开发、利用、保护,也才有良好海洋生态环境的最终形成,从而实现人海和谐。

上述一切说明,海洋法规是构建和维系海洋社会和谐的制度支撑和基本手段,没有海洋法规创造的基本制度环境,就没有和谐海洋社会的实现。可见,"法治的意义不仅在于可以减少矛盾,而且还在于可以有效地解决矛盾,使已经产生的纷争能够得到及时解决,使不和谐的状态归于和谐",[③]从而为构建和谐海洋社会创造了条件。

至此,本书对海洋社会学研究对象的第二个层次——包括海洋社会是海洋环境的社会、海洋经济的社会、海洋政治的社会、海洋文

[①] 王青山、于亚君:《试论法治建设与构建和谐社会的关系》,《桂海论丛》2007 年第 6 期。

[②] 周成新:《法治是社会主义和谐社会的核心内容与根本保障》,《特区实践与理论》2006 年第 6 期。

[③] 张富强、曹秀娟:《论和谐社会与法制建设》,《华南理工大学学报(社会科学版)》2007 年第 1 期。

化的社会、海洋军事的社会、海洋外交的社会以及海洋法规的社会等七大方面的基本内容，均已作了初步的论述。这些论述，所讲的都是海洋社会学研究对象的主轴部分之一，主要从主轴的重心维度来探讨海洋社会的环境、经济、政治、文化、军事、外交和法规等及其互动之规律。它表明：海洋环境是海洋社会的生力摇篮，海洋经济是海洋社会的物力根基，海洋政治是海洋社会的权力指向，海洋文化是海洋社会的智力聚焦，海洋军事是海洋社会的武力后盾，海洋外交是海洋社会的和力桥梁，海洋法规是海洋社会的制力天平。同时也表明：它为本书从第十五章开始的海洋社会学研究对象第三层次的展开，提供了广阔的社会阵地。

参考文献：

1. 高维新、蔡春林主编：《海洋法教程》，对外经济贸易大学出版社2009年版。
2. 《联合国海洋法公约》。
3. 屈广清主编：《海洋法》，中国人民大学出版社2005年版。
4. 徐祥民主编：《海洋法律、社会与管理》，海洋出版社2010年版。

思考题：

1. 简述海洋法规的发展历程。
2. 简述海洋法规的类型。
3. 如何理解海洋法规的功用？

巍巍高山　茫茫大海　抔土杯水成伟岸
粒粒细沙　株株小草　滴浪只鱼竞自由

第十五章　海洋个体：海洋社会的有机细胞

无论是自然界还是人类社会,个体与整体的关系都是一种基本关系,二者的有机统一在很大程度上是世界存在的基本状态。人们在看待这个问题时不能忽视看似微小的"个体"的地位,复杂多样、庞大浩瀚的宏观整体的构成要素往往就是渺小的个体,我们研究与探讨海洋社会的问题当然也不能离开这个重要的话题。在结构上,作为整体的海洋社会是由海洋个体构成;在内涵上,作为细胞的海洋个体也充分反映海洋社会的社会属性。在海洋社会这个广阔空间中,海洋个体数量巨大、种类庞杂,但可以依据一些线索将其归类理解。不同类型的海洋个体在不同方面对海洋社会的发展传承起着相应的作用。

第一节　海洋社会是海洋个体的社会

理解海洋个体要从它与海洋社会之间的有机联系入手。海洋社会中,海洋个体是构成海洋社会整体的最基本要素,它与海洋社会本身处于一种有机统一之中,堪称构成海洋社会的有机细胞。我们从二者的这种联系中来具体地理解海洋个体的基本概念、本质属性及二者之间的意义。

一、海洋个体的基本概念

庞大复杂的海洋社会是由一个一个最普通的海洋个体汇集起来的。认识海洋社会,应当将海洋社会中的海洋个体的基本概念放在一个重要的位置之上。我们从其基本定义、物质基础、实践基础几个角度来了解海洋个体这一基本概念,深刻领会海洋个体作为"具体现实的人"的内涵。

(一)社会个体与海洋个体

我们从海洋社会视角讨论的海洋个体当然是海洋社会的个体,所以要先认识一般意义上的社会个体。社会个体是社会学中一个基本概念,其具体涵义就是指在社会中实际生活着的具体的、现实的人,它是构成社会整体的最基本的细胞。[1] 这种一般性的定义可以适用于所有社会形态。参照这种通行的定义内容,我们为海洋个体下一个定义,即:海洋个体就是海洋社会的有机细胞,就是在海洋社会中实际生活着的具体的、现实的个人。如渔民、船员、海商、海盗、海军作战人员、海洋科学考察人员、海洋工业和海洋工程人员等。他们是在海洋社会中生活并开展认识和改造海洋世界的活动。

(二)海洋个体的物质基础

人类社会的产生与发展伴随着人认识和改造物质世界的过程,海洋社会的产生与发展则伴随着人认识和改造海洋物质世界的过程。从这个意义上讲,海洋世界是海洋个体存在的物质基础。

海洋世界的含义首先是在自然科学、地理学意义上使用的。整个自然界可以从宏观上分为海洋与陆地两大区域。与人类习惯生活的陆地相比,海洋的生态环境有极大的特殊性。大致来说,海洋世界指围绕着面积巨大、体积庞大的海水水体,由海岛、海洋大气、海面、海底等空间及其中丰富多彩的物质资源和生态系统所构成的世界。

自然科学、地理学意义上的海洋世界为海洋个体存在提供了物质基础。人类正是在对海洋世界的认识与改造过程中创造海洋社会和海洋个体的。首先,海洋世界以其贯通世界的流动性为人类提供最为便利和经济的交通渠道;其次,海洋世界以其广阔复杂多样

---

[1] 社会个体的这一用法在学界没有具体的定义,但是从行文的使用上来看,则大多是在这个含义上使用的。如"个人主义虽然强调了社会个体在社会整体中的地位和作用,充分体现了社会个体细胞与社会有机体的不可分离关系"。参见刘保民:《从"个人主义者"到"整体主义者"——浅论社会个体的自我超越问题》,《武汉大学学报(人文科学版)》2004年第4期。

的空间为人类活动提供活动平台与活动对象;再次,海洋世界以其丰富的资源为人类活动提供必要的资源与能源,包括生物资源、海水及化学资源、海洋石油天然气、其他矿产资源及海洋能等。

在这个意义上存在的海洋世界是一种"人海相关系统",按照人们活动的不同性质,可以将海洋世界划分为经济的、政治的、军事的、法律的、语言民族的、宗教的等不同的海洋领域,它们的界域既有区别又有重叠,造成这种状况的原因是人类社会生活的多样性与复杂性。按照这种标准所划分的区域,大的可以跨越洲界、国界,如"亚太地区"、"北大西洋区"等等,小的可以是地方性的海岛县以至某片"海洋养殖区"等等。[①]

(三)海洋个体的实践基础

海洋世界以其空间与资源为海洋个体的产生发展提供充足的物质基础,但那毕竟只是一种外在的条件,有这样的外在条件不一定就能有海洋个体的产生发展。真正对海洋个体的产生发展起关键作用的因素是人类在海洋世界中开发与利用海洋资源的活动,这是海洋个体产生发展的实践基础。

从类型来分,人类在海洋世界中的活动有直接和间接两类。直接的活动指在海洋上和海洋中进行的对海洋资源的开发和利用,如渔业、航海等;间接的活动指在陆上进行的对海洋资源的开发和利用,如海水煮盐业、造船业等。从历史发展的时间线索来看,人类在海洋世界中的活动虽然要晚于在陆地世界中的活动,但在文明史中所占据的时间段却比较漫长。考古发现,"在距今 18000 年前的北京周口店山顶洞人穴居的洞内,就发现了做装饰品的海蚶壳。欧洲波罗的海沿岸的贝丘文化,北欧斯堪的纳维亚和威海、里海沿岸的古代遗址,证明那里居民也都经历过原始海洋开发阶段。当时的滨海原始居民过着渔猎生活"。[②] 真正使得人类在海洋世界的活动取

[①] 杨国桢:《论海洋人文社会科学概念的磨合》,《厦门大学学报(哲学社会科学版)》2000 年第 1 期。

[②] 朱晓东、陈晓玲、唐正东编著:《人类生存与发展的新时空——海洋世纪》,湖北教育出版社 2000 年版,第 272 页。

得巨大发展的是始于15世纪的新航路开辟。这是人类海洋活动的第一个高峰期,其主要的方式是大规模的海洋贸易和西方国家的海外殖民。在那以后,海洋活动在整个人类实践活动中的地位日益凸显,到21世纪的今天,即将达到第二个高峰期。在经济全球化的过程中,人们对海洋这个连接全球的最便利的通道的利用达到前所未有的高度;在陆地资源日益开发接近极限、陆地生态承受力接近饱和的环境下,人们在海洋世界中也开拓出更为广阔的前景,除了传统的渔业外,如矿产、能源甚至气象等各种新型资源也达到极丰富的程度;在知识经济时代,人们在海洋活动中不断推陈出新,在海洋科技研究上也取得巨大的突破,极大推进了人类知识的水平与经济的形态。

(四)海洋个体即现实的人

海洋个体是在认识和改造海洋世界的社会实践活动中发展起来的具体的、现实的人。海洋个体是人的一种,因此把握海洋个体这个概念必须首先对人的概念本身有所认识。"人的存在是以一定群体展开的社会运动形态,也是一种独立个体的生命运动形态。"[①]我们认识"人"当然不能离开对其社会运动状态的认识,也离不开对"人"作为一个"类"存在时其整体涵义的认识。这是我们在科学上认识某个事物个体时的基本原则。但是我们认识"人"时却要有所不同,不光要认识作为"类"的人的内容,还要关切作为个体存在的"人"的内容。从这个意义上讲,"人"具有极强的独立个性及不能确定的发展中的内容,他在改造世界的过程中也改造自我,不断地变化发展,从不成熟走向成熟,靠着极强的主体性来成就自我。作为个体存在的"人"即是某一社会实践的主体。通过强调个体的人作为社会实践主体所具有的社会性,就能超越以往所有各种社会科学研究把人抽象化、形式化、平面化的倾向和认识,人因此从一个"观念王国"里的灰色的、固定不变的符号,回归成为生存在实实在在生活之中的有血有肉、不断生成的个体,即具体的、现实的个体。相应的,海洋个体就是在人认识和改造海洋活动中,通过不停息的实践

---

① 陶富源、陶庭马:《论人类的个体》,《安徽商贸职业技术学院学报》2004年第1期。

改造客观的海洋世界,也不断完善自身,成就海洋社会属性的自我。

二、海洋个体的本质属性

人的本质问题是人类研究社会的永恒主题,社会个体如何实现自我完成以及超越自我则是探索人性时必须回答的基本问题。我们在海洋社会学的视角上探讨海洋个体也必须要从相同的主题出发,回答相同的基本问题。

(一)社会关系:本质属性的内涵

马克思主义以前的许多关于人的本质学说虽然对这个问题进行过深入探讨,但他们的共同局限是离开社会实践来讨论人的本质,把人的本质要么理解为纯粹意义上的善与恶;要么理解为抽象的"类"。马克思和恩格斯以他们创立的唯物史观作为考察人和人的本质的理论基础,得出"人的本质并不是单个人所固有的抽象物,在其现实性上,它是一切社会关系的总和"[1]的结论,这种观点彻底克服了旧唯物主义在人的本质问题上的历史局限性,使人的本质真正回到现实中来,开拓出了人们认识人类本质属性的真理道路。其具体涵义就是,仅靠一种科学综合的方法抽取人人所共有的特征,虽然揭示出了人的某些共性,但还不能算把握住了人的本质。要真正把握人的本质,就要把握该个体所在的那个社会现实中的全部社会关系的总和,把握他所在的那个社会的本质。因此,不论什么样的人性表现,都是一定社会关系的反映;不论在怎样的历史时代中,人性的共同或相异的表现,亦都是人的本质属性的不同表现形式而已;不论在什么样的地域中,共同或不同的人性表现,都是人的社会关系总和的表现。海洋个体作为人类的组成成员,也遵循相应的规律。我们认为海洋个体作为人的本质而言,就是海洋个体生存发展的海洋社会关系的总和。把握海洋个体的本质,就是要掌握海洋社会的本质。从人类进行对海洋开发利用活动以后,我们所谈论的海洋就不再只具有纯粹的自然意义了,它已经具有了一定的社会属性方面的涵义。因此,探讨海洋社会的社会关系,其入手处正是人类

---

[1] 《马克思恩格斯全集》第1卷,人民出版社1995年版,第5页。

实施的开发利用海洋的实践。

(二)有机统一:本质属性的表现

海洋社会是一个与海洋相关的社会共同体。在共同体内,海洋个体以各种群体和组织为依托进行联系和交往。他们的生活内容是多方面的,包括经济生活、政治生活、文化生活和社会生活,海洋个体之间因此而形成了一系列关系,包括经济关系、血缘地缘关系、政治关系等。这些社会关系都是有机统一的整体,而不是各自独立要素的简单累加。海洋社会关系的有机统一首先表现在其经济关系是所有一切关系的基础,它决定其他关系的性质与主要特点。如以渔业为基本生产方式而建立起来的海洋个体之间的海洋社会关系的性质就不同于以海上贸易为基本生产方式而建立起来的海洋个体之间的海洋社会关系的性质。海洋社会关系的有机统一还表现在与海洋相关的文化特色。这些文化特色贯通于一切海洋社会关系之中,是他们共同的特性。由于其整体的物质生存环境与海洋密切相关,这种源于海、靠海有海的特性而不同于纯粹以陆地为环境的文化特色。这种由海洋个体在与海洋打交道的过程中产生的社会关系,难免会打上海的烙印。海洋个体为了依靠海洋生存,不断向神秘的海洋挑战,从近海到远洋,从海面到海底不断去探索新的资源,这就使得海洋社会的关系天然带有了探索、搏斗、冒险的海洋特色。同时,海洋社会感受海洋"海纳百川"的特点,在流动与开放中生长,使得海洋社会的关系又更多地具有开放性、进取性、创造性的特色。当然,必须指出的是,海洋社会也不能完全脱离陆地而存在。海洋社会中的海洋个体,其共同生活空间仍离不开陆地。不管是岛屿还是海岸带,都是陆地的一部分。即便长时间在海洋上航行的远洋舰队的船员,他也有上岸的时候。终生只在海上生长的个人属于绝对少数(例如,电影《海上钢琴师》中的主角 T. D. 雷蒙 1900(格式?))。因此,从这种意义上讲,海洋社会仍然是陆地社会的一种延伸,它所具有的社会关系必须与一般的、陆地上的社会关系密切相关,不具有绝对的独立性。

(三)变化发展:本质属性的变迁

海洋个体的本质属性是海洋社会关系的总和,而海洋社会及海洋社会关系都是历史范畴,随着历史的变迁而不断变化发展,因此,海洋个体的本质属性也就具有了同样的特色。从发展历程来看,海洋社会经历了从小到大、从弱到强、从地位次要到地位重要的发展历程。海洋社会的出现时间很早,当原始人类中出现了依赖海洋为生的成员时,海洋社会就已经出现。但是,在很长的历史时间内,海洋社会的影响力小,没有对整个人类生活形成巨大影响。海洋社会的真正崛起是在欧洲大航海时代之后,而在当今及今后的时期内,海洋社会在整个人类社会中已经居于极为重要的地位。与此相应,海洋个体的本质属性也经历了相同的由弱到强、由微至著的过程。在这个过程中,起到最为基础作用的是人们依靠海洋所进行的物质资料生产方式的变化,它的变化带来了海洋社会关系的变化并把这种变化反映在海洋个体那里。例如,在古代,海洋社会占支配地位的构成者是渔民,渔民对海洋自然条件的依存度比较高,一切全靠出海打鱼,这种高强度、高风险的重体力劳动只有强壮的男子才能胜任,因此在海洋社会就形成了对男性的极高的崇拜,崇尚男性、男尊女卑就成为了当时海洋个体本质属性的一个表现。但是到了21世纪的今天,渔民已不再是海洋社会最为主要的构成成员,即使渔民的生产方式也发生了很大变化,并不是过去那种对海洋和渔民强壮身体的过度依赖的生产活动,因此,过去那种对男性的盲目崇拜也就逐渐淡化了。

(四)自然属性:本质属性的载体

海洋个体的社会属性是海洋个体的本质属性,但并不是唯一属性。海洋个体还具有自然属性,虽然自然属性不是本质属性,但它是海洋个体本质属性的物质承担者。海洋个体的自然属性也就是人的自然属性。人的自然属性在某种意义上讲,就是人的动物性。无论人类的发展历史有多么久远,无论人类的文明进化到多高程度,人来自动物的这个特点永远不会改变,也决定了人永远不能摆脱动物性。没有任何动物性的人,就不是现实的人。现实的人所具有的来自动物性的最基本的生存需要和动物生理结构上的某些特殊技能是人能完成社会化、具有社会属性的物质承担者。相应的,现实的人所产生的对海洋世界的需求及在海洋世界中拼搏实践的生理条件也就是人能在海洋社会中获得海洋社会属性的物质承担者。如果没有最初的人产生从海中获取食物的欲望,人们不可能向海洋进发进而变成海洋个体。如果人不具有在海洋中生存的基本的动物性的能力,人们即使想向海洋发展也无法得以实现。

三、海洋个体与海洋社会

整个海洋社会里"人——海洋——社会"构成复合生态系统。海洋是这个生态系统中的基础,决定了人们只能选择具有海洋特性的社会生产方式。人们在依托海洋所进行的生产和生活实践活动中形成了独特的海洋社会。在海洋社会系统里,海洋个体与海洋社会是对立统一的关系。海洋个体离不开海洋社会。

(一)生存和发展依赖于海洋社会

海洋个体在海洋中的生存发展离不开海洋世界所提供的自然资源,但更离不开海洋社会所提供的社会性条件。海洋个体对海洋社会的依赖从大的方面来讲,是依赖于海洋社会的物质技术与精神指导层面的支持。海洋社会所提供的物质技术的支持包括直接开发海洋的科学技术和利用海洋资源的经济管理方法。即使在最古老的海洋社会中,人们也要利用相应的捕鱼技术与工具来获得利益,更毋庸说到了近代人们对航海贸易、航海移民等方式的依赖。到了 21 世纪的今天,人们可依赖的物质技术手段就更加多样。海洋社会对海洋个体所具备的精神指导层面的支持包括提供开发海洋的信念、对海洋热爱与敬畏的信仰以及直接调节海洋社会的法律规范等等。没有这些精神层面的指导,海洋个体无法顺利和谐地完成对海洋资源的开发。从小的方面来讲,海洋个体依赖于不同层次、不同规模的海洋群体。正如每一个社会中的人必然可以归属于不同的社会群体,每一个海洋个体也可以归属于不同的海洋群体。"这些群体包括海上生产、生活的社会群体,如渔民、船员、水手、海商、海盗、海军、海洋科学考察人员、海洋工业和海洋工程人员的组合;海岸带陆域的农村、港口城镇、渔村聚落、宗族和民间会社,海洋资源或产品的加工、仓储、运销、研究的机构,海洋管理和服务的部门。亦即各种海上力量以及陆岛支持力量的组织编成。"[1]这些群体都有自己的亚文化,成为比大的海洋社会次一级的有着部分共同文化观念的小共同体。这些群体对其成员即海洋个体产生巨大的文化影响。从实际情况来看,由于海洋社会生存状态的特殊性,海洋个体对海洋群体的依赖性更为强烈,而海洋个体所体现出来的群体特性也比一般社会个体强烈。

(二)在海洋社会中完成其社会化

人的社会化问题是从社会学角度研究人的一个重要话题。人作为一种动物,来自自然,但人不是一般的动物,他并不限于对自己自然属性的展示和发挥,他要通过自己的活动获得社会属性,完成社会化。人以自己的活动创造自身文化,它表示人类在改造自然、社会关系和人自身等方面所进行的各项活动,以及这些活动的对象化的成果。这些活动和成果都是属人的,与纯自然的现象根本不同。因而文化实质上就是"人化",也即人的社会化成果。正如马克思所说:"人是类存在物,不仅因为人在实践上和理论上都把类——他自身的类以及其他物的类——当作自己的对象;而且因为——这只是同一件事物的另一种说法——人把自身当作现有的、有生命的类来对待,因为人把自身当作普遍的因而也是自由的存在物来对待。"[2]因此,海洋社会为人类提供生存发展的条件,但它不光是海洋个体依赖的外在的、获取生存资料的手段或工具,而是海洋个体生产与生活于其中的日常生活区域,是海洋个体以自主的地位、自主的意识和自主的选择而建构的共同体,也是一个海洋个体自主交往的世界。在这样一种交往中,海洋社会影响和塑造着海洋个体的认同和行动,也即,海洋个体在海洋社会中完成社会化。海洋个体在海洋社会中的任何一种生存形式,都是海洋个体日常生活的物质载体。海上捕捞、海洋贸易、海港商务等,既是人们改造海洋获取生存资料的行为,也是如何在海洋社会中生活,完成个体的海洋社会属

---

[1] 杨国桢:《论海洋人文社会科学概念的磨合》,《厦门大学学报(哲学社会科学版)》2000年第1期。

[2] [德]马克思:《1844年经济学哲学手稿》,人民出版社2000年版,第56页。

性的过程。

(三)是对海洋社会性的"外化"

在不同的社会中,由于人的生产、生活及交往方式的不同,形成了不同的社会模式。海洋社会作为一个区域社会,和陆地社会有很大的区别,不同的海洋社会之间也有区别。这种区别是海洋社会性的内容,主要通过生活于其中的海洋个体表现出来。从这个意义上讲,海洋个体是海洋社会性的"外化"。其突出的表现就是海洋个体在海洋社会中所承担的社会角色。海洋个体的社会角色,是指每一个海洋个体与他人、与各种社会群体、社会组织打交道时的不同身份。海洋个体生活在一定的海洋社会网络之中,总是拥有一定的位置,并要履行与这个位置相应的权利和义务。海洋个体的社会角色并不只是他们的社会身份的标志而已,更重要的是它意味着人的各种社会规定性。海洋个体充当什么样的社会角色就有什么样的社会规定性,社会角色不同,社会规定性也不同。海洋个体在海洋社会中扮演什么角色就有什么样的权利和义务,也就相应地具有了这方面的社会规定性。比如,作为一艘航船的船长,在海上航行时,他就拥有对航行具体事务的最高决定权,而一旦遇到问题,他也负有最主要的责任,遇上风暴他要顶在驾驶室指挥,遇上海盗他要挺身而出尽最大努力保护自己的航船与全船人的生命财产,哪怕冒着生命危险也必须要这样做。

(四)受海洋社会发展状况的制约

海洋个体生活于海洋社会之中,因此他的生存发展状况受整个海洋社会发展状况的制约。海洋个体是在海洋社会中生长起来的;海洋个体的发展是在海洋社会中进行的;海洋个体的世界观、人生观和价值观是在海洋社会中培养和展现的;海洋个体的所有需要是由自己所生活工作的带有海洋性的社会实践活动来满足的。

一方面,海洋个体在整个人类社会中的地位受海洋社会在整个人类社会中的地位的制约。因而,在海洋社会发展的初期,海洋社会在生产力和文化方面对整个人类社会的影响都比较微弱,此时的海洋个体地位也就较低。例如在中国传统社会里面,渔民的社会地位就比较低下,被称作"疍民"、"疍家佬"。而到了 21 世纪的今天,随着海洋社会的影响力日益增大,海洋个体的地位也相应提高,对他们轻视的情况也很难见到了。另一方面,海洋个体在海洋社会内生产生活水平的高低更加受到海洋社会整体发展状况的制约。在海洋社会生产力较低的时代,海洋个体大多只能依赖着海洋过着很简朴的海洋生活,而到了近代尤其是当代海洋社会日渐发达的海洋时代,海洋个体的生存发展日新月异。他们人均创造的物质财富不逊于甚至超过非海洋个体所创造的财富。他们在精神层面拥有的很多理念,如探索、创新、拼搏等已经被整个人类社会所接纳,所学习。同时,随着海洋经济的发展,海洋开发力度的过大,大规模的、高强度的、不当的海洋开发加速了全球海洋环境和生态的恶化,加剧了海洋环境灾害发生的频度,这也使得海洋个体的生存发展受到负面影响,使他们开始谋求可持续、和谐的海洋发展道路了。

当然,海洋社会制约身处其中的海洋个体的发展,而海洋个体作为海洋社会的组成者也会对海洋社会的整体发展起到相应的作用。

四、个体组成了海洋社会

海洋社会作为人类社会的一种,绝不是离开人——即海洋个体的一种抽象的存在,而是由一个一个具体的海洋个体以各种方式组成起来的一种具体的系统。谈论海洋社会,海洋个体始终是"在场"的。海洋社会是海洋个体的社会。

(一)组成海洋社会实体

社会是物质世界的一种特殊存在,包含着两种最基本的存在形式——实体的形式和非实体的形式。实体的形式是指以有形、可感的状态在日常空间中存在的社会要素,具有物理的、生物的各种具体样式。非实体的形式则是以无形、不可感的方式存在的社会组成成分。组成社会实体形态的主要要素是具体的、现实的个人以及人所活动、使用的场所、器械设备等。相应的,海洋社会也具有类同的情况。组成海洋社会实体形态的主要就是海洋个体,也就是具体的、现实的在海洋世界中存在的个人。正是有了在海洋世界中开展各种实践活动的无数个海洋个体,海洋社会才具有了最主要的实体形态。同时也才具有了海洋个体所活动的海洋区域、船舶、机器等其他的社会实体。

(二)构成海洋社会系统

构成社会的非实体形态包括具有客观实在性的物质成分和社会意识。具有客观实在性的物质成分主要就是各种具体的社会系统,包括经济系统、科技系统和一部分物质性的文化系统。海洋社会作为一种重要的社会类型,也具有相同的属性。海洋社会中无论是作为经济系统、科技系统还是非物质性的文化系统,都离不开无数个海洋个体的交互作用。海洋个体在海洋社会中的社会活动既包括海洋个体与海洋世界的交互作用,也包括海洋个体之间的交互作用。人类与海洋(资源、环境等各种要素结构)之间互感互动的活动既反映了海洋对人类生活的影响与作用,同时也表达了人类对海洋的认识与把握,以及二者在相互作用过程中的彼此响应和反馈。人海关系随着人类开发利用海洋的历史进程而发展,随着社会生产力的提高,人类认识、改造和干预海洋环境的能力也不断增强,人类社会与海洋环境之间物质、能量和信息流动的深度和频度都在加强,人海关系也随之向广度和深度发展。海洋个体之间的交互作用是人与人的关系,在一定程度上反映的也是人与海洋关系的状态。这样的海洋活动实际上是一定的社会系统的生产与再生产,但同时海洋个体的行为也建构着海洋社会系统,影响着社会结构和社会体系的生产与再生产。因此,无论是海洋经济系统、科技系统还是物质性的文化系统,都是海洋个体活动的建构成果。

(三)形成海洋群体意识

构成社会的组成部分既包括物质性的部分,还包括精神层面的部分(即社会群体意识)。社会群体意识是社会个体能凝聚起来构成社会共同体的重要原因。海洋社会也具有相应的社会群体意识,在精神层面凝聚海洋个体构成海洋共同体。但是作为一种群体的意识,在实际形成过程,它离不开海洋个体的涉海实践活动。一方面,海洋个体或由海洋个体组成的有组织的群体为追求某种特殊需要在社会实践的相互交往、作用过程中形成了一种具体意识,它是对海洋个体意识的直接综合;另一方面,处于一定海洋社会关系中的诸多海洋个体意识通过有组织有目的的相互作用、相互融合形成了综合的整体意识,使海洋个体意识与海洋社会群体意识在实践中达到统一。由海洋个体意识在实践中发展所形成的具体意识,并与之构成的统一关系,这些都是社会意识的表现形式和发展环节。海洋社会群体意识正是通过海洋个体意识、群体意识来进行的一种具体意识,而海洋个体意识则构成了海洋社会群体意识的基础。

(四)制约海洋社会发展

海洋社会从历史角度看,有一个从简单到复杂,由低水平到高水平,由弱到强的发展过程。而这种发展受到海洋个体能动性的制约。海洋个体作为人类成员,具有人类认知能力与价值观。海洋个体的认知能力决定其社会实践的价值观,决定其对事物的态度,态度进而决定行为。如在原始人类还对海洋知之甚少时,海洋的浩瀚漂渺、神秘莫测让原始人类只能为这种自然的力量所震慑,让他们产生畏惧、崇拜的心理。凡是人们尚不能理解的自然力,人们就将其神化成超自然的神秘力量,任其摆布。这时他们不敢对大海做什么,只敢简单的捡拾贝类或沿海捕鱼。那时的海洋社会也就处于十分初级的状态,水平较低。到了近代以后,随着人类生产力的提高、科技水平的发展和社会组织制度的进步,海洋个体开发利用海洋的能力提高很快,在这种状况下,海洋社会发展到十分高的水平。同时,海洋个体也在自己能力增长的同时树立了征服海洋的价值观。到这时,海洋个体就认为:人类可以决定海洋中其他生命以及非生命形态的存在,海洋中万物都可为其所用;海洋世界的价值取决于人类的需要,并且与人类的投入成正比;人类需求无限的增长被认为是合理的,可以毫无顾忌地开发利用海洋世界的赐予。在这种认识引导下的海洋个体的行为又为海洋社会的状况带来许多问题,也使海洋社会出现了发展的瓶颈,目前人类对渔业资源的过度开发以及海洋世界环境的恶化就是这种态度造成的结果。而随着工业文明所带来的消极结果的不断出现,海洋个体与整个人类一样,都发觉不能把大自然、海洋看做可任由其摆布的奴仆,人类始终都要依赖自然,依赖海洋世界,于是相应的海洋社会在 21 世纪的今天逐渐形成了新的发展意识,认为人类与自然、人与海洋应和谐相处,这又使得海洋社会获得了新的发展契机。

第二节 海洋个体的个性类型与特征

个性是社会个体的一种必然具有的特质。它是人在思想、品格、意志、情感等方面表现出来的不同于其他人的特质,这个特质表现于外就是他的言语方式、行为方式和情感方式等等。个性的形成是时代、自然、社会、个人成长环境等多方面因素综合作用的结果。个性是标志社会个体存在的基本要素。海洋个体也具有其鲜明的个性。综合海洋个体的个性特征,我们对之进行一个分类。其主要类型包括依赖型、实用型和征服型三种。同时,在对不同类型进行综合的基础上,我们也总结出海洋个体类型的主要共有特征。

一、依赖型海洋个体

依赖型海洋个体是人类中出现的最早的海洋个体,也是分布最为普遍的一种海洋个体的类型。依赖型海洋个体的海洋活动从总体而言对海洋所提供的环境与资源依赖性较强,在与海洋的关系中处于相对被动的地位,个体能动性发挥较少。

(一)依海而生

依海而生是依赖型海洋个体的首要表现。它主要指依赖型海洋个体在从事海洋活动时对海洋所提供的条件具有较大的依赖性。面对海洋,他们首先呈现的是对之依赖和依靠的心理状态,而他们在现实中是否能生存以及生存状态的优劣都系于海洋所提供的客观条件。人类对海洋最早的开发始于原始社会的石器时代。靠近海边的原始人类依赖最便利的自然条件,从事采拾贝类、捕捞沿海海洋生物等活动以谋得生活资料。他们就是最早的依赖型个体,也代表了人类开发海洋的最初水平。随着社会生产力的不断提高,人类开发海洋的技术手段也不断提高,依赖型个体的相对数目在不断减少,但是,实际生活中存在的依赖型个体却并没有消失。在航海技术有一定水平的传统社会,从事海洋活动的个体,尤其是渔民虽然不必过于受海洋提供资源的限制,但是却很受海洋变化莫测的气候的限制,对海洋仍然具有不小的依赖性。在技术相对发达的现代社会,以大规模、成建制行动的海洋个体可能对海洋的气候有一定的抵抗力,但是更多的分散活动的海洋个体(包括渔民、小型商船等)依然极大地受制于海洋气候。同时,他们还面临新的问题,就是日益缩减的海洋自然资源。可以被海洋个体获得的海洋资源在不断减少,而相应的依赖这些资源生存的海洋个体却在增加,因此使得他们的海洋活动必须要遵循一定的海洋节奏,如渔民要在每年遵守"休渔期"的规定。休渔期就是禁渔期,它是人们根据水生资源的生长、繁殖季节习性等,避开其繁殖、幼苗生长时间,用以保护资源的一种措施。比如渤海湾近几年的休渔期一般是6月15日—8月16日,另外还有禁渔区,那是常年不允许捕捞水生资源的区域,主要是繁殖场或越冬场等。

(二)逐海而居

逐海而居是依赖型海洋个体的第二个表现。依赖型海洋个体的生存发展对海洋条件的依赖性强,这使得他们的居住生活也必须随着海洋流动。

这种流动一方面是天然性的流动。由于海洋提供资源天然具有一种时间上和地域上的流动变化,使得依海为生的个体也必须随着这种变化来安排自己的居住生活。如中国的民国时期,青岛渔业以个体渔民捕捞为主,多为半渔半农或半渔半副业的季节性渔民。《胶澳志》记载,沙子口、姜哥庄一带渔民,"春汛之末期,大舟辄逐鱼群而向海州,渔竣乃返,返则以贩运水果为事"。[1] 这些人都是在水面流动的船只上居住。偶尔要离开船时就将其固定在某一水面上。他们有时会在船以外的地方过夜,但隔几天会回船居住,即使在海洋活动受到制约暂时从事其他行业的,晚上依然会回来居住在船上。另一方面的流动是海洋整体环境发生变化所导致的。海洋环

---

[1] 胶澳商埠局编:《胶澳志》卷五《食货志三·渔业》,1928年版。转引自蔡勤禹:《小农经济型态下的渔民组织及其职能——以民国青岛渔会为例》,http://www.hprc.org.cn/cnki/zdsj/200906/t20090610_6232.html,2006年9月30日访问。

境的变化是在海洋社会发展的过程中产生的，反过来又成为海洋社会变迁的原因。这种变化使得部分完全依靠海洋资源为生的海洋个体不得不放弃部分利益。以渔民为例，在严峻的形势变化情况下，一部分渔民不得不放弃传统的捕捞性的海洋渔业而转向海水养殖、水产加工、远洋运输和第三产业生产的渔民个体。在这种变化的情况下，海洋个体的生活居住方式当然也会相应变化，这是另一个意义上的"逐海而居"。

（三）缘海而聚

海洋个体属于海洋社会的个体，所以他们在实际的生存过程中不是完全独立的，总是要聚成群体。它们的这种汇聚都是以与海洋相关作为最基本的前提的。

海洋个体的这种汇聚包括自发的汇聚和自觉的汇聚。自发的汇聚是在相应的自然条件下，发生联系的不同的海洋个体之间出于实际利益、情感维系等方面的需要，成为一种没有硬性约束的群体。这种造成他们得以联系的要素包括血缘和血缘关系的递推、以地缘为特征的乡党邻友，甚至更大的种族联系等。海洋个体的这种自发汇聚的特点是顺应自然，没有太多外在强制，内在关系较为和谐和睦，缺陷是组织性差、规模小，对海洋个体的利益的保护度有限。海洋个体自觉的汇聚是一种有意识的组织行为。一般来说，是在大量松散海洋个体、甚至自发汇聚群体的利益受到来自外部力量的侵犯而难以持续生存发展的时候，由来自官方或非官方的权威势力以硬约束的方式所形成的一种更为规范与严格的汇聚。如中国沿海各省渔民在旧时从自发地组织的渔帮、渔民公所之类互助性组织，[①]到20世纪20年代由官方正式组织的渔会。1922年9月16日北洋政府农商部公布了《渔会章程》，其第一条规定："渔会以图渔业之改良发达为宗旨，先于沿海直隶、奉天、山东、江苏、浙江、福建、广东等省组织之"，"在本章程公布之前沿海各省渔民、渔商所设之渔业机关其性质不与本章程相背者，均准遵照本章程依序转呈农商部核准改组渔会或渔会

---

① 蔡勤禹：《小农经济型态下的渔民组织及其职能——以民国青岛渔会为例》，《中国社会经济史研究》2006年第3期。

分会,以归一律"[①]。青岛作为沿海渔业发达城市,在渔会章程公布后,成立了青岛历史上第一个依照政府法令而成立的海洋个体汇聚组织——青岛渔会。[②] 海洋个体这种自觉的汇聚显然在维护海洋个体切身利益,推动海洋个体的生存发展方面意义更加重大。

(四)探海而成

只要有海洋环境和海洋活动,就会出现"人化",也才能出现社会化的海洋个体。依赖型的海洋个体虽然对海洋世界所提供的条件处于更多的被动之中,但也绝不是如动物一般地完全靠本能式的依赖,作为人类,他们依然能发挥一定的主观能动性。他们的主观能动性主要体现在对海洋世界的探索中,虽然是有限的探索,但也正是这种探索才造就了这一类型的海洋个体。原始人群中从事贝类采拾与近海捕捞者是最先走向海洋从事海洋活动的个体,他们也是人类探索海洋的先驱。与后来的更加复杂多样、更加规模化的的海洋个体相比,他们当然是落后的海洋个体,但是通过这种先驱性的海洋探索,他们依然自豪地将"海洋文化"的最早标记打在了自己身上,之后的依赖型的海洋个体也都与他们一样,在有限的探索海洋过程中完成自己带有海洋性质的社会化,成为海洋性质的社会个体。

二、实用型海洋个体

实用型海洋个体是分布最为普遍的海洋个体。与依赖型海洋个体相比,实用型海洋个体在处理人与海洋的关系时更具有主动性,对人类特有的理性品质彰显得更为突出。而人与海洋的相互关系在实用型海洋个体身上也处理得更为融洽。

(一)以海为家:务实而生

与依赖型海洋个体相同,实用型海洋个体也对海洋世界所提供的天然条件与资源有所依靠,但与依赖型海洋个体不同的是,实用型海洋个体是在一种实现了对海洋世界一定的理性认识的基础上来利用它的,这种在掌握海洋世界规律后对海洋的工具性的利用水平更高、

[①] 《渔会章程:中国年鉴》第一回,商务印书馆 1924 年版,第 1235 页。
[②] 鲁海:《老楼故事》,青岛出版社 2003 年版,第 259 页。

效力也更高。《管子》一书记载:"渔人之入海,海深万仞,就彼逆流,乘危百里,宿夜不出者,利在水也。"[①]渔民能驾船去海外百里并夜以继日地捕鱼,这表明人们的造船技术、航海技术以及捕鱼技术都达到了一定的水准,这种进步正是以人们对海洋的水文、气候规律掌握为前提的,这是主动利用海洋的一种表现。同时,人们之所以愿意这样做的心理原因在于人们充分认识到了海洋所具有的巨大利益,人们具有的这种意识也同样体现了实用型海洋个体的务实品质。西汉时开始征收海洋渔业税,即"海租",[②]说明当时海洋渔业生产已成规模,而征收海洋渔业税说明人们在发掘海洋之利的道路上又迈进了一步。到了宋代,中国海洋渔业有比较大的发展。浙江的舟山一带海域已成为重要的渔场。当时渔民已经掌握了鲈鱼、石首鱼(大黄花鱼)、春鱼(小黄花鱼)的回游规律并适时捕取,这同样体现了实用型海洋个体通过掌握客观规律,注重主动从海洋世界中谋利的特色。

(二)取海之资:求利可得

实用型海洋个体在处理与海洋的关系时着眼于实际利益的获得,正是这种态度推动了海洋个体对海洋资源的利用,也推动了海洋社会的发展。从历史发展实际来看,实用型海洋个体开发利用海洋资源以一定的科学技术条件为基础,与个体自身需要的增长相适应。结合海洋个体的主观需要与海洋资源本身所具有的自然属性特征,在目前的科技条件下,人类所发掘的海洋资源可以分为海洋物质资源、海洋空间资源和海洋能源三大类。其中海洋物质资源又可以分为海洋生物物质资源和海洋非生物物质资源,海洋空间资源又可以分为海岸与海岛空间资源、海面\洋面空间资源、海洋水层空间资源和海底空间资源,海洋能源又可以分为海洋潮汐能、海洋波浪能、潮流\海流能、海水温差能和海水盐度差能等。[③] 在实用型海洋个体对海洋的求利开发主导下,人类从海洋中获取的资源与利益的种类日益复杂丰富,从早期

---

① 《管子》卷17《禁藏》,《诸子集成》第5卷,第760页。
② 《汉书》卷24上《食货志》,《二十四史》(缩印本)第2册,第296页。
③ 朱晓东、陈晓玲、唐正东编著:《人类生存与发展的新时空——海洋世纪》,湖北教育出版社2000年版,第27页。

的单一渔业之利到"通渔盐之利",再到航运通商直至今天蔚为大观的海洋资源体系,而且人们对同一种资源的利用方法也日益精细化、多样化与高效化。以海洋生物资源为例,以前人们对于海洋生物采取的主要是捕捞后食用为主,到后来逐渐扩大到药物与医疗、工业与化工原料提取、农业肥料提取、观赏与旅游等多方面,而且对于海洋生物也不再仅仅就是单方面无休止的捕捞,也采取了大量的人工放养、培育的方式,大大增强了生物资源的再生性。

(三)涉海活动:实用逐新

实用型海洋个体为了不断扩大对海洋资源的获取,增大对海洋资源的开发,不断提升着自身从思维到技术实践层面的水平,表现出"逐新"的特色。以渔业为例,采拾贝类、沿海捕鱼、原始的叉捞、网捞等捕鱼方式都是依赖型海洋个体的做法,实用型海洋个体则不满足于那些收获过少的方式,不断发展捕鱼技术。中国夏朝的某些渔民就能用带索的标枪和炮射杀鲸鱼。中国秦汉时期渔业有相当程度的发展。秦汉时常用的船只的载重量可达 25 吨至 30 吨,甚至还有更大的,船上已有帆、橹、锚、舵等设备,这就为海洋渔业提供了更加便利的渔船,是技术的逐新推动生产发展的典型表现。中国明清时期在捕鱼工具与方法方面的发展又达到高峰,捕鱼工具趋于多样化,同时还能够根据鱼类的回游规律、鱼类的趋光、趋声等特点进行捕取。[1] 而到了科学技术发展日新月异的今天,渔业方面的进步更为显著。在世界海洋捕鱼业中,除了改进传统的渔具渔法来提高捕鱼效率之外,还采用了现代化的探捕鱼技术,如人造卫星探鱼,飞机空中侦察鱼群,激光栅栏围拦鱼群,机器人钓鱼,气泡幕拦鱼,声、光、电、泵综合"无网捕鱼"等。

(四)海洋情感:亲海敬海

实用型海洋个体以获利为主要目的来处理人与海洋的关系,以理性认识为思想基础来处理人与海洋的关系,以人海和谐为价值诉求来处理人与海洋的关系。因此,他们在文化情感上表现出对海洋的亲与敬相结合的特点。古希腊是一个典型的古代海洋社会,古希腊神话是生活于其中的海洋个体表达对海洋的感情的一种重要方式。古希腊

---

[1] [清]屈大钧:《广东新语》卷22《渔具》下册,第560—563页。

神话中的海神叫波塞冬,他有两个重要的标志:一是手中所持的三叉戟,一是圣兽海豚。当他愤怒时海底就会出现怪物,他挥动三叉戟就能引起海啸和地震,但象征他的圣兽海豚则显示出海的宁静和波塞冬亲切的神性。而他的三叉戟也并非只用来当武器,它也被用来击碎岩石,用裂缝中流出的清泉浇灌大地,使农民五谷丰登,所以波塞冬又被称为丰收神。海神波塞冬是希腊居民想象出来的神话人物,他发怒时的威力显示出人们对大海的畏惧与尊敬,而他平静时的亲切又表达出人们对大海的亲近和热爱。中国古代也有众多的海神形象,最有代表性的莫过于"四海龙王"。它们是由中华民族古老的图腾"龙"历经演化到隋唐时期逐渐成熟并日渐权威化的,从中国明代小说《西游记》中能全面了解它们的形象。显然,"四海龙王"与波塞冬在能力特点上有极大相似性,他们不高兴时能就胡乱降雨或久不下雨,使人深受洪旱灾害;他们高兴时就和风细雨,使人间风调雨顺、五谷丰登。通过海神信仰透露出的人们的观念信息表明,亲海与敬海交融的海洋情感之本质依然是实用型海洋个体希望更为和谐地利用海洋的愿望。

三、征服型海洋个体

征服型海洋个体是海洋个体中最具主宰意识的海洋个体。他们所代表的特性正是人类诞生以来所具有的勇敢进取的特性,是海洋社会得以迅猛发展的一个人性根源。但是正如过强的征服性格与征服态势给人类现代社会带来巨大的负效应相似,征服型海洋个体的活动给海洋社会也带来同样的问题,需要人们反思。

(一)海上久居:崇尚自由

征服型海洋个体所具有的无所畏惧的征服意识首先是通过他们最基本的生活居住方式来表现的。不同于依赖型海洋个体与实用型海洋个体尾随着海洋、追逐着海洋的流动性生活居住方式,征服型海洋个体通常表现出更为强硬与倔强的海上久居的方式。征服型海洋个体久居海上的具体的方法主要是航海。从航行空间来看,大致可以将之分成两类。一种是近海的航行,一种是远洋的航行。近海航行的空间距离在海洋世界而言当然是比较小的,很多实用型海洋个体也能作这样的航行,但是不同于实用型海洋个体偶尔的航行,征服型海洋个体是长时间地去进行这样的近海航行,通过不断的往返来完成海上经济或者军事方面的活动,在航行空间距离上达到极高的程度,在相应的航行时间上也达到极为长久的程度。征服型海洋个体为了完成经济、军事及科考方面的活动,或者穿越一个大洋,或者穿越数个大洋甚至环航全球,显示出巨大的行动魄力与耐久力,这是一种更考验人意志、勇气与能力的海上久居方式。除了航行外,在远离大陆的海岛尤其是小岛、人工岛上居住也是征服型海洋个体在海上久居的方式。例如,太平洋有海岛3万多个,目前有2000多个已被人开发居住。[①]除了正常的生活居住外,现代也出现了以旅游为目的的海上居住和以生产为目的的海上居住。世界沿海国家纷纷圈占和建设海洋公园,全世界目前有500多个海洋公园。面积最大的是澳大利亚的"大堡礁海洋公园",目前面积已有3万平方千米。[②]日本东京湾修建了一个人工岛钢铁基地,离岸有7千米,周围水深10米,用四周混凝土围堤、中间填土石的办法筑成,使用面积为510万平方米,包含7个炼铁炉、3个钢铁厂、2个制板厂,年产600万吨钢材。[③]

海洋的环境与气候相对于陆地而言是更为恶劣的,而征服型海洋个体却迎难而上,采取各种方式到海上久居,他们所表达的都是自己不向艰难环境低头的意志,到困窘环境中谋得自由的品质。

(二)识海搏海:机智进取

征服型海洋个体敢于到海洋深处与海洋较量来彰显人的力量,其前提就是对海洋世界更为深刻细致的认识。

驾船进入神秘莫测的海洋对原始人类来说是一种危险行为,但当某些海洋个体突破这种禁区向大海深处出发时,征服型海洋个体的道路就此开启。人类在新石器时代晚期就已有航海活动,当时中国大陆制造的一些物品在台湾岛、大洋洲,以至厄瓜多尔等地均有发现。自那以来,征服型海洋个体通过不断刷新航海记录来显示自己的征服力量。公元前490年,在波斯与希腊的海战中,希腊就曾以上百英尺长

[①] 徐质斌、牛增幅主编:《海洋经济学教程》,经济科学出版社2003年版,第5页。
[②] 徐质斌、牛增幅主编:《海洋经济学教程》,经济科学出版社2003年版,第6页。
[③] 徐质斌、牛增幅主编:《海洋经济学教程》,经济科学出版社2003年版,第7页。

的战舰参战。中国汉代已远航至印度,把当时罗马帝国与中国联系起来。唐代为扩大海外贸易,开辟了海上丝绸之路,船舶远航到亚丁湾附近。无论是东方还是西方,航海的进步与当时海洋科技的进步都是相互促进的。在中国汉唐时期,航海技术有天文与地文两种。靠山形水势及地物为导航标志,属地文航海;而以星辰日月为引航标志的,则属天文航海技术。中国宋代将指南针应用到航海上,开创了仪器导航的先例。公元15世纪是东西方航海事业大发展时期,也是征服型海洋个体认识海洋的一个高峰。1405—1433年,中国航海家郑和率船队七下西洋,历经30多个国家和地区,远航至非洲东岸的(某地)现索马里和肯尼亚一带,成为中国航海史上的创举。而稍晚时候西方大航海时代的开辟则更加辉煌。进入20世纪后,现代航海成就更加巨大,而相应的航海技术也发展迅猛,如卫星导航系统、自动标绘雷达等。为保证人身、船舶、货物和海洋环境的安全,船舶上还设置救生、防火、防污染设备和航海仪表及通信设备等。

除开航海活动上的巨大成就,征服型海洋个体在开发海洋资源方面也突飞猛进。海洋开发的规模与范围日益增大,在海洋捕捞渔业、海水制盐业和海洋运输业之外,又陆续兴起海洋石油工业、海底采矿业、海水淡化等,遥感技术、电子计算机技术、激光技术、声学技术等高新技术也不断应用于海洋开发,促进对海洋的征服向着深度和广度的方向发展。[1]

(三)破釜沉舟:冒险拓新

征服型海洋个体从踏入海洋开始就带有冒险与拓新双重并存的性质。没有冒险的勇气则海洋社会乃至人类社会的崭新进步就将止步;反过来,没有拓新愿望的指引,单纯的冒险就成为一种无意义的莽撞。

从历史发展轨迹来看,许多成就斐然的海洋征服都包含着"破釜沉舟"式的精神。影响人类历史的欧洲大航海活动其本身就带有这样的特色。15世纪时由于商业贸易的需求和陆上商路被奥斯曼

---

[1] 朱晓东、陈晓玲、唐正东编著:《人类生存与发展的新时空——海洋世纪》,湖北教育出版社2000年版,第274页。

土耳其帝国所阻断,西欧人急需找到新航路去往东方。但是当时的航海技术和航海知识的水平都完全不足以确保如此航行的必然成功。当时人们对地球是否是圆的都还处在争论中。在这样的情况下,意大利人哥伦布通过十几年的游说才最终获得西班牙女王伊莎贝拉一世的私人资助开始自己的冒险之航,之后葡萄牙人达·伽马绕过好望角的远航、1519年葡萄牙人麦哲伦所作的环球航行,莫不经历相似的困难。麦哲伦的航行所经受的困难更加巨大,他本人甚至也死在了航行途中。海洋移民活动也是能充分体现征服型海洋个体冒险拓新品质的一种现象。海洋移民包括向本国近邻的海岸带与近海海域的岛屿带迁徙和向海外的岛国与大陆国迁徙两种。海洋移民的发生大多是由于陆地生活的困难导致。在移民们原先生活的环境中他们已无法获得足够的生活空间,只能向海外去寻求可能的活路。这样的航程本身就是没有回头路的。中国宋元时期、明末清初时期,由于国内战乱,在东南沿海都出现过大规模移民,除了向临海岛屿迁徙外,相当一部分人也乘风破浪去往东南亚地区,创造了劫后余生的新天地。而新航路开辟后,欧洲也出现了一股向美洲大陆移民的浪潮,而这些不远万里漂洋过海的人群也都是在欧洲生存出现危机的人。他们中间除了受宗教迫害的清教徒之外,还有破产者、流浪者等因各种原因在旧世界的游戏规则中找不到自己位置的人。最终他们在美洲大陆上建立起的成就使今天全世界为之仰慕。

(四)征服之殇:冷静反思

征服型海洋个体在开发海洋世界、推动海洋社会进步方面所起到的作用不容忽视,也的确为未来人类带来更高的希望。但是在我们为巨大的成就赞叹的同时,也要能理性而全面地审视这种个体开发所带来的负面效应。代表征服型海洋个体最大成就的人类航海活动,在创造人类生活新世纪的同时也带来了臭名昭著的殖民问题。西方早期和晚期殖民大国凭借驾驭海洋的先进优势,在征服海洋的同时也把这种征服扩展到亚非拉地区的人民身上,以殖民地人民的斑斑血泪成就了殖民者自身的丰功伟绩,他们所导致的世界格局的划分、贫富国之间的巨大差距至今贻害世界。今天某些海洋强国依然带有这样的思维方式,使原本就很严重的"南北"差距问题又出现新的矛盾。如在传统社会就存在过的海盗问题本已随着海洋社会的进步有所减弱,如今却在索马里附近海域成为了骚扰海洋社会的难题。究其原因还是由于在新的海洋征服时代所造成的国际经济秩序的不平衡使得像索马里这样的穷国居民在正常的经济生活中饱受压榨而难以为继,只好铤而走险去做海盗。这也算是对不正常海洋秩序的一种正常反弹。此外,征服型海洋个体对海洋资源的迅猛开发在为人类带来巨大财富的同时,相应的对海洋的征服性思维也使得开发变得越来越无序与疯狂,由此产生的海洋资源日益衰竭、浪费以及突出的海洋环保问题也同样让人担忧。征服型海洋个体在充分享受征服海洋所带来的巨大物质财富和惬意的精神财富的同时,也把沉重的痛苦遗留给了海洋世界的原有居民——多种多样的海洋生物们。如 2010 年 5 月发生的墨西哥湾漏油事件,在长达 3 个多月时间里,将几十万桶原油漏入大海,形成长 200 千米、宽 100 千米的原油漂浮带,使无数此海域生活的海洋生物遭受灭顶之灾。而整个墨西哥湾也将在近 10 年内成为一片废海。如此种种的后果都与人类征服性地开发海洋行为密不可分,要能真正持续地发挥人类对海洋的开发与利用,促进海洋社会和海洋个体的发展,这样的做法是需要立即停止并深刻反思的。

总之,海洋个体依据个性的不同可以区分为以上三种不同的类型。需要指出的是,我们所谈的能够用具体语言定义下来的海洋个性以及依据海洋个性所作出的类型分类都是对现实海洋个体特点的抽象综合,在理论探讨的层面具有一定的固定性。但是在现实生活中存在的海洋个体的个性并不会这样纯粹,它往往具有不确定性与复杂性,在一个现实活生生的海洋个体身上会具有几种个性,同时某一个现实活生生的海洋个体的个性也会随着主客观条件的变化而变化。

四、它们的共同特征

作为组成海洋社会的最基本的有机细胞,海洋个体除了根据不同的个性区分出不同的类型之外,还具有一些共同的特征。

(一)生长环境:宽广的海疆

作为海洋个体生长环境,我们在这里所谈的海疆是范围十分广大的广义的海疆,从区域上讲包含海域、岛屿、海岸带陆域和海空四部分。

海域指海洋水体和海底。这是确定海疆的主要标准,其他海疆构成以它为基准展开。就水体部分而言,"水平方向可分为浅海区和大洋区;垂直方向可分为上层区(距海面深 200 米内)、中层区(深 200—1000 米)、深海区(深 1000—4000 米)、深渊区(深 4000 米以下);海底部分,包括海岸带、浅海带、深海带、深渊带"。[①] 岛屿指海中的陆地(包括潮退时浮现的礁群)。海岸带陆域指从海岸线向陆地一侧延伸的地域,即沿海地区。小则以海岸线向陆地延伸若干米或若干千米为界线,在中国,大则以拥有海岸线或岛岸线的市、县为单位,或以沿海省为单位。海空指海洋之上的空中部分,它除了为海疆提供更为辽阔的立体空间外,它的存在也直接带来海洋气候的变化,进而对整个生存于其中的海洋个体发生巨大影响。

(二)生存空间:开放的生态

海洋个体生长环境在纵向与横向空间上都具有无可比拟的宽广性,这种贯通水、陆、空的架构为海洋个体提供了十分开放的生存空间,这种开放的生态给生存于其中的海洋个体带来的是丰富的选择和相互之间交往的常态性。海洋个体在海洋中的生存完全不像在陆地社会上那样僵化,它随时可以让你有多种多样的选择而不必拘泥于某一项活动而受利过于单一。如古代从事渔业的渔民往往并不只是捕鱼捕虾,也会在渔闲期从事海盐煮制活动,海上贸易的水手们并不只是运输货物谋利,也经常会从事一些渔业捕捞以供食用或者贩卖。现代海洋个体的活动在高新技术的支持下,一举多得的海洋开发则更为常见。如将海洋工程建设与海洋能开发结合,将海港建设、海岸堤坝建设、滨海电站与海底线路管道建设作为一体

[①] 杨国桢:《论海洋人文社会科学概念的磨合》,《厦门大学学报(哲学社会科学版)》2000 年第 1 期。

来展开。如滨海旅游业可以在滨海地区的海面、海空、海底、海岛展开,将与海洋相关的饮食、居住、健身(海面、海底、海上均可)、购物、娱乐等一体进行。海洋社会的大规模发展与海洋个体航海事业的兴盛密切相关,而海洋个体的航海事业的展开本身就意味着海洋个体之间的交往发展。这种来自海洋个体与个体之间的交往不仅带来了海洋社会的飞速前进,更是使得人类社会发展取得突破,世界历史也因此而得已构成。海洋开放的生态不仅在实践上带来海洋个体乃至人类社会的发展,更将一种"开放"的文化性格赋予了人类社会,成为人类社会的未来与希望的重要要素。

(三)生活境地:流动的文化

海水水体的流动性及水体之间的相通性是海洋世界的主要特性。这种流动性也是不同海洋个体利用海洋资源的主要入手处,它也成为了所有生存于其中的海洋个体的重要文化性格。无论是依赖型海洋个体、实用型海洋个体还是征服型海洋个体,都习惯于在流动中寻找机会。依赖型海洋个体是在海洋世界自然条件的变化中被动性地流动,实用型海洋个体是在理性掌握一定海洋世界规律的基础上主动性地流动,征服型海洋个体则是以征服者的姿态长久地漂泊于海洋之上以最大限度地获得由海洋带来的一切利益。

(四)生产活动:吃海的营生

俗话讲"靠山吃山,靠海吃海",海洋个体在谋得个体生存发展的方向上就具有了相同的内容——"吃海"的营生。最早的海洋个体从海中谋利当然是直接"吃海",就是从海洋里采拾能食用的生物,随着社会发展,"吃海"的方式也逐渐增多。时至今日,"吃海"的营生已经蔚为大观,从大的方面可以分成五个种类,包括直接从海洋中获取产品的生产和服务、对获取产品的加工生产和服务、直接应用于海洋和海洋开发活动的产品生产和服务、利用海水和海洋空间作为生产过程的基本要素所进行的生产和服务、与海洋密切相关的科学研究、教育、社会服务和管理。①

---

① 徐质斌、牛增辐主编:《海洋经济学教程》,经济科学出版社 2003 年版,第 141 页。

第三节 海洋个体对海洋社会的功用

海洋个体是海洋社会的有机细胞,不仅只是构成海洋社会,还对海洋社会的生存发展起到巨大的功用。无论是在物质成果还是精神成果的创造方面,无论是在海洋社会历史的创造推动方面还是在海洋社会的现实秩序的维持方面,海洋个体都起到不容忽视的作用。

一、海洋个体是海洋社会存在的前提

海洋社会在当今的地球上属于重要的社会类型,其地位也越来越重要,而使得海洋社会能具有这样地位与水平的正是生活于各个具体的海洋社会中的庞大的海洋个体。他们通过自身的交往活动,形成一个个强大的共同体,他们是海洋社会存在与发展的前提。

(一)构成海洋社会的基本元素

海洋社会如同海洋一样,是一个浩瀚驳杂、层次多样的庞大的存在物。如果我们乘坐一艘航船或者一架飞机,到全世界各地的海洋社会巡游一遍,一定会为它的巨大的规模和丰富的内容而惊叹,同时也一定会为生产、生活于其间的海洋个体们而怜忧,因为相对于庞大的海洋社会整体,他们实在太过于卑微与渺小了。尤其是在远洋航行的时候,一个一个的海洋个体相对于变化莫测、风起云涌的海洋实在是十分脆弱,一个小小浪花也许就能将一群海洋个体轻易地覆没。但是,恰恰正是这些极为微小的一个一个的海洋个体才是海洋社会最基本的构成元素。海洋个体以其实体的存在、实践的活动以及思想意识的凝聚,全方位地构成了海洋社会。

(二)形成海洋社会的丰富内容

海洋社会作为人类生产生活的一种共同体,从其现实性来讲,是海洋个体在他们的涉海活动中形成起来的。人归根结底是海洋社会形成的主体,是共同体中的能动要素。正是海洋个体的涉海劳动把海洋自然资源、资金、技术、信息等转化为现实的生产力,创造出物质财富和精神财富,推动了海洋社会经济水平乃至整个海洋社

会本身不断向前演进。海洋个体所进行的各项活动直接影响海洋社会存在的形式、规模、程度,决定着海洋社会发展的方向。而且,海洋个体从人口的数量、质量、结构方面来说,也对整个海洋社会的发展演化有着重要影响。这些是海洋个体活动所形成的海洋社会硬件部分,除此之外,还有海洋社会的软环境,包括海洋社会的文化、制度、管理等要素,它们也是海洋个体在涉海活动中创造的。这些要素能推动海洋资源开发利用在合理合法、合乎自然规律的情况下进行,增强海洋社会的协调和可持续发展。

(三)展现海洋社会的社会属性

社会关系是一种社会类型或者一个具体的社会显示自身存在发展的重要维度。海洋社会也与此相似。从关系的双方来讲,海洋社会关系包括海洋个体之间的关系、海洋个体与海洋群体之间的关系、海洋群体与海洋群体之间的关系等。从关系的领域来看,海洋社会关系的涉及面众多,主要的关系包括海洋经济关系、海洋政治关系、海洋文化关系、海洋外交关系、海洋法律关系、海洋宗教关系、海洋军事关系等。其中,海洋经济关系也是海洋生产关系,它是海洋社会关系体现的重要领域。这些数目众多、层次多样的海洋社会关系在海洋社会内是一种有机统一的状态,而在现实上能把这种有机统一性体现出来的只能是海洋社会中的海洋个体,海洋个体的现实本质体现为海洋社会关系的总和。这是因为海洋社会关系源于海洋个体,有了海洋个体,海洋社会各主体之间才产生了各种复杂的社会关系。

(四)反映海洋社会的发展状况

作为构成海洋社会的最基本的细胞,海洋个体的发展与海洋社会的发展密切相关。海洋个体的素质、能力水平、行为效率与生存境遇等状况反映其所生活于其中的海洋社会的功能水平与价值水平。我们能从某个时代某些具体的海洋个体的状况把握当时整个海洋社会的发展情况。传统社会的海洋个体社会地位不高、生活艰难,就反映了当时海洋社会在生产力水平、科技水平与文化水平等各方面也是处于较低的发展阶段。以渔民为例,在没有罗盘、仪表、机帆船的时代,人类只能在浅海海域进行渔盐资源的简单利用。而随着技术的进步,渔民的地位一天天提高,生活境遇也一天天好转,其所反映的正是海洋社会层面航海新仪器的发明和更高级的航船的建造使得人类逐渐可以到深海、远海捕捞作业,直至今天能在各种先进技术装备的保证下发展最高规模的大洋渔业。渔民如此,从事海洋其他资源的开发的海洋个体也莫不与此相似,都是体现着一个从地位低到地位高、从弱势到强势,有的甚至是从无到有的过程,其背后所反映的正是海洋社会的状况在生产力水平发展的推动下由简单到复杂。

二、海洋个体创造了海洋社会的历史

具体的、现实的个人是构成人类社会的最基本元素,也是人类历史的创造者。与此相应,海洋个体也不仅是构成海洋社会的基本元素,而且也是海洋社会历史的创造者。

(一)创造海洋社会历史的载体

人类社会之所以不断进步、走向文明,其根本原因在于生存于其中的人们能够不断自觉地进行创造。创造的成果作为文化遗产遗留和传承,下一代的人在这个基础上继续前进。在这个历史创造与发展的过程中,具体的、现实的人是最基本的载体。"全部人类历史的第一个前提无疑是有生命的个人的存在。因此,第一个需要确认的事实就是这些个人的肉体组织以及由此产生的个人对其他自然的关系。"[①]海洋社会也不例外,在这个进步的历史过程中,海洋个体是重要的载体。海洋社会的每一项重大发明,生产工具的每一次改进,海洋生产力的每一次提高,海洋社会规章制度的每一次完善,海洋社会财富的每一份积累,都离不开海洋个体辛勤的实践活动。每一个海洋个体都对海洋社会历史文明的传承做出了自己的贡献,只不过是贡献大小不同而已。任何一个曾经自食其力并有所作为的海洋个体,只要他存在过,努力过,奋斗过,他所创造的社会财富都不可能在他的一生中全部消耗干净。一生中,他付出的劳动及其劳动成果可能远不可与海洋社会整体的成果相提并论,但他事实上

---

① 《马克思恩格斯选集》第1卷,人民出版社1995年版,第67页。

为海洋社会贡献的每一份力量却是不可否认的。海洋个体在历史中的地位与作用,就犹如一滴水,只要融入了海洋社会这片大海,他就一定不会干涸,他就为整个海洋社会起过不可否认的作用。

(二)体现海洋社会历史的能动

海洋社会的发展进步是在人类群体的主观能动性指导下完成的,而这种主观能动性又体现在每个海洋个体的具体的认识和改造海洋的活动中。海洋群体在推动海洋社会发展进步方面所具有的主观能动性体现在社会物质生产力、生产生活经验、社会管理经验、生产工艺、生活方式、思维方式、审美情趣、传统习俗等等方面。这是海洋社会得以进步的重要基石,也是海洋社会得以存在和发展的根据。而使得这些主观能动性要素在实践中落到实处,能实实在在发生影响社会的效应的,则是海洋个体的活动。正是海洋社会中芸芸众生所进行的不懈努力才使得人类推动海洋社会发展的主观能动性最终得以实现。

(三)汇成海洋社会历史的内容

海洋社会的发展史实际上也是一部海洋社会的改造史。而整体的海洋社会改造史则是由无数个海洋个体改造海洋的历程汇聚而成的。从这个意义上讲,这种改造可以是海洋个体改造后的物质和精神成果,也包括海洋个体改造的具体过程。实行这种海洋个体的改造可能是对整体的海洋社会产生巨大影响的改造,例如,重要渔具的制造和使用、重要航行仪器的发明运用,甚至如哥伦布、麦哲伦这些大航海家一样发现开辟新航路影响整个人类历史进程。更多的个体改造则是平凡的海洋个体默默无闻的活动,同样也属于海洋改造史的组成部分。一个极其普通的水手,他可能一辈子生活在贫困状态,但他的航海经历,他在航海活动所创造的那些普通成就也能在当时甚至后世发生一定影响,他积累的航海经验也可能对后人产生深远的有益影响,他就可能在自己不知不觉的情况下为海洋社会的历史发展做出了贡献。

(四)推动海洋社会历史的发展

海洋个体能以自己的实践一步步推进海洋社会的形成与发展最本源的动力还在于人的需要或者说人对满足自己欲望的追求。

早期的海洋个体可能是在一种偶然的、非主动的情况下开始向海洋出发去满足自己的需求的,那样的实践活动只是在一个较低的水平上推动了海洋社会历史的发展。到了传统社会,人们对海洋的认识加深,因之对其需求也加强,而带来的海洋社会发展也更为丰富。如中国宋代出现了在海洋中养殖牡蛎的技术与产业,其原因是由于牡蛎的美味使得人们的需求猛增,但自然捕获不能满足人们对此美味的需求,故一部分渔民转捕为养,开始想方设法进行人工养殖,这在客观上就带动了海洋社会生产力的进步。而进入工业社会以来,由于人口增长,人们过去主要获取资源的陆地出现了匮乏的迹象,人们越来越需要更多的资源来维持生存和发展,满足需求和欲望。此时的海洋个体非常主动地、更明确地向海洋出发,更大张旗鼓地去向海洋要食物,向海洋要资源,开始更为全面地了解认识海洋,开发海洋,改造海洋,使得海洋社会历史的发展进入前所未有的高峰期。

三、海洋个体影响着海洋社会的现实

海洋社会作为一种重要的人类社会,同样具有相应的现实生活秩序,其生活秩序和谐与否对整个海洋社会的发展至关重要,而海洋个体在海洋社会中的实际生活状况会影响到海洋生活秩序。

(一)实现海洋社会现实的目标

社会目标,即在某种社会中为人们所追求的事物,其性质包括物质与精神两个方面。海洋社会具有具体的现实目标,就是要实现海洋社会财富和精神财富的创造和积累,要使社会目标能顺利实现,必须依靠海洋个体的协同努力。这种协同首要的表现是海洋个体自主自觉的协同。海洋个体都是具有一定认知思维能力和道德水准的个人,他们在自己实施海洋活动时会对社会整体目标的达成有所考虑,会在自觉的层次上去与全社会相配合。这种体现往往以习俗的形式内化于海洋个体的行为中,例如,在海洋渔业上就有所谓一些不成文的习俗为海洋个体所自觉遵守。作为一个讲究季节性作业的行业,渔业中形成了什么时间做什么,什么时间不该做什么的习俗。涉海渔民严格根据鱼群的生长规律,遵循间歇性捕捞的

作业方法,对还未长成的海洋生物,一般不会去捕采,如渔民在采集海珍品的潜水作业时不会去拣拾小海参。海洋个体之间的协同努力的另一个表现是依靠基于全体海洋个体意志所达成的制度性的东西对海洋个体进行的制约。这种制约往往以政府和各类官方与非官方组织为主体,通过法律、法令、政策、道德、规章等形式和渠道,通过强制、政策引导、精神鼓励、舆论压力、物质刺激或处罚等途径和手段来协调海洋个体的活动与海洋社会目标之间的关系。这种制约从作用发生的形式来看,具有一定外在条件性,但究其根源依然是海洋个体意志在汇聚后的体现。

(二)完成海洋社会现实的任务

海洋社会作为人类社会重要的一种,也肩负着相应的社会任务。这些任务包括海洋经济生产任务、海洋生态维护任务和海洋社会和谐发展任务,需要海洋个体在分解后去完成。

海洋经济生产在现代社会早已成为规模庞大、产业链极长的经济体系。它的顺利进行需要海洋个体的努力,一方面需要去拓展海洋经济产业链条,开展海洋资源的深加工。以科技进步支撑海洋产业快速增长。另一方面要去构建海洋的综合管理模式,发掘海洋经济的最大价值,统筹海洋生产、海洋开发规划、海洋资源管理等各个环节,实现海洋资源永续利用。

海洋生态之所以需要维护,就是因为人类的对海洋无止境的不合理开发利用和肆意污染造成的。维护海洋生态,海洋个体需要严格控制污染物排海,更新陈旧的观念,扭转把海洋当成陆地垃圾存放地的错误观念,尽可能的减少人为排污的出现,在开发过程中重视海洋生态价值,停止掠夺式开发的产业。

海上社会的和谐发展任务是个综合性任务,它的实现包含前两个任务的要求。除此之外,还需要海洋个体注重海洋社会中不同层次人群的利益协调,注重对弱势海洋群体(如因污染失去生计的渔民)的生产生活保障,同时对给海洋社会秩序带来巨大威胁的障碍(如海上恐怖主义势力、海盗等)进行坚决的打击。

(三)促进海洋社会系统的运行

海洋社会在实际的运行发展过程中,具有各种不同的系统。这些系统的运行是海洋社会能够有效发挥社会功用的重要体现,而系统的有效运行要依靠海洋个体的积极参与来实现。海洋个体是海洋社会生产系统的主体,人类的生产活动推动了整个海洋生产力水平的演进。人既是生产者也是消费者,作为消费者,海洋社会中的人口决定了对海洋的社会需求,影响着海洋开发的强度。作为生产者和劳动力,只有作为人力资源的海洋个体的素质提高了,海洋产业生产力和生产效率才会提高,才可能推动海洋生产系统整体发展。海洋科技系统运行主要包括先进技术装备、技术成果和技术人才的流动,这都和海洋个体的活动密不可分。海洋个体自主研发创新是技术进步的一个重要方面,同时,海洋个体还通过对技术的推广传播,使先进技术不断向整个海洋社会扩展,这是更为快速和有效的途径。海洋文化系统是各种外在与内在的物质和精神文化条件的总和,它通过影响人的思想、观念、态度、行为等来影响整个海洋社会的运行,其作用发挥也离不开海洋个体。

(四)推动海洋社会可持续发展

原始社会时期的人类就已经开始学习从海洋生态环境中获得食物,随着社会进步,时至今日,人类可以说已经在向海洋索取陆域生态环境提供的一切生命支持和生态服务,与此同时,又不断向海洋中排放自己生产生活活动过程中产生的废弃物。无限制索取加无限制排放,使得曾经良好的海洋生态也出现巨大危机,进而影响海洋社会的和谐与可持续发展。"解铃还须系铃人",由海洋个体的活动导致的危机必须要靠海洋个体能动性的发挥才能解决问题。为解决这些矛盾,保证海岸海洋生态环境和社会经济的可持续发展,必须要靠谋求海洋个体合理发挥主观能动性,由他们来调整海洋社会各组织要素以保持相对平衡,使系统整体达到一个优化状态。海洋资源的合理开发利用、海洋生态环境保护、海洋产业合理布局等都是海洋个体从这样的目标出发所采取的措施与方法。

四、海洋个体造就着海洋社会的文化

任何社会的存在和发展除了必要的环境、经济等因素之外,还必须有文化的要素,起到凝聚力的作用,靠文化的力量使得成员之间具有认同感和归属感,进而能将人们聚集在一起。海洋社会与其他社会一样,也具有这种凝聚人心、聚集人群的海洋社会文化。海洋社会文化的创造与传承都离不开海洋个体的发展。

(一)构成海洋社会文化的元素

从发生学的角度说,"文化"指的就是自然的"人化"。自然之所以会形成"人化"的成果,主要是由人对自然的认识与改造活动造成的。从这个意义上讲,海洋个体与海洋的交互作用构成了海洋文化的基本元素,如海洋文化中非常重要的海神信仰就与海洋个体的活动密切相关。中国的很多沿海地区所信仰妈祖神就是海洋个体在涉海交互活动中塑造起来的,其原型是五代十国时南唐莆田县湄洲岛的一名叫林默的年轻女子,她生长在大海之滨,洞晓天文气象,熟习水性,宅心仁厚,经常在湄洲岛海域里救助遇难的渔舟、商船。她还会预测天气变化,事前告知船户可否出航,生前就获得"神女"、"龙女"的美誉,死后被沿海人民尊为海上女神,立庙祭祀。妈祖信仰从产生至今,经历了一千多年,在广东、福建、澳门、香港沿海,妈祖文化所形成的海洋生活认同,以及象征一种文化寄托的妈祖庙、天后庙、妈祖巨像,不仅见证了这些地区发达的海河航运,也见证了中国海洋社会中人的生存状态和生活历史。在西方世界,生活于多山、半岛的希腊人因面临环海的生产生活环境,很早就从事涉海活动,而在他们所创造的闻名世界的古希腊神话中,也对海洋有过许多精致的描绘。除此之外,海洋社会中其他的习俗、道德、法律、制度等文化要素中的特点也都充分反映了人们涉海活动的特色,呈现出与陆地社会文化不同的特点。

(二)丰富海洋社会文化的涵义

海洋文化的涵义来自于海洋个体的涉海实践,其内容从产生来讲是海洋个体与海洋发生关系而产生的观念的外化。海洋社会早期,海洋个体主要从事渔业生产活动,打鱼、捕鱼、抓鱼、吃鱼,其社会风俗以渔风渔俗、渔神信仰、渔业禁忌、渔船渔具等为主要内容。此时的海洋文化类型主要是为渔业生产生活服务的。当时海洋社会文化中开始形成的海神信仰,其内容便与海洋个体的渔业活动密切相关,他们活动中的许多要素都会成为海洋神灵的一种来源。如四海神、潮神、港神等随海洋水体崇拜而产生,鲸鱼、鳌鱼等水族神是由对海洋水族崇拜而产生,风神是对自然现象中的风崇拜而产生,海船以及船上的舵、锚、桅、渔网等的神灵化是将海洋交通、生产工具神灵化。[1] 海上贸易逐渐成为海洋个体重要的活动内容后,海洋文化除了渔文化的内容,逐步增加了航海文化、贸易文化、东西南北不同风土人情等新的元素。文化更趋多元,也更加繁荣。

(三)展示海洋社会文化的历程

海洋文化作为人类文化的一种,与来自陆地的农耕文化、游牧文化、都市文化等都有很大区别,其关键点就在于海洋文化所展示的是海洋个体在海洋世界的改造历程与经验。这种特点使得海洋个体的改造首先就带有了海洋属性。海洋社会个体聚结活动的地域主要是临海港市、岛屿和一部分海域,都以临海陆地为依托,对海洋的依存度较高,一旦海上有事,对整个海洋区域的经济、社会都会带来较大的影响。在这种情况下,海洋文化所具有的流动性、开放性就成为主要的属性。其次,海洋个体直接或间接的海洋活动中凝结的经验是海洋文化更主要的展示内容。就海洋个体在整个海洋社会发展史上的活动来看,最基本、最持久和最具普遍性的活动是航海活动,它使得造船和航海术在海洋文化中占有了首要地位,撇开这些就谈不上海洋文化。同时,航海活动导致了地理大发现,开辟了贸易通道,造就了海上霸权,进一步充实了海洋文化。当然,在不同民族那里,航海海洋文化也具有相应的特殊性。如中国明代郑和的航海,他展示的中华民族作为强者的权威,只是宣扬而无别的涵义。而比他晚几十年的哥伦布等人的航海却是要向海洋或者通过海洋来谋求巨大财富,他们展示了是一种敢冒风险的、拼搏的、征服性海洋文化。

(四)彰显海洋社会文化的成果

文化是人类活动的一种特有成果,是人类自身创造的物质财富和精神财富的结晶。它们都与人密不可分。人把自身的"内在固有

---

[1] 王荣国:《明清时期的海神信仰》,厦门大学 2001 年博士论文,第 38—45 页。

的尺度运用到对象世界中,通过实践活动,创造或赋予整个世界以意义的过程。把人的内在世界,人的生命价值、意义雕凿在产品上,使自身的自然和外部自然都成为人的生命创造的表现"。[1] 在不同的时代、不同的实践环境下,人类形成不同的文化层和不同的文化形态。海洋文化的形成也受此规律的支配。人类走向海洋,开发、利用海洋的历史也就是创造海洋文化的历史。自海洋社会产生以来,海洋个体就按照自己的意愿一直创造积累着海洋社会的文化成果。在各自的海洋区域内,海洋个体或独立、或联合以其独特的涉海行为、生活方式形成了独具特色的海洋文化。其特点包括涉海性、开放性、多元性、原创性和进取精神等特征,[2]具体则表现为海洋个体对海洋的认知、海洋观念、海洋思想、海洋心态,以及由此而生成的生产生活方式,包括衣食住行、法规制度、民间习俗、语言文学和艺术宗教等,包含了丰富壮观的物质文化成果与精神文化成果。

海洋社会是在人类与海洋的交互关系中形成的一种共同体,构成这个共同体最基本的有机细胞就是以海洋个体形式存在的具体的、现实的人。从原始社会以来,正是海洋个体对海洋的认识与改造活动促使海洋发生了巨大变化,使其不再是原先意义上的"纯粹自然"的海洋,而是深深地打上了"人化"的烙印。海洋个体在海洋世界的这种实践活动在改变海洋、创造海洋社会、推动海洋社会历史文化发展的同时,也在进行自身的再生产,创造着具有海洋社会属性的自身。海洋个体的本质属性体现为海洋社会关系的总和。海洋个体与海洋社会的这种辩证关系是我们关注"人化"海洋、关注海洋社会时必须掌握的前提,它有利于我们正确处理海洋与社会之间的关系,正确处理海洋社会中个体与整体的协调发展,也才能最大限度地发挥海洋在人类社会发展中的作用。

---

[1] 何萍:《生存与评价》,东方出版社1997年版,第3页。
[2] 诸惠华、蒯大申编著:《南汇海洋文化研究》,上海人民出版社2008年版,第59—62页。

参考文献：

1. 《马克思恩格斯选集》第 1 卷,人民出版社 1995 年版。
2. 郑杭生主编:《社会学概论》,中国人民大学出版社 2003 年版。
3. 徐质斌、牛增幅主编:《海洋经济学教程》,经济科学出版社 2003 年版。
4. 朱晓东、陈晓玲、唐正东编著:《人类生存与发展的新时空——海洋世纪》,湖北教育出版社 2000 年版。

思考题：

1. 海洋个体的概念包含哪几个构成部分?
2. 海洋个体的类型分为哪几种?
3. 海洋个体的基本特征有哪些?
4. 海洋个体对海洋社会的功用表现为哪几个主要方面?

血缘地缘　友缘业缘　无缘岂能聚众群
海阔洋阔　力阔智阔　舍我其谁主沉浮

第十六章　海洋群体:海洋社会的天然主宰

　　翻开人类社会的历史长卷,我们发现,海洋社会同陆地社会一样,均已发生了沧海桑田的巨大变化,而推动海洋社会发生这些巨变的根本动力则是海洋群体。人类社会历史的每一个成就都是人民群众的伟大创造,海洋社会的每一个辉煌都是海洋群体所谱写的。本章的任务在于专述海洋社会就是海洋群体的社会、海洋群体的主要类型与基本特征,以及海洋群体对海洋社会的重要功用三大方面,表明海洋群体无疑是海洋社会的天然主宰这一宏旨。它不仅是海洋社会的最主要的构成要素,而且创造了海洋物质财富和海洋精神文化财富。

第一节　海洋社会是海洋群体的社会

　　如果说海洋社会是一座高楼大厦,那么,海洋群体就是建筑这座大厦必不可少的钢筋水泥和砖瓦等建筑材料;如果说海洋组织是一个运转正常的庞大机器,那么,组成这个庞大机器的任何一个部件和螺丝钉,都是由海洋群体担当的。因此我们说,海洋群体是海洋社会赖以运行的基本结构要素;海洋群体是海洋社会不可或缺的主体。

一、海洋群体的基本概念

　　《周易》云:"方以类聚,物以群分";[①]《战国策》则进一步阐释了

---

① 《易经·系辞上》。

"物以类聚,人以群分"①的道理;子云:"'诗'可以兴,可以观,可以群,可以怨";②荀子更强调了群的社会作用,他说:"人生不能无群,群而无分则争。"③可见,先贤们很早以前就认识到群的存在和群的社会作用。这里先来简要地讨论一下群体和海洋群体的基本概念等。

(一)社会群体的概念

所谓社会群体,就是海洋社会的天然主宰。它有广义和狭义之分。广义的社会群体,泛指一切通过持续的社会互动或社会关系结合起来,进行共同活动,并有着共同利益的人类集合体。狭义上的社会群体,是指由持续的、直接的交往联系起来的具有共同利益的人群。④ 可见,社会群体首先是具有共同利益的人群,由两个或两个以上的自然人组成;其次,他们都是通过某种互动或社会关系连结起来的,连结他们的纽带就是血缘、地缘、业缘或者趣缘。在社会群体的身上,往往凝结着某些浓郁的民族文化,靠着这些文化的传承,社会群体有十分耐久的生命力。即使社会发展、改朝换代,与之相对应的社会群体依然存在。

(二)海洋群体的形成

与社会群体一样,海洋群体也是具有共同利益的人群,也是通过海洋互动或社会关系连结起来的集合体。所不同的是,海洋群体不是由一般的自然人构成,而必须是由以海谋生、靠海吃饭的海洋人组合而成。只要是从事海洋事业的人,因为血缘、地缘、业缘或者趣缘关系组合而成的人群,就可以视为海洋群体。比如海洋捕捞群体、海洋运输群体、海洋探险群体、海产品加工群体等,他们都是由海洋人构成,又有共同的利益,通过海洋活动而获得一定的海洋财富。海洋群体中也有着浓郁的民族文化和地域文化的内涵,这些文化一代又一代地传承下去,一直延续到很久,也不因社会发展、朝代更替而发生根本性的变更。

---

① 《战国策·齐三》。
② 《论语·阳货》。
③ 《荀子·王制》。
④ 郑杭生主编:《社会学概论》,中国人民大学出版社 2003 年版,第 147 页。

(三)海洋群体的界定

海洋群体是指那些以海谋生、向大海讨生活的群体,以及为这个群体服务的后勤、监督和管理等群体。前者是海洋群体的主体部分,包括渔民群体、海洋养殖海洋种植群体、海上运输群体等,他们都是以海谋生、靠海吃饭的人群;后者是海洋群体的重要组成部分,多属于为海洋主体服务的人群,包括为海洋社区服务的商业群体、以海产品为对象的海产品加工贸易群体,为海洋群体提供技术支撑的海洋科研群体、为海洋群体提供源源不断的人才梯队的海洋教育群体等。由此可见,海洋群体都是直接或间接地与海有着密切联系的群体,涉海性是判别海洋群体的唯一可行的甄别标准。

(四)与海洋组织比较

海洋组织更具有组织性、纪律性,有共同的奋斗目标,而海洋群体的组织性、纪律性和奋斗目标等,则需要经过一定的培植才能形成。因此,与海洋组织相比,海洋群体似乎更松散、自由度更多一些。但海洋群体身上所体现的民族文化、地域文化却是海洋组织所难以具备的。另外,海洋组织是海洋群体的高级形式,往往是由若干个海洋群体组成。任何海洋组织都离不开海洋群体为支撑,离开了海洋群体支撑的海洋组织,只能是一个毫无价值的空架子。如果说海洋社会是一幢高楼大厦的话,那么,海洋组织是这座大楼的框架,海洋群体则是这座大楼的建筑材料。

二、海洋群体的历史扫描

海洋是人类生命的摇篮,经过逐步进化之后,人类才离开海洋走向陆地群居。可以说,在人类历史长河里,人类与海洋互动的历史比陆地社会更久远。这里,我们就海洋群体的历史变迁试作简述。

(一)远古的海洋群体

在漫漫浩淼的历史长河中,人类与海洋结下了不解之缘。一切生命都诞生于海洋、来自于海洋。人类最初生活在海洋里,经过进化上岸成为陆栖动物之后,仍然要傍海而居,向大海谋食。世界各地沿海地区都曾发现大量的贝丘遗址,贝丘遗址上堆积了大量的贝蛤螺蚌的壳,以及用贝壳为材料磨制的刀、勺器具和各种饰物,说明远古人类靠海吃海,不仅从大海里取食,还用海产品做成各种器物和饰物,也从海洋那里学会了审美情趣。中国的浙江、福建等地,美洲的亚马逊河流域,非洲的尼罗河流域,都曾发现远古时期的独木舟,说明 6000 年前,人类就开始打造航海工具,利用独木舟征服海洋。中国泉州海交历史博物馆里还珍藏了一只独木舟,在没有铁器工具加工的情况下,先民们用火烧焦原木中间部分掏空成为独木舟。独木舟的出现,标示着人类向海洋进军的一个崭新阶段。3000 年前出现了铁器,人们就可以利用铁器打造船只,自由漂泊于大海之上了。2500 年前中国的吴越争霸、2000 年前的希腊与波斯的战斗,都曾动用海军,展开气壮山河的海战。公元前 200 年,汉武帝开辟了海上丝绸之路,打开了海上贸易和海洋文化交往的大门。海洋社会从此步入了海洋文明时代。

(二)中古的海洋群体

中古时期的海洋群体继往开来,把海洋贸易、海洋交往工作做得如火如荼,中国的丝绸、茶叶和瓷器,源源不断地销往世界各地。通往世界各地各海域的海路在开辟,原有的海路也不断延长。中国的海洋群体开辟了去日本、朝鲜的东线海路,开辟了去南洋各国的海路,也开辟了去印度洋沿岸各国的海路。郑和船队曾远渡重洋,到达红海和非洲东海岸。阿拉伯海沿岸的阿拉伯民族是一个善于利用海洋、开展海洋贸易的群体,他们在身毒、锡兰,从中国船队那里接收了丝绸、茶叶、瓷器和全部货物,然后转手销往罗马和欧洲,获得巨额海洋贸易财富。郑和之后又过了 50 年,西方大航海年代到来,葡萄牙船队沿着非洲西海岸向南,绕过好望角进入印度洋;西班牙船队横渡大西洋,发现了美洲新大陆。短短几十年时间,葡萄牙和西班牙成为全球航海大国,占有全世界黄金白银总量的 83% 以上。接着,法国、荷兰、英国的航海事业依次崛起,到世界各地去推销他们的工业产品,推销他们的殖民政策,掠夺各地资源和财富,并开启了近代海洋社会的大幕。

(三)近代的海洋群体

近代海洋大幕是在帝国主义列强的枪炮声中拉开的。英法美日俄等强国军队耀武扬威,凭借他们的坚船利炮,打开了各封建国家的大门,使全世界很多国家和地区沦为他们的殖民地。他们虽然没有赶上大航海时代的殖民掠夺机会,却用坚船利炮强行抢掠别国财物,大有瓜分世界之势。相传,法国海外殖民地面积是其本土面积的20倍,英国海外殖民地面积是其本土面积的50倍。[①] 与殖民掠夺相对应的则是被殖民各国的抵抗。与日本水师一战,中国北洋水师全军覆没,邓世昌等民族英雄壮烈殉国,中国沦为日俄英法众多帝国的半殖民地。印度水师迎战英国战舰,几乎全军覆没,英国人占领了印度,成立东印度公司,统治长达百年。法国战胜越南,统治长达150年。菲律宾则成为西班牙的俎上鱼肉,任其宰割长达几百年。与此同时,美洲、亚洲、非洲被殖民各国掀起艰苦卓绝的反殖民运动、独立革命运动,最终赶走殖民帝国,纷纷建立了独立自主的国家。

(四)当代的海洋群体

进入当代海洋社会之后,经济建设、海岛开发、海洋科学研究和海洋科学考察成为海洋社会的主旋律。荷兰、日本、新加坡等国填海造地、围海造田,建设海上城市;美国、芬兰、新西兰、日本、韩国等纷纷开辟海洋牧场,放牧海洋经济鱼类;各国竞相进行南极科学考察、北极科学考察、海底测量、海洋生物调查等。由于人口爆炸、陆地资源枯竭、粮食危机如影随形地影响人类生存,联合国提出向海洋进军的倡议,各国又掀起开发海洋、利用海洋的高潮——为了解决能源危机,人们开发海底石油资源;为了解决陆地矿产资源枯竭问题,人们开发海洋矿产资源;为了解除粮食危机,人们进行海洋捕捞、海洋藻类种植、海洋养殖和大海放牧;为了解决生存空间,人们围海造地(向海洋延伸),建设海上城市,开发无人居住海岛,开凿海底隧道,铺设海底电缆;为了解决淡水资源不足问题,人们又进行海水淡化研究。总之,海洋开发如火如荼,但由于过度开发,海洋环境已遭到破坏,海洋灾害也似乎更加猖獗了,因此人们又提出建设和谐友好型的海洋等主张。

---

① 刘明金:《论海洋精神》,《海洋社会学与海洋社会建设研究文集》海洋出版社2009年版,第405页。

三、海洋群体的四维张力

海洋群体是一个以海洋为依托,向大海讨生活的特殊群体。与陆地社会群体相比,海洋群体自有一些不完全相同的规律特点。了解这些规律特点,对我们深入认识海洋社会,开发海洋、利用海洋和治理海洋社会,都会有所帮助。

(一)海洋群体认同力

海洋群体在长期的生产实践中,形成了独特的海洋文化;在长期的生活磨练中,形成特有的生活习俗;在与狂风恶浪等凶险环境的抗争中,形成了特定的海洋意志和海洋信仰。这些文化习俗、意志信仰,我们统统视为海洋文化或海洋精神意志。人们如果在海洋文化环境下长期濡染,就会产生一定的文化价值观念;价值观念相同或相近的海洋群体走到一起,就会像磁石一样把他们吸附在一起,彼此认同——这就是海洋族群认同的力量。有了族群认同的海洋群体,人们才能相互支持协作,团结奋战,才能使海洋社会形成一个整体。无论男女老少,只要你到大海里讨生活,你就会被染上海洋色彩;只要你在海洋社会立足,你就要得到海洋族群的认同认可。被海洋文化染色、被海洋族群认同,你才是真正的海洋人。

(二)海洋群体凝聚力

海洋群体都有自己的文化和信仰,这里所讲的海洋文化,主要是指精神文化和意志信仰等。海洋信仰随着海域不同则有所不同,比如耶稣信仰、天主上帝信仰、佛教信仰等;在东亚汉文化圈的海洋群体中,还有中日韩的"龙王信仰"、中国舟山地区的"观音信仰"和东南沿海各地的"妈祖信仰"等。海洋群体一旦获得文化认同,就产生族群亲近感;一旦文化和信仰都认同,就产生有别于其他族群的群体凝聚力。海洋群体一旦有了群体凝聚力,就会爆发出巨大的海洋社会力量,获得神奇的海洋社会效果。比如,中国福建湄洲岛的妈祖信仰和妈祖诞祭祀活动,已成为海峡两岸族群凝聚的粘合剂。中国浙江舟山的休渔节和谢洋大典活动,极大地提高了海洋群体凝聚力。可见海洋文化信仰可以维护海洋社会的稳定。

(三)海洋群体爆发力

当海洋群体发育成熟、具有相当规模之后,一旦接受国家意志的调遣组合,就能爆发出神奇的海洋力量。比如战争时期,把从事海洋捕捞、海洋运输的民船组织起来,稍加改造就成为参战舰船和海军队伍;海洋探险队总要征调一些熟悉海洋潮汛气象水情海路的海洋人,海洋人在探险考察中,与科技人员组合,可以发挥巨大作用;近些年来兴起的海洋旅游、海上垂钓、海洋科学考察等,当事业刚刚起步之时,也是由有关部门协调征调部分渔民水手和善于弄潮的海洋群体来完成的。海洋捕捞群体一旦组织起来,转产从事海洋牧场、海洋养殖、海洋种植工作,不但可以避免无谓的失误,而且还能创造出巨大的海洋财富。由此可见,海洋群体没经过组合之前好像平淡无奇,一旦重新组合之后,就可以爆发出神奇的力量。

(四)海洋群体探索力

海洋群体是一个敢于冒险、善于探索的群体,对未知海域总是有着浓浓的探索情趣。大航海年代,葡萄牙船队沿着非洲西海岸向南航行,绕过好望角,进入印度洋,把非洲和印度洋沿岸国家的财富揽入自己的怀抱;西班牙的船队则横渡大西洋,克服了一个又一个生理极限和心理极限,最终发现美洲新大陆,把美洲财富揽入自己的怀抱。敢于冒险、善于探索,就成了大航海时代的海洋精神,也给西方航海国家带来巨大的海洋财富。当今海洋社会,那种发现新大陆的殖民掠夺式的探险理念早已过时。然而,大航海时代留给我们的探险精神依然鼓舞着一代又一代海洋人进行海洋科学考察和研究,向北极进军、向南极进军、向深海进军、向一切未知海洋世界进军。这种不断探索的精神,正是海洋群体令人折服敬仰的原因。

四、进军海洋的历史脚步

海洋群体不仅在过去创造了海洋物质财富和精神文化财富,而且承担起人类未来发展的使命,在许多领域都展示了人类生存与发展的希望。

(一)建设海上粮仓

海洋农业可以解决人类粮食匮乏难题。在人口爆炸、陆地资源枯竭的当今世界,还有 7 亿人口因为缺粮而营养不良;每年约有 1400 万 5 岁以下儿童死于饥饿。美国的未来学家托夫勒曾预言:对于一个饥饿的世界,海洋能够帮助我们解决最困难的食物问题,发展海洋农业可以解决人类粮食匮乏的难题。中国海疆辽阔,海岸线很长,在温带和寒温带海域里,适宜种植海带、紫菜、裙带菜、石花菜、麒麟菜、鹧鸪菜等海藻和海洋植物。仅海带一项,宜种海域只利用 1% 的情况下,中国年产海带就高达近百万吨。如果全球海域都种植海藻,年产食物可以达到 1350 亿吨。即使只利用海洋农业 10% 的产出,也完全可以解决全球 20% 人口的吃饭问题。再加上海洋牧场养殖经济海鱼和海洋捕捞的渔获量,每年可以提供大约 1.3 亿吨鲜鱼,在大大地丰富人们的餐桌的同时,还解决了全球粮食供应量的 10% 左右。两项相加,海洋农业的产出几乎可以解决全球 30% 人口的吃饭问题。这就是海洋群体进军海洋、建设海上粮仓的壮举。

(二)开发海洋能源

开采海洋能源可以破解能源危机难题。一是石油。据法国石油研究所估计,全球石油总储量为 1 万亿吨,可开采的极限只有 3000 亿吨,而海洋石油资源 1350 万亿吨,占 45%。二是天然气。据国际天然气工业研究所估计,海洋天然气储量 140 万亿立方米。三是可燃冰。它是海底天然气水合物,全球可燃冰如果换算成甲烷气体大约相当于 1.8 至 2.1×1000000 亿立方米。四是重水。全球海洋中蕴藏着 200 万亿吨重水,它是核反应堆最佳慢化剂。五是从海水中分解氢气作为清洁高效燃料。虽然从水中分解氢气早已获得成功,但效率低、费用高,一旦达到商业化运作,就会演绎巨额海洋财富。六是海面风能波浪能、潮汐能,海水里的洋流能量。这些可再生能源若全部开发利用,足够人类使用万万年。如果用货币的形式表述,那它将是一笔天文数字的巨额海洋财富。这就是海洋群体进军海洋、开发海洋能源的使命。

(三)繁荣海洋贸易

海外贸易可以产生巨大财富。中国汉武帝时期的中国丝绸运抵身毒、锡兰交给阿拉伯商人时,与本土相比丝绸增值 10 倍;阿拉伯商人将丝绸运抵罗马去销售,又增值 10 倍。也就是说,罗马消费者花费了 100 倍的黄金白银才能买到原产地同样数量的丝绸。难怪罗马历史学家呼吁,限制罗马贵族妇女购买丝绸,否则将耗尽罗马帝国国库里的金银!为了摆脱阿拉伯人的中间盘剥,罗马人发动了一场对波斯国长达 20 年的战争。中国明朝有个叫沈万三的商人做海外贸易,赚了很多钱,富可敌国。朱元璋一旦军费紧张困顿之时,总是想起老朋友沈万三,沈万三总是以朋友的身份借支,可见海外贸易商人的富裕程度。在市场经济条件下,海洋贸易可以将发货方产能发挥到极致,可以与异国经济互补,增加本国人民的就业岗位;同时,海外贸易还可以产生巨大的海洋财富。中国改革开放 30 多年来,正是通过海外贸易,不断扩大产能、积累财富,逐步走向富强的。随着全球经济一体化,产业发展全球化,海洋贸易会越来越红火,从事海洋贸易的海洋群体及其海洋贸易事业也会越发兴旺。

(四)打造海上城市

各沿海国家纷纷围海造田、填海造地,使陆地向海洋延伸。荷兰填海造地规模最大,1927 年—1932 年,他们筑起 30 千米长的海堤,一次性获得 2600 公顷的土地,后来又在河口三角洲造地,经过近百年的努力,共造出土地 62 万平方千米,相当于其国土面积的 20%!新加坡是个弹丸之国,每年都买土石方填海,以每天造地 1.4 公顷的速度向大海推进,到 20 世纪末,已经造地 875 公顷。日本是又一个填海造地大国,二战之后已经填海造地 12 万公顷。他们还提出国土倍增计划,打算用 200 年的时间在日本周围海域填海造地 114 万公顷。这些新增土地可以解决大批人群重归海洋。1934 年,美国在百慕大建造了浮动型的海上机场;1975 年,日本建成了长崎海上机场,后来又在大阪湾海面上建造了关西国际机场;斯里兰卡也在海面上建造了科伦坡机场。在海上城市方面,日本在位于神户以南 3 千米的海面上,投资 5300 亿日元,历时 15 年,动用 8000 万立方米土石方,建造了 436 万平方米的海上城市。21 世纪,日本还打算在东京附近海面上建造一个海上城市的首府,底层是基础设施,二层为工业区,三层是居住区,上层是文体和国际机场,总建筑体积

5000万立方米,可容纳100万常住人口和50万游客。大林财团拟在千叶县浦安外海建造1100万平方米的海上大厦,可供14万人定居和30万人就业。围海造田、建设海上城市,为海洋群体建设海洋社会作出了新的探索。

第二节　海洋群体的基本类型与特征

中国大文豪苏轼在观赏庐山时,感慨"横看成岭侧成峰,远近高低各不同。"[①]如果我们从血缘、地缘、业缘和趣缘等不同的角度也来横看竖看、考察海洋社会的话,我们就会发现海洋社会也有众多不同类型和特征的海洋群体。正是他们构成了海洋社会,推进了海洋社会的发展。

一、海洋群体的类型之一

血缘关系构成的群体是海洋社会的初级群体,包括家庭、村落、社区和族群等等。如果考察这些渔村、社区和族群,就会发现,他们或多或少,都存在着一定的血缘关系。

(一)疍民家庭与直系血亲

在中国,旧社会渔民的社会地位低下,被称作"疍民"、"疍家佬"。疍民没有陆地田产,唯一的家当就是一条破船,全家老少都生活在这条船上。父母与儿女之间的床铺,就用一张布帘子隔开。当儿女们长大之后,尤其是到了婚嫁年龄之后,就集全家之力为子女再购置一条船,把儿女分出去。由于遭受陆地社会群体的蔑视和排挤,疍民出身的儿女很难找到陆地居民的对象,所以,疍民儿女的婚恋对象只能在疍民中寻找。如此鸡生蛋蛋生鸡,生来生去都还是疍家佬。为赶鱼讯,他们经常需要辗转各个渔场,往往连同全部家当一起前往,所以,渔民们四处漂泊,居无定所,流动性很大。中国如此,其他各国渔民也大体如此。

---

① 苏轼:《题西林壁》。

(二)渔民村落与旁系血缘

新中国成立后,国家政府关心渔民群体,疍民的称呼也变为"渔民"或"水上居民"。政府组织渔民生产互助组,水上人民公社,还在沿海海岸划拨出一块陆地,给渔民们建造房舍,让他们定居下来。从此,改变了渔民居无定所、四海为家的生活习惯。渔民们集中居住的地方就是渔村。渔村内的居民或多或少都有一点近亲血缘关系,或远亲旁系血缘关系。我们姑且称其为"旁系血缘"。渔村里的居民多数仍然以渔为业,或出海捕鱼,或以海为田种植海藻、养殖海鱼;也有一些熟悉水性的渔民,被雇佣为水手、大副,搞起了海洋运输业。渔村里现在已有了楼房,渔民的儿女们也已读书上学,有人甚至读了大学,走出了父辈的圈子,走进了许多行业。渔村也发生了翻天覆地的变化。

(三)海洋社区与旁系血缘

海洋社区是个稍大一点的海洋群体,具有一定的空间范围和人口数量规模。在一个海域空间范围之内,由若干个渔村组成一个海洋社区,在一个相对固定的水域作业、围猎拖网或养殖,进行渔业生产,就是"渔业社区"。在特定海域里开展海洋养殖或海洋种植工作,比如韩国济州岛海洋牧场社区,那就是海洋"养殖社区"、"海洋研究社区"。在渔船帆樯麇集的港湾集镇,布满了为渔民海员提供生产供给、生活服务、消闲娱乐的商家店铺,这个海岛市镇也可以说是一个海洋渔民社区。可见,海洋社区是一定数量的海洋人集中生活、活动,有一定的空间跨度或范围,集结若干海洋小群体在一起生产生活。由于经常接触,同一个社区结婚的机会远远大于异域社区婚恋的比例;时间久了,就都有点沾亲带故,故而称其为"旁系血缘"。同一个海洋社区的人一般都有共同的文化和生活习俗,共同的生产活动,共同的信仰和价值取向。

(四)海洋族群与混血血统

海洋族群是对一个较大海域里的海洋群体的称谓。那些自觉结合在一起的海洋社会集合体,更注重对海洋社会文化要素的认同。族群可以是同宗同族,也可以没有宗族血缘关系。族群更强调的是文化认同,可以是同一个民族,也可能不是一个民族;同一个民族可以是一个族群,也可能由若干个民族组成。

全世界最著名的渔场有欧洲的北海渔场、中国的舟山渔场、日本的北海道渔场,每到鱼讯季节,都有来自于各国的渔民来赶鱼讯捕鱼。他们操着不同的语言、有着不同的信仰,却干着赶场捕鱼的同样工作。这些渔民中,一些人娶了异国异族女子,生下的后代就具有混血血统。南洋海洋族群的构成就很复杂,他们之中既有来自于中国福建、广东潮汕的移民,也有当地的爪哇人、马来人,还有其他来源的人种。但因为他们生活劳作于同一个水域,有大致相同的生活习俗和文化传统,所以,他们同属于南洋海洋族群。同一个族群内部常有婚恋现象,三五代之后,出现混血现象,他们的子女就具有了混血血统。

二、海洋群体的类型之二

以地缘海域划分,也可以分出许多海洋群体种类来。比如渤海湾渔民、中国山东荣成威海渔民、中国浙江舟山渔民、南海渔民等等。放眼世界各大海域,有更多的海洋群体。这里介绍几个典型海域的海洋群体。

(一)地中海海洋族群

有人说,"大西洋文明从地中海文明起步,经过克里特人、腓尼基人、希腊人和罗马人象接力赛一样地文明构建,终于引发了整个西方文明。"[①]从地理位置上看,地中海东接西亚和古希腊帝国,南连非洲古埃及,西有葡萄牙、西班牙并连接大西洋,北有法兰西和古罗马帝国,是孕育欧洲文明的海洋文明中心。地中海沿岸有众多的古文明帝国,地中海族群也是由众多民族组成。地中海海洋族群最杰出的成就是规模庞大的海战(古希腊与波斯海战)、航海贸易(阿拉伯人和腓尼基人都是航海好手)和海上殖民掠夺(大航海时代就是从葡萄牙、西班牙开始的)。自公元前3000年至今,地中海海洋族群在航海技术方面几度领先世界,他们演绎了一个又一个海洋财富的神话。

---

① 倪健民主编:《海洋中国》第5部,中国国际广播出版社1997年版,第1142页。

(二)阿拉伯海洋族群

在印度洋海域,活跃着一个亘古不衰的海洋族群,那就是阿拉伯海洋族群,他们靠航海技术和海洋贸易,把东方古文明与西方古文明连接在一起。最著名的是两河流域崛起了古巴比伦王国、亚述帝国、腓尼基人城邦、波斯帝国。其中,腓尼基人和波斯人都是古代航海技术的领跑者,很早以前就懂得利用季风海流航行,也是世界上最早使用三角帆借助风力航海的海洋族群。同时他们又是熟悉海上贸易的族群,早在西汉时期,中国丝绸之路的商队的货物,半路上就被阿拉伯人接手贩运到古罗马;中国商船的货物只到身毒、锡兰(印度、斯里兰卡)海域,就被阿拉伯海上商人接手贩运西方;唐朝时期中国商船到达波斯湾,交给阿拉伯人转手倒卖;直到明朝中国的郑和船队直达波斯湾、非洲东海岸,也没能完全摆脱阿拉伯人中间转手的尴尬。

(三)南洋海洋之族群

南洋是个海域概念,泛指中国南海周边的东南亚各国,包括菲律宾、马来西亚、文莱、印度尼西亚、新加坡、越南、泰国、缅甸之一部分。这一海洋群体主要由印尼人、马来人、爪哇人、中国福建人和广东潮汕人、印度人和大批华侨组成。自古以来,南洋各国海洋族群就受中国文化和印度佛教的影响,主要宗教是印度佛教。他们或从事南洋垦荒种植,或从事海洋捕捞,或从事海洋贸易、海洋运输;他们以海为家,向海谋生,传播海洋文明。南洋海洋群体最大的优点是吃苦耐劳,勤俭能干,以"垦荒牛"的形象开发南洋。可以说,南洋社会的进步,是南洋海洋族群共同努力的结果。

(四)东洋海洋之族群

日本自古以来就是一个四面悬海的岛国,由本州、九州、四国、北海道等几百个岛屿组成。相传在中国秦汉之交由徐福东渡带去了先进的农耕文化,从此结束了蛮荒的新石器时代的原始社会。日本在中国的隋唐以后派遣了大批遣唐使和留学生,到中国学习典章制度,甚至连佛教思想也照搬了过去(主要是净土宗佛教思想)。公元1600年前后,日本68个独立王国获得统一,许多战败国的武士与失地农民、海洋贸易商船纠集在一起,到朝鲜半岛、菲律宾和中国沿海各地抢掠,这就是困扰中国二三百年的倭寇闹海。他们自称来自日出海隅的扶桑国,但干的却是烧杀抢掠的强盗行径,对东亚各国沿海人民犯下了滔天罪行。

三、海洋群体的类型之三

以业缘划分,海洋社会可分为第一产业群体、第二产业群体、第三产业群体和第零产业群体,等等。

(一)第一产业群体

从事传统海洋农业的人群都是第一产业群体,包括海洋渔业捕捞、海洋种植业、海洋养殖业、海水灌溉农业等群体。其中海洋渔业所占比重最大,有近海捕捞、浅海滩涂渔业和远洋捕捞等。浅海滩涂渔业在相对固定水域作业,近海捕捞作业区域稍大,远洋捕捞则是远离国土,到远洋或深海区作业。海洋水产养殖业是利用海湾水域或浅海滩涂挖掘鱼塘,利用海水养殖经济海鱼或贝类。如在中国,养殖珍珠贝的历史非常悠久,而现在搞海水养殖最好的应该是辽宁大连獐子岛,其他海洋养殖方兴未艾,但都处于起步阶段。海洋种植业是在海水水域中种植海藻,海水灌溉农业则是在近海陆地上利用海水灌溉种植耐盐农作物。后二者还处于起步阶段和设想阶段,真正实施之后,或许可以引发海洋农业的巨变。

(二)第二产业群体

从事与海洋有关的工业都是海洋第二产业,包括海洋石油矿产采掘业、海洋船舶及装备制造业、海洋化工海洋药物工业、海产品加工业、海洋能(包括风能、波浪能、潮汐能等)电力工业、海洋空间利用和海洋工程建筑业(含港口码头、海上城市、海底城市、人工海岛等建设)、提供网具良种药物饲料的工业等。其中,船舶及海洋装备制造业产值较高。近些年来,中国造船业的规模和接受订单数量先后超过日本、韩国,一跃成为世界造船业翘首。在中国,海洋石油矿产采掘业发展前景广阔,如果渤海油气田、东海海盆油气田和南海海盆油气田全面开发作业,就能基本保证中国现代化建设的能源需求。遗憾的是南海周边国家抢占南沙群岛、竞相采掘海底石油,年产达到7000多万吨。

(三)第三产业群体

第三产业是根据人类生产规模扩大后,为满足商品流通和社会化服务的需要而产生的。主要有为海洋群体提供各种服务的商业群体、海上交通海洋运输业、海湾海岛和近海旅游业,以及为海洋群体提供金融服务、保险服务、后勤服务、气象服务、救险打捞服务等其他行业群体。海洋运输业是为陆地工业社会贸易物流服务的,在商品流通、物流贸易方面起到极为重要的作用。这个群体终日在海上航行,生活极为单调清苦。其余第三产业群体或者偶尔到海上周游一圈,或者终日生活在陆地上,因其为海上建设者和海洋群体提供各种服务,所以,我们也把他们尽数归属于海洋群体之中。

(四)第零产业群体

随着海洋社会的发展,又出现了许多新兴行业,我们姑且称其为第零产业。海洋牧场与人工岛礁工程、海上城市、海底城市、人工海岛等海洋空间利用群体;海洋资源性产业及其评估,海底电缆的铺设及管理、海洋卫星及云图分析、海洋科学研究、海洋教育、海洋管理等都很难归到以上三大产业里去,因此我们把它们统统归之于第零产业群体中去。但它们或是代表未来海洋的发展方向,或是关系到海洋群体的科学文化素质,而监督管理也关系到海洋事业健康高效地发展。因此,他们也是比较重要的海洋群体之一。尤其是海洋科学研究和海洋教育群体,直接关系到海洋群体的科学文化素质,是海洋社会不可或缺的群体。

除了以上按血缘、地缘、业缘划分海洋社会各群体之外,社会学界还有人提出按趣缘来划分群体。比如,按业余兴趣成立的海上垂钓协会、海上冲浪协会、潜水协会、沙滩排球协会、无动力帆船航行协会、海上探险协会、极地考察协会、古船渔具收藏协会、海底沉船考古协会、海底珊瑚协会、海水珍珠协会、海洋生物标本协会等等。这些民间社团与其说是社团组织,不如说是趣缘群体。它们多以一定的法规为宗,并按个人或相关单位的特点、爱好和兴趣而自愿组织起来的海洋社会的民间非营利性组织。随着海洋社会的文明进展,海洋社会建设得日臻完善,这些海洋群体的作用也会愈来愈重要。

四、海洋群体的品质特征

海洋群体特别是主体部分,因为长期工作生活在海洋上,所以养成了与陆地居民许多不同的生活习俗和文化特质。现概括如下:

(一)以船为家,四海漂泊

渔民群体要赶海打渔,免不了要四处漂泊,转战各个渔场,渔船就是他们的家,人走到哪里,家也就转移到了那里。海洋运输群体的水手船员要把雇主的货物送到目的地,也要四海漂泊,长途跋涉,远洋航行出海一次,通常需要五六个月甚至更长时间,在长时间的海上航行期间,吃住工作都在船上,船就成为海员们名副其实的家。海军将士更是把海洋作为杀敌搏斗的战场,刀光剑影、炮声隆隆,都在汹涌澎湃的海面上进行;即使是平时训练也是在海面上进行的;尤其是长途袭远的海战,需要跨越长距离的海域,既要与险象环生的暗礁海况拼搏,又要与敌军展开殊死搏斗。海洋探险、环球航行的海洋群体,终日吃住在船上,朝着未知海域前进。没有人际交流,只有一望无垠的海平面,险象环生的巨浪海涌,船是人们唯一的寄托载体,它不仅有家的一切作用,同时还是战斗掩体和避难所。由此可见,海洋群体最突出的特征就是以船为家,四海漂泊。

(二)战风斗浪,拼搏进取

海洋里有海流潮涌、暗礁水怪,海面上有狂风恶浪、海盗狂徒。如果长期在大海里生活,就免不了与狂风恶浪、激流潮涌搏斗。有时候可能还会遇到鲨鱼海怪、狂徒海盗。所以,一旦情况危急,海洋人就总是舍命放手一搏,爆发出求生自救的神武力量,用自己的双手和智慧化解凶险。别看海洋群体在陆地社会上小心谨慎、处处忍让,可是一旦到了大海,一旦遇到危急情况,他们却表现出当机立断,神武异常。因为大海里处处隐藏着凶险,出了状况只有放手一搏,才有化解危机的机会。在那万里无垠的海域阒无人迹,如果放弃拼搏自救,坐等别人来解救,或许就等于放弃了生的希望。所以,经过无数次大风大浪的洗礼磨练,铸就了海洋人不怕困难、拼搏进取的战斗品质。

(三)吃苦耐劳,意志顽强

特别是终日生活在海洋上的那些海洋群体,决定了他们要比陆地居民多吃苦,也就养成了海洋人吃苦耐劳的品性。因为除了风吹日晒雨淋之外,设备陈旧的一家一户的小渔船没有电视观赏、没有迪吧发泄情绪、也没有手机讯号,生活清苦、没有新鲜蔬菜、连淡水也是非常节约地使用。即使是设备先进的现代化军舰或商船,海员们也要忍受长期漂泊在外的思亲思乡的煎熬。所以海员们都说:"走千走万,不如家乡便;吃鱼吃肉,不如老婆面(老婆饼,一种面食)"。最惨的是战败落水者,或者是被风浪打破船只或者触礁沉船,丢失食物和淡水之后,求生不能、求死不得,只能把生命交由大海,任由海浪潮水裹挟、听凭海神鱼龙戏弄,哪怕是一块船板、一根树枝,也能给落难者带来生的希望。只要还有一丝希望,就绝不轻言放弃,因为一旦意志被击溃,就等于放弃了生的可能;意志坚强的人,或许就赢得了上帝的眷顾,就有了生的可能和希望。所以,海洋群体不仅有吃苦耐劳的品质,还有意志顽强的优秀品质。

(四)涉足异域,心胸开阔

海洋群体无论从事海洋捕捞、海洋运输还是海上贸易,都有很多机会接触异域人群,或是到异国海洋渔场捕捞,或是在异国码头卸货,或者与多国合作科学考察,或者到异域市场采购生活用品、补给淡水,都有可能与异国人群打交道,接触多了,对异国民族风情和风俗习惯知道得也多一些。所以,海洋群体的思想总带有一些开放性和异域情调,海洋群体的衣着也带有一些异国色彩,连他们的日用器物方面,都有可能是异国出产的舶来品。甚至有些常跑码头的老海员,还有异国恋情。俗话说"海纳百川,有容乃大"。海洋群体由于见多识广,视野开阔,经常与异国不同海域民族的人交往,所以,往往心性耿直、心胸开阔,能容得下不同国家民族、不同文化背景的人,并最早接受异域文化的熏染。

第三节 海洋群体对海洋社会的功用

海洋群体不仅构成了海洋社会,支撑了海洋社会,而且创造了巨大的海洋财富,主宰着海洋社会。海洋群体对海洋社会,乃至于对整个人类社会都做出了极大的贡献。尤其在海洋养殖、海洋种植、海洋运输、海洋空间利用、乃至海洋文明传播方面,都有着无可替代的社会功用。

一、海洋群体创造了丰富的社会财富

大航海年代,葡萄牙、西班牙、荷兰、法国和英国,都曾创造出神奇的海洋财富,引发殖民掠夺的浪潮。而在和平年代,海洋群体创造的海洋财富更加丰厚。

(一)海洋农业创造的社会财富

海洋占地球表面积的71%,除去常年被冰雪覆盖的南极和北极之外,大多数海域都生长着众多的海洋动物和海洋植物。如果把热带海洋、温带海洋和寒温带海洋全部利用起来发展海洋农业,就等于使地球可耕作面积扩大了3倍。海洋藻类植物每年的产出量可达到1350亿吨,海洋鱼类与海兽每年的产出量可达到562亿吨。即使考虑海洋再生能力,每年只捕获或采集其中的10%,也会基本消灭地球上的饥饿人口。人类开发利用的还不到实际面积的10%海域,就使海洋产生了巨大的物质财富。1980年全球水产总量6458万吨,1992年达到9811万吨,现在达到1亿吨。1亿吨海鱼,就相当于3亿头牛,或10亿头猪,或50亿只羊的肉产量。尤其是海洋牧场的经营模式,可以大大地提高海洋鱼类资源的产出量;海洋田园的耕海模式,可以大大提高海洋藻类和甲壳类海洋动物的产出量。日本、韩国、美国和中国大连獐子岛,都已实施海洋牧场战略,取得良好的经济效益。

(二)海洋工业创造的社会财富

海洋设备制造业和海港码头建设是第二产业的龙头企业。如中国改革开放30多年以来,造船业取得长足地进步,先后超过日本、韩国,占据了全球业务量、总吨位排名的头把交椅。2004年,造船完工量855万载重吨,比上年增长33%;承接新船订单1579万载重吨;手持船舶订单3359万载重吨,比上年增长28%。按英国克拉克松公司对同期世界造船总量统计数据,中国造船完工量、承接新船订单、手持船舶订单,分别占世界市场份额的14.2%、15.4%、

15.3‰。2004年全国海港在建项目150个,完成投资400亿元,建成投产泊位127个,其中深水泊位87个,新增吞吐能力3亿吨,新增集装箱吞吐能力860万标准箱,煤炭吞吐能力9666万吨,原油吞吐能力2960万吨,矿石吞吐能力3600万吨。截至2004年底,全国拥有海港生产泊位4918个,其中深水泊位993个,综合通过能力22.2亿吨。[①]

(三)商业服务创造的物质财富

海洋运输、海洋贸易和商业服务业是第三产业的大户。海洋运输方面,据2005年出版的《中国海洋年鉴》称:2004年,全国完成货运总量18.7亿吨,运输集装箱1605万标准箱。其中,中国海运总公司完成25.5万标准箱,世界排名第十。全国主要港口发运煤炭3.4亿吨,运输进口铁矿石2.1亿吨,运输进口原油1.09亿吨。2004年货物吞吐量超亿吨的港口有8个,其中港口吞吐量超过2亿吨的由上年的1个增加到4个。上海港吞吐量达到3亿吨大关,实际完成3.79亿吨,世界排名第二。其他7个港口分别是宁波、广州、天津、青岛、秦皇岛、大连和深圳。上海港集装箱吞吐量1455万标准箱,居世界第三位;深圳港集装箱吞吐量1366万标准箱,居世界第四位。海洋贸易出口总量赶超德国,世界排名第三位。沿海城市及其海洋社区商业销售额无法细分为海洋商业还是陆地商业,沿海城市商业总量占全国半壁江山。

(四)第零产业创造的社会财富

不太容易归入第一二三产业的部分,我们一律归入第零产业。如中国,海洋科学考察方面,2004年,完成北极考察并建立了黄河站,完成南极考察越冬和度夏两项任务,在南极考察归来时路经香港,激发了香港各界人士极大的爱国热情。海洋科学考察虽然没产生直接的经济效果,但激发人们的爱国热情和对海洋的极大兴趣,产生了极好的社会效果。海洋教育方面,继中国海洋大学、大连海事大学、广东海洋大学、浙江海洋学院之后,上海水产大学更名为上海海洋大学。五所海洋类高等院校在校生超过10万人,为海洋事

---

① 《2005中国海洋年鉴》,海洋出版社2006年版,第107—108、115—117页。

业源源不断地输送各类专业技术人才,是海洋事业进步与发展的基本保证。卫星定位系统、海洋气象方面也取得长足的进步,可以根据卫星云图分析海洋气象、海洋灾难性气候,提前告知海洋群体,减少海洋灾害的损失。科学的进步为海洋事业保驾护航。

二、海洋群体创造了斑斓的精神文化

哪里有海洋,那里就有海洋群体的足迹;哪里有海洋群体的身影,那里就有海洋精神海洋文化的奇葩绽放。古希腊荷马史诗曾歌唱了希腊勇士们抗击来自波斯帝国海上侵略者的英勇事迹;中国自汉武帝时期开辟的海上丝绸之路畅通两千年,为中外海洋贸易文化交流谱写了辉煌雄壮的乐章;大航海年代的航海探险的勇士们,为后代子孙留下宝贵的精神财富,敢于冒险、勇于开拓、不畏艰险,挑战人类的生理极限;他们敢于冒死向未知海域进军的大无畏精神,鼓励了一代又一代海洋工作者。海洋群体演绎着有别于陆地社会的海洋文化,咏唱着韵味悠长独具一格的渔歌,呈现出五彩斑斓的文化色彩。

(一)开拓进取的海洋精神

海洋群体具有勇立潮头的冒险精神,与风浪搏斗的拼命精神,与命运抗争、放手一搏的神勇气概,永不言败的顽强意志。这些优秀的精神品质都是战胜各种艰难困苦的制胜法宝。海洋群体还有舍家离乡的忘我精神、吃苦耐劳的禀性品德、俭朴谦恭的品性操守、海纳百川的广阔胸襟、以苦为乐的奉献精神。与陆地人群相比,海洋群体具有别具一格的胸襟情操和奉献精神,是人类精神宝库中不可多得的精神奇葩。海洋群体出海,尽管风吹日晒雨淋,海浪颠簸,即使在艰苦的环境中也能坦然处之,悠哉游哉,歌声不断。乐观达天,开拓进取,正是海洋群体战胜各种困难的法宝。

(二)各种各样的海洋信仰

海洋群体终日生活或工作在汹涌澎湃的海洋上。所谓出海三分险,命交海龙王,所以海洋族群希望有一个神灵保佑他们顺风顺水、无灾无难,于是就有了海洋信仰。不同海域、不同群体的海洋人信仰也不尽相同。比如阿拉伯海洋族群大多信奉天主教,美国海洋族群大多信奉基督教,中国、日本、韩国和东南亚各国海洋族群主要信奉佛教和海龙王,中国浙江舟山群岛的海洋群体大多信奉观音娘娘,中国东南沿海各地海洋族群主要信奉妈祖娘娘等。值得注意的是,在众多的海洋信仰之中,大多都是天神或海神,只有妈祖娘娘是一位现实生活中的护航使者。她出生于中国宋朝时期的福建湄洲岛,生前为渔民和航海者做了很多好事,救苦救难的声名远播,所以受到广大海洋群体的拥戴;自宋至清,被历代皇帝封赏 36 次,全世界有 4000 座妈祖庙,信众达到 2 亿人。尤其是每年妈祖诞辰的祭祀大典时,台湾海峡两岸同胞共同朝拜妈祖,成为一件轰动民间的大事。

(三)五彩斑斓的海洋习俗

旧时渔民群体以船为家,四海漂泊,养成了有别于陆地居民的习俗。由于渔船空间很小,一家男女老少都挤在后舱里,彼此床铺之间拉上一块布帘子隔开成不同空间。前舱到船头有一块光滑平整的甲板,捕鱼时是劳动场所,休息时是休闲娱乐场所,因为每天多次冲洗,甲板很干净,可以坐、也可以睡在甲板上,赤脚走在甲板上根本无需穿鞋。中国浙江舟山渔民结婚,如果新郎出海未归,用公鸡代替新郎陪洞房;深圳渔民已经上岸定居,结婚时还保留了划旱船的习俗。福建惠安女的衣着很有特色,一块花方巾包着头,不露出自己的面孔,被戏称为"封建头";上衣很短,以便露出象征财富的银腰带,连肚脐眼也露在外边,被戏称为"民主肚";裤管宽大,便于卷起劳作,被戏称为"浪费裤"。惠安女婚后实行"走婚",常住娘家,晚上才去夫家,早晨又回到娘家,生了孩子之后,才住在夫家。渔家养育儿女也与陆地居民不同,大人忙于捕鱼劳作,无暇看管孩子,就在孩子身上拴上一个葫芦或水松根,并拴上小铃铛,铃铛响的时候就说明是安全的,听不到铃声看水里,看到葫芦提起绳子便救起了孩子。英国、德国、丹麦、加拿大、俄罗斯、阿拉斯加等地,冬天冰天雪地,其他交通工具无法运行,渔民就发明了狗拉雪橇的办法,后来演化成一种贵族的冰雪比赛。各国各地都有不同的生活习俗,这些五彩斑斓的习俗,与陆地居民相比,自有一番水上色彩和情趣。

(四)悠悠渔歌的海风渔韵

在夜色笼罩的海面上,星星点点的渔火,年轻人互相唱和着渔歌,海面上飘洒着海风渔韵。渔歌带着浓浓的水音,音域宽广浑厚、节奏舒缓抒情、风格煽情浪漫,独具海洋韵味。根据日本渔歌谱曲演唱的《拉网小调》,风靡全世界。渔歌《纤夫的爱》更是煽情,唱出了渔家儿女的情韵。在渔歌素材和风格的基础上提炼加工出来的《军港之夜》、《大海啊,我的故乡》等歌曲,唱出了那种蔚蓝的情韵。中国有山东渔歌、浙江舟山渔歌、广东汕尾渔歌等。渔民们无论婚丧嫁娶或是喜庆消闲,都喜欢唱渔歌,年轻人用渔歌代替语言交际,表达思想感情,即兴而发、脱口而出、不假雕饰,独具韵味。著名女歌手徐十一从渔港汕尾唱到省城,唱到北京,成为渔民歌唱家。《长洲泪》、《娶新娘》都是渔家流行歌舞。明屈大均《广东新语·舟语》记载:番禺滨海,河网纵横交错,凡是咸水所到之处,民间都会唱番禺咸水歌。"男女未聘,则置盆花于梢,以致媒。婚时以蛮歌(咸水渔歌)相迎,男歌胜者则夺女过舟"。清朝诗人王士祯的《竹枝词》说:"两岸画栏红照水,疍船争唱木鱼歌"。渔民群体创造的渔歌,为海洋群体的生活平添了许多情趣,为海洋文化增加了很多鲜活的色彩。

三、海洋群体经历了海战的沉重洗礼

海战是人类历史上无法绕过的一页,海战也是海洋群体大展神威的地方。这里,我们随手撷取几个海战实例,说明其在改写世界力量对比格局中的作用。

(一)古希腊的正义之师

公元前480年秋,波斯侵略军长驱直入一路南下,烧杀劫掠,直抵科林斯湾。波斯统帅薛西斯雄心勃勃,企图征服整个希腊。古希腊中部和其他许多地区都陷入波斯战车的辗下。但是,希腊人民并没有屈服,雅典海军是一支强大的力量,杰出的雅典海军统帅泰米斯托克利暗中派人去引诱薛西斯出战。波斯舰队沿途攻陷了许多城堡要塞,当波斯王薛西斯准备以胜利者的姿态驻扎雅典时,他收到一个秘密使者送来的一封信,信中说希腊人已成惊弓之鸟,正准备从萨拉米斯向外逃跑,你现在能派兵阻止他们逃跑,即可大获全胜。波斯王根本就没有想到这是敌人的计策,立即命令约一千艘战舰连夜出发,排成一字形长阵逼近萨拉米斯海峡东口。行至中间见有一个小岛横在海峡中央,波斯战船不得不分为两股,从小岛两边通过。由于船多海峡窄,每艘战船都配有很长的木桨,水手技术又不熟练,加上这时又刮起了大风,海面上波涛翻滚,帆高体笨的波斯战船失去控制,在湾内互相碰撞起来。不等波斯舰队调整好阵形,希腊舰队就划起长桨呐喊着冲过来。波斯海军前面的船只被迫后退,和后面正在前进的船只挤在一起,使得它们前进不能后退不得。希腊舰船横冲直撞,左冲右突,波斯军混乱一团、指挥不灵,因而只能各自为战。战斗中,希腊左翼的雅典舰队起了决定性的作用。雅典舰队在薛西斯眼皮底下驶向沿海东岸,波斯军以为希腊舰队要逃跑,许多船只立即前去阻拦。由于波斯舰队数量多,队形拥挤,船身大,机动性差,后边的跟前面的战船挤在一起,使得舰队很难调整。这时雅典舰队突然调转船头,以决战的姿态冲向敌阵。波斯舰队突然遭到雅典舰队的冲击,阵势一片混乱,象赶鸭子一样被挤到中央。雅典舰队则充分发挥舰只构造坚固、机动性强的优点,快速运动,船身从敌舰侧面紧紧擦过,用船头的冲角折断敌舰上的桨叶,摧毁其操控能力,然后又掉转船头撞击敌船,或把战舰靠近敌船,步兵和弓箭手乘机登上敌舰,用长矛利剑同敌人展开搏斗,使波斯右翼和中央舰队受到严重损失。但由于雅典舰队进展太快,使右翼和中央舰队失去联系,斯巴达舰队被包围寡不敌众。泰米斯托克利果断命令雅典舰队横越海峡,直取波斯左翼后方,策应希腊右翼和中央。这样,雅典舰队从背后,斯巴达和其他联军舰队从正面向波斯舰队压迫过来。波斯舰队受到前后攻击,企图组织抵抗,却与打算撤离战场的舰船互相撞击。波斯海军司令眼看败局已定,便下令撤退。可是波斯舰队处在包围之中,残存军舰东冲西撞,难以突出重围,不得已海军司令命令旗舰用尖角船头冲开挡在前面的希腊战船,丢下其他船只独自狼狈逃跑了。经过 8 小时激战,波斯舰队 200 艘战舰被击沉,50 艘被俘。海军将士死伤无数。而希腊方面只损失 40 艘舰只。希腊正义之师赶走侵略者强大的海军,获得最后胜利。

因此可以说，古希腊的文明是由海洋群体和海军将士们用他们的智慧和勇武的战斗精神捍卫的。如果没有海洋群体和海军战士的拼命搏杀，古希腊文明就会被波斯侵略军所践踏。用爱国精神和保卫家园思想武装起来的希腊海军将士，即使在敌强我弱的情况下，照样能打出一个以少胜多、以弱胜强的漂亮仗。

（二）珍珠港的可耻偷袭

珍珠港位于夏威夷群岛的瓦胡岛南端，与驻有美军的关岛、马尼拉港构成锥子形，插向西太平洋，是二战期间日本南进扩大战争的主要障碍。日本人要向南洋扩张，就必须首先拔掉这个楔子。1937年的七七事变后，日军全面入侵中国，在很短时间内占领了中国华北、华中和华南大片领土，把中国大陆作为北进苏联南下东南亚及西南太平洋地区的基地。但随着抗日战争进入相持阶段，加上入侵苏联的两次作战行动受挫，日军统帅部深感同时进行两面作战力不从心。第二次世界大战爆发后，随着欧洲战局的发展和《德意日三国同盟条约》的签订，日军统帅部决定利用英法忙于欧洲战事的有利时机，转而采取南攻北守的方针。1941年6月22日，德军入侵苏联，苏德战争的爆发解除了日本南进的后顾之忧。

日军统帅部分析了形势，决心在年初侵占法属印度支那的基础上，进一步扩大在东南亚的进攻行动，同时发动太平洋战争。日本南下进攻行动直接威胁到美国在太平洋的利益和特权，美国政府采取了一些经济制裁措施，如冻结日本在美国的资产、实行全面石油禁运等，日美矛盾就日益尖锐起来。美国为了保卫其在亚洲及太平洋地区的既得利益，以珍珠港为主要基地和活动中心。珍珠港是美国太平洋上的主要海军基地，是美国通往亚洲和澳洲的交通枢纽。美国太平洋舰队司令部、第3舰队司令部、太平洋舰队的潜艇部队司令部、后勤部队司令部和舰队陆战队司令部都设在该基地，组建了一支上百艘的庞大舰队，太平洋舰队主力也驻在珍珠港。珍珠港的有利地理位置便于驻在该地的海军兵力控制太平洋中部海区。早在1941年初，当日美矛盾尖锐的时候，日本海军就提出了奇袭珍珠港的设想。日本联合舰队司令官山本五十六海军大将具体制定了代号为"Z"的奇袭珍珠港的作战计划，计划的中心环节就是从空中进行奇袭,猛烈攻击美太平洋舰队的主力。

1941年12月7日凌晨(夏威夷的星期天),日本以大量海空军突袭珍珠港,致使停泊在港内的美国太平洋舰队主力几乎全军覆没,从而揭开了太平洋战争的序幕,史称"珍珠港事件"。12月7日凌晨,日军突击舰队顺利到达瓦胡岛以北,即展开组织进攻。5时30分,2架水上飞机对瓦胡岛及其附近海面进行侦察。354架舰载机用于空袭,分为两个攻击波,第一波183架6时起飞,由云层上空悄悄飞向珍珠港,第二波171架7时15分起飞。是日天气晴朗,为日机提供了极好的攻击条件。7时49分,突击舰队司令长官海军中将南云忠一下令全军展开突击。此时,美太平洋舰队主力除3艘航空母舰离港出海执行任务外,其余共94艘舰艇整齐地停泊在珍珠港内,美海军官兵大都离舰上岸度假去了;岛上的387架飞机成排停放在机场,飞行员多数不在机场;高射炮旁也只有少数几个炮手值勤。7时30分左右,美雷达兵多次发现有强大机群飞临,却误认为是己方飞机,未加防范。7时55分,第一波突击机群开始实施连续45分钟的首次突击,8时40分,顺利返航。8时55分,第二波突击机群实施突击,与此同时,先遣舰队中的特种潜水艇偷入港内,攻击美舰。9时45分,突击全部结束。

美军指挥部对日本舰队的积极行动没有引起警惕,没有采取任何补充措施来提高珍珠港基地部队和编队的战备等级。美国太平洋舰队除航空母舰出港外,港内的舰艇和机场上的飞机都密集地停靠在一起,成了有利的攻击目标。美军舰艇的对空防御同整个珍珠港基地一样,全都没有做好抗击日军突击的准备。12月7日那天,大部分舰员放假上岸去了。日军成功奇袭珍珠港后2小时,日本政府才向美国正式宣战,因此被美国斥为无耻的"偷袭"。也有人认为,美国国内正在为是参战还是暂不参战而争论不休,是日本偷袭了珍珠港,唤起了美国人同仇敌忾,对日宣战。日本人在珍珠港炸掉的仅仅是几只战舰和飞机,而三艘航母主力全部不在港内,所以,美国海军战斗力基本没有太大损失。即使是被日本炸坏的几只战舰,损伤也不太严重,也只在短短的一两个月就全部被修缮一新、重新投入了战斗。美国的对日宣战,就加速了日本太平洋战争美梦的破灭。

(三)西沙之战的海上狼烟

位于中国南海南沙群岛、西沙群岛、中沙群岛和西沙群岛,历来是中国领土。但在20世纪50年代后半期,南越侵占西沙群岛之珊瑚等岛屿,并对南海其他诸岛怀有领土野心。1973年9月,越南共和国(南越)又非法宣布将南沙群岛的南威、太平等10多个岛屿划入其版图。1974年1月11日,中国外交部发言人发表声明,谴责南越当局对中国领土主权的肆意侵犯,重申中国对南沙、西沙、中沙和东沙各群岛拥有领土主权,中国政府决不容许南越当局对中国领土主权的任何侵犯。南越当局不顾中国政府的严正警告,派驱逐舰侵入西沙的永乐群岛海域,对在甘泉岛附近从事捕鱼生产的中国渔船挑衅,无理要求渔船离开甘泉岛海域,并炮击甘泉岛;后又增派两艘驱逐舰和一艘护航炮舰侵入上述海域,强占金银、甘泉两岛,企图作为继续侵占其他岛屿的据点。在这种情况下中国军队于1978年12月25日对南越侵略行径发动了惩罚性打击。中国海军扫雷舰将南越海军10、16号舰拦阻于广金岛西北海面,猎潜艇进至琛航岛东南海域,与南越4、5号舰对峙,形成分割南越舰艇的态势。南越4、5号舰先后以40余人,强登琛航、广金两岛,当即被中国守岛民兵在海军舰艇编队支援下击退。南越4舰同时向中国舰艇编队发起攻击,中国舰艇被迫奋起自卫,各舰群近战歼敌,集中火力猛烈还击。与此同时,增援的281、282号艇由永兴岛向永乐战区急进,加入战斗。经4个多小时激战,南越护航炮舰10号被击沉,驱逐舰4、5、16号被击伤后逃逸。这次战斗,中国人民解放军海军南海舰队共击沉南越海军护航炮舰1艘,击伤其驱逐舰3艘,俘49人,收复被南越军队侵占的永乐群岛中的3个岛屿。这一胜利沉重打击了南越当局的扩张主义的嚣张气焰,维护了国家领土主权。

(四)不容乐观的海疆局势

国际上有索马里海盗,威胁着国际商船航海安全。尽管各国派出军舰护航,但被劫掠的事件仍然时有所闻。日俄北方四岛也是剑拔弩张,争议之声不绝于耳。美韩海上军事演习、美日海上军事演习,弄得东北亚海洋局势动荡,大有一触即发的紧张态势。北冰洋沿岸国家纷纷宣称各自拥有北冰洋海域,大有划地圈海、瓜分北冰洋的架势。

中国南海海域和东海海域的形势也很严峻,随着南海油气资源的大量发现,一些国家对中国传统海域提出主权要求,其中越南要求达117万平方千米、菲律宾62万平方千米、马来西亚17万平方千米、文莱5万平方千米。南海众多岛屿被越南占据28个、马来西亚抢占9个南沙岛礁、印度尼西亚占领2个岛礁、文莱抢占1个岛礁。而中国大陆只控制6个岛礁,中国台湾只控制一个太平岛。2009年1月28日,菲律宾参议院全票15票通过了2699号议案,把南沙大部分岛礁和黄岩岛划入菲律宾版图。面对严峻形势,中国提出"主权属我,搁置争议,共同开发"提议,而周边国家却变本加厉地肆意开发掠夺海底油气资源和海洋渔业资源。2010年海疆形势更加复杂化,日本在钓鱼岛撞伤中国渔船、扣押渔民,造成恶劣影响;美国宣布南海有美国的国家利益,支持越南等东盟国家对南海的主权要求,企图搅浑南海争端,使南海争端复杂化。

四、海洋群体推进了多样的文明交流

海洋贸易和海洋运输是海上交往最常见的交流形式,运输和交易的是物质文明,交往传播的则是精神文明。通过海上通道传播,播撒海洋文明的种子,把全世界的文明连接在一起。

(一)徐福东渡与弥生时代

中国秦汉时期的徐福,为逃避秦朝暴政,寻找没有暴政的海外乐土,带着3000童男童女去了日本,也带去了先进的农耕文化。早在公元前2世纪,日本还处于新旧石器时期,几乎看不见农耕文明的踪影。相传徐福去后,日本开始了农耕文化,史称"弥生时代"。由于徐福带去了大批工匠能人,传播了农耕技术、种桑养蚕技术、钢铁冶炼技术、医药技术,对日本社会发展做出了不朽的贡献。所以,徐福深受日本人民的爱戴,如今日本各地还散落着20多处徐福寺庙、祠堂、墓和墓碑等,徐福本人还被日本人民奉为农耕之神、蚕桑之神、纺织之神、医药之神、冶炼之神等等。由于徐福的深远影响,日本人民对中国非常仰慕,隋唐之后,派遣大批遣唐使,到中国来学习,徐福就成为中日友好的使者形象。徐福本是中国古代的一个方士,不是海洋群体,但由于他两次出海,第二次带走了各种能工巧匠和 3000 童男童女,在海外产生了极大影响,所以归入此类。

(二)海上丝路是对话之路

中国汉朝时期,汉武帝先后开辟了陆海两条丝绸之路,尤其是海上丝绸之路畅通两千年,对东西方文化交流起到巨大作用,被联合国科教文组织称之为"东西方对话之路"。① 据汉书记载,大汉帝国的船队从广东徐闻、广西合浦出发,经越南去南洋各国,一直到身毒(印度)和锡兰(斯里兰卡),把货物交给前来贩运的阿拉伯人,然后返航。当年交易的主要货物是丝绸,故而被德国学者李希霍芬誉为"海上丝绸之路"。阿拉伯商人在身毒、锡兰从中国商船那里买到丝绸之后,转运到古罗马,受到罗马贵族的青睐和赞叹。罗马贵族一直努力寻找大汉帝国的位置,企图摆脱阿拉伯人在丝绸贸易方面的中间盘剥。为了获得中国的丝绸,避免阿拉伯人的中间盘剥,罗马人还与波斯人开战打了 20 年。令人惋惜的是大汉帝国与罗马帝国两个巨人虽然互相仰慕,却一直未能直接交往;一直到三国时期,才有一个自称来自大秦的商人从日南(越南中部的一个港市)上岸,辗转来到东吴,受到孙吴国王的接待。

(三)阿拉伯连接海洋文明

非洲的古埃及帝国、欧洲的古罗马帝国、亚洲古中国的大汉帝国、古印度王国,是世界文明史上最辉煌的文明古国。遗憾的是由于山水阻隔,它们天各一方,彼此并不发生直接联系。是阿拉伯海洋群体把分隔在各个地域的文明古国联系到一起。阿拉伯海洋群体凭借他们的航海技术和航海经验,向东航行到身毒、锡兰与中国商船贸易;向西航行到红海湾与古埃及、古罗马人进行贸易交流。早在公元 3 世纪,就有大批阿拉伯商人到中国做生意,凡是到中国来的阿拉伯人,几乎都是宏商巨贾。李商隐在《杂纂》"不相称"条中说,"穷波斯,病郎中",那都是不相称的。正因为有阿拉伯人的穿梭,即使东西方巨人没有直接握手,但古罗马人也可以享受到中国古文明的丝绸;中国古人也能欣赏到西方古文明的琉璃和长颈鹿。

---

① 陈炎主编:《海上丝绸之路与中外文化交流》,北京大学出版社 1996 年版。

如果没有阿拉伯海洋群体,世界文明的进程或许要晚上几个世纪。

(四)葡萄牙引发航海时代

公元 14 世纪初,葡萄牙恩里克王子放弃王位与贵族生活,到葡萄牙最南部的阿加维省沿海地区去当总督,并开办了世界上第一个航海学校,培养并招募各国水手和航海家,打造海船修建船坞海港;先后多次派出探险队,接连发现了马德拉群岛、亚速尔群岛,并殖民亚速尔群岛;后来把非洲黑奴、胡椒、黄金纷纷运回里斯本,使葡萄牙成为全世界黄金白银拥有量最多的国家。1498 年 5 月,葡萄牙航海家达?伽马率领的船队终于抵达印度的卡利卡特港。葡萄牙人这次带来的不只是友好的问候,当印度人问他们到来的目的时,达?伽马很简练地回答说:"基督徒,香料"。这正是葡萄牙孜孜以求的目的,经过近一个世纪的艰难探索,恩里克王子的愿望终于变成了现实,欧洲航海家几十年知识积累和勇气开始转化为耀眼的财富。在坚船利炮的猛烈攻击下,一个个海上交通战略要点相继成为葡萄牙的囊中之物,正是利用从大西洋到印度洋的 50 多个据点,葡萄牙垄断了半个地球的商船航线。在 16 世纪初的前 5 年中,葡萄牙的香料交易量从 22 万英镑迅速上升到 230 万英镑,成为当时的海上贸易第一强国。纵观他们的航海船队和船员,恩里克母亲就是英国王妃,恩里克本人就是一个混血儿,他的船长和船员,有的来自于意大利、丹麦、西班牙和加泰罗尼亚,他们的子孙后代也大多具有混血血统。是航海事业把他们集结在了一起,开辟了一个崭新的大航海时代。在葡萄牙人海洋财富神话的引领下,先是西班牙,接着是荷兰、法国、英国、意大利、奥地利等国,也纷纷组织航海活动,推行海外殖民政策,推销工业革命的产品,终于引发了一个地理大发现的航海时代的到来。如果说欧洲中世纪是一个漫漫长夜的话,葡萄牙人无疑就是在这漫漫长夜中第一个觉醒的国家,并引领整个欧洲从中世纪觉醒过来。当整个欧洲都醒来之后,几乎全世界人都听到了欧洲纺纱布机和蒸汽机的隆隆声。正是这些工业革命的隆隆机器声,终结了整个欧洲的封建时代。

天高任鸟飞,海阔凭鱼跃,海洋有广阔无垠的空间,那是海洋群体大展拳脚的舞台;无风三尺浪,海中有乾坤,海洋蕴藏无尽的资源,要靠海洋群体去发掘;迷踪大西国,诡异百慕大,海洋隐藏诸多至今不为人知的诡秘,也要靠海洋群体去揭示;海底森林茂,海鱼纵横游,它们是人类的天然粮仓,也要靠海洋群体去耕作和收获。由此可见,海洋群体是大海的主人,有了海洋群体,大海就鲜活灵动,显现出无限生机;海洋群体是海洋社会的天然主宰,发挥出开发海洋利用海洋的神奇作用。海洋可以没有龙宫宝殿,可以没有琼楼玉宇,可以没有令人心醉神迷的海市蜃楼,但不能没有海洋社会的主心骨(海洋群体),不能没有海洋的灵魂(海洋精神)。海洋群体在主宰海洋社会的同时,创造了价值连城的海洋物质财富、瑰丽多姿的海洋精神文化。尤其在人口爆炸、资源枯竭的当今世界,海洋群体还在不懈地努力寻找,为人类寻找可以安生放歌的第二故乡——重新回归那没有尘世烦扰的海洋世界。

参考文献:

1. 北京大学历史系:《简明世界史》,人民出版社1974年版。
2. 斯塔夫里阿诺斯主编:《全球通史》,上海社会科学院出版社1999年版。
3. 倪健民主编:《海洋中国》,中国国际广播出版社1997年版。
4. 郑杭生主编:《社会学概论》,中国人民大学出版社2003年版。
5. 徐质斌主编:《建设海洋经济强国方略》,泰山出版社2000年版。

思考题:

1. 为什么说海洋群体是海洋社会的天然主宰?
2. 划分海洋群体有哪些主要依据准则?
3. 海洋群体有哪些主要类型和基本特征?
4. 海洋群体对海洋社会有哪些功用?

织网捕鱼　宏开利路　战风斗浪作底蕴
习俗传统　拥爱神器　漂洋过海达和昌

第十七章　海洋组织:海洋社会的公共用器

组织现象是社会学研究的传统领域之一。海洋组织的出现、发展和扩散是海洋社会经济、政治、文化等发展的产物,是海洋社会的公共用器。海洋组织按照功能目标、受惠对象、权力控制标准能区分为不同类型,却又有地域、复杂、开放、风险等共通特征。海洋组织通过基本功能和拓展功能的实践担当了涉海人群的公共用器,并在适应中表现出一些新的发展趋向。

第一节　海洋社会是海洋组织的社会

海洋组织是海洋社会中常见、普遍的现象之一。海洋组织具有一般社会组织的特性,由主体、结构、环境和制度要素组成,历经功能团体、自我组织,到双重组织,进而发展至今形成了向一切涉海领域扩散的发展历程。在纷繁复杂的海洋社会生活中,海洋组织已是涉海人群利用各种海洋组织积聚资源、实现目标的主导的行为方式,通过对象、环境、目标和规则方面,展现其为海洋社会的公共用器。

一、海洋组织的一般知识

海洋组织是海洋社会学分析的客体之一和基本内容。它是社会组织在海洋社会的具体形态,具有一般社会组织的特征,因此,基于社会组织的一般知识,可以理解和分析海洋社会组织所具有的共性与特性。

(一)社会组织的含义

古代汉语中的组织,既可指编织,即将丝麻织成布帛,又可指安排、整顿,也有诗文造句构词之意。英语中的组织为 organization,来源于器官 organ,源于器官是自成系统的具有特定功能的细胞结构。之后,组织逐渐演变为人群方式。

社会学中,基于角度和研究途径差异,形成了不同侧重的社会组织界定。静态的分析方式认为,组织是人与人、人与工作之间的关系的系统或模式。如企业、学校、机关、部队、研究机构、群众团体等,是人们劳动、工作的社会结合,是人们的集体关系的组织形式。

动态的分析方式认为组织是分散的,没有内在联系的人、要素、制度和环境等因素,在特定时间和空间内联系和配置所形成的有机整体。这种分析方式注重从组织成员的交互行为、组织运行进行研究。

发展的分析方式认为组织是一个有机的"生长体",它是随着时代环境的演变而不断地加以适应、自动调整的社会团体。这种分析方式强调组织要不断根据环境的变化,适当地修正和变革。

心理的分析方式认为组织是组织成员根据自己的地位扮演的角色,形成的等级体系中的人际关系网络。组织成员明确自己的归属,成员之间在心理上产生共鸣,产生一定的情感、意识和对目标的认同,有着接近或一致的价值观和规范,彼此相容,并协同完成既定的目标。

不同的学者从不同的角度出发形成了不同的观点。韦伯视组织为一架精心设计的机器,认为组织按规定要求实现某些既定的目标,组织成员的情感处于次要位置。基于这种价值观,韦伯认为组织是成员在追逐共同目标和从事特定活动时,成员之间法定的相互作用方式。[1] 巴纳德引入整体主义思想与系统观,以系统观念为依据,从人与人相互合作的角度来解释组织,认为组织是两个以上的要素组成的、被设计用来按计划实现特定目标的一个系统;其活动是通过有意识的、有目的的精心协调完成的。[2] 卡斯特和罗森茨韦

---

[1] [德]韦伯:《经济与社会》,商务印书馆 1998 年版,第 76 页。
[2] [美]巴纳德:《经理人员的职能》,中国社会科学出版社 1997 年版,第 53 页。

克进一步从系统理论的角度出发,认为组织是一个开放的社会技术系统,由目标与价值分系统、技术分系统、社会心理分系统、机构分系统和管理分系统组成,从外部环境接受资源、信息和材料的投入,经过转换,并向外部环境输出产出。①

还有其他许多学者阐释了组织,在此不再罗列。综合学者们的观点,社会组织是人们为了达到某种共同目标,将其行为彼此协调与联合起来所形成的社会团体。社会组织的活动是一种整体和结构性的行为,包括组织目标、心理结构、技术结构和整体行为等层面。

(二)海洋组织的含义

海洋社会组织是社会组织在海洋社会的表现形式。基于社会组织的理解,海洋社会组织就是海洋社会的公共用器。它可以区分为广义和狭义两种含义。广义的海洋社会组织是指涉海行为的社会群体,既包括海洋社会中的家庭、家族、村落等初级群体,也包括海洋社会的次级群体,如海洋行政管理组织、海洋运输公司、海洋环境保护组织、船员协会、船东互保协会等。

狭义上的海洋社会组织仅指海洋社会群体中的次级群体,亦是本书选取的含义。正如博尔丁所讲,任何一个组织都是为实现某种目标而创造出来的。② 海洋社会组织正是涉海人群为了实现特定目标,将行为彼此协调与联合起来所形成的社会群体,是正式社会组织。海洋社会组织包括涉海企业、海洋行政机关、教学科研组织、海洋石油公司、海洋运输公司、海洋捕捞公司、海洋环境保护组织等。海洋社会组织的日益发达,一方面表明涉海人群的生计与需求实现发生了变化,另一方面也表明组织的技巧和技术获得了长足的发展,从而能够实现跨区域、跨行业的大型科层组织的出现与自我发展。

(三)海洋组织的边界

海洋组织边界多元,包括垂直边界、水平边界、外部边界、地理

---

① [美]卡斯特、罗森茨韦克:《组织与管理:系统方法与权变方法》,中国社会科学出版社2000年版,第2页。

② [美]博尔丁:《社会中的组织》、[英]皮尤:《组织管理学名家思想荟萃》,中国社会科学出版社1986版,第221页。

边界等。垂直边界是海洋组织金字塔式结构引起的内部等级制度,按职权划分为不同的机构,界定不同的职责、职位和职权。水平边界是海洋组织按各个组成部分的职能不同而划分为不同的职能部门。外部边界是海洋组织和与之发生利益关联的其他海洋组织的分水岭。地理边界是由海洋组织的文化、国家、市场差异产生的界限。海洋组织边界的存在起到动员组织成员,形成组织认同,积聚组织资源,达到组织目标,完成组织生存的功能。

海洋组织的多元边界是基于对海洋组织的动态理解和分析。从动态角度看,海洋组织成员同时参与了很多其他组织,带有很多其他组织的印记,进入海洋组织的每个成员归属感也不同。涉海人群生活在一定的关系网络中,其很多行为受到关系网络的影响。不同的归属感,使海洋个体参与到不同海洋组织的程度不同,其所处的组织位置也就不同,形成了组织实际运转中边界的弹性状况。

海洋社会组织的研究是一门跨学科的领域,不仅海洋社会学研究海洋组织,海洋管理学、海洋经济学、海洋文化学、海洋政治学等诸学科也研究海洋组织。因此,海洋社会组织的研究在内容借鉴、问题启发、方法辨析等方面可以吸收其他分支学科的知识和研究成果加以融通,进行跨学科互动与对话。同时,海洋社会组织本身具有很强的应用性。总之,对海洋社会组织的研究,需要能够分析、解释日常生活中观察到的各类组织现象。

(四)海洋组织的要素

海洋组织要素是组成海洋组织系统的各个部分或成分,包括主体、结构、环境和制度要素。可将其要素构成作为基本出发点,区分和研究要素及其相互关系,以形成自身学科的认知与解释。

海洋组织的主体是组织成员,其态度、直觉、学习能力、感情和目标等对组织有重要影响。组织成员是海洋组织可变性最大的因素,也是影响其运转最大的因素。具有差异的成员通过海洋组织,追求个体目标和组织目标,其行为、动机、沟通、激励等都动态地发生变化,影响成员目标与组织目标的距离,影响海洋组织的外在表现差异。海洋组织研究首要是对组织成员的研究,包括文化背景、社会地位、角色期待、群体关系、社会关联、成员互动、成员激励、成员信仰、价值体系、资源配置、制度内化等层面。只有理解海洋组织成员的个性和共性,才能更好地实现组织的运转与整合。

海洋组织的结构是一个抽象的概念,它由涉海生计和群体之间相对固定和稳定的关系构成。海洋组织结构确定了将组织成员组合成部门,将部门再组合成组织的方式,也决定了海洋组织的各层级之间的关系。组织需根据目标变动进行自我调适。海洋社会组织会随着组织目标的变动相应调整组织的结构,以实现新的目标。海洋社会组织的正式的和非正式的组织结构所具有的功能也是动态变动的,需要动态把握组织结构的功能。这些功能包括正功能和负功能,显功能和隐功能。

宏观和微观的环境要素是影响海洋组织形态和运行的重要要素。宏观环境是组织所处的特定时空下的社会组织、经济、文化、历史等环境。微观环境是组织所处的特定时空下的组织运转的具体资源、关系等环境。环境要素深刻地影响组织的生存和发展,包括组织与外部的沟通、交换、生存空间等,组织在内部的认同、规范、效用、关系、合法性来源等。围绕环境变化,组织的成员、组织目标、组织结构、组织运转等都会形成相应的变化,需要详细研究。

组织制度是指组织中制定并要求组织成员遵守的行为标准和准则,对组织成员具有较强的约束力,能调节成员行为和组织运转。一般来说,组织对成员的有效约束力越强,组织凝聚力越强,合力越强。海洋社会组织的制度要素深深植根于海洋社会实在并反映了对海洋社会实在的共同理解。海洋社会组织的很多职位、政策、规划及程序,通过成员意见,经由组织社会化系统而合法化的知识、社会声望、法律以及法庭的判决而得到强化,形成强有力的制约组织的制度规则。制度要素规制和生产出理性化职业、组织程序和组织技术等,界定了新的组织情景,详细规定了组织理性地处理情景的各种方法。

海洋社会组织都是由这些要素有序排列组成的,要素结合构成海洋组织的大系统。组织作为系统,不是主体、结构、制度、环境等要素的简单相加,而是诸多要素相互依赖、相互渗透、相互制约的结果。海洋组织系统作为有机整体,有多种层次、多个方面,每种层次、每个方面又有各自的功能,从不同方面、以不同的方式发挥协同作用,产生组织的整体功效。

二、海洋组织的发展历程

海洋组织的产生,其动力来源于不同涉海群体的生计需求,以及涉海群体正式化的趋势。海洋社会的演进过程,是功能群体自然演化成了正式组织的过程,也是一些涉海群体的正式化的过程。海洋组织的发展历程经历了功能团体到自我组织,再到双重组织,进而发展至今形成了组织向一切涉海领域扩散的发展历程。

(一)松散组织

人类的涉海行为有悠久历史,洋溢着海洋气息。远古人类在部分地进入农耕文化之前,就已经初步探索海洋,形成了渔猎文明。南太平洋的波利尼西亚人、古地中海的腓尼基人、古印度人、古代中国人就已经涉海而生。人类祖先"兴鱼米之利、行舟楫之便"之时,为向海洋索取饮食生活的生计,就形成了最原始和简单的组织形态。

海洋组织产生于涉海人群的生产与实践中,又追求这些生产与实践的基本目标。初民社会,涉海人群面对变化莫测的海洋生态,个人力量单薄而无力实现基本的涉海生计,往往形成了互相合作、相互依存、共同行动的简单组织。

这一时期的组织比较松散,能够形成组织很大程度上依赖于群体的血缘关系。古人以血缘关系为纽带,组成血缘家庭,若干个血缘家庭形成了氏族部落这一较为松散的社会组织。这源于这一时期人类的生产能力很低,征服、改造自然的能力很弱,必须依靠组织的力量,才能获得一些渔猎,抵御猛兽或其他自然灾害的侵袭。

(二)自我组织

从渔猎进入农耕,人类社会的组织方式发生重大变化。沿海的渔猎和农耕同时存在,形成了渔耕形态,两种生产生活方式的整合形态,亦渔亦耕,临水必渔,是土必耕;沿海渔猎,内陆农耕。

涉海人群的渔耕生产生活方式,长期以来受到农耕文明的排斥与挤压。以中国为例,南方的百越之地,地处湿热,作物以水稻为主,过着火耕水耨的渔猎捕捞生活,以远儒性和非正统性区别于其他的农耕文化,是中华文化总体系中的边缘型文化。渔耕地区远离中央集权中心,发展出发达的自我组织。这是因为渔耕生计的涉海人群需要有效地利用资源来自卫,只有互利合作,形成一个集团,才能获得最大化的资源。涉海渔商不是一家一户所能运行的,必须依靠类似宗族这样的合作组织。

(三)双重组织

中国的现代国家建设始于晚清。现代国家尝试建立与涉海人群的直接关联,动员和引导涉海人群朝向规划的现代化目标。现代国家一改传统国家的弱治理,将权力触角深入海洋社会,进而全面介入到海洋社会。

渔业体制是中国现代国家向海洋社会渗透的主要途径之一。渔业体制的集体化进程和集体制运作,是现代国家建设的一次尝试。通过体制变革,现代国家触及涉海的生产、流通和分配,通过其代理者建立了与涉海人群直接关联。这一尝试,结束了自晚清以来国家政权建设中的"赢利型经纪"问题,[①]进而渗透到海洋社会,建立起国家治理组织与涉海人群自治组织的双重组织。

西方的海洋社会在寻求独立性的同时引入了现代民族国家。民族国家伸张海权,在空间领域实现了从海洋国土到全球海洋的历史扩展与争夺,在海战中取得胜利,就获得了海上交通的控制权,控制了贸易,也就直接促成了国家的兴盛。

(四)组织扩散

进入 20 世纪 90 年代,中国的海洋组织进入横向扩展、纵向加强的扩散时期。原有的海洋社会组织在新的社会形势下失去了组织的功能,其成员从原有的组织体分离,重新尝试以组织化的方式应对转型之中遇到的新问题。如中国的船东互保组织,就是在中国的国家组织退出后,船东经过长时间摸索而自发形成的地域性的保障组织。

人类社会进入海洋世纪以后,社会生产力飞速发展,社会分工越来越细,社会生活和社会关系越来越复杂,完成特定目标和承担

---

① [印]杜赞奇:《文化、权力与国家》,江苏人民出版社 1994 年版,第 68 页。

特定功能的海洋社会组织的大发展就成为海洋世纪的必然趋势,形成了海洋社会的组织化状态。

三、海洋社会的组织性质

海洋组织是涉海人群的实践工具和方式,体现了涉海生存的实践方式,影响和决定了涉海人群的生存状态。高度组织化已是海洋世纪的基本特征之一。涉海人群都生活在一定的社会组织之中,组织已经作为一种重要的社会基础嵌入在人类的生存活动中。

(一)海洋组织是海洋社会的基本结构

涉海生存需要涉海人群的组织化。涉海生存的具体个人,如果缺少海洋组织的资源支持,将难以长期维持基本生活。没有海洋组织,涉海社会生活就会变得不可思议。涉海人群通过一系列的组织化形态——家庭、氏族、部落、同业协会、行会等,来克服和弥补个体自身的缺陷,在一定程度上摆脱了海洋的束缚,提高了改造海洋、改造生存环境的能力。

涉海人群要生存和发展必须通过海洋组织。人的本质在于社会性,人的社会性离不开组织性。海洋社会是涉海人群间的关系,它通过一系列的海洋组织实体表现出来,而任何海洋组织形态的行为都不是孤立的。海洋人与人、海洋人与涉海群体以及涉海群体之间存在着"互动"关系,即涉海人群是在某种社会关系中相互作用的。涉海行为的社会性以及互动关系客观上要求涉海人群的行为必须呈现出组织性,涉海人群只有在有组织的条件才能开展涉海生计活动,才能正常地进行生存资源和利益的生产和分配。因此,海洋组织是海洋社会的基本结构。

(二)海洋社会的发展就是组织化进程

海洋社会的生长过程,一定意义上就是海洋组织的成长历程。涉海人群最早的活动局限于家庭和小规模的氏族,继而形成固定的村庄社会,这些都是古老的"共同体"形式。中世纪的北欧海盗以其高度的组织化,甚至催生了一些近代国家。

随着大航海时代的到来和民族国家的形成,尤其是工业革命以来海洋社会的历程发生了急剧的变化,加强了涉海人群乃至主权国家形成组织的趋势。现代工业社会,海洋组织则成为海洋社会的最重要的元素之一,并逐渐趋于主导地位。

这样,海洋社会从一个强调血缘、地缘的家庭、非正式组织和小型社区及共同体的社会转变为一个规模巨大、数量众多、纷繁复杂的以组织为基础的现代工业社会,即由占主导地位的渔猎社会转变成一个以大型、正式组织为特色的工业社会。现代海洋社会组织的数量、规模、种类都得到了快速发展并呈现出复杂的态势。所以说,海洋社会的发展就是海洋组织的形成和发展。

(三)涉海人群生命历程是组织化过程

从涉海人群生命历程来讲,涉海人群的社会化其实质就是组织化。人的社会性存在不是通过动物式的生理遗传,而是通过社会文化遗传。这种遗传主要通过家庭、学校和社会环境实现。海洋社会的渔猎阶段和渔耕阶段,家庭是涉海个体社会化的主要场所,涉海生产和生活活动大部分在家庭实现。

海洋社会的大航海时代和海洋世纪,涉海行业的工厂制和企业制替代了作坊逐渐成为海洋社会经济生活的主要组织。涉海人群在经过职业化的培训后进入了工厂、企业等组织,在进入海洋组织被社会化之前必须了解组织,遵守组织的规则和制度。在这个意义上说,涉海人群的社会化也是一个组织化的过程。

(四)现代海洋社会是高度组织化社会

人类生存空间的海洋倚重与拓展,将海洋社会转化为了现代社会。现代海洋社会是一个高度组织化的社会,依靠庞大而复杂的组织来达到共同目标。陌生而非熟悉的涉海人群,形成了需求差异明显的多种要求的社会分工并日益细化。初级群体的社会化功能逐渐减弱,专门化的教育组织、职业组织、政治组织、甚至文化组织共同承担了涉海人群的社会化。人们的社会生活建立在次级关系基础上,并且越来越依赖于外在的庞大而复杂的社会组织来实现多种需求。例如中央集权国家的形成以及政治中心对边陲海洋社会的渗透,促进了正式组织的形成和扩散,并将海洋社会曾经的经济交换与自治管理等行为纳入管理。每一个成员都不可能逃避海洋组织的影响。涉海生计必须受雇于某些海洋组织,否则可能寸步难行。

四、公共用器的基本层面

随着海洋组织的涉海实践对象的增多、环境的扩展和成员目标的多样性，不同海洋组织之间必然出现对象重合、环境叠合和结果关联的状况。由此，海洋组织的公共性也就具体地表现为基于对象的公共性、基于环境的公共性、基于目标的公共性和基于规则的公共性。

(一) 基于对象的公共性

当同一组织两个及以上成员或不同海洋组织同时作用于某个特定对象时，对于同一组织两个及以上成员或不同海洋组织来说，该对象就具有公共性，即非排他性。从本质上说，这种公共性模式体现了"一对多"的社会关系，即单一对象与多个海洋组织成员或多个海洋组织发生的联系。在这里，对象具有多种类型，既包括特定实物和关系，也包括称号、符号和情感等。不同组织成员或海洋组织通过其行为影响该对象的方式也是多样的，他们彼此之间会形成竞争、替代、合作和冲突等诸多形式的关系。

(二) 基于环境的公共性

当同一组织两个及以上成员或不同海洋组织各自作用于不同的对象时，由于这些不同的对象都处于共同的环境中，彼此之间存在特定的自然联系和社会联系。对于同一组织两个及以上成员或不同海洋组织来说，这些自然联系和社会联系就具有公共性。从这种模式公共性的形成来看，由于自然环境具有自身的整体性，人文环境具有实现自身利益的条件性，因而，同一组织两个及以上成员或不同海洋组织所处的环境具有重要的公共性。

(三) 基于目标的公共性

尽管同一组织两个及以上成员或不同海洋组织在特定时刻处于不同的状态，当他们都寻求达到共同的目标或未来的共同状态时，对于同一组织两个及以上成员或不同海洋组织来说，这些目标就具有公共性。一般而言，同一组织两个及以上成员或不同海洋组织可能具有共同的目标，这些目标以及涉海人群实现目标的行为，在实践上就推动他们采取协调性的集体行动。由此同一组织两个及以上成员或不同海洋组织所追求的结果具有强烈的公共性。

(四)基于规则的公共性

尽管同一组织的成员或不同海洋组织在实现其目标时有不同的行为手段,当他们面临共同的规则时,对于同一组织两个及以上成员或不同海洋组织来说,这些规则具有公共性。同一组织两个及以上成员或不同海洋组织在实现其目标时,必须遵循一些基本的、起码的行为准则。这些规则的适用范围很广,涉及到成员与成员、成员与社会、组织与自然之间的各种复杂关系。随着海洋社会组织领域的不断扩大,涉海人群的规则范畴和视野更加广阔,同一组织成员或不同海洋组织所行使的规则具有强烈的公共性,比如涉海人群与海洋环境之间的关系规则等。

第二节 海洋组织的基本类型与特征

海洋社会组织的构成十分复杂,必要的类型划分有助于更为清晰和具体地认识海洋组织。海洋组织按照功能目标、受惠对象、权力控制三种常见标准有不同的类型学呈现。这些不同类型的海洋组织又都包含着地域、复杂、开放、风险等海洋组织的基本特征。

一、基于功能目标的类型

社会学家帕森斯按照组织的功能和目标为基础对社会组织进行分类,是一种使用最广泛的分类标准。帕森斯认为,组织的目标从组织是更大的系统的分化部分或子系统的观点来看,是指专门的或分化的功能,反映的是组织与它作为一部分所在的较大系统之间的主要联系。目标类型包括适应目标、实施目标、整合目标和模式维持目标。[1] 社会组织类型也就分为:经济生产组织、政治目标组织、整合组织、模式维持组织。据此,海洋社会组织的类型学,按照功能和目标的分类,可以分为:

---

① [美]帕森斯:《现代社会的结构与过程》,光明日报出版社1988年版,第15页。

(一)经济生产型海洋组织

经济生产型海洋组织是指制造产品或进行生产的海洋组织。它必须从经济生产本身来理解,按照其自身规则运行,就像任何一个机构,生存是其第一法则。生产具有最大经济回报的产品,实现它自己目标的能力就是评价经济生产型海洋组织业绩的首要标准。这类组织的典型是涉海实业公司,如渔民生产经营合作社、渔业加工企业、临港化工企业、远洋运输公司等。

经济生产型海洋组织的本质是社会性的组织。这有别于将其视为海洋资源等原材料生产或生产手段的常识理解。因为决定一个海洋企业的社会结构和经济职能的仍然是海洋组织。海洋组织对任何涉海企业都不可或缺,它是海洋工业区别于手工业作坊的重要特征。

(二)政治目标型海洋组织

政治目标型海洋组织是为了确保作为整体的海洋社会目标实现而起维护和推动作用的海洋组织。政治目标型海洋组织是现代海洋社会的重要组成部分,是海洋社会的分工和分化的结果。政治目标型海洋组织根据组织成员的追求爱好以及价值取向,使单个的涉海个体结合成有组织的团体,拓展政治诉求,参与、影响政治事务和政府决策。这类海洋组织包括各种形式的海洋行业协会、商会、利益集团等协会性组织。

政治目标型海洋组织也包括制度性的组织——可以被看成是政府制度内部产生的官僚机构,其典型是海洋管理机构,如海洋渔政、海洋监察、海关等。制度性的组织由于担任某种涉海管理的正式的制度化职位而形成,依赖于正式的制度和结构,且受正式制度的约束。但这种组织直接参与政府海洋管理的决策过程,甚至是涉海管理的执行主体。

(三)社会整合型海洋组织

社会整合型海洋组织是指那些从社会层次上提供功能的组织形式。这类组织依赖涉海人群职业为核心,形成海洋社会整合的集体实在,通过制度指导行为和调节冲突,实现组织期望或达到海洋社会各部分彼此良好的配合,如海洋渔业中介组织、船员活动中心等。

海洋社会是利益分化的群体结合为统一、协调整体的过程及结果,其整合的可能性在于涉海人群共同的利益以及对涉海人群发挥控制、制约的组织文化、制度和各种规范。社会整合型海洋组织的存在能够处理海洋社会内各利益群体的和谐关系,使之达到均衡状态,维系既有格局,缓解外来压力。

(四)模式维持型海洋组织

模式维持型海洋组织是指那些具有海洋文化、教育和价值承载功能的组织。这类组织追求发现、整合、评价以及保存各种形式的知识,能够通过提供专业知识、技术来满足社会需求,引领社会的进步,如海洋生物博物馆、海洋大学、船员培训中心等。

近年来,海洋环境污染严重、海洋气候恶劣变化、人类滥捕滥捞、海洋生态渐趋失衡等现实问题拓展了模式维持型海洋组织的领域与功能。模式维持型海洋组织在一定程度上转为以发现、加工、传播和应用海洋知识本身为工作重心的社会机构,了解海洋生态,扩宽海洋视野,积极参与海洋保护,是此类组织保障海洋事业得以持续发展的重要功能。

二、基于受惠对象的类型

美国社会学家布劳等人根据组织目标与受益者关系的不同,把社会组织分为互惠组织、服务组织、经营性组织和公益组织四种类型。[1] 据此拓展,海洋社会组织依据组织目标与受益者关系的不同,可以区分为互惠型海洋组织、服务型海洋组织、经营型海洋组织和公益型海洋组织。

(一)互惠型海洋组织

互惠型海洋组织的特定成员是因共同的兴趣、利益等结合在一起的组织,结构比较松散,参与程度较低,因此其权力配属与参与程度有很强关联。互惠型海洋组织如果占主体的是对等关系的受益成员,成员关系是互相依赖,不存在从属关系,那么该组织为对称互惠型海洋组织。如果某一海洋组织存在一个或几个与其互补的受

---

[1] [美]布劳:《社会生活中的交换与权力》,商务印书馆2008年版,第245页。

益成员,但外部效应在受益成员之间的分配并非均等,那么该组织为非对称互惠型海洋组织。对称互惠型海洋组织一般来说比非对称互惠型海洋组织关系更加稳定,更有利于海洋组织的长期发展。

互惠型海洋组织形式包括海产品(珍珠)协会、渔民乐团、船员俱乐部、老年人协会、航海协会等。互惠型海洋组织的存在对海洋社会产生很大影响,可以充分发挥组织成员兴趣,是正式组织的一种必要补充。

(二)服务型海洋组织

服务型海洋组织主要为海洋社会人群提供服务,是为海洋群体提供公共产品和服务的组织,以主动、开放的姿态及时了解涉海人群的利益、需要和愿望,以区域内组织和成员为依托,有效地整合社会资源,调动区域内组织成员参与所在区域内的社会性、群众性、公益性的事务。

服务型海洋组织包括民权组织、社会工作机构、海洋社区自治组织、海洋文化组织等。这类组织通常有稳定的组织结构和固定的工作人员,采用科层制的管理方式,但是组织决策的制定和实施不受利益驱动,不是营利性社会组织。

(三)经营型海洋组织

经营型海洋组织是海洋社会组织中存在范围最广、形态最为丰富的组织类型。此种类型组织的形成和运转是以效率和利润为中心,其最终目标是获得财富和利润,涉及海洋经济领域环节,涵盖实体与资本两种形态。这类组织主要从事海洋渔业、临海工业、海洋交通运输、商业流通领域里的活动,如海产品养殖企业、海产品加工企业、饲料公司、渔行等。

(四)公益型海洋组织

公益型海洋组织是以海洋国家及涉海人群的整体利益为目标,为海洋社会人群提供组织服务的组织类型,包括那些不与组织有直接接触的社会成员。例如,海洋盐业管理机构、海洋监察机构、海洋渔业机构、海洋大学、海洋科学研究机构、海洋社区福利机构等。

公益型海洋组织不以赢利为目的,支持或处理涉海个体或人群关注的议题或事件,维护海洋社会秩序,常常兼有一定的行政功能。

公益型海洋组织包括海洋行政部门(第一部门)和涉海非营利组织(第三部门)。

三、基于权力控制的类型

美国社会学家艾兹奥尼根据组织中的权威性质或组织对其成员的控制方式,把社会组织分为强制性组织、功利性组织和规范性组织三类。[①] 基于权力与控制的方式不同,海洋社会组织可以区分为强制型海洋组织、功利型海洋组织、规范型海洋组织、神明型海洋组织四种类型。

(一)强制型海洋组织

强制型海洋组织是突出了海洋组织内部所具有的强制权力,利用有形力量控制组织成员,迫使组织成员服从组织的要求,使不服从命令的成员遭受惩罚的组织。这类组织更加强调纪律性和执行力。如海警,主要负责近海海上治安,强调组织的纪律性。又如海上船员,也是一个具有强制力的组织机构。

强制型海洋组织的重点是对控制的需求,它希望完全控制住影响组织的任何事情。当此类海洋组织被其他组织或环境所左右时,这种要求就会更加迫切。为了防止类似事件发生,强制型海洋组织的管理者试图降低不确定性,仔细策划,明确目标,组织运转经过周密计划并按部就班。

(二)功利型海洋组织

功利型海洋组织是用货币或物质等作控制手段来控制其成员,以引导成员服从组织要求,实现组织的目标,同样,不服从或无法实现组织目标的成员将受到货币或物质等的损失。组织之所以具有报酬或功利主义的权力,是因为组织占有物质资源,而这些资源又是组织成员所希望得到的,从而强化了控制能力。例如海洋船舶服务组织、海产品加工企业等,大多数的工商业组织属于此类组织。

(三)道德型海洋组织

道德型海洋组织是用伦理道德或观念信仰等基础形成的规范

---

① [美]波普诺:《社会学》,中国人民大学出版社 2007 年版,第 190 页。

权力,通过劝导和感召将人们的行为引导到被认为是正确的轨道上来,从而实现对组织成员的控制。道德型海洋组织的权力来源是组织对某些荣誉性称号等资源的占有与分配,能被组织用于获取成员对它的服从。组织成员通常也对此抱有积极肯定和赞许的态度,追求这些资源,如海洋宗教组织。海洋社会的大量海神信仰的存在,形成了富有地方性的信仰组织,正是典型的道德型海洋社会组织。

(四)神明型海洋组织

神明型海洋组织借用了韦伯的权力合法性思想,指称依赖于对某一个人及其所揭示或规定的某种规范模式或秩序(个人魅力权威)所具有的特殊神圣性、英雄主义或非凡个性的效忠的组织。[①] 这种组织的权力被认为具有超自然、超人的力量或品质,被视为"天纵英明"。与上述三种类型相比,神明型海洋组织反对经济(功利)的考虑,其基础是独一无二的、短暂易逝的天赋。

此外,还有一些社会学家根据其他标准对海洋社会组织作过其他分类。比如有学者把海洋社会组织划分为合法海洋组织与非法海洋组织两大类。还有人将现代海洋社会组织分为五类:生活型海洋组织、经营性海洋组织、海洋公益组织、海洋社会服务组织、海洋公共服务组织。这些划分是在以上基本划分方法的基础上提出的,是对这些划分方法的补充。

海洋组织类型的划分是相对的,人们可以从研究和分析的需要出发,选择恰当的分类标准。在现代社会,人们只能以群体的形式来加强满足需要的能力。建立在社会分工基础上的专业组织,将具有不同能力的人聚合在一起,从而更加有效地满足人们的多种需要。大小不同、功能各异的海洋社会组织构成了现代海洋社会的主要基础。

四、海洋组织的基本特征

杨国桢曾提出:"农业人文、游牧人文和海洋人文是传统中国最基本的人文类型。"[②] 与农业社会组织相比,海洋社会组织具有"异文

---

① [德]韦伯:《经济与社会》,商务印书馆1998年版,第269页。
② 杨国桢:《海洋人文类型:21世纪中国史学的新视野》,《史学月刊》2001年第5期。

明"的一些显著特征,包括地域特征、复杂特征、开放特征和风险特征。

(一)地域特征

人类活动的地域空间决定了海洋社会组织的表现形式。海洋社会组织是有其独特的地域要素、结构和功能的社会组织。海洋社会组织的地域特质在于它在地域特性上指海洋、沿海和其他涉海地区。《中国海洋统计年鉴》定义沿海地区为有海岸线(大陆岸线和岛屿岸线)的地区,按行政区划分为沿海省、自治区、直辖市。目前中国有8个沿海省、1个自治区、2个直辖市;53个沿海城市、242个沿海区县。美国《21世纪海洋蓝图》认为沿海一词包括海洋与陆地交汇地区内众多的地理分区。美国的沿海地区由沿海州、沿海带县、沿海流域县和近岸地带4部分组成。也有学者将其定义为:大陆或海岛周围空气、海洋与陆地的交界区域。

实质上,对沿海地区范围的认识尚未统一,特别是向陆一侧延伸到何处,但它不排除海洋组织的地域性特征。从地域特征讲,海洋组织具有涉海性。如中国滨海休闲旅游业,在广东湛江和茂名、浙江象山、山东青岛等地;海洋科普组织,冲浪、帆板等休闲体育组织,潜水观光、游海等旅游组织,都充满着涉海和滨海的地域特征。

(二)复杂特征

海洋社会组织以海洋为基本的劳动对象和生存方式。以海为生的人群,面临着一个复杂的、无法完全认知的流动的整体,包括海洋地质地貌、海洋气候气象、海洋水文、海洋生物、海洋矿产资源、海洋海水化学资源、海洋能资源等海洋要素。这些要素相互交错,紧密结合,彼此间进行复杂的非线性作用,构成结构和功能复杂多样的海洋生态整体。

对象的复杂性,增加了海洋社会组织认知的复杂性。涉海组织的社会活动,在认识、开发、利用海洋的社会实践过程中,调整人与海洋、人与人的关系。认识主体很难清晰透彻地认识和理解他的工作对象。工作对象的复杂特征,决定了海洋社会组织活动的复杂特征。涉海生存中的生产方式更加依据自然特性(如鱼汛、自然灾害),使得涉海人群掌握工作对象的特征更多的是在具体实践中。

(三)开放特征

海洋社会组织自其产生,就保持着开放的特征。"基于航海和贸易传统形成大小不一的海洋经济圈,有自己的文明发展过程,并保持了历史的连续性。当相互隔绝的陆地文明通过海洋实现接触和沟通之前,首先都是吸收、继承和发展本海域的航海传统和贸易网络,从近海走向大洋的。"[①]

海洋社会组织的开放性是由它的系统本质所决定,这在现实实践中主要表现为海洋社会组织的经济、文化等内容的开放性。海洋的自然特征及其经济功能决定了围绕海洋资源的组织活动本身具有开放性和外向性。如中国的舟山渔场,自开发以来,一直为中国各省沿海渔民共同捕捞场所。这种渔业资源的开放特征也见诸世界各地的其他渔场。

涉海人群在沿海地区生活中也保持着开放特征。世界各国很早就存在着盐民、渔民,他们是小商品生产者,也是靠海吃海的自然经济。海洋产品不能满足涉海人群的生活所需,必须以交换的方式换得日常生活的其他所需,所以在某些特定的地点形成了最初的交易场所。涉海人群不仅仅在沿海的渔村和飘动的渔船上生活,他们还频繁地与港口和贸易市场发生关联,因为涉海生计造就了高开放程度。

在海洋组织的发展历程中,文化的开放特征是最显著的方面,可以追溯到海洋组织的发展之初。海洋文化源于人与海洋的相互作用。涉海人群的活动不只限于某一个地方,这就决定了以人海相互作用为载体的海洋社会文化也不是囿于一隅的文化,涉海人群在依傍海洋居住、生活、迁移的过程中不断地把海洋文化从一域一处传播至另一域另一处。不同地域海洋文化之间相互感染、相互影响,以开放态度相待相容、相互借鉴。

(四)风险特征

海洋社会组织面临着各种风险,包括制度风险、市场风险、技术风险、资产风险、自然风险。2007年《中国海洋灾害公报》[②]显示,全

[①] 杨国桢:《海洋人文类型:21世纪中国史学的新视野》,《史学月刊》2001年第5期。
[②] 《中国海洋灾害公报》:国家海洋局 2007 年发布。

年中国共发生风暴潮、海浪、海冰、赤潮和海啸等海洋灾害 163 次。2006 年共发生风暴潮、海浪、海冰、赤潮和海啸等灾害性海洋过程 179 次。

海洋社会组织不仅面临自然风险,还面临着许多人为风险,如海盗。自从人类开始利用船只运输以来,海盗便应运而生。特别是航海发达的 16 世纪之后,只要是商业发达的沿海地带,都有海盗,他们往往是以犯罪团体的形式打劫。现代著名的海盗民族是菲律宾的摩洛人。马来西亚一带的马六甲海峡是海盗出没最多的海域。近年索马里一带印度洋海域海盗猖獗,往来该处的船只经常遭到洗劫,已引起国际关注,部分国家如美国、中国及新加坡更派兵对付海盗。

第三节 海洋组织对海洋社会的功用

海洋组织通过组织整合、效率追求、需求满足和目标实现的基本功能,通过强化认同、应对挑战、完善制度、协商矛盾等拓展功能的实践担当了公共用器角色。海洋组织存在一些潜在局限,在提高了涉海生计效率,延伸和扩展了涉海人群能力的同时,其变革表现出一些新的发展趋向。

一、海洋组织的基本功能

海洋组织作为公共用器是通过其基本功用和具体功用来实现的。海洋组织的基本功用自其诞生时就有,且贯穿始终和兼有多个。海洋组织的具体功用是在海洋组织的功用体系中居于支配地位、起着决定作用的职能,能随着海洋组织所处的客观环境或面临的主要任务的变化而变化。本节主要阐述海洋组织的基本功用,包括整合功用、效率功用、需求功用和目标功用。

(一)实现组织整合

所谓整合是调整海洋组织内部不同构成要素之间的关系,使之达到有序化、统一化、整体化的过程,具体表现在海洋组织的各种规章制度(包括正式的和非正式的)对组织成员的规制,从而使海洋组织成员的活动互相配合、步调一致。

通过组织的形式,将成员认识统一到组织目标上来,在实现组织目标的同时满足个人的需要。通过组织整合,使组织成员的活动由无序状态变为有序状态,把分散的成员个体粘合为一个强大的集体,把有限的个体力量变为强大的集体合力,实现 $1+1>2$ 的整体效应。

(二)体现效率追求

经济学有限理性、交易成本等学说证明了市场并非唯一有效率的机制,并且在特定时空条件下,市场低效率、无效率,组织显得有效率和高效率。这也是为什么组织存在,组织的方式越来越普遍的缘由。

海洋组织是构成海洋社会以及整个社会的一个重要元素。海洋组织通过其高效的运作和科学的管理方式,作为公共用器以保证组织目标的顺利实现,提高了海洋社会运行的效率,促进海洋社会发展,形成海洋社会的和谐整体。

(三)满足成员需求

海洋组织作为涉海人群创造的公共用器,是由其内部成员来操作的。内部成员通过海洋组织的活动,完成组织目标,实现自己的人生价值,满足自身的劳动需要、成就需要、归属需要、自尊需要、情感需要等等。海洋组织正是成员实现个体需要的具体时空。

进入海洋世纪,高度组织化的海洋社会中个体的各项需求日益和各类海洋组织密切关联起来。海洋群体的许多功能让位于海洋组织,且只有在组织中能够实现。如中国船员教育培训,曾经是由船员家庭相传实现,但在现今,相关的中国国家管理机构、相应的组织制度、相连的培训机构等完整的专业化组织接替了家庭相传的传统,只能在组织中实现了。

(四)实现组织目标

组织目标作为组织的灵魂,是衡量组织活动效益与效率的标准,为成员实现自身的价值和满足人生需求提供了特殊的平台。海洋社会组织通过其严格的规章制度、稳定的地位角色和内部权威,以及科学的管理方式,保证组织目标的顺利实现。作为具有特定目标的海洋社会组织,其存在和发展可以更好地开发利用海洋。

海洋组织目标的实现要依靠海洋组织成员的统一力量。这种统一力量的形成,需要组织整合和效率发挥作为基础,以利益为杠杆,才能使组织目标功能得以充分发挥。当然,以上述及的四种基本功用不是相互割裂的,而是作为终极的公共用器而发挥其作用。

二、海洋组织的拓展功能

海洋组织的具体功用是在其功用体系中居于支配地位、起着决定作用的职能,能随着海洋组织所处的客观环境或面临的主要任务的变化而变化。具体功用可以认为是海洋组织作为实现组织目标的公共用器过程中的"意外"。海洋组织的具体功用或扩展功能包括强化认同、应对挑战、完善制度、协商矛盾等。

(一)强化认同

从个体角度看,涉海个体出于生存需要,与海洋组织达成相互获得利益的双赢;涉海个体出于归属的需要,与海洋组织保持一种情感上的相互维系;涉海个体出于自我实现和成功的需要,将海洋组织作为自己发展的平台和必需的发展空间。海洋组织所面对的个体,是对自身的利益、期望、生活规划有着反思性的个体,其归属和承诺处于一种自由流动状态。组织能否吸引并凝聚这些流动性的归属和承诺,也就构成了组织内在团结的重要前提。因而对海洋组织的认同,在很大程度上为成员提供了庇护、支持与归属。

从组织的角度看,也需要一种与成员之间的相互交换和共赢。在涉海个体与海洋组织的双向选择中,个体选择合适的组织来满足自己个体价值观的需求,进而塑造出一种资格成员,而组织又将自己的成员凝聚起来,实现自身的内部团结和整合。海洋组织也需要提供相应的方式来对涉海个体进行监控、规范和引导,以促成自我的调节与控制。因为个体的偏好或需要与组织的系统或结构之间的契合最能体现个人与组织是否具有相容性,如果组织满足了个人的需要,那么个人会对工作感到满意。

(二)应对挑战

海洋社会由于工业化、城市化和市场化的快速推进,对涉海人群提出了多方面的挑战。涉海知识超速积累,导致涉海人群获取知识的方式和途径正发生迅速变化,要求超越通常的知识序列,直接面对现代生活的要求。借助海洋组织是应对挑战的经济途径和方式。

海洋世纪,全球化和地方化同时存在。海洋社会的一体化和地方化,需要社会人群获得一种前所未有的精神定位和社会定位的能力,即学会在复杂的社会环境中选择恰当的价值观和人生态度,在某些传统的社会等次序列被打破的同时,形成合理的社会定位概念,有效地建立起促进个人发展的精神背景和自我引导机制。原有海洋社会的引导体系在许多领域内会失去它的作用。海洋社会组织正是重建新型引导体系的有效路径。

(三)完善制度

海洋组织是为实现既定目标的公共用器,需要维持涉海人群、组织与环境的秩序互动关系,就有对互动关系的基本规范的追求,适应各种变项的制度完善。海洋组织内部各职能部门、各组织成员尽管都要服从组织的统一要求,但是由于他们各自的目标、需要、利益等方面得以实现或满足的程度和方式存在着事实上的差异性,因此组织成员之间或组织的各职能部门之间必然存在一些矛盾和冲突。这就需要海洋社会组织充分发挥制度功能,调节和化解各种冲突和矛盾,以保持组织成员的密切合作,这是海洋社会组织目标得以实现的必要条件。

判别是非,表扬正确,纠正错误,是制度规范行为的内容之一。海洋社会组织的运转,树立了内部运转的正确与错误的标准,从而为海洋组织制度的建立提供了基本的前提,也就有海洋组织完善制度的各种不断努力。

(四)协商矛盾

海洋组织是基于一定的利益需要而产生的公共用器。不同的海洋组织是人们利益分化的结果。在高度组织化和机制化的时代,各种利益主体完全可以通过谈判来解决互相之间的各种矛盾和问题。协商矛盾、维护利益能有效发挥和充分调动组织成员的积极性、主动性和创造性,提高组织的凝聚力,增强组织成员的向心力。

建设和谐海洋社会的根本就在于建设一个组织化、系统化的海洋社会。现今海洋社会建设的关键在于如何把涉海人群从社会人变革为组织人,使之在各种海洋组织的框架内活动和提出自己的主张。

三、海洋组织的潜在局限

海洋组织所具有的"正"功能是研究者津津乐道的领域,但是海洋组织也存有潜在局限。这些潜在局限包括组织成本、有限理性、目标替代、激励机制等。如若控制不当,将深远影响组织的存在和发展。

(一)组织成本

成本收益分析是经济学的一种分析范式,分析海洋组织的绩效是一个很实用的方法,但甚为少见。以往的海洋组织运行没有效益的概念,效率低下,组织成本分析可以纠正过去无成本运行的理念。

组织成本可以分为两大类:协调成本和激励成本。海洋社会组织的运行皆需要协调,不同的组织活动、不同的协调方式有不同的协调成本。同时,如何使行为组织成员或组织对象恪守承诺,按照组织要求行动,就出现了激励成本。海洋社会组织成本的存在,是海洋组织功能实现的潜在局限之一。如何测量、控制海洋社会组织成本、扩大组织收益是尚未引起重视的命题。

(二)有限理性

有限理性是组织运转的潜在局限,在于人的行为既是有意识的理性的,但这种理性又是有限的。这种状况来源于:环境是复杂的、不确定的世界,交易越多,不确定性就越大,信息也就越不完全;人对环境的计算能力和认识能力有限,人不可能无所不知。

海洋组织始终是由作为主体的涉海人群组成。涉海人群的有限理性也是组织有限理性的根本体现。涉海人群对信息加工的能力是有限的,组织的决策者、执行者、成员是海洋组织的主体,皆是相对理性或有限理性。海洋组织的主体利益分化甚至能够导致组织决策从有限理性转为非理性决策。

海洋组织的理性是一种有限理性。海洋社会组织一旦产生,就有内在的生命张力,总是通过整合内外资源、提升声誉等维持其存在和发展。因此,海洋组织表现出历史依赖性,已有信息渠道和经验系统会成为海洋组织的结构要素,从而制约摄取新信息和新观念的能力,造成惰性和保守。

避免创新、保持稳定成为海洋组织的内在机制,信息渠道一经建立必然走向结构化,形成既定的利益分配格局,这就使得海洋组织意欲创新和变革要付出很大代价。一旦环境发生变化,海洋组织出现危机,稳定性受到冲击,而组织格局就会极力阻挠变革。

有限理性的潜在局限,挑战了现有的海洋社会组织的基本模式。将有限理性纳入到海洋社会组织的分析,能够拉近理论研究与现实生活的距离,从而更为有效地认识海洋社会组织及其当代生活的功能与意义。

(三)目标替代

"目标替代"是指组织精英追求个人利益,以个人利益替换组织目标,导致组织的两极分化。韦伯认为科层制组织的重要特点是按照明确的目标进行组织设计。[①] 但在实践中,很多组织的目标在组织演化过程中都被替代了。无论是政党、专业组织还是其他类似的团体,这种倾向都比较明显,最终导致少数领导人和被领导的大众之间的两极分化现象的出现。

这提示,海洋社会组织可以通过提高效率来造福涉海人群,但常常也会出现很多意想不到的弊端,这也是海洋社会组织研究需要解决的问题。研究海洋社会组织的特点,特别是它的局限性、反功能以及其他的替代组织形式,这些将是海洋社会组织研究的经典问题。

(四)激励机制

社会学关心组织内部运作这一领域主要是如何通过人和人之间的社会关系来解决组织激励问题、团队合作问题以及员工积极性问题。激励是调动人的积极性的过程,是以最少的经济激励资源使组织从整体上获得强的凝聚力和活力,以及在组织目标方向上获得员工高的工作热情及积极性,并由此而使组织获得高的经营绩效水平。

---

① [德]韦伯:《经济与社会》,商务印书馆1998年版,第242页。

海洋社会组织行为领域关心的是组织中人与人之间关系,组织内部怎样解决激励问题。海洋社会组织的激励问题研究尚少,主要原因在于缺少组织内部运作的资料。实证资料的匮乏限制了海洋社会学的想象力和研究空间,所以本研究集中在海洋组织与外部环境之间,海洋组织的内部研究只能放弃了。

四、海洋组织的发展趋向

海洋社会组织的存在方式和发展前景依赖于海洋社会的发展阶段,其形式与结构也需适应海洋社会发展的状况而不断变革。这意味着海洋社会组织根据环境条件的便利,将加以重构,形成新型组织结构和关系,完善组织的各项功能。海洋社会组织正在发生结构、权力、联系和虚拟的发展趋向,以适应海洋社会的新变化。

(一)组织结构扁平化

所谓组织结构扁平化,就是通过破除组织自上而下的垂直高耸的结构,减少管理层次,增加管理幅度,裁减冗员来建立一种紧凑的横向组织,达到使组织变得灵活、敏捷,富有柔性、创造性的目的。它强调系统、管理层次的简化、管理幅度的增加与分权。传统的海洋社会组织结构表现为一种等级鲜明的"金字塔"式的结构。随着网络技术的发展,海洋社会组织内部的信息和壁垒逐步被打破,组织成员在平等的基础上收集信息并进行对话和交流,海洋社会组织结构也逐步由"金字塔"型向"扁平化"方向发展。

(二)组织权力的下放

随着环境迅速变化,海洋社会的大型组织将尽可能地分散成若干相对独立的较小组织,并将决策权下放,使基层组织充满活力,以应对各种突变和适用各种变化。随着组织结构的扁平化,管理人员将减少,管理幅度将增大,决策更多地依赖组织成员自己做出。组织权力的下放成为新的趋向。

(三)组织联系弹性化

组织联系的创新很有必要,因为周期长的组织联系会导致僵化而引起很多问题。海洋组织联系变动与否,在于组织内部的各阶层之间、组织与外部环境变化的需要是否需要自我更新。这种自我更新具有适应外界环境的变化,保持长久优势,减少甚至排除组织剧烈变化所引起的各阶层摩擦等优势。

传统的组织,规模越大,组织行为越僵硬,对环境变化的反应就越迟钝。在未来的知识经济社会里,科技迅猛发展,新产品将不断问世,组织必须灵活敏捷地根据外部环境的变化,对组织结构做出调整,重新配置人员。弹性化已成为必然,这也使组织在形式上更具有多样性。

(四)虚拟组织的出现

随着互联网技术的迅速发展,海洋社会将出现一种虚拟海洋组织。这种海洋组织有松散规章、无显著等级,通过互联网等技术手段把许多人联合在一起,它可以在任何时间、任何地点,以任何形式保持彼此联系。在这种组织形式里,成员相互信任,彼此依赖,往往为完成组织目标而协同,这种组织并不长久,为完成组织目标可以"集中兵力","战斗"结束后就分开。这种组织形式灵活,并能做出快速反应。

海洋社会的持续变迁,大大改变着涉海人群的生活方式。海洋社会组织形式结构的种种功能,以及涉海人群对组织的反省,将为美好生活的追求提供契机。海洋世纪,海洋社会是一个高度组织化的社会,其发展也依旧是由组织构成。对海洋社会而言,海洋社会组织是保障社会秩序的基本结构,能够发挥其基本功能和价值取向,能够发挥涉海活动制度化的功能,能够促进涉海人群社会化进程。海洋社会组织为涉海人群提供有效和有益的服务,是涉海生存的公共用器。

参考文献:

1. [日]长野郎:《中国社会组织》,朱家清译,上海光明书籍出版社1931年版。
2. 费孝通:《乡土中国 生育制度》,北京大学出版社1998年版。
3. 曲金良:《海洋文化与社会》,中国海洋大学出版社2003年版。
4. 于显洋:《组织社会学》,中国人民大学出版社2009年版。

5. 张开城等:《海洋社会学概论》,海洋出版社 2010 年版。
6. 周雪光:《组织社会学十讲》,社科文献出版社 2008 年版。
7. 中国社会组织年鉴编委会:《中国社会组织年鉴 2008》,中国社会出版社 2009 年版。

思考题:

1. 海洋社会组织是什么?
2. 海洋社会组织的特征有哪些?
3. 海洋社会组织的基本功能有哪些?
4. 试述海洋社会组织的发展趋向?

红日沉西　满船丰喜　渔翁戴月舞归途
炊烟漫户　鼎铛飘香　百鸟敛翅暖爱巢

第十八章　海洋社区:海洋社会的栖息家园

人类的涉海生存,人群的涉海聚集,形成了海洋社会和海洋社区。海洋社区是海洋社会的栖息家园。海洋社区的建设与和谐,不仅影响海洋社会的稳定与发展,而且对全人类的生存和发展也越来越重要。海洋社区是海洋社会学研究的一个重要组成部分。对海洋社区进行研究,探讨海洋社区的内涵与外延、海洋社区的分类、海洋社区的特征,分析海洋社区发展状况、社会行为、生活方式、价值观念、制度与环境,以及关注海洋社区与其他社区(包括区域和国家)之间的互动关系,具有重要的理论价值和迫切的现实意义。

第一节　海洋社会是海洋社区的社会

从历史和现代的实际情况看,沿海地区多是发达地区。许多滨海城市、沿海乡镇、渔港码头、富饶海岛成为了经济发展迅速、人口聚集的重要区域,引起以海洋为依托的海洋社区的变化乃至整个社会系统的变化,形成了不同于陆地社区的独特的海洋社区。海洋社区作为依托于海的社会共同体,海洋对于海洋社区具有便利与制约的双向作用。海洋社区地位在新世纪与日俱增地凸现出来。

一、关于社区基本概念与社区建设概述

社区早在形成概念之前就已存在,人们的社区概念在各种各样的认识中与时俱进。社区是居住在一定范围内的人群所组成的社会生活共同体,是在特定区域内的基层社会。社区建设作为一项新

的社区工作,把社区与整个国家的社会生活融为一体,促进整个社会进步的持续发展。

(一)社区的一般概念

社区是社会学的一个基本概念。德国社会学家 F·滕尼斯 1881 年首先使用了德文 Gemeinschaft 一词,对社区与社会作了系统的阐述和比较,认为社区既是社会的最简单形式,又是一种自然状态。滕尼斯所分析的是传统农业社会的社区,其特征是:成员对本社区具有强烈的认同意识,他们重感情、重传统,彼此之间比较了解。中文"社区"一词是在 20 世纪 30 年代自英文意译而来,意在强调这种社会群体生活是建立在一定地理区域之内的。1933 年,中国社会学者费孝通指出:"社区是具体的,在一个地区上形成的群体"。①

1955 年,美国学者 G·A·希莱里对已有的 94 个关于社区定义的表述作比较研究,发现其中 69 个有关定义的表述都包括地域、共同的纽带以及社会交往三方面的含义,并认为这三者是构成社区必不可少的共同要素。1974 年,世界卫生组织界定社区(community):"是指一固定的地理区域范围内的社会团体,其成员有着共同的兴趣,彼此认识且互相来往,行使社会功能,创造社会规范,形成特有的价值体系和社会福利事业。每个成员均经由家庭、近邻、社区而融入更大的社区。"可见,社区是一个特定地区内的人口集团;社区成员之间的联系纽带是共同语言、风俗和文化,由此产生共同的结合感和归属感;居民之间有共同的利益,并有着较密切的社会交往;每一社区都有自己的组织和制度;每一社区都有它特有的自然条件或生态环境,都有共同的活动场所和活动中心。社区就是地方社会或地域群体,如村庄、小城镇、街道邻里、城市的市区或郊区、大都市等,都是规模不等的社区。

社区概念在各种认识中与时俱进。郑杭生 2001 年认为:"社区是进行一定的社会活动,具有某种互动关系和共同文化维系力的人类群体及其活动区域"。② 娄成武等 2003 年认为,社区实质上就是

---

① 费孝通:《乡土中国生育制度》,北京大学出版社 2000 年版,第 335 页。
② 郑杭生主编:《社会学概论新修》,中国人民大学出版社 2001 年版,第 364 页。

一个区域性社会,是一定地域范围内人们社会活动的共同体。[①] 刘君德等 2004 年认为,社区就是聚居在一定地域中人群的社会生活共同体。[②] 综合起来,本书认为,社区是指居住在一定范围内的人群所组成的社会生活共同体,是在特定区域内的基层社会。

(二)社区的来龙去脉

人类总是合群而居的。人类社会群体的活动离不开一定的地理区域,具有一定地域的社区就是社会群体聚居、活动的场所。从这个意义上说,社区是农业发展的产物。在远古游牧社会中,居民逐水草而居,并无固定的住地。严格说来,那时的游牧氏族部落只是具有生活共同体性质的一种社会群体,不是今天所说的社区。其后,随着农业的兴起,从事农业生产的人口需要定居于某个地区,于是出现了村庄这样一种社区。随着社会经济、政治、文化的发展,在广大乡村社区之间又出现了城镇社区。自工业革命以来,人类社区进入了都市化的过程,不但城市社区的数量日益增多,而且城市社区的经济基础与结构功能都不同于以往的社区,其规模日益扩大,出现了许多大城市、大都会社区。

近年开始流行网络虚拟社区,如中国的开心网、人人网、第一社区、天涯社区等,不同的人围绕同一主题引发讨论。互联网的综合性社区最具活力,拥有庞大核心用户群体,社区主题涵盖女性、娱乐、汽车、体育、文化、生活、社会、时事、历史、文学、情感、旅游、星座等各个领域。

(三)中国的社区建设

中国社区建设是把社区与国家的社会生活融为一体,通过建设社区促进整个社会进步的持续发展过程。作为一项新的社区工作,社区建设是在执政党和政府的支持、指导下,依靠社会力量,利用社会资源,强化社区功能,完善社区服务,解决社区问题,促进社区经济、政治、文化、社会、环境等协调发展,不断提高社区成员的生活水平和质量的过程。

[①] 娄成武、孙萍:《社区管理》,高等教育出版社 2003 年版,第 3 页。
[②] 刘君德、靳润成、张俊芳:《中国社区地理》,科学出版社 2004 年版,第 3 页。

社区建设内容各地区不尽相同,中国社区建设主要有六个方面:(1)社区服务,开展面向社区老人、儿童、残疾人等的生活救助和福利服务,面向全体社区成员的便民利民服务和面向属地单位的社会化服务;(2)社区卫生,包括社区的公共卫生、医疗保健和计划生育等;(3)社区治安,包括社区内的治安保卫、民事调解、帮教失足青少年、防火防盗和其他社会治安综合治理工作,如组织开展本社区经常性和群众性的法制教育和法律咨询、民事调解工作等;(4)社区环境,包括绿化、环境建设和环境保护等;(5)社区文化,包括各种群众性的文化、体育、教育、科普活动;(6)社区组织,包括社区党组织、社区自治组织、社区中介组织的建设。

社区建设表现出社区实践新的进展:(1)综合性。社区建设是整个社区全方位建设,包括社区服务、社区环境、社区秩序、社区治安、社区民主、社区法制、社区文教、社区体育、社区卫生和社区组织等方面的建设,具有综合性;社区建设的方法和手段有经济手段、行政手段、社会手段等,也具有极强的综合性。(2)社会性。社区建设是各类社区主体、各种社区力量共同参与的过程。(3)地域性。社区是一种地域性的社会实体,因而具有明显突出的地域性特征。(4)规划性。系统有序地开展社区建设工作,需要从社区实际情况出发,制定切实可行的发展规划和工作计划,并按照规划开展活动。规划性是社区建设的一个主要特征。(5)群众性。从社区建设的对象看,不是社区内的某一群体或几个群体,而是社区内的所有居民。

(四)世界的社区建设

相比之下,世界发达国家社区建设已经发展到成熟阶段,[①]新加坡、日本、美国、加拿大及北欧国家社区的运行机制值得借鉴。

政府导向型以新加坡为代表。[②] 政府对社区组织进行物质支持和行为指导。社区最高组织机构是人民协会,它是政府的一个职能部门,也是基层组织的主管机构,组织、领导和协调社区事务,负责

---

① 张波:《浅谈国外社区建设及其启示》,《黑龙江对外经贸》2007年第8期。
② 刘春元:《国外社区建设的启示》,《哈尔滨商业大学学报(社会科学版)》2008年第1期。

把居民的需求反映给政府,并把政府的政策信息传达给居民。下设公民咨询委员会、居民联络所、居民委员会等组织机构,负责社区建设基础工作。义工为社区服务自愿贡献,促进社区居民广泛参与。

合作型以日本和北欧国家为代表。政府和社区自治组织分工合作,政府提供规划、指导和基金,社区自治组织是政策与制度的主要建议者。日本建立了地域中心,主要工作职责包括负责收集居民对地域管理的意见;对市民活动和民间公益团体活动给予支持和援助;对地域的各项事业进行管理;为居民提供窗口服务和设施服务。社区居民自发建立了住区协议会,把居民的意见反馈给区政府,对地域共性问题进行讨论并提出对策。这种混合治理的方式,使得政府宽松有序引领社区建设,社区组织与居民积极响应参与社区建设。

自治型以美国为代表。政府行为与社区行为相对分离,政府的主要职能是通过制定各种法律法规协调社区利益主体之间关系,并为社区成员的民主参与提供制度保障。社区内的具体事务则完全实行自主自治,依靠社区居民选举产生的社区自治组织来行使社区管理职能。社区服务由分布全国的一百多万个非营利性组织(NGO)具体承担,政府根据服务成本和效果予以资助。社区企业为居民提供私人化的市场服务和公益性的福利服务。政府在宏观上对社区进行管理,为社区发展制定政策,指导监督社区组织工作,给予社区经费资助。很多基金会、慈善机构为社区建设融入大量资金。社区居民热情投入社区建设,在一些社区中心,志愿者比全职社区工作人员还多。

加拿大社区服务体系比较突出。包括政府服务、图书馆服务、安家服务、非盈利组织信息服务、宗教服务等。社区委员会是社区的决策机构,负责讨论社区建设中的问题,作出解决方案;向政府反映社区居民需求;执行社区日常管理工作。政府给予社区服务建设大量资金投入,拨款占60%,服务收费占29%,社会捐助占11%,通过专项资助项目,由相关组织竞标。非盈利组织按法规和与政府签订的合同,向社区居民提供服务。除组织自愿的工作人员占劳动人口的9%,还动员数百万名志愿者参与社区服务。

北欧国家强调政府和社区的结合。政府建立高效的社区公共服务体系和管理体制,社区组织一般是行业性和专业性的,以维护其成员的权益为主要职责,形成了社区的有序结构。

二、海洋社区是依托于海的社会共同体

海洋社区是社区的重要构成和基本方面。海洋社区就是海洋社会的栖息家园,是依托于海的具体的社会共同体,是社区范畴的重要组成部分,又是海洋社会的核心表征和缩影。海洋社区既具有陆地社区的一般性质,又具有海洋这一差异因素。海洋社区在新世纪日益凸显出来。海洋社区的研究还处于探索阶段,需要多学科综合交叉的开拓性工作。

(一)海洋社区是海洋社会的核心表征

作为海洋社会的一个核心概念,海洋社区拓展了社区的新疆域。张开诚指出海洋社区是与海相关的人们长期赖以生存的活动空间和场所,包括渔村、海港和滨海城市、有人海岛、海轮与舰艇小社会等。[1] 唐建业等认为渔业社区是指渔民生活和工作的空间社区和那些从事相同渔业的渔民结合而组成的虚拟社区。[2] 崔风认为海洋渔村是以近海捕捞为主的渔民的聚集地,是一种与种植为主的农村社区不同的社区类型。[3] 宋广智界定海洋社区是人类在开发、利用和保护海洋的实践活动中形成的具有文化同构、习俗一致、业缘关系的地域共同体及其活动空间。[4] 结合社会学学者对社区和海洋社区的定义,概括地说,海洋社区就是依托于海的社会共同体。在社区内,社区居民以家庭或企业等为单位进行联系和交往。海洋社区的生活内容是多方面的,既包括经济生活,又包括政治生活、文化生活和社会生活,社区居民之间既形成了一定的经济关系,又形成了血缘、地缘、业缘等其他社会关系。如海港社区以港口为依托,由

---

[1] 张开诚:《应重视海洋社会学学科的体系的建构》,《探索与争鸣》2007年第1期。
[2] 唐建业、黄硕琳:《渔业社区管理在中国的实施探讨》,《海洋通报》2006年第4期。
[3] 崔风:《海洋与社会协调发展:研究视角与存在的问题》,《中国海洋大学学报(社会科学版)》2006年第4期。
[4] 张开城等:《海洋社会学概论》,海洋出版社2010年版,第23页。

港区的组织和人口(当地居民、港口企业员工、政府组织人员、第三部门工作者等)组成,并且有一定的社区认同感,进行生产和生活活动的社会共同体。

(二)海洋社区是海洋社会状况的缩影

海洋社区与海洋社会既有联系又有区别。海洋社会是人类社会的重要组成部分,是基于海洋、海岸带、岛礁形成的区域性人群共同体。海洋社会包括人海关系和人海互动、涉海生产和生活实践中的人际关系和人际互动,以这种关系和互动为基础形成的包括经济结构、政治结构和思想文化结构在内的有机整体。韩建华认为:较之于海洋社会,沿海社区的内涵应该更具体、更确切。首先,沿海社区是一个地理圈,是指社会人群因滨海而居所形成的地域共同体;同时,也是一个经济圈,在长期的发展中,沿海社区形成了缘于海洋、依托海洋并独具海洋特色的经济体;另外,沿海社区还是一个行政圈,这是基于社会各层次各部门的海洋行政管理所管辖的相对方而形成的行政组织体。[①] 在海洋社区内,社区居民以家庭、企业等为单位进行联系和交往。可以说,海洋社区就是海洋社会的缩影。

从社区定义的外延看,海洋社区可被视为地方海洋社会,一般是作为海洋社会的一部分而存在的。从社区概念的内涵看,海洋社区指的是具有一定地域界限的社会生活共同体,这一地域界限通常是附属于陆地的海岸带或岛屿。在海洋社区内,它们有着共同的亚文化和共同的社区意识,其空间是社会空间与地理空间的结合,人群活动集聚在此。相对于海洋社会而言,海洋社区内的人们交往频率比较高,人们之间的亲属关系、婚姻关系、朋友关系乃至分工关系由于建立在共同生活的基础上,一般来往更为紧密。同时,海洋社区的功能比海洋社会更加明确、具体和专门化,一般是从事与海洋资源开发与利用紧密相关的行业。因此,所谓海洋社区就是在社会生活中自然形成的具有共同海洋价值观念、海洋文化、依托海洋从事生产生活的人群而形成的关系亲密、富有人情味的社会关系和社

---

① 韩建华:《沿海社区预防海洋灾害的路径选择——基于对特呈岛的调查与思考》,《海洋开发与管理》2008年第6期。

会团体的聚落区域。另外,海洋社区是海洋社会在特定的历史时期的特定区域,由缘于海洋、依托海洋而形成的特殊群体之间相互联系而形成的社会区域构成。在这一社区内这一群体以其独特的涉海行为、生活方式形成了一个具有特殊结构的地域共同体,从而形成了与陆地社区的价值观念、生活方式、行为方式、发展模式不同的独特社会现象。

(三)海洋社区与陆地社区的异同比较

海洋社区与陆地社区比较,既具有社区的一般性质,又具有自身的差异因素。海洋社区一方面由于其源于海、靠海,有海的特性而不同于陆地社区,另一方面海洋社区也不能脱离陆地而存在,只不过是在海洋附近的陆地,所以与陆地社区有着密切的、不可分割的联系。[1] 由于长期受到海洋经济、政治和文化的影响,海洋社区与陆地社区在社会发展模式选择以及生活方式、社会关系、文化观念等方面存在着较大差异,在社会结构和社会过程方面也有明显的区别。

滨海社区既是陆地社区的一种延伸,也有其不同于陆地社区的诸多特点,更能表征海洋社区。相对于海岛社区而言,许多滨海城市社区具有现代化程度普遍较高、城市化进程较快、开放程度较高等特征。海岛社区由于其独特的地理位置和自然风貌,不论是在产业选择、文化教育还是在生活方式方面都显得别具一格。虽然近年来随着海岛的开发特别是旅游业等行业的兴起,海岛社区成为了许多沿海地区经济发展新的增长点。但是,其本身所具有的隔绝性、基础设施薄弱成为海岛社区发展的瓶颈。[2] 从历史上海港的发展来看,海港的建立和发展必然伴随着社区的发展。海港的最初功能,就是沿海城市的商品集散地或中转站。随着现代交通的发展,海港不再只具有单一的功能,它在沿海城市及其腹地的发展中扮演着越来越重要的角色。

(四)新的世纪凸显了海洋社区的发展

从历史和现代的实际情况看,沿海地区交通方便,因而多是发

---

[1] 尚图强、禹宁:《海洋社区相关问题探讨》,《海洋与渔业》2010年第8期。
[2] 周春霞:《浅析中国海岛社区海洋信息》,《海洋信息》2006年第1期。

达地区。许多滨海城市、沿海乡镇、渔港码头、富饶海岛成为了经济发展迅速、人口聚集的重要区域,在这一发展过程中,引起以海洋为依托的海洋社区的变化乃至整个社会系统的变化,形成了独特的不同于陆地社区的海洋社区。海洋社区作为依托于海的具体的社会共同体,是海洋社会的栖息家园。20世纪中叶以来,随着世界人口的激增、陆地资源的枯竭和生存环境的恶化,人类开始把目光投向海洋,更多地关注能为人类带来大量资源的海洋,海洋被看作是人类社会可持续发展的希望所在。海洋社区的建设与和谐,不仅影响海洋社会的稳定与发展,而且对全人类的生存和发展也越来越重要。随着海洋社区的功能增加、地位强化、作用增强,这种情势使得海洋社区的建设和研究在新世纪日益凸显出来。

三、处理好海洋社区各种互动协调关系

海洋社区作为海洋社会的一个子系统,其发展状态对于海洋社会的良性运行与协调发展具有重大影响。海洋社区的协调发展,是社区系统内部各构成要素与海洋社区整体的相互影响以及这些要素自身的发展,是海洋社区系统在常规状态下的一种动态平衡。[1]包括海洋社区自身的自然环境、生态系统、人口和文化有机互动以及海洋社区之间、海洋社区与陆地社区的协调发展。

(一)善待自然环境

海洋社区的自然环境包括地理环境(地理位置、地形、地貌、气候等)、资源环境(土地、能源、矿物、水资源等)、人文环境(交通信息网、建筑群、各种城乡设施等)。一般说来交通方便、水网交织、地形平坦、气候适宜的地区,可以利用其优越的地理位置和丰富的资源,发展水上交通、渔业养殖、旅游等多种产业,所以社区发展比较快。海洋社区通常处于水陆交通要道,发展速度较快,人口密集,并且常常具有政治上和军事上的战略意义,构成所在国家和地区的经济、文化、交通中心。

自然环境与海洋社区发展,主要是协调好自然环境与人工环境

---

[1] 张开城等:《海洋社会学概论》,海洋出版社2010年版,第32页。

的关系。人类社会与自然环境是一种共生共存的关系,人类的活动无论怎么进步,都必须以自然环境为依托,盲目加速开发和运用自然资源而破坏了自然界的平衡,将会给社区的生存环境带来灾难性的后果。因而人类对于环境更多地是选择与适应,而不是硬性地改造和征服。为了耕地种植而填海造田,为了发展工业而污染海域,这非但不能发展,反而欲速则不达,负面影响海洋社区居民的生存。因此,建设人工环境应当以保护自然环境为前提,对其进行合理的开发利用,使自然环境和人工环境从科学和美学的角度有机融为一体。[1]

海洋社区的发展必须以生态环境质量为前提。捕捞业、养殖业、加工业以及休闲渔业等渔业的发展都要依存于良好的海洋生态环境。在中国,海洋社区的经济发展已面临近海渔业资源迅速衰退、海洋生态环境污染严重等环境问题。[2] 许多国家和地区也同样,环境问题已成为制约海洋社区经济发展的重要瓶颈,要想促进全球各地海洋社区的科学发展,就必须对生态进行资源节约型和环境友好型保护。

(二)统筹人的因素

人口的数量、构成和素质对海洋社区产生至关重要影响。一般来讲,繁荣的地域吸引外来移民,落后的地区流失居民。海洋社区经济发展迅速,社会发展水平较高,导致陆地社区的人口持续向海洋社区流动。然而沿海地区的人口容量是有限的。海洋社区人口过度增加,会产生许多短期难以解决的社会问题,如住房、学校、道路等公共设施供给不足,贫困问题严重,失业率增高,犯罪率增加,交通事故频发等。海洋社区在人口数量、质量和结构方面,存在与社会经济发展的整体状况和环境与资源的承载力不相适应的情况。

社区人口的性别构成直接影响择偶、婚姻家庭关系以及社区的发展。传统海洋社区是男性崇拜的社区。社区居民生计尤其是渔民家庭生计依赖于涉海捕捞或渔业经营,需要重体力劳动或社交性活动,因此,男性成了海洋社区居民尤其是渔民生计活动的根本依

---

[1] 黎熙元、何肇发主编:《现代社区概论》,中山大学出版社1998年版,第54页。
[2] 同春芬等:《和谐渔村》,社会科学文献出版社2008年版,第91页。

托。海洋社区中"男尊女卑"、"重男轻女"的思想较为普遍,男女性别比例长期失衡。除此之外,海洋社区吸收了很多外来打工人员,也导致男女比例不平衡,这会引起一系列的社会问题。保持男女性别比例平衡,是海洋社区可持续发展的条件。①

人口素质包括体质、智力和文化水平等,对社区发展有重要意义。社区居民具有强健体质、较高的科学文化素养及良好的风尚,就能形成文明的社区文化,社区就拥有长久生命力。如果海洋社区的一些居民急功近利,目光短浅,教育观念相对落后,一些海岛面积小或者偏远,交通不方便,一些沿海渔村经济条件差、荒僻孤远,居民文化素质不高,这将对海洋社区长远的发展产生不利影响。因此,提高人口素质是海洋社区应该重视的问题。

海洋社区人口的合理发展主要是协调好以下关系。一是人口数量增长和人口构成与海洋社区发展的关系。改变人口增长过快和性别比例失调状况,通过统筹解决人口问题来控制人口增长,转变社区居民传统的"养儿防老"、"重男轻女"观念。二是人口素质提升和海洋社区协调发展的关系。海洋社区成员要转变观念,接受教育。政府要充分重视海洋社区教育,加大社区教育投资,解决师资和设施问题,整合社区内外资源,提高海洋社区居民的整体文化素质。与相关培训机构联合,根据海洋社区居民的实际需求,有针对性地开展相关培训。②

(三)弘扬海洋文化

海洋文化是人海互动的产物和结果,是人类文化中具有涉海性的部分。③ 存在于沿海社区的海洋文化,是生活在该地域(社区)的人民长期的涉海生产实践和生活体验的结晶,积淀为他们的海洋观(自然观)、价值观和审美观的体现,因此海洋文化的协调发展有利于海洋社区的建设和发展。海洋文化作为人类千百年智慧、创造、心血和汗水的结晶,弥足珍贵而又相当脆弱,在现代化和现代文明

---

① 张开城等:《海洋社会学概论》,《海洋出版社》2010年版,第34页。
② 张开城等:《海洋社会学概论》,海洋出版社2010年版,第35页。
③ 张开诚:《应重视海洋社会学学科的体系的建构》,《探索与争鸣》2007年第1期。

的冲击下极易消减乃至消失,过度地开发也会对其造成破坏。因此海洋文化的协调发展主要是协调好关系,既要开发利用海洋文化资源,服务于经济发展,又要着力做好海洋文化保护工作。

海洋文化的协调发展,要处理好传统与当代的关系,重视二者之间的平衡选择。传统文化中存在着现代文化可以继承和借鉴的精华,也有应该摈弃的糟粕。文化的发展是一个扬弃的过程,应在立足于传统文化的基础上,着眼于当代,不断创造出具有丰厚底蕴和时代特征的新海洋文化,从而使传统海洋文化和当代海洋文化有机结合。

中西方海洋文化有着密切的联系,都是海洋社区文化的基本类型,按照各自的逻辑发展。有认为东方尤其是中国传统海洋文化的本质特征是"以海为田",其农业性及其对海洋资源的综合开发利用的较高水平,在当代对海洋社区的经济文化持续发展仍有着广泛的启发和推动作用;而西方海洋社区文化则主要是在工商经济发展的基础上产生的典型的商业文化。[1] 两种海洋文化相互吸收、互相融合,构成一个多元化的海洋文化世界。[2]

(四)协调社区关系

海洋社区作为一个与外界相连的开放系统,各个社区之间的互动,与陆地社区之间的协调,对于整个海洋社会的运行与发展具有关联作用。

从国际化的视野出发,海洋社区之间的协调发展是指在海权问题、海运安全、海洋开发、海洋工业等方面,达到人与人、人与社会、人与海洋之间的和谐。当今,世界范围内开发海洋的热潮已经形成,许多沿海国家和地区把争夺或维护海洋权益作为国家战略目标,把开发海洋资源、发展海洋经济作为增加国民生产总值的有力支撑点。在这种国际形势和政治前提下,要实现海洋社区之间的协调发展,就要坚持各社区互利合作,实现共同繁荣。发展海洋经济事关各海洋社区居民的切身利益,甚至事关全世界的安全和稳定。

---

[1] 张开城、徐质斌:《海洋文化与海洋文化产业研究》,海洋出版社 2008 年版,第 3 页。
[2] 张开城等:《海洋社会学概论》海洋出版社 2010 年版,第 36 页。

因此,要坚持以人为本的海洋社区发展观,使整个海洋社区普遍受益,共同繁荣,从而实现和谐发展。①

海洋社区和陆地社区协调发展,是指开展海洋社区与陆地社区的良性互动,不断缩小二者之间发展水平的差距和地区发展不平衡。海洋社区居民与陆地社区居民有史以来就是紧密相连、山水交融在一起的,因此,在海洋社区的建设中,要正确处理好海洋文化与陆地文化的关系,使沿海社区和陆地社区有机融和、协调发展。应当坚持的原则是:优势发展的原则,只有寻求优势,因地制宜地发展海洋与陆地社区,才能使之持久发展;整体发展原则,对海洋社区和陆地社区发展进行全盘规划,使二者有匹配地组合,发挥出比它们各自简单相加更高的社会效益;互利发展原则,海洋社区的建立与发展,要考虑对周边陆地社区发展的利弊,一个社区的发展应以增强其他社区发展为前提;地区平衡发展原则,即海洋和陆地社区发展应当在不同地区的经济、政治、文化、人口和环境等方面力求平衡和协调。②

四、全面地开展海洋社区研究意义深长

海洋社区作为海洋社会基本的、重要的一个单元,因而成为研究海洋社会的起点,便构成海洋社会学研究的一个重要内容。海洋社区研究能够把握海洋社区来龙去脉,有利于解决海洋社会问题,海洋社区研究方法多学科综合交叉。海洋社区研究的重要性与日俱增。

(一)研究海洋社会的基本单元

费孝通在《江村经济》的前言里阐述了通过研究社区从而认识社会的必要性。整个社会是由一个个或大或小的社区所组成的。无论是对于社区本身或对于整个社会来说,社区研究都有重要的意义。通过社区研究,人们还可以了解某一社区的地方特点,因地制宜地进行改革和建设。作为地方社会,社区不可避免地存在着

---

① 张开城、徐质斌主编:《海洋文化与海洋文化产业研究》,海洋出版社 2008 年版,第 13 页。

② 周文建:《宁丰.城市社区建设概论》,中国社会出版社 2001 年版,第 94 页。

这样或那样的社会问题,例如住房紧张、贫困户较多、教育资源缺乏、犯罪率较高、交通拥挤,以及老年人问题等等。社区研究要揭示这些问题与该社区其他方面生活的相互联系,帮助社区依靠自身的力量尽可能有效地解决问题。一个社区所面临的许多问题,往往不是某一社区单独存在的,而是更大社会范围内的问题的具体表现。因而社区问题的研究,有助于发现和解决更为广泛的社会问题。

同样,研究海洋社会也应从海洋社区入手。任何一个海洋社区都是规模不等的小型海洋社会,是一个特定的地域聚落,是海洋社会的不同程度的缩影。从一定意义上说,海洋社区研究是研究整个海洋社会的起点,研究海洋社会必须从研究海洋社区入手。海洋社会是大范围,海洋社区是小范围,同海洋社会相比,海洋社区具体可感,易于把握。虽然海洋社区相对于海洋社会来说具有个别性,但海洋社区是一个地域界限的海洋社会,具有所属海洋社会共有的特质,海洋社会的一切活动都是在一个个具体的海洋社区里进行的,整个海洋社会普遍存在的现象必然会在各个海洋社区里有所表现。海洋社会以海洋社区为基本单位,海洋社区研究是海洋社会研究的具体化,通过海洋社区的典型调查,研究和探讨海洋社会发展的普遍规律,进而建设海洋社会。①

(二)为海洋社会政策提供依据

新世纪新阶段的海洋社区存在着诸多社会问题,如渔民转产转业问题、海洋环境问题、划界与海岛争端带来的社区问题、非法移民问题、海洋犯罪问题等。海洋社区研究要揭示这些问题与该社区其他方面生活的相互联系,以及人与群体之间的复杂互动。海洋社区所面临的社会问题,往往是海洋社会问题的社区集中呈现。因而海洋社区问题的研究,有助于发现和解决海洋社会问题,为海洋社会政策和治理提供依据和现实基础。②

(三)深化海洋社区管理和建设

21世纪是海洋的世纪,世界沿海各国为了缓解不断增加的生存

---

①② 张开城等:《海洋社会学概论》,海洋出版社2010年版,第39页。

压力大举向海洋进军,加大了对海洋的开发和利用,对海洋社会的研究成为热点,海洋社区的研究更成为焦点。要研究海洋社区就必须深入社区,观察海洋社区,了解海洋社区的历史渊源、发展过程,通过实证调查体验,把握海洋社区的现状,认识海洋社区的特点。同时,海洋社区功能的正常发挥,要求海洋社区各组成要素及其互相关系都应处在正常、和谐的状态之中。但这种状态并不是能经常保持的,每个海洋社区都会存在着这样或那样的问题,可以通过调查研究发现海洋社区中存在的各种问题,找出导致社区问题的原因,为进一步解决问题做好准备,因地制宜进行社区管理和社区建设。

(四)多学科综合交叉研究方法

对海洋社区的研究是社会学、经济学、管理学以及生态学等多门学科综合的交叉研究,其核心理论主要是社会学。因而,海洋社区研究的方法主要是社会学方法,如社会学的统计调查、实地观察、访问调查等方法,借鉴其他学科的研究方法,结合社会学研究的范式和理论概念框架并借鉴边缘学科以及数学概念形成理论集合,建立自己的评价指标体系和研究方法,然后回归实践检验,再通过理论升华,这样理论和实践往复循环,逐步形成海洋社区的学术范畴和理论体系。目前海洋社区研究还处于探索阶段,需要艰辛而卓有成效的开拓性工作。

第二节 海洋社区的基本类型与特征

由于社区实际上是一个小型的社会,所以社区的构成是复杂多样的,其类型状态呈现多元性,其特征也是丰富多彩的。从海洋社区的基本类型看,可以按海洋社区功能差异、发展主体、地理位置等不同标准,划分为不同类型。这些类型具有各自的基本特征。

一、从海洋社区功能差异看

根据海洋社区功能差异情形,可划分为海洋渔业社区、海洋旅游社区、海洋工业社区、海洋军事社区等类型。[①]

(一)海洋渔业社区

渔业社区是捕捞、养殖和渔业贸易的渔民和商人群体的聚集地,是陆海环境联系紧密且集中的地域。渔业社区散落在海岸带和海岛上,其生产、生活方式深受海洋的影响。海洋捕捞社区的居民的主要活动和生计来源是出海打渔,是渔民靠大海、靠海鱼、靠捕捞为生的社区,这类社区一般是位于海边的渔村。海洋养殖社区由于人口增多,渔业资源有限,海中的鱼类不能够满足社区居民的需要,由于受传统生活习惯的影响,居民不想也不容易转变就业观念,不得不依然靠海生存,靠水产养殖繁衍生息。目前,由于受海洋环境变迁与渔业结构升级影响,渔业社区的社会结构和社会关系也受到了前所未有的冲击,渔业、渔民和渔村均发生了和正在发生巨大的变化。

(二)海洋旅游社区

海洋旅游社区是以海洋景观(海岸景观、海岛景观、海滨山岳景观、海底景观、海洋历史文化景观、海滨城市夜景等)和一系列海洋水域活动为主,供给膳宿、娱乐等休闲生活而形成的社区。海洋旅游社区自然风光好,有良好的沙滩、水质,而且交通方便,基础设施良好,能为游客带来食宿、休闲、娱乐。沿海地区海岸线曲折绵长,岸外岛屿众多,海岸地貌齐全,天人风光各异,形成许多旅游价值很高的风景区。悠久的历史和海洋文化积淀,丰富了海洋社区的人文景观。海洋旅游社区以旅游业为主,带动商业、餐饮业、运输业,进而推动整体经济的发展。目前,中国部分海岛旅游业已初具规模,其中包括海南的三亚、广西的北海、厦门的鼓浪屿、山东的刘公岛、浙江的普陀山、广东的南澳岛和特呈岛等。

(三)海洋工业社区

这主要是指海洋交通、海洋电力和海洋油气等社区,是以港口、渡口为依托的人类群体通过进行海上交通活动而发展起来的地域共同体(港口、渡口和边境镇、铁路枢纽等)。海洋交通社区利用其船舶、行人必经之地的地理优势,发展起饮食、服务业,并以此为主

---

① 张开城等:《海洋社会学概论》,海洋出版社 2010 年版,第 26 页。

要的经济基础。这样的社区,既可以让游客欣赏海洋的自然风光,又可以吃海鲜,玩海鱼,亦玩亦乐亦食。由于开发和利用某种特有的海洋资源,如海底石油和天然气能源等,使一些沿海区域或海岛区域出现了海洋石油公司、海上勘测队和电力公司等,这类聚落经常依赖海洋资源进行海上作业,其生活方式和行为方式受海洋的影响较大,同时也对邻近海域产生直接影响,但其作业内容与范围又不同于渔业社区,而是形成了一个相对独立的社区。

(四)海洋军事社区

由于特殊地理环境和资源环境,在临海区域存在着大量以海防建设需求为目的的军事基地及军事人员,进行捍卫国家领海和海洋权益,保护国家日益发展的海洋产业、海上运输和能源战略航道的安全等军事活动,从而形成的以海洋军事活动为主要功能的社区。

以上不同的社区常常在海洋社区混杂出现,如中国广东湛江的海湾地区就有海滨城市社区、海岛社区、港口社区、油气社区、旅游社区(东海岛龙海天旅游区)、军事社区(海军驻地)等复合类型。此外,按功能来看还有综合社区,就是既有海水捕捞又有海水养殖,又有海洋旅游等兼收并蓄的社区。

二、从海洋社区发展程度看

海洋社区的发展状况,一般表现为发达社区、发展中社区和落后传统社区三个层次。海洋社区发展具有特定的人口、组织和环境特征,各主体之间相互联系,互动影响。

(一)海洋社区的发展状况

考察海洋社区的发展状况,一般表现为发达社区、发展中社区和落后传统社区三种层次。发达社区是基本具备了现代化的生活条件和完善的社会福利的社区,如中国上海和广州的一些海边的社区;发展中社区是落后的传统社区向发达社区转型过程中的社区形式,既有传统的相对落后的特点,又吸收了部分现代社区的内容,目前大多数海洋社区正是这种层次;落后传统社区是指渔民还是生活在自给自足状况下的偏远的小渔村,相对来说交通闭塞,信息封闭,如中国广东湛江徐闻县的尾龙村,就属于落后传统社区。海洋社区发展的层次特征是具体的、历史的、动态的。

(二)海洋社区的人口状况

以海港社区为例看海洋社区的特征,主要是由港区的人口、港区的各种组织、港区的环境三个主体构成的。首先,港口企业员工是海港社区人口的主体。各种国际国内进出口公司、海洋运输企业、船舶和货物运输的代理机构、船舶燃料供应机构、公路、铁路运输、银行等都是设立在海港社区内的贸易主体和相关机构。所以在这些机构和部门工作的人占海港人口的大多数。其次,是政府组织人员和第三部门工作人员。海港是国家政府或地方政府经济发展的主要之所,所以政府在海港设有海关、港务局、边防等政府机关,海港也是社会第三部门组织服务的对象。再次,指长期居住在海港区域的人们,他们本身参与海港社区的建设。

(三)海洋社区的组织状况

海港社区的组织可分为三类。第一类,海港运输企业及关联性服务企业。如上所述,海港是商品的重要集散地,所以存在着各类运输企业和为运输企业服务的金融、信息、商业、贸易等相关企业。这些企业组织是海港社区组织的重要部分。第二类,政府组织。为保证海港的良性快速的发展,政府起着主导的作用,所以政府在海港设立了各种监督、防疫、安全、管理等部门。第三类,社会组织。协调海港社区各个单位,在企业和政府未能开展活动的领域内提供物品与劳务以满足人们的需要,旨在推进港口社区利益的社会组织。[1]

(四)海洋社区的环境状况

海港既是人们工作也是人们生活的地方,所以海港社区的环境建设非常重要。海港社区的环境包括自然环境和人文环境。自然环境指的是港区的植被绿化,空气指数,海水生态,基础设施建设等;人文环境指的是海港社区文化建设,海洋文化的氛围,社区教育,社区人员素质的提高等。海港社区的环境影响着社区人口的素质提高,而社区人口的素质决定着社区组织的发展,社区组织的发展决定着海港的可持续发展能力。

---

[1] 帅学明编著:《公共管理学》,中国农业出版社2008年版,第64页。

三、从海洋社区地理位置看

海洋社区包括海港、滨海城市、渔村、海岛、海轮与舰艇小社会等,[①]根据其地理位置,可划分为沿海社区、海岛社区、渔村社区和轮艇社区等类型。

(一)沿海社区

沿海社区即海岸带社区,是人类沿着海岸带居住并直接影响邻近水域,主要包括丰富多样的、密集的临海城镇和乡村,是人类活动与陆地和海洋环境联系紧密且集中的地域,具有丰富的资源优势,是一个独特的海滨生态系统。一般来说沿海社区开发较早,人口集中,经济繁荣,拥有许多历史海洋文化遗址,同时也是风暴潮害多发地区。

(二)海岛社区

海岛社区是指居住在海岛上的人们,通过对海岛及海岛周围海洋资源的开发利用,而形成的具有特定的产业结构、价值观念和生活方式的独特的地理区域。海岛社区一般都具有多种开发功能,拥有得天独厚的区位优势,各相关产业在海岛及其周围海域的丰富的渔业、矿业、旅游业等资源优势的带动下也随之发展起来,成为新型、富裕的海岛社区。海岛社区又因四周被海水围绕而与大陆相隔,其独特地理位置和自然条件决定了它具有隔绝性和边缘性的特点,这种特点在某种程度上又限制了海岛社区的发展。

据《全国海岛资源综合调查报告》(2005),中国面积在500平方米以上的海岛共有6500个,岛岸线长度12719千米,总面积6691平方千米。其中,有人居住的海岛为433个,人口总计452.7万人,海岛及其周围海域蕴藏着丰富的渔业、矿产、旅游等资源。凭借这些资源优势,各种相关产业也随之发展起来。如辽宁的长海县从一个落后的海岛社区逐步发展成为一个以海珍品养殖为核心的富裕的海岛县。总体而言,由于海岛面积和资源情况不同,各自经济发展水平也不同,岛上居民的生活水平也不一。比如辽宁的长山群岛(长海县)、山东的庙岛列岛(长岛县)、浙江的舟山群岛(地级市)、

[①] 张开诚:《应重视海洋社会学学科的体系的建构》,《探索与争鸣》2007年第1期。

上海的崇明岛(崇明县)经济基础较好,人民生活水平较高。浙江玉环岛(玉环县)、福建海坛岛(平潭县)、珠海西区高栏列岛在改革开放后迅速发展起来,海岛社区的软、硬环境得到了改善,经济发展速度加快,社会建设随之跟进,海岛居民生活水平得到了进一步提高。

(三)渔村社区

海洋资源的快速减少导致渔民转产等问题,新渔村建设注重渔业、渔民、渔村的全面、协调和可持续发展,即通过不断促进渔村生产发展,形成发展经济与保护环境共举的新渔村社区。[1] 如中国大连庄河市城关街道海洋社区过去以渔业为主,由于捕捞资源的严重枯竭,居民收入逐年下降。村改后该社区着力新渔村建设,制定了转产方案,不到两年的时间就使600多名居民从捕捞业顺利转产到贝类养殖业,转产的居民由原来年均收入1万多元增至3万多元。社区先后出台了关于民营企业发展用地、吸纳就业等相关政策,通过协助融资、信用担保等方式,为民营企业发展拓展空间。社区实行了股份制经营模式,全体居民以户为单位,分期分批集资入股,使每个家庭公平享有集体贝类养殖业发展带来的成果,居民既当工人又当股东,仅此一项每户年均增收5千多元,几年来共兑现居民股份红利26亿元,初步实现了"家家有产业、户户当业主、年年分红利"的目标,2008年社区人均收入超过2万元。社区建立起惠及全体居民的生活福利制度。从日常主食到节日的副食全部由社区统一供给,2008年居民福利待遇人均在2000元以上。60周岁的老人每年都可领取生活补贴,随着年龄增长补贴标准也逐步提高,一对夫妇最高每年可领取8000元。社区按欧式住宅风格改造规划了两条街,高起点、高标准规划建设40万平方米的居民新区;投资200多万元,对社区进行了绿化美化,修建了花园式景点10多处,栽种风景树20多万株,改善了居民居住环境;投资400多万元引进自来水,从根本上解决了居民的生活用水问题。新渔村社区是中国海洋社

---

[1] 韩立民、任广艳:《新农村建设面临的问题及化解思路》,《中国渔业经济》2008年第3期。

区总体上进入"以工促渔、以城带乡"的发展新阶段。[1]

(四)轮艇社区

从发展的视野来看,海轮与舰艇小社会越来越能够算作海洋社区一个类型。尽管海轮与舰艇这种小社区具有流动性,其特征由于流变性而不易确定,但前景呈现方兴未艾之势,不可小觑。

四、海陆社区特征之比较

海洋对于海洋社区具有便利与制约的双向作用,使得海洋社区具有异质性高的人口特征、相对发达的经济特征、容纳搏击的文化特征和务实竞争的心理特征。

(一)异质性高的人口特征

海洋社区的人口特征与地域特征相互联系、相互作用,构成海洋社区区别于陆地社区的重要特征。海洋社区的人口居住在海洋周围的地域上,人口密度相对较高,人口流动频繁。由于资源丰富、交通便利、住处畅通,各种知识技能传授迅速,社区居民不仅数量多,人口的移动范围较大,频率较高,而且人口的异质性较高。近年来,随着海洋社区经济的发展,大量内陆人口流向沿海社区,海洋社区人口急速增加,群体和组织众多,性质各异。[2]

(二)相对发达的经济特征

海洋是人类共同的社会财富,是海洋社区赖以存在和发展的基本载体,是人类可持续发展的重要战略资源。海洋社区是海洋资源的高度密集区,长期以来,土地、空间、生物、矿产、能源、化学、动力等方面的海洋资源都是沿岸国家和地区重要的社会资源和经济发展的物质保障。随着海洋世纪的到来,整个世界处于向海洋靠拢趋势之中,经济中心向沿海移动,沿海国家的经济一般比陆地国家经济强大。[3] 同一个国家中,往往沿海社区比陆地社区经济更为发达、充满势头和前景。

当然,海洋社区经济的最大特点是海洋便利与制约的双向作

---

[1] 同春芬等:《和谐渔村》,社会科学文献出版社2008年版,第94页。
[2][3] 张开城等:《海洋社会学概论》,海洋出版社2010年版,第25页。

用。涉海性是突出特性,得"渔盐之利",享"舟楫之便",与陆地社区相比有着更大尺度活动空间和资源共享性。同时,海洋聚落受到海洋资源和环境的制约,其活动空间一般限定在一定规模或空间的范围之中,如滨海和海岛。不仅海产品的捕捞养殖具有一定地域性,而且人与人之间的关系也带有地缘色彩。海既是交通的条件,又是交往的阻隔,对海洋社区的形态、规模、变迁产生影响。

(三)容纳搏击的文化特征

海洋文化是人类文化的重要组成部分,通过其独特的文化内容与形式来体现人类文化的整体精神。海洋社区文化是海洋文化的重要组成部分,是广大沿海社区的人们在长期靠海、吃海、用海、观海、思海过程中继承并创造的精神和物质成果的综合。海洋社区文化,不仅表现为人类认识海洋过程中所形成的思想、观念、意识、心态,而且包括生产方式、生活习惯、社会制度以及语言文学艺术等多方面的内容,其实质是人类与海洋自然地理环境相互关系的集中反映,是相对于陆地社区文化的一种特质文化现象,有着与陆地社区文化不同的显著特点。海洋社区文化有着大海的"海纳百川,有容乃大"的特质,更有大海"奋勇搏击,百折不挠"的特征。海洋居民为了生存,不断向大海深处去探索新的渔源,形成了海洋社区探索、探寻、探险的海洋社区文化。海洋社区文化又是蓝色文化、商业文化,具有开放性、进取性、创新性。海洋社区文化是一种典型的商业文化,其显著特点是开放、务实、开拓和进取。受到海洋商业文化的影响,海洋社区文化形成了与血缘家庭群体不同的各种社会组织结构,同时也形成了各种非血缘的人际关系。在海洋社区内,家庭关系较之于陆地社区而言相对松散。[1]

(四)务实竞争的心理特征

海洋社区和陆地社区相比,由于其特定的自然环境,得天独厚的地理位置,开放较早,商业发达,人们的商业意识较浓,有经济头脑,务实求利,勇于竞争,紧跟经济发展的步伐。受地域、人口、经济和文化等各种特征的影响,海洋社区的居民心理具有开放性特征,

---

[1] 张开城等:《海洋社会学概论》,海洋出版社2010年版,第25页。

具体表现为生产和生活的眼界和境界、生产和生活的空间尺度、人际交往的范围和方式、经营活动的空间和模式等相对开放。由于海上生存较之陆上生存其环境更加险恶而且变幻莫测,海洋社区居民更具有冒险精神、探索精神,更需要毅力和勇气。相对而言,海洋社区居民又表现出宗教意识、神灵意识较强,海上活动希望得到神灵的庇佑。[①]

由于海洋社区濒临海洋,人们日常的衣食住行都与海有关,尤其是古代,渔民对海的依存度比较高,渔民家庭生活的一切完全靠出海打鱼,这种高强度、高风险的重体力劳动只有男子才能胜任,因此海洋社区就形成了男性崇拜社会、男权社会,男尊女卑的思想在海洋社区尤为严重。由于天气的不可预测性,大海上台风、暴雨特别多,出海打鱼由于大海的不可预测性,渔民普遍都有迷信的特点,有海神信仰和许多禁忌,如妈祖文化就是渔民的一种海神信仰,由于这样的原因,海洋社区具有男权性和迷信性。

上面列举了海洋社区的一些较为明显的特征,还有其他的特征,如海洋社区管理上的宗族性特征等。

第三节 海洋社区对海洋社会的功用

20世纪中叶以来,随着世界人口的激增、陆地资源的枯竭和生存环境的恶化,人类目光前所未有地投向海洋,这使得海洋社区的研究和海洋社会发展凸显出来。进入21世纪,更多地关注能为人类带来大量资源的海洋,被看作是人类社会可持续发展的希望所在,和谐海洋社区理念应运而生。本节仅以中国为例,反思和完善传统海洋社区管理模式,创新海洋社区管理、服务机制,探索建立海洋社区社会保障机制,提高海洋社区社会管理科学化水平,建设新型的和谐海洋社区,对于海洋社会发展具有既深且巨的功用。

[①] 张开城等:《海洋社会学概论》,海洋出版社2010年版,第26页。

一、全面建设海洋社区,激发海洋社会各业繁荣

海洋社区建设既是海洋社会发展的必然要求,也是涉海居民的迫切愿望。海洋社区建设就是通过组织海洋社区成员有计划参与集体行动,解决社区问题,满足社区需要,让成员形成社区归属感,培养自助、互助和自决的精神,加强其社区参与及影响决策的能力和意识,发挥其潜能,建设海洋社会。这主要应做大做强海洋社区经济,充分开发利用海洋社区文化,大举推进海洋社区教育,做好海洋社区社会工作。

(一)做大做强海洋社区经济

中国国民经济和社会发展第十二个五年规划提出发展海洋经济:"坚持陆海统筹,制定和实施海洋发展战略,提高海洋开发、控制、综合管理能力。科学规划海洋经济发展,发展海洋油气、运输、渔业等产业,合理开发利用海洋资源,加强渔港建设,保护海岛、海岸带和海洋生态环境。"海洋社区经济作为题中要义应乘势而上。推进海洋社区工业集聚化,促进社区中小企业集聚发展,培育和扶持发展海洋社区民营经济。引导海洋社区家庭工业从小规模逐步向园区式规模化方向转变,推进第三产业服务品牌,推进渔业产品特色化。海洋社区经济就是要抓住海洋的特色,做海字文章,做出海的特色。各个社区要结合自身的地理位置条件发展经济,渔业丰富的社区大力发展海产品捕捞业;人多渔少海水又适宜养殖的社区大力发展水产品养殖业;有优良海港的社区可以发展港口工业;自然条件好的社区通过发展旅游业带动酒店、海上游乐场的建设,加强饮食文化和传统水产品加工工艺的开发利用,吸引更多的游客;工业条件好的社区可以发展水产品加工业,进行海产品深加工,创造更多的涉海产品;还有的社区可以发展海水制盐业,石油化工业……总之,发挥海的优势,做大做强以海为主的海洋经济,促进海洋社区经济的发展。

海洋社区经济需要随着环境变化而转型。由于历史的和政治的原因,中国提出渔业捕捞零增长,中日渔业协定的签订,海洋社区的居民面临着转产转业根本性的调整,海洋社区要本着可持续发展

的原则,以海水养殖业为目前解决渔业困境的新途径,重点发展旅游业,交通运输业。

(二)充分开发海洋社区文化

海洋社区文化的内容是相当丰富多彩的,包括优秀的传统海洋社区文化和现代海洋社区文化等,都应充分传承和开发。尤其要重视教育、科技、卫生、体育和群众文艺等的建设,并有机地结合海洋社区的特点持续地进行。通过弘扬海洋社区文化,增强人们的海洋意识,使人们认识海,热爱海。如在开展海洋社区传统文化时,对妈祖文化、海上丝绸之路文化、郑和航海文化和东海岛人龙文化等非物质文化,必须加以弘扬与推进。

(三)特别重视海洋社区教育

由于历史的原因,"读书无用论"在海洋社区居民心中根深蒂固,许多社区居民不愿读书,甚至不让子女读书,这严重制约着海洋社区的进一步发展。因此,发展教育事业,提高海洋社区居民的文化素质,首先在于转变社区居民落后的教育观念。海洋社区应该转变观念,贯彻科教兴岛的战略,采取各种形式引导人们重视教育,利用一切手段发展社区的各种教育,如职业教育、技术教育。其次要整合教育资源,加大教育培训的投入,发展适合海洋社区产业发展和渔村劳动力转移一体化的教育模式。

(四)做好海洋社区社会工作

中国改革开放 30 年来,沿海地区凭借着海洋资源优势及开放改革的政策优势,在较短时间内有效改变了物质供给贫乏、经济实力落后的局面。但是对于经济建设的片面关注也带来了一系列的问题:收入差距悬殊、弱势群体权益得不到有效保障等。社会工作作为一种助人活动特别是针对社会弱势人群的助人活动或事业,在提高海洋社区服务水平,促进海洋社会与海洋社区成员的全面发展等方面,越来越具有重要的作用。中国社会工作不仅包括社会福利、社会保险和社会服务,还包括移风易俗等社会改造方面的工作。以海洋社区及其成员为对象的社会工作介入,通过组织成员有计划参与集体行动,解决社区问题,满足社区需要,在参与过程中让成员形成社区归属感,培养自助、互助和自决的精神,加强其社区参与及影响决策的能力和意识,发挥其潜能。[1]

在和谐海洋社区建设中,社会工作介入十分必要。社会工作在本质上是服务性的,当代社会工作已经超越了传统的救贫济弱的活动范围,是非营利服务和专业性社会服务的建构者,属于专业性、非营利性、公益性和福利性的社会服务。因此,通过社区服务,可以对海洋社区中的老年人、残疾人、失渔渔民等弱势人群乃至整个有需要的人群提供专业化的服务和帮助。海洋社区社会工作有别于陆地社区,具有特定的一些工作理念和方法。

二、加强海洋社区管理,夯实海洋社会基础工程

中国目前对海洋社区管理正在不断地探索。以海港社区为例,其成员管理、组织管理、安全管理和基础建设等方面均有其特点。

(一)海港社区成员管理

中国的海港社区建设是以海港的特色行业功能为基点,协调海港各个主体、行为与环境的有机发展,服务于海港的人口、环境、组织的高效运作,提高海港人口的认同度、环境的舒适度和组织的运营效率。随着国民经济的发展,进出口贸易量的增加,海上运输在国民经济中的地位越来越重要,特别是现代海上交通运输业。港口作为水陆交通的枢纽和货物中转的集散地,随着港口总的吞吐量不断增长,历史上最初的港口社区逐步发展为现代的港口城市。现代的海港发展规划越来越直接地影响一个海港城市的发展水平及其所对应的经济腹地的发展潜力。港区的行政与法制建设,港区经济环境宏观规划,港区人口素质水平和港区文化建设等问题越来越受到关注。中国海港社区的成员主要分为四部分:企业员工、政府工作人员、社会组织工作人员和海港居民。所以对于海港成员的管理就是混合式多中心管理,而不是由政府单一进行管理。其中企业员工和社会组织工作人员受其组织制度和组织文化的影响;当地居民由村民委员会管理;政府组织工作人员受上级政府的领导和管理。这种管理模式的功能,一是海港社区服务,包括港区社会保障服务、

---

[1] 吴宾、党晓虹:《试论海洋社区社会工作及其意义》,《法制与社会》2010年第30期。

港区利民便民服务、港区就业再就业服务、对港区单位的社会化服务等。二是海港社区的治安保卫工作。三是维护港区的生态环境，确保港区不受污染。港区是各个地域的商品集散地，所以必须做好港区的卫生防疫工作，特别是外来物种入侵。

(二)海港社区组织管理

中国由于受传统和计划经济时代的影响，过往的海洋社区管理主要是宗族管理和政府管理，社区居民没有自主权。要想搞好社区管理，主要取决于两种人的作用，一是政府管理者，一是社区的居民。我们必须在政府的领导下，以社区居民为中心，从社区居民的利益出发，根据具体情况，适当将相关职能下放给社区居民和社区居民组织，明确双方的职能，实行分权管理，并为社区居民提供法律法规等制度保障；社区居民提高自身素质，自发地在社区政府的支持下开展各种活动，增强社区居民的社区参与管理能力。中国海港社区组织管理，首先是社区党组织建设，党组织在海港社区的发展中具有领导核心作用。其次培育发展海港社区社会组织，以社会组织为主体，对海港社区进行管理，体现出社区居民的自治特点。时下主要应该正确地引导社会组织的发展，监督社会组织健康有序、合法合理履行社会义务。海港社区社会组织，主要承担兴办和直接管理社会福利、教育、科学文化、医疗卫生等事务，协调政府组织和港口各个企业的关系，对外宣传海港形象的优势所在，同时也对海港社区各组织之间的正当竞争起着制约和规范作用。海港社区社会组织，包括港区企业员工委员会，由港区各个企业的员工代表组成，主要协调海港企业和员工的关系；港区居民委员会，由港区的居民代表组成，主要负责驻地居民和港口发展目标的相互融合；海港社区协会，包括各种社团组织；社区文体活动组织举办和开展各种文化活动；海港社区志愿者负责组织港口各种义工工作；海港社区单位组织协调港口各企业和非企业单位的关系；海港社区服务组织为港区的贸易、信息、金融、商业活动提供服务。政府对海港社区的社会组织应当适当授权，不直接插手干预。

(三)海港社区安全管理

中国的海港社区治安管理是居民最为关注的事情，良好的社区治安,不仅有利于改善社区环境,提高居民的生活质量,而且有利于优化投资环境,吸引商业投资。在美、加两国,社区治安是一种新的警务,其功能一是控制犯罪,二是向处于危难中的人提供快速援助,三是改善警民关系。通过加强社区治安,实行群防群治,健全社区治安防范体系,消除社区内各种不稳定因素。在中国,应重视海港社区突发事件应急体系的建立和健全,降低社区风险,提升社区安全,做到防范在先,预防为主。同时让社区居民增强安全素质和风险意识,具备最基本的避难能力,了解本社区所面临的风险,掌握避险、自救、互救常识。再就是开展社区减灾平安行活动,以减灾进社区为重点的社区减灾模式,举行社区救灾应急演练,提高居民防灾减灾意识。

(四)海港社区基础建设

中国的海港社区既是工作的场所,也是人们生活的场所。加强基础设施建设,是海港社区建设的重要内容之一,所以对于海港的基础设施建设必须有所规定:一是交通道路的建设,因为海港是物流或客流的中心地带,所以优质便捷的道路交通就变得尤为重要(交通标志简单明了,道路四通八达);二是生活设施建设,社区居民的认同感来自于港区居民对社区内的硬件设施和软件设施建设,如公园、俱乐部、餐馆、文化中心等。社区服务内容丰富,形式多样,但政府不宜直接执行项目,而应通过购买港区的码头、集装箱区等,依靠市场化运作。政府要加强海港社区基础设施建设,创新社区管理服务机制,将社区发展项目立项后通过招标或将设施出售、出租的方式让企业等非政府的服务机构执行实施,政府对项目的质量与价格进行政策控制,如此激励企业去发掘海港的优势资源。随着时代的变迁,海洋社区也会随着变化。由于历史的和政治的原因,中国提出渔业捕捞零增长,以及中日渔业协定的签订,海洋社区的居民面临着转产转业根本性政策的调整,海洋社区要本着可持续发展的原则,以海水养殖业为目前解决渔业困境的新途径,重点发展旅游业、交通运输业,适应时代的变迁。

三、健全社区社会保障,维护海洋社会民生权益

中国海洋社区的社会保障制度未能同步跟进经济体制改革,对海洋社区人口质量的提高有严重影响,个人和家庭应对风险的能力很薄弱,渔民养老保障制度缺失。社会保障制度是海洋社区正常运行的重要底线,要建立有效的覆盖海洋社区的社会保障体系,提供适合海洋社区的社会保障服务。

(一)海洋社区社会保障面临挑战

中国当年渔村建立的困难补助、社会救济和"五保"供养制度,实行分工制和供给制相结合的分配,使村一级组织承担了渔民的生活保障职能。经济体制改革后,海洋社区集体经济对个人和家庭生活的保障解体,没有新的保障制度来填补。推行计划生育政策过程中,渔民社会保障制度未能同步跟进,中国千年来"养儿防老"的传统观念又有所回潮。[1] 渔民保障制度缺失对海洋社区人口质量的提高也有严重影响。渔民家庭抵御风险能力脆弱,当家庭面临较大经济困难时,受害的首先是学生的学业,直接导致学生辍学。而教育与渔民素质的提高有着直接密切的关系。建立渔民社会保障体系直接关系到渔民素质的提高。中国的海洋社区人口已经由成年型迈向老年型,老龄化问题越来越突出。随着改革开放的深入,渔区年轻人生活观念逐渐改变,子女与老年人分开居住的情况越来越多,独生子女增多使家庭小型化趋势越来越明显,也给老年人的供养和保障带来了挑战。老年渔民退出劳动领域后,一部分人在渔村改制时虽拿了几千元的一次性补助,但现在已使用殆尽。一部分老年渔民仅靠村社每月发放的很少的生活补助费,生活艰难。[2] 海洋社区老年渔民养老问题尤为尖锐,要抓紧建立起有效的渔民养老保障制度。

(二)关注海洋社区防范抵御风险

人类对于风险最初的认识源于海洋。远古时期,居住于海边以

---

[1] 王国军:《社会保障:从二元到三维》,对外经济贸易大学出版社2005年版,第66—75页。

[2] 王建友:《论海洋渔区渔民的社会保障问题》,《当代经济》2008年第2期。

打鱼捕捞为生的人们,每次出海前都要向神灵祈求在出海时能够风平浪静,保佑自己能够平安归来。由于海洋天气的不可预测性,大海上台风、暴雨特别多,出海打鱼由于大海的不可预测性,在长期与海洋打交道过程中,体会到大自然"风"的力量,它给出海的人们带来了无法预测的危险,在出海捕捞打鱼的实践生活中,总结"风"即意味着"险","风险"就由此而来。中外社会保障的基本要义就是消灾化险。在当前中国海洋社区,个人和家庭应对风险的能力非常薄弱。沿海人口的增加,滨海地区城乡工农业生产的抬升以及海洋经济的发展,使得海洋社区因海洋灾害造成的损失呈现上升趋势。海洋灾难频繁,海难事故时有发生,威胁到渔民的生产生活。《2010年中国海洋灾害公报》表明,2010年中国累计发生132次风暴潮、海浪和赤潮过程,其中44次造成灾害。各类海洋灾害(含海冰、浒苔等灾害)造成直接经济损失132.76亿元,死亡(含失踪)137人。海洋灾害直接经济损失最严重的辽宁省(海冰灾害)损失34.86亿元,较为严重的福建省(风暴潮和赤潮灾害)和广东省(风暴潮和海浪灾害)损失均超过30亿元。海洋灾害和事故造成严重经济损失,造成渔民人身伤害,还直接导致渔民经济上的贫困,影响渔民及其家庭承担风险的能力,从而影响到海洋社区的稳定。[①] 在这些无法回避的外部风险面前,渔民很难通过自身力量抵御,需要获得帮助和支持。所以,社会保障制度是海洋社区正常运行的重要底线。

(三)提供海洋社区社会保障服务

中国的经济发展水平直接影响到渔民的社会保障,应加大力度发展海洋渔村经济。除了进行海洋捕捞外,还要发展海水养殖产业,使捕捞业与养殖业同比增长。打破一家一户单独行动的传统生产,不断扩大生产与养殖规模,形成规模化产业化经营。不断调整渔业结构,除了发展渔业捕捞和养殖外,还要大力发展渔区的第二、第三产业,如发展滨海旅游,建立渔业养殖参观基地等观光渔业,并由此带动渔业服务产业的发展,形成以吃、住、玩一体的渔村。为渔民提供优惠政策,适当减免渔业税,取消不合理收费,为渔民减轻生

---

① 钟晶:《渔民——亟需关心的弱势群体》,《百家观点》2003年第19期。

产生活负担。① 中国应加快建立覆盖城乡居民的社会保障体系,渔民的职业特征迫切需要健全社会保障体系。海洋社区在发展社区建设、开展社会保障时,要尽快建立与社区经济发展水平和渔民实际生活水平相适应的渔民基本生活保障制度,并确保其具有法律强制性,使具体实施有法可依。建立渔民失业救济制度,使下岗渔民基本生活得到基本保障。建立渔民养老保险制度,不断扩展渔民养老的途径,把家庭养老和社会养老有效结合起来,使渔民老有所养。

(四)提高海洋社区居民自助能力

综合素质关系到海洋社区居民的生产能力和再就业能力,进而影响到海洋社区居民的保障水平。中国在提供海洋社区居民基本物质生活保障的基础上,应加大教育力度并提供各种相关技术培训,提高海洋社区居民自助能力,从根本上解决其保障问题。加强渔民的专业技术培训,提高捕捞和养殖技术,提高渔业生产的科学性。对转产转业的渔民给予针对性技术培训,使其掌握一技之长,扩展再就业渠道。还要加强渔民子女的基础教育。②

四、规划海洋社区愿景,迎接海洋社会美好明天

随着人们对海洋开发和利用力度的加强和范围的扩大,在收获海洋开发所带来的物质财富的同时,也在遭受由于过度开发和不合理利用海洋资源所带来的惩罚,如海洋生态的破坏和海洋的污染问题,中国的和谐海洋社区的理念应运而生。中国的和谐海洋社区不是一个单纯的自然概念,也不是一个简单的地域概念,而是人类充分利用海洋独特的地理条件和丰富的资源进行各种直接或间接的海洋活动,以其独特的行为方式、生活方式形成的人与人之间、人与海之间的各种社会关系的理想化状态。③ 和谐海洋社区的构建主要强调人海和谐共处、双向给予和海洋活动中人际关系和谐,公平分享海洋利益,可持续地利用海洋资源,海洋社会祥和安定,海洋文明

---

① 王建友:《论海洋渔民渔民的社会保障问题》,《当代经济》2008 年第 2 期。
② 宋广智:《海洋社区渔民社会保障问题探讨》,《法制与社会》2009 年第 21 期。
③ 宋广智:《海洋社会学:社会学应用研究的新领域》,《社科纵横》2008 年第 3 期。

以人为本,全面、协调、可持续发展。现实紧迫需要从理论和实证两个方面加强和谐海洋社区的研究和实施,为构建和谐海洋社会奠定坚实的基础。

(一)加强统筹兼顾,实现全面协调发展

社区自身具有稳定性,各个社区之间又具有互动性,当社区外环境发生了变化并对社区产生影响时,社区内部和社区之间就有了竞争或冲突的压力,引发社区结构变迁,因此实现海洋社区之间的协调发展有着重要意义。要实现同类海洋社区的协调发展,各渔业社区既是竞争关系,也是合作关系,要协调相处。渔业社区与其他类型海洋社区会发生资源等利益矛盾和冲突,也需要协调处理。涉海地方政府和管理部门要统筹兼顾各海洋社区的协调发展,着眼区域经济社会发展大局,防止社区建设上的结构失衡。[1] 海洋社区的统筹兼顾、全面协调发展,一方面蕴涵内部的区域发展问题,诸如海洋社区风俗、艺术等海洋文化产生和发展问题;海洋社区内部不同的社会阶层问题;不同的海洋社区的发展模式问题;海洋社区内部的其他的非由海洋资源开发利用引起的社会问题。另一方面牵涉海洋社区与外部环境之间相互影响和发展问题:影响海洋社区发展的社会因素;海洋社区的统筹协调发展与中国社会的协调发展问题;影响海洋社区发展的国家的政策环境、国际政治环境;海洋社区面临的全球化问题。

(二)解决社会问题,促进海洋社会整合

中国社会正处于深刻变化的转型时期,一系列结构性和变迁性社会问题日益凸显出来。海洋社会也在发生着这些变化,如渔村社区就是一种与以种植业为主的农村社区不同的社区类型,它是以近海捕捞或养殖为主的渔民聚集地。在海洋环境变迁和海洋渔业不断升级的影响下,海洋渔村发生了巨大的变化。近几年来,受内陆失地农民的启发和出于现实的思考,众多研究者开始关注渔民"失海"问题,认为"失海"渔民丧失了最主要的生产和生活资料,也就丧失了基本的生活来源。甚至从某种程度上而言,"失海"渔民的处境

---

[1] 张开城等:《海洋社会学概论》,海洋出版社2010年版,第37页。

更劣于失地农民。成为了海洋社区的弱势群体,其利益得不到有效保障,迫切需要分析这部分弱势群体面临的困难,向其提供直接、具体的帮助。再如中国的海岛社区,虽然拥有陆地社区无可比拟的资源优势,蕴含着巨大的发展潜力,但是海岛作为与大陆相隔、四周被海水围绕的特殊区域,其独特的地理位置和自然条件决定了它具有边缘性的特点,限制了海岛社区的发展。淡水资源缺乏,严重制约了海岛人民的生活和海岛经济的发展;交通不便束缚了海岛社区的发展;信息闭塞阻碍了海岛社区与外界的交流,成为重要的瓶颈之一;尤其是海岛的人才问题和教育问题,更成为未来发展的障碍性因素。针对这些社会问题,在众多的行动策略与措施中,贯彻以人为本价值观念,鼓励社区居民参与,增强社区凝聚力,消减社会矛盾,促进海洋社会融合,进而维护社会公平与安定团结,促进经济繁荣、政治民主及社会和谐。

(三)更新风俗习惯,增进自我发展能力

中国在海洋社区发展变迁过程中,受海洋渔业资源的衰退和渔场面积的减少影响,海民们不仅面临着生活方式和谋生手段的痛苦抉择,而且在转产转业的现实压力和现代文明强力冲击下,其传统价值观念和风俗习惯都将面临严峻的挑战,渔民聚落的变迁,主要问题是对现代文明的适应。在一些海岛社区中,代代相传的传统习俗潜移默化地影响着海岛居民的思想和行为,在大力提倡依法治岛、依法治社的今天,海岛社区的宗族势力仍然有相当的影响力,渔民的法制观念淡薄,有时甚至族规大于法,大于村规民约。另外,海岛社会是一个男性崇拜的社会,在海岛社区男尊女卑的思想严重;渔民普遍都有自己的海神信仰和诸多禁忌,其中有些方面走入了封建迷信的误区,如巫术信仰等,这些封建陋习还在延续,严重阻碍了海岛居民生活方式的转型。改变习俗模式以使社区不受拘束地成长和发展,通过增进居民的新知识和新技术,移风易俗,逐步形成科学、健康、文明的现代生活方式来完成社区的各种决定,这对于传统海洋社区的改造和发展有着积极的作用。

(四)重视生态建设,实现可持续发展

海洋资源的开发、保护和利用对海洋社区的现代化、城市化进

程、生活方式、观念变革等方面产生影响。海洋资源的开发利用还会引发相应的社会问题和区域分化等问题。海港在未来的地域经济发展中占有越来越重要的地位,物流、客流对于海港发展的规模、层次都有着重要的影响,随着海港的发展壮大,海港社区的生态建设刻不容缓。海港一般是易污染物运输的基地,如石油、煤炭、金属矿石等,所以,海港的生态环境就容易被污染,甚至被破环。社区建设中需要把生态建设提上重要议程,发挥海港社区中环保组织的作用,监控、宣传保持环境生态不受破环,组织社区居民参加社区环保活动,对人们进行环保教育和宣传。加强社区环保立法,对污染或破环海港社区环境的企业、组织或个人进行惩处,使环保的法律能时刻监督着破环生态环境的人或组织。政府制定环保政策,鼓励海港社区企业或组织尽量少污染或不污染海港(如减税鼓励不污染的组织)。

中国渔村社区秉承新农村建设的"生产发展、生活宽裕、乡风文明、村容整洁、管理民主"的建设目标,对环境的保护作为生态文明的一部分是新渔村建设的重要内容,描绘出新渔村的美丽蓝图,体现了和谐海洋社区建设的愿景。新渔村建设要求着力改善渔村的面貌,创建整洁、舒适、文明的生活环境,加强环境规划建设和提高渔民生活质量,不仅是渔民的迫切要求和强烈愿望,也是新渔村经济社会发展的客观要求。村容整洁的基本要求,就是要加强渔村道路改造和"脏乱差"整治,实现渔村主道硬化、沟渠畅通、垃圾入箱、水源卫生、沙滩洁净、院落整洁等具体目标。因此,生态环境的保护是新渔村村容整洁要求的既有内容。新渔村的村容是新渔村建设成效的最直观的表现,在良好的居住生活环境基础上,渔民才能更进一步地形成文明乡风、推进渔村治理。

时至今朝,海洋社区的开发凸现出来,多学科综合研究海洋社区蔚然成风,和谐海洋社区实践更是与时俱进,使得中国海洋社会获得蓬勃生机。本书主要以中国为例,阐析注重海洋社区全面、协调和可持续发展,加强海洋社区管理,完善海洋社区政策,做大做强海洋社区经济,充分开发海洋社区文化,推进海洋社区教育,做好海洋社区社会工作,善待自然生态环境,统筹海洋社区之间及其与陆地社区的关系,增进海洋社区自我发展和更新能力,正是实现海洋社区良性整合、推动海洋社会可持续发展的美好愿景。

本书对海洋社会学研究对象的第三层次——包括海洋社会是海洋个体的社会、海洋群体的社会、海洋组织的社会和海洋社区的社会等四大方面的基本内容,均作了初步的论述。这些论述,所讲的都是海洋社会学研究对象的主轴部分之一,主要从主轴的主体维度来探讨海洋社会的个体、群体、组织和社区等及其互动规律。这些探讨表明:海洋个体就是海洋社会的有机细胞,海洋群体就是海洋社会的天然主宰,海洋组织就是海洋社会的公共用器,海洋社区就是海洋社会的栖息家园。同时也表明:它与海洋社会学所要研究的最后一个层次有着更加紧密的联系。

参考文献:

1. 张开城、徐质斌主编:《海洋文化与海洋文化产业研究》,海洋出版社 2008 年版。
2. 张开城、马志荣主编:《海洋社会学与海洋社会建设研究》,海洋出版社 2009 年版。
3. 张开城、张国玲等:《广东海洋文化产业》,海洋出版社 2009 年版。
4. 蔡禾:《社区概论》,高等教育出版社 2005 年版。
5. 范英、刘小敏、董玉整主编:《和谐熏风沐南粤》,中国评论学术出版社 2006 年版。
6. 黎熙元、童晓频、蒋廉雄:《社区建设——理念、实践与模式比较》,商务印书馆 2006 年版。
7. 谢建社:《社区工作教程》,江西人民出版社 2006 年版。
8. 黎昕:《中国社区问题研究》,中国经济出版社 2007 年版。
9. 王永平主编:《构建社会生活共同体:新时期城市社区建设研究》,广东人民出版社 2008 年版。
10. 郑杭生、段华明、杨敏主编:《和谐社区建设的理论与实践——以广州深圳实地调查为例的广东特色分析》,党建读物出版社 2009 年版。

思考题：

1. 试述海洋社区基本概念的内涵。
2. 海洋社区有哪些主要类型与特征？
3. 中国应如何借鉴世界各地经验，加强海洋社区的社会管理？

龙子敬茶　龙女送花　龙王折腰迎海客
龙母呈图　龙祖坦言　龙宫藏宝献世人

第十九章　海洋资源:海洋社会的全面开发

在全球经济一体化的大趋势下,充分利用海洋资源,一国能够从中获得巨大的经济、政治、军事等利益,当今世界正步入一个全面认识、全面开发海洋的新时代。本书先从海洋社会资源体系的概念特性入手,尔后简述海洋社会资源的开发情况,最后提出海洋社会资源开发的四个原则,即系统性原则、持续性原则、科技性原则和和谐性原则。

第一节　丰富多彩的海洋社会资源体系

海洋社会中丰富多彩的资源为人类社会的生存提供了坚实的物质基础,也为社会、经济健康稳定地发展提供了保障。本节先诠释海洋社会资源体系的概念及特性,解读海洋社会资源体系的分类及各类资源的特点,最后简要介绍一下世界海洋资源的自然地理概貌。

一、海洋社会资源体系概念及特性

随着人们认识水平的提高,对海洋资源的理解在不断地深入,笔者先介绍几种比较典型的定义,尔后诠释本书对海洋社会资源体系的理解及其存在的特性。

(一)海洋社会资源体系的概念内涵

对海洋资源的理解存在广义和狭义之分。广义是指凡与海洋有关的物质、能量和空间都属于海洋资源的范畴;狭义是指来源、形成和存在方式都直接与海水相关的资源。现今,关于海洋资源的定义多种多样,有两种比较典型的定义。第一种,认为海洋资源泛指海洋空间中所存在的、在海洋自然力作用下形成并分布在海洋区域内的可供人类开发利用的自然资源。[1] 第二种,将海洋资源定义为存在于海洋及海底地壳中,人类必须付出代价才能够得到的物质与能量的总和。[2]

还有学者从法律规范体系出发来研究海洋资源,认为海洋资源是人类在开发、利用、保护海洋的活动中形成的权利、义务关系的客体。本书所指的海洋社会资源体系,是存在于海洋环境中可被人类利用的物质、能量、空间等一切资源的集合体,与人类社会紧密相连,并反映着人类社会一定的关系,是自然特性和社会特性的统一体。

(二)海洋社会资源体系的自然特性

海洋社会资源体系的自然特性是海洋社会所固有的,是海洋资源自然特征的本质反映,与人类的海洋利用、开发等活动没有必然联系。海洋社会资源的自然特性,总体来说表现在如下三个方面:

第一,海洋水体具流动性。海洋中的海水,不是静止不动的,而是无时无刻不在做水平的或是垂直方向的移动。除了海底矿产、岛礁等少数资源不移动外,其余的都随着海水的流动而在海洋中自由地移动。海洋水体的流动性造成了海洋资源的公有性,因此任何一个地区或一个国家都不可能独占海洋资源。

第二,海洋空间有立体性。海洋从其表面开始,往下可以深到几千米。这一特点决定了海洋的不同深度都可以分布有海洋资源。这也要求我们在海洋开发时立体布局,而不要单独利用某一个层面,造成海洋资源与空间的浪费。

第三,海洋资源存在质量差异性。虽然海洋水体是流动的,在很大程度上将不同海域的水体进行了交融,但是也由于海域自身的条件(比如地质、地貌、距岸远近程度等)以及相应的气候条件、水文条件的差异,造成了海洋资源的自然差异性。随着生产力水平的提

---

[1] 陈万灵、郭守前:《海洋资源特性及其管理方式》,《湛江海洋大学学报》2002年第2期。

[2] 张德贤、陈中慧、戴桂林等:《海洋经济可持续发展理论研究》,青岛海洋大学出版社2000年版,第83页。

高和人类对海洋利用范围的扩大,这种差异性会逐步扩大。海洋资源的这种自然差异性是海洋级差生产力的基础,因此我们要因地制宜地合理利用海洋资源,以取得海洋利用的最佳综合效益。[①]

(三)海洋社会资源体系的社会特性

自然特性是海洋社会资源体系所固有的,但人类在不断地开发利用海洋的过程中产生了社会特性。海洋社会资源体系的社会特性就是海洋资源所反映出来的社会关系。在社会生活、经济生产中,无论何物一旦成为资源,便同人和社会发生了联系,从一定意义上来说也便具有了社会性质,反映着某种特定的社会关系。海洋社会资源的社会特性,主要表现为以下三个方面:

第一,海洋社会资源具有稀缺性。稀缺性是指现实的、可提供的资源数量,相对于社会生产的需求来说,海洋社会资源呈现着某种不足,这是从资源数量与人类需求关系的角度而言。由于海洋社会资源具有稀缺性,就需要人类克服在海洋资源利用上的盲目状况,在社会生活中合理配置海洋资源,提高海洋资源的利用效率,开发利用中除注重科学技术外还要约束好自己。需要指出的是,在当今,由于人类的科学技术尚未达到将占地球表面积71%的海洋全部利用或大部分利用起来的程度,因此稀缺性并不表现在海洋资源供给总量与需求总量的矛盾上,而是表现在某些海区资源(如海岸带)和某种用途资源(如养殖水域)的稀缺上。[②]

第二,海洋社会资源利用上的相互关联性。海洋社会与陆地社会的区别在于,陆地是分割的、位置相对固定的,而海洋则是一体的、相互流动的。陆地社会某地域经济社会的开发与发展一般不会给不相连的陆地地域带来直接的影响,而海洋社会则不然。由于海洋社会构成的一体性和其流动的形态,某一海洋区域的开发利用,不仅影响本区域内的自然生态环境和社会效益,而且必然影响到邻近海域甚至更大范围内的生态环境和社会效益。这种影响可能是

[①] 张德贤、陈中慧、戴桂林等:《海洋经济可持续发展理论研究》,青岛海洋大学出版社2000年版,第85页。

[②] 孙吉亭:《论我国海洋资源的特性与价值》,《海洋开发与管理》2003年第3期。

正面的,也可能是负面的。因此,在海洋社会资源的开发利用上,尤其要注意海洋社会资源利用上的这种外部关联效应,要求任何国家都对所辖海域进行宏观管理、监督和调控,保证海洋开发处在一个良性循环的关系中。[①]

第三,海洋社会资源产权具有不确定性。海洋资源属于典型的公共资源,具有较强的非竞争性、非排他性和共享性,其产权难以界定,比如海洋水体覆盖下的生物可以游动,深海和公海资源更是难以界定。[②]

(四)海洋社会资源体系多样统一性

海洋社会资源体系是一个多样统一的体系。自然特性和社会特性是海洋社会资源体系的两种基本属性,它们相互统一。在这两种基本属性的基础上,又衍生出经济价值和生态价值的统一、以及公共性和私有性的统一。

海洋资源的自然特性,如海水的流动性、海洋空间的立体性、海洋资源的质量差异性等等,是海洋社会资源所固有的,其存在具有客观性。海洋资源的社会特性,是随着科学技术及人类社会生活的发展而产生的,在满足人类需求的同时反映人类与海洋之间的社会关系。自然特性和社会特性相互统一。其中,社会特性是海洋社会资源体系的本质属性。

海洋社会资源体系是经济价值和生态价值的统一。随着人类对海洋大规模的开发,海洋资源将逐渐成为稀缺性资源,其效用性与价值性也逐渐显现。海洋资源是人类社会生存和生产的物质条件,具有经济价值,但在开发利用上追求效益最大化的同时,还要照顾到整个海洋生态系统的平衡与协调,需要兼顾生态价值。

海洋社会资源体系是公共性和私有性的统一。国家或个人可以通过竞争独占某些海洋资源,如海洋矿产和海洋生物,但海洋水体的流动性和海洋空间的立体性决定了某些海洋资源是公有的,不可能被一方独占。

[①] 孙吉亭:《论我国海洋资源的特性与价值》,《海洋开发与管理》2003年第3期。
[②] 陈万灵、郭守前:《海洋资源特性及其管理方式》,《湛江海洋大学学报》2002年第2期。

二、海洋社会资源体系的分类研究

古语有云:"类例既分,学术自明"。此语非常深刻地反映出对海洋社会资源体系进行分类对于今后的海洋资源开发与管理工作及相关学术研究有着重大的意义。

(一)海洋社会资源体系分类的现状

在海洋社会中,资源种类繁多,有有形的和无形的、有生命的和无生命的、可再生的和不可再生的、固态的、液态的和气态的,形形色色,因此对其进行分类实为不易。目前,有很多专家学者依据不同的标准从不同的角度对海洋资源进行了分类,大致如下。

第一种,依据海洋资源有无生命,可分为海洋生物资源和海洋非生物资源。第二种,依据海洋资源的来源,可分为来自太阳辐射的海洋资源、来自地球本身的海洋资源和地球与其他天体的相互作用而产生的海洋资源。第三种,依据能否恢复,可分为再生性海洋资源、有限再生性海洋资源和非再生性海洋资源。第四种,依据空间视角,可分为水体上面的空气、水体本身和水体之下的底土。或者说,在空气、水体、底土并与陆地之间存在有空气与水体间的海表面、水体与底土间的海床以及水体与陆地间的海岸等三个界面。第五种,依据其自然本质属性及种类,可分为海洋物质资源、海洋空间资源和海洋能量资源。第六种,依据海洋资源的自然属性和开发利用需求,可分为生物资源、矿产资源、化学资源和能源资源四大类。第七种,依据海洋资源的性质、特点及存在形态,可分为海洋生物资源、海底矿产资源、海洋空间资源、海水资源、海洋新能源和海洋旅游资源。[1]

(二)海洋社会资源类目划分的原则

海洋社会资源分类的对象是整个海洋资源。在分类时,应依据海洋社会资源类目划分的基本原则,对每一个类目的划分除充分考虑其对上位类的延续性外,还需考虑其下位类的拓展空间。因此,需要在众多的类目划分依据里寻找一种适合的类目划分标准。类目,又被称为类,是指一组具有相同属性的事物集合。类目是海洋

---

[1] 孙悦民、宁凌:《海洋资源分类体系研究》,《海洋开发与管理》2009年第5期。

社会资源分类体系的基本构成单元,指一组内容性质上彼此相同的海洋资源。在海洋资源分类中,类目划分是主体。类目划分是依据一定的属性对类目进行区分,生成一组子目的过程。类目划分一般须遵循相应的逻辑分类原则:其一,统一划分标准,即每一个类目的划分只使用一个标准,一般不得采用两个或两个以上的标准;其二,划分出来的各子类目之间应相互排斥、界限分明,类目之间不应存在相互交叉现象;其三,划分应穷尽海洋资源的内容,即划分后的子类之和等于母类。[①]

(三)海洋社会资源分类状况的评析

现有的各种海洋资源分类都是出于不同的需要而简单进行的,设计分类系统时忽视了海洋资源体系的完整性,分类中既漏掉了许多重要的海洋资源,同时又出现了许多重复列类的现象,使得海洋资源的完整性和类目体系的严密性受到了很大的影响。总的来看,当前海洋社会资源分类体系缺乏系统性。

第一,海洋社会资源分类标准不统一。海洋社会资源分类依据不一,根据不同的需要形成不同的分类。因此,海洋资源在大类的划分上存在巨大差异,即使在同一种分类内部,海洋资源分类体系也不严密,部分类目分类标准不明确,没有一个相对统一和固定的标准,如一级类目划分不能囊括所涉及的全部知识领域。

第二,海洋社会资源分类层级不深入。在系统的资源分类中,一般应达到九级。目前,诸多的海洋资源分类中只有个别达到三级,根本不能满足对海洋资源边缘化的深入研究需要。在同一个分类中,类目划分的层次不均衡,一部分类目有两级,一部分有三级。不同类目的子目数量相差较大,部分近十个子目,部分只有两个子目。

第三,海洋社会资源类目划分不清晰。现有的基本部类的划分有的不能穷尽整个海洋资源,有的部类之间存在明显的交叉。基本部类划分存在的问题在各个海洋资源分类体系的类目划分中得到延续,划分过宽、划分过窄、划分出的子类级别过高或过低、划分出

---

① 孙悦民、宁凌:《海洋资源分类体系研究》,《海洋开发与管理》2009年第5期。

的子类相互包容,不能严格地依据类目的内涵和外延科学地归属类目,存在隶属关系不清、逻辑关系混乱的问题。如有些上、下位类相关类目的设置范围过宽,有些同位类的设置相当随便且毫无规律。总的来看,类目划分中存在缺类、越类和错类的现象。

第四,海洋社会资源类目命名不规范。在现有海洋资源分类中,部分类名的内涵较笼统,难以确定其外延,无法判断涵盖范围,如"海洋新能源"等;部分类目名称采用了俗称、简称或惯称等口头语言或书面语言,缺乏专业性。①

(四)海洋社会资源分类体系的构建

可构建等级列举式的海洋资源分类体系。所谓等级列举式分类体系,就是指把资源中所有的类目元素都列举出来,并按照一定的等级系统组织起来。

首先,设置基本部类和增加分类层级。基本部类的设置既要考虑海洋资源的完整性和稳定性,又要考虑分类的目的和意义,设置上不宜过多。

其次,规范类目名称。类名是海洋资源分类体系中表达类目概念的名称,它规定了类目的含义和范围。海洋资源类名的设定应科学、简明和确切,能够充分揭示其所代表的海洋资源实体,在用语上避免通俗化和大众化,力求类名具有学术性、专业性和实用性。

最后,编制海洋资源分类简表。分类简表,又称主要类目表,由基本大类进一步展开一级或两级而形成的主要类目一览表。通过分类简表可以迅速了解分类体系的概貌,对海洋资源的大类体系有一个系统的认识。②

对海洋资源的分类,目前存在的"三分法"、"四分法"和"六分法"都在对海洋资源的系统演绎上存有缺陷。"三分法"把海洋物质资源与其涵盖的海洋空间和能源资源割裂开来,"四分法"缺失海洋空间资源,"六分法"把属于海洋空间资源的海洋旅游资源单独列类。中国广东海洋大学孙悦民、宁凌教授提出,将海洋资源分为五个基本部类,即海洋生物资源、海洋矿产资源、海洋化学资源、海洋

---

①② 孙悦民、宁凌:《海洋资源分类体系研究》,《海洋开发与管理》2009年第5期。

空间资源和海洋能量资源。这种"五分法"依据清晰,具备系统性、科学性和可操作性。由"五分法"出发,对海洋资源的基本部类进行逐层划分,划分出不同的下位类,每一个类目连同它的下位类共同构成一个子系统,层层深入的子系统最终构成海洋资源分类体系的大系统。下表为由"五分法"角度出发编制的海洋资源分类简表。[①]

海洋资源分类

A 海洋生物资源	D2 海岛
A1 海洋植物	D21 半岛
A11 海洋藻类	D22 岛屿
A12 海洋种子植物	D23 群岛
A13 海洋地衣	D24 岩礁
A2 海洋动物	D3 海洋水体空间
A21 海洋鱼类	D31 海洋水面空间
A22 海洋软体动物	D32 海洋水层空间
A23 海洋甲壳类动物	D4 海底空间
A24 海洋哺乳类动物	D41 陆架海底
A3 海洋微生物	D42 半深海底
A31 原核微生物	D43 深海海底
A32 真核微生物	D44 深渊海底
A33 无细胞生物	D5 海洋旅游资源
B 海洋矿产资源	D51 海洋自然旅游资源
B1 滨海矿砂	D511 海洋地文景观
B2 海底石油	D512 海洋水域风光
B3 海底天然气	D513 海洋生物景观
B4 海底煤炭	D514 海洋天象与气候景观
B5 大洋多金属结核	D52 海洋人文旅游资源
B6 海底热液矿床	D521 海洋遗址遗迹
B7 可燃冰	D522 海洋建筑与设施
C 海洋化学资源	D523 海洋旅游商品
C1 海水本身	D524 海洋人文活动
C2 海水溶解物	E 海洋能量资源
D 海洋空间资源	E1 海洋潮汐能
D1 海岸带	E2 海洋波浪能
D11 海岸	E3 海流能
D12 潮间带	E4 海风能
D13 水下岸坡	E5 海水温差能
	E6 海水盐度差能

---

① 孙悦民、宁凌:《海洋资源分类体系研究》,《海洋开发与管理》2009 年第 5 期。

三、海洋社会各类资源的主要特点

下面介绍海洋社会各类资源的主要特点。为叙述上的方便,将海洋化学和海洋能量两类资源的特点放在一起介绍。

(一)海洋社会空间资源的特点

海洋空间资源具有广阔性、不稳定性和递耗性的特点。海洋空间资源的广阔性表现为海洋是目前已知星球中最庞大的水体,能为未来人类发展提供广阔的空间。它不仅为人类提供了航运、捕捞、养殖空间,而且还提供了人类发展所需要的海上城市、海上工厂、海上娱乐场、海底隧道、海底仓库等新兴海洋工程的建设空间。

海洋空间资源的不稳定性主要指海岸线的进退变化。海平面上升,海岸侵蚀,海岸线向陆方推移。相反,海平面下降;海岸堆积,海岸线向海方推移。由此造成海洋空间的动荡变化。

由于人类不断向海洋拓展生存空间,如利用海洋空间发展海洋运输业、围海造田、建设各种海洋工程等,使海洋空间呈现递耗性特征。围海造田是人类向海洋索取土地的主要方式。长期以来各沿海国家,特别是那些国土面积小、人口较多的沿海国家和地区都十分重视围垦。例如荷兰,至今已围造土地近8000平方千米,约占国土面积的20%。日本近40多年来围海造地达2000平方千米,平均每年50平方千米。海港及其配套设施建设也占用大量海洋空间,据粗略统计,目前全世界海洋港口共约9800多个,不论其建设布局如何安排,都会占用非常可观的海洋空间。[①]

(二)海洋社会生物资源的特点

海洋生物资源具有丰富性、更新性、共享性和不稳定性的特征。海洋生物资源数量庞大,品种丰富。已知全世界海洋中有生物种类20多万种,其中鱼类约1.9万种,甲壳类约2万种。

海洋生物资源的更新性表现为它同陆地生物资源一样,会通过生物个体或种群的繁殖、发育、生长和新老替代,使资源不断更新。这种更新性使得海洋生物资源种群不断获得补充,数量上达到稳

---

① 韩美:《海洋资源的特性与可持续利用》,《经济地理》2001年第4期。

定。但如果开发不当,更新再生能力受阻,海洋生物资源将会趋于衰竭。

共享性表现在某些海洋生物资源为几个国家所共同开发利用。海洋中许多水产动物都有回游的习性,如溯河产卵的大马哈鱼以及大洋性的金枪鱼类等。不少渔业资源种群的整个生活过程不是只在一个国家管辖的水域内栖息,如有的幼鱼在某个国家专属经济区内生活,而成鱼则在另一个国家专属经济区生活。

不少鱼类资源的年际产量波动很大,使海洋生物资源具有不稳定性。除自然因素对发生量、存活率和鱼类本身的种群年龄结构、种间关系等有很大影响外,人类捕捞因素往往更能引起种群数量剧烈波动,甚至引起整个水域种类组成的变化。[①]

(三)海洋社会矿产资源的特点

海洋矿产资源具有丰富性、地域性、递耗性和递增性的特征。海洋矿产资源的丰富性表现为种类多、数量大,种类有滨海砂矿和卤水、大陆架油气资源、深海沉积矿产等。有人估计,全球80%的金刚石、90%的独居石、75%的锆石、90%的金红石、75%的锡矿石都蕴藏在滨海的砂矿中。大陆架油气非常丰富,海洋石油储量占世界总储量的40%以上。世界大洋底锰结核的总储量约1万—3万亿吨。

海洋矿产资源的种类在垂直于海岸和平行于海岸两个方向上都表现出明显的地域分异性。垂直于海岸线方向,在海岸带及浅水区分布着钛铁矿、磁铁矿、金红石、锆英石、独居石、砂金、砂锡、铂金、金刚石、石英砂等砂矿;在近海陆架区,赋存着煤、铁、铜、铝、锌、锡、钛、钍、磷钙石、稀土等层状、脉状、浸染状矿床;在大陆架和大陆坡海域中蕴藏着丰富的石油与天然气资源;在深海大洋中有多金属软泥、热液硫化物、锰结核等。平行于海岸线方向,矿种地域分异也很明显。如中国滨海砂矿,北方以金、金刚石为主体,南方以锡石、稀有和稀土矿物为特色。

绝大多数海洋矿产资源是在漫长的地质年代中形成的,随着人类的不断开采,最终将消耗殆尽,而且在人类历史时期内难以再生,

---

① 韩美:《海洋资源的特性与可持续利用》,《经济地理》2001年第4期。

因此海洋矿产资源具有递耗性特征。但个别海洋矿产资源不仅不随人类开采利用而减少,反而越开采越多,呈现递增性。有专家估计,大洋底锰结核矿每年以 1000 万吨的速度递增着,还有"开采利用越多,锰结核生长越快"之说。①

(四)海洋社会化学能量资源的特点

海洋化学资源具有海水资源丰富、海水化学资源恒定的特征。海洋能量资源呈现出变化性、地域性的特征。在海洋化学资源里,海水资源丰富。地球整个水圈中的总水量为 1386 万亿立方米,其中海水的总水量为 1338 万亿立方米,占地球水圈总水量的 96.5%。尽管目前海水还不能直接利用,但为人类发展提供了丰富的后备资源。海水中的氯、钠、镁、硫、钙、钾、溴、碳、锶、硼、硅、氟 12 种大量元素的浓度之间的比例几乎不变,这被称为海水化学组成的恒定性。据此,只要测出一种元素的浓度便可计算出其他元素的浓度,这一点在海洋化学资源调查中非常重要。

海洋能量因太阳辐射和地月星球的作用而产生。太阳辐射和地月星球永不间断、周期性地作用于海洋,因此海洋能量就永不停息地再生更新,具有变化性的特征。此外,海洋能量分布具有明显的地域性。例如,温差能主要集中于低纬度大洋深水海域,潮汐、潮流能主要集中于沿岸海域,海流能主要集中于沿江河入海口附近。②

四、中国海洋社会资源的基本情况

以上是海洋社会各类资源的特点介绍,下面介绍中国海洋社会资源的基本情况,为叙述上的方便,将海洋化学和海洋能量资源放在一起介绍。

(一)中国海洋社会空间资源概况

中国管辖海域面积近 300 万平方千米,就绝对数量而言,在世界沿海国家中名列第 9 位。海岸线总长 32000 余千米(大陆岸线长 18000 余千米,岛屿岸线长 14000 余千米),也位于世界前 10 名之列。

---

①② 韩美:《海洋资源的特性与可持续利用》,《经济地理》2001 年第 4 期。

中国沿海滩涂资源丰富,总面积 2.17 万平方千米。由于中国沿海入海河流每年带入的泥沙量为 17 亿—26 亿吨,平均约 20 亿吨,它们在沿岸沉积形成滩涂,每年淤涨的滩涂总面积约 2.67 万公顷,使中国滩涂资源不断增加。滩涂资源主要分布在平原海岸,渤海占 31.3%,黄海占 26.8%,东海占 25.6%,南海占 16.3%。

由于陆架宽广,浅海资源也很丰富。0—15 米水深的浅海面积约为 123800 平方千米,占近海总面积的 2.6%。按海区分,渤海为 31120 平方千米;黄海为 30330 平方千米;东海为 38980 平方千米;南海为 23330 平方千米。滩涂和浅海是中国发展种、养殖业的重要基地。[①]

(二)中国海洋社会生物资源概况

中国近海海洋生物物种繁多,达 20278 种。海洋生物种类以暖温性种类为主,其次有暖水性和冷温性及少数冷水性种类。由于黄海、东海、南海的外缘为岛链所环绕,属半封闭性海域,故海洋生物种类具有半封闭性的地域性特点,多为地方性种类,还有少数土著种和特有种,而全球广泛分布种较少。海洋植物主要为藻类,另有少量种子植物。

海洋动物种类颇多,几乎从低等的原生动物到高等的哺乳动物的各个门和纲类动物都有代表性种类分布。中国海域被确认的浮游藻类 1500 多种,固着性藻类 320 多种。海洋动物共有 12500 多种,其中,无脊椎动物 9000 多种,脊椎动物 3200 多种。无脊椎动物中有浮游动物 1000 多种,软体动物 2500 多种,甲壳类约 2900 种,环节动物近 900 种。脊椎动物中以鱼类为主,约近 3000 种,包括软骨鱼 200 多种,硬骨鱼 2700 余种。[②]

(三)中国海洋社会矿产资源概况

就滨海砂矿资源而言,中国滨海砂矿的种类达 60 种,世界滨海砂矿的种类在中国几乎均有蕴藏,主要有钛铁矿、锆石、金红石、独居石、磷钇矿、磁铁矿、锡石、铬铁矿、铌(钽)铁矿、锐钛矿、石英

---

①② 陈国生、叶向东:《海洋资源可持续发展与对策》,《海洋开发与管理》2009 年第 9 期。

砂和石榴子石等。中国滨海砂矿类型以海积砂矿为主,其次为海、河混合堆积砂矿,多数矿床以共生形式存在。中国滨海砂矿探明储量为15.25亿吨,其中滨海金属矿为0.25亿吨,非金属矿为15亿吨。金属矿产储量包括钛铁矿、锆石、金红石、独居石和磷钇矿等。滨海砂矿中的锆石和钛铁矿两种就占滨海金属矿藏总量的90%以上。中国滨海金属矿主要分布在南方沿海,种类也多。广东和福建两省的储量已占中国滨海金属矿和非金属矿储量的90%以上。①

(四)中国海洋社会化学能量资源概况

从海水化学资源来看,海水中含有80多种元素和多种可溶解的矿物质,可从海水中提取陆上资源较少的镁、钾和溴等,并且潜力很大。海水中还含有200万吨重水,是核聚变原料和未来的能源。另外,渤海湾、莱州湾和福州湾沿岸的滨海平原还分布着大量高浓度的地下卤水资源,其中莱州湾约1567平方千米,卤水总净储量为74亿立方米,含盐量为6.46亿吨,含氯化钾为0.15亿吨。渤海湾地区仅天津市分布约376平方千米,卤水储量达6.24亿立方米,含盐量为0.27亿吨。这些卤水资源储藏浅且易开采,是制盐和盐化工的理想原料。

经调查和估算,中国海洋能资源蕴藏量约4.31亿千瓦。中国大陆沿岸潮汐能资源蕴藏量达1.1亿千瓦,年发电量可达2750亿千瓦时,大部分分布在浙江和福建两省,约占中国的81%。波浪能总蕴藏量为0.23亿千瓦,主要分布在广东、福建、浙江、海南和台湾附近海域。海洋潮流能主要分布在沿海92个水道,可开发的装机容量为0.183亿千瓦,年发电量约270亿千瓦时。中国海洋温差能按海水垂直温差大于18℃的区域估计,可开发的面积约3000平方千米,可利用的热能资源量约1.5亿千瓦,主要分布在南海中部海域。中国河口区海水盐差能资源量估计为1.1亿千瓦。海流能资源量估计约0.2亿千瓦。②

①② 陈国生、叶向东:《海洋资源可持续发展与对策》,《海洋开发与管理》2009年第9期。

第二节 海洋的社会资源尚未充分开发

人类自诞生以来就立足于陆地耕作,在陆地寻找资源。但随着人口的急剧增长、生产力的日益提高,陆地资源逐渐消耗殆尽,人类开始寻找新的突破——开发海洋。本节先简述海洋社会资源开发的重要意义,尔后介绍世界及中国海洋资源开发情况,最后探析中国海洋资源开发中存在的问题。

一、海洋社会资源开发的重要意义

随着世界人口膨胀、陆地资源短缺、生态环境恶化三大矛盾的日益突出,海洋资源成为人类社会可持续发展的基础与依赖。因此,合理、科学地开发和利用海洋社会资源,对人类社会有着举足轻重的作用与意义。

(一)适应社会人口增长的时代要求

联合国最新数据表明,截至 2009 年年中,世界人口已经达到 68.2936 亿。根据联合国的预测,到 2025 年,世界人口将增加到 80.1153 亿,2050 年到达 91.4998 亿,其中发达国家和地区与发展中国家和地区分别达到 12.7711 亿、12.7524 亿和 67.3442 亿、78.7474 亿。从 2009 年到 2025 年,发达国家和地区将增加 4383 万人,而到 2050 年,发达国家和地区将比 2025 年减少 187 万人。在发展中国家和地区,2025 年将比 2009 年增加 11.3834 亿人,2050 年比 2025 年再增加 11.4032 亿,即到 2050 年,发展中国家和地区的人口要比现在增加将近 23 亿。①

地球上数量庞大且在不断增长的人口要想生存,需要社会经济以较快的速度发展来满足其需求。而社会经济的增长需以对自然资源的开发利用为基础。随着人口的增长,人类今后对自然资源的开发还会继续加剧,当陆地上的自然资源日趋减少直至开发殆尽

---

① 郭志仪、李琴:《世界人口最新状况与未来发展》,《西北人口》2009 年第 6 期。

时,人类将会寻找新的开发领域,转为对海洋资源的开发。对海洋资源进行开发,提高海洋资源对世界经济整体的贡献率,是适应社会人口增长的必然选择。

(二)弥补陆地资源匮乏的现实选择

地球上,森林和湿地的面积迅速缩小。到20世纪90年代,地球上的热带森林面积已经损失掉1/5到1/3,并且继续以每年1700万公顷的速度缩小,这样的速度已经严重威胁着热带森林的经济和生态平衡功能。湿地占地球陆地面积的6%,但由于人类的活动它正在世界范围内遭到破坏。例如,发达国家的沿海湿地几乎已经消失殆尽,淡水资源面临缺乏。1955年在149个国家中,只有7个国家3700万人生活在缺水地区,而到20世纪90年代时有80个国家大约20亿人处于缺水状态。地球生物多样性为人类提供各种形式的物质财富,但人类的活动已使其面临威胁。一项对热带森林的研究表明,如果物种损失速度继续下去的话,到2040年将会有17%—35%的生物从地球上消失。非再生资源的消耗速度也十分惊人,例如,按现今的资源消耗水平继续维持下去的话,据世界目前已探明的储量,有9种主要金属矿物和3种主要的矿物燃料将会在今后约100年的时间内耗尽。①

对海洋资源进行开发,可以减缓陆地资源短缺这一困扰人类的难题,实现可持续发展。

(三)治理生态环境恶化的希望所在

随着人类的生产活动,地球变暖,酸雨肆虐。二氧化碳和其他温室气体的剧增导致了地球的"温室效应"。例如,1950年全球二氧化碳的排放量仅为23.51吨,而在1980—1985年间,平均每年的排放量已增加到679.43亿吨。由于大气污染所造成的酸雨现象,随着其发生范围的不断扩大和发生频率的不断提高,已经构成了对地球生态环境的严重威胁。此外,固体废物与日剧增。人类的生产和消费活动生产着大量的废料,特别是在城市和工业地区,有毒物质和废物的生产量更是与日剧增。20世纪90年代,发展中国家平均

---

① 李建民:《人口资源环境:可持续发展》,《人口研究》第1期。

每个人一生所生产的废物相当于其体重的 149 倍,欧洲国家高达 791 倍,而北美地区更高达 907 倍。①

海洋作为全球生态系统的重要组成部分,具有气候调节、干扰调节、气体调节、营养盐循环、废物处理、生物控制等功能,其作用范围广大,动作方式复杂,大部分是不能为技术所替代的。

(四)维护海洋社会主权的迫切呼唤

随着人类社会生产活动的进一步发展,海洋技术有了长足的进展,世界各国对海洋的关注日益深入,国际间争夺海洋主权的斗争也日趋激烈。对海洋主权进行争夺,其实质是对海洋资源进行争夺。据不完全统计,世界上共有 240 多个海域划界有争议,有的经过谈判已达成协议,但还有相当多的争议未能解决。以中国南沙群岛为例,由于这一海域被探明蕴藏有丰富的海底油气资源,自 20 世纪 60 年代末起,被一些国家非法抢占,出现了岛礁被侵占、海域被瓜分、资源被掠夺的局面。② 海洋主权之争,说到底是海洋资源之争。开发海洋资源,首先应明确海洋主权。

二、世界海洋资源开发的基本情况

由于科学技术的局限性,海洋资源尚未充分开发,海洋社会资源开发前景广阔。下面,从四个方面分别介绍世界海洋资源开发状况。

(一)世界海洋生物资源开发的情况

海洋生物资源的开发为人类提供了丰富食物和其他资源。海洋生物资源开发的主要产业是海洋渔业,另还有少量海洋药用生物资源开发。1989 年世界海洋渔业产量约 8575 万吨。1990 年世界渔业总产量估计(正式统计数字尚未见报道)为 1 亿吨,其中海洋渔业产量也比 1989 年有所增长。其中,世界各大洋的渔业产量分别为:太平洋 0.54 亿吨,大西洋 0.24 亿吨,印度洋 0.6 亿吨。在接近 2 万种鱼类中,目前比较重要的捕捞对象 800 多种,其中年产量超过

---

① 李建民:《人口资源环境:可持续发展》,《人口研究》第 1 期。
② 孙吉亭:《论我国海洋资源可持续利用的基本内涵与意义》,《海洋开发与管理》2000 年第 4 期。

100万吨的共8—10种,年产量10万—100万吨的品种60—62种,年产量1万—10万吨的品种约280种,年产量0.1万—1万吨的品种约300种。

世界上所有的沿海国家,以及一部分非沿海国家都在开发利用海洋生物资源。但由于各种不同的原因,各国海洋渔业的发展水平差别较大。长期以来,日本和原苏联是渔业产量超过1000万吨的渔业大国。中国的渔业发展比较快,1990年渔业产量达到1200多万吨,成为第一渔业大国。美国、加拿大和欧洲的一些国家,以及南朝鲜和东南亚的某些国家,渔业也比较发达。

总体来看,海洋生物资源具有广阔的开发潜力。有专家估计,世界海洋渔业资源的总可捕量在2—3亿吨之间,而目前的实际捕捞量不足1亿吨。[1]

(二)世界海底油气资源开发的情况

海底油气资源勘探从1887年美国在加利福尼亚沿海打第一口探井算起,至今已有100多年的历史。20世纪60年代以前只有少数国家在海上找油,处于探索阶段;70年代下海找油的国家猛增至80多个,进入了高峰期;80年代在海上进行油、气资源勘探的国家约100个,勘探活动遍及除南极以外的各国大陆架海区。

上述勘探活动在许多海区获得成功,陆续发现了各海区的油、气田。20世纪60年代以前在马拉开波湖、墨西哥湾、加利福尼亚沿海和里海等发现油、气田;60年代至70年代在北海、波斯湾、墨西哥湾、非洲近海、阿拉斯加北坡、黑海、东南亚各国沿海开展了大规模勘探工作,发现了许多海底油田和气田。

进入20世纪80年代以后,海上油、气资源勘探工作受石油价格波动的影响,经历了繁荣和萧条的不同阶段,但是,仍然发现了不少大型油、气田。到1989年为止,挪威大陆架探明可采储量达52亿吨,其中大多数油、气田是1978年至1985年发现的。在巴西东南海域的坎波斯盆地,发现了26个油、气盆地,探明石油储量约10亿吨,

---

[1] 杨金森:《世界海洋资源》,国家海洋局网,http://www.soa.gov.cn/hyjww/hyzl/2008/07/23/1216698547511412.htm,2007年3月20日访问。

天然气储量990亿立方米,在澳大利亚西北部的戈根陆架区,发现了大型海底气田,天然气储量2320亿立方米。中国近海石油、天然气勘探工作也获得重大进展,先后在渤海、黄海、东海和南海的珠江口、北部湾、琼东南等海区,发现了65个含油、气构造,探明了87亿吨石油资源和1300多亿立方米天然气资源。

海底石油和天然气生产可以从1947年美国路易斯安那州钻成海上第一口商业性生产井算起,至今已有40多年的历史。海上石油生产发展很快,1950年的产量是0.3亿吨,占当时世界石油总产量的5.5%。80年代中期以来,海上石油产量保持在7.5亿吨左右,占世界石油总产量的25%—28%。海上天然气产量也是不断增加的,1970年总产量为1467亿立方米,目前年产量已超过3000亿立方米,占世界天然气总产量的20%左右。

开采海底油、气资源的国家也是逐步增加的,1950年5个,1960年12个,1970年30个,1980年40个,1990年50个。[①]

(三)世界深海矿产资源开发的情况

在2000—6000米水深的区域,蕴藏着丰富的矿产资源,包括多金属结核、热液矿床和钴结壳。由于90%以上的深海区至今尚未进行过详细勘查,其资源储量也无精确计算,目前只是一些粗略估计。其中,多金属结核资源勘探程度最高,也最为国际社会关注。

大西洋多金属结核是1872—1876年"挑战者"号环球考察时发现的,但当时未引起人们的重视。1959年美国科学家L·梅罗系统整理了"挑战者"号及其他考察船的有关资料,计算出了多金属结核的储量,引起了广泛的重视。之后,美、英、法、苏、日、德等国进行了广泛的调查研究,20世纪70年代至80年代初是调查勘探的高潮,并进行了试采。

美国是最早从事多金属结核勘探的国家,1962年以后,美国的深海探险公司、肯尼柯特铜公司、大洋资源公司和萨马公司进行了调查和勘探。20世纪70年代初,美国实施"国际洋底铁锰沉积矿产

---

① 杨金森:《世界海洋资源》,国家海洋局网,http://www.soa.gov.cn/hyjww/hyzl/2008/07/23/1216698547511412.htm,2007年3月20日访问。

研究计划",对世界各大洋都进行了调查,重点区域是夏威夷群岛和美国本土之间的区域,该区已达到详查的程度。20世纪70年代以来,美国公司又详查了中太平洋东北部等区域。日本在20世纪60年代开始多金属结核资源调查。1970—1973年对300—400万平方千米的海域进行了踏勘性的调查,1974—1978年对190万平方千米海区进行了概查,对其中的部分区域进行了详查,1980—1983年又对132万平方千米的范围进行了概查和详查,取得了大量的资料,圈定了富矿区。前联邦德国在1972—1974年,由海洋矿物开发公团组织力量在夏威夷东南海域进行了8次调查,调查面积100—200万平方千米,其中对96万平方千米海域进行了详查,对1.2万平方千米核心矿区进行了经济评价,最后在3.43万平方千米区域探明了4000—8000万吨储量。前苏联从20世纪50年代末开始进行多金属结核调查,1964年编制了《太平洋底锰结核分布图》,1977年以后对太平洋多金属结核富矿区进行了勘探。法国从1974年开始进行多金属结核资源勘探,并在法属社会群岛的塔希堤岛以北进行了多次调查和开采方法试验。[①]

(四)世界海洋空间资源开发的情况

这里主要从滩涂利用、海湾利用、水域利用三个方面来介绍世界海洋空间资源的开发状况。滩涂的主要利用方式是人工造地和发展水产养殖业。在陆地土地资源贫乏的国家,都很重视利用滩涂或海湾人工造地,有的是筑堤围滩涂,有的是堵湾开垦。荷兰是围海造地最多的国家,几百年时间造地930万亩,相当于国土面积的20%。日本已围海造地12万平方千米,用于工业、交通、城市、港口、机场等建设用地。中国也是开发沿海荒山和围垦滩涂最多的国家,在历史上累计开发滨海荒地与滩涂2.5亿亩,近40年来又围垦了800多万亩。滩涂和海湾围垦,随着陆上土地资源的日渐减少和经济发展的需要,将逐步扩大。此外,滩涂和沿岸浅水区是发展水产养殖业的良好场所。除常年冰封海域之外,世界大多数海域的滩

[①] 杨金森:《世界海洋资源》,国家海洋局网,http://www.soa.gov.cn/hyjww/hyzl/2008/07/23/1216698547511412.htm,2007年3月20日访问。

涂和沿岸浅海区可以发展水产养殖业。目前,世界上已有140多个国家从事水产养殖,仅虾类一项,养殖面积就达到109.2万平方千米(1989年)。中国是世界水产养殖业最发达的国家,海水养殖面积已达640多万亩。

海湾的用途很多,其中最主要的是建设港口。全世界海湾的数量难于统计,其中适合建大型港口的海湾有64个,另外还有很多小型海湾和适合建港的非海湾岸段可以建设港口。据不完全统计,全世界共有港口9800多个,其中用于国际贸易的商港2300多个,年吞吐量亿吨级的10个,4000万吨以上的25个,1000万吨以上的100多个。许多港口随着船舶的大型化,正在向深水大港的方向发展。世界上能停靠50万吨油轮的港口3个,能靠8万吨级船舶的港口超过100个,能停靠35万吨级以上船舶的港口约500个。在世界各地,掩护条件好而未开发的深水港湾为数已经很少,因此,港口建设的方向主要是:对老港区进行改造扩大,适应大型船舶及船舶数量增多的需求;在通海河流建设河海共用港口;在掩护条件差甚至完全开敞的岸段建港;少数未利用的深水港湾,各国都作为战略性资源,留作建港之用。

对海洋水域利用最多的是海洋运输业。目前,世界上共有300吨以上商船34083艘,6.46亿载重吨。世界大洋的航线密如蛛网,其中主要的国际航线有10条。[①]

三、中国海洋资源开发的基本状况

了解了世界海洋资源开发情况后,下面介绍一下中国海洋资源开发状况。

(一)中国海洋社会空间资源开发状况

就滩涂资源而言,中国海岸带地区的潮间带滩涂约2.2万平方千米,目前已利用的仅为18%左右;可供养殖的15米水深线以内的浅海面积12.4万平方千米,目前仅利用20%左右;中国潮间带生物

[①] 杨金森:《世界海洋资源》,国家海洋局网,http://www.soa.gov.cn/hyjww/hyzl/2008/07/23/1216698547511412.htm,2007年3月20日访问。

有1500多种,平均资源量为249.5吨/平方千米,对发展沿岸养殖业极为有利。另外,中国入海江河多,携带泥沙量大,河口滩涂平均每年淤长约23平方千米,河流现代沉积为中国增加了新的土地资源,这些新土地土壤肥沃,目前尚未得到充分合理的利用。

从港口资源来看,在中国3万多千米的大陆与岛屿岸线上,分布着众多的海湾与河口,深水岸线长400多千米,宜于建设中等以上泊位的港址有164处。其中可建万吨级以上码头的港址约有40多处,可建10万吨级泊位的有10多处,港址资源可谓丰富。但截止1996年底,中国沿海已建成使用的主要港口仅为65处,开发利用比例甚小。

中国海洋旅游资源种类繁多,数量丰富。从沿海到海岛,到处都有可开辟旅游的景区和景点,从北方鸭绿江口到南方的北仑河口长达18000多千米的海岸线,分布有许多各有特色的滨海旅游景点。此外近海海域分布有大大小小6500(面积在500平方米以上)多个岛屿。海洋旅游资源目前已开发出包括海岸景点、岛屿景点、奇特景点、生态景点、海底景点、山岳景点及人文景点等类型的1500多处滨海旅游景点,滨海沙滩100多处。随着人民生活水平的提高,滨海休闲、旅游业将蓬勃发展,海洋旅游资源的潜力巨大。①

(二)中国海洋社会生物资源开发状况

中国近海的生物种类极富多样性,拥有红树林、珊瑚礁、上升流、河口海湾、海岛等各种海洋高生产力的生态系统。已记录的物种数达2万多种,海产鱼类约1700种,产量较大的200多种,渔场面积280多万平方千米。中国近海海洋渔业资源量约12亿吨,年可捕量仅为750多万吨。据海洋统计年鉴数据,1998年中国海产品产量2356.72万吨,其中海洋捕捞产量1496.68万吨,海水养殖产量860.04万吨。中国海洋渔获量虽然很高,甚至远高于资源可捕量,但90%以上是在近海超负荷捕获的,主要集中在黄海和东海、南海的广大海域,基本上没有形成规模开发,对外海和大洋丰富的生物

---

① 王芳、栾维新:《我国海洋资源开发活动中存在的问题与建议》,《中国人口资源与环境》2001年第52期。

资源利用得更少。①

(三)中国海洋社会矿产资源开发状况

据不完全统计,在沿海地带,蕴藏有石英砂、锆石、独居石、钛铁矿、铬铁矿、磁铁矿、砂锡矿等丰富的矿产资源;现已发现矿产地91处,各类砂矿床140多个,重要矿点160多处,已探明石英砂储量15亿吨,锆石、钛铁矿、独居石、磷钇矿、金红石、磁铁矿和砂锡矿储量总和达3000万吨以上。另外,中国的海洋油气资源十分丰富。中国陆架区海域辽阔,共有16个大型新生代沉积盆地,总面积近90万平方千米,有油气远景的可勘探面积为60多万平方千米,拥有石油资源量200多亿吨(不含南海南部西沙、中沙和南沙海域)、天然气资源量近10万亿立方米。至1997年底,已探明石油地质储量约15亿吨,天然气地质储量3000多亿立方米。油气资源如此丰富,但开发利用程度却很低。至1998年,已投产的油气田有22个,海洋石油的原油产量为1893.09万吨,仅占近岸石油经济资源量的0.2%,天然气产量419086万立方米,所占资源量的比例更小。

1991年,中国作为在国际海底管理局登记的第5个先驱投资者,在太平洋上获得15万平方千米的多金属结核资源开辟区,据目前的勘查成果,区内的资源量可满足一个年产大于300万吨干结核矿开采20年的需要。当技术储备到一定阶段,大洋矿产资源利用将成为一种现实,大洋多金属结核将可能成为现实的工业原料。②

(四)中国海洋化学能量资源开发状况

海水化学资源包括海水制盐和以盐为原料的盐化工、海水中的微量有用元素及矿物的提取、海水的直接利用及海水淡化等。由于科技水平的制约,开发利用成本过高,目前对海水资源的利用非常有限,主要是海水制盐及盐化工业,其他几项的实际应用很少。中国现有盐田面积43万多公顷,1998年生产海洋原盐1558.3万吨,产值74.9亿元。目前有盐化工厂50多个,盐化工业产品品种55种,总产量50万吨左右。

---

①② 王芳,栾维新:《我国海洋资源开发活动中存在的问题与建议》,《中国人口资源与环境》2001年第52期。

就中国海洋能量资源来看,据估计,中国潮汐能量为 1.1 亿千瓦,年发电量可达 2750 亿度,波浪能理论功率约为 0.23 亿千瓦,海流能可开发的装机容量为 0.18 亿度,年发电量约 270 亿度。由于技术条件所限,中国对海洋再生能源的利用很有限,目前仅利用了很有限的一部分潮汐能,对 90% 分布在常规能源严重短缺的东南沿海地区的再生能源没有充分开发利用。[①]

四、中国海洋资源开发的主要问题

改革开放以来,中国十分重视海洋资源的开发。总的来看,还存在一些问题,如开发机制缺乏系统性、开发时保护机制欠缺、开发的总体水平低下、产权体制模糊。

(一)中国海洋社会资源开发机制系统性缺乏

新中国成立以来,党中央十分重视海洋事业的发展,尤其高度关注海洋资源的开发利用,先后制定和颁布了《全国海洋功能区划》等一系列海洋资源开发规划。党的十六大提出了"实施海洋开发"战略方针,国务院发布《全国海洋经济发展规划纲要》第一次明确提出了"逐步把中国建设成为海洋强国"的目标。[②]

虽然国家领导层越来越重视海洋的战略地位,将海洋资源开发摆上议事日程。但总的来看,中国海洋资源开发机制缺乏系统性,即没有统一、完整、清晰的可指导海洋事业各方面协调发展的海洋资源开发机制,缺乏从宏观上对海洋资源开发进行统筹规划的能力。

(二)中国海洋社会资源开发的保护机制欠缺

在开发海洋资源的过程中,海洋环境保护机制欠缺,生态趋向恶化。据国家海洋局 2005 年 1 月 9 日发布的《2004 年中国海洋环境质量公报》显示,2004 年中国全海域未达到清洁海域水质标准的面积约 16.9 万平方千米,较上年增加约 2.7 万平方千米。近岸海域

---

① 王芳、栾维新:《我国海洋资源开发活动中存在的问题与建议》,《中国人口资源与环境》2001 年第 52 期。

② 方平、王玉梅、孙昭宁、徐竹青等:《我国海洋资源现状与管理对策》,《海洋开发与管理》2010 年第 3 期。

污染严重,污染海域主要分布在渤海湾、江苏近岸、长江口、杭州湾、珠江口等局部海域。同时,陆源污染物排海严重是海洋环境污染的主要原因。一项对沿海工业污水直排口等四大类43个排污口进行的重点监测显示,受陆源排污影响,约八成入海排污口邻近海域环境污染严重,约20平方千米的监测海域为无底栖生物区。此外,中国近岸海域海洋生态系统脆弱、生态环境继续恶化的趋势尚未得到缓解。由于陆源污染物排海、围填海侵占海洋生态环境及生物资源过度开发,莱州湾、黄河口、长江口、杭州湾及珠江口生态系统均处于不健康状态。再者,由于沿海开发程度的增高和海水养殖业的扩大,也带来了海洋生态环境和养殖业自身污染问题;海运业的发展导致外来有害赤潮种类的引入;全球气候的变化也导致了赤潮的频繁发生。①

(三)中国海洋社会资源开发的总体水平不高

中国对海洋资源开发的总体水平不高。中国对海洋资源的开发在思想认识、技术装备、经济效益、科学管理上,都与发达国家存在较大差距。

有数据显示,中国海洋资源的开发、利用与发达国家相比总体水平还比较落后,目前中国海洋开发的综合指标仅为3.4%,这不仅低于海洋经济发达国家14%—17%的水平,而且低于5%的世界平均水平。②

具体而言,沿海水域开发不充分,利用不够合理。如滨海砂矿,多属中、小矿型,主要集中在广东、海南和福建沿海,山东和辽宁也有一些矿点。海盐盐化工业虽然发展较快,但仅限于从卤水中提取氯化钠、氯化钾、溴、镁和芒硝等,而经济价值高的微量元素,如铀和碘等尚未开发利用。中国滨海旅游资源丰富多样,但开发的很少。如山东有115处滨海旅游景观,已开发的只有50处,占43%;上海140处古迹旅游点,开发利用的仅有17处,占12%;中国100多处滨海沙滩资源,只有39处作为海水浴场被利用。在多种海洋动力资

---

①② 马志荣:《海洋资源开发与管理:21世纪中国应对策略探讨》,《科技管理研究》2006年第3期。

源中,中国仅开发了潮汐能,其他如波浪能和海流能等仍处于试验和探索阶段。[①]

中国当前对海洋资源的开发水平不高,不利于社会经济的可持续发展。加强对海洋资源的开发力度与科学管理已成为中国缓解人口、资源和环境压力,增强国家实力的战略选择。

(四)中国海洋社会资源开发的产权体制模糊

中国海洋资源产权关系混乱,国有资产大量流失。长期以来,由于国有所有权缺乏人格化的代表,实际上是"谁发现,谁开发,谁所有,谁受益",海洋资源开发的巨大收益被转化为部门、集体或个人的利益,造成国有资产大量流失,从而严重制约了海洋资源开发资金的可持续投入水平。例如新中国成立以来,中国单是在海洋地质勘探方面的投入就有 4000 多亿元,但是这些大量资金投入所带来的本该归国家的那部分利益却转移为部门、单位或个人的财富,从而严重制约了国家资金的周转速度和再投入水平,形成高投入—低收益、低投入—更低收益的恶性循环。同时,由于三权混淆(所有权、行政权、经营权)、所有权的条块分割导致海洋资源产权流动受阻,企业与国家责权不清,部门之间、地区之间以及中央与地方之间相互掣肘、权益纠纷不断,使得海洋开发陷入盲目混乱状态。[②]

第三节　海洋社会资源全面开发的原则

随着全球社会经济的迅速发展,海洋资源开发所呈现出的巨大效益正逐步为人们所认识,世界正步入一个全面开发和保护海洋的新时代。对海洋社会资源全面开发,须遵循系统性原则、持续性原则、科技性原则和和谐性原则。本节就各原则的概念、特点和内容进行阐释。

---

① 陈国生、叶向东:《海洋资源可持续发展与对策》,《海洋开发与管理》2009 年第 9 期。
② 于英卓、戴桂林、高金田:《基于可持续发展观的海洋经营新模式——海洋资源资产化管理》,《海洋科学》2002 年第 10 期。

一、系统性原则

对海洋社会资源的开发,应注意各子系统的整体性及各要素之间的关联性,不可以各行其是、自成体系,须遵循系统性原则。

(一)概念内涵

系统一词,来源于古希腊语,是由部分构成整体的意思。现今学者们从各种角度上研究系统,对系统下的定义不下几十种。如"系统是诸元素及其顺常行为的给定集合""系统是有组织的和被组织化的全体""系统是有联系的物质和过程的集合""系统是许多要素保持有机的秩序,向同一目的行动的东西",等等。系统论则试图给出一个能描述各种系统共同特征的一般的系统定义,通常将系统定义为:由若干要素以一定结构形式联结构成的具有某种功能的有机整体。

对海洋资源进行开发,须遵循系统性原则,即在开发时应从宏观的、整体的角度出发,将海洋资源开发的各个子系统整合起来,同时还要注意到它们之间的关联性,避免某一部分或某几个部分各行其是,将分散型管理转化为统一型管理。

(二)特点介绍

海洋资源开发的系统性原则有两个主要特点,即整体性理念和关联性观念。整体性理念是系统性原则的核心思想。海洋资源开发系统是一个有机的整体,它不是各个部分的机械组合或简单相加,其整体性功能是各要素在孤立状态下所没有的性质。在对海洋资源进行开发时,要站在整体性的高度,宏观、全面地规划和部署开发的各项事宜。

关联性观念是系统性原则的另一特点。海洋资源开发系统中各要素不是孤立地存在着,每个要素在系统中都处于一定的位置上,起着特定的作用,并且要素之间相互关联,构成了一个不可分割的整体。要素是整体中的要素,如果将要素从系统整体中割离出来,它将失去要素的作用。整体性理念与关联性观念互为统一,需要我们在开发时既要注意到海洋资源开发这一大系统的整体性,还要注意到其子系统间的关联性。

认识海洋资源开发系统性原则的特点和规律目的在于利用这些特点和规律去控制、管理、改造这一系统,使其存在与发展合乎人的目的需要。也就是说,研究系统的目的在于调整系统结构及各要素关系,使系统更加优化。

(三)案例分析

在海洋资源开发上,各国开发的系统性表现不足。以英国为例,英国海洋资源开发的各项海洋事务起步较早,伴随着每一项海洋新事务的出现,均建立一个相应的机构来管理,这一历史原因导致英国至今既无统一负责海洋事务的政府部门,也没有统一的海上执法队伍,海洋资源属于分散管理型。[①] 中国海洋开发与管理同样也存在这一问题,中国的海洋开发工作是分散在各行业部门的计划型管理,各行业、各地方各行其是、自成体系,彼此缺乏有效的沟通和协调。分散型管理的弊端就是海洋资源开发系统的整体性缺失,各子系统缺乏关联性、较零散,即系统性表现不足。

总的来看,海洋资源开发的综合管理体系缺乏,能站在宏观层次统筹全局的综合管理机构缺少,致使海洋资源开发工作宏观管理能力薄弱,资源开发工作中的矛盾日益尖锐,工作关系日益复杂化。要改变这种局面,使资源的综合优势和潜力得到充分地发挥,就要加强宏观管理,完善综合管理体系。

(四)具体内容

海洋资源开发的系统性原则的具体内容,主要有:完善综合管理体系、加强资源开发的总体规划建设、系统化法律法规。

从宏观层次完善综合管理体系,让海洋资源的综合优势和潜力得到充分发挥。各国应重新审视现行海洋资源行政管理体制,对海洋资源各职能部门明确分工,建立健全协调机制。从海洋资源的关联性出发,建立统一的、更具有权威性的海洋综合管理机构,协调组织和统一管理海洋资源的开发和保护活动。

加强资源开发的总体规划建设,建立资源规划体系。从国家层

---

① 赵蓓、唐伟、周艳荣:《英国海洋资源开发利用综述》,《海洋开发与管理》2008年第11期。

面上统一政策,整合现有的海洋战略部署和规划,形成统一、清晰、完整的国家海洋总体规划和方针政策。各国各地区可根据不同海域自然条件,因地制宜地进行功能区划和开发规划,形成合理的海洋产业布局。

系统化与海洋开发有关的法律法规。在现有涉海法规的基础上,重新规划海洋资源立法体制,协调海洋资源保护职能部门,整合各单行海洋资源法律法规,理顺海洋各行业主管部门与国家海洋管理部门之间的关系。在协调各相关法律法规时,尽量避免不同法律法规间的交叉。同时,加强执法力度,使海洋资源开发活动能有序、稳步、持续进行。此外,应进一步扩大海洋立法方面的国际合作与交流。

二、持续性原则

对海洋社会资源开发,应保证同代间的横向公平与代际间的纵向公平,保证人类使用海洋资源的永久性,不可搞先开发后治理的政策,须遵循持续性原则。

(一)概念内涵

在人口爆炸、资源枯竭、环境恶化的背景下,可持续发展被提上人类议事日程。可持续发展作为一个成熟的概念最早于1972年在斯德哥尔摩举行的联合国人类环境研讨会上被正式提出。1987年4月27日,世界环境与发展委员会发表了一份题为《我们共同的未来》的报告,提出了"可持续发展"的战略思想。在1987年由世界环境及发展委员会发表的布伦特兰报告书中将其定义为:既满足当代人的需求又不对后代人满足其需求的能力构成危害的发展称为可持续发展。同时,提出了可持续发展的三原则,即共同性原则、公平性原则和持续性原则。

对海洋资源进行开发,须遵循持续性原则,即海洋资源与其开发利用程度间保持一种平衡。当海洋生态系统受到某种干扰时,能保证海洋资源再生产的能力。海洋资源的可持续利用和生态系统的可持续保持是人类社会开发利用海洋资源的前提条件。

(二)特点介绍

海洋资源开发的持续性原则有两个主要特点,一是保证同代间的横向公平与代际间的纵向公平,二是保证人类使用海洋资源的永久性。

公平性是海洋资源开发之持续性原则的主要表现。它指机会选择的平等性,包括两个方面:同代间的横向公平与代际间的纵向公平。具体而言,指对海洋资源选择机会的公平性,既要体现在当代人之间,还要体现在世代之间。同代间的横向公平要求海洋开发活动不应带来资源环境破坏的社会不经济性。在同一区域内一些群体的生产、消费活动在资源环境方面,不能对没有参与这些活动的群体产生有害的影响;即使在不同区域之间,一个区域的生产、消费活动在资源环境方面,也不能对其他区域产生削弱或危害。代际间的纵向公平,要求当代人在进行海洋开发活动时,不应为支持当前的生产生活水平,而过度开发导致后代人面临比当代人更贫困的海洋资源与生态系统生产力。

保证人类使用海洋资源的永久性是海洋资源开发持续性原则的最终目的。海洋资源的永久性利用要求人们根据可持续性的条件调整自己的生活方式,在生态可能的范围内确定自己的消耗标准。因此,人类应做到合理开发和利用海洋资源,保持适度的开发规模,处理好发展经济和保护环境间的关系。

(三)案例分析

联合国通过的《21世纪议程》把海洋作为有助于实现人类可持续发展的重要财富,中国颁布的《中国21世纪议程》也把海洋资源的可持续开发与保护作为重要的行动方案之一。

但在人类开发海洋的过程中,却存在一些不可持续的活动。例如,海洋生物资源为人类提供着大量蛋白,但近年来由于捕捞强度过大,大量海洋生物数量急剧下降。这需要渔业主管部门能提供较为准确的渔场资源预报,结合资源预报进行可持续利用渔业资源的宣传,使人们清楚当前应捕生物量,还需留下多少资源以备以后永续利用。[①]

[①] 孙吉亭:《论我国海洋资源的特性与价值》,《海洋开发与管理》2003年第3期。

海洋资源的可持续利用,需要各个部门的共同协作,需要当代人甚至几代人的共同努力。只有当人类树立了海洋资源可持续发展的意识,才能大大提升海洋资源开发效率与保护力度。

(四)具体内容

海洋资源开发之持续性原则的具体内容,主要有:开发与保护并重、培养人类对海洋资源的可持续发展意识。

通过加强科学研究,实现海洋资源开发与保护并举的方针。在资源开发的同时,应加强海洋生态环境保护,正确处理好资源开发与环境保护这对矛盾。海洋生态系统在一定限度内具有生态环境可恢复性,但超过环境容纳量后生态环境就会恶化,治理代价大,所花时间长。因此,不能顾此失彼搞先开发后治理的政策,这样将得不偿失,必须按照科学规律办事,加大技术创新,合理开发的同时科学保护好海洋资源,两手都要硬抓。

通过加强宣传教育,培养人类对海洋资源的可持续发展意识,让人们懂得保护海洋资源和海洋环境的重要意义,树立起一种崭新的资源消费道德观念,即我们应该要求自己留给下一代人的资源不应少于上一代人留给我们的资源;同时,践行可持续消费行为方式。这种可持续的理念仅靠一代人或几代人是难以实现的,必须世代追求下去。

三、科技性原则

对海洋社会资源开发,应发挥科学技术在其中的主导作用,转变粗放型的发展方式,用科学技术带动海洋资源开发的发展,遵循科技性原则。

(一)概念内涵

科学是研究客观事物存在及其相关规律的学说,是使主观认识与客观实际实现具体统一的实践活动,是通往预期目标的桥梁,是联结现实与理想的纽带。简单地说,科学是使主观认识符合客观实际和创造符合主观认识的客观实际的实践活动。它是人类意识对客观自然的一种正确的认识,来源于实践,指导人类进行新一轮的实践并接受实践的检验,这是一个具体有续的周而复始的过程。科学活动是人们从事探索事物存在及变化的状态、原因和规律的实践活动,以及在科学知识、理论的指导下进行的实践活动。科学活动的要点在于求真务实,遵从客观规律。创造符合主观认识的客观实际或实现预期目标的方法、措施、手段就是科学技术。

对海洋资源进行开发,须遵循科技性原则,即利用科学的方法、措施、手段研究关于海洋资源这一客观事物存在及其相关规律的知识,让它能为人类所用,进而促进人类更好地开发利用海洋资源。

(二)特点介绍

海洋资源开发的科技性原则有两个主要特点,即高效性和动态性。科技性原则的应用会带来海洋资源开发的高效性。这种高效性表现在两个方面:资源开发上的高效率和利用上的高效用。资源开发上的高效率,是指既要以尽可能少的海洋资源代价产出尽可能多的海洋经济效益,又要在生态系统允许的界限内,达到在时空上对海洋资源的最大开发利用率。高效用是指海洋资源开发活动最终要最大限度地满足人类的福利需求和人类的全面发展。高效用是高效率的最终衡量标准,就是说海洋资源开发需要以科学技术为支撑,并在生态允许的范围内达到利用上的最高点。

动态性是海洋资源开发科技性原则的内在特征。科学知识和科学技术不是固定不变的,而是有生命周期的。旧的科学知识和科学技术总是会被新的所取代,这就需要人类不断地学习、交流,发现规律和掌握规律,顺应时代的发展不断创新海洋开发技术,为我所用。

(三)案例分析

在海洋资源开发上,科技性原则扮演了重要角色。改革开放以来,中国在海洋的开发利用上有了很大进步,如海盐生产已实现机械化和半机械化,海水提铀研究水平位居世界前列,海洋产业结构也发生着积极的变化。2004年中国主要海洋产业总产值已跃升到12841亿元,绝对数量达到世界海洋国家中上水平。从1995年到2004年的10年间,海洋产业增加值由1107亿元增长到5286亿元,对GDP的贡献从1.9%上升到3.8%。但从总体上来说,中国海洋经济增长方式还是比较粗放,以科技含量相对较低的传统海洋产业居主导地位,高附加值的新兴产业很少,海水资源开发利用的总体水平偏低。到 2005 年,海洋渔业产值占整个海洋产业总产值的一半以上,加上海洋交通运输业和海盐业,三大传统产业占整个海洋产业总产值的 71.8%;而新兴的海洋产业仍然比较弱小,其产值在海洋产业总产值的比重只占 28.2%。海洋矿产资源开发、能源开发尚处于起步阶段,难以从根本上缓解中国现阶段资源短缺的状况。[①]

中国是一个海洋大国,但还不是一个海洋强国。要实现海洋强国的战略梦想,就要调整中国海洋资源开发利用发展思路,注重产业结构全面协调升级,尤其要重视科学技术发展和技术引进与创新,积极发展海洋高新技术产业和加速传统产业的技术改造,逐步推进海洋产业结构的现代化。

(四)具体内容

海洋领域是一个综合性强、技术密集的特殊领域,其资源的开发和保护对科学技术存在着高度的依赖性,这是由海洋环境和资源的特殊性所决定的。

海洋科技新理论的产生和高新技术的应用,对海洋资源开发利用具有极大的促进作用。在大规模海洋资源开发利用中,减少资源浪费,尽量降低对生态环境的负面影响,实现粗放式的开发方式向集约型的开发方式转变,可以说科学技术水平的高低是其中关键的一环。因此,制定海洋中长期科技发展规划,加强海洋科研队伍建设,有针对性地研究应用于海洋资源开发、海洋生态环境保护的科学技术就显得尤为重要。

加强海洋科学的研究与技术开发,主要发展的科技领域包括海洋生物遗传工程技术、海水养殖、增殖技术、超声波生态遥测技术和生物加工技术(如海洋药物的研究、提取及合成技术),以满足海洋资源开发和海洋环境保护的要求。积极推动遥感、地理信息系统和全球定位系统 3S 一体化在海洋资源开发和环境保护中的作用。加强资源的动态监测,以实现对海洋资源的动态发展和变化趋势进行

---

① 惠绍棠:《开发利用海洋资源促进海洋经济和谐发展》,《2005 年全国海洋高新技术产业化论坛论文集》,2005 年。

模拟和分析,为合理开发利用海洋资源和保护环境提供快速、准确及有效的信息咨询和决策支持。[1]

四、和谐性原则

对海洋社会资源开发,应加强各国、各部门、各企业之间的对话与沟通,化解矛盾,相互协调,遵循和谐性原则。

(一)概念内涵

和谐是对立事物之间在一定的条件下,具体、动态、相对、辩证的统一,是不同事物之间相同相成、相辅相成、相反相成、互助合作、互利互惠、互促互补、共同发展的关系。这是辩证唯物主义观的"和谐"之基本观点。和谐理论的基本思想是如何在各个子系统中形成一种和谐状态,从而达到整体和谐的目的。和谐理论在管理学领域的发展和应用产生了和谐管理理论,即组织为了达到某种目标,在变动的环境中,围绕和谐主题,以优化和不确定性消减为手段提供解决问题方案的实践活动。

对海洋资源进行开发,须遵循和谐性原则,即当各国、各海洋部门、各企业在海洋资源开发上遇到不协调与碰撞或问题时,加强沟通与协商,达到局部利益与整体利益的统一,其实质是海洋资源开发的社会关系的和谐与统一。

(二)特点介绍

协调性和互动性是海洋资源开发之和谐性原则的两个主要特点。协调性是指社会系统内部如各国之间、各海洋部门、各企业之间在开发海洋资源上的相互协调与支持。在社会系统中,协调代表了个体的活动对整体的支持。在海洋开发中,各国、各部门、各企业或各海洋产业都是向着它们各自既定的目标进行活动。目标的不一致会使它们之间产生制约、碰撞、不协调等问题,比如某国的不合理开发导致了其他国家海洋资源受到影响,开发利用海洋渔业资源可能会挤占了海洋运输的航道等等一系列的问题。这些问题的解决有赖于各国、各部门、各企业的共同协商与沟通,不能把局部利益

---

[1] 陈国生、叶向东:《海洋资源可持续发展与对策》,《海洋开发与管理》2009年第9期。

凌架于整体利益之上,应该相互支持和理解,实现海洋整体系统的运转,让海洋整体功能得到提高、整体利益得到实现。

互动性是协调性原则的又一特点。互动性强调各国、各部门、各企业间碰到摩擦和碰撞,或在开发时遇到问题的时候,要加强沟通与交流,彼此对话,增强互动,有必要时加强合作。

(三)案例分析

在海洋资源开发上存在不和谐因素,如各国海洋权益争端严重。作为《联合国海洋法公约》缔约国,根据条约的有关规定和中国主张,可能划归中国管辖海域的面积近 300 万平方千米,但却存在着与周边 8 个国家约 120 万平方千米的海上划界问题。黄海是中国发展海洋捕捞业的重要海区,存在着与朝鲜和韩国的渔业利益争端;东海是中、日、韩三国渔民共同作业的渔场,渔业矛盾多,依靠渔业协定来协调渔业利益关系。除此之外,东海丰富的油气资源也存在与日本、韩国的争议。南海的断续国界线内水域是中国渔民的传统捕鱼区,其中一部分区域处在周边国家的专属经济区内,从而出现渔业利益冲突。南海的油气资源丰富,其中南沙海域和北部湾油气区争议尤其引人注目,周边国家在南沙海域的油气资源勘探开发已有多年,有些勘探活动已进入我国断续界线内。[1]

(四)具体内容

海洋资源开发的和谐性原则,需要各国加强沟通和合作。《联合国海洋法公约》的生效确立了海洋体制和海洋权益的新格局。根据新公约的规定,全世界尚有 370 余处的海域存在着争议,需要重新加以界定。除了这些争议海域外,在公海资源开采上也存在着激烈竞争,但国家间的合作也在逐步增强。如中国与日本在东海海域权的争夺还没得到很好解决,但在南海地区中国与东南亚国家合作开发石油气就是"搁置争议,合作开发"的一项尝试,[2]这也是今后解决国家间海域资源争端的一种较好途径。加强沟通与合作,共同开发海洋资源将是今后海洋资源开发的一大趋势。海洋资源开发有

---

[1] 王芳:《中国海洋资源态势与问题分析》,《国土资源》2003 年第 8 期。
[2] 马涛、陈家宽:《海洋资源的多样性、经济特性和开发趋势》,《经济地理》2006 年第 12 期。

赖于较高的技术性,任何一个国家都不可能独立完成,在互相的磨合中,"和谐"将成为主题。

海洋是今后人类突破可持续发展困境的希望所在,海洋社会资源的自然特性和社会特性决定了需要加强对海洋社会资源的认识,合理科学地开发好海洋社会资源。当前对海洋社会资源的开发尚不充分,各国各地区可根据自身的实际情况,因地制宜地进行开发,同时加强各国间的沟通与协作,共同开发。

参考文献:

1. 李国庆:《中国海洋综合管理研究》,北京海洋出版社,1998年版。
2. 干焱平主编:《海洋与中国未来概论》,北京海洋出版社,2001年版。
3. 相建海主编:《中国海情》,开明出版社,2002年版。

思考题:

1. 如何构建海洋社会资源分类体系?
2. 各类海洋资源有些什么特点?
3. 海洋社会资源开发有哪些原则?

珊瑚比肩　巨珠盈握　道不尽价值连城
家国得利　世代获益　数不完综合奇功

第二十章　海洋价值：海洋社会的综合利用

有人把海洋誉为生命的摇篮、风雨的故乡、五洲的通道、资源的宝库、环境的调节器。在陆地资源开发空间越来越狭窄的今天，人们已经把开发海洋作为争取生存的出路。一场以开发海洋为标志、发展海洋经济为目标、实现人类可持续发展为最终目的的"蓝色革命"正在世界各国悄然兴起。可以说，未来国际竞争将主要在海洋上展开，未来的世界是海洋的世界，海洋在人类社会发展中的地位将会越来越重要。认识并利用海洋，也就是利用海洋社会所具有的巨大价值。本书主要讲述海洋社会价值的有关内容，首先从海洋社会价值体系的含义出发，具体阐述了海洋社会价值体系的具体内容；然后从利用海洋社会价值的角度论述人类对海洋社会价值的开发利用现状；最后站在如何实现海洋社会价值综合利用的角度，指出这一过程的实现所要遵循的一些指导思想及基本原则等。

第一节　弥足珍贵的海洋社会价值体系

海洋对人类社会的方方面面都产生着直接或间接的影响，海洋社会和陆地社会一样，本身是一个复杂的有机统一体，从价值这一角度去研究这一整体，它的内容十分丰富，不仅包括对海洋利用最广泛的经济价值，也包括军事价值、生态价值，还包括科研价值、文化价值等。本节就海洋社会的价值及其体系作基本的阐述。

一、相关概念的引入及异同比较

本节主要从概念这一基础性的东西出发进行论述，从而为下文中相关内容的介绍做一个铺垫。引入了价值以及社会价值等一些相关概念，并对这些概念与海洋社会价值的概念以及这些概念之间的相互关系作一介绍。

(一)价值概念阐释与界定

价值的含义有多种解释。从词义上说，价值是在人们的观念和社会生活中用以判断事物或行为的标准，其含义是"可重视的、可珍贵的、可尊敬的"。在哲学上，价值首先是一个关系范畴，其所表达的是一种人与物之间的需要与满足的对应关系，即事物(客体)能够满足人(主体)的一定需要；其次，价值又是一个属性范畴，事物的价值，等于由它构成的、产生的、创造的、有利于促进与实现人类个体、群体、整体与自然万物和谐发展的客观实际。这是价值的基本内涵，是和谐价值观的基本观点。

综上所述，价值是标志着人与外界事物关系的一个范畴，它是指在特定历史条件下，外界事物的客观属性对人所发生的效应和作用以及人对之的评价。所以，任何一种事物的价值，从广义上说应包含着两个互相联系的方面：一是事物的存在对人的作用或意义；二是人对事物有用性的评价。基于价值概念的解释，我们来进一步理解社会价值及海洋社会价值的含义。

(二)社会价值概念的厘定

当代中国社会正处在由计划经济向市场经济的深刻转变之中，随着现代化和改革开放实践的进一步深入，社会总体价值及其体系建构问题，日渐成为一个非常现实的理论问题。理论界对这个问题也展开了积极地思考，对社会价值的定义可以说是数不胜数，可谓是"仁者见仁、智者见智"，下面我们仅依据本节所研究的相关内容对社会价值的定义进行选取和界定。

所谓社会价值，是指一种现象或行为所具有的满足一定社会的共同需要的功能，是对于社会的意义。社会价值是一种普遍价值，是社会作为主体同客体之间发生的关系，是以整个社会的利益和需要为尺度来衡量的一定现象或行为的价值。与此种观点相类似的另一种观点认为：社会的人不仅把社会作为认识的对象，而且还在社会之中体验社会，赋予社会生活以"情趣"和"诗意"。社会因人而获得了意义，人也从社会那里获得了价值。[①] 海洋作为一种自然存在的事物，因为人的存在而获得了价值和意义，如果没有人的开发利用，海洋只是作为一种存在物，具有使用价值，是否具有价值就值得商榷。

（三）海洋社会价值的概念

有了以上价值及社会价值的定义，我们就很容易对海洋社会价值的概念进行界定。海洋社会价值是建立在社会价值的基础上，包含在社会价值这一大体系中。在此，笔者从以上所理解的价值及社会价值的基础上，将海洋社会价值定义为：海洋社会价值，是指海洋以自有的资源和条件等自身属性为依托，能够满足人类的一定需要。同时，人类在满足需要及综合利用的过程中对海洋有用性不断实现着价值评价。这一定义涵盖了两个方面内容，一方面是海洋以自身的有用性对人的需要的一定程度的满足，也就是海洋存在对人的意义和作用；另一方面，人在开发利用过程中对海洋有用性作用的评价和认同。这是构成海洋社会价值的两个方面，缺一不可，缺少任何一方面都是不完整的。当然，以上只是本书的一家之言，对海洋社会价值定义的理解可以因人而异，不同的人从不同的角度可以得出不同的结论，需要互相借鉴和丰富。

（四）三者之间的相关关系

有了以上对三组概念的界定，我们可以进一步探讨他们之间的关系。价值、社会价值以及海洋社会价值，这三者之间既相互区别，又相互影响，相互联系。首先三者的区别在于，这三个概念所表述的层次不同，范围逐步缩小。可以说，社会价值是对价值的进一步细化，而海洋社会价值又是社会价值中针对海洋具体展开的。概念的在逐步细化，而概念描述的事物却越来越具体。三者之间也存在着密不可分的联系。一方面，不管是社会价值还是海洋社会价值的

---

① 袁祖社：《"社会价值"范畴研究》，《哲学动态》1997年第12期，第6页。

概念都是以价值为基础的,都是探讨有关价值的东西。没有价值做基础和铺垫,社会价值以及海洋社会价值就成为了无源之水、无本之木,甚至根本不可能形成。另一方面,海洋社会价值体系是社会价值体系的一个分支,它实际上包含在社会价值这个大体系中,是针对海洋对社会价值体系进行的一种系统的概括,这决定了它不能脱离社会价值独自存在,必然是对社会价值某一具体方面的概括。以上可以看出,这三种价值体系彼此之间存在着既相互区别又有着千丝万缕的紧密联系。

二、海洋地位及价值的认识过程

海洋价值是与人们的具体需要联系在一起的。从古代的"鱼盐之利"和"舟楫之便",到世界交通的重要通道;从海洋是人类生存空间,再到海洋是人类生命支持系统的重要组成部分,社会可持续发展的资源宝库,海洋在人类生活中扮演的角色越来越重要,海洋的价值也越来越大。进入 21 世纪,人类对海洋开发利用进入了前所未有的时代,对海洋价值的认识越来越深化。① 纵观漫长的人类发展史,对海洋的认识过程可以分为以下四个阶段。

(一)古代人们对海洋的初步探索

这一时期主要是指自远古时代至 15 世纪以前。那时候,人们对海洋的认识和利用仅仅停留在"兴渔盐之利,行舟楫之便"的传统方式。接触海洋的人主要是居住在沿海地区的居民,利用海洋的活动主要是采拾贝类和捕捞小鱼,利用海水制盐,在沿海航行。靠海吃海和就近航海的实践,使人类形成了对海洋有"鱼盐之利和舟楫之便"的认识。在中国古代,因此而形成了"历心于山海而国家富"的思想,出现了"官山海"即国家管理山区和海洋(主要是海盐生产)开发的政策。这是 15 世纪以前,人类对海洋价值的基本认识。

(二)近代人们对海洋的深入了解

自 15 世纪后期开始,世界大航海时代到来,他们发现了新大陆、开辟了新航线、进行了环球航行、扩大了世界市场、开始了近代

---

① 吴克勤:《海洋价值观在中国》,《海洋史话》1997 年第 3 期,第 76—80 页。

殖民掠夺,出现了葡萄牙、西班牙、荷兰等海洋强国,形成了割据海洋的局面;同时推动了欧洲资本主义的发展,资本主义代替封建主义的时代到来了。马克思对此作过精辟论述:"美洲的发现,绕过非洲的航行,给新兴的资产阶级开辟了新的活动场所。东印度和中国的市场、美洲的殖民地、对殖民地的贸易、交换手段和一般商品的增加,使商业、航海业和工业空前高涨,因而使正在崩溃的封建社会内部的革命因素迅速发展。"[①]这个时代一直延续到 20 世纪初期。这一时期的大航海活动,不仅为资本主义的发展积累了大量的资本,加速了世界格局的调整,也使人们开拓了视野,促进了整个世界的贸易与交流。

(三)现代人们对海洋的全面认识

自第一次世界大战以来,人类对海洋的利用又深化了。战争时期,海洋成为屯兵、作战的重要战场;战后海洋又成为食品基地、油气开发基地、旅游娱乐基地和仓储等空间利用基地,海洋的价值越来越大,成为人类生存的现实空间,海洋本身成为各国争夺的对象。这期间,海洋的政治地理格局发生了重大变化:1.09 亿平方千米的沿岸海域成为沿海国家的领海、大陆架和专属经济区,海洋国土的观念出现了;2.517 亿平方千米的各国管辖海域之外的海底部分,成为"国际海底区域",有特殊的法律制度管辖、由专门成立的国际海底管理局管理,这个区域及其资源是"人类共同继承的遗产",不能由任何国家占有,这是世界上最大的一个政治地理区域,是地球上唯一一个尚未开发、由全人类共同管理的区域。国际海底区域的上覆水域是公海,公海也有一系列国际法律制度规范。

(四)当前人们对海洋的高度重视

当前,人类面临可持续发展的难题,对海洋价值的认识又有进一步的深化,在从海洋中获取财富、利用海洋争夺财富、依赖海洋生存的基础上,又形成了新的认识。1992 年的世界环境与发展大会指出:海洋是人类生命支持系统的重要组成部分,可持续发展的宝贵财富。人们也形成了许多新的认识,例如:海洋是地球环境的调节

---

① 《马克思恩格斯选集》第 1 卷,人民出版社 1995 年版,第 252 页。

器、人类生存环境的许多因素都受海洋的影响或制约、海洋是人类生命支持系统的重要组成部分。同时,随着人类科技的不断进步,对海洋的勘探也逐步提高,认识也不断深入,海洋中不但有目前已经利用的各种资源,还有许多未被发现或尚未开发的潜在战略资源,这些资源的价值是不可限量的,掌握了这些资源,也就掌握了支持人类可持续发展的命脉。海洋社会价值是支持未来人类持续发展的宝贵财富。

三、海洋社会价值体系主要内容

了解了海洋社会价值体系的相关概述之后,接下来重点介绍海洋社会价值的具体内容,这是本书的重点和中心所在。只有在充分了解海洋社会价值内容的基础上,才会有针对性的进行开发和利用及保护。本部分主要从价值的属性,即价值是主客体关系中客体之对于主体需要的意义,就一般而言,实现意味着通过主体的活动使客体的价值主体化,真正满足主体的需要或对主体发生作用这一属性出发,把海洋的社会价值分为四个部分,下面我们就结合具体事例对这四个方面进行具体介绍。

(一) 经济价值

海洋经济价值主要从开发利用海洋资源对经济增长的贡献方面来进行衡量。有关资料显示:世界海洋经济产值,1982年为3400亿美元,1992年为6700亿美元,1995年达8000亿美元,2000年达15000亿美元,在世界经济中所占比重达7%以上,平均增长速度大大超过世界经济平均增长水平。在中国,海洋经济是国民经济的重要组成部分,对国民经济发展的贡献率越来越大。据国家海洋局统计数据显示:2004年全国海洋产业总产值达到12841亿元,海洋产业增加值为5268亿元,按可比价格计算,比上年增长9.8%,继续保持高于同期国民经济的增长速度。海洋区域经济也持续快速地发展,其中长江三角洲经济区(包括以上海市为中心的江苏省和浙江省的两省一市)的海洋产业总产值在三大海洋区域(环渤海经济区、长江三角洲经济区、珠江三角洲经济区)中最高,达4169亿元。开发利用海洋经济价值在中国经济发展中具有十分重要的战略意义。

海洋在中国的经济发展中起到了巨大的作用,纵观中国经济发展速度较快的地区如珠江三角洲、长江三角洲等地区,无不得益于沿海优越的经济条件。

(二)军事价值

海洋的经济价值固然重要,其军事价值也不容忽视。海洋特殊的地理位置和环境造就了它独特的军事价值功能。海洋的军事价值主要归结为以下几个方面:天然的海岛是国防的前哨;海峡是出海通道、军事咽喉;而广大的海域是军事活动的空间。中国是岛屿众多的国家,沿海有群岛和列岛50多个,500平方米以上的岛屿6500多个。这些岛屿散布在18000多千米的沿岸近海,成为大陆的屏障、国防的前哨、海军的基地。中国的海岛多数为大陆岛,山地、丘陵地多,便于构筑坚固的工事,进行阵地防御。这些岛屿离陆地较近,容易得到陆地空中支援。许多海岛相互毗邻,形成岛群,为配置舰艇部队创造了良好的地理环境。许多岛屿因其重要的军事价值成为各国争夺的重点,对钓鱼岛的争夺就是鲜明的实例之一。钓鱼岛不仅具有重要的经济价值,对于中国来说还有着极其重要的军事意义,如果日本占领了钓鱼岛对中国国防安全将构成严重的威胁。钓鱼岛自古以来就是中国的领土,任何想侵占别国领土和主权的行为都是不合法的,都必将会得到应有的惩罚。

(三)科研价值

海洋具有重要的科研价值,是现代科学发现的摇篮。有史以来,海洋始终是人类考察研究的对象,并且已经成为许多现代科学发现的重要场所,有极大的科学研究价值。当代人类面临的地球变暖、气候变化、生命起源等重大科学问题的解决,也都有赖于海洋科学研究。因此,《联合国海洋法公约》专门对海洋科学研究问题作出了各种规定。其中第238条规定:"所有国家,不论其地理位置如何,以及各主管国际组织,在本公约所规定的其他国家的权利和义务的限制下,均有权进行海洋科学研究。"海洋中越来越多的问题依赖于科学研究来得以发现。从人类认识及开发利用海洋的角度来说,需要研究海洋中生物物种的种类和数量,开发利用的情况;研究海洋矿产、能源等的开发利用价值;研究海上空间、海底隧道等的利用价值;研究海洋生态环境的改变对气候变化的影响;研究海洋如何保护海洋生态环境,如何实现人与海洋协调、可持续发展以及一些海洋未解之谜等等。

(四)生态价值

生态价值的实现有两个方面:一是使生态价值所拥有的诸种价值形态真正于人有益,对人发挥作用,满足人的价值需求;二是满足生态客体由于人的生态利益而提出的客观价值要求,使之发挥正常作用。目前生态价值的实现难度主要在于后者,这也是生态价值实现中的关键所在。生态价值可以表现为使物质循环、能量流通顺畅,使环境优美、洁净,使资源丰沛,生命维持完好等等。但这一切都是外在的表现。生态价值真正得以实现的实质是人与自然关系中矛盾的解决,也就是人与自然关系的和谐,这也正是我们建设和谐社会要求之一———实现人与自然和谐。海洋是生态系统的调节器。世界上多数沿海地区由于濒临海洋而形成优越的地理环境,气候温暖适宜、适合人类居住、适合经济和社会发展,成为发达地区和人口聚居区。中国的沿海地区濒临太平洋西部,处于中纬度地区,气候宜人、物产丰富、交通方便,是中国人口密度最大和经济、文化、科技最发达的地区。以中国的大连、威海、青岛、厦门、珠海等为代表的沿海开放城市,得益于海洋的眷顾,风景秀丽、冬暖夏凉、气候宜人,又由于海洋具有天然的调节大气的功能,使得城市拥有碧水晴空,提升了城市的质量和竞争力,成为大众眼中理想居住地的首选。

当然,海洋社会并非只有上述几种价值,还包含一系列其他价值。如海洋的政治价值、文化价值、海洋的审美价值等等,鉴于篇幅原因,我们只对上述几种主要价值做重点分析。海洋是一个资源的宝库,也是一个复杂的统一体,包罗万象,我们要重视海洋的开发,在开发海洋的过程中,充分实现海洋的价值。

四、逐步完善海洋价值体系建设

价值体系一旦建立,就会对人们的思想、行为等各个方向具有一定的导向作用。只有建立统一的价值体系,我们开发利用海洋的活动才有章可循、有理可依。因此,建立起一整套的海洋社会价值体系具有重要的意义。以下我们分别从提高认识能力、树立正确的价值观念、制定科学合理的开发政策以及强化海洋社会的综合全面管理这四个方面分析海洋社会价值体系的建设。

(一)提高人们认识海洋社会的能力

马克思主义哲学认为:认识是要不断深化、扩展、向前推移;人的认识能力是无限的,只有未被认识的事物,没有不可认识的事物;思维着的精神是世界上最美的花朵等等。这些观点都告诉我们:人类不可能穷尽对一切事物的认识,认识是不断发展的。因此,我们在认识过程中要紧紧抓住这一规律,努力提高自己的认识能力,不断深化、扩展对事物的认识。同样,人们对海洋这一大社会的认识能力也不是一蹴而就的,也是随着时空推移而不断发展、前进的。人类从远古时代就开始从事海洋活动,从最开始的"鱼盐之利、舟楫之便"到海洋探险开发,到人们利用海洋进行军事及经济活动,再到现阶段认识到海洋是我们生命的摇篮,是人类社会永续发展的坚强后盾,人类与海洋保持着紧密的联系等等。可以说人们对海洋的认识随着时间的推移在不断深化、认识领域在不断扩展、不断展现出新的认识、不断提高着对海洋社会价值的认识能力。基于此,海洋社会价值体系的构建更显得尤为重要,海洋社会价值体系一经建立就会对人们的思想起到一定的导向作用,向人们传递海洋知识,在人们对海洋价值等相关知识的不断吸取中,实现着人们对海洋认识能力不断提高。

(二)树立正确的海洋价值开发观念

海洋价值观,是指人类对海洋产生、生存和永续发展的地位和作用的总体认识。一个民族或一个国家对海洋价值的认识程度与国家政治和经济需要是密切相关的。如果对海洋在国家经济和社会发展中的地位和作用估计不足,把海洋摆在微不足道的位置上,那么海洋事业必将受阻,甚至国力也逐渐削弱。因此,重新认识海洋价值具有十分重要的现实意义。中国是世界人口大国,人均陆地空间不足、资源有限,海洋是中国今后可持续发展重要的空间和资源支撑。因此,从战略的高度认识海洋价值,对促进海洋开发和现代海洋观念的形成具有十分重要意义。

海洋价值的实现是一个人与物结合的过程,要使这一过程顺利合理地实现,必须借助有效的海洋开发和利用。同时,人类对海洋价值拓展的认识改变着人与海洋之间的关系,应该坚持可持续性开发防止掠夺式开发。海洋价值的展现是一个逐渐显现的过程,它的实现也是一个由应有到现有的转化过程。因此,人类在开发利用海洋时,应该尊重海洋价值的历史性,根据海洋价值形成的历史规律来分阶段、分步骤地开发海洋,使海洋价值的利用达到最合理化。[①]

(三)制定科学合理的海洋开发政策

中国在很长的历史时期内是以农立国,重陆轻海的传统农耕思想占统治地位,缺乏对走向海洋的认识。因此,新世纪新阶段,必须扭转长期以来形成的"重陆轻海、陆主海从"的传统观念,进一步强化海洋意识,形成全民关注海洋的氛围。为此,胡锦涛总书记适时地提出在做好陆地规划的同时,要增强海洋意识,做好海洋规划;同时,还要完善体制机制,加强各项基础工作,从政策和资金上扶持海洋经济的发展。[②] 在提倡开发和利用海洋的同时,还要制定科学合理的政策以保证海洋资源的有序、科学利用。海洋是全世界的重要资源,一国的不合理利用产生的后果不仅仅危害本国,更有可能殃及全球,成为世界性的问题。近年,自然已表现出越来越震撼的力量。为此,世界各个国家都必须制定科学合理的海洋开发的政策,国家政策是人们进行活动的指导和方向,也是开展活动的保障。对海洋的开发利用也是一样,因此,国家在制定海洋政策时就必须慎重考虑,广泛听取各方面的意见和建议,从而制定出科学合理的海洋综合开发利用的政策,从而在政策层面上保障实现时海洋社会的正确认识和合理利用,减少对海洋的破坏。

(四)强化海洋社会的综合全面管理

归根到底,海洋社会价值的综合利用要靠海洋社会的综合、全

[①] 陈炷响、蔡勤禹:《海洋开发与现代海洋观念》,《合肥学院学报(社会科学版)》2006年第1期,第66页。

[②] 孙洪磊:《四部门剑指"向大海要地"热多措并举遏"填海造陆风"》,《半月谈》2008年4月刊。

面管理来实现。特别是现代社会,海洋的价值越来越受到重视,海洋事业管理效果直接关系到海洋社会价值能否被科学合理的利用,从而在满足现阶段人类自身发展要求的基础上,实现海洋社会的可持续发展,最终获得人与海洋社会的和谐。

管理涉及人类生活的方方面面,直接与人的活动相联系,它同样存在于人类的日常生活中。要想发展海洋事业,首先要学会管理海洋事业。对海洋事业的综合管理,首先要树立正确科学的现代管理理念,使之与时代的发展、社会的进步及管理技术的变革相适应。其次要运用正确的管理方法与技术。管理学是一门很深奥的科学,现在社会产生了越来越多的管理方法与技术,如目标管理、全面质量管理等等,要综合考虑从事海洋事业人员的性质与工作性质、制定合理的管理规章和制度、实现海洋社会的综合管理。最后要注重落实、强化监督。任何管理规则与管理理念如果不强调落实,那都是一些空想,并不会产生实际效果。因此,政策措施等的落实就显得极为重要。要在海洋管理系统中形成约束监督的机制,确保管理的目标任务及政策措施等及时落到实处。

第二节 海洋的社会价值尚未充分利用

海洋富饶而未充分开发,海洋既有现实开发的资源,也有潜在的战略性资源。然而,基于目前人类的技术能力及水平等众多原因,海洋还远未被充分开发利用。本节就从海洋资源基础、海洋产业概况、海洋开发水平及开发前景四个方面去认识海洋社会价值的利用状况。

一、海洋自有的资源价值状况

以海洋所蕴含的资源来考量,现阶段人类的的开发利用程度还很低、规模还显得相对比较单薄、海洋社会的价值还远未充分开发利用。这部分主要是介绍海洋这一资源宝库所蕴藏的巨大潜能。尽量通过具体的数据进行展示,这些数据都是基于一些文献资料以及一些新闻整理得到,具有一定的可信度。

(一)海洋生物资源

海洋是生物资源宝库。2010年10月4日,历时10年的全球"海洋生物普查"项目在伦敦发布最终报告,这是科学家首次对海洋生物"查户口",结果显示海洋世界比想象中更为精彩。根据普查得出的统计数据,海洋生物物种总计可能有约100万种,其中25万种是人类已知的海洋物种,其他75万种海洋物种人类知之甚少,这些人类不甚了解的物种大多生活在北冰洋、南极和东太平洋未被深入考察的海域。来自80多个国家和地区的2700多名科学家在10年间共发现6000多种新物种,它们以甲壳类动物和软体动物居多,其中有1200种已认知或已命名,新发现待命名的物种约5000种。不过,普查也发现一些海洋物种群体正逐步缩小,甚至濒临灭绝。例如,由于过度捕捞,鲨鱼、金枪鱼、海龟等物种在过去10年间数量锐减,部分物种的总数甚至减少90%至95%。另外,科学家在普查中还发现了很多新奇有趣的海洋物种,比如一条长1米、寿命约600年的管虫、一条以时速110千米在水中穿行的旗鱼和长着两个"大耳朵"似的鳍状物酷似动画角色"小飞象"的深海章鱼等。基于人类目前的技术能力和水平,海洋生物资源还远未得到充分的开发和利用。

(二)海洋矿物资源

以中国为例,中国大陆架海区含油气盆地面积近70万平方千米,共有大中型新生代沉积盆地16个。据国内外有关部门资源估计,中国大陆架海域蕴藏石油资源量150亿—200亿吨,分别占全国石油总资源量674亿—787亿吨的18.3%—22.5%;据国家天然气科技攻关最新成果,全国天然气总资源量为43万亿立方米,其中海域为14.09万亿立方米,这充分展现近海油气资源的良好勘探开发前景和油气资源潜力的丰富。中国漫长海岸线上和海域蕴藏着极为丰富的砂矿资源,目前已探明具有工业价值的砂矿有锆石、锡石、独居石、金红石、钛铁矿、磷钇矿、磁铁矿、铌钽铁矿、褐钇铌矿、砂金、金刚石和石英砂等。海洋还蕴藏有大量的海水资源以及可再生能源,海洋可再生能源包括潮汐能、波浪能、海流能、温差能和盐差能等。中国潮汐能资源量约为1.1亿千瓦,年发电量可达2750亿千瓦小时,大部分分布在浙、闽两省,约占全国的81％。波浪能理论功率约为0.23亿千瓦,主要分布在广东、福建、浙江、海南和台湾的附近海域。中国潮流能可开发的装机容量约为0.18亿千瓦,年发电量约270亿千瓦小时,主要在浙江、福建等省。另外流经东海的黑潮,动力能源更为可观,估计为0.2亿千瓦,温差和盐差能蕴藏量分别为1.5亿千瓦和1.1亿千瓦,两者的总量超过海流能和潮汐能。①

(三)海洋空间资源

海洋空间资源有许多不同的界定。一般来说,海洋空间资源包括海洋水体、水面及其上覆空间、海床、底土。它和土地资源一样,既有自然属性,又有社会经济属性,是进行海洋开发利用的载体。海洋空间按其利用目的,可以分为:生产场所,如海上火力发电厂、海水淡化厂、海上石油冶炼厂等;贮藏场所,如海上或海底贮油库、海底仓库等;交通运输设施,如港口和系泊设施、海上机场、海底管道、海底隧道、海底电缆、跨海桥梁等;居住及娱乐场所,如海上宾馆、海中公园、海底观光站及海上城市等;军事基地,如海底导弹基地、海底潜艇基地、海底兵工厂、水下武器试验场、水下指挥控制中心等。世界海洋空间资源极为丰富,是继陆地空间后人类赖以生存和发展的重要载体。目前,人类开发利用海洋空间资源,已从传统的交通运输扩展到工业生产、通信、电力输送、储藏、科学文化、生活娱乐等诸多领域。② 随着人口的膨胀、陆地资源与空间资源的枯竭,人类社会将向海面和海底发展,"海上城市"、"海上机场"、"海底村庄"等应运而生。现代海洋空间主要是海上机场、水下仓储、围海造地、倾废区、海底隧道、管线、人工岛、海上娱乐场、海上城市等。随着中国经济的迅速发展和科学技术的不断提高,中国海洋资源的开发利用也在不断向深层次拓展。

(四)滨海旅游资源

滨海地带气候宜人、空气清新、自然风景优美,沿海发达国家都

---

① 国家海洋局:《蓝色经济带——2020年中国海洋开发》,1998年2月。
② 杨大海:《海洋空间资源可持续开发利用对策研究——以大连为例》,《海洋开发与管理》2008年第1期,第29页。

很重视滨海娱乐和旅游资源的开发利用,不少国家已将其列入海洋开发规划。目前,世界主要海洋国家年海洋旅游收入已相当可观,接待人数已达5亿人次。滨海旅游和海洋娱乐的内容主要有游览滨海和海洋公园、古迹和人文景观,乘坐海上游船和游艇,游泳、潜水、冲浪、钓鱼,乘透明潜艇水下观光,以及修养、疗养、度假等。中国沿海地带跨越热带、亚热带、温带3个气候带,具备"阳光、沙滩、海水、空气、绿色"5个旅游资源基本要素,旅游资源不仅种类繁多,而且数量也很丰富。据初步调查统计,中国可供开发游览娱乐的滨海旅游景点1500多处、具有相当规模的海滨沙滩1000多处。其中,最重要的有国务院已公布的国家历史文化名城16个、国家重点风景名胜区25处、全国重点文物保护单位130处、国家海洋自然保护区37处、国家旅游度假区5处。按照滨海旅游资源的类型分,各种类型的旅游景点共有273处,其中有主要海岸景点45处、主要的岛屿景点15处、奇特景点8处、较重要的生态景点19处、海底景点5处、较著名的山岳景点62处、较有名的人文景观119处。而且,随着现代人类社会对海洋娱乐和滨海旅游的需求日益增多,滨海旅游资源的开发利用已成为各沿海国家海洋开发的重要方面。

二、海洋相关产业的发展概况

海洋空间辽阔、资源丰富,随着人们认识海洋能力的不断提高,对海洋的开发范围逐步扩大,层次也在不断提高,利用海洋发展的产业群也不断扩大,海洋渔业、海洋交通运输业以及海洋滨海旅游业是海洋的三大支柱产业,这三大支柱产业连同其他相关海洋产业一起,促进了海洋的开发和海洋经济的快速发展,下面我们从总体上对海洋产业发展的相关情况进行介绍。

(一)海洋渔业资源开发概况

海洋渔业资源作为重要的海洋资源,一直是人类开发和利用的重点。但是长期以来,由于大力发展海洋渔业,海洋捕捞强度大大超过了海洋渔业资源的可再生能力,使得海洋渔业资源总体上出现了全球性衰退趋势,养护和利用的矛盾十分突出。据联合国粮农组织的评估:全球24%的主要渔业种类处于低度开发或中度开发状态、52％的主要种类处于完全开发状态、16％的主要种类处于过度开发状态、7％的种类已经完全衰退、而其中仅仅有1％有可能恢复。[①] 渔业产业的发展和资源、环境的矛盾日益尖锐。因此,提高海洋渔业资源的综合效益和利用率,发展以资源节约、环境友好、生态安全的渔业已成为现代潮流,必须从实现渔业资源可持续发展的理念出发,利用先进的科学技术和管理理念改造提升传统渔业,合理开发和利用海洋渔业资源。要秉持开发与保护相结合的原则,实现渔业资源的长久和可持续发展,这已经成为各国开发和利用海洋渔业资源的共识。

(二)海洋交通运输业的概况

海洋交通运输是国家整个交通运输大动脉的一个重要组成部分,它具有连续性强、费用低的优点。早在公元前,古罗马的一些运货船只不敢出海,害怕海盗袭击,当时的古罗马最高统帅庞培对船长们说:"航海是必不可少的,而生命可以置之度外"。作为经济学家的德国铁路之父弗里德里希·李斯特对海有着超乎常人的认识,他说:"谁与大海没有关系,谁就缺乏许多东西,他也只能是一个被上帝所厌弃的人……"这表明了他的经济观点,即:海洋交通运输在经济建设中有重要的地位。可以说,海洋交通运输是国家经济走向世界的"伟大桥梁"。近年来,随着各国及各地区科技的进步,海洋交通运输业也相应的得到了迅速发展。海运成为世界各国之间经济、政治等联系的重要工具和纽带,在世界交通的大舞台上发挥着越来越重要的作用。

(三)海洋旅游产业开发概况

21世纪将是海洋经济时代,而海洋旅游业则是前景广阔的海洋产业群中的重要组成部分,海洋旅游业发展有着广阔的发展前景。据国外一份权威公报认为:在即将到来的21世纪,除电信和信息产业外,海洋和海岛游将成为21世纪旅游经济增长的动力。

据世界旅游组织统计:滨海旅游业收入占全球旅游业总收入的

[①] 宁波市十一五重大专项:《海洋渔业资源可持续开发与综合利用科技专项实施方案(2007—2010)》,第1页。

1/2，约为 2500 亿美元，比 10 年前增加了 3 倍；1998 年全世界 40 大旅游目的地中有 37 个是沿海国家或地区；沿海 37 个国家的旅游总收入达 3572.8 亿美元，占全球旅游总收入的 81%；在发达国家，海洋旅游业的产值一般都占到整个旅游业产值的 2/3 左右。从以上数字可以看出，滨海旅游业在海洋产业中所占比重越来越大，增加值也随着现代旅游业的发展在不断提高。总体来说，海洋旅游业在海洋产业中占有先导地位，发展潜力巨大，而且旅游业是一种绿色、无污染的环保型新兴产业，对于城市环境的影响相对较小，要重视发展海洋旅游，开发滨海旅游资源，通过规划建设滨海度假区、海水浴场等海洋旅游项目，带动海洋旅游产业的发展和振兴。①

（四）其他海洋产业开发概况

除了以上三大海洋支柱产业外，海洋还存在许多其他产业，下面我们就以中国为例，对这些产业发展的现状进行分析。

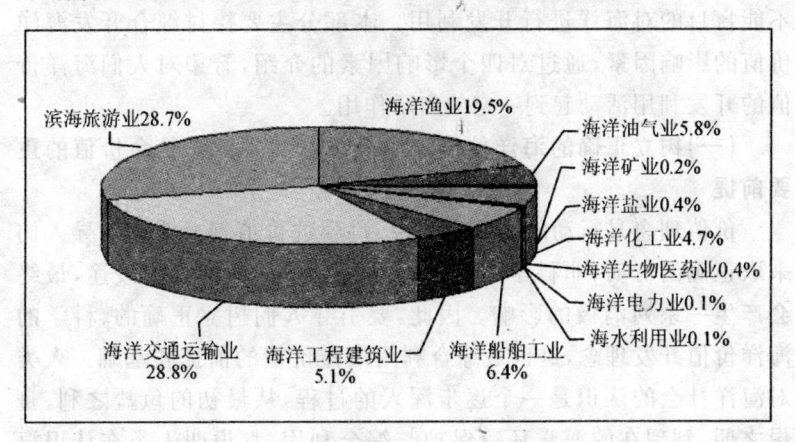

中国 2009 年主要海洋产业增加值构成图
图表来源：中国国家海洋管理局 2009 年中国海洋经济统计公报

滨海旅游业 28.7%
海洋渔业 19.5%
海洋油气业 5.8%
海洋矿业 0.2%
海洋盐业 0.4%
海洋化工业 4.7%
海洋生物医药业 0.4%
海洋电力业 0.1%
海水利用业 0.1%
海洋交通运输业 28.8%
海洋工程建筑业 5.1%
海洋船舶工业 6.4%

上图是中国 2009 年海洋各个产业发展情况。国家海洋局发布的 2009 年中国海洋经济统计公报指出：随着国家《船舶工业调整和振兴规划》的实施，海洋船舶工业保持平稳发展，全年实现增加值

---
① 互动百科《蓝色经济》，www.hudong.com，2010 年 10 月 12 日访问。

828亿元,比上年增长15.8%;中国继续加大海洋油气勘探开发力度,近海多个油气田陆续投产、海洋油气产量持续增长,全年实现增加值748亿元,比上年增长8.5%;沿海地区加快基础设施建设步伐,多座跨海大桥和港口改扩建工程相继施、海洋工程建筑业快速发展,全年实现增加值658亿元,比上年增长31.9%;随着国家《石化产业调整和振兴规划》的实施,沿海地区纷纷启动海洋化工基地建设项目、海洋化工业继续向好发展、全年实现增加值611亿元,比上年增长26.0%等等。总之,各项海洋产业均处于增长阶段,还存在较大的发展提升空间。①

三、影响海洋价值利用的因素

实现海洋社会价值的综合开发利用,需要多种因素协调发挥作用。比如,树立先进的价值理念、运用先进的海洋科技等等。总之,不能盲目的对海洋进行开发利用。本部分主要探讨综合开发海洋价值的影响因素,通过对四个影响因素的介绍,希望对人们海洋价值的开发利用活动起到一定的启示作用。

(一)树立正确的海洋价值理念是综合利用海洋社会价值的重要前提

价值理念是行动的先导和指南、科学的价值理念能够引导人们采取正确的行动、非科学的价值理念就会引导人们走上歧途,最终会产生一系列消极的影响。因此,要引导人们树立正确的、科学的海洋价值开发理念,这也是综合利用海洋价值的前提和基础。人类对海洋社会的认识是一个逐步深入的过程,从最初的鱼盐之利、舟楫之便,到现在的海洋环境保护与综合利用,都说明人类在认识海洋价值的观念上在逐步改变、逐步深入。海洋生态在人类长期的无节制的掠夺与开发过程中,也显得越来越脆弱,海洋也同样在以它特定的方式来反击人类的愚昧。海洋物种的濒临灭绝、海水的污染以及海啸的频发等等灾害无不向人类敲响了警钟。人类在自食对生态环境的破坏而产生的苦果的同时,也深深地认识到到了该思索

---

① 孙志辉:《2009年中国海洋经济统计公报》,国家海洋局2010年3月。

如何处理与海洋的关系,如何正确的开发利用海洋的价值的时候了。海洋作为一个天然的生态系统,不应只成为人类开发利用的工具,人类更应该树立起综合利用的意识。只有在这种价值理念的指导下,人类才能实现与海洋生态的和谐共处,实现对海洋价值的综合利用。

(二)发展先进的海洋科学技术是综合利用海洋社会价值的技术先导

无论是海洋经济发展、海洋产业结构调整,还是海洋资源合理开发利用、海洋生态环境保护,都离不开科技创新。现阶段,人类对海洋的认识在不断深入,对海洋的开发也并不仅仅局限于浅层次,而且随着近海资源开发的殆尽,人类已经将触角伸向远海及深海,这就需要有较高的科技能力做支撑。因此,要想在现代社会占领海洋开发的制高点,就必须要提高科技实力和水平。要不断提高海洋科技投入力度,重视海洋科技能力的提高。应重视高科技在生产中的推广和应用,加快高科技的研发,同时推动科技成果转化。倡导各类海洋企业与科研单位联手,走产、学、研相结合的道路,提高科研开发能力和科技成果产业化水平,提高科技进步对海洋发展的贡献力。加强国际合作和地区合作,走国际合作开发的道路,博采众长,加快海洋科技开发的速度,提升海洋开发能力。

(三)培育高素质海洋建设人才是综合利用海洋社会价值的关键因素

人才是第一生产力,是国家发展和振兴的重要力量。21世纪是海洋的世纪,而海洋的竞争关键是知识和人才的竞争,是人们掌握和运用最新技术能力的竞争。海洋科技的发展、经济的振兴以及海洋社会价值的发现和利用,从根本上说,都取决于劳动者素质的提高和大量合格人才的培养和建设。因此,应围绕海洋发展和创新的重点任务,坚持用好现有人才,引进外来人才,抓紧培育适用人才,进一步优化海洋人才结构,以人才开发支持海洋事业发展。

人才的培养要靠教育,要建设一批高素质的海洋人才,首先离不开一国海洋教育事业的发展。增加海洋类高校、增设海洋类学科专业是培养海洋人才最便捷也是最有效的途径。加大对海洋相关学科建设的投入力度,力争建成一批有水平、能够切实为社会输送海洋人才的高校是建设海洋人才的基础;同时一些海洋相关研究院所和机构也要注重在培育海洋后备人才这方面的工作。在海洋科研的过程中,也要适度加大对海洋人才的培养,这些研究机构具备实践和理论的有机结合,对于海洋人才的培养具有更重要的意义。最后,海洋人才,特别是高素质海洋带头人的建设还离不开国际合作,要开放视野,在世界范围内树立国际眼光,形成人才的合作培养和互动开发,共同培养高素质、高水平的海洋人才。

(四)加大海洋的经济投入力度是综合利用海洋社会价值的后备保障

国家对海洋开发的经济后备支持能力也是影响海洋价值开发和利用的重要因素,经济实力是进行海洋开发的基础和前提。海洋深邃而广阔,价值巨大,但是开发利用海洋的价值难度也非常大,需要具备雄厚的能力,而这些能力的增强都需要有一定的经济实力作支撑,可以毫不夸张的说,一国的经济实力是决定其海洋发展水平的最重要因素。经济实力雄厚,显然用在海洋开发上的力度就会比较大、就会加大对海洋的投资力度、就可以增加海洋产业装备、大力建设和引进海洋先进人才、积极培育战略性海洋新兴产业,从而推进海洋产业结构调整和自主创新、促进海洋经济发展方式的转变、提高海洋经济的质量和效益,最终促进海洋经济更加平稳较快地发展。概览世界上的海洋大国,无一不是具有强大的经济实力作支撑。像美国、日本等等这些发达的现代化国家,国家经济基础雄厚,可用在海洋开发利用上的投资就会很多,再加上这些国家本身十分重视,使得这些国家理所应当的成为世界不可匹敌的海洋强国。

四、海洋价值综合利用的前景

目前,人类对于海洋的认识与开发还只是处于初级阶段,海洋巨大的潜力和价值都等待着未来人类智慧的发现。人类未来的生存和发展将越来越多的依赖于海洋:人类的经济发展离不开海洋资源的供给;人类军事竞争及较量将主要在海上进行;海洋科研也将推动科研的重大发现;同时,海洋生态将促进整个生态系统的改善。

(一)经济发展的主要推动力量

未来人类开发利用海洋价值的重点主要还是在经济领域。随着陆地资源日益减少甚至枯竭,人类越来越寄希望于拥有庞大面积的海洋,希望通过海洋中各种资源的开发、各种价值的发现及利用,实现推动经济持续快速增长的目的。海洋产业是海洋经济的主要表现形式,而海洋中的资源又是海洋发展的基础,海洋中所蕴藏的资源一直是人们开发利用的重点。不管是从种类上说,还是从数量来讲,海洋中资源的开发利用价值都是陆地无法与之相比的。而且,由于人类不注重资源的可持续开发利用,陆地资源的可开发年限越来越少,开发海洋也是一种不可阻挡的潮流和趋势。由于受现阶段科技发展水平及技术手段的限制,对海洋中蕴藏的丰富的资源人类还只是处于认知阶段,还不具备开发的能力,特别是远离陆地或者是深海区,更是还无法直接开发。但是随着社会的进步,科技水平的提高,人类对海洋的开发也会随着技术的进步逐步推进。在陆地资源枯竭的压力与技术手段进步的推力双重力量的作用下,未来的海洋当理所当然的成为经济增长的主要推动力。

(二)军事发展提升的主要空间

随着人类迈向新的世纪,在社会物质文明高度发达的今天,人类认识海洋、高度重视海洋权益、树立新的海洋观,已成为世界性问题。事实已经证明,谁掌握了海权,谁就掌握了打开未来生存和可持续发展大门的钥匙。尽管国际上已经出台了《联合国海洋法公约》来保障各国的海洋权益,但是海洋毕竟是作为人类未来重要的生存空间,不可避免的成为各国之间斗争的焦点所在。而海权的掌握和维护主要靠军事,雄厚的军事力量不仅是保证海权的前提,也是国家经济稳定发展前提。中国尤其需要加强海上军事的建设,建设强大的海防。近代的中国,饱受了有海无防所造成的苦难;今天的中国,2/3 的海洋国土遭到他人垂涎,21 世纪是海洋的世纪,也是"太平洋世纪",更应该是壮大中国海洋军事实力的世纪,为此,建设一支强大的海军,铸造中国"海防之铜",以保卫中国的海洋国防安全、海洋经济安全,是历史的必然、是大势所趋。

(三)开展科学研究的重要依据

随着海洋经济的发展、人类对海洋投入力度的加强,海洋在人类生活中地位会逐步上升。人类认识能力越强,对海洋的神秘就会越感兴趣,就会逐步把科研的范围与视野拓展到海洋,虽然我们现在没有停止过对海洋的研究与探讨,但是范围还相对狭窄,海洋的一些相关活动的开展也只是集中在少数几所专业海洋院校及海洋科研所,其他一些科研院所及机构则很少涉及。未来的海洋不光是经济发展的重要源泉,也是科学研究的重要后花园。海洋的一些价值在满足经济利益的基础上,也具有极大的科研价值。比如,海洋生物多样性,虽然各国在不断地加强海洋生物多样的研究,但是鉴于一定的条件的限制,始终无法对海洋的生物有一个彻底的摸清。还有一些海洋自然现象引发的灾害,如厄尔尼诺现象、全球海平面上升、两级冰川的融化等等,这些都对人们的生产与生活产生着越来越重要的影响,这就亟需人类持续加强对海洋的科学研究。人类利益的获取、需要的满足都需要人类不断去探索、去发现,需要人类与自然的和谐相处,因此,对海洋的科学研究领域和范围也会越来越广泛,研究层次也会不断加深。

(四)人类社会的主要生态屏障

人类不仅要利用海洋生态,更应注重保护海洋生态,因为人类社会的生存发展,不仅需要消耗各种海洋自然资源,也需要赖以生存的海洋生态环境。

海洋生态环境是整个生态系统的重要组成部分,是人类社会的主要生态屏障,在塑造和维护良好生存环境中发挥着重要作用。海洋事业的蓬勃发展不仅带来了经济的腾飞,也突显出日益严重的环境问题。人类在利用海洋的过程中,由于不合理利用,生产、生活所排放的各种废弃物超过了海水本身的净化极限,出现海水污染严重;全球气候变暖,导致海平面上升;越来越频繁的海啸及其他海洋现象的发生等等,这一切海洋生态环境恶化的印证都说明,海洋生态系统已经向人类发出了警钟,这就印证了恩格斯所说的一句话,"我们不要过分陶醉于我们对自然界的胜利。对于每一次这样的胜利,自然界都报复了我们"。① 人类现阶段的发展问题不是要不要发展,而是还能不能就这样发展下去,人类的生存环境已经面临严重的危机。必须要重视海洋生态的变化,注重保护和合理利用海洋生态环境,发挥海洋生态的正价值,实现人与自然和谐共存与可持续发展。

第三节 海洋社会价值综合利用的原则

海洋社会价值的综合利用是一个难度大而且十分复杂的系统工程,实现这一过程并不是一时半刻、头脑发热就能解决的,它需要在一定思想的指导下,形成统一的思路,遵循一定的基本原则,制定正确的战略任务,从而形成科学合理的开发利用格局,才能实现海洋社会价值的综合开发利用。

一、指导思想

思想就是理性认识,是相对于感性认识而存在的,是对感性认识加工的结果。指导思想也就是指导人们开展活动的理性认识,通俗的说就是指导人们活动的基本思路与观念。它在整个活动中处于灵魂地位。海洋社会价值的综合利用也需要一定思想的指导,具体如下:

(一)遵守海洋相关法律和规范

国际海洋法规是国际法的重要组成部分,是有关海洋区域的各种法律规范制度,以及在海洋开发各方面调整国与国之间关系的原则和规则的总称。国际海洋法规作为国际法的一部分,它首先具有国际法的一般特征,并遵循国际法的基本原则,如维护国际和平、尊重国家主权和领土完整、和平解决国际争端等;另一方面,它又具有部门法特有的基本内容和体系,即有关内水、领海、领水、群岛水域、毗连区、专属经济区、大陆架、公海、国际海底区域等基本的海洋法

---

① 《马克思恩格斯全集》第 20 卷,人民出版社 1971 年版,第 519 页。

制度。现行的国际海洋法规主要有《联合国海洋法公约》以其其他一些具体法规,如《渔业管理法》等。国际海洋法规是管理海洋的重要规范,它在规范各国海洋权利和义务、协调国际海洋争端、维护海洋社会秩序等方面发挥着重要的作用。海洋是全人类的共同财产,没有统一的法规指导,势必会造成海洋价值开发利用的无序和混乱。因此,必须要在遵守相关国际海洋法规的前提下,在和谐的背景下实现海洋社会价值的综合合理利用。

(二)采取科学的开发利用方法

科学方法是认识自然或获得科学知识的程序或过程,是达成目的的关键因素,所谓的事半功倍就是这个道理。针对海洋可持续发展做出明智决策,更加需要科学方法的指导。人类社会越发达,对海洋的要求就会越高,如何协调人类日益高涨的欲望与海洋资源日益减少,环境日益恶化之间的矛盾,就需要人类利用科学的方法去认识及开发和利用海洋社会的价值。我们这里讲的科学的方法不仅包括要在遵循自然规律的前提下开展活动,也包括要尽可能地运用一些技术手段科学地开发海洋,把对海洋的破坏控制在最低限度内。这就需要人类不断探索海洋高新技术、不断更新现有技术、摆脱落后的开发习俗、运用高新科技实现对海洋的科学利用。人类现阶段对海洋的认识还处于较低水平、对海洋的利用层次也相对较低、海洋装备相对比较落后、对海洋的开发更是无序、无度,这一切都要求我们必须要加强海洋开发新技术、新装备的运用,以科学先进的方法实现海洋社会价值的综合开发和利用。

(三)加强海洋社会的综合管理

对海洋的管理要始终从全局出发,综合全面的考虑,形成海洋价值开发与管理的综合决策机制。完善海洋综合管理体系、制定统一协调的海洋开发政策、建立健全有利于海洋资源可持续利用的法律法规,逐步完善各种海洋开发活动的协调管理。海洋综合管理的根本目的是促进经济持续、快速和健康发展。对海洋可再生资源,要改善其利用效率,既要尽可能多的开发利用,又要保持生态系统有较强的恢复能力和持续再生产能力;对海洋不可再生资源,要有计划的适度开发,并着力提高循环利用的水平。海洋开发利用活动的不规范,已经对海洋生态产生了重大的消极影响。今后,国际社会要加大海洋管理法规的宣传,及时制定新的管理规章和制度;同时各国要在遵守国际海洋相关管理规范和制度的基础上,加强对本国海洋事业发展的管理,制定一系列海洋法规,规范涉海人员的行为,改变对海洋社会的无序、无度的开发和利用;同时,坚持科技为管理服务的原则,推进海洋科技创新,进一步加强海洋管理关键支撑技术研究,实现多种技术的综合集成和在海洋管理中的应用,提升海洋科技对海洋管理的服务能力,为海洋管理创新体系建立奠定技术基础。

(四)实现海洋社会的持续发展

实现海洋社会的持续发展是全人类的共同愿望,何时何地都不能放弃。海洋社会的持续发展问题实际上是经济社会发展的问题,绝不能以局部利益的获得损害整体利益,更不能以一时利益之需损害长远利益,竭泽而渔似的经济发展方式只会将人类自己推进毁灭的深渊。事实也证明,世界是公平的,人类在利用自然过程中对自然造成的破坏,自然界总会以另一种方式来反击。伟大的人类在每一次自然灾害面前依然显得那么孤立无助。发展不仅限于增长,持续更不是停顿。持续有赖于发展,只有不断发展才能持续。人类要真正建立起持续发展的意识,不仅是资源的永续利用、经济的持续发展,更是人类自身生存环境的不断改善与进步。要在发展蓝色经济的同时,统筹好海洋社会持续发展和当前经济发展的关系,以人与自然的和谐相处推动整个社会的持续发展与进步。

二、总体思路

思路,广义上可以理解为:人们思考某一问题时思维活动进展的线路或轨迹。也就是宏观上的构思、谋篇布局的思维过程。思路可以说是指导思想的进一步具体化,它比较具有实际的操作性。具体来说,海洋价值利用的总体思路可以概括为以下四个方面。

(一)强化海洋价值意识

树立现代海洋观念,提高海洋价值开发利用事业发展的自觉性和预见性。海洋在当今国际社会已经成为共同关注的热点,海洋经济已经成为世界经济增长的新领域。海洋与民族盛衰密切相关,已成为世界性共识。[①] 一个民族要走向世界,必须牢固树立起海洋价值观念,注重建设海洋文明。因此,在海洋社会价值开发过程中,要从战略高度认识海洋问题,做到国内与国外海洋事务统筹兼顾、陆海统筹兼顾、海洋开发与海洋环境资源保护的统筹兼顾等,强调海洋科学规划,从而提高海洋综合利用的自觉性和预见性。而且,海洋事业的发展也必须有相应的海洋观念作动力支持。如果海洋价值观念落后于海洋开发的实际,就会对海洋开发起阻碍作用。因此,面对海洋事业迅速发展的形势,必须树立起现代海洋观念,向全民灌输海洋意识,普及海洋知识,宣传海洋文化;还要借鉴各海洋发达国家海洋开发理念来培育现代的海洋观念,制定相应的海洋开发战略,推动海洋社会价值实现综合利用。

(二)培育新的发展要素

实现海洋社会价值的综合利用,主要是要实现海洋经济价值的合理有序利用,并以经济价值的有序合理开发利用带动其他价值的实现。要推动海洋经济发展方式由传统型向现代型转变,由以往依赖于消耗海洋资源为主的竭泽而渔似的发展方式向以现代科学手段综合利用海洋价值实现海洋持续发展方式的不断转变,这就需要注重培育海洋经济发展的新要素、提高海洋经济的贡献率。以现代国家竞争优势理论为依据,立足于海洋开发的实际,确定海洋经济发展新要素培育的有效战略。注重培育和创造自身缺乏的新经济要素,大力发展与储备海洋开发高新技术,提高科技对海洋经济发展的贡献率。以科技进步为动力,发现更多的可利用资源、高效利用常规资源;大力发展海洋高新技术产业、调整和优化海洋产业结构、改造和提升传统海洋产业、发展新兴海洋产业、提高海洋产业现代化水平、推动海洋产业集群的形成、构建特定的国家海洋开发竞争优势、提高海洋经济对国民经济的贡献率。[②]

---

① 陈炷响、蔡勤禹:《海洋开发与现代海洋观念》,《合肥学院学报(社会科学版)》2006年第1期,第67页。
② 文艳、姜国建:《略论我国现代海洋开发》,《中国渔业经济》2005年第4期,第17页。

(三)贯彻科学发展观念

科学发展观是坚持以人为本,全面、协调、可持续的发展观。以人为本,就是要把人民的利益作为一切工作的出发点和落脚点,不断满足人们的多方面需求和促进人的全面发展;全面,就是要在不断完善社会主义市场经济体制,保持经济持续快速协调健康发展的同时,加快政治文明、精神文明的建设,形成物质文明、政治文明、精神文明相互促进、共同发展的格局;协调,就是要统筹城乡协调发展、区域协调发展、经济社会协调发展、国内发展和对外开放;可持续,就是要统筹人与自然和谐发展,处理好经济建设、人口增长与资源利用、生态环境保护的关系,推动整个社会走上生产发展、生活富裕、生态良好的文明发展道路。①

科学发展观念不仅是中国的,也是世界的。它是指导人类实现与自然和谐相处、实现社会可持续发展的重要依据,对海洋社会价值的综合利用同样具有重大的指导作用,是人类综合利用海洋价值的总体思路之一。规划海洋发展蓝图、发展海洋经济、综合利用海洋社会价值,需要贯彻科学发展的总体思路,不断强化和落实科学发展理念。

(四)实行国际合作开发

海洋开发是一项高投资、高风险、高难度以及高综合性的活动,要实现海洋社会价值的合理开发和综合利用,单靠一国家闭门造车是远远不够的,需要开展国际合作。广泛开展海洋科学的国际合作和学术交流,共同研制新技术、预防和解决海洋问题。海洋作为人类共同的遗产,占地球表面积的71%,其生态功能强弱影响着地球生态环境的好坏。目前海洋污染日益严重,且随着大气流动、海水流向具有较强的流动性,成为影响全球生态环境的直接因素。因此,防治污染、保护环境是每个国家和地区共同的责任,应开展广泛的技术合作与交流。同时,地球大陆架、海岸带连为一个整体,海洋生物也具有流动性,相对于全球海洋而言,各沿海国家管辖的海域

---

① 胡锦涛:《高举中国特色社会主义伟大旗帜为夺取全面建设小康社会新胜利而奋斗》,中国共产党第十七次全国代表大会,2007年10月。

（领海、专属经济区）只是很小一部分,在专属经济区有时也有其他国家权利的渗透。对属于共享资源、面积更大的全球大洋的调查利用,更不是一个国家所能独立完成的,要实行开放政策、打破地域国界限制、开展国际合作与交流、协作开发利用和保护好海洋资源。

三、基本原则

所谓的原则指的是指导人们的认识、思想、言论和行为的规定或准则,也就是观察问题、处理问题的准则,是思考问题和言论行动的准绳。"原则"是人类行为的准则,这是不容置疑的基本道理,历经考验而永垂不朽。海洋事业与每个国家甚至是每个个体都息息相关,因此,必须要坚持和遵守维护国家的海洋权益、科技兴海等基本原则,从而保证海洋社会价值实现综合利用。

（一）维护国家海洋权益原则

海洋权益关系到国家的兴衰,谁抢占了海洋开发的先机,谁就会在未来的海洋开发中赢得主动。古罗马西塞罗"谁能控制海洋,谁就能控制世界"的话已经成为不变的信条。可见,海洋是与国家利益密切相关的。[1]

21世纪是全面开发利用海洋的新时代。要顺应世界发展潮流,大力发展国家海洋事业,必须要坚持维护国家海洋权益的原则,保护国家海洋领土和主权完整不容侵犯。有效维护国家海洋权益,对整个国家的经济发展、社会稳定、国家安全具有重大意义,是提高国家综合国力的根本条件和重要途径,也是实现海洋强国的重要目标之一。国家海洋权益是国家海洋权利和海洋利益的总称。国家海洋权利是从法律的角度界定国家应当享有的各种利益,如《联合国海洋法公约》中所规定的:沿海国可主张一定范围的管辖海域(领海和毗连区、专属经济区和大陆架);在国家管辖海域的主权、主权权利和管辖权;在国家管辖之外海域(公海、国际海底)的各项自由和权利;在他国管辖海域依法享有的各种权利,如专属经济区的剩余

---

[1] 倪健中、宋宜昌主编:《海洋中国:文明中心转移与国家利益空间》,中国国际广播出版社1997年版,第832页。

捕鱼权、无害通过权等;国家的海洋利益是国家在享有海洋权利的具体体现,是国家在海洋开发方面实际享有的便利和收益。[①] 各国在海洋开发的过程中,要认真维护国家的海洋权益,实现国家管辖海域的主权、主权权利和管辖权,同时要积极参与世界公共海洋资源的开发利用,争取分享更多的公共海洋资源份额,努力为本国创造相应的海洋利益。

(二)统筹规划协调发展原则

要坚持统筹规划与协调发展的基本原则。统筹规划也就是在综合利用海洋社会价值的过程中,要统筹考虑各方面的情况、制定统一的规划、科学规范地开展工作,它重在制定科学的发展规划上。海洋开发特别是具体到各国在海洋开发上存在着无序的状况,各地各自为政,没有统一的规划与发展方案,这就很容易导致海洋自身发展规律的紊乱,不利于海洋社会价值的综合利用。协调发展的侧重点则是在发展过程中,实现各方面协调的均衡发展。协调发展包括协调水陆发展,不能重陆轻海,要努力实现陆海一体化;协调海洋经济发展中海洋各产业之间的关系,实现海洋产业布局的合理和优化,这对于当前海洋产业发展具有重要的借鉴意义;协调利用海洋价值与海洋环境保护、海洋生态维护之间的关系,实现经济发展与海洋生态环境保护的双丰收等。

总之,在确立海洋发展目标及制定海洋发展规划时,要统筹考虑各方面的利益,要考虑到经济发展统筹规划海域的合理使用,保障各种海洋产业协调发展;统筹规划各地区的海洋开发,逐步形成各具特色的海洋经济区;提出规划海洋开发与保护的重点任务,保障海洋可持续利用。

(三)始终坚持科技兴海原则

科技是第一生产力这一重要论断已经被世界各国所接受。各国都加大力度发展先进科学技术,为的就是能在未来的蓝色经济的竞争中占据不败之地。海洋开发的高难度及海洋价值的巨大吸引力,决定了人类对海洋科技的巨大需求。

---

① 吴继陆:《维护国家海洋权益,促进国家经济发展》,《中国海洋报》第 1214 期。

21世纪,海洋科技应围绕"权益、财富、健康、安全、科技"十字方针,切实贯彻执行科技兴海的基本原则。以高科技为先导,形成高技术、关键技术、基础研究、基础性工作各个层次相结合的战略部署,加速实现海洋科技成果产业化、业务化,为我国海洋经济的发展和海洋事业的现代化提供强有力的支撑。要创新机制,促进海洋科技与海洋经济的紧密结合,形成科技服务于海洋经济发展的业务化运行体系;要坚持科技创新,面向国际市场,遵循"大产业、大市场、大流通"的基本原则,通过现代科学技术与海洋产业发展相结合,大力发展海洋高新技术产业,推动海洋产业结构和技术结构的快速升级,提高海洋产业的国际竞争力,走国际化发展之路。[1]

(四)坚持可持续发展的原则

可持续发展可以说是人类发展过程中所要遵循的最高原则,它主要包括社会可持续发展、生态可持续发展、经济可持续发展。可持续发展的含义是既满足当代人的需要,又不对后代人满足需要的能力构成危害的发展。可持续发展的核心是发展,但要求在严格控制人口、提高人口素质和保护环境、资源永续利用的前提下进行经济和社会的发展。发展是可持续发展的前提;人是可持续发展的中心体;可持续长久的发展才是真正的发展。使子孙后代能够永续发展和安居乐业,决不能吃祖宗饭、断子孙路。海洋社会是整个社会的重要组成部分,海洋社会健康与稳定更需要坚持可持续发展这一原则。持续、快速的发展海洋经济是海洋开发利用的核心目标,要在发展海洋经济的过程中注重正确处理发展海洋经济与保护海洋生态环境之间的关系,坚持开发与保护并重,把海洋开发规模维持在海洋资源与环境的承载力基础上,防止无序、无度利用海洋资源,保护海洋生态环境,走海洋社会可持续发展之路。

四、战略任务

战略任务,主要是指一项战略实施期内,具有长期性、全局性、

---

[1] 王芳:《重要的战略部署——实施海洋开发》,《今日中国论坛》2006年第9期,第85页。

方向性、决定性和关键性的工作和职责。战略任务是战略目标的分解,战略任务是详细的具体的,战略目标要通过战略任务的完成才能实现。战略任务可以分解成若干具体的子任务和更细致的任务。海洋综合利用作为一项巨大的工程,其主要战略任务如下所述:

(一)优化升级海洋产业结构

发展海洋产业是海洋经济价值的主要实现形式,也是整个海洋社会价值的主要实现形式。优化产业结构布局、发展与可持续发展方式相适应的海洋产业、积极推动海洋产业发展的现代化。发展现代海洋产业,要坚持科技创新、科技兴海的基本原则,积极实行"引进来,走出去"相结合的发展战略,面向国际国内两个市场,通过国际合作、发展现代海洋科技,实现与海洋产业相结合,大力发展海洋高新技术产业,推动海洋产业结构和技术结构的合理优化和转型升级,提高海洋产业的现代化、国际化水平与海洋产业的总体竞争力,走国际化发展的道路。坚持以效益为中心,以市场需求为导向,以可持续发展为宗旨,按照"开发利用与保护并重"的方针,建设现代海洋产业发展体系,积极推进海洋产业经济结构的战略性调整,保障海洋资源可持续利用与协调发展,实现海洋产业由粗放型向集约型的新发展方式的战略转变。

(二)实施海洋开发战略布局

海洋开发布局的合理与否直接关系到整个海洋社会价值利用的秩序。因此,海洋开发布局在整个海洋开发活动中具有十分重要的地位和作用。

中国海洋开发战略布局遵循的一般原则是"由近及远,先易后难,优先开发海岸带及邻近海域,优先开发有争议海区资源,加强海岛保护与建设,有重点地开发大陆架和专属经济区,加大国际海底区域的勘探开发力度"。要站在战略的高度对海洋开发进行布局,要按照海陆一体化的发展思路优先发展海岸带及临近海域、构建海岸带开发宏观战略格局和海洋经济增长极、建成一批海洋经济带,带动沿海地区经济发展。遵循"开发与保护并重,保护中开发"的原则,建设海岛生态经济区。大陆架和专属经济区开发要坚持争议海区适度开发、传统海区综合开发,适度加大对黄海、东海、南海争议区油气资源和渔业资源的开发力度,逐步减少对渤海油气资源的开发。大力发展远洋捕捞,通过加入国际和区域性渔业组织,积极开发公海水产资源。以寻求我国21世纪战略资源可接替区为目的,加大对国际海底区域资源研究、勘探和开发的投入,使我国成为国际海底和深海研究开发强国之一,推动深海产业快速发展。[①]

(三)推动海洋科技稳步提升

实现海洋社会价值的综合合理利用,海洋科技的进步是关键。要始终坚持科技兴海的基本原则,落实好科技兴海规划的实施,不断增强海洋科技创新能力;要增强海洋科技的投入力度,要在本国加大资本投入力度的基础上,利用各种途径吸引外资,建立起多渠道的融资方式;加快海洋科技人才的培养,建设海洋科技创新体系,加快海洋教育事业的发展,培养一批高素质、有能力的海洋专业人才;不断加大海洋高新技术的研制与开发,加强海洋科技自主创新能力,同时注重科技成果的转化和应用,重视高科技在海洋发展中的推广和应用,大力倡导产、学、研合作的模式,推动科技成果的转化率,提高科技成果的产业化水平,提高科技进步对海洋经济发展的贡献率;加强国家间的科技合作,引进先进技术、设备,吸收借鉴各国先进经验,提高海洋产业的技术含量。总之,要把推进海洋科技稳步提升作为一项战略任务来抓,从而通过科技的进步实现对海洋的深入发现、认识及利用。

(四)加强海洋生态环境保护

海洋生态环境是海洋生物赖以生存和发展的必要条件,也是人类得以生存和发展的重要依托。生态环境的任何改变都有可能导致生态系统和海洋生物资源的变化。海洋的整体性与组成要素之间是密切相关的,任何海域某一要素的变化都不可能仅仅局限在产生的地点上,都有可能对临近海域甚至更远范围的海域产生直接或间接地影响和作用。生物依赖于环境,环境影响生物的生存和繁衍。同时,海洋生态环境在人类的社会生活中也扮演者十分重要的角色,在人类良好生存发展环境的维护和塑造上发挥着不可替代的

---

① 文艳、姜国建:《略论我国现代海洋开发》,《中国渔业经济》2005年第4期,第18页。

作用。但是,由于不合理的人类活动已经对海洋生态环境造成了一定的影响和破坏,海洋生态系统的恢复期是一个很漫长的过程,一旦被破坏,就可能要用十倍甚至更多的代价去恢复,因此,加强海洋生态环境保护虽然任重而道远,但却势在必行。加强海洋生态环境保护,首先要引导人们树立起海洋生态环境意识,确立起科学利用海洋的理念,广泛宣传海洋资源的、海洋环境容量的有限性,要在人们的头脑中植入保护海洋生态环境的意识;要采取措施修复和改善海洋生态,对已经被破坏的海洋生态,要注意及时的停止开发并进行修复,坚持科学开发利用、开发与保护相结合的方针,制定开发利用海洋的政策措施,规范人们的涉海行为等,从多方面加强海洋生态环境保护,使海洋真正成为生命的摇篮。

伟大的航海家郑和曾给炎黄子孙留下这样的遗嘱:"欲国家富强,不可置海洋于不顾。财富取之于海,危险亦来自于海。"国内外历史发展的经验告诉我们,国家的兴衰与海洋息息相关,海兴则国强,海衰则国弱。今后,人类要积极利用海洋的社会价值,但是必须建立在尊重海洋自身生态系统规律的基础上。总之,人类作为开发利用海洋社会价值的主体,首先要树立起科学的海洋价值观念,树立起开发利用海洋价值的意识;其次要采取科学的方法综合利用海洋的社会价值。现阶段,人类在认识上已经逐步提升,但是在综合利用方面还存在很多粗陋和缺陷,导致了海洋社会价值的不合理利用。人类要提升海洋价值观念,规范海洋开发行为,实现海洋社会价值的综合利用及海洋社会的可持续发展。

参考文献:

1. 马志荣:《海洋强国——新世纪中国发展的战略选择》,《海洋开发与管理》2004年第6期。
2. 吴克勤:《海洋价值观在中国》,《海洋史话》1997年第3期。
3. 倪健中、宋宜昌主编:《海洋中国:文明重心东移与国家利益空间》,中国国际广播出版社1997年版。
4. 王曙光主编:《海洋开发战略研究》,海洋出版社2004年版。

思考问题：

1. 论述海洋社会价值体系的主要内容及建设。
2. 从海洋社会价值的角度论述中日之间的钓鱼岛之争。
3. 如何实现海洋社会价值的综合合理利用和可持续发展？

藏污纳垢　赤潮横流　千般无奈伤人海
激浊扬清　生态平衡　万端有志护家园

第二十一章　海洋生态：海洋社会的科学保护

如同陆地社会一样，海洋社会面临的人口、环境、资源等几大问题都是生态涉及的范畴和内容。海洋社会的生态是一个复杂庞大的系统，尤其是它的环境资源和生物种类等的组合不同，必然存在着各自的特质，需要人们在开展海洋社会的研究中给予特别的重视，但人类的海洋活动却导致海洋生态问题的日趋严峻，因而对海洋生态的科学保护便成为重要的内容。本书在探讨了海洋资源和价值之后，专对繁衍不息的海洋社会生态体系进行研究，同时指出人们对海洋的社会生态尚未充分保护的弊端，以及科学保护海洋生态的基本原则等。

第一节　繁衍不息的海洋社会生态体系

本节重点论述海洋社会生态的生态体系的基本概念、海洋社会生态体系的基层、中层和表层等各自的具体机理。

一、海洋社会生态的大致认知

什么是海洋社会的生态？海洋社会生态有何基本要素？海洋社会的生态体系有哪几个层次？这是首先要回答的基本问题。

（一）关于生态的一般概念

"生态"一词，源于古希腊字，意思是指家或者环境，现在通常指生物的生活状态。概括讲生态就是指生物在一定的自然环境下生存和发展的状态，也指生物的生理特性和生活习性，以及生物之间、生物与环境之间环环相扣的关系及其对生态系统的影响。[1] 生态反映的是生物与环境,及生物与非生物之间相互关系,体现了自然界生物与环境之间不可分割的整体性。随着社会的发展,"生态"一词涉及的范畴也越来越广,人们常常用生态来定义许多美好的事物,如健康的、美的、和谐的等事物均可冠以"生态"修饰。当然,不同文化背景的人对"生态"的定义会有所不同,正如自然界的"生态"所追求的物种多样性一样,生态在研究处理人与自然、资源、环境的关系中已被广泛的应用。

(二)社会生态的基本要素

传统的生态是将生物放在自然状态下进行研究的,社会生态则是研究人的活动与周围环境及各种事物之间的联系。人具有自然和社会双重属性,这是人类区别于其他生物的重要所在。如果把人类看成一个生态因子,那么人类无疑是最为活跃的因子。社会生态基本要素包括人、自然、环境及社会体系部分。社会生态范畴应当包括原生生态、亚原生生态和人文生态。[2] 人类的发展会对环境产生一定影响,甚至破坏部分生态环境,如环境污染、乱砍滥伐等;生态环境被破坏后会制约人类社会的发展,如资源短缺、温室效应、沙尘暴等。因此,保持社会生态各要素间平衡协调,即人类的生产能够在自然界所承受的范畴内,人类群体以及个人的生活方式能够与自然环境相适应,这就是社会生态基本要素间所形成的各种互动平衡关系。社会生态强调人与社会系统各要素在环境中的相互作用,并对人类社会行为具有重大影响。

(三)海洋社会生态的界定

海洋社会生态是人类社会活动基于海洋所形成的各种互动平衡关系,即作为社会主体的人与海洋环境及各种海洋生物之间的关系,也是海洋生物和非生物在一定的自然环境下生存和发展的状态,以及它们与自然环境之间、与人类社会之间环环相扣的关系。

---

[1] 百度百科:生态,http://baike.baidu.com/view/10382.htm,2010 年 8 月 20 日访问。
[2] 精编资料:《社会生态学》,豆丁网,http://www.docin.com/p-92809597.html,2010 年 8 月 30 日访问。

简言之,就是海洋与人类社会的协调发展。海洋社会生态应当包括人类在海洋生态系统中的社会活动、人类赖以生存的海洋自然生态环境、以及海洋生物等。海洋社会生态强调的不是海洋的自然平衡,而是强调海洋生态的社会性,强调人类在海洋生产活动中,保持海洋社会生态各要素之间以及整个海洋生态系统的稳定与平衡。这种平衡体现在人类的海事活动实践须在海洋界能够承受的范畴,社会体系应当完全适应自然条件、人类群体以及个人的生活方式能够与海洋环境相适应。

(四)海洋社会生态之体系

海洋社会生态体系是海洋中由生物群落、人的海事活动及其海洋环境以及相互作用所构成的社会生态系统。全球海洋是一个庞大生态系统,其中包含许多不同等级的次级生态系。每个次级生态系占据一定的空间,由相互作用的生物和非生物,通过能量流动和物质循环等形成具有一定结构和功能的统一体。按自然海域划分,一般分为沿岸生态系、大洋生态系、上升流生态系等;按生物群落划分,一般分为红树林生态系、珊瑚礁生态系、藻类生态系等。[①] 随着人类活动范围的扩大与多样化,人类与环境的关系问题越来越突出。由此按人类活动关联区分,包括了人类社会在内的多种类型的复合生态系统:有经过若干年的发展形成相对稳定的不需要人类长期干预的原生生态系统、需要人类长期干预才得以维持的亚原生生态系统、以及作为上述两者的补充强调软环境构建的人文生态系统。不同层次的海洋生态系统的健康是维护整个海洋生态平衡的关键。

二、海洋社会生态体系的基层

海洋社会生态体系是一个复杂的大系统,不同层面的生态系统其环境和生物种类组合不同,代表着各自的特质。海洋社会生态体系中生物成分和生物环境是其生态系统的主体即最基本层面,包括

[①] 《海洋生态系》,江西文明网,http://wiki.jxwmw.cn/index.php?doc-view-11419,2010 年 7 月 18 日访问。

自然环境、物质与生物要素以及他们相互作用形成的生态效应。

(一)海洋社会自然环境要素

任何生物都是依赖于环境生存和繁衍。海洋社会的自然环境是海洋社会生存和发展的基本条件,自然环境要素包括了海水、阳光、空气、无机盐等。海水是海洋社会存在的前提和基础,海水表层向水平方向的流动,直接影响和决定生态系统和生物资源的状况;太阳辐射是海洋中一切生命活动的能源,光照影响海洋表层水温分布,影响海洋植物光合作用速率和生物的新陈代谢速率;海洋和大气间存在着持续的动量、热量和物质的交换,而人为活动排放出的各种污染物,如二氧化氮、二氧化硫和氟化物等直接影响大气环境和海洋环境;无机盐直接影响海洋生物体液的渗透压,对于那些没有渗透调节能力的种类,盐度变化将导致代谢失衡或死亡,也直接影响海洋生物的分布。海洋自然环境具有有机统一性、整体性及其流动交换等特质,任何海域某一环境要素的任何改变,都有可能对海域或其他环境要素产生直接或间接的影响和作用,都有可能导致生态系统和生物资源的变化。

(二)海洋社会自然物质要素

海洋社会自然物质量很大,所起的作用也很大,这是海洋生态系不同于陆地生态系又一个重要特点。海洋社会自然物质按照海洋自然属性,可以分为海洋生物物质、海水化学物质、海底矿产物质、海洋空间物资以及海洋再生物质。如碳、氮、硫、磷、二氧化碳,还有水文物理状如温度、海流等等。海洋社会自然物质要素还具有动态再生性特征,为了维系自身的稳定,需要不断输入能量。海洋生态系的结构和功能分析表明,许多基础物质在生态系统中不断循环分解。它们在水层中和底部都可以作为食物,直接为动物所利用,生物体死亡后被细菌分解过程中产生的无机物,均具有自然再生能力。人类生活污水、工业废水和化学肥料的流失给水体带来过量的氮和磷,促使藻类等水生生物大量繁殖,藻类残体腐败时,消耗水中的溶解氧,并放出硫化氢,使鱼类及其他水生动物难以生存,导致生态系统结构改变。人类可以通过采取一定措施,将有害物质控制在其再生力以内,或通过一定的技术措施,提高有益物质的再生力。

(三)海洋社会自然生物要素

对于海洋社会生态系统来说,自然生物要素包括海洋动物、植物、真菌、微生物等。按生物循环系统划分:有自养生物,即具有绿色素的能进行光合作用的植物和能进行光合作用的细菌;异养生物,包括各类海洋浅海珊瑚、动物等;海洋细菌和海洋真菌以及大量溶解有机物和其聚集物等。按生物群落划分:一般又可分为红树林生态系、珊瑚礁生态系、藻类生态系等。这个自然生物群落与环境关系密切,两者相互作用,相互协调。生物各要素与之相互作用构成宏大系统,形成海洋社会自然生物群落。生物的生存、活动、繁殖需要一定的空间、物质与能量。各种生物所需要的物质、能量以及它们所适应的理化条件是不同的,这种特性称为物种的生态特性。在一定空间范围内,植物、动物、真菌、微生物群落与其非生命环境,通过能量流动和物质循环而形成相互作用、相互依存的动态复合体。当外界环境变化量超过生物群落的忍受限度,就要直接影响生态系统良性循环,从而造成生态平衡的破坏。

(四)海洋社会自然生态效应

如前所述,海洋中生物群落与环境关系密切,两者相互作用、相互协调,保持动态平衡。海洋在其物质循环过程中,对进入其中的污染物具有一定的稀释、扩散、氧化、还原和降解的综合能力,这种能力就是海洋环境的自净能力。自净能力使海洋生态系统成为一个稳定的系统,这可以看作是海洋生物的生理效应。当有害物质进入某一海域并超过该海域的自净能力,海洋环境即遭受污染。如人为活动排放出的二氧化氮、二氧化硫和氟化物等对大气环境造成污染,引起生态系统结构和功能的变化。如水中的汞通过直接吸收食物链在鱼、贝类机体中浓缩,人类食用这种鱼、贝类,健康会受到威胁;鸟类吃了用甲基汞制剂拌过的种子或捕食受汞污染的鱼、贝类也会中毒;农药、石油的放射性物质等进入环境,给海洋生态系统带来一系列影响。将海洋生物生理效应与人类社会效应结合,就是海洋社会自然生态效应的内容和范畴。

三、海洋社会生态体系的中层

海洋生态系统内的海洋生物和非生物之间,通过不断的物质循环、能量流动和生境调节相互作用,形成相互依存的统一整体。这个过程不仅因为它包含着生物群落多样性,而且包含生物群落循环过程、流动过程及其相互作用的复杂过程。

(一)海洋社会生物群落的物质循环

一定空间的各种海洋生物的总和又称为海洋生物群落,海洋生态系统可以概括为海洋生物群落与其生存环境构成的综合体。海洋社会生态系统中,生物群落之间都有着相似的结构和功能,在一定空间范围内,所有生物因子和非生物因子,通过能量流动和物质循环过程形成彼此关联、相互作用的统一整体。[1] 生物体所组成的生态系统之所以能够永续地保持生命力,其中重要的原因之一就是物质在系统内进行的物质代谢循环。海洋中最普通的循环是大鱼吃小鱼,小鱼吃虾,虾吞海瘟,瘟食海藻,海藻从海水中或海底中吸收阳光及无机盐等进行光合作用,制造有机物质,它们相互依存、相互制约、相生相克,维持着这个弱肉强食的食物链。在这个物质循环链中,缺少任何一个环节都无法运转。物质循环和能量流动不同,前者在生态系统中周而复始地运行,能被反复利用,而后者是不能循环的。每个生态系统都有自己的结构以及相应的物质循环方式和途径,海洋生物群落之间在这种物质循环的过程中不断地变化和发展,这是海洋社会生物群落系统物质循环的一般特征。

(二)海洋社会生物群落的能量流动

海洋与大气、陆地与海底存在着活跃的物质的能量交换。生物有机体为了进行代谢、生长和繁殖需要能量维持,海洋生物群落既有物质循环也有能量的流动。生态系统的结构具有实现生态系统的能量流动的功能。能量是不能循环的,它只能从一个环节流向另

---

[1] 百度文库:《生态学复习资料》,http://wenku.baidu.com/view/17af594ffe4733687e21aab4.html,2010年7月18日访问。

一个环节,而且只能是单向流动。① 所有生物所需要的能源均来自太阳能。在流动过程中上下环节之间,大量的能量以热能形式等散失掉,处于较高的各个营养级中的生物所能利用的能量是逐级减少的。能量流动的单向性可用"生态金字塔"来形容。塔基是海藻,它从海水中吸收太阳辐射能,将之转化为这个生态系统的能量基础,最终驱动整个生物圈生态系统运转的动力来自太阳辐射能;位于塔尖的往往是数量极少,形单影只的最高统治者。同物质循环一样,生态系统都有自己的结构以及相应的能量流动方式和途径。能量流动也是一个动态的过程,每个生物的能量流动汇合而成生物群落总的能量流动,在无外界干扰的情况下,达到一个动态平衡状态。这是生物群落系统能量流动的一般特征。

(三)海洋社会生物群落的生境调节

生境指物种能够生存的环境范围,包括必需的生存条件和其他对生物起作用的生态因素。生物与生境的关系是长期进化的结果。环境是生物体赖以生存的条件,生态系统都具有生境调节恢复稳态的能力。系统的组成成分越多样,能量流动和物质循环的途径就越复杂,生境调节能力也就越强;反之,成分愈单调,结构愈简单,则调节能力就愈小。② 与陆地生物群落比较,海洋生物群落具有独特性质、结构和机能,相互依赖性和流动性很大,生境调节大小的能力受环境影响也非常大。任何环境的变化都会导致生物群不断进行调整和进化并与变化的环境相适应,海洋社会生态系统在生境调节中不断向更高的层次跃迁。海洋社会自然生态系统是开放式系统,不断有物质和能量的输入和输出。生态系统通过负反馈机制实现自我调控以维持相对的稳态。生态系统的自校稳态功能是有限的,调节能力也有一定的幅度,当外界压力超过生态系统本身所能承受的幅度时,生境调节将不再起作用。

(四)海洋社会生物群落的相互影响

生态系统中的每一个物种都处在和其他物种的相互影响之中,

---

① 科学馆:《海洋生态系统》,《福建科技报》2001 年 7 月 19 日。
② 百度百科:生境,http://baike.baidu.com/view/146672.htm,2010 年 7 月 18 日访问。

正是因为生物体之间形成的这种极其复杂的相互依存关系,才能使生物体彼此之间存在的差异性、多样性和互补性的。海洋社会生物体之间的相互影响对于整个海洋社会的生存和发展是极为重要的。在海洋社会生物群落中,各类海洋生物群落互为依存、互相制约、互相作用,把所有物种紧密联系在一起,维持着群落和生态系统的稳定性。[1]但需特别强调的是,海洋社会生物群落之间的影响并非完全与生物和自然环境之间的关系类同。海洋社会生态系统是一个复杂的实践系统,其复杂性不仅仅受系统内部要素和自然环境的影响,同时也受较多的社会环境影响。此外,自然生物群落对环境的反应是被动消极的,而海洋社会生物群落对环境产生影响有时是主动的。了解和认识海洋社会生态群落的相互影响的规律和特征,能为人类实行海洋科学保护和对海洋环境科学管理提供依据。

四、海洋社会生态体系的表层

海洋社会生态体系是海洋生物种群与非生物环境相互作用的复杂系统,这种复杂性要求我们将视角上升到系统表层,研究海洋社会人文生态各个组成部分和各个生态要素互为条件、相互依存、相互制约、相互促进的辩证关系,从而更好把握海洋社会生态体系中人文生态平衡过程。

(一)海洋社会人文生态要素

海洋社会人文生态应当指海洋社会生态系统赖以生存和发展的各种社会人文要素,依存一定的社会人文关系,遵循一定的社会规律和海洋生态规律所形成的各种互动平衡关系,也是海洋社会人文要素在一定的自然和社会环境下生存和发展的状态。海洋社会人文生态要素除了海洋自然生物群落外,还包括自然环境和社会环境,如制度环境、经济环境、社会环境和文化环境等等因素,海洋社会人文生态各要素之间联系密切,相互作用、相互协调,形成有机的统一体,处于良性循环状态。随着现代化的进程和生活方式的逐渐

---

[1] 王梅、安蓉:《学科建设:一个生态学视角的研究框架》,《中国地质大学学报》2007年第4期。

变化,海洋社会人文生态要素也呈现多样性特征,而海洋社会人文环境对海洋生态相互依存、相互制约、相互促进的作用也更加明显。

(二)海洋社会人文生态互存

整体性是海洋生物群落最典型的特征,即作为社会主体的人与海洋环境及各种海洋生物和非生物之间的关系,以及它们与环境之间、与人类社会之间存在相互依存的关系。总体上,这种依存体现为平衡统一性,即海洋社会人文生态是由海洋社会生态系统以及制度、经济、社会和文化所构成的外部环境组成的整体平衡关系。海洋社会的人文环境与生物群落的生存和发展是在一定时空中进行的,各要素之间以及所依存的外部社会和自然环境之间缺一不可,互为条件、相互依存、各得其所,二者相互适应、相互影响、相互协调,从而达到一种良好的生态状态。需要注意的是,这种与环境相互依存所形成的关系也是一个动态的平衡过程。在人类社会发展过程中,各个层面的子系统乃至各种因子和成分,在内外环境因素的影响下,保持着一定的动态性以及和谐的比例关系。

(三)海洋社会人文生态互制

人类是海洋社会的主体,海洋生物生态与人的活动是统一的,海洋社会人文关系包括海洋制度制定、海洋经济活动、海洋文化活动等人类所有事海活动。前面提到,海洋生态系统的物质循环和能量流动都是一个动态的过程,在无外界干扰的情况下,就会达到一个动态平衡状态。如果人文活动不适应海洋生态发展状况和要求,就会相互制约。而人类的许多行为对海洋生态的循环起到了阻碍作用。如过度的经济活动,开采与捕捞海洋生物,导致某个环节生物量的减少,在环环相扣的生物链上,一个个环节的破坏,导致整个海洋生态系统平衡的破坏。如近年来由于世界各地对鱼虾等水产品的过度捕捞,破坏力超过了生物的繁殖力,使鱼虾等难以大量生存繁殖。生物量减少又影响人类的海洋经济活动利益。?所以从海洋社会人文生态的互制关系看,人类的活动直接决定着海洋人文生态的态势,宜从制度环境、经济增长方式以及文化消费等方面引导人类正常的需求取向,制约和规范人类的海事活动,以适应和维护海洋社会生态环境的健康平衡。

(四)海洋社会人文生态互促

海洋社会人文生态的相互促进关系,体现在海洋社会人文要素在一定的自然和社会环境中相互作用、相互协调,形成有机的良性循环。制度法规符合海洋生态发展所需、经济活动符合海洋生态循环规律,社会文化等反映海洋生态的无限活动。海洋社会人文生态系统中各要素之间联系密切,实现海洋社会生态共存共荣、互相促进、良性发展的关系,这是构建和谐海洋社会生态圈的理想状态,也是海洋社会生态保护的基本目标。实现海洋社会人文生态互相促进并良好循环的发展,关键点在于人类在海洋社会生态中的角色定位。人类的社会活动与海洋自然和社会环境适应,那么对海洋社会生态起着促进作用,反之则对其生存和发展起着制约作用。因此,要不断调整和更新发展过程中的各种人文环境要素、发挥和发掘海洋人文生态所蕴含的重要作用和无限的活力、优化海洋制度环境、规范海洋经济活动、发展海洋优秀文化,在良好的社会环境和自然环境中实现海洋社会生态的可持续发展。

第二节 海洋的社会生态尚未充分保护

随着全球环境、资源与人口问题的日益突出,目前海洋生态安全面临严重威胁,环境恶化、资源衰竭,会对人类未来的生存产生极大的影响,也从不同的层面对海洋社会生态保护提出了迫切要求。海洋社会生态保护内容包括保护海洋生物多样性、防治海洋环境污染、禁止不合理涉海活动、加强海洋生态管理等等。然而诸多方面均存在不少问题,海洋自然环境的恶化、海洋水质污染严重、海洋社会活动频繁和管理的滞后,为海洋生态安全敲响了警钟。

一、海洋自然环境日趋恶化

自然环境在海洋社会生态系统中属于最基本的层面。从总的变化态势上看,海洋自然环境状况不容乐观,极端自然天气、赤潮频发,海平面上升以及风暴潮加剧等,加之人类活动影响海洋自然条件改变、人为海洋灾害发生频率增加,已严重影响全球海洋生态。

(一)极端气候频繁

极端气候灾害是指那些给人们生命造成重大伤亡或对国民经济造成重大损失的气候极端异常现象。极端气候灾害的发生与海温异常息息相关。地球变暖,大气中能量分布发生了变化、海洋和大气循环出现了紊乱、海水温度异常等带来全球气候异常。如在厄尔尼诺事件影响下,热带太平洋的海温发生异常变化,引起沃克环流减弱并东移加强,由于大气环流发生异常变化、副热带高压北方偏弱、北极极地冷空气频繁向南进发,造成亚洲、北美、欧洲多个国家遭受寒潮天气影响。厄尔尼诺气候现象是指赤道中、东太平洋海水表面温度大范围异常偏暖 $0.5℃$ 以上、持续时间达到 6 个月或以上的现象。与厄尔尼诺事件相反的拉尼娜事件即指赤道中、东太平洋海水表温度大范围持续异常偏冷的现象。还有因海温高气压在低纬度太平洋上空东西向流动的大气环流等等,超强台风、强降雨天气频繁发生,连续高温酷暑现象等都与海洋变化有密切的联系,海洋环境的变化导致极端天气频发所造成的灾害不可估量。

(二)赤潮咸潮加重

海洋是全球气候中的重要环节,被称为地球气候"调节器",海洋通过与大气的能量物质交换和水循环等作用调节和稳定气候。咸潮又称咸潮上溯、盐水入侵,它是由太阳和月球对地表海水的吸引力引起的,一般发生在年终至到次年立春清明期间,尤其在天文大潮时,咸潮上溯的情况更为严重。而全球气候变化导致海平面上升过程让咸潮发生频率增加。赤潮是一种由海水富营养化在一定的气象、海洋环境条件下形成的海洋某些小型、微型和微微型藻,以及原生动物爆发性增殖聚集的生态异常现象,是受海洋物理、化学、生物的多种因素综合作用下形成的,其演变具有明显的突变特征。咸潮赤潮已成为全球海洋的一大灾害,不但破坏海洋生态系统的平衡,恶化海洋环境,对渔业生产、海水养殖造成严重经济损失,所产生的毒素还会通过食物链对人类的生命健康构成危害。

(三)海平面在上升

地球气候变化可引起海平面升降变化,全球持续性的气温升高,造成了表层海水的热膨胀和南北高纬地区海域冰山的不断消融,从而使海平面不断上升。而海平面变化又与人类生活和社会经济发展密切相关。汽车和工厂使用化石燃料而排放大量温室气体,污染带来的有色水和土壤吸收热量也远比纯净的冰或雪要快的多。海平面上升使太平洋上较低的岛屿被淹没。有科学预测表明海水温度升高和海平面上升可能是未来危及人类生存安全的重要因素。当然,由于温室气体导致的气温升高是个逐渐累积的过程,加上海洋面积广阔等因素,从时间上看对全球海平面上升的影响也是渐进、累积的,不太可能出现海平面上升幅度突然加速或加大的现象。尽管海平面上升是一种长期的、缓发性的海洋灾害,其威胁将长期存在,亦当采取应对策略以消除海平面上升的潜在威胁,保障海洋生态可持续发展。

(四)风暴潮在加剧

风暴潮指由强烈大气扰动,如热带气旋、温带气旋等引起的海面异常升高现象。风暴潮灾害居海洋灾害之首位,世界上绝大多数因强风暴引起的特大海岸灾害都是由风暴潮造成的。风暴潮影响影响区域随大气扰动因子的移动而移动,风暴潮过程影响空间范围可至一两千千米海域,影响时间多达数天之久。风暴潮往往夹狂风恶浪而至、溯江河洪水而上、滨海区域潮水暴涨、冲毁海堤海塘、吞噬码头、工厂、城镇和村庄,从而酿成巨大灾难。风暴潮能否成灾既取决于其最大风暴潮位是否与天文潮高潮相叠,也决定于受灾地区的地理位置、海岸形状、岸上及海底地形,尤其是滨海地区的承灾状况。如果最大风暴潮位恰与天文大潮的高潮相叠,则会导致发生特大潮灾。随着濒海区域发展和沿海基础设施的增加,风暴潮的直接和间接损失也在加重,成为海洋社会生态协调发展的制约因素。

二、海洋生态效应严重失衡

人类社会在进行各种资源产业开发和发展的同时,大量排放污染物,致使海洋水质污染严重,海洋生态的多样性大为减少、海岸侵蚀使海岸线减短以及温室效应作用下大气热量失衡等,海洋生态系统的生境调节能力被人们无限夸大,海洋生态系统实际已处于亚健康或不健康状态之中。

(一)水质污染严重

作为地球上最大的生态系统,海洋在很长一段时间里作为废物倾倒地被认为拥有无限的容量。人类对海洋生态缺乏应有的慎重和节制态度,工农业废水和城市污水大量排放入海、各种海洋海岸工程逐渐增多,海洋水质遭到严重污染,不仅制约着海洋经济与海洋生态环境的协调,也危及到人类的生存空间。金属和酸、碱、农药、石油及产品、有机废物和生活污水、热污染、固体废物、汞、镉、铅是海洋主要的重金属污染物,整个生态系统恶性循环,对人类危害极大。不少地方水产品的有毒有害物质残留量超标,食品受污染或经有毒有害物质加工过的水产品而中毒的事件时有发生。部分鱼类样品还被检出孔雀石绿、恩诺沙星、环丙沙星、氯霉素、红霉素等禁用渔药残留。有机氯农药在控制病虫害方面起重要作用,但同时也污染环境。此外,石油污染会给海洋生态系统带来一系列影响,来自核武器爆炸、核工业和核动力船舰等排放或产生的放射性物质能增加生物的畸形率和突变率,对人类社会生态系统都有极大负面影响。

(二)多样性遭失衡

生物多样性是物种种质资源适应多变的生存环境而得以维系生存、发展、进化的基础。海洋中大量的水生植物和各种各样的鱼类、虾、蟹、蚌等动物和微生物,为鸟类、鱼类提供丰富的食物和良好的生存繁衍空间。而各种环境污染致使海洋生物多样性失衡。以油污危害为例,泄漏的燃油对海洋环境和周边野生生物造成的生态灾难,石油污染使浮游生物生长受到抑制,鲟鱼产量下降,漂浮在海面的油膜直接造成海产动物窒息而死;海鸟等生物一旦粘附上燃油,其大部分能力便会丧失,或烧死或溺水而死或活活饿死。燃油溶解后的有毒化合物质进入海洋生物的食物链,在毒害海洋生物的同时也会对食用者的人体造成严重危害。油膜凝聚以后的物质又是潜伏在海洋中的长期杀手。过度捕捞以及有害渔具的大量使用,导致物种间平衡被打破。近几年,一些海域鱼类和无脊椎动物群落的多样性指数均有不同程度的下降,而动物和游泳动物食性种类显著减少,珍稀生物濒危程度加剧。还有海洋资源过度利用以及大规模围海造田等破坏导致了水域生物种群结构单一,生物多样性遭到严重破坏。

(三)海岸线受侵蚀

海岸主要受海水动力因素侵蚀而产生的各种形态,又称海蚀地貌。它是海岸地貌的一大类别,通常被作为判别地区构造运动和海平面变化的标志之一。塑造海岸侵蚀地貌的主要动力因素是波浪和潮流,海岸侵蚀地貌的发育过程,除与沿岸海水动力的强弱和海岸的纬度地带性有关以外,还受组成海岸的岩性的抗蚀能力所制约。结构致密、坚硬岩石海岸,抗蚀能力较强;松软岩石海岸,抗蚀能力较差。海岸的侵蚀因素除了有海平面上升、风暴潮加剧、入海泥沙减少、径流减少、等引起的自然生态恶化过程外,多种不合理的人为开发活动,护岸植被破坏、减少沿岸泥沙和降低海岸稳定性等直接或间接加剧了海岸侵蚀程度。海岸侵蚀会导致海岸线减短,海水倒灌,一些地区的地下水质被破坏、盐碱地增加、海滨浴场和渔港遭到破坏,沿岸农田、公路和居民区也受到威胁。

(四)温室效应加剧

太阳光慷慨地把热量送给地球,使万物茁壮生长,多余的热量又被地球以长波形式辐射出去,大气和地面及空间进行热交换,从而使它的热量基本处于"收支"平衡状态。但是由于世界工业飞速发展,煤和石油等矿物燃料的大量焚烧,人类的生活和生产活动排放出二氧化氮、二氧化硫和氟化物等影响大气环境各种污染物。二氧化碳主要分布于低层大气中,吸收地面放出的热量,阻止了地面热量向宇宙空间扩散,相当于温室中的玻璃或塑料薄膜的作用,这种现象在气象学上称为"温室效应"。温室气体导致全球气温总体趋势逐年增高,地表气温的增高,造成海水温度的升高,从而引起海水受热膨胀。与此同时,地球两极海洋和大气的变暖使极地和格陵兰等地区附近海域的冰盖开始消融,除了造成海平面的不断上升,还引起海底扩张大洋脊体积的变化、板块的分裂与合并、海水的地下循环、海水性质的变化、地球重力场的变化等。全球气候变暖导致自然灾害加剧。限制温室气体排放,可以减缓全球变暖但不足以改变气候暖化的趋势。

三、海洋社会活动过度频繁

海洋与人类社会的关系失衡,一个重要的原因是人类对海洋无止境的不合理开发利用。过度的海洋社会活动、海洋工程的大量兴建、海洋资源的掠夺性的开采、海洋生物的过度捕捞以及现代工业对海洋纳污能力的过度利用等,海洋生态资源正在逐渐枯竭,海洋生态安全面临着极大的危机。

(一)海洋工程过度兴建

伴随着陆地资源的枯竭,人类把目光转向海洋,人类对海洋经济价值认识的提高,为充分开发和利用海洋资源和海洋空间拓展了途径。各类海上工程数量不断增多,规模日益庞大。除传统的港口和海洋运输外,现代海洋空间利用正在向海上人造城市、发电站、海洋公园、海上机场、海底隧道和海底仓储的方向发展。大型港口建设、石油开采、高速公路修建、拦海筑坝、围海造田等沿海工程层出不穷。不合理的海洋工程的兴建,局部海域生态平衡遭到破坏。填海造地工程建设破坏了原有海岸带的动态平衡,影响了岸滩的冲淤变化;海上回填和疏浚改变了海岸的形态,破坏了海洋生物赖以生存的栖息地。盲目海砂开采活动,导致了海岸侵蚀、海水倒灌,耕地、植被、道路、堤坝等被破坏。海洋工程开发的巨大成就大都是以牺牲生态环境为代价的,无序的海洋工程兴建造成海洋生态发生变化,严重影响了海洋生态环境的正常状态。

(二)海洋资源过度开采

海洋酝藏着有丰富的资源。在当今全球粮食、资源、能源供应紧张与人口迅速增长的矛盾日益突出的情况下,开发利用海洋中丰富的资源,已是历史发展的必然趋势。可供人类开发利用的海洋资源,主要有海洋化学资源、海洋生物资源、海底矿产资源和海洋能源等。由于人口问题和经济发展的需要,海洋资源开发长期处于粗放式的开发状态。资源种类从单一资源开发向综合开发的过渡,海洋环境从污染较少到污染逐渐加剧。随着海洋开发的不断深入,长期的无度、无序、无偿用海,人们对自然资源掠夺性开发,超越了资源的再生能力,导致了海洋资源受到很大破坏。海洋油气开采,危及生物资源、旅游资源;围海造地必然改变海岸形态,使沿海湿地减少,也可能使优美的海岸自然景观遭到破坏,影响海岸带和浅海养殖,也可能影响航运;超强度的酷渔滥捕,海洋生物资源严重衰退;红树林、珊瑚礁的采伐,海洋动植物生物群落被破坏。海洋资源开发强度过大和利用不合理影响了海洋生态的良性循环,也严重制约了海洋资源的可持续利用。

(三)陆源污染过度排泄

陆源污染主要是沿海地区大量排放入海工农业废水和生活污水。陆源污染物无节制排放与倾倒,是导致近海海域环境污染、海水质量下降以及生态损害主要原因之一。由于多数陆源排污口长期超标大量排放,现代工业废弃物和生活垃圾直接或间接进入海洋,已经超过了海洋的自净能力,由此造成大量污染物和有害物质的蓄积,形成局部海域污染严重的局面。陆源污染物主要依然是无机氮、活性磷酸盐、镉和石油类等。有数据表明,海洋生物体内的石油烃、总汞和镉残留水平呈现上升趋势,其中总汞和镉上升趋势明显。在我国有多个工业排污口设置在海水增养殖区邻近海域,有的还设置在风景旅游区邻近海域,使工业排污口邻近的旅游风景区水体透明度普遍降低,海水浴场环境受到影响,河口、海湾和湿地等典型生态系统健康状况每况愈下。此外,近海海域工业生活垃圾放污水中,主要超标污染物为营养盐、粪大肠菌群等,最直接的影响是海洋生物的栖息和繁衍,大量的传染性病毒和菌类,对沿海人口密集地区的人们也造成直接损害和威胁。

(四)沿海渔业过度开发

海洋虽然辽阔无际,但是生活在海洋中的天然渔业资源是有限的。海洋应用技术的发展,虽然提高了海域捕捞能力,但渔业资源同时也承受着巨大的压力。相对于海洋渔业资源的现状,海洋渔业的捕捞强度也超过资源的承载能力。渔业资源的过度开发甚至掠夺式捕捞生产,是影响渔业资源再生能力的重要因素。不少地方的渔民缺乏足够的渔业资源的保护意识,盲目追逐经济利益,一般采取粗放的捕捞方式,对渔业资源无序无度开发。有的海域对虾资源近年来大幅度减少,已基本上无虾汛。还有人类对海洋资源的不断开发以及在沿海海岸大规模的围垦活动割断了鱼类的洄游路线,破坏了鱼类的产卵、繁殖、索饵、肥育、生长、栖息的场所,品种的严重退化危及重要物种的生存,导致物种的多样性程度下降,天然经济鱼类种群资源受到了很大的破坏,也影响着水体总的生态平衡。围海造田等人为活动,还使得渔业水域面积减小,导致自然渔业资源的产量大幅度下降,严重制约了渔业产业的可持续发展。

四、海洋生态管理相当滞后

由人类参与和主导海洋生态管理是规范人类行为,维护海洋社会生态秩序不可或缺的职责。海洋生态管理的目的是协调各种生态关系、解决各种生态环境矛盾,平衡和促进海洋经济、文化等协调发展。目前海洋生态管理还存在利益矛盾冲突以及政策滞后等问题,海洋的安全问题也不容乐观。

(一)生态利益突出

海洋社会生态管理是基于生态系统的组织活动,在降低了海洋综合管理难度的同时,也使得部分生态主体之间形成统一的利益目标。体现在海洋社会生态管理中的利益冲突往往是海洋社会生态体系中涉及到的主体即人与人、区域与区域之间利益的协调问题。海洋社会生物群落、社会生物环境各要素各层面都有自己的甚至是相互冲突的经济利益和经济目标。海洋中存在的巨大价值使人们竞相争取资源的拥有权或者使用权。然而自然资源是有限的,由此必然造成人类追求海洋利益要求与海洋自然资源供给的矛盾冲突。在海域使用管理中存在的利益冲突一般与资源稀缺、权力分配、海洋区域分工、目标差异等有关。在海域管理中,各区域之间、上下级之间,甚至不同区域之间,都存在着利益分配问题,这个"利益"包含有经济利益、政治利益和文化利益。而在管理过程中,管理者作为理性的经济人,也会因为各方的利益驱使或者诱惑而改变管理的初衷,导致管理偏离原有目标,出现管理不善或者乏力的状况。同时,海洋本身的价值也会诱使管理者为了个人的短时利益而放弃长远的公共目标。

（二）生态矛盾加剧

随着人类经济的发展、生存空间的拓展,海洋开发和利用成为人类的必然选择和未来趋势。开发利用海洋资源,促进海洋经济的发展,提高人民生活的质量和水平,这是人们所期望的。然而海洋资源的多用途引发的不同行业之间的竞争以及各种利益矛盾,使海洋经济发展与海洋环境保护矛盾日益加剧。近半个多世纪以来,随着沿海及海洋开发力度大大提高,特别是人类对近海环境及海洋中的某些资源过度开发,已酿成一系列严重后果,海洋经济开发酿成的环境污染、资源枯竭的矛盾加剧,困扰着人类生存和发展。在经济发展的进程中,发展海洋经济必然会带来海洋环境在某种程度上的破坏,海洋经济的发展意味着海洋产业的发展,而海洋产业的发展往往伴随对海洋环境的破坏。需要在不影响海洋生态系统完整性的前提下从观念、政策、方式和方法等方面寻求解决生态矛盾的途径,尽是减少人类海洋活动与海洋生态资源利用中的冲突和矛盾。

（三）生态政策滞后

在海洋生态环境管理方面,存在着明显的政策滞后性。海洋生态管理是一项复杂的管理活动,政府在决策前没有慎重地考虑各种影响因素,导致了政府决策往往滞后于海洋环境问题的发生发展。比如对海域的污染问题,很多厂商为了节约成本,大量向邻近海域投放废水垃圾等,对海域造成了污染。厂商的行为污染了海域并且还影响了他人的福利,在现实情况下,这些厂商通常是不需要为自己的行为付出经济代价。在我国的海洋区域管理中,诸如此类对海洋资源使用和补偿存在外部效应的例子还很多。还有海洋经济活动中海洋资源价格扭曲和供求关系的异常,使得价格无法真实地反映产品的成本,使得市场机制无法完成对资源的最优配置,出现了市场失灵的状况,迫切需要把环境保护政策的制定和完善摆在更加重要位置。

（四）生态安全凸显

海洋生态安全作为生态安全的重要部分,与国防安全、经济安全、社会安全一样也是国家安全的重要基础。国防安全、经济安全和社会安全是维护海洋生态安全的基本条件和重要保障,而海洋生态安全则是国防、经济和社会安全的基础和载体。目前海洋生态安全问题凸显,对人类和整个海洋生态系统产生较大的影响。如海洋渔业资源、生物多样性的减少限制了沿海地区经济的发展;海洋生态环境被破坏引发的治理成本大大降低了经济发展水平;大气变暖使台风和洪灾频发,给国民经济和人民生命财产造成了严重损失。遭受灾害最严重的是抵御环境灾害能力较差的发展中国家,在这背后体现着严重的环境责任不平等和复杂的国际关系。大气变暖导致的海洋生态环境退化和生态系统承载力下降的严重后果是生态难民的出现,又会给生态安全带来新的威胁,引发的社会动乱。正是因为海洋生态安全极其重要,才引起了世界范围对海洋生态安全的关注。

第三节 海洋社会生态科学保护的原则

海洋社会生态科学保护原则是多方面的,树立生态文明观念是海洋社会生态保护原则的前提与必要条件,维护海洋社会生态系统综合平衡、处理好海洋自然环境保护与海洋资源开发以及建设的平衡关系是基础,以构建各种社会生态保护的运行机制为保障,统筹当前和未来发展的需要,为后世留下充足的发展条件和发展空间,实现海陆永续发展。

一、树立人海和谐共进的生态文明观念

人海关系即人类与海洋之间的关系,是人地关系的一种类型,其主要反映在人类对海洋的依赖性和人类的能动性两方面。树立起人与海洋和谐相处的理念以及海洋资源有效利用、海洋环境有效保护和海陆可持续发展的观念,这是海洋社会生态保护原则的前提与必要条件。

(一)树立人海互利共生观念

人海互惠互利,共生共长既是对我国古代海洋文化特征的继承和发扬,也体现了科学发展观的具体要求。海洋为人类带来了更多

的财富和恩泽,而 20 世纪开发海洋的热潮,使得内陆近海区域的一些海洋资源开发过度、环境遭到破坏、物种锐减、海洋污染逐年加重,这在很大程度上制约了海洋经济的健康发展,也影响了沿海地区经济的发展、影响海域的综合开发效益。人们在可持续发展观念下提出构建新型人海关系的概念,必须意识到海洋生态系统中生物群落和环境复杂的相互作用,意识到维持复杂且具有适应性的自然系统的多样性和恢复力的重要性,人要尊重海洋、尊重自然,才能保证海洋资源的可持续利用和海洋经济的可持续发展。一方面人类要向海洋索取更多的资源,供人类发展利用;另一方面人类要积极地良化海洋环境,海洋的生产力不断地提高,以满足人类日益增长的需要。

(二)树立开发保护并重观念

海洋的开发和利用关涉到人类生存和发展的长远利益和整体利益,面对广阔的海洋,人类通过科学技术来发展海洋经济,促进人类的全面发展,是历史的必然。海洋的开发和利用是分步骤、分阶段逐步推进的,在海洋开发、利用的过程中首先会直接关涉到陆地沿海居民的利益,而陆域经济带来的教训是,在发展经济的同时,极大地破坏了自然环境,造成了人海之间的严重不协调,其中主要的就是海洋生态环境遭到严重破坏。我们不断地从海洋索取有价值的资源以及向海洋抛弃有毒有害的污染物,这种累积的效应将毁掉海洋生态系统未来对人类能够做出的能力。无度、无序、无偿开发海洋造成的海洋资源的日益枯竭和海洋环境的日益恶化,这反过来又严重影响了沿海地区人们的生活和海洋经济的发展。因而,应该树立海洋资源开发与海洋环境保护并重的观念,必须意识到开发活动会导致海洋生态的改变,把海洋开发同科技进步、环境保护统一起来,自觉将海洋开发限定在海洋资源可持续供给、海洋生态保持良性态势的限度内。

(三)树立海洋生态安全观念

生态问题的影响都具有全球性特征,很多的生态问题爆发都会影响很多国家甚至是地球上的每一个国家,单靠一个国家的力量很难解决。树立海洋生态安全意识就要求从全球战略高度认识海洋是人类生存和发展的基本环境和重要资源,人类的可持续发展将越来越多地依赖海洋,海洋对世界各国的可持续发展具有重要的战略价值。同时还要认识到基于海洋生态安全的全球性和不可分性,海洋生态安全问题不是某一个国家或地区单独造成,可能涉及到全球范围的每个国家。因此,海洋生态安全的维护也要国际承担。在解决这类问题时要进行国际合作,而国际合作的前提就是要树立国际海洋生态安全的观念。我们必须意识到海洋生态文明的重要性和海洋生态安全的战略意义;必须意识到海洋是自然生态系统中最大的生态体系,海洋生态安全的缺失,将带给人类自身不可逆转的灾难;必须有意识地以维护海洋生态安全为核心,以可持续发展为依据,以人与自然、人与环境协调发展为目的和谐海洋生态关系。

(四)树立海陆永续发展观念

人类赖以生存的地球有近70%的大面积被海洋所覆盖,千百年来,人类多是向海洋索取,未能真正地保护好给我们提供丰富资源的海洋。海洋生态科学保护要求我们要增强海洋和陆地永续发展的意识,在推进海陆发展过程中充分考虑资源和环境的承受力、统筹当前和未来发展的需要,为子孙后代留下充足的发展条件和发展空间。海陆永续发展是一个变化的过程,在这一过程中,海洋资源开发、技术开发取向以及制度变迁等必须相互协调并且要提高当前和今后满足人类需要和欲望的潜力。这亦当是陆海关系中人与海洋系统和谐永续发展追求的目标。我们必须意识到,人类与海洋的关系不应停留在单方索取和消极保护的层面上,而应建立可持续利用的和谐关系。海洋资源的可持续利用是在满足当代人对海洋的各种需求的同时,又不使海洋失去可再生能力,意识到海洋满足后代人需求的能力构成威胁,人类既要合理开发利用海洋资源以维持全面的生活质量,又可保障海洋资源永续利用,同时也要避免造成环境损害。通过调整人类的行为,遵循自然规律达到人与自然的和谐。

二、维护海洋社会生态系统的综合平衡

良性循环的海洋社会生态系统,体现在维护海洋生物群落多样性基础上,对海洋资源有序开发、对海洋环境有效保护和有序开发

和建设,改善对海洋资源的利用效率,尽可能维持其生态、环境、资源综合平衡,促进维护海洋生态系统的健康发展。

(一)维护生物多样与生境的平衡

如果说海洋生物群落是海洋社会生态系统的主体,那么,海洋生境就是海洋生物群落的生存条件。一个地区丰富的生境能造就丰富的生物群落,生境多样性是生物群落多样性的基础。不同等级的海洋生态系统构成庞大的生态系统,每一个生物群落内部都有相对稳定的结构和功能,在一定的生境条件下,生态系统的各部分、内部结构、物能运动等处于相互适应与协调的动态平衡之中,通过能量流动和物质循环,生态系统才能达到良性循环状态。健康生态系统,不但生物物种的种类多,而且数量比较均衡,没有哪一种物种占有优势,这就使得各物种间既能互为依存,也能互相制衡达到某种平衡的稳态,这样的生态系统功能肯定是完善的。反之,如果生态系统的生物群落内比例失调,会造成整个系统恶化。基于遗传基因和适应能力,海洋生物群落在相互作用、共存共生的生物进化中维持着海洋物种的多样性。海洋社会生态系统的生物群落多样性越丰富,海洋社会生态系统稳定性越高。要维护海洋生物多样性,就要注重生物生活地域即生境的保护,生物群落与生境的统一性是维护海洋社会生态系统综合平衡的基础。

(二)维护海洋经济与环境的平衡

海洋经济是以开发海洋产业为主要目标的现代化合成经济,它是由海洋生产力和海洋生产关系结合构成的一个有机整体,是海洋产品的生产、流通、分配和消费的统一体。海洋经济的发展要受到海洋生产力包括海洋自然生产力的制约,而海洋自然要素,如资源、环境和生态要素等,是海洋生产力的基础要素,它们在很大程度上决定了海洋生产力水平的高低,进而制约着海洋经济活动的内容、规模及形式。海洋生态环境是海洋生物生存和发展的基本条件,生态环境的任何改变,都有可能导致生态系统和生物资源的变化,海水的有机统一性及其流动交换等物理、化学、生物、地质的有机联系,使海洋的整体性和组成要素之间密切相关,任何海域某一要素的变化,都不可能仅仅局限在产生的具体地点上,有可能对邻近海域或其他要素产生直接或间接的影响和作用。生物依赖于环境,环境影响生物的生存和繁衍。当外界环境变化量超过生物群落的忍受限度,就要直接影响生态系统良性循环,从而造成生态平衡的破坏。海洋生态平衡的打破,除了自然本身的变化,海洋经济活动也是其主要原因,如何实现人类海洋经济活动与维护海洋生态环境健康的平衡,通过加强海洋环境保护、改善海洋生态环境来维护海洋资源生态系统的良性循环,实现海洋经济与海洋环境的协调发展,这是海洋社会生态保护的难题之一。唯有遵循生态环境规律和经济规律注,把握海洋经济与周边生态环境的关系,使海洋经济活动符合生态环境平衡的原则,才能实现海洋经济的可持续发展。

(三)维护海洋资源与开发的平衡

在大洋海底,埋藏着丰富的石油、天然气以及煤、硫、磷等矿产资源,在近岸带的滨海砂矿中,也存在着砂、贝壳等建筑材料和金属矿产,在多数海盆中,还广泛分布着深海锰结核,这些构成了可供开发和利用的丰富的海洋资源。海洋资源具有种类多样性的特征,但如果开采不当会造成海洋污染、海洋物种灭绝、海岸线后退以及生态安全等一系列生态问题。目前,海洋开发已经与原子能工程、宇宙空间技术一起并列为当代尖端技术。海洋开发产业可分为传统海洋产业和新兴海洋产业。其中,海洋捕捞业、海洋运输业和海洋制盐业等为传统海洋产业,海洋增养殖业、海洋石油开采业、海洋旅游业及海洋药业等都属新兴产业。维护海洋资源与开发的平衡也是海洋社会生态保护必须注重的问题。要实现海洋资源与开发协调发展,海洋资源的可持续利用,需要充分认识海洋资源的特性,建立科学合理的海洋资源开发体系,提高海洋资源的开发利用水平及能力,合理配置海洋资源,科学开发海洋资源。同时,在海洋开发利用过程中,根据海洋功能区划合理布局,在海洋功能许可的范围内,确定开发利用的规模和深度,突出主导功能,兼顾其他功能,保证发挥自然资源、环境客观价值和经济、社会持续发展的综合效益。

(四)维护海洋建设与有序的平衡

海洋建设是建立在海洋生态、海洋环境、海洋资源、海洋开发、海洋经济以及海洋安全等基础上的集成战略,将生态、环境、资源和经济置为相互关联的大系统中,各要素和关系之间存在着相互联系、相互协调的有机联系。健康的海洋环境保证了生物种群多样性;海洋生态系统的多样性是海洋资源可持续利用的基础;丰富的海洋资源为海洋开发和海洋经济活动正常进行提供了可能性;海洋生态安全保证了种类海洋经济活动不受到威胁和破坏。海洋建设综合反映了海域的社会属性和自然属性,涉及到多个要素、多个利益关系,只有协调处理好各种关系,才能维护海洋生态系统的健康,保证海洋建设有序进行。海洋建设的无序和混乱,不仅降低海洋建设整体效益,而且会造成海洋生态系统的破坏。因而科学用海、有序有度可持续是保证海洋建设的关键。有序建立在协调海洋资源的开发利用与海洋自然生态系统的健康发展,体现为经济发展与环境之间的协调、长远利益与短期利益的协调、陆地系统与海洋系统以及各种利益之间的协调。有序建设还体现为海洋生态过程的可持续与海洋资源的可持续;海洋生态经济与海洋生态安全的可持续性。在有序建设实践中要遵循各系统内部规律,从而能够使系统各要素之间保持动态平衡,实现海洋建设生态效益、环境效益、资源效益、经济效益的统一。

三、构建海洋社会生态保护的运行机制

海洋社会生态系统个体都有其自身的行动规律,机制的确立则规定了系统个体共同遵守的规章程序或行动准则。海洋社会生态系统综合平衡需要以生态系统为基础的各种运行机制维护,优化海洋开发机制、海洋治污机制、生态补偿机制以及海洋综合管理机制尤其是海洋社会生态保护目标实现的重要保障。

(一)建立海洋开发保护机制

人们对海域的开发必须遵循保护和改善海洋环境、保护海洋资源、维护生态平衡、促进经济和社会可持续发展的原则,建立优化海洋环境保护机制。首先要制定严格措施,控制海洋资源开发对海域生态环境的破坏。在海洋资源开发中必须坚持生态学原则,遵循适度合理开发的原则。海域的资源开发一般以综合开发为主,应注意海洋资源及环境的特殊性,保护海岸地形、植被和周围海域的生态

系统。要构建海洋环境保护激励与约束机制,即遵循海洋生态保护原则,制定各种激励与约束措施并通过制度和监控手段相对固定地确定下来,从而形成比较固定的激励与约束目标、标准、程序等。在特定的海域内,综合运用行政、经济、政治的方法,采用多种激励、约束、协调等手段,在注重各个海洋环境不同特点的同时,又要注重避免条块分割,真正实现统筹兼顾。建立海洋开发保护机制还要重视对海洋环境保护的科技创新、技术升级等自然科学领域的研究,尽快建立完善海洋开发监管系统,提高海洋开发监管能力。

(二)建立海洋污染治理机制

相对于陆地水污染状况而言,海洋水污染状况更加严重。因此建立海洋治污治理机制,将防止污染和治理污染的政策措施以及原则细化,以规范相关职能部门的责任。如建立环境污染预警机制,对将要建设和已经建设的新项目要严格执行环境风险评价,严格执行各项海洋环境保护条例,控制新建项目产生的海洋环境污染。再有设立严格的控污奖惩制度,以政府为主体、以财政为手段,落实"谁污染谁治理"、"谁污染谁赔偿"赔偿惩处制度,对注意环境保护、污染排放量小的企业给予适当的奖励。海洋污染主要来源于陆源污染,因此更要注重对陆源污染治理,做到"河海统筹"。陆地水污染的治理包括工业废水治理、生活污水治理等方面。在工业废水治理上,要根据产业结构和污染物排放特点,采取技术改造与末端治理相结合措施、推进工业化学需氧量减排工程的建设、提高废水排放达标率,并能使工业废水重复利用。在生活污水治理方面,规范城市生活用水、旅游活动污水的排放,减少污水排放入海量,减少近海海域污染。

(三)建立海洋生态补偿机制

生态环境是有价值的,因保护生态环境而放弃了发展经济机会应得到理解和适当的补偿。因而建立生态补偿机制成为迫切所需。上游地区提供良好的生态屏障是起码的生态道德,处在上游地区都不能发展严重污染的工业,这是世界各国都遵循的,为此而放弃的发展机会的应当得到理解和适当的补偿。以政府为主导,以行政区域为主体,遵循生态保护原则,建立较为完善海洋环境和生态保护补偿机制。生态补偿包括恢复已经破坏的生态支出,赔偿环境污染的费用,以及生态环境等都应该计算在成本的核算之中。通过资产化管理的方式,对海洋资源的使用收取适当的资源税,并通过转移支付实现全社会的平等享有权利。另外,海洋是全人类的共同财富,保护人类平等享有海洋资源的权益。对于海洋这一共同财产的开发要实行有偿使用,实现海域生态公平。要在资源环境经济学新理论、新方法的指导下,重新评价和测算有关地区的生态价值和生态利润,为建立生态补偿机制提供科学的依据。

(四)建立海洋生态管理机制

在海洋生态系统迅速衰退的情况下,管理活动的介入必须有利于海洋生态环境动态平衡关系的保持,需要从统筹管理的视角谋求海洋环境问题的最终解决。要采取特殊的政策和措施,针对海洋区域广阔、流动的特点,采取有别于陆地的理念和方法,实施以生态系统为基础的海洋综合管理。从管理内容看,海洋生态管理机制应反映人类活动和自然变化对海洋生态系统的影响以及所有生态系统组成部分之间的关系,包括海洋生物资源和非生物资源及其生存的环境、有机物和无机物聚集场所等组成部分。从行政职能看,要寻求联合治理海洋生态环境的有效途径。以生态系统为基础的管理是一种特定地理范围内的自适性管理,因此需要寻找更加适当的既考虑海洋区域地理环境,又考虑整合区域内各方利益和政策需求的管理方式,构建海洋区域管理的行政协调机制。通过利用各管理主体的职能及其各类行政手段,协调好海洋经济可持续发展和资源可持续利用之间的关系,各区域在可利用海洋资源的范围内建立经济协调机制,运用所有制、分配方式、各种经济政策和杠杆等手段,对海洋区域与海洋整体、海洋区域与用海者、用海者与管理者、海洋区域与区域之间的利益矛盾进行协调。

四、实现海陆生态的科学协调持续发展

从人本观念出发,海洋社会生态保护的目标是在海洋生态环境的良性循环和可持续发展前提下实现世代利用海洋和从海洋持续获取利益,发展海洋环保产业、注重海洋生态安全、构建海洋生态制

度当是实现海陆生态协调发展的重要内容。

(一)以海洋生态道德为前提

人类对包括海洋在内自然的认识是非常有限的。进入工业社会以后,随着生产力的发展和科学技术的进步,人类在认识、利用、改造自然方面的技术和手段越来越多、范围越来越广。在人类掌握了征服自然、改造自然、控制自然的科学技术的同时,却对包括海洋在内的自然资源无节制地开采和掠夺性地使用,从而造成全球性的海洋环境污染和海洋生态平衡的破坏,引发了海洋灾害,包括赤潮不断、海水入侵、海洋生态退化、海洋物种濒临灭绝,等等。不管是科技解决海洋环境问题还是法律规范人们的海洋环境行为,在某种意义上来说都只是治标不治本的。要解决海洋生态环问题,还必须从人自身出发,挖掘人类的道德理性,把人与海洋的关系纳入道德领域,构建海洋生态伦理道德观。以伦理道德为视角,重新审视人与海洋的关系、反思人类对海洋环境的态度和行为,将人类的道德关怀扩展到包括海洋在内的世界万物,从人与海洋和谐的高度提倡热爱海洋、尊重海洋、保护海洋、珍惜海洋资源、合理开发和利用海洋资源、维护海洋生态平衡,在海洋生态环境的良性循环和可持续发展前提下有节制地谋求自身的需求和发展。

(二)以海洋生态产业为主导

海洋经济又称为蓝色经济,生态环保产业与生态环境保护具有相互促进的作用,因此发展蓝色经济必须注重海洋生态环保产业。当前海洋经济基本以传统海洋产业为主,高新技术转变成生产力的比重显得不足。海洋经济最大热点是战略性新兴海洋产业。全球在深海技术、海水资源的开发利用技术、海洋生物技术等海洋高新技术领域取得了跨越式发展。近年来的发展重点是海洋生物技术、新能源、深海资源的勘探和开发、船舶制造的尖端技术等。因此,推进海洋环保产业发展,必须科学规划、合理开发利用海洋资源,提高海洋科技水平,增强海洋开发利用能力。此外还要重视对海洋基础研究高层人才的培养。推动科技兴海,特别是在海洋生物、海洋医药、海洋装备等方面加强科技研发。推进海陆生态环保的一体化,发展先进制造业和现代服务业,以此推动以海洋生态产业为主导的蓝色经济可持续发展,保证人类和海洋富有持久的生命力。

(三)以海洋生态安全为支撑

海洋生态安全是指与人类生存、生活和生产活动相关的海洋生态环境及海洋资源不受到威胁和破坏,主要包含"经济安全"和"社会安全"两方面的含义。一是海洋生态系统受人类活动的影响要降低到可控制的程度,防止由于海洋生态环境的退化对海洋经济乃至国民经济基础构成威胁,主要指环境质量状况低劣和自然资源的减少与退化削弱了经济可持续发展的支撑能力;二是对当前海洋生态的问题要采取措施进行补救,防止由于沿海生态环境破坏和海洋资源短缺引发人民群众的不满,特别是环境移民的大量产生,从而导致社会格局的动荡。实现海陆生态协调持续发展,需要我们按照海洋生态安全的特点和要求,规划设计海洋生态安全管理的政策思路。海洋生态安全管理的目标就是要对所有海域与海洋生态有关的人类活动进行调控,使海洋生态系统在保持自身健康和完整的同时,满足人类生存和发展的最大需求,实现资源的持续利用和整体效益最大化,并使其脆弱性不断得到改善。国家的发展离不开海洋,全球人类的生存和发展离不开海洋,由于海洋生态系统的不可分性决定了海洋生态安全涉及地域范围的国际化。因而还要充分考虑区域特性,遵循生态系统理论和海洋管理经验,区别对待其可能引发的环境安全问题。

(四)以海洋生态制度为保障

实现海陆生态永续发展,需要构建完善的海洋生态保护政策制度以及法律法规,为海洋资源可持续利用提供相应的制度体系保障。海洋自身的特点以及海洋实践活动的特殊性要求海洋生态保护政策必须符合和遵循海洋生态系统特色和规律。针对海洋的自然特征和社会特征,统筹兼顾,做出对海洋环境和资源的最优化选择;强调海洋政策的统一性的同时要考虑海洋多样性特性,制定海洋政策子系统,并将统一性和多样性共存于海洋区域政策这样一个同一体之中。具体讲,目前海洋生态保护制度重点要解决海洋环境、海洋资源、海洋渔业、海洋区域开发等一系列涉及海洋生态及人类海事活动的矛盾问题,相应的在体制和制度层面上健全环境管理体制,健全环境保护法规,完善生态环境监管制度,落实环境保护责任制,重视环保队伍建设,推动环境科学进步。政策层面上要制定和完善海洋环境政策、海洋资源政策、海洋治污政策、海洋渔业政策、环保经济政策,海洋区域政策等

海洋生态和海洋生态体系的提出与探讨,尤其是海洋生态体系的基层、中层和表层的初步研究,旨在加强海洋社会研究对海洋生态的全面保护、科学保护的力度。说到底,以人为本,无疑是海洋社会科学保护的核心内容,"以人为本"的保护原则要求海洋社会生态保护的根本目标是为了满足人民群众的需要。具体体现为物质层面和精神层面的需要。一方面,通过树立人海和谐发展的海洋意识,提高人们对海洋的关注度,加强对海洋资源的开发利用的自觉性,鼓励人们科学从事海洋活动,使海洋资源的开发、利用为人类的发展和进步提供现实的物质基础和力量;另一方面,要体现海洋社会人文精神财富,在对海洋的社会活动中,在获得丰富的海洋物质资源的同时,也能满足精神文化发展的需要。这正是海洋社会生态科学保护的根本出发点和落脚点。

参考文献:

1. 张永贞、张开城:《关于海洋文化生态的几个问题》,《经济与社会发展》2009 年第 10 期。
2. 张艳:《世界海洋保护组织致力重建海洋生态系统》,《中国海洋报》2009 年 8 月 11 日。
3. 国俊明、张开城:《我国现时期海洋社会问题与对策研究》,《济源职业技术学院学报》2010 年第 4 期。
4. 刘家沂:《生态文明与海洋生态安全的战略认识》,《太平洋学报》2009 年第 10 期。
5. 雷新兰:《海洋生态道德:人类文明的新征途》,《广州航海高等专科学校学报》2010 年第 4 期。
6. 王琪、陈贞:《基于生态系统的海洋区域管理》,《海洋开发与管理》2009 年第 8 期。

7. 阳立军、俞树彪:《海洋生态环境资源经济的集成战略和可持续发展模式研究》,《海洋开发与管理》2009年第10期。

思考题:

1. 简述海洋社会生态体系相互作用、相互依存的关系。
2. 结合实际思考海洋生态管理滞后的原因及其表现。
3. 维护海洋社会生态系统综合平衡需要采取哪些措施?

高歌人本　全面建设　社会文明日日新
感恩海洋　和合共处　环球民生处处兴

第二十二章　海洋建设:海洋社会的以人为本

本书前面各章已论述了海洋社会学研究的时代、对象、意义和方法,论述了海洋社会学是探讨海洋社会的生发历程、与陆地社会的相互关照和共有属性;论述了海洋社会学主要是探讨海洋社会的环境、经济、政治、文化、军事、外交和法规等有机支撑;论述了海洋社会学关键是探讨海洋个体、海洋群体、海洋组织和海洋社区等的主体功用。而在论述了海洋社会学探讨海洋社会资源、海洋社会价值、海洋社会生态之后,本书最后面对的便是要论述海洋社会建设这一非常关键的实用主题。本书认为:以人为本是海洋社会建设的出发点和最终归宿。海洋社会建设要做到以人为本,就应当全面认识海洋社会建设及其体系。海洋社会的建设及其体系涉及海洋社会的物质文明、精神文明、政治文明、法制文明、人种文明和生态文明建设的同步、协调发展。人类在海洋社会建设的不少方面存在的片面认识和误区需要厘清,特别要坚持以人为本不动摇。

第一节　应全面认识海洋社会建设体系

本书认为社会建设是人类社会的整体建设。社会建设是一个宏大的系统工程,应当包括经济、文化(精神)、政治、法制、人种和生态在内的社会生活构成的一切方面的建设。具体地说,海洋社会建设包括海洋社会物质文明建设、海洋社会精神文明建设、海洋社会政治文明建设、海洋社会法制文明建设、海洋社会人种文明建设和海洋社会生态文明建设六个子系统。

一、对海洋社会建设及其基本体系的界定

在了解海洋社会建设之前,有必要对社会建设的概念和社会建设体系的内涵作出界说。本书的"社会"概念是指整个"人类社会",这样理解的社会建设应当包括社会物质文明建设、社会精神文明建设、社会政治文明建设、社会法制文明建设、社会人种文明建设和社会生态文明建设六大方面。

(一)社会建设的流行概念

目前在中国研究社会建设时,不少论者依据中共十六届六中全会通过的《中共中央关于构建社会主义和谐社会若干重大问题的决定》中"四位一体"的提法,即"着力发展社会事业、促进社会公平正义,推动社会建设和经济建设、政治建设、文化建设协调发展"。[1] 它提出了经济建设、政治建设、文化建设和社会建设"四位一体"的布局。有学者认为,"这里所说的社会建设,显然是区别于经济建设、政治建设和文化建设的,它属于'小社会'的概念。"[2]因此有论者认为:社会建设,主要是动员社会力量、整合社会资源、发展社会事业、完善社会功能,构建全体人民各尽所能、各得其所而又和谐相处的社会环境。[3] 上述所谓社会建设主要是基本民生建设、社会安全建设和现代社会管理模式建设。显然,这个"社会建设"是中国民政部门经常使用的概念。因为种种原因,中国的社会事业发展水平还不高,不能完全适应社会发展和人们的需要,所以要加强上述社会建设。在这种情况下,这样来考虑社会建设有其合理性。但本书认为,不仅要加强与经济建设、政治建设和文化建设并列的那个"社会建设",更应当加强包括社会物质文明建设、社会精神文明建设、社会政治文明建设、社会法制文明建设、社会人种文明建设和社会生态文明建设的大"社会建设"。

---

[1] 《中共中央关于构建社会主义和谐社会若干重大问题的决定》,《人民日报》2005年10月19日。
[2] 景天魁:《社会建设的科学构思和周密布局》,《江苏社会科学》2008年第1期。
[3] 李学举:《加强社会建设和管理,推进社会管理体制创新》,《中国民政》2005年第4期。

(二)社会建设的真正内涵

要对社会建设概念进行定义,首先得对"社会"概念进行界定。本书所说的"社会"的概念采用宽泛的"社会"概念,指的是处在自然界之中的"人类社会"。所以,"社会建设"也使用广义的定义,它指整个社会的建设。所谓社会建设是指由社会主体的人类对自己所处的整个社会及其各个领域的文明状态进行不断更新、促进人类社会全面进步的过程,也即人类对自己所处的整个社会及其各个领域的文明状态进行交错综合的以人为本的实践。这样的社会建设起码应当包括社会物质文明建设、社会精神文明建设、社会政治文明建设、社会法制文明建设、社会人种文明建设和社会生态文明建设六大方面。这其实是马克思主义经典作家对社会建设的认识。[①] 马克思关于社会最基本的观点是"社会有机体论"和"社会系统思想"。马克思认为:社会是一个活的有机整体,它由相互联系的多种要素构成,具有一定的结构与功能,按照一定的规律发展变化。社会是一个复合系统,包括众多子系统,1858年马克思在《政治经济学批判·序言》中对社会系统的运行做了说明。他指出:"物质生活的生产方式制约着整个社会生活、政治生活和精神生活的过程。"[②]在这里,马克思认为社会系统由几个基本子系统即经济系统、政治系统、思想文化系统和社会生活系统等组成。我们是立足于以马克思主义社会观来研究和分析社会建设的真正内涵的。

(三)社会建设体系的构成

按照前面的论述,社会建设体系的构成包括相互联系、相互作用的六大子系统,它们在整个社会建设中是有机统一的,缺一不可。

1. 物质文明建设子系统。社会建设首先要加强物质文明建设,因为它是整个社会建设的基础。马克思、恩格斯认为社会存在和发展的第一个基本前提是物质生活资料的生产。他们说:"我们首先应当确定一切人类生存的第一个前提,也就是一切历史的第一个前提,这个前提是:人们为了能够'创造历史',必须能够生活。但是为

[①] 范英:《社会与文明漫说》,中国评论学术出版社2009年版,第169页。
[②] 《马克思恩格斯选集》第2卷,人民出版社1995年版,第32页。

了生活,首先就需要吃喝穿住以及其他一些东西。因此第一个历史活动就是生产满足这些需要的资料,即生产物质生活资料本身,而且这是这样的历史活动,一切历史的一种基本条件,人们单是为了能够生活就必须每日每时去完成它,现在和几千年前都是这样。"①

2. 精神文明建设子系统。社会建设的另外一个必不可少的重要基础是人类社会的精神文明建设,它主要是指思想、观念和意识的生产以及"科学和艺术的生产"。马克思认为:"思想、观念、意识的生产最初是直接与人们的物质活动,与人们的物质交往,与现实生活的语言交织在一起的。人们的想象、思维、精神交往在这里还是人们物质活动的直接产物。表现在每一民族的政治、法律、道德、宗教和形而上学等的语言中的精神生产也是这样。"②因此,"不是意识决定生活,而是生活决定意识",③即人们的社会存在决定他们的意识。而精神生产从物质生产和再生产中分化出来,一旦取得了自身的独立地位,它就成为社会进一步发展的巨大推动力。

3. 政治文明建设子系统。政治文明是社会文明系统中不可缺少的组成部分。马克思在《关于现代国家的著作的计划草案(1844年11月)》中,曾经明确提出"政治文明"的概念,这一概念主要是指人类社会中的政治生活、政治关系、政治形式的进步与发展状态,即人们改造社会政治的积极成果。社会政治文明建设,不仅仅是精神文明和物质文明的中介,而且是主导其他文明的发展方向的东西。④ 因此,政治文明建设子系统在整个社会建设系统中也占据重要地位。

4. 法制文明建设子系统。法制文明是指人类改造法制理论、进行法制实践的积极成果。在人类的阶级社会中,许多国家在历史上都曾经出现过"人治"的局面,即君主独裁专制,导致排除异己、唯我

---

① 《马克思恩格斯选集》第1卷,人民出版社1995年版,第78—79页。
② 《马克思恩格斯选集》第1卷,人民出版社1995年版,第72页。
③ 《马克思恩格斯选集》第1卷,人民出版社1995年版,第73页。
④ 范英:《岭南红梅报春开——论广东创立的精神文明学》,广东高等教育出版社2002年版,第46页。

独尊、敌视和扼杀科学文化、压制人民的创造精神、泯灭人们的美好追求,甚至给人类社会带来深重的灾难。① 如今,随着人类的文明进步,这种"人治"时代一去不复返了。法制文明已经成为人类社会共同追求的文明,法制文明建设在当代社会建设中至关重要,它是走向文明与和谐社会的必由之路。

5. 人种文明建设子系统。恩格斯指出:"根据唯物主义观点,历史中的决定性因素,归根结蒂是直接生活的生产和再生产。但是,生产本身又有两种。一方面是生活资料,即食物、衣服、住房以及为此所必需的工具的生产;另一方面是人类自身的生产,即种的蕃衍。"②人类社会"每日都在重新生产自己生命的人们开始生产另外一些人,即增殖。"③人类自身的生产就是人口生产。这种人类自身生产"所引起人自身的进化水平,在文明社会便构成人种文明的内涵。人种文明既是各种文明的综合效应,又是精神文明的载体和化身"。④ 加强人种文明建设,是社会建设的重大课题。

6. 生态文明建设子系统。"生态文明是指人类优化自然生态环境和人与自然生态环境平衡地、协调地发展的积极成果。现代生态学的普遍应用,实际上揭示了生态文明在人类文明总体观中的重要地位,从而弥补了认识人类文明总体的缺陷"。⑤ 马克思主义认为,人来自于自然生态环境,又依存和反作用于自然生态环境。人可以改造和利用自然生态环境,但有一个前提,就是人们必须遵循和利用自然规律,如果违背自然规律,那会使"自然界都对我们进行报复"⑥和惩罚。因此,人类必须加强生态文明建设,保护好生态环境,使其可持续利用。

---

① 范英:《岭南红梅报春开——论广东创立的精神文明学》,广东高等教育出版社2002年版,第46—47页。

② 《马克思恩格斯选集》第4卷,人民出版社1995年版,第2页。

③ 《马克思恩格斯选集》第1卷,人民出版社1995年版,第80页。

④ 范英:《岭南红梅报春开——论广东创立的精神文明学》,广东高等教育出版社2002年版,第47页。

⑤ 范英:《岭南红梅报春开——论广东创立的精神文明学》,广东高等教育出版社2002年版,第48页。

⑥ 《马克思恩格斯选集》第4卷,人民出版社1995年版,第383页。

(四)海洋社会建设的体系

海洋社会建设作为社会科学范畴,是指人类通过开发、利用和保护海洋等社会实践活动促进海洋社会全面进步的过程。[①] 这也就是说,海洋社会的建设体系就是包括海洋社会物质文明建设、海洋社会精神文明建设、海洋社会政治文明建设、海洋社会法制文明建设、海洋社会人种文明建设和海洋社会生态文明建设这六大子系统的建设。

1. 海洋社会物质文明建设在于通过海洋的开发利用,增强社会生产力,促进经济繁荣和社会的可持续发展。恩格斯指出:"人们首先必须吃、喝、住、穿,然后才能从事政治、科学、艺术、宗教等等;所以,直接的物质的生活资料的生产,从而一个民族或一个时代的一定的经济发展阶段,便构成为基础,人们的国家制度、法的观点、艺术以至宗教观念,就是从这个基础上发展起来的"。[②] 由此可见,海洋社会建设首先要加强物质文明建设,因为物质文明建设是整个海洋社会建设的基础。

2. 海洋社会精神文明建设在于通过传承和借鉴人类社会历史中特别是人类在海洋社会活动中创造出来的精神文明成果,建构人类海洋社会的文化,提高人们的精神文明素质,促进和谐海洋社会的构建。海洋社会精神文明建设是海洋社会建设的灵魂,是促进海洋社会发展和进步的精神动力和力量源泉。

3. 海洋社会政治文明建设在于通过处理海洋社会关系中人与人之间的矛盾,维护世界和平和社会公正,促进人类在海洋社会中的共同文明与进步。政治文明建设是海洋社会建设的方向,政治文明不健全的社会必然是动荡不安的社会。以人为本的海洋社会政治文明建设就是要建立一种注重国家之间的平等,全世界各国人民人人平等、尊重人权、公平正义的海洋社会政治局面。

4. 海洋社会法制文明建设在于通过管理海洋社会的法律制度的建设与完善,从而达到海洋社会秩序的建立与完善,促进人类海

---

① 刘中民:《世界海洋政治与中国海洋发展战略》,时事出版社 2009 年版,第 13 页。
② 《马克思恩格斯选集》第 3 卷,人民出版社 1995 年版,第 776 页。

洋社会的和谐。法制文明建设是海洋社会建设和谐发展的重要保证,法制文明表现为秩序良好,社会关系和谐公正等有序状态。忽视海洋社会法制文明建设必然会导致无政府主义从而也必然是无秩序的海洋社会,而无政府状态的海洋社会必然是不和谐的海洋社会。

5. 海洋社会人种文明建设在于通过优生、优育、优教等手段优化人种,从而全面提高海洋社会中人的种族群体和个体的文明素质。人种文明建设是海洋社会建设不可缺少的自然因素,"文明"是与人联系在一起的,没有人的存在就没有人类社会,更谈不上海洋社会文明建设。没有人种文明建设,就不可能有和谐海洋社会的实现。

6. 海洋社会生态文明建设在于通过调整人类与海洋的关系,由过去的"对立"走向"人与海洋的和谐共存",自觉维护海洋生态平衡,促进人类社会与海洋的和谐,使海洋更加有利于人类的生存与发展。生态文明建设是海洋社会建设的客观依托,没有良好的生态环境,人类不可能有良好的物质文化生活享受,也不可能有良好的政治局面和高度民主的政治享受;不倡导生态文明的海洋社会是不能科学和持续发展的海洋社会,是人类无法生存的海洋社会。保护海洋生态环境,是实现海洋社会和谐发展的重要一环。

二、海洋社会物质文明与精神文明的建设

生产力的发展是人类社会发展的最终决定力量。没有社会物质文明建设,就没有社会存在和发展的基础。海洋社会与陆地社会一样,首先要加强物质文明建设。但是,精神文明建设是人们精神支柱性的建设,也是不能或缺的。因此在加强物质文明建设的同时,还要加强精神文明建设。

(一)海洋社会物质文明的要旨

海洋社会物质文明表现为人类社会涉海生产力状况、涉海生产条件(包括涉海劳动工具和海洋科学技术状况等)、涉海生产规模,以及社会涉海物质财富的积累的数量和质量,等等。海洋社会物质文明,还表现为涉海生产力的发展、海洋社会生产的进步和利用海洋物质对人类生活的改善。人类社会的存在和发展必须注重发展社会生产力。马克思、恩格斯认为,生产活动是一切历史的基本条

件,人类社会建设要逐步消灭阶级之间、城乡之间、脑力劳动和体力劳动之间的对立和差别,使物质财富极大丰富。只有社会生产力包括海洋社会生产力不断发展进步,才能为人的全面发展提供坚实的物质基础。

(二)海洋社会物质文明的建设

物质文明建设是海洋社会建设的基础和前提。海洋社会物质文明是指人类在物质生产和物质生活方面涉及到海洋时产生的物质文明成果,即人类利用和改造海洋的物质成果的总和,它体现了作为社会主体的人在涉海活动中的本质力量。海洋社会物质文明同人类涉海的生产生活实践紧密联系在一起。地球的海洋形成于人类社会之前,只有当人类对海洋中的自然物进行利用、开发和加工改造后,才使海洋中潜在的物质财富变成海洋社会的物质文明。目前人类在海洋社会的物质文明建设明显落后于人类在陆地社会的物质文明建设,因此当前必须大力加强海洋社会物质文明建设。

(三)海洋社会精神文明的主题

海洋是人类的故乡,海洋社会精神文明伴随着人类社会精神文明的起源和发展。海洋社会精神文明是人类在涉海活动中改造自然和改造社会的精神成果,是精神生产的结晶。人类社会的精神文明现象,大体归结为真(文化)、善(思想)和美(审美)三大现象,也即人类精神文明这个系统所具有的三大子系统结构。[1] 由此,海洋社会精神文明的主题也应当围绕关于海洋文化、思想和审美等三大方面。而这三方面都涉及到海洋价值观念,因此海洋社会精神文明的主题就是海洋价值观念的培育,海洋社会精神文明只有抓住了海洋价值观念的培育,才能使海洋社会文化建设和其他方面建设具有正确的目标和方向,为海洋社会建设提供强有力的精神支柱。

(四)海洋社会精神文明的建设

海洋社会精神文明建设在海洋社会建设总体布局中具有十分重要的地位和作用。海洋社会精神文明的建设包括许多方面,当前则特别要加强以下三方面的建设:一是加强海洋社会文化建设。海

---

[1] 范英主编:《精神文明学论纲》,中共中央党校出版社1990版,第9页。

洋文化,包括海洋科学、海洋教育、海洋宗教等等。二是加强海洋社会意识建设。海洋意识即关于海洋的思想,包括各种关于海洋的政治思想和法律观念等社会意识形式。三是加强海洋社会审美意识建设。海洋审美意识,主要包括海洋文学、海洋艺术和美学以及旅游等等。

三、海洋社会政治文明与法制文明的建设

海洋社会政治文明建设涉及到整个人类社会的公平正义。要体现公平正义就要建设海洋法制文明,尊重各国的海洋主权、海洋管辖权和海洋管制权。通过国际社会建立健全法律制度和各国的具体的法制建设,才能保证各国人民海洋权益的实现,从而实现各国人民公正平等地共享地球海洋资源,共建文明和谐海洋社会。

(一)海洋社会政治文明的基点

海洋社会政治文明的基点是协商民主。海洋社会主体呈现多元化,利益格局也表现多元化。因此,海洋社会政治文明的基点应当建立在协商民主的基点之上。所谓协商民主,是指政治共同体中的自由、平等主体,通过民主协商取得一致意见,在达成共识的基础上赋予立法和决策合法性。"'协商民主是一种具有巨大潜能的民主治理形式,它能够有效回应文化间对话和多元文化社会认知的某些核心问题。它尤其强调对于公共利益的责任、促进政治话语的相互理解、辨别所有政治意愿,以及支持那些重视所有人需求与利益的具有集体约束力的政策。'协商民主的基本特征是多元性、合法性、程序性、公开性、平等性、参与性、责任性、理性。协商民主的核心要素是协商、共识、公共利益。"[①]

(二)海洋社会政治文明的建设

海洋社会政治文明建设的目标是实现海洋社会的公平正义。公平正义的最直接的含义是指的人们的政治、经济、文化、社会等各方面的权益得到合理而平等的分配。"一切人,或至少是一个国家

[①] 薛晓源、李惠斌主编:《生态文明研究前沿报告》,华东师范大学出版社2007年出版,第46—47页。

的一切公民,或一个社会的一切成员,都应该有平等的政治地位和社会地位。要从这种相对平等的原始观念中得出国家和社会中的平等权利的结论,要使这个结论甚至能够成为某种自然而然的、不言而喻的东西"①。海洋社会政治文明应当从人类政治文明发展的基点上,提取其中的共性或精华。诸如:公平、正义、民主、平等、合作、法治等政治价值②,这应当成为海洋社会政治文明建设直接的价值来源。

海洋社会政治文明从一定意义上属于"全球政治"的范畴。"'全球政治'作为一个术语,非常形象地描绘了政治关系在空间和时间上的扩展和延伸,以及政治权力和政治活动跨越现代国家和民族的界限、无处不在的这样一种现象。在世界某个角落所做的政治决定和发生的政治行为会迅速地传遍世界,并获得世界性的反响。此外,各个政治活动和(或)政策制定中心可以通过快捷的信息传播途经连接成复杂的决策和政治互动网络"。③ 海洋社会政治文明建设一方面要依靠包括联合国在内的国际组织,另一方面要依靠各个涉海国家政府及其地方政府和社会人群。联合国以及有关国际组织作为一个世界性的政治经济科学文化组织,是海洋政治文明建设的一种重要力量。联合国的宗旨是维护世界和平和安全,发展国际间的友好往来和合作,解决国际间经济、社会、文化和人道主义方面的问题,解决人类共同面对的生存和发展问题。涉海各国政府在海洋社会政治文明建设中可以发挥各自独特的作用,关键在于切实维护和保障涉及到海洋的民众的政治权益。海洋社会政治文明建设,就是要从关心和改善涉海民众的民生着手,在政治上要提供当家作主的条件,保障和扩大海洋社会人们的各方面的权利,提高他们的生存和发展的质量,促进人的全面发展。这是海洋社会政治文明建设中根本性的问题。

(三)海洋社会法制文明的重心

法制文明是反映社会法制化程度和进步状态的标志。海洋社

---

① 《马克思恩格斯选集》第3卷,人民出版社1995年版,第444页。
② 林娅主编:《全球化与社会发展研究》,北京大学出版社2006年版,第23页。
③ 戴维·赫尔德等:《全球大变革》,社会科学文献出版社2001年版,第69页。

会法制文明是海洋社会的法律制度、法治机构、人们的法治意识总体进步的状态。董必武指出:"人类进入文明社会以后,说到文明,法制要算一项,虽不是唯一的一项,但也是主要的一项。"①实现法制文明的关键是制度的公平正义,海洋社会法制文明的重心在于建立健全公正的海洋社会的法制体系。罗尔斯曾指出:"公正是社会制度的首要德性,正像真理是思想体系的首要德性一样。一种理论,无论它多么精致和简洁,如果它不真,就必须予以拒绝或修正;同样,各种法律和制度,无论它们如何有效率和有条理,如果它们不公正,就必须加以改变或废除。"②法制属于上层建筑的范畴,带有根本性、全局性、稳定性和长期性。海洋社会法制真实地影响、制约人的活动,为人的活动提供规则、标准、模式,将人的活动导入到预期的合理的轨道。海洋社会法制文明建设是以人为本得以实现的现实空间和根本保证。海洋社会建设要坚持以人为本,就要从法制上确立民众在海洋社会中的主体地位,并通过法律制度化保障民众在经济、政治、文化、社会等方面的主体地位最大限度得到体现。

(四)海洋社会法制文明的建设

海洋社会法制文明反映了海洋社会法律生活的进步状态,是海洋社会文明进步状态在法律理念、法律制度、法律组织、法律行为上的综合体现。海洋社会法制文明的建设应从国际法律制度和国内法律制度两方面加强建设。从国际方面来看,虽然《联合国海洋法公约》构建了包括领海、专属经济区、大陆架、公海国际海底、海洋环境保护等一系列具体制度的国际海洋法律制度。但是还应当更加重视、健全和完善国际海洋法制。从当前海洋社会法制建设实际方面来看,则应当进一步加强海洋社会管理、海洋开发和海洋环境保护等一系列具体海洋法律制度建设。

在各国内部的法制方面,一要建立健全各个国家海洋环境保护和渔业资源保护等领域的海洋社会管理法规;重视海洋环境与渔业方面的法制文明建设,健全和完善海洋社会管理法制,真正做到"有

---

① 《董必武选集》,人民出版社 1985 年版,第 450—451 页。
② 罗尔斯:《正义论》,中国社会科学出版社 1988 年版,第 1—2 页。

法可依",为依法治海、依法兴海奠定良好的法制基础。二要强化海洋司法,严格海洋侵权的法律监督。还要完善和制定海洋行政程序法,以确保海洋社会管理执法的客观、公正。三要坚持不懈地进行海洋法治宣传,培养人们遵守法治的理念和价值取向,牢固树立现代海洋社会法制文明理念。

四、海洋社会人种文明与生态文明的建设

海洋和陆地的隔离造成了地球上人类身体肤色的不同,并以肤色为表征形成了不同的人种。人种无优劣,文明有高低。过去人们不敢提人种文明建设,其实"人种文明"的概念来源于马克思、恩格斯"人自身的生产"和"种的繁衍"的理论。[①] 人类在自然的怀抱中诞生和成长,产生了与自然的互动关系和对自然的态度问题,这就是生态文明的内容。人类社会发展到现在,自然生态文明建设显得越来越加重要。

(一)海洋社会人种文明的厘定

人种虽无优劣,但不同地域、不同民族、不同国家和不同人的群体之间存在着文明发展的差异。人种文明是指一定地域范围内人的群体文明进步状态。人类社会文明的演进,除了外在地表现为物质财富的积累外,本质上则表现为社会的和谐和人的素质的提高。海洋社会人种文明主要包括重视维护人的生存尊严、提倡人的优生优育和提高人的素质三个方面。

1. 维护海洋社会人群生存的尊严。寻求尊重是每个人、每个社会追求的重要价值目标。人的尊严的核心是保障人体面生存的权利。海洋社会人群的体面生存权利的保障是最起码的尊严保障。为了维护滨海人群的尊严,给予他们的救助是帮助他们获得最基本的生存权保障的重要因素。人类在社会发展的过程中要共同面对海洋环境的挑战和威胁,当前滨海及低海拔国家和地区的人类群体则面临着生存环境恶化的威胁。在遇到地球气候变暖、冰雪消融导

---

① 范英:《岭南红梅报春开——论广东创立的精神文明学》,广东高等教育出版社2002年版,第47页。

致海平面上升有可能发生淹没低海拔的岛国,在遇到地震和海啸灾难,影响到滨海人群生存的情况下,世界各国人民伸出援助之手,帮助他们渡过难关,这就是为了维护他们的基本生存尊严。

2. 提倡控制人口和优生优育。适度的人口数量是人种文明的重要内容。当地球上人口处于超载的状态下,人类就要控制人口数量。目前,世界上大多数沿海地区自然条件优越,适合经济发展和人类居住。世界 60% 的人口定居在离海岸 100 千米的沿海地区,人口趋海移动已经是全球性问题。人口专家预测,在 2020 年以前,人口趋海移动呈现出增长的趋势,每年可能有 8000 万到 1 亿中西部地区的人口滞留在沿海地区。[①] 世界性的人口趋海移动对沿海地区造成巨大的环境压力,所以,人口较多的沿海地区更应积极地实行计划生育,控制人口数量,预防人口增加过快过多。

3. 提高海洋社会人群的素质。海洋社会人种文明是指人种在海洋社会的进步发展过程中表现出来的文明程度,它的自然属性、精神属性和社会属性分别相应地表现为海洋社会人种的自然素质、精神素质以及社会生活素质诸方面的发达、健全的文明。而人种的这些文明素质是具体、丰富地体现于种族个体——人的文明素质之中的,种族个体——人的文明素质,是人种文明的根本体现。[②] 因此要着力提高和优化海洋社会人群的整体素质。

(二)海洋社会人种文明的建设

从人种文明建设的内涵来看,从出生到往生的各个环节,从摇篮到坟墓,都有人种文明的问题。海洋社会人种文明建设要更加重视和保障人的尊严、提倡人的优生优育和提高人的素质建设的上述三个方面。在海洋社会人种文明建设中,要着力提高海洋社会人群的综合素质,包括:提高海洋社会人群的自然素质;提高海洋社会人群的精神素质;提高滨海社会人群的社会适应能力素质。

(三)海洋社会生态文明的机理

海洋孕育了生命、孕育了人类、孕育了人类社会、孕育了人类社

---

① 杨金森:《海洋生态经济系统的危机分析》,《海洋开发与管理》1999 年第 4 期。
② 范英主编:《人的素质与市场经济》,红旗出版社 1994 年版,第 1416 页。

会文明,是地球上最大的生态系统。海洋生态系统不仅在维持生物圈的稳态方面发挥着巨大作用,而且蕴藏着极为丰富的生物和矿物资源,与人类的生存和发展有着非常密切的关系。海洋环境是人类赖以生存与活动的场所,同时还给人类提供各种资源供人类使用和利用。但海洋环境作为人类与之打交道的客体,并不是完全被动的。海洋社会生态文明的机理,在于人和自然之间的关系是对立统一的关系。一方面,人和自然是相互联系、相互依存、相互渗透的统一体。人类是自然界的组成部分,是靠自然(包括海洋)恩赐而生存和发展的;人类所创造的一切物质财富,都是源于自然界(包括海洋)的提供。另一方面,人和自然(包括海洋)又有对立的一面。人类为了生存和发展总是不断地影响和改变自然(包括海洋),包括从自然界(包括海洋)索取资源,向包括海洋在内的环境排放废弃物等;自然界(包括海洋)对人类的反作用则包括海洋自然灾害、海洋环境污染、海洋生态退化对人类生存和发展的制约和惩罚。人类在自然界(包括海洋)中占有特殊的位置,对海洋生态价值的认识与承认导致了人类对它的责任和义务。人类对海洋生态的责任与义务,从消极的意义上说,是要控制和制止人类对海洋生态环境的破坏,防止海洋生态环境的恶化;而从积极的意义上说,则是要保护和爱护海洋,为海洋生态的正常化和达到新的动态平衡创造并提供更有利的条件和环境。

(四)海洋社会生态文明的建设

当今时代,海洋生态系统的保护责任落在了全人类身上,地球上所的人都有责任加强海洋社会生态文明的建设。如果不解决好这个问题,不仅当代人蒙受其害,而且还会损害子孙后代的长远利益。海洋环境恶化问题的产生是由于人类粗暴地对待海洋的结果,因此,海洋环境问题的治理首先要从提高人类自身的素质做起。海洋社会生态文明要调整人与海洋的关系,最需要关心的问题是如何防止海洋环境的破坏。推进海洋社会生态文明建设,人类要对自己与海洋环境的关系加以反省,建立一种新型的人与海洋的关系。加强海洋生态文明建设,重点要提高海洋生态意识,认识到海洋对人类生存和发展的重要性,增强人们的社会责任感和道德观念,使"善待海洋就是善待我们自己"的观念深入人心,更大幅度提高沿海民众科学用海、依法护海和合理开发与利用海洋的自觉性,从而自觉维护海洋生态环境,防止海洋污染,避免海洋生态系统乃至整个地球生态系统的崩溃。

第二节 海洋社会的建设尚未充分为人

20世纪以来,伴随着《联合国海洋法公约》的生效(1994年)和近年来"21世纪是海洋世纪"的舆论宣传,海洋社会日益成为全人类关注的领域。海洋资源丰富,海洋资源宝贵且价值独特,海洋领域的特殊性决定了它具有特殊的经济地位和政治地位。人类在海洋社会建设上做出了巨大努力,取得了巨大的成就。但是,海洋社会建设具有很强的特殊性,因此也应当看到,人类在海洋社会建设的许多方面尚未充分为人,存在不能尽如人意的问题。

一、尚未充分为人的表现之一

海洋社会建设尚未充分为人,无论是在物质文明建设还是精神文明建设诸方面都有表现。由于种种原因,与陆地生产力开发相比,海洋社会生产力的开发乃是十分滞后的,人类对海洋丰富的自然资源利用大都涉足于传统的渔业捕捞、盐卤业和海上石油开采等方面。由于科学技术发展的限制,大量丰富的海洋资源还未来得到利用;在精神文明建设方面也存在诸多问题,最主要的是尚未确立一整套体现人类社会精神文明进步的海洋文化及其价值观。

(一)物质文明建设方面的表现

1. 在物质文明建设中出现了以物为本的倾向。海洋社会建设尚未充分为人,在物质文明建设中的主要表现是没有牢固确立以人为本在社会发展中的主体和核心地位,没有摆脱重物不重人的倾向,没有把尊重人作为海洋社会建设和发展的根本准则之一。在社会发展中单纯以经济增长为目标,追求高指标、高速度、高产量、高投入,过分强调提高国内生产总值(GDP)的力量,单纯偏重于经济建设,忽视海洋社会全面进步,偏离了以人为本的轨道。盲目追求经济增长导致海洋自然生态平衡的破坏。经济增长一旦偏离以人的幸福和发展为核心的价值目标,就会对海洋资源进行无节制的掠夺,进而导致对人类生存环境的破坏。有些地方的人均 GDP 增加了,但贫富不均,一部分人的富裕是以牺牲另一部分人的利益为代价而取得的。因此必须进一步强调"人是根本"的发展理念,正确处理"经济发展与人的发展"的关系,发展必须在经济增长的基础上重视解决贫困、就业、社会公正等问题。坚决摈弃那种见物不见人、以贬低人格尊严、扭曲人格为代价的经济发展观念。实现由注重经济总量到更加注重民众生活质量、由注重经济指标到更加注重民众幸福指数、由注重满足物质利益到更加注重保障民众权利、由注重物质财富积累到更加注重人的精神文化享受提升的转变。

2. 海洋社会生产力开发落后。海洋社会生产力是人类利用和开发海洋获取物质生活资料和服务的能力。如果说陆地社会需要大力发展生产力,海洋社会更是如此。当前从世界范围和人类整体上来说,对海洋的利用能力、利用程度和利用种类在不断增加,但是海洋社会生产力开发远远落后于陆地社会。海洋虽然是尚未得到人类充分开发和利用的自然资源宝库和巨大的环境空间,但由于海洋地理环境的特殊性,要获取海洋资源宝库中的财富却不是轻而易举的。海洋传统产业形成较早,经过多年发展的产业,如海洋交通运输业、海洋制盐业和船舶修造业等大都处于饱和状态,而近海渔业捕捞强度则超过海洋渔业资源再生能力。随着科学技术的发展,海洋新兴产业如海洋油气业、滨海旅游业和海水养殖业等有了一定程度发展,但是生产规模相对较小,技术尚不够成熟。而象深海采矿、海洋能利用和海水综合利用等产业则刚刚起步。

3. 海洋社会防御海洋自然灾害能力薄弱。从世界范围来说,人类认识自然和改造自然已经达到一定的水平,但是人类对海洋的认识和研究的水平还不高,海洋社会防御海洋自然灾害的能力十分有限。海洋自然灾害,是指由于海洋的自然变化而给人类造成的一切有害的影响和危害,包括:海底火山、地震、台风、海啸、风暴潮、赤潮、灾害性海浪、海冰等自然灾害。现代海洋经济的发展与严重的海洋自然灾害形成尖锐的矛盾,尤其是近年来海洋灾害导致的损失急速上升。2004年底发生在印度洋和2011年3月11日发生在日本的由地震引起的海啸灾难就是海洋自然灾害向全人类敲响的警钟。海洋性自然灾害给人类的生存和发展构成了巨大的威胁,给受灾地区人民的生命财富带来了极大的损失。如何尽量减少灾害带来的损失,让受灾地区人民尽快恢复家园,使经济社会尽快恢复正常,是海洋社会需要认真对待的问题。

4. 海洋环境问题日趋严重。海洋环境问题虽已引起高度重视,但由于沿海开发力度不断加大,近岸海域环境持续恶化的现状一时难以改变。"海洋环境问题"可以分为两大类。"一是投入性损害或污染性损害,简称海洋环境污染,即由于人类不适当地向环境排入、投入、引入污染物或其他物质、能量(统称排污活动)所造成的对环境的不利影响和危害,如陆源污染、船舶污染、海上石油污染等;二是取出性危害或开发性损害,简称海洋生态破坏或海洋环境破坏,又称非污染性的损害,即由于人类不适当地从海洋环境中取出或开发出某种物质、能源(统称非排污活动)所造成的对海洋环境的不利影响和危害,如滥捕海洋鱼类、滥采海洋矿产等。污染性损害不仅污染海洋环境,而且损害海洋生态;非污染性损害(环境破坏)也是如此。污染性损害和非污染性损害的区别,主要在于损害海洋的方式不同,一个强调引入或引进物质,另一个强调取出物质"。[1] 全球气候变暖与海平面上升、全球海洋环境恶化、全球海洋生态危机等诸多的全球海洋环境问题构成了对全人类共同面临着的严峻挑战。

(二)尚未充分为人的主要原因

1. 涉及到海洋的生产力不够发达。由于科学技术水平的限制,受生产力发展水平限制,目前人类对海洋的开发还很不够,海洋对生产力分布的影响主要是通过海运和贸易而施加的,海洋资源的开发利用还没有直接影响着世界生产力重新分布。尽管航海技术包括造船术也有新的发展,但人类尚未对海洋进行大规模的、综合性的开发利用,丰富多样的海洋资源对生产力分布的影响还没有超出

---

[1] 刘中民等:《国际海洋环境制度导论》,海洋出版社2007年版,第47页。

航运和贸易而起着更为重要的作用。海洋生物资源,还未成为人类食物的主要来源;海水和海底的矿物、能源尚未成为工业生产的主要原料与动力;海水也尚未成为工农业和城市用水的重要来源。海滩开发、海洋灾害的防御能力都有待增强。

2. 涉及海洋的某些科学技术相对落后。目前人类对海洋的研究和了解还很不充分,涉及到海洋的科学技术相对落后。深海海洋石油、天然气和其他矿产资源开采、海水综合利用、海洋能利用、深海海洋空间利用和海洋工程科学技术的发展,仍然无法满足海洋社会经济发展的要求。2010年4月20日,美国路易斯安那州沿岸英国BP石油公司的一座石油钻井平台爆炸起火,造成11名钻油工人死亡后,底部油井漏油量从每天5千桶,到后来达到2.5万至3万桶,演变成美国历年来最严重的油污大灾难。[1]虽然泄漏在80天后最终堵住了,但是这次石油泄漏事件的发生暴露出了人类掌握的深海石油开采的技术还存在很大的缺陷。譬如,在海洋油田水深1500米以下的作业,人是下不去的,全靠机器人,而机器人也不是万能的。所以必须承认,目前深海石油开采并没有达到绝对可靠的技术,人类大规模的开发深海油田,面临着很大的风险,而这种风险是目前地球的生态环境所难以承受的。[2]

(三)精神文明建设方面的表现

1. 在自我中心主义、个体层面的利己主义、组织层面的集团利己主义和国际层面的狭隘民族主义作为价值观的主导下,以控制海洋空间、争夺海洋资源、抢占海洋科技"制高点"为主要特征的现代国际海洋权益斗争呈现出日益加剧的趋势。海洋划界争端、海洋渔业资源争端、海底油气资源争端、深海矿产资源勘探开发以及深海生物基因资源利用的竞争更加激烈。局部地区出现争夺海岛主权、争夺管辖海域、争夺海洋资源的海上军事对抗或冲突。[3]

---

[1] 林官明:《漏油:所有人都应该在乎的事情》,《环球》2011年第1期。
[2] 李桂芬、刘增洁《石油巨头BP何去何从?》,《中国国土资源报》2010年7月19日。
[3] 李玉梅:《发展蓝色经济建设海洋强国——国家海洋局局长孙志辉答本报记者问》,《学习时报》2010年8月16日。

2. 对海洋文化发展重视不够,忽视人的主体性和精神要素以及文化因素在海洋社会建设中的综合优化作用。人们对海洋缺乏敬畏之心与感恩之心,亲近海洋与善待海洋的文化氛围尚未蔚然成风。

(四)尚未充分为人的主要原因

海洋社会精神文明建设的核心问题是人们思想道德素质的全面提高,而思想道德素质的提高需要建构在社会物质生活基础之上。"而在阶级社会中,特别是在资本主义社会中,'劳动为富人生产了奇迹般的东西,但是为工人生产了赤贫。劳动创造了宫殿,但是给工人创造了贫民窟。劳动创造了美,但是使工人变成了畸形。劳动用机器代替了手工劳动,但是使一部分工人回到野蛮的劳动,并使一部分工人变成了机器。劳动生产了智慧,但是给工人生产了愚钝和痴呆。'可见,工人在资本统治下的社会生活条件下,肉体和精神上的一切自由活动都受到侵害,其自身精神素质的提高极其艰难"。① 因为没有相似的社会物质生活条件做基础,就很难产生相同的文化理念和价值观,所以共同的海洋社会精神文明理念未能在全人类特别是在海洋社会牢固树立。当今世界由于各个国家、各个民族、各个阶级的社会物质生活条件的差异及其带来的各自利益的非完全一致,加上各自宗教信仰的巨大差异等种种原因,全世界很难建构一种非常一致的思想道德观和文化价值观。这就是说由于多元化的经济基础和由此而来的多元化思想文化意识背景,难于产生绝对统一的和健康向上的思想道德观念,这是人类在海洋社会精神文明建设的中遇到的一道障碍。要克服这个障碍,必须坚持全人类利益大于国家或民族利益的理念,必须坚持人类和平共处的理念,必须坚持人类在海洋社会和谐发展的理念。

二、尚未充分为人的表现之二

追求政治文明,摒弃不文明不民主的专制政治,是每个人每个民族每个国家乃至全人类的愿望。民主和人权是政治文明的集中

---

① 范英:《岭南红梅报春开——论广东创立的精神文明学》,广东高等教育出版社 2002 年版,第 185 页。

体现,是人类孜孜以求的美好目标。尽管一代又一的人为着这一目标进行了不懈的努力,但是人类社会离达到这一目标尚有相当大的差距。当今海洋社会,尚未充分为人在政治文明建设方面和法制文明建设方面都有种种表现。

(一)政治文明建设方面的表现

文明的政治,可以帮助人类调整海洋社会的各种复杂关系,化解海洋社会的各种复杂矛盾,给人类海洋社会带来秩序和效率,但是当下的海洋社会政治文明建设方面却还存在较大的差距。

1. 没有充分确立民众在海洋社会建设中的主体地位。以人为本的政治含义应当包括对人自身权利的尊重和维护。各国宪法规定了人的基本人权包括生命健康权,但是由于种种原因,在海洋社会一些社区特别是在一些经济落后的海岛国家,连人的生存权和生命健康权都得不到保障。

尊重和保障海洋社会广大民众的发展权,这是海洋社会政治文明建设的必然要求,是海洋社会政治文明不断进步的重要标志。可是,在现实海洋社会中,在一定程度上存在忽视社会公正和政治民主化,忽视政府廉政建设等等问题,说明了尚没有充分确立民众在海洋社会建设中的主体地位。

2. 现代国际政治中还存在不公平的境况。由于意识形态不同,在对民主问题的理解上存在严重分歧。一些大国把自己的价值观强加于别国,使受控制国家失去民主政治。一些处于发展中的海洋国家由于经济落后,对发达国家存在严重依赖,从而使自己失去民族自主权,受到少数大国的奴役,丧失主权后又导致国内政治不民主,广大贫苦民众缺少基本的人身自由和政治参与权,甚至出现了严重的社会腐败、政治动荡和民不聊生的状况。

(二)尚未充分为人的主要原因

在世界范围内,海洋社会政治文明面临着一个基本矛盾:海洋生态系统与地球生态系统是连为一体的,但海洋社会在国家(地区)与国家(地区)之间在政治上却是分裂的。海洋生态系统是一个整体,海洋的水体是环流的,它不以行政疆界为限。但人类世界是由200多个国家组成,它们各自为政,在国家民族利益上都是"自私的,各国政府专注于追求国家民族利益目标,要最大限度地为自己的国家争取海洋权益,这样一来必然对海洋(国际)社会甚至于全人类的公平正义产生负面影响。

在早期资本主义时期,把通过海洋控制和掠夺别的国家和地区看作是天经地义的,曾经给人类海洋社会带来不堪回首的战争、奴役、压迫、剥削等等灾难。经过殖民地半殖民地国家人民的努力,大多数海洋国家取得了独立的主权,从而人民得到了翻身解放。但是现代国际政治中还存在许多不公平不公正的境况,少数大国在国际海洋社会奉行的霸权主义严重影响各国的民族自主权和公平正义的伸张,从而影响到民众的各种政治、经济和社会权利的实现。

(三)法制文明建设方面的表现

现有的国际和各国海洋社会管理制度存在许多问题,不可避免地暴露出诸多弱点和不足,面临着一系列严峻挑战,海洋社会法制文明建设还有待于长期建设与完善。

1. 全球性的海洋社会法制文明建设仍然处在初创阶段。在现阶段,全球性的海洋社会法制文明建设还不能完全适应全球化加速发展新形势的要求。在立法方面,国际组织和一些滨海国家,尚未建立起完备的海洋社会管理的法制体系。

2. 浓厚的海洋法制文明氛围尚未在全世界形成,在执法方面,有法不依、执法不严的情况比较普遍,依法治海、依法用海尚未成为多数人的自觉行为。例如,《联合国海洋法公约》为世界海洋权益分配提供了一定的制度安排,但是各国竞相争夺海洋权益的斗争则因沿海国家海洋权利要求的扩大而引起领海领土问题争议,破坏了国际海洋法制文明建设。[1]

(四)尚未充分为人的主要原因

造成尚未充分为人的原因之一就是"全球管理结构和全球环境一致力量仍然过于薄弱,不能在世界范围内的现实中取得进步。"[2]这深刻地说明,国际海洋法制的作用还远不能应对全球海洋社会管理问题

---

[1] 刘中民:《世界海洋政治与中国海洋发展战略》,时事出版社2009年版,第10页。
[2] 王杰主编:《国际机制论》,新华出版社2002年,第375页。

的挑战。总结起来,国际海洋法制的缺陷主要表现在以下三个方面:①

1. 国际海洋法制在调整广度和深度上都难以满足国际海洋社会的要求。目前在许多问题领域还缺乏相应的法制,如在跨国海洋环境损害的国际责任领域尚无有效的约束机制;在有的问题领域虽然已有相应机制,但这些机制缺乏约束力和强制性,尚未起到实际效果,如《联合国海洋法公约》《联合国气候变化框架公约》《生物多样性公约》等。

2. 国际海洋法制体系混乱和不健全。目前在国际社会已有一些与海洋社会和可持续发展相关的国际协定,但现有国际海洋制度对发达国家与发展中国家各自优先领域重视不够,尤其在发展中国家加强可持续发展能力建设所需资金和技术问题上难有突破;国际海洋法制所应具备的透明度、可预见性、信息流通性以及争议解决机制等尚未在一个完整的法律体系中加以明确。

3. 国际海洋法制的实施缺乏一个有效的全球性机构来加以监督和协调。现有的国际海洋法制缺乏一个拥有政治权威性、丰富专业知识的机构作为其核心,难于在全球海洋社会发挥决策作用和持久的影响力。在应对全球海洋社会事务管理时由于各国利益差距巨大,在各国无法实现一致利益的情况下,难于实现人类共同的法制文明建设理想。

三、尚未充分为人的表现之三

过去人们不敢提人种文明,更谈不上人种文明建设。其实,人是构成人类社会的基本要素,不提倡人种文明不可能有文明社会。不讲人种文明说穿了就是不重视人的价值,就是忽视人的尊严,就是不以人为本。在海洋生态文明建设方面尚未充分以人为本的表现形式上不同,归根到底就是破坏了生态平衡,影响到人类的生存从而影响了人类自身的根本利益。其实,建设生态文明,绝不是人类消极地向自然回归,而是人类积极地与自然实现和谐,这是人类幸福生活不可或缺的要素。

---

① 刘中民等:《国际海洋环境制度导论》,海洋出版社 2007 年版,第 43—45 页。

(一)人种文明建设方面的表现

海洋社会建设能否实现现代化,其前提在于能否实现人的现代化。因为在生产力的诸要素中人是最活跃最重要的要素,生产力的发展归根到底要依赖于人认识自然和改造自然能力的提高,依赖于人的素质的全面提高。从某种意义上说,海洋社会现代化建设涉及到两大难题,即技术上的难题和人的难题。两相比较而言,人的难题是更为主要的难题,因为技术上的问题归根到底是由人来解决的。在海洋社会中一些人的心理和精神还被牢固地锁定在传统意识之中,构成了海洋社会建设的严重障碍。在人的心态和素质没有得到改变、提高时,高度的科学技术是无法生根和发挥作用的。①

(二)尚未充分为人的主要原因

当传统的思维方式、行为方式、风俗习惯和价值观念束缚人们的思想和手脚时,这些地方的社会建设肯定是停滞不前的。当发展中国家摆脱了帝国主义和殖民主义的控制而致力于自己的独立发展的时候、当改革开放的大潮冲击海洋社会的时候,人如果得不到改造、人的素质得不到提高,海洋社会建设是不可能会成功的。所以说,一些人的心理和精神还牢固地被束缚在因循守旧的传统意识之中,构成了海洋社会建设尚未充分为人的严重障碍。

(三)生态文明建设方面的表现

海洋生态文明建设尚未起步的的表现之一,是把人类看作是海洋的主宰,把海洋作为人类可以任意掠夺、占有和宰割的对象。为了提高国内生产总值指标,不惜以海洋资源的浪费和海洋环境的污染为代价。人类一方面不合理地、超强度的开发利用海洋生物资源,尤其是在某些近海区域滥捕经济鱼类,使得海洋渔业资源严重衰退;另一方面又对海洋环境空间不适当地利用,致使海洋污染和生态环境恶化。从海洋生态文明的角度来讲,由于人类对海洋生态的真实价值认识不足,缺乏应有的慎重和明智,不但对海洋各种资源进行无节制开发,而且还向海洋排放了大量污染物,致使海洋生

---

① 赵小芒:《科学发展观:马克思主义发展观的创新成果》,人民出版社 2007 年版,第 35 页。

态遭到严重破坏,致使海洋经济与海洋生态环境的协调、可持续发展受到威胁,进而使人类的生存环境受到威胁。点击互联网或翻阅报纸杂志,人们每天都可浏览到各种关于海洋生态环境被破坏的报道,据 2010 年 10 月 29 日的媒体报道:在日本名古屋举行的联合国生物多样性峰会上,联合国环境规划署提交的一份报告称,随着环境污染、过度捕捞和气候变化等因素对海洋造成的威胁越来越严重,在未来几十年中全球海洋生态系统将面临崩溃的危险。这对全人类来说是一个非常震惊消息。因为海洋生态平衡破坏,必然导致某些疾病流行,一些物种灭绝,引发地球生态灾难。

(四)尚未充分为人的主要原因

20 世纪 70 年代以来,随着科学技术和社会生产力的发展,全球范围内的自然环境和资源越来越难于承受高速工业化、人口猛增和城市化带来的巨大压力,海洋环境受到污染和海洋生态遭到破坏日趋严重。工业文明的政治理念很难在海洋社会生态文明建设上提供坚强的支持,民族主义理念赋予了每一个国家管理各自的海洋社会的权利。但是,海洋生态环境问题是全球性的,需要在全球范围内行动。海洋生态系统是一个整体,我们不可能把世界的海洋生态系统分割成不同的部分,然后分给每一个国家或每一个集团乃至个人进行管理。生态环境的全球性与单个国家或地区管理海洋能力的有限性,决定了海洋生态文明本身在很大程度上集中了现代文明的复杂性。"毫无疑问,在像生态学那样的领域中,复杂性的后果已获得了广泛理解。现在许多国家的公众都理解,生态系统是复杂的和不断演化的——它在许多方面超出了人类的理解力——因而对于生态系统的干预可能产生难于预料的、危险的副作用"。[①] 的确,在人们还没有对海洋生态环境重要性有足够的认识之前,非理性的人类行为在所难免。

四、尚未充分为人的总体根源

尚未充分为人的总体根源包括四个方面:从历史根源来看海洋

---

① 柯武刚等:《制度经济学》,商务印书馆 2000 年版,《序言》第 2 页。

社会比陆地社会的形成要迟;从现实根源来看,由于人类社会对海洋社会的各种掠夺;从客观根源来看,是人类对海洋社会全面建设的能力所限;从主观根源来看,是人们对海洋建设体系认识不全。

(一)历史根源

虽然海洋孕育了生命,但是在特殊的地理和气候条件下,人类早期涉足海洋的活动受到很大的限制,因此海洋社会比陆地社会的形成要迟。黑格尔曾经说过,在中国人看来"海只是陆地的中断,陆地的天限;他们和海不发生积极的关系"。① 中国最早的人类活动和社会形成在黄河流域。作为古代东亚文明摇篮的中国,地理位置在西边是喜马拉雅山脉和青藏高原,以及从这世界屋脊延伸出的崇山峻岭;北部是大片的中亚大漠荒原,气候寒冷恶劣,在驯化马和骆驼之前人迹难至;而南部的山地丛林开发也晚;东边南边沿海位于一望无际的太平洋边缘,冬季常常有较强烈的东北风,夏季常有台风,航行十分危险。人们深知涉足其间充满风险,因而只能敬而远之,"望洋兴叹"。中国的海洋社会生产力开发因此远远落后于陆地社会。古代和近代中国航海生产力和科学技术落后,无法造出用机械动力驱动的近代化轮船。在航海上也反映了同样的局限,虽说中国人很早发明指南针,但中国的航海者仅仅依靠指南针确定所在船只的大致航向,而无法知道自己在海洋中的准确位置。由于中国一直未能发明航海用的有效精密罗盘,导致宋、元、明、清的中国的航海主要是沿海岸边航行,大多是以岛、陆地的山和海水颜色的作为导航的参照物。因此,中国航海一般不脱离岛屿岸线,很少进入陌生的海域,仅有个别的越洋航行,曾有过郑和七下西洋的壮举。② 后来,由于明末以来封建统治者长期实行海禁政策,加之鸦片战争后西方殖民侵略战争导致的国家主权丧失,致使中国海洋社会发展长期处于非常落后的状态。③

---

① [德]黑格尔:《历史哲学》,王造时译,上海书店出版社2001年版,第93页。
② 徐晓望:《论古代中国海洋文化在世界史上的地位》,《学术研究》1998年第3期,第93—97页。
③ 刘中民:《世界海洋政治与中国海洋发展战略》,时事出版社2009年版,第11页。

(二)现实根源

从现实根源来看,一些发达国家对海洋社会的军事侵略、政治控制、经济掠夺和文化渗透,导致一些落后的滨海国家和地区的人民处在被奴役和被压迫之中。

1. 殖民主义和当代帝国主义对滨海国家和地区的掠夺,严重影响人民的生存和发展。伴随西方殖民主义的兴起和海外扩张,海洋日益成为欧洲强国争夺霸权的重要场所。对此,恩格斯曾经指出:"展现在一切海洋国家面前的殖民主义事业的时代,也就是建立庞大海军来保护刚刚开辟的殖民地以及与殖民地的贸易时代,从此开辟了一个海战比以往任何时代更加频繁、海军武器发展比任何时候更有效的时期。"[①]在最近500多年以来世界海洋社会兴衰交替的历史进程中,控制和利用海洋成为西班牙、葡萄牙、荷兰、英国、美国、法国、俄罗斯、德国、日本等世界大国追求的目标。历史无情地揭露了近代殖民主义对亚洲特别是中国沿海地区的军事侵略、政治控制、经济掠夺和文化渗透,使得中国人民处在一种被奴役和被压迫之中。中国沿海地区是鸦片贸易后来演变为鸦片战争受害最大的地区。

2. 在滨海国家和地区的争夺海洋资源仍然是当代海洋社会尚未充分为人的重要根源。根据中国海洋局的资料,全世界共有380多处国家间的海洋边界需要最终划定,而目前只解决了约1/3。[②]从大西洋到太平洋,围绕岛屿争端发生的对抗和冲突不断。第二次世界大战以来岛屿纷争的主要背景有三个:首先,战后催生了一大批新的主权国家,这些新兴国家具有强烈的领土主权意识;其次,1982年12月《联合国海洋法公约》的通过,唤醒了世界各国的海洋权利意识,刺激了岛屿主权的争夺;第三,岛屿之争实际上是海洋权益之争。当今世界各国的经济发展对资源的依赖,加上海洋勘探和开发技术的突破,使得海底油气资源成为国家发展和财富积累的重要源泉。过去岛屿之争主要是争夺领土占有权,而现在的岛屿之争,着眼点更多地集中在争夺海洋资源上。[③]

---

① 《马克思恩格斯全集》第14卷,人民出版社1963年版,第383—384页。
② 贾都强:《烽火,为何在蓝色海洋上蔓延》,《环球》2010年第22期。
③ 贾都强:《烽火,为何在蓝色海洋上蔓延》,《环球》2010年第22期。

3. 海洋社会中不同国家和地区经济发展不平衡,经济发展落后的少数国家出现的海盗,让平静的海洋社会变得不安宁。例如索马里海盗已成了地球海洋中的公害。索马里附近海域之所以会成为世界上最危险的海域之一,原因在于索马里虽然是一个滨海国家,但经济却以畜牧业为主,工业基础非常薄弱,加上连年内乱,反政府武装非常猖獗,使这个国家几乎处于无政府状态。工农业生产和基础设施遭到严重破坏,经济全面崩溃。这种状态下人们生产生活无法维持,难民们缺衣少穿,从而走上了海盗这个犯罪行道,海盗成了这个滨海国家一些人在海上谋生的一种生存方式,给蔚蓝的海洋染上了血腥。

国际海洋社会尚未充分为人问题的现实状况都是与国际政治、经济和文化发展的现实密不可分的。从根本上说,要克服海洋社会尚未充分为人的种种缺陷,有赖于现存国际政治、经济秩序的变革,有赖于公正平等的国际海洋社会秩序的建立。

(三)客观根源

人类在进行海洋社会建设的实践过程中,在客观上会受到许多条件的限制,还无法完全摆脱自然力和社会力的束缚。从终极上来说,人类是自然界的主体,整个自然界包括海洋不但是属于人类的,而且最终是能够被人类改造和利用的。但是现在生产力本身发展的程度约束着人类,即使在社会进步的状态下,也不可能完全摆脱自然力和社会力的束缚。2010年墨西哥湾海底漏油事件发生和近年来海啸等海洋自然灾害频发,说明了人类在某些方面还不能完全摆脱自然力的束缚。而从索马里海盗发生和各国在海洋权益方面的争夺,则说明了人类在某些方面还不能完全摆脱社会力的束缚。人类还未能完全掌握和认识海洋社会建设和发展的必然规律。从人类社会整体建设和发展而言,社会进步过程中的付出社会代价是不可避免的,其实它也是一种历史的必然。

(四)主观根源

海洋社会尚未充分为人包含有非常广泛的世界观和方法论问题。[①] 人们在习惯上认为:"人类是陆栖动物,所以,人类的主要活动

---

① 林娅主编:《全球化与社会发展研究》,北京大学出版社2006年版,第117页。

只能在陆上——自古以来,人类的文化成就也主要体现在陆上。不管人们怎样鼓吹海洋文化对人类的价值,我们都必须清醒地认识到:陆地才是人类主要文明的载体,海洋永远处在次要地位。"[1]可见,由于历史和人们认识水平等诸多原因,人类对海洋、对海洋社会有一个认识的过程,人们一开始在主观方面尚缺少一个对海洋社会建设的系统思考、尚未制定全面的、积极的海洋社会建设和发展的战略,至少中国近代(清朝)统治者是如此。人类在进行海洋社会建设的实践过程中,在追求海洋社会发展进步的过程中,一些负面性的影响也并不是在一开始时就可以认识清楚或者说可以完全认识到的。

第三节 海洋社会建设以人为本不动摇

建设海洋社会以人为本不动摇,首先要对以人为本的"本"作出规定。一方面,以人为本的"本"是相对于社会而言的,强调人是海洋社会之本,是海洋社会建设的主体。海洋社会建设的最终目标是改善和提高全体人民的生存和生活质量,从各方面来为人的全面发展服务。另一方面,以人为本的"本"是相对于事物而言的,强调在万事万物之中人是一切之本,人是最宝贵的,人不仅仅是手段,而且是目的。所以海洋社会建设要坚持以人为本不动摇,要对人的生存和发展体现终极关怀。[2] 坚持海洋社会建设以人为本不动摇,要体现在全面性、系统性、持续性与和谐性上。

一、坚持海洋社会建设以人为本的全面性

坚持海洋社会建设以人为本的全面性要求我们,海洋社会建设是以物质文明建设、精神文明建设、政治文明建设、法制文明建设、

---

[1] 徐晓望:《论古代中国海洋文化在世界史上的地位》,《学术研究》1998年第3期,第93—97页。
[2] 赵小芒:《科学发展观——马克思主义发展观的创新成果》,人民出版社2007年版,第37页。

生态文明建设和人种文明建设六个方面全面进步为目标的。

(一)全面性的基本要素

1."全面性"体现了社会经济等全面进步与促进人的全面发展的有机统一。胡锦涛指出:"全面发展,就是要以经济建设为中心,全面推进经济、政治、文化建设,实现经济发展和社会全面进步。"①人类的全部活动不仅包括经济活动,同时还包括政治、文化等广泛领域的活动。全面性告诉我们,要立足于从社会广泛领域和社会要素来理解海洋社会建设,把海洋社会建设理解为经济、政治、文化各子系统的相互促进与人们生活方式、心理层面和价值观念的重建。全面性要求我们:海洋社会建设是以物质文明建设、精神文明建设、政治文明建设、法制文明建设、人种文明建设和生态文明建设、全面进步为目标的。

"以人为本"在物质文明建设方面,就是要推动海洋社会的经济建设要以满足人的需要为目的。"以人为本"在精神文明建设方面,就是要把人当人看待,尊重保护人权。"以人为本"在政治文明建设方面,就是要协调各方面的利益关系,注重社会公平正义,让人民真正成为海洋社会的主人。"以人为本"在法制文明建设方面,就是要从法律制度设计上保证尊重和保障人权,保持海洋社会稳定,防止出现海洋社会对抗。"以人为本"在人种文明建设方面,就是要实行人口有计划生育、全面优化人的素质、促进人的全面发展。"以人为本"在生态文明建设方面,就是要注意解决人与自然的和谐发展的问题,注意保护海洋生态环境,防止海洋污染,既满足人类当前的发展,又顾及子孙后代的需要。

2.海洋社会建设以人为本的全面性,涉及到全人类。海洋社会建设在许多方面是全球性的问题,需要全人类共同参与和解决。作为地球村的成员,全人类都具有某些共同的或相似的历史背景和社会条件,面对海洋和海洋社会,也必然会存在某些共同的需要和共同的利益。但是,人类应当知道,地球生物圈的利益是多方面的,人类的利益只是其中的一方面。人类要把人以外的存在物看作是具

---

① 胡锦涛:《在中央人口资源环境工作座谈会上的讲话》,《人民日报》2004年4月5日。

有独立的客观存在价值的"友邻",与它们友好相处,这样地球生态系统包括海洋生态系统才能达到平衡、稳定、持续,海洋社会建设以人为本才能得到全面永久实施。

(二)全面性的精神实质

全面性的内涵是指事物的整体和它的各个方面。海洋社会建设的全面性,是指在海洋社会建设过程中要全面地反映客观事物情况,力戒片面性。要从整体上把握海洋社会建设的各个方面,克服片面性;要从海洋社会现象的联系中认识其内在本质;要从动态中把握海洋社会现象。要用整体的观点、联系的观点和发展的观点研究海洋社会。整体的观点和方法是把海洋社会作为一个整体来看待,它着眼于揭示海洋社会现象的整体属性;联系的观点认为海洋社会现象内部诸要素之间以及海洋社会现象与现象之间是有联系的;发展的观点认为海洋社会处于辩证的发展过程之中,要注意观察认识海洋社会的过去、现在和将来。

海洋社会建设以人为本全面性的精神实质说到底是人的全面发展。坚持海洋社会建设以人为本的全面性,必须了解马克思主义关于人的全面发展理论。在马克思主义看来,人的发展应当是海洋社会建设的本质所在。海洋社会的主体是人,离开人和人的实践活动,就没有海洋社会和海洋社会建设的内容。如果离开人的发展来谋求海洋社会建设,这样的建设就成了无源之水和无本之木。从归根到底的意义上讲说,在作为人的活动结果的社会和人之间,海洋社会建设只是人的发展的基础和条件,人的发展才是最终目的。因而,是否有利于人的存在和发展,是否有利于人在海洋社会建设中独立性和自主性程度的提高,是评价海洋社会建设成败与否的价值尺度。人的全面发展作为人的发展的最高阶段,也自然成为海洋社会建设的最高价值追求。

人的全面发展从总体上体现为人的独立性、自主性、主体性的高度发展,同时还意味着人的潜能得到充分开发,人的各方面素质全面而高度的发展,包括人的身体素质、知识素质、思想素质、道德素质、政治素质等等的全面开发、协调发展。人的全面发展,就个人来说,是个人素质的全面发展,即拥有健康的体魄、广博的知识、精湛的技能、崇高的品质,在德智体美等基本方面具备良好素质。①

(三)全面性的障碍排除

全面性障碍排除要求消除海洋社会建设畸形发展。坚持海洋社会建设以人为本的全面性,就是要以经济建设为中心,全面推进经济、政治、文化建设,实现社会全面进步。要克服过去某些方面存在的重经济指标,轻社会进步,重物质文明建设,轻精神文明建设,重当前利益、轻长远利益的偏差。全面性还要排除彼此分割、各行其是的偏差,强调协调发展,就是经济、政治、文化等等方面建设中的各个环节,各个方面,要统筹兼顾,相互促进,重视经济、政治和文化的全面发展。

全面性的障碍排除要求我们根据海洋社会结构内部的联系,正确把握海洋社会的经济、政治、文化等不同领域在海洋社会整体建设中的地位,形成协调统一建设的格局。一方面,要看到海洋社会建设的最终力量是物质生产力,归根到底是生产力起决定作用,因此海洋社会建设首要任务是发展生产力,不断加强物质文明建设。另一方面,物质生活富裕了,如果没有高尚的精神追求,那么物质生产和社会建设最终也会受到限制,所以又不能把物质生产力归结为海洋社会建设的唯一,在海洋社会建设中还要讲人的作用,以人为本,同时也要统筹安排经济、政治、文化、法制、人种和生态等各方面的文明建设。

(四)全面性的实践护航

全面性的实践护航,就是要坚持海洋社会各项建设全面协调发展。海洋社会物质文明建设、政治文明建设、精神文明建设、法制文明建设、人种文明建设和生态文明建设是相互联系相互影响、互为条件和相互促进的。所以,要统筹兼顾"六大文明建设",促进海洋社会全面协调发展。

坚持海洋社会建设以人为本的全面性必须从思想意识上实现三大转变:必须从粗放型的以过度消耗海洋资源和破坏海洋环境为

---

① 赵小芒:《科学发展观:马克思主义发展观的创新成果》,人民出版社2007年版,第73—74页。

代价的增长模式向增强可持续发展能力、实现海洋社会经济又好又快发展的模式转变；必须从传统的"向海洋宣战"、"征服海洋"等错误理念向树立"人与海洋和谐相处"的生态文明理念转变；必须从把经济增长简单地等同于发展的观念、重物轻人的发展观念向以人的全面发展为核心的发展理念转变。

二、坚持海洋社会建设以人为本的系统性

海洋社会建设应当是一个系统工程建设，这种系统性首先揭示了海洋社会是人类社会的一个部分，一个子系统；而海洋社会又是由经济、政治、文化、法制、人种和生态各个子系统组成的。其次是揭示了海洋本身是天地自然以及地球生物系统的重要一环，对海洋资源的开发要避免盲目性、无序性，杜绝对生态系统的破坏。因此，要坚持海洋社会建设以人为本的系统性，以人为本要在系统建设方面下功夫，力戒片面性。

(一) 系统性的基本要素

海洋社会建设以人为本系统性有两个方面的基本要素。

第一方面，系统性告诉我们，人类社会并不是一个个分割、孤立的部分与个体的相加，而是一个由许多层次、要素相互联结所构成的而且是有序的有机整体。人类社会是一个宏大的系统，任何社会现象都是这个系统中不可分割的一部分。在大系统下面又有各个子系统。因此，在海洋社会建设中，要时时处处考虑"以人为本"的系统性。

第二方面，系统性告诉人们，人类所接触的整个自然界构成一个体系，即各种物体相联系的总体。宇宙、生物圈和地球都是系统性的。世界上的海洋是一个连续的整体。虽然人们把地球上的海洋划分为几个大洋和一些附属海，但是它们之间其实并没有绝对相互隔离。在实际上，地球的海洋是一个系统，海水是其中最活跃、最重要的物质。生命离不开水，地球生态系统所有生命因水而生，依水而存，对水的量变和质变十分敏感。海水以其在天地间的无限循环润泽万物、滋养生命，海水又以其自身的涨落规律、动力特性，影响着整个自然界的演化。人类在与海洋的联系中，在与海洋的互动中兴利除害，得到了繁衍和发展。处理好人与海洋的关系已经成为

全人类持续生存和发展的重要任务。系统性就是要求把海洋生态当作一个整体、一个系统,统一协调全人类的行为,共同承担保护海洋生态系统的责任。

(二)系统性的精神实质

系统性源于系统理论。系统性的精神实质就是说要用辩证唯物主义联系的观点来分析看待世界上的事物,要用联系的观点来分析和看待海洋社会建设问题。坚持海洋社会建设以人为本的系统性就是把海洋社会建设看成是由许多要素组成的有机结构的整体。它要求人们从海洋社会建设系统整体与组成部分、各组成部分之间及其相互作用中来考虑海洋社会建设,来理解海洋社会建设的运行机制和一般规律。

(三)系统性的障碍排除

用系统论的观点来观察世界,整个世界是一个完整的、细密的系统,国家之间、民族之间、地域之间,经济、政治、文化之间,人们活动的各个方面有着越来越密切联系,任何一方的变化,都将影响到世界的各个方面。例如,在当代生态文明的问题就是一个东西方均要正视的全球性问题。事实上,地球是一个整体系统。任何一个地方生态平衡的失调都有可能危害到其他地区,使人类的生命健康受到威胁。对人类而言,在海洋生态环境问题上不应区分民族、地区、阶层、信仰等来作为谋求特殊利益的借口,海洋生态价值是人类的共同价值,海洋生态环境应是作为"类"的人的协调合作的主题。现实海洋社会中的自然资源的开发和利用必须有长远规划和整体协调,不能只是从自己的实际需要出发去处理人与海洋的关系。抽象孤立地谋求一个集团或地区性或民族与国家利益,极有可能损害全人类利益。世界海洋观测局主任尼尔说:"人们都以为海洋是独立的个体,但事实上,海洋是将所有人类联系在一起的物体,它通过贸易、交通、自然系统、气候形态及所有我们赖以为生的事物,深深影响着我们人类。"[①]因此,坚持海洋社会建设以人为本的系统性,要排

---

① 《海洋专家:海洋生态问题可能引发食品危机》,《联合早报》http://www.foods1.com/content/433488/,2011年12月12日访问。

除孤立的静止的和片面的观点。

(四)系统性的实践护航

海洋社会建设的系统性体现在物质文明建设、精神文明建设、政治文明建设、法制文明建设、生态文明建设和人种文明建设六大方面,缺一不可。海洋社会物质文明建设不是简单满足人对温饱的物质要求,而要从人的全面发展上提升人的生活水平和生存质量;海洋社会精神文明建设不是简单满足人在精神上单方面的要求,而要从人的全面发展上提升人的精神生活水准和精神享受质量;海洋社会政治文明建设不是简单满足人在政治权利单方面的要求,而要从人的全面发展上提升人的政治参与热情和享受广泛的民主权利;海洋社会法制文明建设不是简单满足人在法制上单方面的要求,而要从人的全面发展上提升海洋社会管理水平和海洋社会的有序管理;海洋社会人种文明建设不是简单满足单个种族或单个人文明发展的要求,而要从人的全面发展上提升全人类的综合素质。海洋社会生态文明建设不是简单满足人对生态质量某方面的要求,而要从人的全面发展上提升生态系统适合于全人类生存和发展的整体质量。海洋社会建设是一个系统工程,需要各方面密切配合,相互协作,避免海洋社会畸形发展。

三、坚持海洋社会建设以人为本的持续性

海洋社会建设系统本身与其他系统、海洋社会建设系统各要素不仅是联系的,而且这种相互之间的联系会随着时间的推移而不断地变化着发展着,从而使这种联系表现出复杂的动态平衡。海洋社会建设以人为本有短期的或阶段性目标,但是这都不是终极目标。海洋社会建设以人为本要坚持持续性,而不是只顾一时一事,不能表现为短期行为。

(一)持续性的基本要素

持续性是指一种可以从时间上长期延续维持的过程或状态。海洋社会建设以人为本的持续性是指海洋社会的生态以及在其基础上发展起来的经济和社会,能够延续在相当长的时间内保持以人为本的一种状态。

海洋社会建设以人为本的持续性由生态持续性、经济持续性和社会持续性三个相互联系不可分割的要素组成。生态持续性是指生态环境能持续稳定，在相当长的时间内适合于人类生存和发展，这是全人类共同面对的一个问题，它决定着人类未来的生存和生活的质量。经济持续性是经济和社会生产力的持续发展，连续而不中断，经济建设在相当长的时间内稳定发展的状态，并且保持良好的发展趋势，使人类得到良好的生存条件和不断提高的生活水平。社会持续性是指社会沿着符合社会发展规律的轨道延续的趋势并在相当长的时间内保持下去。

(二)持续性的精神实质

以人为本建设海洋社会，应当坚持持续性建设，过去"以人为本"，现在"以人为本"，将来还要"以人为本"，以人为本要坚持不懈地进行下去，不能中断、不能一劳永逸。海洋社会建设是一个不断建设、不断实现、不断完善的过程。例如，海洋社会经济发展的目的在于最大限度地通过海洋开发和利用来促进经济的发展，并提高海洋经济对国民经济的贡献力，但它又必须是对海洋科学合理的开发和利用，避免过度开发和胡乱开发，实现海洋经济与社会的可持续发展，不但要注重当代人的发展，还要注重子孙后代的发展，注重人类的长远持续发展，这就是更加全面持久性的以人为本。

(三)持续性的障碍排除

持续性的障碍排除就是要彻底改变海洋社会经济增长方式的短期行为，树立可持续发展观念。短期行为就是只顾眼前利益，忽视长期打算，不讲长远利益。历史上海洋社会的经济增长方式粗放，以消耗海洋资源和破坏海洋生态环境为代价，换取暂时的经济利益，这种经济增长方式因为缺乏长远打算，只顾当代人的利益，严重破坏海洋生态环境，损害了人类长远利益。因此要大力培养人们辩证的理性思维，从而正确认识和思考海洋经济增长的数量和质量、速度和效益的关系，重视人与海洋的和谐发展，重视经济效益、社会效益和生态效益相统一的可持续发展。

(四)持续性的实践护航

海洋经济在快速发展的过程中，由于海洋开发活动的不断增加,同时也给海洋资源与环境带来了严重的压力,制约了海洋资源环境的永续利用和海洋经济的可持续发展。因此在发展海洋经济的同时,要十分注重海洋环境与资源的保护,正确处理好开发与保护之间的关系,有效地防止对海洋的过度开发,促进海洋资源的可持续利用,促进人与海洋的和谐相处。

四、坚持海洋社会建设以人为本的和谐性

和谐,简单来说就是和睦协调。和谐,也是指一种美好的社会状态。和谐是人们对人类社会美好的追求,和谐同样是海洋社会建设的根本目标。我们要真正把握"和谐"理念,建设以人为本的和谐海洋社会。

(一)和谐性的基本要素

和谐是指系统中各要素、各部分之间配合得匀称和得当。在海洋社会建设中,要强调三方面。

1. 强调海洋社会人与人之间的和谐发展。万物和谐,贵在人和。和谐海洋社会的核心是人与人之间的和谐。维护与实现海洋社会公平和正义,是促进和实现人与人和谐发展的重要环节。实现人与人之间的和谐,必须抛弃旧的观念、注入时代发展新的要素、扩充新的内容。海洋是宇宙的海洋、是世界的海洋、是人类的海洋。人类与海洋共进退,海洋存则人类存,海洋毁则人类毁。在处理人类海洋利益的关系问题上,必须以共享互惠、共同发展为前提,克服自私自利、目光短浅、急功近利思想,实现利益均沾、公平正义。人类要抛弃狭隘的利己主义世界观,放弃霸权主义思想,妥善处理好各个国家和各个民族之间的利益关系,妥善处理好发达国家和落后国家之间的关系,妥善处理好陆地社会与海洋社会的关系。

2. 强调人与社会之间的和谐发展。从人的全面发展来说,每个人都有经济、政治、文化等利益上的需求。人与社会和谐的核心,是要创造一种使每个人都能在社会中获得自由、全面发展的条件。实现"人与社会的和谐",从社会的角度看,社会要不断满足每个人日益增长的各种利益需求,为每个人提供公平、公正的发展条件,使每个人平等地享有社会资源,享受社会进步带来的福祉。而加强海洋

社会六个文明建设的目的就是满足每个社会成员的需求。即要通过社会物质文明、精神文明、政治文明、法制文明、人种文明和生态文明建设来满足人们全面发展的需要。从个人的角度看,个人对社会的责任和贡献是社会发展和进步的基本保障,每个人要承担应有的社会责任,为社会做出应有贡献。个人与社会实现了这种良好的互动,个人与社会的利益就能得到维护,个人与社会就能达到和谐。

3. 强调人与自然之间的和谐发展。人是自然的产物,自然环境造就人,人也改变着自然环境。因此,作为社会主体的人和社会赖以生存的自然环境,应当也能够做到双赢互利、和谐发展,这是人类必须始终坚持和追求的崇高目标。人类与海洋的关系,是共生、共赢、共荣,而不是征服、改造、索取。所谓海洋建设中坚持人与自然和谐相处,就是指以人为本,坚持人与海洋关系的平衡与协调。在人类社会与整个海洋生态系统的框架下,处理好人类活动与海洋的关系,合理地趋利避害,正确对待海洋,降低人对海洋的污染,减少人对海洋的侵害;处理好人类利用海洋与利用自然界其他领域的关系,将海洋资源的开发利用控制在能够保持海洋基本功能、海洋资源可以持续利用的状态,使海洋在为人类造福的同时,也能够与整个自然界达成和谐。

在海洋社会建设中坚持人与自然和谐相处的观念,反映出人类价值取向的变化。由"以人为中心"和人控制自然、统治海洋的价值理念,转变为以人为本,全面、协调、可持续发展的理念,强调人与海洋和谐发展,共同进步。在海洋社会建设中坚持人与自然的和谐相处,体现了思维方式的变化。由孤立的、单目标的思维模式,转变为系统的、全面的、辩证的思维模式,由以往的经济增长为唯一目标,转变为经济增长与海洋生态系统保护相协调,统筹考虑各种利弊得失,在利用海洋满足人类需要的同时,约束人类自身的行为,兼顾自然界的和谐与稳定。

在海洋社会建设中坚持人与自然和谐相处,关键是遵循自然规律,尊重和慎重处理人与海洋的关系。对于海洋资源开发利用问题,从人类社会整体可持续发展的层面上,从陆地、水系、生物圈共同组成的复杂动态系统和谐发展上思考问题,探索问题,解决问题。

强调以人为本,人的生命财产安全和利益理所当然必须得到必要的保护和满足。但是,从长远看,保护了整个自然界、保护了海洋生态系统,归根到底就是保护了人类自身。

(二)和谐性的精神实质

海洋社会建设与发展的目标是解决人类围绕海洋进行社会活动过程中所出现的各种矛盾与冲突,以实现海洋开发、利用和保护的可持续发展。坚持以人为本建设和谐的海洋社会,是指人类通过开发、利用和保护海洋等社会实践活动促进社会全面进步的过程。海洋社会建设与发展的历程,是人与海洋的关系从和谐到紧张再到和谐的不断协调适应的过程;也是人类社会个体、群体、区域社会、国家之间乃至整个国际社会围绕海洋的开发、利用和保护以及海洋权益的分割、分享,从竞争到合作、从冲突到共处、从无序到有序的反复协调适应的过程。[①] 总之,和谐不是没有矛盾,和谐是求同存异,和谐是相得益彰,和谐是动态平衡,和谐是平等互惠。

(三)和谐性的障碍排除

在资本主义形成以前,人类社会与海洋的不和谐已有征兆,但是真正的不和谐凸现在资本主义时代。工业革命以后,世界各国进入一个全面涉足海洋的时代。马克思、恩格斯在《共产党宣言》中指出:"美洲的发现、绕过非洲的航行,给新兴的资产阶级开辟了新天地。东印度和中国的市场、美洲的殖民化、对殖民地的贸易、交换手段和一般商品的增加,使商业、航海业和工业空前高涨","资产阶级在它的不到一百年的阶级统治中所创造的生产力,比过去一切世代创造的全部生产力还要多,还要大。自然力的征服,机器的采用,化学在工业和农业中的应用,轮船的行驶,铁路的通行,电报的使用,整个整个大陆的开垦,河川的通航,仿佛用法术从地下呼唤出来的大量人口,——过去哪一个世纪料想到在社会劳动里蕴藏有这样的生产力呢?""资产阶级在它已经取得了统治的地方把一切封建的、宗法的和田园诗般的关系都破坏了"。"它使人和人之间除了赤裸裸的利害关系,除了冷酷无情的'现金交易',就再也没有任何别的

---

① 刘中民:《世界海洋政治与中国海洋发展战略》,时事出版社 2009 年版,第 13 页。

联系了"。它把人们之间的"情感的神圣激发,淹没在利己主义打算的冰水之中。它把人的尊严变成了交换价值,用一种没有良心的贸易自由代替了无数特许的和自力挣得的自由。总而言之,它用公开的、无耻的、直接的、露骨的剥削代替了由宗教幻想和政治幻想掩盖着的剥削"。通过海洋通道"资产阶级奔走于全球各地。它必须到处落户,到处开发,到处建立联系"。① 当代海洋社会,不和谐的因素实际上主要还是少数资本主义国家造成的,这些不和谐现象的消除是不可能由资本主义按其私有制的思维和行为模式来解决的,这需要马克思主义的力量,需要世界性的公平正义的力量才能解决。当代各国人民应当朝着建设和谐海洋社会这个方向去努力。

(四)和谐性的实践护航

1. 遵循和平利用开发海洋的原则,努力促进国际海洋社会和谐。在处理国际和区域海洋事务争端中,利用和谐文化的特有智慧,化解各种矛盾,冲破各种扼制和阻力,促进世界海洋的和平利用。②

2. 运用国际海洋法制管理海洋,为维护世界和平与各国人民利益服务。索马里海盗肆虐不仅给中国也给全球海上航行安全带来巨大威胁,许多国家应用国家机器维护船运安全,中国在维护世界和平和海洋和谐方面也发挥着积极作用。2009年1月6日,中国海军舰艇编队正式护航。中国军舰远赴索马里,把参与国际维和行动从陆地延伸到海上,用实际行动向世界表达了中国的诚意和决心,有效保护了中国航经亚丁湾、索马里海域船舶人员安全和世界粮食计划署等国际组织运送人道主义物资船舶安全,为世界海洋社会的和谐做出了重要贡献。中国是一个负责任的国家,应当为实现国际海洋社会的和谐做出更大的贡献。

世界和平是人心所向,社会和谐是历史潮流。只要全世界人民团结合作,共同奋斗,建设一个欣欣向荣兴旺发达的和谐海洋社会的目标一定会实现。

---

① 《马克思恩格斯选集》第1卷,人民出版社1995年第2版,第274—277页。
② 李玉梅:《发展蓝色经济建设海洋强国——国家海洋局局长孙志辉答本报记者问》,《学习时报》2010年8月16日。

站在高山之巅，眺望蔚蓝色的美丽海洋，令人心旷神怡。过去的海洋，通常对人们的意义仅仅是坐上一叶扁舟在海上冲浪航行，那时人们只是海洋中的匆匆过客，且在潮涨潮落中充满着不可预测的风险。现在，人类对海洋社会建设充满憧憬和信心。人们全面认识海洋，不仅看到了海洋的富饶美丽，还看到在纷繁复杂的海洋社会中人与人之间的社会联系，因此把海洋社会作为人类社会建设之重要方面来认识和研究，提出了建设以人为本的和谐海洋社会的美好愿景。21世纪的海洋，带给人类无限的希望。未来的海洋社会，将会是一个更加美丽富饶与公平和谐的天地。

参考文献：

1. 范英主编：《精神文明学论纲》，中共中央党校出版社1990年版。
2. 范英：《岭南红梅报春开——论广东创立的精神文明学》，广东高等教育出版社2002年版。
3. 范英主编：《人的素质与市场经济》，红旗出版社1994年版。
4. 江家齐等：《精神文明建设系统论》，广州出版社1997年版。
5. 赵小芒：《科学发展观：马克思主义发展观的创新成果》，人民出版社2007年版。
6. 刘中民等：《国际海洋环境制度导论》，海洋出版社2007年版。
7. 刘中民：《世界海洋政治与中国海洋发展战略》，时事出版社2009年版。
8. 薛晓源、李惠斌主编：《生态文明研究前沿报告》，华东师范大学出版社2007年出版。

思考题：

1. 海洋社会建设体系包括哪些方面？
2. 海洋社会建设尚未充分为人有哪些表现？
3. 为什么海洋社会建设要以人为本？

后　记

　　本书由广东省精神文明学会、广东省社会学学会(下称两会)和广东省社会学学会海洋社会学专业委员会(下称海专)等,在两会42位会长组成的编委会指导下,36位作者与编务人员历近3年的共同努力而成。

　　本书把对"两会"等共同创立的新兴学科精神文明学也即意识社会学及其后近30年的研究,明确而清晰地从陆地社会推及今天的海洋社会,并构建起新兴的海洋社会学。这一举措不仅产生了国内外首部比较全面、比较系统的海洋社会学学科体系性专著,也自然地提升了精神文明学对人类社会(除空中社会之外)总体的探索功用,是精神文明学在当今时代具有突破性理论学术创新的尝试。也因此,本书列为范英等长期主编的中国精神文明学(意识社会学)大型丛书之第43部。

　　本书秉承"双百"方针和学术自主精神,重点探讨世界性海洋社会的主要构成和海洋社会学研究对象的四大层次、研究主轴的四大维度与研究总体的四大特征。其最后的落脚点则强调海洋社会的全面建设要坚持以人为本。可以看到,本书在探讨海洋社会的主要构成时,坚持马克思主义的社会系统观,郑重地归复了社会学原有"大社会"的研究范围,以及社会学切入海洋社会形成海洋社会学研究时,本书所持的方法论变通。

　　本书始终站在人类一般的方位来考察海洋社会及海洋社会学的前述重点论目,力求使之具有世界普适性,同时多以"中国"为例,旨在推进中华民族为破解"文化强国"和"海洋强国"这两大难题而尽一点微力。这就是说,本书在试图构建人类一般的海洋社会学中也试图为中国的强文、强海作出一份参考。这虽则是初步的,但放下笔头,内心颇涌几丝欣慰——因有两会和海专等诸多同仁长期的联手合作,甚为可贵,甚为难得呵。

本书联手合作的作者与编务人员如下:

各章作者分别为周静、刘勤(第一章)、范英、黎明泽(第二章)、温朝霞、黎明泽、陆红(第三章)、霍秀媚(第四章)、张国玲、张开城(第五章)、林宏力(第六章)、国俊明(第七章)、蔡婷玉(第八章)、尚图强(第九章)、汪树民(第十章)、张开城(第十一章)、郭继民、卢黄熙(第十二章)、许雁雁(第十三章)、盛清才(第十四章)、朱云、柏萍(第十五章)、刘明金(第十六章)、刘勤(第十七章)、段华明(第十八章)、高俊(第十九章)、张彦霞(第二十章)、冯仿娅(第二十一章)、范英、严考亮(第二十二章)。编务人员:李小雾、冼美新、张建平、李扬、徐创新、盛清才、严考亮、黎明泽、刘勤、陆红、庆子、李自坚。本书体系架构主体思路和三级提纲由范英设计。范英、江立平、刘小敏、董玉整合作《前言》和《后记》。范英、刘明金撰写《章引》。全书一、二、三稿由范英修改,征求编委意见后,第四稿由范英、江立平、刘小敏、董玉整合统,最后由范英审定。上述作者与编务人员中副高以上职称18人,中级职称8人,研究生6人,企业界等人士4人。

本书联手合作的编委会成员有:

主　编:范　英(广东省社会科学界联合会顾问,两会会长、研究员)

　　　　江立平(深圳市下李朗企业集团有限公司董事长,广东省精神文明学会常务副会长、广东省社会学学会副会长)

副主编:刘小敏(广东省社会科学院副院长,两会常务副会长、研究员)

　　　　董玉整(广东省计划生育协会秘书长,两会常务副会长兼秘书长、教授)

编　委:王　宁(中山大学社会学系主任,广东省社会学学会常务副会长、教授)

　　　　夏俊杰(深圳市医学继续教育中心主任,广东省社会学学会常务副会长、教授)

洪旗歌(广东省广业资产经营有限公司党委副书记,广东省精神文明学会常务副会长)

黄紫华(广东药学院党委副书记,广东省精神文明学会常务副会长、广东省社会学学会副会长、研究员)

王永平(广州市委党校常务副校长,两会副会长、研究员)

叶金宝(广东省社会科学界联合会《学术研究》主编,两会副会长、研究员)

严建强(广东省文化厅党组成员、纪检组长,两会副会长、副教授)

吴灿新(广东省委党校教授,两会副会长)

杨　松(暨南大学统战部原部长,两会副会长、教授)

郭伟民(中国评论学术出版社总编,两会副会长)

顾涧清(广州市社会科学界联合会主席,两会副会长、研究员)

王家骥(广州医学院公共卫生与全科医学院院长,广东省社会学学会副会长、教授)

吕玉波(广东省中医院院长、书记,广东省社会学学会副会长、教授)

安　子(深圳市安子企业管理咨询有限公司董事长,广东省社会学学会副会长)

张开城(广东海洋大学政治与行政学院院长,广东省社会学学会副会长、教授)

张兴杰(华南农业大学公共管理学院院长,广东省社会学学会副会长、教授)

李国兴(南方医科大学马克思主义学院院长,广东省社会学学会副会长、教授)

李振连(广东省委办公厅综合一处调研员,广东省社会学学会副会长、副教授)

周大鸣(中山大学社会学与人类学学院党委书记,广东

省社会学学会副会长、教授)

郭　凡(广州市社会科学界联合会副主席,广东省社会学学会副会长、研究员)

易松国(深圳大学社会学系主任,广东省社会学学会副会长、教授)

唐孝祥(华南理工大学教授,广东省社会学学会副会长)

涂争鸣(广东商学院人文传播学院院长,广东省社会学学会副会长、教授)

梁国维(广州市旅游局党委原副书记,广东省社会学学会副会长、高级农业经济师)

谢俊贵(广州大学公共管理学院党委书记,广东省社会学学会副会长、教授)

蔡　禾(中山大学社会学与人类学学院院长,广东省社会学学会副会长、教授)

谭建光(广东省青年干部学院青年研究所所长,广东省社会学学会副会长、教授)

卢黄熙(广州海军兵种指挥学院教授,广东省精神文明学会副会长)

刘卓红(华南师范大学政治与行政学院副院长,广东省精神文明学会副会长、教授)

李　超(广东省人民政府研究中心原副主任,广东省精神文明学会副会长、研究员)

李宗桂(中山大学文化研究所所长,广东省精神文明学会副会长、教授)

陈芳芳(珠江电影制片公司党委原副书记,广东省精神文明学会副会长)

陈镇宏(《人民日报(华南版)》副总编辑,广东省精神文明学会副会长)

周　薇(广东省社会科学院副院长,广东省精神文明学会副会长、研究员)

林伟健（广东省社会主义学院副院长，广东省精神文明学会副会长、教授）

胡浩民（华南农业大学党委副书记，广东省精神文明学会副会长）

萧新生（南方医科大学教授，广东省精神文明学会副会长）

戢斗勇（佛山科技学院学报主编，广东省精神文明学会副会长、研究员）

本书除两会及海专联合撰著之外，还得到2009年、2010年和2011年共三届全国社会学年会，以及在青岛召开的"海洋教育国际研讨会"、在上海召开的"第二届海洋文化与城市发展研讨会"等国内外专家的热情指导，得到广东省社会科学界联合会主席田丰教授、广东省社会科学界联合会党组书记王晓先生、广东省历史唯物主义研究会、广东省社会工作学会、中国精神文明学（意识社会学）大型丛书编委会、《文明与社会》编辑部，以及省内外相关报刊、网络、电视台和本书出版单位世界图书出版公司的相关领导、编辑和工作人员等的支持与配合。

现借本书出版之际，谨向上述个人及其所在单位和书中所引文献资料的个人与单位特表真诚的致谢。由于水平有限，本书的错谬之处敬请读者们批评指正。

编　者

2011年4月6日稿

2011年11月24日定